大学物理信息化教学丛书

大学物理教程

（下册）

龙光芝　程永进　主编

科 学 出 版 社

北　京

内 容 简 介

本书是在中国地质大学（武汉）多年使用的教材基础上，结合近年来教学改革实践经验编写而成。本书内容精炼，体系完备，配备了适量的详解例题，便于读者自学。全书分上、下两册。上册内容包括力学、电磁学，下册内容包括热学、机械振动和机械波、光学、狭义相对论与量子物理学。

本书可作为非物理类理工科各专业的大学物理课程教材，也可供有志者自学使用。

图书在版编目（CIP）数据

大学物理教程．下册/龙光芝，程永进主编．—北京：科学出版社，2017．8

（大学物埋信息化教学丛书）

ISBN 978-7-03-054343-1

Ⅰ．①大…　Ⅱ．①龙…　②程…　Ⅲ．①物理学-高等学校-教材　Ⅳ．①O4

中国版本图书馆 CIP 数据核字（2017）第 211326 号

责任编辑：吉正霞　王　晶/责任校对：董艳辉

责任印制：彭　超/封面设计：苏　波

科学出版社 出版

北京东黄城根北街 16 号

邮政编码：100717

http://www.sciencep.com

武汉市首壹印务有限公司印刷

科学出版社发行　各地新华书店经销

*

开本：787×1092　1/16

2017 年 8 月第　一　版　印张：21 1/2

2017 年 8 月第一次印刷　字数：510 000

定价：45.00 元

（如有印装质量问题，我社负责调换）

《大学物理教程(下册)》编委会

主　编　龙光芝　程永进

副主编　陈琦丽　左小敏

前　言

本书根据教育部《理工科类大学物理课程教学基本要求》(2010年版)，为了适应物理学和现代工程技术发展，以及培养高素质、创新性人才需要，结合多年的教学实践和编写教材经验编写而成。由于不同类型的学校和不同专业对大学物理课程的教学内容和学时安排各有差异，但总的趋势是期望减少课堂教学的学时，增加学生自主学习内容的比例，改革大学物理课程的教学内容和教学方法，提高物理课程的教学质量。因此，在本书的编写过程中，我们力求理论体系完备，教学内容少而精炼，理论与实际相结合，便于学生自主学习和知识拓展。书中各篇对物理学的基本概念和规律进行了明晰正确的描述，按照科学思维的方法和逻辑循序渐进的方式进行讲授，注重培养学生科学思维、辩证分析和深入探究的习惯与能力。

本书采用国际单位制，书中物理量的名称和表示符号采用国家现行标准。

本书分为上、下两册。上册包括：力学、电磁学。下册包括：热学、机械振动和机械波、光学、狭义相对论与量子物理学。本书的教学参考学时为120学时，分两学期讲授，建议授课学时分配：上册56学时，下册64学时。对于比较深入的理论和扩展性的内容在书中用*作了标记，可供教师选讲或学生课外自学。

本书由龙光芝和程永进担任主编，陈琦丽和左小敏任副主编；上册第1篇(1～5章)由左小敏执笔，第2篇(6～12章)由程永进执笔，下册第3篇(13～14章)和第6篇(22～25章)由陈琦丽执笔，第4篇(15～16章)、第5篇(17～20章)和第6篇(26章)由龙光芝执笔，第6篇(21章)由程永进执笔。

感谢中国地质大学(武汉)中央高校教育教学改革基金(本科教学工程)给予本书出版的资助。

由于编者水平有限，书中难免存在不妥之处，期望读者不吝赐教，提出宝贵意见。

编　者

2016年11月

目　　录

第3篇　热　　学

第4篇 机械振动与机械波动

第 5 篇 光 学

第6篇　近代物理学基础

第3篇 热　　学

热学是物理学的一个重要组成部分。热学的研究对象是物质的热运动以及热运动与其他运动形式之间的转化规律。物质的热运动指的是组成宏观物质的大量微观粒子的无规则(机械)运动总体表现出来的一种(非机械)运动形态。

热学的研究方法有热力学和统计物理学两种方法。热力学是宏观理论,是根据观察和实验总结出宏观热现象所遵循的基本规律,运用严密的逻辑推理方法,来研究热运动规律。热力学没有涉及热现象的微观本质,而是以观察和实验为基础,因此具有较高的准确性和可靠性。统计物理学是微观理论,是从组成物质的微观粒子的运动以及粒子之间的相互作用出发,用统计的方法阐述热运动规律。统计物理学虽然深入到热运动的微观本质,但是它采用了简化的模型对微观粒子的运动以及相互作用进行描述,因而得到的结果是近似的。这两种方法在热学研究中相辅相成,互相补充。

第13章　温度和气体动理论

气体动理论是热学研究的微观理论——统计物理学的基础内容。为了突出热运动的本质，本章的研究对象为处于平衡态下的理想气体。本章将首先从宏观角度介绍平衡态、温度、状态方程等热学基本概念，再从物质的微观结构和分子运动论的基本观点出发，利用统计方法，研究气体的热运动宏观规律的微观本质。通过本章的学习，应当初步认识对于大量粒子组成的系统，采用统计方法研究的必要性，了解统计平均值的概念，认识到压强、温度以及内能等热力学宏观量与分子热运动的微观量之间的联系。

13.1　平　衡　态

13.1.1　热力学系统

热力学系统是被确定为研究对象的物体或物体系，简称**系统**。系统以外的物质即称为**外界**。系统与外界之间可以发生能量交换与物质交换。与外界之间既无能量交换，又无物质交换的系统称为**孤立系统**；与外界之间有能量交换，但无物质交换的系统称为**封闭系统**，与外界之间既有能量交换，又有物质交换的系统称为**开放系统**。这是根据系统与外界之间的关系分类；还可以根据系统所包含物质的化学成分进行分类，如单元系和多元系，以及根据系统所包含物质的形态进行分类，如单相系和多相系。

13.1.2　平衡态与状态参量

将一定质量的气体置于容器中，当它与外界没有能量交换，自身也没有发生化学反应，我们会发现，经过一段时间，气体会出现各部分的宏观性质相同的状态，并且将长时间保持这一状态(不计外力场)；我们称系统达到了平衡状态。**热力学系统的平衡态就是指一个孤立系最终达到的宏观性质不再随时间变化的状态**。当系统处于平衡态时，组成系统的大量微观粒子仍然不停地运动，但是运动的平均效果不随时间变化，在宏观上表现为系统的宏观性质恒定不变，因此热力学系统的平衡态是一种动态平衡，称为**热动平衡**。

在热学中用于描述系统宏观性质的物理量称为状态参量。对于处于某一平衡态的一定质量的气体，一般可以用温度 T、压强 p 和体积 V 三个状态参量来进行描述。气体的体积是气体分子所能达到的空间，如果忽略气体分子本身的大小，气体的体积也就是容器的体积，体积的常用单位为 m^3；气体的压强是气体分子对容器壁碰撞的平均效果，是气体作用于单位面积容器壁的正压力。压强的常用单位为 Pa，$1\ Pa=1\ N\cdot m^{-2}$；温度表示物体的冷热程度，其微观本质是微观粒子热运动的剧烈程度，物理学中常用的温度有两种：一种是热力学温标(T)，单位是 K(开尔文)；另一种是摄氏温标(t)，单位是℃(摄氏度)；两种温标的换算关系为

$$T=t+273.15 \tag{13.1}$$

13.1.3　热力学第零定律(热平衡定律)

如图 13.1 所示,如果将两个与外界保持孤立的、各自处于平衡态的系统 A 和 B 之间放置一绝热壁,它们之间将不发生任何影响,各自的状态参量也不会发生变化。若将绝热壁换成导热壁,A 和 B 之间会发生热接触,产生热交换,它们的状态参量也相互影响,发生变化;但是经过一段时间后,两个系统的状态参量将不再变化,两个系统会重新达到平衡状态,我们称两个系统互为热平衡,此时 A 和 B 具有相同的温度。

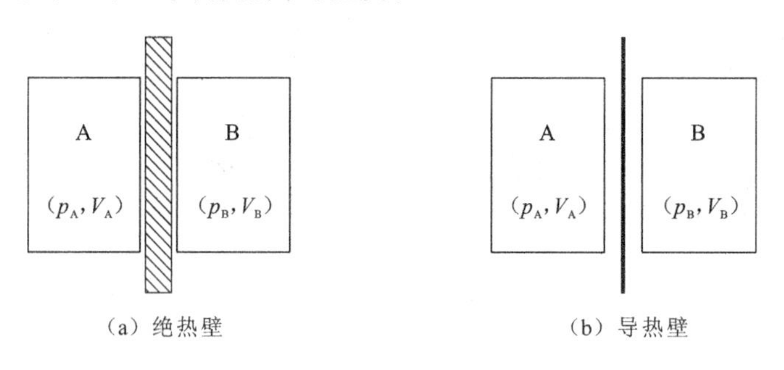

(a) 绝热壁　　(b) 导热壁

图 13.1　绝热壁与导热壁

如图 13.2 所示,有三个与外界保持孤立的系统 A,B 和 C,先将 A,B 用绝热壁隔开,使它们都与 C 通过导热壁进行热接触,经过足够长的时间,A,B 将分别与 C 达到热平衡;接下来如果将 A,B 与 C 之间用绝热壁隔开,将 A,B 之间的绝热壁换成导热壁,使 A,B 进行热接触,那么我们会发现此时 A,B 的状态不会发生变化,说明 A,B 也互为热平衡。该实验现象表明:**如果两个热力学系统中的每一个都与第三个热力学系统的同一平衡态处于热平衡,那么这两个热力学系统的平衡态也必定处于热平衡**。这一结论称为**热力学第零定律**,或**热平衡定律**。

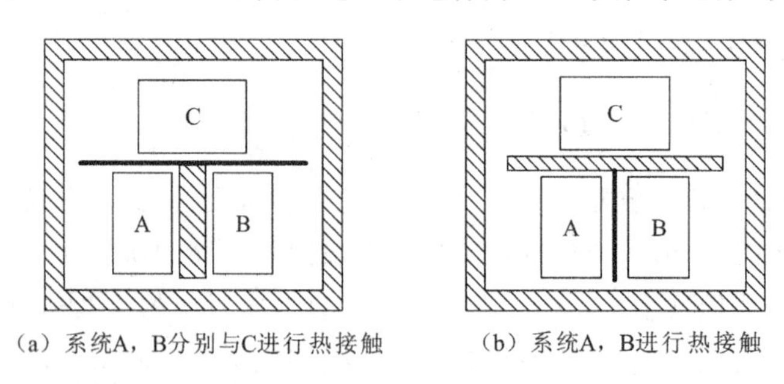

(a) 系统A,B分别与C进行热接触　　(b) 系统A,B进行热接触

图 13.2　三个系统的热平衡

实验表明,一切互为热平衡的系统具有相同的温度。所以温度是决定一系统是否与其他系统处于热平衡的物理量。

13.2　理想气体的状态方程

处于平衡态的热力学系统,可以用一组状态参量来描述。而且,在一定的平衡态下,热力学系统具有确定的温度。实验表明,温度与其他状态参量之间存在一定的函数关系。对于一定质量的某种气体,当其处于温度为 T 的平衡态时,在无外场情况下只需要两个独立参量就可以完全确定系统的一个平衡态,如果用压强 p 和体积 V 来确定系统的状态,温度 T 与 p,V

之间存在的函数关系可以表示为

$$T=T(p,V)$$

或

$$f(p,V,T)=0 \tag{13.2}$$

这个关系就是物质的状态方程，或称物态方程。一定质量的某种液体或各向同性固体的物态方程都是这样的形式。

13.2.1　气体的实验规律

从 17 世纪到 18 世纪，科学家们发现了关于气体的 4 个实验定律：玻意耳-马略特定律、查理定律、盖-吕萨克定律以及阿伏伽德罗定律。由以上 4 个实验定律可以导出理想气体的物态方程。

玻意耳-马略特定律：给定质量的某种气体，当气体温度不变时，气体的压强和体积的乘积等于一个常数，可表示为

$$pV=C(T) \tag{13.3}$$

当气体的压强趋近于零时，相同物质的量的所有气体的压强和体积的乘积趋于同一个常数。

查理定律：给定质量的某种气体，当气体压强不变时，气体的体积与摄氏温度呈线性关系，可表示为

$$V=V_0(1+\alpha t) \tag{13.4}$$

式中：V 和 V_0 分别为 t ℃和 0 ℃时气体的体积；α 为气体的体膨胀系数。

盖-吕萨克定律：给定质量的某种气体，当气体体积不变时，气体的压强与摄氏温度呈线性关系，可表示为

$$p=p_0(1+\kappa t) \tag{13.5}$$

式中：p 和 p_0 分别为 t ℃和 0 ℃时气体的压强；κ 为气体的压强系数。

当气体的压强趋近于零时，所有气体的体膨胀系数 α 和压强系数 κ 趋于同一个常数 $\frac{1}{273.15}$。可见如果用热力学温标 T 替换查理定律和盖-吕萨克定律中的摄氏温标 t，这两个定律可分别表示为

查理定律
$$\frac{V}{T}=\frac{V_0}{T_0} \tag{13.6}$$

盖-吕萨克定律
$$\frac{p}{T}=\frac{p_0}{T_0} \tag{13.7}$$

式中：$T_0=273.15$ K。

阿伏伽德罗定律：相同温度和压强下，1 mol 任何气体的体积相等。

13.2.2　理想气体　理想气体的物态方程

实验表明，不论何种实际气体，在压强不太高（与大气压强相比）、温度不太低（与室温相比）时，都近似遵守气体实验定律；当气体的压强趋近于零时，任何一种实际气体都严格遵守气体实验定律。此时，所有气体的个性差异消失，气体的状态取决于气体的共同性质。为了反映

这一共性并研究其遵循的规律,我们引入**理想气体**的概念。任何气体在压强趋于零的极限情况下都可视为理想气体,此时所有气体的状态参量所遵守同一个物态方程,就是理想气体物态方程。可以根据气体实验定律和阿伏伽德罗定律推出理想气体物态方程。

用(p_1,V_1,T_1)表示一定质量的理想气体的初始状态。首先在保持系统的温度不变的情况下,令系统的体积变为V_2,此时系统的压强为p,根据玻意耳-马略特定律,$p=\frac{p_1V_1}{V_2}$;接下来保持系统的体积V_2不变,令系统的温度变为T_2,则系统的压强变为p_2,根据盖-吕萨克定律式(13.7),$\frac{p_2}{T_2}=\frac{p}{T_1}$;将$p=\frac{p_1V_1}{V_2}$代入,整理得

$$\frac{p_1V_1}{T_1}=\frac{p_2V_2}{T_2}$$

已知1 mol气体在标准状态下的压强、体积与温度分别为$p_0=1.013\times10^5$ Pa,$V_m=22.4\times10^{-3}$ m^3,$T_0=273.15$ K,则对于处于状态(P,V,T)的ν mol理想气体有

$$\frac{pV}{T}=\nu\frac{p_0V_m}{T_0}=\nu R$$

式中:R为**普适气体常数**,又称摩尔气体常数,是1 mol气体在标准状态下压强、体积的乘积与温度的比值

$$R=\frac{p_0V_m}{T_0}=8.31\ \text{J}\cdot\text{mol}^{-1}\cdot\text{K}^{-1} \tag{13.8}$$

则可得到理想气体的物态方程为

$$pV=\nu RT \tag{13.9}$$

因为$\nu=\frac{m}{M}=\frac{N}{N_A}$,理想气体物态方程还可以表示为

$$pV=\frac{m}{M}RT\quad 或\quad pV=\frac{N}{N_A}RT \tag{13.10}$$

式中:m为气体的质量;M为气体的摩尔质量;N为气体的总分子数;N_A为1 mol气体的分子数,即阿伏伽德罗常量,$N_A=6.02\times10^{23}\text{mol}^{-1}$。

还可以将式(13.9)写成

$$p=\frac{N}{V}\frac{R}{N_A}T=nkT \tag{13.11}$$

式中:$n=\frac{N}{V}$,表示单位体积气体分子数,称为气体的数密度;$k=\frac{R}{N_A}=1.38\times10^{-23}$ J·K^{-1},称为**玻尔兹曼常量**。

例13.1　容积为0.001 m^{3}的瓶内装有一定质量的氢气。假定在气焊过程中温度保持27 ℃不变,问当瓶内压强由49.1×10^5 Pa降为9.81×10^5 Pa时,共用去多少克氢气?

解　氢气用理想气体处理,设瓶内氢气的质量气焊前为m,气焊后为m',则气焊前后瓶内氢气的状态方程为

$$pV=\frac{m}{M}RT,\quad p'V=\frac{m'}{M}RT$$

式中:$p=49.1\times10^5$ Pa,$p'=9.81\times10^5$ Pa,$T=27+273=300$ K,$V=0.001$ m^3,求得用去氢气的质量为

$$m-m'=\frac{MV}{RT}(p-p')=\frac{2\times10^{-3}\times0.001}{8.31\times300}(49.1-9.81)\times10^5$$
$$=3.14\times10^{-3}(\text{kg})=3.14\ (\text{g})$$

13.2.3　混合理想气体的物态方程

若混合理想气体由 n 种不同化学组分的理想气体混合而成。当它处于温度为 T 的平衡态时，体积为 V，压强为 p。设其中第 i 种气体的摩尔数为 ν_i，当第 i 种理想气体以体积为 V，温度为 T 的平衡态单独存在时，其压强为 p_i，根据理想气体物态方程可知

$$p_iV=\nu_iRT$$

将所有组分的理想气体对应的物态方程相加，可得

$$(p_1+p_2+\cdots+p_n)V=(\nu_1+\nu_2+\cdots+\nu_n)RT$$

实验表明混合理想气体的压强 $p=p_1+p_2+\cdots+p_n$，且总摩尔数 $\nu=\nu_1+\nu_2+\cdots+\nu_n$，所以混合理想气体的物态方程仍然可以表示为

$$pV=\nu RT \tag{13.12}$$

例 13.2　容积为 $25\times10^{-3}\ \text{m}^3$ 的容器内有 1.0 mol 的氮气，另一个容积为 $20\times10^{-3}\ \text{m}^3$ 的容器内盛有 2.0 mol 的氧气，两者用带阀门的管道相连，并且置于冰水槽中，现打开阀门令两者混合，求：

(1) 平衡后混合气的压强是多少？

(2) 混合气的平均摩尔质量是多少？

解　(1) 气体用理想气体处理，根据混合理想气体的物态方程 $pV=\nu RT$，其中 $V=(25+20)\times10^{-3}=45\times10^{-3}\ \text{m}^3$，$\nu=1.0+2.0=3.0$ mol，$T=273$ K，则

$$p=\frac{\nu RT}{V}=\frac{3\times8.31\times273}{45\times10^{-3}}=1.51\times10^5(\text{Pa})$$

(2) 混合理想气体的平均摩尔质量

$$M=\frac{\nu_{N_2}M_{N_2}+\nu_{O_2}M_{O_2}}{\nu_{N_2}+\nu_{O_2}}=\frac{1\times28+2\times32}{3}=29.3\ (\text{g}\cdot\text{mol}^{-1})$$

13.3　气体分子热运动与统计规律

13.3.1　对物质微观结构的基本认识

对物质微观结构的基本认识有三点：

(1) 一切宏观物体都是由大量粒子——分子或原子构成的。

(2) 所有分子都在不停地做无规则运动(由于大量分子的无规则运动的剧烈程度与温度有关，所以被称为热运动)。

(3) 分子间存在相互作用力。

许多实验现象可以帮助我们认识物质的微观结构。如气体是很容易被压缩的，说明气体分子间有很大的间隙；水与酒精混合后的体积会减小说明液体分子间也有空隙，用高分辨率的电子显微镜可以观察到晶体的原子排列。以最松散的聚集态——气态为例，1 mol 的气体在 0 ℃和 1.01×10^5 Pa 时其体积约为 $22.4\times10^{-3}\ \text{m}^3$，表明标准状态下，1 cm^3 约有 3×10^{19} 个分

子,足以说明宏观热力学系统所包含的分子数量是庞大的。

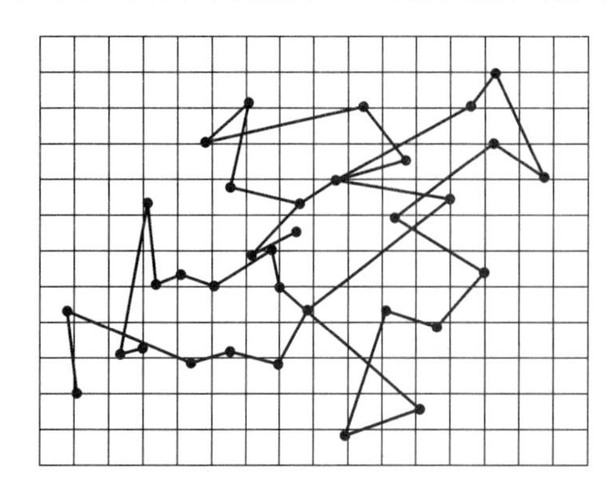

图 13.3 布朗运动:图中黑点为布朗粒子每隔 30 s 所在的位置

例如,坐在客厅就可以闻到厨房里烹调食物的味道;滴入水杯的一滴墨汁就可以将整杯水染黑;两种金属挤压在一起,时间久了就会发现它们之间可以互相渗透,这些扩散现象说明所有分子都处在不停地无规则运动状态之中。1827 年,英国植物学家布朗在显微镜下观察悬浮在水中的花粉颗粒,发现它们不停地做无规则运动,称为布朗运动。布朗运动表明每一个花粉颗粒都受到多个液体分子的来自各个方向的不同程度的撞击,导致任意时刻花粉颗粒受到冲击作用的合力不断改变,形成无规则运动,如图 13.3 所示。布朗运动充分证明了液体分子热运动的无序性。液体温度越高,布朗运动越剧烈,这一现象反映了温度与液体分子无规则热运动剧烈程度的联系。

分子之间存在引力。固体和液体能够保持一定的体积或形状就是这种分子之间的引力作用,而气体是不能保持一定的体积的。显然气体分子之间的引力作用要比固体和液体分子小得多。同时,固体和液体是很难被压缩的,气体虽然很容易被压缩,但是压缩到一定程度后也很难继续压缩,这一现象说明分子与分子之间存在斥力。分子间的引力和斥力都是短程力,分子间距离越小表现越显著,斥力的作用距离更是小于引力的作用距离。因为气体分子之间的距离较大,所以气体分子间的引力很小,斥力也是在分子间发生碰撞时才表现出来。

13.3.2 分子热运动服从统计规律

1. 什么是统计规律

统计规律是大量偶然(随机)事件所呈现出的整体规律。偶然事件是不可预测其结果的,比如往桌上投掷硬币,结果是图像朝上还是数字朝上,这是不可预测的;但是如果重复投掷成千上万次(或同时掷出成千上万枚硬币),我们会发现图像和数字朝上的次数大约各占一半,这就是一种统计规律。重复次数越多,这种规律表现得越明显。

我们还可以用伽尔顿板(Galton plate)直观地演示一种统计规律的现象。如图 13.4 所示,竖直放置的木板上方均匀钉上许多铁钉,下方用隔板分割成许多等宽的窄槽,木板前方及周围分别用玻璃和木条封住,顶端留一个漏斗,将玻璃小球(球的大小要与铁钉间距相适应)通过漏斗投入木板中,小球经过与若干铁钉的碰撞之后落入窄槽中。当每次投入一个小球,小球落入哪一个窄槽完全是随机的;每次投入少量小球,小球在槽中的分布仍然无规律可循;但是当每次投入成批的小球,会发现每一次小球的分布都是一致的中间高、两边低的山峰状。该实验说明个体行为是偶然的,而大量偶然的个体行为整体表现出必然的规律性。

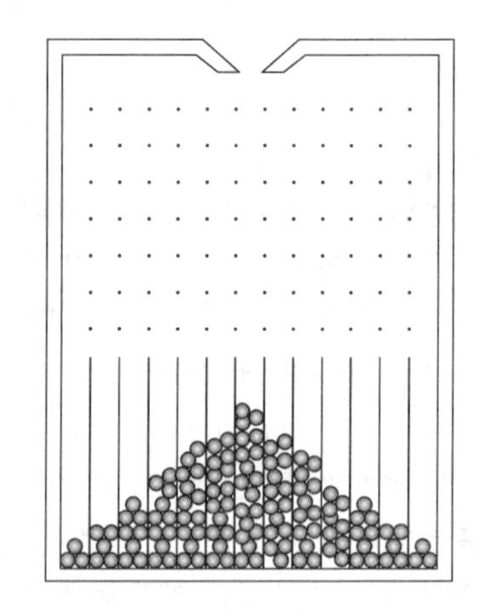

图 13.4 伽尔顿板实验

2. 分子热运动所服从的统计规律

一定质量的气体处于平衡态时，由于热运动，气体分子之间存在高频率的碰撞（标准状态下，每秒钟一个气体分子平均与其他分子碰撞的次数约为 10^{10} 次），这意味着每一时刻一个气体分子的运动状态，如速度、位置等都是随机的，但是大量气体分子的运动状态的整体将表现出必然的统计规律性。比如平衡态下气体的分子数密度处处相同（不考虑外力场），说明大量气体分子整体按位置的分布是均匀的。

如果在气体内部某位置取一个立方体，那么平衡态下该立方体中的分子数密度将保持恒定，说明每一时刻从上下、左右、前后 6 个方向进出立方体分子的数量是相同的，这表明气体分子按速度方向的分布是均匀的。

以上结论是符合概率论中的等概率假设的。等概率假设是指如果没有理由说明哪一个事件出现的概率（机会）更大或更小，则认为每一个事件出现的概率相同。比如一个质量分布均匀的立方体骰子，掷到桌面上哪一个面朝上？对于 6 个面来说，机会是均等的，因而出现的概率都是 1/6。

同样，对于处于同一平衡态且无外场作用的大量分子而言，没有哪一个分子是特殊的，因而，任一时刻的每一个分子沿任意方向运动的机会均等。对于大量分子而言，就是分子按速度方向的分布是均匀的。

根据分子热运动的统计规律，可以认为，在每一个方向上，气体分子速度的各种统计平均值都相等。

下面来看看如何表示气体分子速度的统计平均值。设处于平衡态的一定质量的气体的总分子数为 N，令速度的大小和方向一致或非常接近的分子为一组，如具有速度为 $\boldsymbol{v}_1,\boldsymbol{v}_2,\cdots,\boldsymbol{v}_i,\cdots$ 的分子个数分别为 $\Delta N_1,\Delta N_2,\cdots,\Delta N_i,\cdots$，这样分子按速度分成了若干组，速度矢量 $\boldsymbol{v}_1,\boldsymbol{v}_2,\cdots,\boldsymbol{v}_i,\cdots$ 在空间直角坐标系中可以表示为 (v_{1x},v_{1y},v_{1z})，(v_{2x},v_{2y},v_{2z})，$\cdots$，(v_{ix},v_{iy},v_{iz})，$\cdots$，分子速度沿 x 方向的统计平均值可以表示为

$$\overline{v_x}=\frac{v_{1x}\Delta N_1+v_{2x}\Delta N_2+\cdots+v_{ix}\Delta N_i+\cdots}{\Delta N_1+\Delta N_2+\cdots+\Delta N_i+\cdots}=\frac{\sum\limits_i v_{ix}\Delta N_i}{N} \tag{13.13}$$

因为气体分子按速度方向的分布是均匀的，也就是说，v_x 为正和 v_x 为负的分子数目是一样多，那么必然有 $\overline{v_x}=0$；同样可以得到，$\overline{v_y}=0$，以及 $\overline{v_z}=0$，即

$$\overline{v_x}=\overline{v_y}=\overline{v_z}=0 \tag{13.14}$$

综上可得

$$\overline{\boldsymbol{v}}=0 \tag{13.15}$$

同样，分子速度沿 x 方向分量的平方的统计平均值可以表示为

$$\overline{v_x^2}=\frac{v_{1x}^2\Delta N_1+v_{2x}^2\Delta N_2+\cdots+v_{ix}^2\Delta N_i+\cdots}{\Delta N_1+\Delta N_2+\cdots+\Delta N_i+\cdots}=\frac{\sum\limits_i v_{ix}^2\Delta N_i}{N} \tag{13.16}$$

且

$$\overline{v_x^2}=\overline{v_y^2}=\overline{v_z^2}$$

因为 $v^2=v_x^2+v_y^2+v_z^2$，那么

$$\overline{v^2}=\frac{\sum\limits_i v_i^2\Delta N_i}{N}=\frac{\sum\limits_i (v_{ix}^2+v_{iy}^2+v_{iz}^2)\Delta N}{N}=\overline{v_x^2}+\overline{v_y^2}+\overline{v_z^2}$$

则

$$\overline{v_x^2} = \overline{v_y^2} = \overline{v_z^2} = \frac{1}{3}\overline{v^2} \tag{13.17}$$

13.4　理想气体的压强和温度

13.4.1　理想气体的微观模型

在对物质分子结构基本认识的基础上，我们对理想气体分子的微观结构有进一步的假设。实验表明，气体凝结成液体时，体积约缩小到千分之一，可以推算气体分子间平均距离大约是分子的线度的10倍。对于比实际气体更加稀薄的理想气体而言，分子间平均距离要比分子的线度更是大得多，因此分子的线度可以忽略不计；又因为分子力是短程力，对于分子间平均距离较大的理想气体，分子力也可以忽略不计。此外，在平衡态下气体的状态参量 T、p 保持恒定，反映了分子经过频繁碰撞后动能没有损失，说明碰撞是完全弹性的。因此对理想气体分子的微观认识包括以下三点：

(1) 分子可以视为质点。

(2) 除碰撞的瞬间，气体分子之间以及气体分子与器壁之间无相互作用。

(3) 分子之间以及分子与器壁之间的碰撞都是完全弹性的。

综上所述，**理想气体就是大量的无规则运动的相互无作用力的弹性质点的集合**。

13.4.2　理想气体的压强

1. 理想气体压强的定性解释

压强定义为单位面积的正压力。在平衡态下，气体对容器壁的压强来源于大量气体分子对器壁的不断撞击。虽然单个分子对器壁的撞击是随机的、不连续的，但是大量分子的撞击的整体效果是持续的、恒定的。因此**气体的压强是无规则运动的大量分子撞击器壁时，作用于器壁单位面积上的平均冲力或单位时间作用于器壁单位面积上的平均冲量**。

2. 理想气体压强的定量推导

按照以上思路，并结合对理想气体微观模型的讨论，来定量推导理想气体的压强。

假定一定质量的理想气体置于体积 V 的容器中，分子总数为 N，具有速度为 $\boldsymbol{v}_1, \boldsymbol{v}_2, \cdots, \boldsymbol{v}_i, \cdots$ 的分子个数分别为 $\Delta N_1, \Delta N_2, \cdots, \Delta N_i, \cdots$，相应的分子数密度分别为 $n_1, n_2, \cdots, n_i, \cdots$，显然，总分子数与总的分子数密度分别为

$$N = \Delta N_1 + \Delta N_2 + \cdots + \Delta N_i + \cdots = \sum_i \Delta N_i \tag{13.18}$$

$$\begin{aligned} n &= \frac{N}{V} = \frac{\Delta N_1}{V} + \frac{\Delta N_2}{V} + \cdots + \frac{\Delta N_i}{V} + \cdots \\ &= n_1 + n_2 + \cdots + n_i + \cdots = \sum_i n_i \end{aligned} \tag{13.19}$$

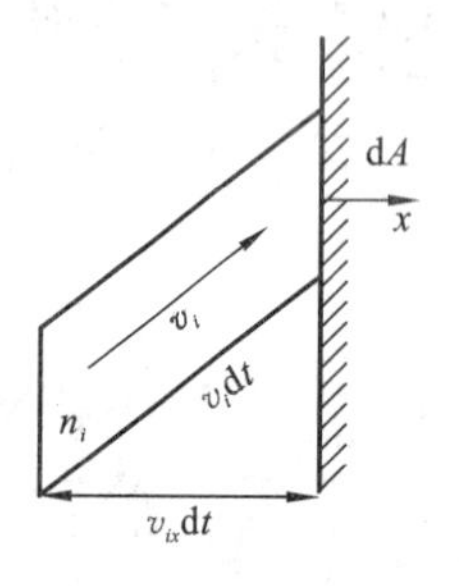

图13.5　理想气体的压强推导示意图

因为平衡态下，容器壁上的气体压强处处相等，我们可以选取容器壁上任一处面积元 dA 求单位时间气体分子作用于 dA 的平均冲力。考虑到气体压强来源于分子的无规则热运动，我们以气体的质心坐标系为参考系，以面积元 dA 的法线方向为 x 轴，如图13.5所示。

首先,单个分子的运动服从经典力学规律,根据理想气体微观模型,当一个分子(假定质量为 m)以速度 v_i 撞击面积元 $\mathrm{d}A$ 时,因为是完全弹性碰撞,碰撞后其速度分量只有 v_{ix} 变化为 $-v_{ix}$,该分子动量的改变为

$$-mv_{ix}-mv_{ix}=-2mv_{ix} \tag{13.20}$$

应用动量定理及牛顿第三定律,该分子对 $\mathrm{d}A$ 产生的冲量为

$$f_i\mathrm{d}t=2mv_{ix} \tag{13.21}$$

接下来,我们来看 $\mathrm{d}t$ 时间内速度为 $\boldsymbol{v}_i$ 的分子对 $\mathrm{d}A$ 产生的总冲量为多少。以 $\mathrm{d}A$ 为底,在 $\boldsymbol{v}_i$ 方向上取 $v_i\mathrm{d}t$ 长度,作一个斜柱体,如图 13.5 所示。斜柱体的体积为 $v_{ix}\mathrm{d}t\mathrm{d}A$,斜柱体内速度为 v_i 的分子数为 $n_iv_{ix}\mathrm{d}t\mathrm{d}A$,$n_i$ 为速度为 $\boldsymbol{v}_i$ 的分子的数密度,因此 $\mathrm{d}t$ 时间内速度为 $\boldsymbol{v}_i$ 分子对 $\mathrm{d}A$ 产生的总冲量为

$$(2mv_{ix})\cdot(n_iv_{ix}\mathrm{d}t\mathrm{d}A)=2mn_iv_{ix}^2\mathrm{d}t\mathrm{d}A \tag{13.22}$$

注意到式(13.22)只与速度分量 v_{ix} 有关,说明不管速度矢量如何,只要是速度分量为 v_{ix} 的分子,对器壁的总冲量的贡献都是相同的。

下面求一切速度的分子对器壁的总冲量。

考虑到一切速度的分子中,$v_{ix}>0$ 的分子才可以与器壁碰撞,因此 $\mathrm{d}t$ 时间内 $\mathrm{d}A$ 受到的所有速度的分子的总冲量为

$$\mathrm{d}I=\sum_{i(v_{ix}>0)}2mn_iv_{ix}^2\mathrm{d}t\mathrm{d}A \tag{13.23}$$

按照大量无规则运动分子所遵循的统计规律,$v_{ix}>0$ 的分子和 $v_{ix}<0$ 的分子各占一半,因此

$$\mathrm{d}I=\frac{1}{2}\sum_i 2mn_iv_{ix}^2\mathrm{d}t\mathrm{d}A=\sum_i mn_iv_{ix}^2\mathrm{d}t\mathrm{d}A \tag{13.24}$$

气体对器壁的压强 p 等于单位时间单位面积器壁受到的分子的总冲量,即

$$p=\frac{\mathrm{d}I}{\mathrm{d}A\mathrm{d}t}=\sum_i mn_iv_{ix}^2=m\sum_i n_iv_{ix}^2 \tag{13.25}$$

又因为 x 方向速度分量的平方的统计平均

$$\overline{v_x^2}=\frac{\sum_i\Delta N_iv_{ix}^2}{N}=\frac{\sum_i n_iv_{ix}^2}{n}$$

且按照大量无规则运动分子所遵循的统计规律有

$$\overline{v_x^2}=\overline{v_y^2}=\overline{v_z^2}=\frac{1}{3}\overline{v^2}$$

所以

$$p=mn\overline{v_x^2}=\frac{1}{3}nm\overline{v^2}=\frac{2}{3}n\left(\frac{1}{2}m\overline{v^2}\right) \tag{13.26}$$

式中:$\frac{1}{2}m\overline{v^2}$ 为大量分子无规则热运动的平动动能的统计平均,简称**平均平动动能**,用 $\overline{\varepsilon_t}$ 表示,则理想气体的压强公式为

$$p=\frac{2}{3}n\overline{\varepsilon_t} \tag{13.27}$$

3. 理想气体压强公式的物理意义

理想气体的压强公式是气体动理论的基本公式之一,该式反映了气体的宏观状态参量压

强与微观量——气体分子的平均平动动能的联系,揭示了压强的微观本质——压强决定于分子数密度 n 和分子的平均平动动能$\overline{\varepsilon_t}$(这两个量都是统计平均量),说明理想气体的压强具有统计意义。

在推导理想气体压强公式的过程中,用到理想气体分子的微观结构的假设以及无规则热运动的大量分子服从统计规律的假设,结果是否正确,还需要实验验证。因为从该公式出发可以从微观角度解释或推证许多实验定律,也就说明了公式的正确性。

13.4.3　理想气体的温度

比较理想气体压强公式(13.27)和理想气体的状态方程式(13.11),可得

$$\overline{\varepsilon_t}=\frac{3}{2}kT \tag{13.28}$$

可见,理想气体的分子平均平动动能与理想气体的热力学温度成正比,**温度越高,反映分子平均平动动能越大,分子无规则热运动越剧烈,这就是温度的微观本质**。

式(13.28)说明宏观状态参量温度具有统计意义,也就是说,只有大量分子组成的系统才可以用温度、压强描述,单个分子是不存在温度或压强的。

式(13.28)表明分子平均平动动能仅与温度有关,与分子种类无关,因此不同种类的理想气体在温度相同时,分子平均平动动能也相同。

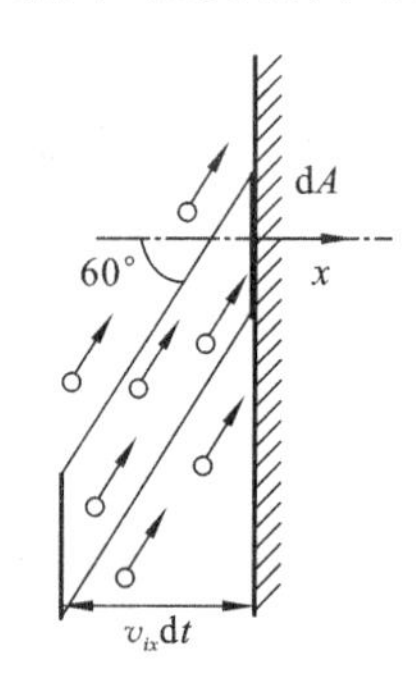

图 13.6　例 13.3 图

例 13.3　如图 13.6 所示,在一束分子运动的路径上,竖立着一个光滑的屏,假定分子速度大小方向都相同,当分子都以速率$v=10\ \mathrm{m\cdot s^{-1}}$,且和屏的法线方向成 60°角的方向与屏发生弹性碰撞,求屏上的压强。(已知分子束的数密度为 $n=1.5\times10^{17}\ \mathrm{m^{-3}}$,分子质量 $m=3.3\times10^{-27}$ kg)

解　以屏的法线方向建立 x 轴,则每一个分子碰撞屏产生的冲量为

$$2mv_x=2mv\cos 60°=mv$$

$\mathrm{d}t$ 时间与屏上的 $\mathrm{d}A$ 面积元碰撞的分子数为

$$n(v_x\mathrm{d}t)\mathrm{d}A=n(v\cos 60°\mathrm{d}t)\mathrm{d}A=\frac{1}{2}nv\mathrm{d}t\mathrm{d}A$$

产生的总冲量为

$$\left(\frac{1}{2}nv\mathrm{d}t\mathrm{d}A\right)(mv)=\frac{1}{2}nmv^2\mathrm{d}t\mathrm{d}A$$

对屏的压强为

$$p=\frac{\frac{1}{2}nmv^2\mathrm{d}t\mathrm{d}A}{\mathrm{d}t\mathrm{d}A}=\frac{1}{2}nmv^2=\frac{1}{2}\times1.5\times10^{17}\times3.3\times10^{-27}\times10^2=2.48\times10^{-8}(\mathrm{Pa})$$

13.5　能量按自由度均分

本节研究的是分子无规则热运动能量所遵循的统计规律,即能量按自由度均分定理,并由此导出理想气体的热容和内能。

13.5.1　分子运动的自由度

自由度指确定一个物体的空间位置所需要的独立坐标的个数。比如要确定一个不受约束的自由质点的空间位置,需要给出该质点在空间直角坐标系中的位置坐标(x,y,z),说明质点

的自由度数为 3。质点的自由度也称平动自由度，用 t 表示，$t=3$。

气体分子按结构可分为单原子分子（如 He、Ar 等），双原子分子（如 H_2、O_2、N_2、HCl 等），三原子分子或多原子分子（如 CO_2、H_2O、NH_3 等），如图 13.7 所示。

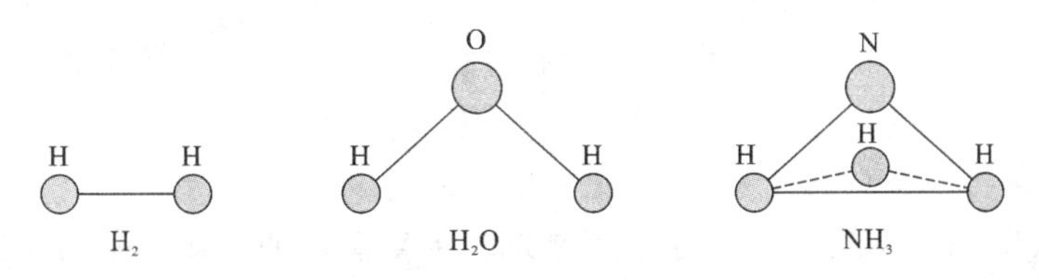

图 13.7　分子结构示意图

单原子分子可以视为自由质点，因此有三个平动自由度 (x, y, z)，如图 13.8(a) 所示。

双原子分子可以视为两个质点构成的哑铃状的结构，如图 13.8(b) 所示。如果是刚性的双原子分子，质点之间的距离保持不变。要确定“哑铃”的空间位置，首先要确定“哑铃”的质心 C 的位置坐标 (x, y, z)，即三个平动自由度；接下来确定“哑铃”的轴（两个原子的连线）的方向，即方位角（轴与 x, y, z 轴的正向夹角）(α, β, γ)，因为 (α, β, γ) 之间存在关系 $\cos^2\alpha+\cos^2\beta+\cos^2\gamma=1$，我们称这是一个约束条件，也就是说，$\alpha, \beta, \gamma$ 中只有两个是独立的，称为转动自由度，用 r 表示，$r=2$。因此双原子分子的总自由度数为 5，包括 3 个平动自由度和 2 个转动自由度。

刚性的三原子分子或多原子分子是更为复杂的刚体结构，如图 13.8(c) 所示。要确定这样一个刚体的空间位置，首先要确定刚体的质心 C 的位置坐标 (x, y, z)；接下来确定通过质心的轴线（图 13.8(c) 中通过质心 C 的虚线）的方向，方位角 (α, β) 即可；最后确定刚体绕轴线的转动，需要一个独立坐标 θ。因此多原子分子的总自由度数为 6，包括 3 个平动自由度和 3 个转动自由度。

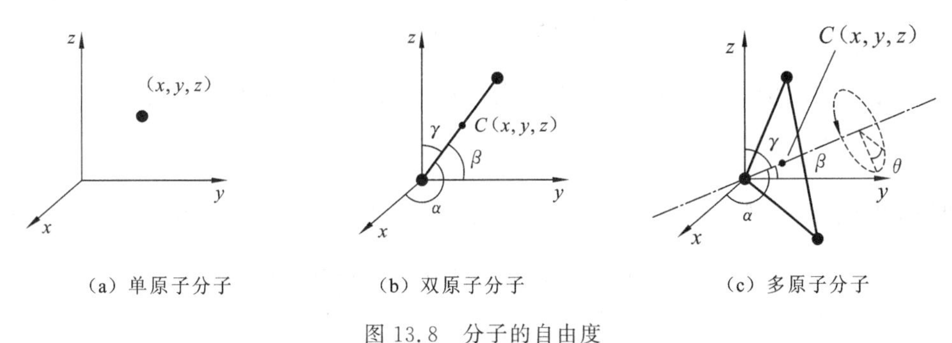

图 13.8　分子的自由度

综上所述，如果用 i 表示一个分子的总自由度数，则

$$\left.\begin{array}{ll}\text{单原子分子} & i=t=3 \\ \text{双原子分子(刚性)} & i=t+r=3+2=5 \\ \text{多原子分子(刚性)} & i=t+r=3+3=6\end{array}\right\} \tag{13.29}$$

若是非刚性的分子，还应考虑原子之间的振动自由度，振动自由度一般用 s 表示，则 $i=t+r+s$。但是在常温下（$T<500$ K）振动的影响可以忽略不计，分子可视为刚性分子。

13.5.2　能量按自由度均分定理

13.4 节中已知，温度为 T 的平衡态下，气体分子的平均平动动能 $\overline{\varepsilon_t}=\frac{1}{2}m\overline{v^2}=\frac{3}{2}kT$，且

$\overline{v_x^2}=\overline{v_y^2}=\overline{v_z^2}=\frac{1}{3}\overline{v^2}$,则

$$\frac{1}{2}m\overline{v_x^2}=\frac{1}{2}m\overline{v_y^2}=\frac{1}{2}m\overline{v_z^2}=\frac{1}{2}kT$$

说明气体分子在每一个平动自由度上的平均动能是相等的,分子的平均平动动能是平均分配到每一个自由度上的。那么对于其他的运动形式,如转动、振动,分子的平均动能是不是也能够平均分配在每一个自由度上呢?

经典的统计力学证明了这一点:**处于温度为 T 的平衡态的气体分子的任何一种运动形式的每一个自由度的平均动能都相等且等于 $\frac{1}{2}kT$**。该结论称为**能量按自由度均分定理**(即能量均分定理)。该定理体现了等概率假设,即对于平衡态下大量分子的无规则热运动。没有哪一种运动形式是特殊的,占优势的。从微观上看,气体的平衡态是分子的无规则热运动以及频繁地碰撞实现的,通过碰撞,分子的能量在不同分子之间、不同运动形式之间不断地交换、转化,热运动总的趋势是将总能量通过碰撞均等地分配到每一个运动形式的每一个自由度上。

根据能量均分定理,温度为 T 的平衡态下,一个气体分子的平均总动能 $\overline{\varepsilon_{总}}$ 由它的总自由度数 i 决定,即

$$\overline{\varepsilon_{总}}=\frac{i}{2}kT \tag{13.30}$$

对于单原子分子 $i=t=3$,因此一个单原子分子的平均总动能为

$$\overline{\varepsilon_{总}}=\frac{3}{2}kT$$

对于双原子分子(刚性)$i=t+r=3+2=5$,因此一个双原子分子的平均总动能为

$$\overline{\varepsilon_{总}}=\frac{1}{2}(3+2)kT=\frac{5}{2}kT$$

多原子分子(刚性)$i=t+r=3+3=6$,因此一个多原子分子的平均总动能为

$$\overline{\varepsilon_{总}}=\frac{1}{2}(3+3)kT=3kT$$

如果是非刚性的,还需要考虑振动自由度的能量。将原子振动视为谐振动,因为谐振动在一个周期内的平均动能和平均势能相等,所以对于每一个振动自由度,除了 $\frac{1}{2}kT$ 的平均动能,分子还有 $\frac{1}{2}kT$ 的平均势能,因此每个分子的平均总能量写为

$$\overline{\varepsilon_{总}}=\frac{i}{2}kT=\frac{1}{2}(t+r+2s)kT \tag{13.31}$$

需要指出,能量均分定理是对大量分子的无规则热运动动能进行统计平均的结果,也是一个统计规律。能量均分定理只能说明,在某一温度下的大量分子整体下,每个分子的平均能量是多少;对于单个分子来说,它在任意时刻的各种形式的动能以及总能量都不能按照能量均分定理来确定。

13.5.3　理想气体的内能

由于不考虑分子间相互作用力,也就是说分子间相互作用势能为零,因而理想气体的内能就等于全体分子的总动能。用 E 表示理想气体的内能,则

1 mol 理想气体的内能　　$E_m = N_A \frac{i}{2}kT = \frac{i}{2}RT$

ν mol 理想气体的内能　　$E = \nu \frac{i}{2}RT$　　(13.32)

当 ν mol 理想气体从温度为 T_1 的状态经任意热力学过程到达温度为 T_2 的状态时，系统的内能从 E_1 变为 E_2，内能的增量

$$\Delta E = E_2 - E_1 = \nu \frac{i}{2}R(T_2 - T_1) \tag{13.33}$$

上式表明，一定质量的理想气体的内能完全取决于温度和分子的自由度数，而与气体的体积、压强无关，即 $E=E(T)$，**理想气体的内能只是温度的函数**。这个结论，在热力学中可以通过焦耳实验得到，在此则是从气体动理论指出了这个结论的微观机制。

例 13.4　求：(1) 温度为 0 ℃时的氧分子的平均平动动能和平均转动动能；

(2) 该温度下 5 g 氧气所具有的内能。

解　(1) 氧分子是双原子分子，其平动和转动自由度分别为 3 和 2，0 ℃时的氧分子的平均平动动能和平均转动动能分别为

$$\bar{\varepsilon}_{平动} = \frac{3}{2}kT = \frac{3}{2}\times 1.38\times 10^{-23}\times 273 = 5.65\times 10^{-21}(\text{J})$$

$$\overline{\varepsilon_{转动}} = \frac{2}{2}kT = \frac{2}{2}\times 1.38\times 10^{-23}\times 273 = 3.77\times 10^{-21}(\text{J})$$

(2) 0 ℃时 5 g 氧气所具有的内能为

$$E = \nu \frac{i}{2}RT = \frac{5}{32}\times\frac{5}{2}\times 8.31\times 273 = 886.2\ (\text{J})$$

例 13.5　一容器内贮有氧气，其压强为 2.0 atm(1 atm＝1.013×10^5 Pa)，温度为 27 ℃，求：

(1) 分子数密度 n；

(2) 质量密度 ρ；

(3) 分子的平均平动动能；

(4) 分子的平均总动能；

(5) 分子间的平均距离 d。

解　(1) 由 $p=nkT$ 可得分子数密度

$$n = \frac{p}{kT} = \frac{2.026\times 10^5}{1.38\times 10^{-23}\times(273+27)} = 4.90\times 10^{25}(\text{m}^{-3})$$

(2) 质量密度

$$\rho = nm = n\frac{M_{O_2}}{N_A} = 4.9\times 10^{25}\times\frac{32\times 10^{-3}}{6.02\times 10^{23}} = 2.6\ (\text{kg}\cdot\text{m}^{-3})$$

(3) 分子的平均平动动能

$$\bar{\varepsilon}_{平动} = \frac{3}{2}kT = \frac{3}{2}\times 1.38\times 10^{-23}\times(273+27) = 6.21\times 10^{-21}(\text{J})$$

(4) 分子的平均总动能

$$\bar{\varepsilon} = \frac{5}{2}kT = \frac{5}{2}\times 1.38\times 10^{-23}\times(273+27) = 10.35\times 10^{-21}(\text{J})$$

(5) 分子间的平均距离

$$\bar{d}=\left(\frac{1}{n}\right)^{1/3}=\left(\frac{1}{4.90\times10^{25}}\right)^{1/3}=2.73\times10^{-9}(\mathrm{m})$$

13.6 麦克斯韦速率分布律

当气体处于平衡态时,由于分子间频繁地碰撞,每个分子速度的大小、方向不断地改变,一个分子在某一时刻具有的速度的大小、方向完全是偶然的,无规律可循。然而,理论和实践都表明,对于处于平衡态的大量分子整体而言,气体分子按照速度大小,即速率的分布遵从一定的规律。1859 年麦克斯韦从理论上导出了气体分子速率分布律。1920 年施特恩对该定律进行了实验验证,此后物理学家葛正权等人也对该实验做了改进并有过贡献。1955 年密勒(Miller)和库什(Kusch)对该分布律进行了高度精确的实验验证。

13.6.1 速率分布概念和速率分布函数

1. 速率分布概念

分布是一个统计概念,是对大量偶然事件整体规律的一种描述。例如,要统计某次考试的成绩分布,对参加考试的所有学生,可以 5 分为一个间隔,依次统计从 0 分到 100 分的每一个分数段的人数,再计算出相应分数段上的人数占总人数的百分比,从而得出参加该考试学生成绩的整体规律。以此类推,对于处于某个平衡态的 N 个气体分子组成的系统,气体分子按速率的分布则是以 Δv 为一个间隔,在分子速率许可的范围内,将速率分成若干间隔,若速率 $v_i\sim v_i+\Delta v$ 内的分子数为 ΔN_i 个,则此速率区间的分子数占总分子数的比率为 $\frac{\Delta N_i}{N}$,这样依次得到每一个速率区间的分子数占总分子数的比率,也就得出系统 内分子按速率分布的整体规律。

2. 速率分布函数

对于处于某个平衡态的 N 个气体分子组成的系统,速率区间 $v_i\sim v_i+\Delta v$ 内的分子数占总分子数的比率 $\frac{\Delta N_i}{N}$ 与速率间隔 Δv 的大小有关,v_i 一定的情况下,Δv 越大,该区间内的分子数 ΔN_i 就越多,可见 $\frac{\Delta N_i}{N}$ 与 Δv 成正比;此外,$\frac{\Delta N_i}{N}$ 还应与速率 v 有关,不同速率附近相同速率间隔内的分子数一定是不相同,认为 $\frac{\Delta N_i}{N}$ 与速率 v 的某种函数 $f(v)$ 成正比。由于分子运动的无规则性以及分子数量很大,认为表示分子速率分布的这种函数是连续的,当 Δv 取得无限小时,这些量的关系为

$$\frac{\mathrm{d}N}{N}=f(v)\mathrm{d}v \tag{13.34}$$

式中:

$$f(v)=\frac{\mathrm{d}N}{N\mathrm{d}v} \tag{13.35}$$

表示速率 v 附近单位速率间隔的分子数占总分子数的比率,$f(v)$ 称为**气体分子的速率分布函数**。$f(v)\mathrm{d}v$(即 $\frac{\mathrm{d}N}{N}$)表示在 $v\sim v+\mathrm{d}v$ 速率间隔的分子数占总分子数的比率,对单个分子来说,也是分子速率取 $v\sim v+\mathrm{d}v$ 的值的概率。$Nf(v)\mathrm{d}v$(即 $\mathrm{d}N$)表示在 $v\sim v+\mathrm{d}v$ 速率间隔的分子数。

分布函数是分子速率分布问题的核心,知道了分布函数 $f(v)$,就可以求出分子在任意指定速率间隔内的概率,以及计算有关的统计量,如平均速率等。例如在 $v_1\sim v_2$ 速率间隔的分子数占总分子数的比率为

$$\frac{\Delta N_{v_1\sim v_2}}{N}=\int_{v_1}^{v_2}f(v)\mathrm{d}v \tag{13.36}$$

在 $v_1\sim v_2$ 速率间隔的分子数则为

$$\Delta N_{v_1\sim v_2}=N\int_{v_1}^{v_2}f(v)\mathrm{d}v \tag{13.37}$$

分子速率可以取 $0\sim+\infty$ 范围内的任意值,因此在 $0\sim+\infty$ 范围内的分子数就是总分子数,即

$$\frac{\Delta N_{0\sim\infty}}{N}=\int_0^{\infty}f(v)\mathrm{d}v=1 \tag{13.38}$$

该式就是分布函数必须满足的归一化条件,也可以理解为分子速率在 $0\sim+\infty$ 范围内的概率是1。

13.6.2　麦克斯韦速率分布函数和分布曲线

1. 麦克斯韦速率分布函数

麦克斯韦在1859年根据平衡态下大量气体分子的无规则热运动所满足的统计假设以及概率论,从理论上推导出了气体分子按速率分布的规律:当一定质量的气体处于平衡态时,分布在速率间隔 $v\sim v+\mathrm{d}v$ 内的分子数占总分子数的比率为

$$\frac{\mathrm{d}N}{N}=f(v)\mathrm{d}v=4\pi\left(\frac{m}{2\pi kT}\right)^{\frac{3}{2}}\mathrm{e}^{-\frac{mv^2}{2kT}}v^2\mathrm{d}v$$

该式即为**麦克斯韦速率分布律**。

与13.6.1节中速率分布函数的定义式(13.35)对比可知,麦克斯韦速率分布函数为

$$f(v)=4\pi\left(\frac{m}{2\pi kT}\right)^{\frac{3}{2}}\mathrm{e}^{-\frac{mv^2}{2kT}}v^2 \tag{13.39}$$

式中:T 为气体的温度;m 是分子的质量;k 为玻尔兹曼常量。从该式可知

(1) 当 $v=0$ 以及 $v\to\infty$ 时,$f(v)=0$。

(2) 分布函数 $f(v)$ 有一个极大值,即在某一速率附近单位速率间隔内的分子数占总分子数的比率最大,这个与 $f(v)$ 的极大值对应的速率称为**最概然速率**,用 v_{p} 表示。可以推导出该速率为

$$v_{\mathrm{p}}=\sqrt{\frac{2kT}{m}} \tag{13.40}$$

(3) 由上式可知 v_{p} 与气体的温度 T 和气体分子的质量 m 有关,因此当气体温度和气体种类不同时,分子按速率的分布会略有差异。

2. 麦克斯韦速率分布曲线

以 $f(v)$ 为纵轴、v 为横轴，作 $f(v)$-v 曲线，如图 13.9(a) 所示，即为温度为 T 的平衡态下理想气体的麦克斯韦速率分布曲线。

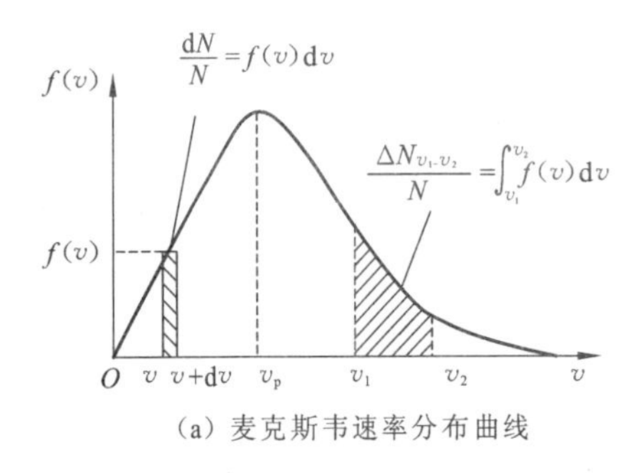

(a) 麦克斯韦速率分布曲线

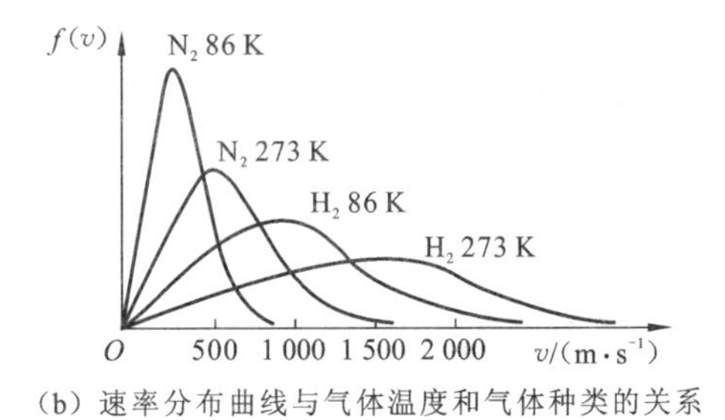

(b) 速率分布曲线与气体温度和气体种类的关系

图 13.9　麦克斯韦速率分布曲线

在 $v \sim v+dv$ 速率间隔的分子数占总分子数的比率 $f(v)dv$ 就是图中所示以 $f(v)$ 为高、dv 为宽的小窄条的面积，在 $v_1 \sim v_2$ 速率间隔的分子数占总分子数的比率 $\int_{v_1}^{v_2} f(v)dv$ 则是图中所示分布曲线下方从 $v_1 \sim v_2$ 范围内的面积。那么分布函数的归一化条件 $\int_0^{\infty} f(v)dv = 1$ 表示分布曲线与横轴之间包围的面积等于 1。

分布曲线的峰值对应的速率就是最概然速率 v_p，通过计算可知 v_p 右侧曲线下的面积大于左侧曲线下的面积，前者为 0.572，后者为 0.428，表明速率大于 v_p 的分子数多于速率小于 v_p 的分子数。

图 13.9(b) 为氮气和氢气在不同温度下的速率分布曲线，因为 $v_p = \sqrt{\frac{2kT}{m}}$，由图中可见，对于同种气体，当温度升高时，$v_p$ 增大，相应的分布曲线峰值 $f(v_p)$ 则减小；对于不同种类的气体处于温度相同的平衡态时，分子质量小的 v_p 较大，相应的分布曲线峰值 $f(v_p)$ 则较小。但是不管如何变化，分布曲线下方包围的面积始终等于 1。

需要指出的是，麦克斯韦速率分布律是统计规律，只对大量作无规则热运动的分子整体起作用；$\frac{dN}{N}$ 是一个统计平均值，它表示的是处于平衡态的理想气体中速率间隔 $v \sim v+dv$ 内的分子数占总分子数的比率的平均值；dN 从宏观上看是一个微分量，但从微观上看，dN 中应包含大量的分子，我们只能说速率在间隔 $v \sim v+dv$ 内的分子数是多少，而不能问速率恰好为 v 的分子数是多少。

13.6.3　三种统计速率

根据统计平均值的定义，应用麦克斯韦速率分布函数，可以求得平衡态下与气体分子速率分布相关的各种物理量的统计平均值。

1. 最概然速率 v_p

最概然速率 v_p 的物理意义是，当温度一定时在这种速率附近单位速率区间的分子数占总分子数的比率最大，或者说一个分子的速率出现在该速率附近单位速率区间的概率最大，也可以说分子在从 $0\sim+\infty$ 可能具有的各种速率中，具有速率 v_p 附近的值的可能性最大。

为推导 v_p 的具体表达式，令 $\dfrac{df(v)}{dv}=0$，该式为函数 $f(v)$ 取极值的条件，代入麦克斯韦速率分布函数的具体形式

$$\frac{df(v)}{dv}=\frac{d}{dv}\left[4\pi\left(\frac{m}{2\pi kT}\right)^{\frac{3}{2}}e^{-\frac{mv^2}{2kT}}v^2\right]=4\pi\left(\frac{m}{2\pi kT}\right)^{\frac{3}{2}}\left(e^{-\frac{mv^2}{2kT}}\cdot 2v-v^2e^{-\frac{mv^2}{2kT}}\frac{2mv}{2kT}\right)=0$$

可得

$$v_p=\sqrt{\frac{2kT}{m}}$$

因为 $R=kN_A$，$M=mN_A$，所以 v_p 也可以用普适气体常数 R 和气体摩尔质量 M 表示为

$$v_p=\sqrt{\frac{2RT}{M}}\approx 1.414\sqrt{\frac{RT}{M}} \tag{13.41}$$

2. 平均速率 $\bar{v}$

平均速率 $\bar{v}$ 是一定温度下大量分子无规则热运动速率的统计平均值，其定义式为

$$\bar{v}=\frac{v_1\Delta N_1+v_2\Delta N_2+\cdots+v_i\Delta N_i+\cdots}{\Delta N_1+\Delta N_2+\cdots+\Delta N_i+\cdots}=\frac{\sum\limits_i v_i\Delta N_i}{N}$$

因为分子速率分布的连续性，令 ΔN 趋于极小，用 dN 表示，则上式中的求和变为积分

$$\bar{v}=\frac{\int_0^\infty v dN}{N}=\int_0^\infty vf(v)dv=\int_0^\infty 4\pi\left(\frac{m}{2\pi kT}\right)^{\frac{3}{2}}e^{-\frac{mv^2}{2kT}}v^3dv$$

可得

$$\bar{v}=\sqrt{\frac{8kT}{\pi m}}=\sqrt{\frac{8RT}{\pi M}}\approx 1.60\sqrt{\frac{RT}{M}} \tag{13.42}$$

以上积分运算中运用了公式 $\int_0^\infty e^{-\beta x^2}x^3dx=\dfrac{1}{2\beta^2}$，$\beta$ 为常数。

3. 方均根速率 $\sqrt{\overline{v^2}}$

方均根速率 $\sqrt{\overline{v^2}}$ 是一定温度下大量分子无规则热运动速率平方的统计平均值的平方根。分子速率平方的统计平均值的定义式为

$$\overline{v^2}=\frac{v_1^2\Delta N_1+v_2^2\Delta N_2+\cdots+v_i^2\Delta N_i+\cdots}{\Delta N_1+\Delta N_2+\cdots+\Delta N_i+\cdots}=\frac{\sum\limits_i v_i^2\Delta N_i}{N}$$

同样，令 ΔN 趋于极小，用 dN 表示，上式中的求和变为积分

$$\overline{v^2}=\frac{\int_0^\infty v^2 dN}{N}=\int_0^\infty v^2f(v)dv=\int_0^\infty 4\pi\left(\frac{m}{2\pi kT}\right)^{\frac{3}{2}}e^{-\frac{mv^2}{2kT}}v^4dv=\frac{3kT}{m}$$

则可得

$$\sqrt{\overline{v^2}}=\sqrt{\frac{3kT}{m}}=\sqrt{\frac{3RT}{M}}\approx 1.732\sqrt{\frac{RT}{M}} \tag{13.43}$$

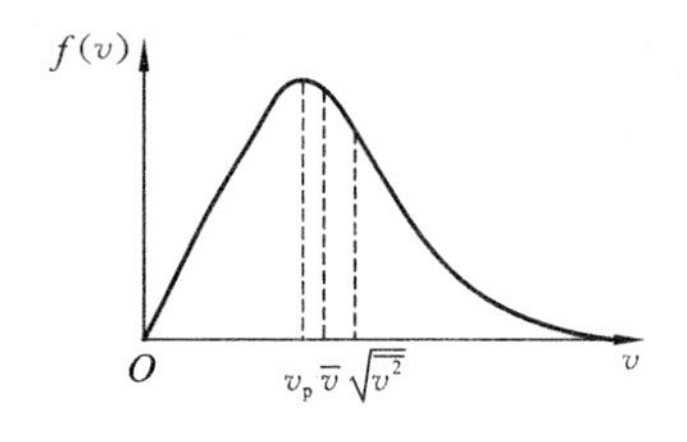

图 13.10　三种统计速率的比较

这个结果与 13.4 节中温度与分子的平均平动动能之间的关系式$\overline{\varepsilon_{平动}}=\frac{1}{2}m\overline{v^2}=\frac{3kT}{2}$给出的$\sqrt{\overline{v^2}}$完全一致,说明了麦克斯韦速率分布函数与理想气体压强的推导中所采用的统计方法是一致的。

以上三种速率各有不同的作用。例如讨论分子速率分布时要用到最概然速率;讨论气体输运过程中分子运动的平均自由程时要用到平均速率;而在讨论气体压强、内能和热容中分子的平均平动动能时要用到方均根速率。三种速率的大小次序为$\sqrt{\overline{v^2}}>\bar{v}>v_p$,如图 13.10 所示。

13.6.4　麦克斯韦速率分布律的实验验证

由于不能获得足够高的真空,在麦克斯韦理论上推导出速率分布律的同时,还无法从实验上进行验证。直到 20 世纪 20 年代以后真空技术的发展才使得验证成为可能。图 13. 11(a) 是 1955 年密勒和库什用来验证分子速率分布的实验装置示意图。全部装置放于高真空(1.33×10^{-5} Pa)的容器中。图中 N 为一恒温箱,箱中为待测的金属(如水银、铋、钾等)蒸气,即分子源。分子从 N 上小孔射出,经过速度选择器 R,落在检测器 D 中。

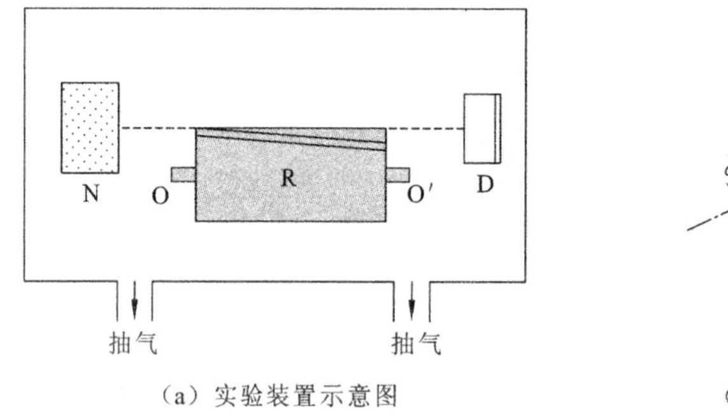

(a) 实验装置示意图

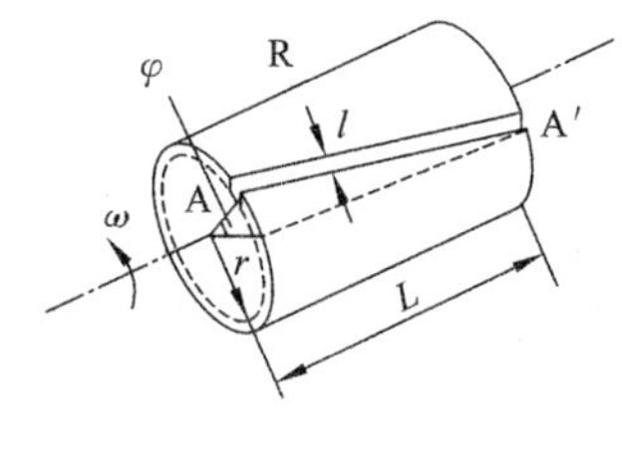

(b) 速度选择器示意图

图 13. 11　密勒-库什用于测定分子速率分布的实验装置

速度选择器 R 是一个可以绕自身轴线 OO′ 转动的圆柱体,如图 13. 11(b) 所示。在 R 的表面刻有相互平行的细槽,槽的入口 A 处和出口 A′ 处的半径之间的夹角为 $\varphi=4.8°$ 角。当 R 以角速度 ω 转动时,从分子源逸出的各种速率的分子都能进入细槽入口 A,但并不都能通过细槽从出口 A′ 飞出,只有速率 v 满足关系式

$$\frac{L}{v}=\frac{\varphi}{\omega} \tag{13.44}$$

的分子才可以通过出口 A′ 到达检测器 D 中,而速率比 v 大或小的分子将沉积在槽壁上。因为细槽有一定宽度 l,到达 D 的分子实际上是分布在一定的速率区间 $v\sim v+\Delta v$ 内。实验时,保持 L、φ 不变,改变圆柱体 R 绕轴旋转的角速度 ω,就有处于不同速率区间的分子通过细槽到达检测器 D,沉积在 D 中的接收屏上。可以通过测定沉积在接收屏上的金属层厚度得到相应的速率区间的分子数的比率,从而可以验证分子速率分布是否与麦克斯韦速率分布律一致。

* 麦克斯韦速度分布律和速率分布律

为了形象地说明速度分布和速率分布之间的关系,这里引入速度空间的概念。以速度矢量 $\boldsymbol{v}$ 的三个分量 v_x,v_y,v_z 为轴构成一个直角坐标系,该直角坐标系所确定的空间即为速度空间。

在速度空间里，一个分子的速度矢量可以用从坐标原点引出的一个矢量来表示，如图 13.12(a) 所示。由于气体中大量分子的无规则热运动，分子速度矢量可以取一切的可能值，即矢量的大小可以是从零到无穷大的任意值，矢量的方向也可以从坐标原点指向任意方向，也就是说分子速度矢量的端点可以落在速度空间中的任何一个位置。因为每一个速度矢量代表一个分子，那么分子按速度矢量的分布可以用这些速度矢量的端点在速度空间的分布来表示。

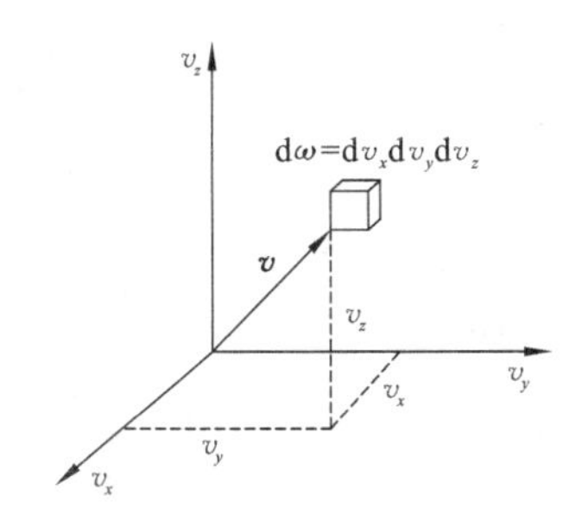

(a) 速度空间中的一个点代表具有速度$\boldsymbol{v}$的分子

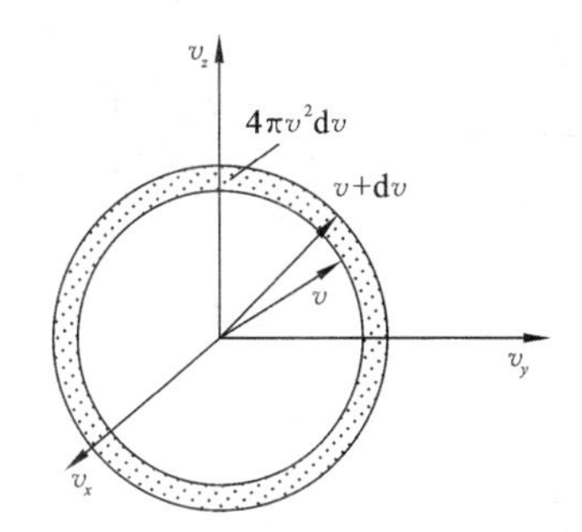

(b) 速率在$v\sim v+dv$区间的分子分布在$4\pi v^2dv$的球壳层中

图 13.12　速度空间

当气体处于平衡态时，气体分子速度的 x 分量在 $v_x \sim v_x + dv_x$，y 分量在 $v_y \sim v_y + dv_y$，z 分量在 $v_z \sim v_z + dv_z$ 区间内的分子数比率为

$$\frac{dN}{N} = \left(\frac{m}{2\pi kT}\right)^{\frac{3}{2}} e^{-\frac{m(v_x^2+v_y^2+v_z^2)}{2kT}} dv_x dv_y dv_z \tag{13.45}$$

称为麦克斯韦速度分布律。由此可得麦克斯韦速度分布函数

$$f(v_x, v_y, v_z) = \left(\frac{m}{2\pi kT}\right)^{\frac{3}{2}} e^{-\frac{m(v_x^2+v_y^2+v_z^2)}{2kT}} \tag{13.46}$$

用速度空间来表示，式(13.45) 就是速度矢量端点落在图 13.12(a) 中小体积元 $d\omega = dv_x dv_y dv_z$ 中的分子数比率。

不难看出，麦克斯韦速率分布律中的速率间隔 $v \sim v + dv$ 在速度空间中，就是半径 v、厚度 dv 的一个球壳，球壳的体积为 $4\pi v^2 dv$，如图 13.12(b) 所示。麦克斯韦速率分布律用速度空间表示就是速度矢量端点落在该球壳层内的分子数比率。用 $4\pi v^2 dv$ 取代 $d\omega = dv_x dv_y dv_z$，并考虑到 $v^2 = v_x^2 + v_y^2 + v_z^2$，可以由式(13.45) 得到麦克斯韦速率分布律 $\dfrac{dN}{N} = 4\pi \left(\dfrac{m}{2\pi kT}\right)^{\frac{3}{2}} e^{-\frac{mv^2}{2kT}} v^2 dv$。

气体处于平衡态时，容器内各处的粒子数密度都是相等的，说明粒子向任一方向运动的概率相等，即分子相应于速度分量 v_x, v_y, v_z 的分布函数具有相同的形式，且彼此独立。如果用 $f(v_x), f(v_x), f(v_x)$ 分别表示三个速度分量的分布函数，那么 $f(v_x)dv_x$ 表示分子速度的 x 分量在 $v_x \sim v_x + dv_x$ 区间的分子数比率；$f(v_y)dv_y$ 表示分子速度的 y 分量在 $v_y \sim v_y + dv_y$ 区间的分子数比率；$f(v_z)dv_z$ 表示分子速度的 z 分量在 $v_z \sim v_z + dv_z$ 区间的分子数比率，根据概率相乘法则，分子速度的 x 分量在 $v_x \sim v_x + dv_x$，y 分量在 $v_y \sim v_y + dv_y$，z 分量在 $v_z \sim v_z + dv_z$ 区间内的分子数比率表示为

$$f(v_x)f(v_y)f(v_z)dv_x dv_y dv_z = f(v_x, v_y, v_z)dv_x dv_y dv_z \tag{13.47}$$

根据式(13.46) 可以得到

$$f(v_x) = \left(\frac{m}{2\pi kT}\right)^{\frac{1}{2}} e^{-\frac{mv_x^2}{2kT}}, f(v_y) = \left(\frac{m}{2\pi kT}\right)^{\frac{1}{2}} e^{-\frac{mv_y^2}{2kT}}, f(v_z) = \left(\frac{m}{2\pi kT}\right)^{\frac{1}{2}} e^{-\frac{mv_z^2}{2kT}} \tag{13.48}$$

它们都满足分布函数的归一化条件,以 $f(v_x)$ 为例,它的归一化条件为

$$\int_{-\infty}^{+\infty} f(v_x)\mathrm{d}v_x = \int_{-\infty}^{+\infty}\left(\frac{m}{2\pi kT}\right)^{\frac{1}{2}} \mathrm{e}^{-\frac{mv_x^2}{2kT}}\mathrm{d}v_x = 1 \tag{13.49}$$

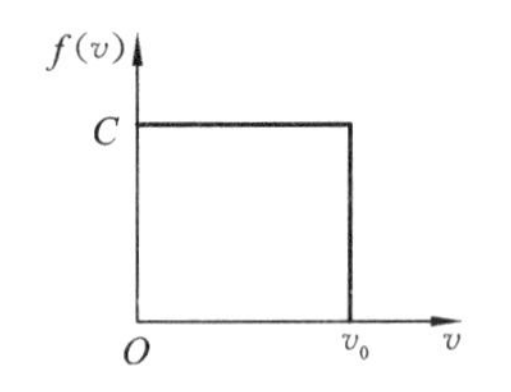

图 13.13　例 13.6 图

例 13.6　设 N 个粒子的速率分布函数为

$$f(v) = \begin{cases} C & (0 \leqslant v \leqslant v_0) \\ 0 & (v > v_0) \end{cases}$$

(1) 画出速率分布曲线;

(2) 若 v_0 已知,求常数 C;

(3) 求粒子的平均速率以及方均根速率。

解　(1) 速率分布曲线如图 13.13 所示;

(2) 由分布函数的归一化条件 $\int_0^{+\infty} f(v)\mathrm{d}v = \int_0^{v_0} C\mathrm{d}v = Cv_0 = 1$,可得,$C = \frac{1}{v_0}$。

(3) 平均速率　$\bar{v} = \int_0^{+\infty} vf(v)\mathrm{d}v = \int_0^{v_0} vC\mathrm{d}v = C\frac{v_0^{\ 2}}{2} = \frac{v_0}{2}$

方均根速率　$\overline{v^2} = \int_0^{+\infty} v^2 f(v)\mathrm{d}v = \int_0^{v_0} v^2 C\mathrm{d}v = C\frac{v_0^{\ 3}}{3} = \frac{v_0^{\ 2}}{3}$

可得

$$\sqrt{\overline{v^2}} = \frac{\sqrt{3}}{3}v_0$$

*13.7　玻尔兹曼分布

13.7.1　玻尔兹曼分布律

麦克斯韦速度分布律反映的是不受外力场作用时,处于平衡态的气体分子按速度的分布规律,此时气体分子在空间的分布是均匀的,分子数密度 n 在空间处处相同 $\left(n = \frac{\mathrm{d}N}{\mathrm{d}V} = \frac{N}{V}\right)$,压强 p 也处处相同($p = nkT$);当气体处于外力场(如重力场、电场、磁场等)中,气体分子在空间的分布将服从怎样的规律?玻尔兹曼将麦克斯韦分布进一步推广到气体在保守力场中的情况。

可以看到,麦克斯韦速度分布律的表达式中指数项的指数是一个与分子平动动能 $\varepsilon_k = \frac{1}{2}mv^2$ 有关的量,可以将式(13.45)表示为

$$\mathrm{d}N = N\left(\frac{m}{2\pi kT}\right)^{\frac{3}{2}} \mathrm{e}^{-\frac{\varepsilon_k}{kT}}\mathrm{d}v_x\mathrm{d}v_y\mathrm{d}v_z \tag{13.50}$$

式(13.50)从能量的角度,认为麦克斯韦速度分布律体现了分子按平动动能的分布,即分子速度在 v 附近 $\mathrm{d}v_x\mathrm{d}v_y\mathrm{d}v_z$ 内出现的概率与 $\mathrm{e}^{-\frac{\varepsilon_k}{kT}}$ 成正比,同时与 $\mathrm{d}v_x\mathrm{d}v_y\mathrm{d}v_z$ 成正比。

保守力场中的分子不仅有动能 ε_k,还有势能 ε_p,而势能 ε_p 是与位置有关的函数,因此保守力场中的分子在空间的分布不再均匀。玻尔兹曼从理论上证明了分子在坐标空间 r 处 $\mathrm{d}x\mathrm{d}y\mathrm{d}z$ 内出现的概率应正比于 $\mathrm{e}^{-\frac{\varepsilon_p}{kT}}$,以及 $\mathrm{d}x\mathrm{d}y\mathrm{d}z$。研究表明分子按速度的分布与分子按位置的分布是相互独立的,因此气体在保守力场中处于平衡态时,分子速度在 $v_x \sim v_x + \mathrm{d}v_x$,$v_y \sim v_y + \mathrm{d}v_y$,$v_z \sim v_z + \mathrm{d}v_z$ 区间,同时分子位置在 $x \sim x + \mathrm{d}x$,$y \sim y + \mathrm{d}y$,$z \sim z + \mathrm{d}z$ 内的分子数为

$$\mathrm{d}N = n_0\left(\frac{m}{2\pi kT}\right)^{\frac{3}{2}} \mathrm{e}^{-\frac{\varepsilon_k + \varepsilon_p}{kT}}\mathrm{d}v_x\mathrm{d}v_y\mathrm{d}v_z\mathrm{d}x\mathrm{d}y\mathrm{d}z \tag{13.51}$$

式中，n_0 表示在势能 ε_p 为零处的分子数密度，即单位体积内具有各种速度的分子数。这个结论称为玻尔兹曼分子按能量分布律，简称玻尔兹曼分布律。

由式(13.51)可见，在相同的区间 $dv_x dv_y dv_z dx dy dz$ 内，如果总能量 $\varepsilon_1 < \varepsilon_2$（总能量 $\varepsilon = \varepsilon_k + \varepsilon_p$），则有 $dN_1 > dN_2$。这说明，就统计分布来看，分子总是优先占据最低能量状态。

13.7.2　重力场中粒子按高度的分布

1. 分子按势能的分布

分子按势能 ε_p 的分布，需要求出在坐标区间 $x \sim x+dx, y \sim y+dy, z \sim z+dz$ 内具有各种速度的分子数，若用 dN' 表示，则由式(13.51)对一切速度分量积分

$$dN' = n_0 e^{-\frac{\varepsilon_p}{kT}} dx dy dz \iiint_{-\infty}^{+\infty} \left(\frac{m}{2\pi kT}\right)^{\frac{3}{2}} e^{-\frac{\varepsilon_k+\varepsilon_p}{kT}} dv_x dv_y dv_z dx dy dz$$

根据归一化条件可知该积分项的数值为 1。因此可得

$$dN' = n_0 e^{-\frac{\varepsilon_p}{kT}} dx dy dz$$

两边同除 $dV = dx dy dz$，可得势能为 ε_p 处的分子数密度（单位体积中具有各种速度的分子数）为

$$n = n_0 e^{-\frac{\varepsilon_p}{kT}} \tag{13.52}$$

即为分子按势能的分布规律。它是玻尔兹曼分布律的一种常用形式，对任何物质微粒（气体、液体中的分子和原子、布朗粒子等）在任何保守力场中运动的情况都成立。

2. 重力场中粒子按高度的分布

重力场中，粒子的势能是重力势能。取 z 轴竖直向上，令 $z=0$ 处的势能为零，则粒子在高度 z 处的势能为 $\varepsilon_p = mgh$，n_0 表示 $z=0$ 处的分子数密度，则高度 z 处的分子数密度为

$$n = n_0 e^{-\frac{mgz}{kT}} \tag{13.53}$$

即为重力场中粒子按高度的分布规律。显然在重力场中分子的数密度随高度的增加按指数规律减小；分子的质量越大，气体的温度越低，n 减小得越快；大气中各种组分的气体数密度都随高度的增加作指数衰减。氢分子的质量较其他种类气体分子较小，衰减较慢，因此高空中氢在大气中的相对含量较地面上高，如图 13.14 所示。

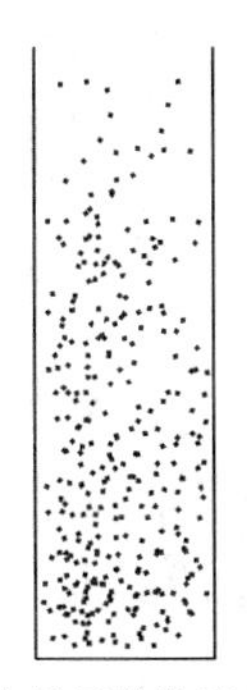

(a) 重力场中粒子的数密度随高度减小

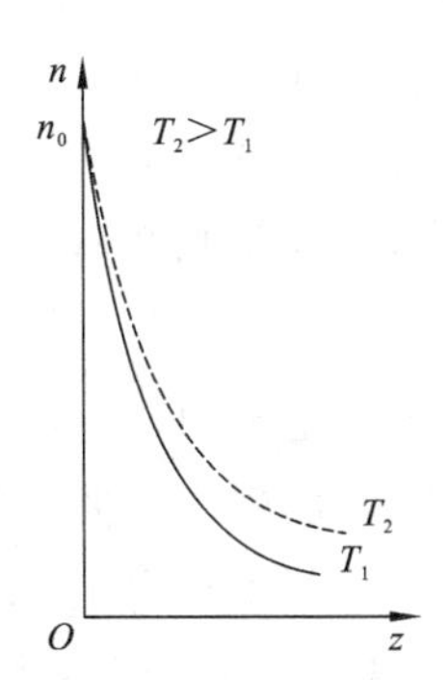

(b) 重力场中粒子的数密度随高度增加按指数规律减小

图 13.14　重力场中粒子按高度的分布

3. 等温气压公式

由理想气体状态方程 $p = nkT$,可得

$$p = n_0 kT e^{-\frac{mgz}{kT}} = p_0 e^{-\frac{mgz}{kT}} \tag{13.54}$$

式中 $p_0 = n_0 kT$ 为 $z = 0$ 处的气体压强。用普适气体常数 R 和气体摩尔质量 M 表示为

$$p = p_0 e^{-\frac{Mgz}{RT}}$$

该式称为等温气压公式。若将大气视为温度为 T 的理想气体,说明大气压随高度的增加按指数规律减小。将该式取对数,可得高度与压强的关系

$$z = \frac{RT}{Mg}\ln\frac{p_0}{p} \tag{13.55}$$

例如,在登山或航空中,可根据该式用测定的大气压强来估计上升的高度,因为实际上大气的温度是随高度变化的。

13.8 平均自由程

我们知道,标准状态下 1 cm^3 的空间中容纳的分子数量高达 10^{19} 数量级,这说明分子数量的庞大。同时大量分子在作无规则热运动,因而分子之间的碰撞极为频繁;因此一个分子在连续两次碰撞之间能够自由运动的路程就是一个有限的值。对某一个分子而言,单位时间与其他分子发生碰撞的次数多少,以及在连续两次碰撞之间能够自由运动的路程多长,是完全偶然的。但是从统计的观点来说,对研究与分子碰撞有关的气体性质和规律(如输运过程)有意义的是大量分子集体所具有的统计规律 —— 分子的平均碰撞频率和平均自由程。

13.8.1 分子的平均碰撞频率

分子的平均碰撞频率是单位时间内一个分子平均与其他分子碰撞的次数,用 $\overline{Z}$ 表示,单位为 s^{-1}。其数值的大小反映了分子间发生碰撞的频繁程度。

为了推导平均碰撞频率,我们首先要修改理想气体分子的模型,在本章 13.2 节中推导理想气体压强时,我们对理想气体分子的描述是无引力的弹性质点,但是对于分子间的碰撞,分子的大小是不可忽略的因素。因此,在这里我们假定**理想气体分子是无引力的弹性小球**,小球的直径为 d,称为分子的有效直径,也是两个分子中心可以接近的最短距离。

接下来,我们追踪分子 A 的运动轨迹。为了简单起见,假设其他分子静止,而分子 A 以平均相对速率 $\overline{u}$ 运动,可以证明平均相对速率 $\overline{u}$ 与平均速率 $\overline{v}$ 的关系是

$$\overline{u} = \sqrt{2}\overline{v} \tag{13.56}$$

在时间 t 内,分子 A 走过的路程为 $\overline{u}t$,如图 13.15 所示,若以分子 A 走过的路径为轴线,以分子的有效直径 d 为半径,做一个曲折的圆柱体,则凡是分子中心在圆柱体内的分子都会与分子 A 发生碰撞。该柱体的横截面积 $\sigma = \pi d^2$,称为分子的碰撞截面。在时间 t 内,圆柱体的体积为 $\sigma\overline{u}t$,若气体分子数密度为 n,则该圆柱体内的分子数为 $n\sigma\overline{u}t$,也就是时间 t 内,分子 A 发生碰撞的次数。因此,分子的平均碰撞频率为

$$\overline{Z} = n\sigma\overline{u} = \sqrt{2}n\sigma\overline{v} \tag{13.57}$$

可见，平均碰撞频率与分子数密度 n、分子的平均速率 $\bar{v}$ 以及分子的碰撞截面成正比，可见分子的大小对碰撞的频繁程度有很大影响。因为 n 与气体状态有关（$p = nkT$），$\bar{v}$ 与分子种类和气体状态有关 $\left(\bar{v} = \sqrt{\dfrac{8kT}{\pi m}}\right)$，分子的大小也与分子种类有关，所以平均碰撞频率的大小与分子种类和气体状态有关。

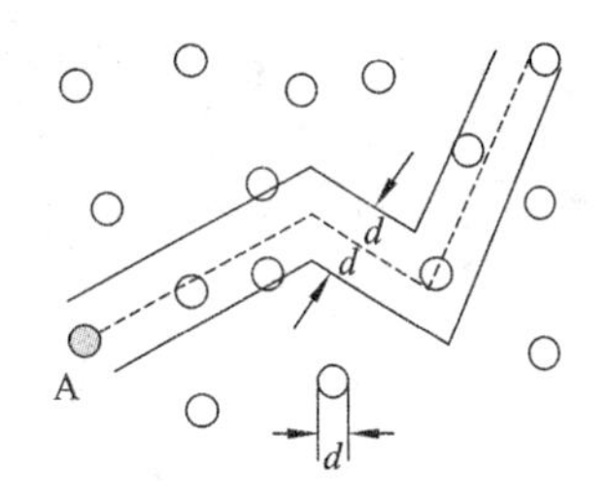

图 13.15　分子平均碰撞频率的推导示意图

13.8.2　气体分子的平均自由程

分子的平均自由程是分子在连续两次碰撞之间自由运动的平均路程，用 $\bar{\lambda}$ 表示。由于时间 t 内，分子走过的平均路程为 $\bar{v}t$，而这段时间内发生了 $\bar{Z}t$ 次碰撞，因此连续两次碰撞之间分子走过的平均路程为

$$\bar{\lambda} = \frac{\bar{v}t}{\bar{Z}t} = \frac{\bar{v}}{\bar{Z}} = \frac{1}{\sqrt{2}n\sigma} \tag{13.58}$$

平均自由程与分子数密度 n 以及分子的碰撞截面成反比，而与分子的平均速率 $\bar{v}$ 无关。当分子数密度与分子种类不变时，$\bar{v}$ 越大，分子的运动越快，相应的碰撞频率越频繁，两次碰撞的间隔时间就越短，平均自由程就没有变化。

常温常压下，分子的平均碰撞频率为 $10^9 \sim 10^{10}$ 数量级，分子平均速率为 10^2 数量级，则可知平均自由程的范围在 $10^{-8} \sim 10^{-7}$ m。

例 13.7　计算氮在标准状态下的分子平均碰撞频率和平均自由程，已知氮分子的有效直径为 3.70×10^{-10} m。

解　根据分子平均速率

$$\bar{v} = \sqrt{\frac{8RT}{\pi M}} = \sqrt{\frac{8 \times 8.31 \times 273}{\pi \times 28 \times 10^{-3}}} = 453\ (\mathrm{m \cdot s^{-1}})$$

以及标准状态下任何气体分子的数密度（洛施密特数）

$$n = \frac{6.02 \times 10^{23}}{22.4 \times 10^{-3}} = 2.69 \times 10^{25}\,(\mathrm{m^{-3}})$$

可得

$$\bar{Z} = \sqrt{2}n\sigma\bar{v} = \sqrt{2} \times 2.69 \times 10^{25} \times 3.14 \times (3.70 \times 10^{-10}) \times 453 = 7.41 \times 10^9\,(\mathrm{s^{-1}})$$

$$\bar{\lambda} = \frac{\bar{v}}{\bar{Z}} = \frac{453}{7.41 \times 10^9} = 6.11 \times 10^{-8}$$

提　　要

1. 平衡态：一个孤立系最终达到的宏观性质不再随时间变化的状态。

2. 热平衡定律：如果两个热力学系统中的每一个都与第三个热力学系统的同一平衡态处于热平衡，那么这两个热力学系统的平衡态也必定处于热平衡。

3. 理想气体的物态方程

$$pV=\nu RT,\quad pV=\frac{m}{M}RT,\quad pV=\frac{N}{N_A}RT,\quad p=nkT$$

混合理想气体的物态方程

$$pV=\nu RT$$

4. 理想气体的压强和温度:理想气体的压强是无规则运动的大量分子撞击器壁时,作用于器壁单位面积上的平均冲力或单位时间作用于器壁单位面积上的平均冲量

$$p=\frac{2}{3}n\overline{\varepsilon_t}$$

理想气体的温度代表分子无规则热运动的剧烈程度,且

$$\overline{\varepsilon_t}=\frac{3}{2}kT$$

5. 能量按自由度均分定理:温度为 T 的平衡态的气体分子的任何一种运动形式的每一个自由度的平均动能都相等且等于$\frac{1}{2}kT$。温度为 T 的平衡态下,一个气体分子的平均总动能,即

$$\overline{\varepsilon}_{总}=\frac{i}{2}kT$$

单原子分子	$i=t=3$
双原子分子(刚性)	$i=t+r=3+2=5$
多原子分子(刚性)	$i=t+r=3+3=6$

6. 理想气体的内能是全体分子的总动能,即

$$E=\nu\frac{i}{2}RT$$

思 考 题

13.1 什么是热力学系统?什么是孤立系统?

13.2 什么是热力学系统的平衡态?为什么热力学系统的平衡态称为热动平衡?

13.3 布朗运动是否就是分子运动?如果不是,二者有何关系?

13.4 下列各式代表的物理意义是什么?

(1) $\frac{1}{2}kT$; (2) $\frac{3}{2}kT$; (3) $\frac{3}{2}RT$; (4) $\frac{1}{2}(t+r)RT$。

13.5 将 1 mol 氦气、1 mol 氧气和 1 mol 二氧化碳的温度升高 10 K,内能增加最多的是哪一种气体?分子平动动能增加最多的是哪一种气体?

13.6 用图示法表示速率分布规律时,为什么要以$\frac{\mathrm{d}N}{N\mathrm{d}v}$而不是$\frac{\mathrm{d}N}{N}$为纵坐标作图?

13.7 速率分布函数的物理意义是什么?下列各式代表的物理意义是什么?

(1) $f(v)\mathrm{d}v$; (2) $\int_{v_1}^{v_2}Nf(v)\mathrm{d}v$; (3) $\int_{v_1}^{v_2}Nvf(v)\mathrm{d}v$; (4) $\int_0^{\infty}vf(v)\mathrm{d}v$。

13.8 如果某种气体的分子平均速率较大,是否意味着该气体中所有分子都运动得比较快?

习　题

13.1　有一瓶 $10\times10^{-3}\ m^3$ 的氢气，由于开关损坏导致漏气，在温度为 7.0 ℃时，瓶上压强计的读数为 50 atm，过了一段时间，温度升高了 20 ℃，压强计的读数未变，试问瓶中漏掉了多少质量的氢气？

13.2　一个打气筒的体积为 $4.0\times10^{-3}\ m^3$，每次打气可以将压强为 1.0 atm，温度为 −3 ℃ 的空气压缩到容器中，设容器的容积为 $100\times10^{-3}\ m^3$，原来贮有压强为 0.5 atm，温度为 7 ℃ 的空气，问需要打气筒打多少次气才能够使容器中的空气温度为 27 ℃，压强为 2.0 atm？

13.3　屋内升起炉子后，温度从 7.0 ℃ 升高到 27.0 ℃，问屋内的空气分子数减少了百分之几？

13.4　某容器中贮有氧气，求标准状态下的分子数密度、分子平均平动动能以及分子的方均根速率。

13.5　质量相同的氧气和水蒸气，当处于相同的温度时，两种气体的内能之比是多少？分子的平均动能之比是多少？分子的平均平动动能之比是多少？

13.6　在真空容器中，有一束分子射线垂直射到一平板上，设分子射线中分子速度大小均为 v，分子数密度为 n，分子质量为 m，分子与平板发生弹性碰撞，求分子射线对平板产生的压强是多少？若平板以速率 v 迎向分子射线，求此时分子射线对平板产生的压强是多少？

13.7　在图示的速度分布曲线中表示出：

(1) 速率在 $100\ m\cdot s^{-1}$ 所在单位速率区间的分子数占总分子数的比率；

(2) 速率在 $200\sim800\ m\cdot s^{-1}$ 的分子数占总分子数的比率；

(3) 速率小于 v_p 的分子数占总分子数的比率。

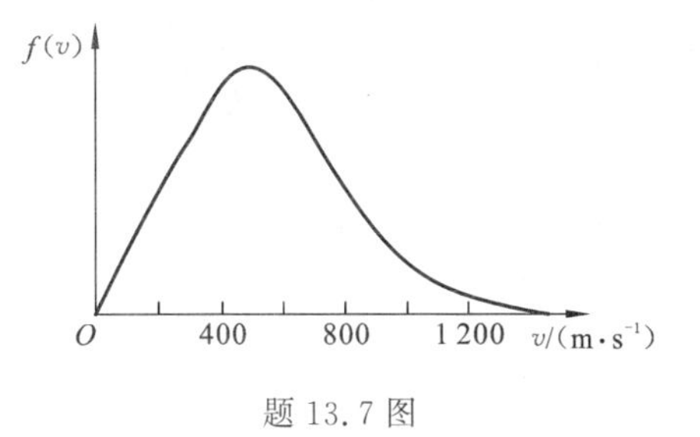

题 13.7 图

13.8　有 N 个粒子，其速率分布函数为

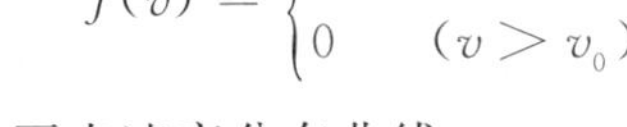

$$f(v)=\begin{cases}Cv & (0\leqslant v\leqslant v_0)\\ 0 & (v>v_0)\end{cases}$$

(1) 画出速率分布曲线；

(2) 若 v_0 已知，求常数 C；

(3) 求粒子的平均速率。

13.9　两个相同的容器内装有数目相同的氧分子，二者用阀门相连，第一个容器内分子的方均根速率为 v_1，第二个容器内分子的方均根速率为 v_2，打开阀门后，分子的方均根速率为多少？(设系统与周围环境无热交换)

13.10　一容积为 $5\times10^{-3}\ m^3$ 的氧气瓶在 0 ℃ 下所充氧气的压强为 20 atm，登山运动员带这瓶氧气登至 6 000 m 高处供氧，当瓶内压强为 10 atm 时，计算在 6 000 m 高处，登山运动员使用了多少体积的氧气？(设此过程中温度保持不变)

13.11　飞机起飞前机舱中的压强计示数为 1.01×10^5 Pa，温度为 27.0 ℃；起飞后，机舱中的压强计示数稳定为 8.08×10^4 Pa，温度仍为 27.0 ℃，计算此时飞机距地面的高度。(空气

的摩尔质量为 29 g · mol^{-1})

13.12 某真空管的线度 l 为 0.01 m,其中压强为 1.33×10^{-3} Pa,若空气分子的有效直径为 3×10^{-10} m,求室温 27.0 ℃ 时,真空管内的分子数密度、平均自由程和平均碰撞频率。(空气的摩尔质量为 29 g · mol^{-1})

13.13 某种气体在 25.0 ℃ 时的平均自由程是 2.63×10^{-7} m,已知分子有效直径为 2.6×10^{-10} m,求:

(1) 气体压强;

(2) 分子在 1 m 的路径上与其他分子的碰撞次数。

第 14 章　热力学基础知识

本章主要运用宏观方法来研究热现象的基本规律。首先介绍准静态过程的概念，引入功、内能和热量三个重要的物理量，讨论任意热力学过程中三者之间的关系，阐明热力学第一定律；讨论理想气体的内能，引入热容的概念，并研究热力学第一定律在理想气体的准静态过程的运用；最后通过对热机循环过程的理论研究，揭示决定热机效率的基本因素，并介绍热力学第二定律。

14.1　热力学第一定律

14.1.1　准静态过程

当系统处于平衡态，系统的各个状态参量将保持不变；如果系统与外界有能量交换，系统的平衡状态就会被破坏，而发生改变。系统的状态随时间的变化称为系统经历了一个热力学过程(简称过程)。

实际热力学过程进行中，系统在过程中的每一个时刻都是非平衡状态，因为系统内部性质不均匀，因此无法用宏观状态参量进行描述。比如膨胀和压缩过程中密度和压强不均匀，加热过程中温度不均匀。但是如果过程进行得足够缓慢，系统在过程中受到外界的影响是一步一步进行的，每一步对系统状态的改变非常微小，造成的内部性质的不均匀性也都非常微小，可以迅速得以消除，因此系统在过程的每一时刻都非常接近平衡态，则该过程可以视为**准静态过程**。准静态过程是一个理想过程，在该过程中的每一时刻，系统都处于平衡态。因此，准静态过程也称平衡过程。

在准静态过程中，系统经历的每一个状态都是平衡态，都可以用一组状态参量来描述，因而可以定量且方便地研究热力学过程。对于一定质量的气体，因为其状态参量 p,V,T 中只有两个独立参量，因此给定两个参量的数值就确定了系统的一个平衡态。若以 p 为纵坐标，V 为横坐标作 p-V 图，则 p-V 图中的任意一点都对应着系统的一个平衡态，任意两点之间的任一条平滑曲线都代表一个准静态过程，如图 14.1 所示。

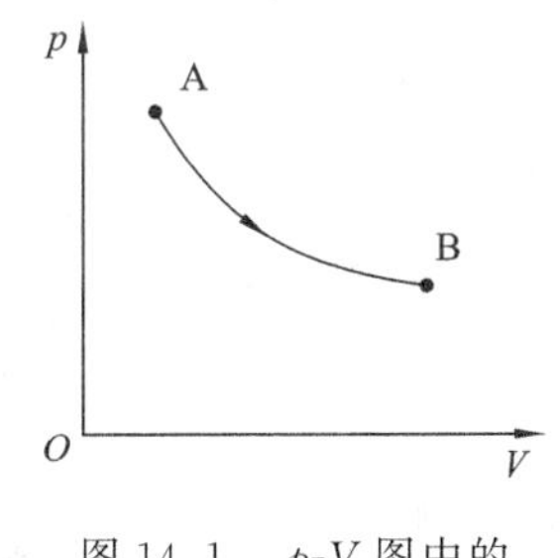

图 14.1　p-V 图中的准静态过程

14.1.2　内能、热量和功　热力学第一定律的表述

当系统的平衡状态发生改变时，系统与外界之间通常存在着能量的交换。做功和传递热量都可以使系统与外界之间发生能量交换。比如一杯水，可以通过加热，即外界向系统传递热量的方式达到更高的温度；也可以通过不断地搅拌，即外界向系统作机械功的方式达到同样的温度；两者方式不同，但是导致相同的状态变化，可见做功和传递热量的等效性。著名的焦耳热

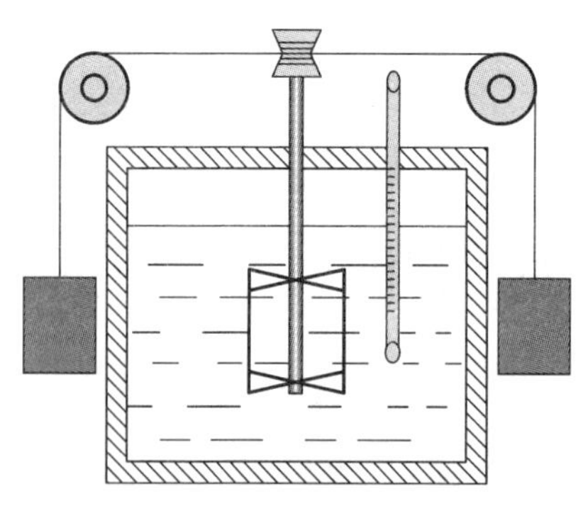

图 14.2 焦耳热功当量实验

功当量实验(图 14.2),也证实这点。

实验表明,只要系统的始、末状态给定,不管中间经历怎样的过程,外界向系统传递热量与外界向系统做功的总和是不变的。说明热力学系统存在着一种只由状态决定、而与中间过程无关的能量函数。比如力学中保守力场中的只与位置有关、而与中间路径无关的势函数一样。这个状态函数,称为内能。内能是由热力学系统内部状态所决定的一种能量,是系统状态的单值函数,比如一定质量的气体的内能是体积和温度的函数。

$$E = E(T,V) \tag{14.1}$$

如果一个系统外界向系统传递的热量为 Q,系统的内能从初态的 E_1 变为末态的 E_2,同时系统向外界做功为 $Q = E_2 - E_1 + A$,用 ΔE 表示系统从初态到末态的内能的增量,则有

$$Q = \Delta E + A \tag{14.2}$$

上式即为热力学第一定律的数学表达式。该式说明:外界向系统传递的热量,一部分使系统内能的增加,另一部分用于系统向外界做功。显然,热力学第一定律包括热量在内的能量守恒和转换定律。同时热力学第一定律也表明热量、功与能量的单位完全一致,按国际单位均为J(焦耳)。

这里规定:系统从外界吸热,Q 为正;系统向外界放热,Q 为负;系统对外界做功,A 为正;外界对系统做功,A 为负;系统内能增加,ΔE 大于零,内能减少 ΔE 小于零。

1. 准静态过程的功

如图 14.3 所示,以封闭在气缸中的一定质量的气体在准静态膨胀过程中对外作的功为例。设气缸内气体压强为 p;活塞面积 S;当活塞在气体压力作用下移动距离 $\mathrm{d}l$,气体体积增加了 $\mathrm{d}V$,则气体对外界做的元功为

$$\mathrm{d}A = F\mathrm{d}l = pS\mathrm{d}l = p\mathrm{d}V \tag{14.3}$$

当气体体积从 V_1 变为 V_2 时,则气体对外做的总功为

$$A = \int_{V_1}^{V_2} p\mathrm{d}V \tag{14.4}$$

当气体膨胀时,$\mathrm{d}V > 0$,气体对外界做正功;当气体被压缩时,$\mathrm{d}V < 0$,气体对外界做负功,也就是外界对气体做功。

在气体变化的整个准静态过程中,热力学第一定律可以写为

$$Q = \Delta E + \int_{V_1}^{V_2} p\mathrm{d}V \tag{14.5}$$

可以在 p-V 图中表示准静态过程中的功,图 14.4 中的实线表示气体变化的一个准静态过程 1,系统的元功 $\mathrm{d}A$ 可以用画斜线的窄条面积表示;系统的功 A 则对应实线下方的面积。如果系统沿着虚线表示的过程 2 进行,那么 A 则对应着虚线下方的面积。可见功是过程量。系统由一个状态变化到另一个状态,系统做功不仅与系统的始、末状态有关,而且与系统经历的过程有关。

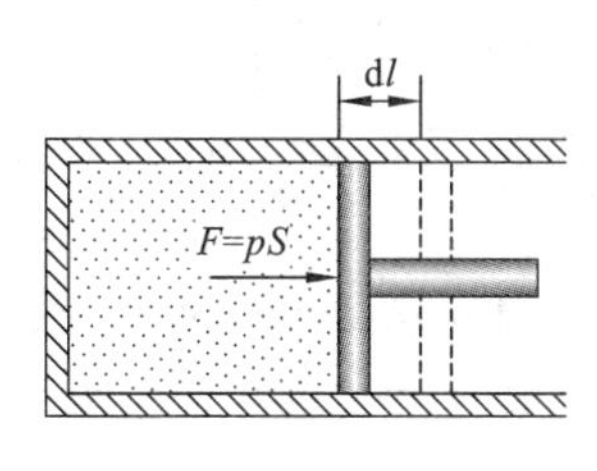

图 14.3　气体膨胀时的功

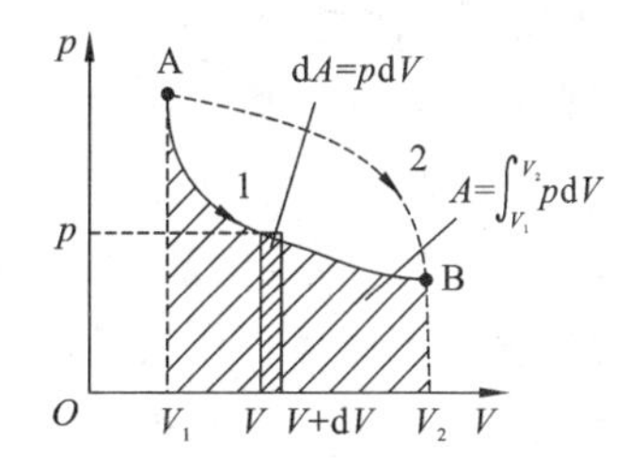

图 14.4　准静态过程的功

2. 热量和热容

除做功外，传热也是系统与外界之间传递能量的一种方式。为了量度传递能量的多少，我们引入热量的概念。热量就是在不做功的纯传热过程中系统内能变化的量度。对于一个不做功的过程，由热力学第一定律有 $Q = E_2 - E_1$。

由式(14.6)可见，系统从外界吸收或放出的热量与系统经历的过程有关，即热量和功都是过程量，因而不能说"系统具有多少功或具有多少热量"，而只能说"系统做了多少功或吸收了多少热量"。

不同物质在不同过程中温度升高 1 K 所吸收的热量是不同的。为了表明物质的这一特点，我们引入热容的概念。若一定质量的物质系统吸收热量 dQ 时，温度升高 dT，则该过程的热容 C 定义为

$$C = \frac{\mathrm{d}Q}{\mathrm{d}T} \tag{14.6}$$

以上定义的热容与物质的质量有关，为了表明一定种类的物质在某过程中吸、放热的特性，有必要引入比热容和摩尔热容。

某物质的比热容 c 定义为质量为 m 的该物质的热容与质量 m 的比值

$$c = \frac{C}{m} = \frac{1}{m}\frac{\mathrm{d}Q}{\mathrm{d}T} \tag{14.7}$$

某物质的摩尔热容 C_m 定义为 ν mol 的该物质的热容与物质的量 ν 的比值

$$C_m = \frac{C}{\nu} = \frac{1}{\nu}\frac{\mathrm{d}Q}{\mathrm{d}T} \tag{14.8}$$

热容的单位 $\mathrm{J \cdot K^{-1}}$；比热容的单位为 $\mathrm{J \cdot kg^{-1} \cdot K^{-1}}$；摩尔热容的单位为 $\mathrm{J \cdot mol^{-1} \cdot K^{-1}}$。

比热容，摩尔热容在温度变化不大时，可以近似看成常量。这样，系统吸收的热量可以写为

$$Q = mc(T_2 - T_1)$$

或

$$Q = \nu C_m(T_2 - T_1) \tag{14.9}$$

3. 功和热量

内能是状态的函数，可以写成 $E = E(T,V)$，热量和功则不是态函数，因此不存在功 A 和热量 Q 的微分形式 dA、dQ；对于微小元过程中发生的微小的做功和传热，我们用 $đA$、$đQ$ 表示。

对于系统发生的微小变化，热力学第一定律

$$đQ = \mathrm{d}E + đA \tag{14.10}$$

做功和传热都可以使系统内能发生改变。但做功和传热是两种不同能量的作用方式。做功总是与宏观位移相联系(如气体膨胀或压缩时发生的体积功都是与活塞的位移相联系),常伴随着热运动与其他运动形态(如机械运动等)之间的转化;传热则是与温度差的存在联系,没有运动形态的转化,只是能量(内能)的转移。

显然,热力学第一定律体现了普遍的能量守恒和转换原理:能量可以从一种运动形态转化为另一种运动形态,可以由一个系统传递给另一个系统,在转化和传递中总能量保持不变。

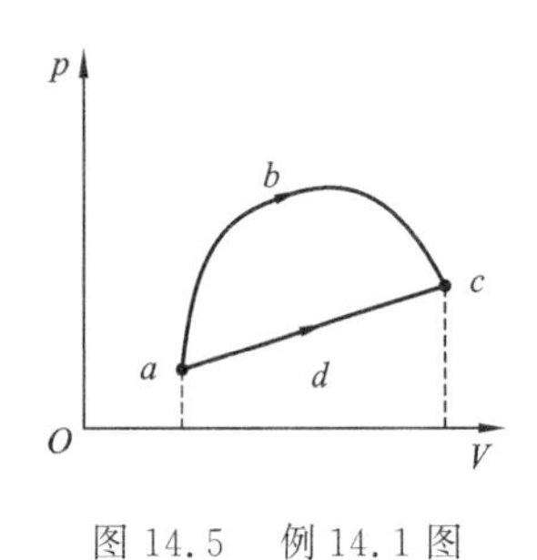

图 14.5 例 14.1 图

例 14.1 热力学系统分别经历如图 14.5 所示的 abc 和 adc 两个过程,已知 adc 过程中系统吸热为 Q_0,并对外做功 A_0,如果图中 abc 和 adc 之间包围的面积与 adc 与横轴之间包围的面积大小一致,试求系统经历 abc 过程吸热是多少?

解 系统经 adc 过程中吸热 Q_0,对外做功 A_0,根据热力学第一定律,系统内能的增量

$$\Delta E = Q_0 - A_0$$

因为内能是态函数,与中间过程无关,因此系统经 abc 过程内能的增量仍为 $\Delta E = Q_0 - A_0$。在 p-V 图中系统对外做功为过程曲线与横轴之间包围的面积,因此经 abc 过程系统对外做功 $A = 2A_0$,根据热力学第一定律,系统吸热

$$Q = \Delta E + A = Q_0 - A_0 + 2A_0 = Q_0 + A_0$$

14.2 理想气体的内能和热容

14.2.1 焦耳实验 理想气体的内能

1845 年焦耳为了研究气体的内能,设计了气体的绝热自由膨胀实验。如图 14.6 所示。

容器 A,B 置于绝热水槽中,A 中充满气体,B 为真空,打开活栓 C,A 中气体向 B 中膨胀,最后充满整个容器。因为气体没有受到任何阻力作用,膨胀是自由的,气体对外界不做功,即 $A = 0$;同时由于气体膨胀迅速,来不及与外界(水槽中的水)交换热量,可以认为是绝热的,$Q = 0$。因此根据热力学第一定律,$\Delta E = 0$,说明气体经过绝热自由膨胀过程内能不变。

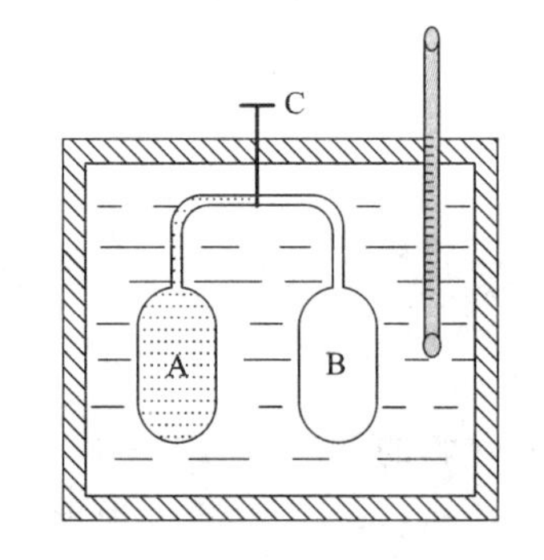

图 14.6 气体的绝热自由膨胀

焦耳测量了自由膨胀前后气体与水的热平衡温度,发现没有改变。显然,自由膨胀前后气体的体积发生了变化,温度不变,而内能亦没有变化,说明气体的内能只与温度有关,而与体积无关,也与压强无关。

焦耳实验是比较粗略的,因为水的热容较大,容器中气体的自由膨胀所产生的微弱温度变化引起的水槽中水温的变化极小,很难精确测定。进一步精确的实验表明,气体的内能不仅与温度有关,而且与体积有关;但在压强趋于零的情形下,气体的内能只是温度的函数,即理想气体的内能只是温度的函数 $E = E(T)$,而实际气体的内能是温度和体积的函数 $E = E(T,V)$。

14.2.2 理想气体的摩尔热容、迈耶公式

气体状态变化中常见的有等体过程和等压过程,这两个过程对应的摩尔热容分别称为定

体摩尔热容和定压摩尔热容，分别用 $C_{V,m}$ 和 $C_{p,m}$ 表示，其定义式分别为

$$C_{V,m} = \frac{1}{\nu}\left(\frac{đQ}{\mathrm{d}T}\right)_V \tag{14.11}$$

$$C_{p,m} = \frac{1}{\nu}\left(\frac{đQ}{\mathrm{d}T}\right)_p \tag{14.12}$$

式中角标 V，p 分别表示过程中保持体积或压强不变。

在等体过程中，$\mathrm{d}V = 0$，从而 $\mathrm{d}A = p\mathrm{d}V = 0$，根据热力学第一定律

$$(đQ)_V = \mathrm{d}E \tag{14.13}$$

根据 $C_{V,m}$ 的定义 $(đQ)_V = \nu C_{V,m}\mathrm{d}T$，可得

$$\mathrm{d}E = \nu C_{V,m}\mathrm{d}T \tag{14.14}$$

若 $C_{V,m}$ 可视为常量，则

$$\Delta E = \nu C_{V,m}\Delta T \tag{14.15}$$

虽然上式是通过等体过程推导而来，但是理想气体的内能是仅与温度有关的态函数，其增量取决于始、末状态的温度的增量，与中间过程无关，因此该式适用于理想气体的任意过程。

在等压过程中，根据热力学第一定律 $(đQ)_p = \mathrm{d}E + p\mathrm{d}V$ 对于理想气体的等压过程，根据 $C_{p,m}$ 的定义以及式(14.14)，可得

$$\nu C_{p,m}\mathrm{d}T = \nu C_{V,m}\mathrm{d}T + p\mathrm{d}V \tag{14.16}$$

再由理想气体的物态方程 $pV = \nu RT$ 的微分形式

$$p\mathrm{d}V + V\mathrm{d}p = \nu R\mathrm{d}T \tag{14.17}$$

因为等压，$\mathrm{d}p = 0$，所以 $p\mathrm{d}V = \nu R\mathrm{d}T$，代入式(14.16)，可得 $\nu C_{p,m}\mathrm{d}T = \nu C_{V,m}\mathrm{d}T + \nu R\mathrm{d}T$ 即

$$C_{p,m} = C_{V,m} + R \tag{14.18}$$

这便是**迈耶公式**，它表明理想气体的定压摩尔热容是定体摩尔热容和摩尔气体常量 R 的和。因为 R 恒为正，因此 $C_{p,m} > C_{V,m}$。

根据式(13.19)，ν mol 理想气体的内能为 $E = \nu\frac{i}{2}RT$，因此，由式(14.14)，理想气体的定体摩尔热容可以写为

$$C_{V,m} = \frac{1}{\nu}\frac{\mathrm{d}E}{\mathrm{d}T} = \frac{i}{2}R \tag{14.19}$$

定压摩尔热容则可以写为

$$C_{p,m} = \frac{i}{2}R + R = \frac{i+2}{2}R \tag{14.20}$$

定压摩尔热容与定体摩尔热容的比值称为比热比，用 γ 表示，则

$$\gamma = \frac{C_{p,m}}{C_{V,m}} = \frac{i+2}{i} \tag{14.21}$$

对于单原子分子理想气体　$i = 3, C_{V,m} = \frac{3}{2}R, C_{p,m} = \frac{5}{2}R, \gamma = \frac{5}{3} = 1.67$

对于刚性双原子分子理想气体　$i = 5, C_{V,m} = \frac{5}{2}R, C_{p,m} = \frac{7}{2}R, \gamma = \frac{7}{5} = 1.40$

对于刚性多原子分子理想气体　$i = 6, C_{V,m} = 3R, C_{p,m} = 4R, \gamma = \frac{4}{3} = 1.33$

可见，由能量均分定理得到的理想气体的热容为常数，只与气体种类有关，而与气体温度

无关。实验测量结果表明,常温下(约 27 ℃),单原子分子气体和双原子分子气体都与理论值高度符合,多原子分子气体则与理论值有少许差异。

例 14.2　如图 14.7 所示,理想气体经历以下三个过程 $a\rightarrow d$,$b\rightarrow d$ 和 $c\rightarrow d$,已知过程 $b\rightarrow d$ 是绝热的(即与外界无热量交换),试分析三个过程中热容量的正负。(其中状态 a,b,c 的温度均为 T_1,状态 d 的温度为 T_2)

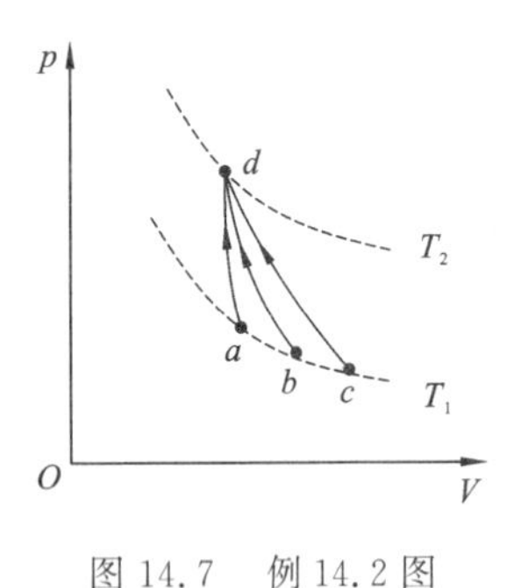

图 14.7　例 14.2 图

解　已知过程 $b\rightarrow d$ 绝热,且被压缩,外界对气体做功 A_{bd},根据热力学第一定律,气体内能增加,温度升高

$$\Delta E_{bd}=-A_{bd}>0,\quad T_2>T_1$$

因为理想气体的内能只与温度有关,因此

$$\Delta E_{ad}=\Delta E_{cd}=\Delta E_{bd}=-A_{bd}>0$$

(1) 过程 $a\rightarrow d$:根据热力学第一定律

$$Q_{ad}=\Delta E_{ad}+A_{ad}=-A_{bd}+A_{ad}$$

比较 A_{ad} 和 A_{bd} 的大小(即比较过程曲线 $a\rightarrow d$、$b\rightarrow d$ 下的面积),有

$$|A_{bd}|>|A_{ad}|$$

则

$$Q_{ad}=-A_{bd}+A_{ad}>0$$

说明在过程 $a\rightarrow d$ 中,气体吸热,热容量

$$C_{ad}=\left(\frac{đQ}{\mathrm{d}T}\right)_{ad}>0$$

(2) 过程 $b\rightarrow d$:因为是绝热过程,$Q_{bd}=0$,因此该过程的热容量

$$C_{bd}=\left(\frac{đQ}{\mathrm{d}T}\right)_{ad}=0$$

(3) 过程 $c\rightarrow d$:根据(1)的分析,比较过程曲线 $c\rightarrow d$,$b\rightarrow d$ 的面积,可知

$$|A_{bd}|<|A_{cd}|$$

因此

$$Q_{cd}=\Delta E_{cd}+A_{cd}=-A_{bd}+A_{cd}<0$$

说明在过程 $c\rightarrow d$ 中,气体放热,热容量

$$C_{cd}=\left(\frac{đQ}{\mathrm{d}T}\right)_{cd}<0$$

14.3　理想气体的典型准静态过程

本节中我们将利用热力学第一定律讨论理想气体在几种典型准静态过程中的状态变化和能量转化,认识热功转化问题。

14.3.1　等体、等压和等温过程

1. 等体过程

等体过程中系统的体积保持不变,准静态的等体过程可以固定气体所处的容器体积,使气体通过导热壁与一系列温度相差极小的恒温热源接触,交换热量。系统经过缓慢地吸、放热过程,温度和压强缓慢地增大或减小。

等体过程在 p-V 图中对应一条与 p 轴平行的线段，如图14.8(a)所示，其过程方程可写为 $V=$ 常量。

等体过程中，$\mathrm{d}V=0$，$đA=p\mathrm{d}V=0$，系统不做功，因而 $Q=\Delta E$，表示等体过程中系统吸收的热量全部用于系统内能的增量。对于一个元过程

$$đQ=\mathrm{d}E=\nu C_{V,m}\mathrm{d}T$$

当系统经过等体过程温度增加 ΔT 时，若 $C_{V,m}$ 为常量，则有

$$Q=\Delta E=\nu C_{V,m}\Delta T$$

2. 等压过程

等压过程中系统的压强保持不变，准静态的等压过程可以将置于带有活塞的汽缸中的气体，在固定外界压强的同时，通过导热壁与一系列温度相差极小的恒温热源接触，交换热量。系统经过缓慢地吸、放热过程，温度和体积缓慢地增大或减小。

等压过程在图14.8 p-V 图中对应一条与 V 轴平行的线段，称为等压线。如图14.8(b)所示，其过程方程可写为 $p=$ 常量。

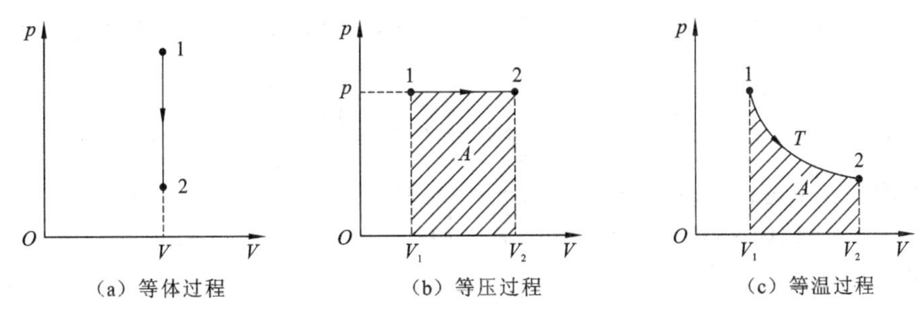

图14.8　理想气体的几个典型准静态过程

系统经等压过程体积从 V_1 变为 V_2；温度从 T_1 变为 T_2，系统对外界做的功为

$$A=\int_{V_1}^{V_2}p\mathrm{d}V=p(V_2-V_1) \tag{14.22}$$

在 p-V 图中 A 的大小为等压线下方的面积。

若 $C_{p,m}$ 为常量，系统吸收的热量为 $Q=\nu C_{p,m}\Delta T$。并且由热力学第一定律，有

$$\Delta E=Q-A=\nu C_{p,m}(T_2-T_1)-p(V_2-V_1)$$

再根据理想气体的物态方程 $pV=\nu RT$，可得

$$p(V_2-V_1)=\nu R(T_2-T_1)$$

则系统经过等压过程的内能增量为

$$\Delta E=Q-A=\nu C_{p,m}(T_2-T_1)-\nu R(T_2-T_1)$$

即

$$\Delta E=\nu C_{V,m}\Delta T$$

该式与等体过程中得到内能增量的表达形式是一致的，这是因为理想气体的内能仅与温度有关的态函数，因此只要始、末两态对应温度相同，不管中间过程如何，理想气体的内能的改变量都是相同的，均为 $\Delta E=\nu C_{V,m}\Delta T$。

3. 等温过程

等温过程中系统的温度保持不变,准静态的等温过程可以使系统与一恒温热源接触,使系统与恒温热源的温度始终保持一致。系统经过缓慢地吸、放热,压强和体积发生改变。

理想气体在等温过程中遵守的过程方程是:$pV=$ 常量,在 p-V 图中对应一条双曲线,称为等温线,如图 14.8(c) 所示。

等温过程中,$\mathrm{d}T=0$,则 $\mathrm{d}E=0$,系统内能不变,因而 $Q=A$,表示等温过程中系统吸收的热量全部用于系统对外做功。

系统经等温过程体积从 V_1 变为 V_2,系统对外界做的功为

$$A=\int_{V_1}^{V_2}p\mathrm{d}V=\int_{V_1}^{V_2}\frac{\nu RT}{V}\mathrm{d}V=\nu RT\ln\frac{V_2}{V_1} \tag{14.23}$$

在图 14.8(c) 中 A 的大小为等温线下方的面积。

例 14.3 1 mol 单原子分子理想气体,在 1 atm、27 ℃ 时,气体体积为 $V_1=6.0\times10^{-3}\ \mathrm{m}^3$,分别经历以下过程后,气体体积膨胀到 $V_2=12.0\times10^{-3}\ \mathrm{m}^3$。若经历的过程为(1) 等温(准静态);(2) 等压(准静态);(3) 自由膨胀。求各过程中的功、热量和内能增量。

解 (1) 准静态等温过程:$\Delta T=0$,因此 $\Delta E=0$,系统内能不变;系统吸收的热量等于系统对外做功,由式(14.23)

$$Q=A=\nu RT\ln\frac{V_2}{V_1}=8.31\times(27+273)\ln\frac{12.0\times10^{-3}}{6\times10^{-3}}=1\,728\ (\mathrm{J})$$

(2) 准静态等压过程:由式(14.22),系统对外做功

$$A=p(V_2-V_1)=1.01\times10^5\times(12.0-6.0)\times10^{-3}=606\ (\mathrm{J})$$

系统吸收热量为

$$Q=\nu C_{p,m}(T_2-T_1)=\nu C_{p,m}\frac{(pV_2-pV_1)}{\nu R}=\frac{C_{p,m}}{R}(pV_2-pV_1)$$

系统的内能增量为

$$\Delta E=\nu C_{V,m}(T_2-T_1)=\nu C_{V,m}\frac{(pV_2-pV_1)}{\nu R}=\frac{C_{V,m}}{R}(pV_2-pV_1)$$

代入单原子分子理想气体的 $C_{V,m}=\frac{5}{2}R$ 和 $C_{p,m}=\frac{7}{2}R$ 以及相关物理量,可得

$$Q=\frac{7}{2}\times1.01\times10^5\times(12.0-6.0)\times10^{-3}=2\,121\ (\mathrm{J})$$

$$\Delta E=\frac{5}{2}\times1.01\times10^5\times(12.0-6.0)\times10^{-3}=1\,515\ (\mathrm{J})$$

(3) 自由膨胀过程:自由膨胀过程是非准静态过程,因为气体膨胀时不受任何阻力作用,因此气体不做功,即 $A=0$;又因为过程进行非常迅速,气体来不及与外界交换热量,即 $Q=0$;根据热力学第一定律可知,气体的内能不变,即 $\Delta E=0$。

14.3.2 绝热过程

1. 绝热过程方程

绝热过程中系统与外界之间无热量交换,与等体、等压和等温过程不同,系统的三个状态参量 p,V,T 都会发生改变。如果过程进行得非常快,以至于系统来不及与外界交换热量,同时

相对于系统从平衡态被破坏到恢复平衡所需时间来讲，过程进行得又非常缓慢，这样的实际过程可以视为准静态的绝热过程。因为热量的传递是比较缓慢的，所以许多实际过程都可用准静态的绝热过程来处理的。比如蒸汽机，内燃机汽缸中气体的膨胀或压缩过程。

绝热过程中 $Q=0$，则 $\Delta E+A=0$，说明绝热过程中系统不吸收热量，系统的内能的改变完全取决于系统与外界之间的做功。若系统绝热膨胀，系统对外界做功，则系统内能减少；若系统被绝热压缩，外界对系统做功，则系统内能增加。对理想气体来说，系统绝热膨胀，内能减少，气体温度降低；系统被绝热压缩，内能增加，气体温度升高。

下面将通过热力学第一定律和理想气体物态方程来推导理想气体准静态绝热过程方程。

根据 $\Delta E+A=0$ 以及理想气体的内能表达式 $\Delta E=\nu C_{V,m}\Delta T$，可得 $\nu C_{V,m}\Delta T+A=0$，对于一个元过程有

$$\nu C_{V,m}\mathrm{d}T+p\mathrm{d}V=0 \tag{①}$$

结合理想气体物态方程的微分形式

$$p\mathrm{d}V+V\mathrm{d}p=\nu R\mathrm{d}T \tag{②}$$

两式消去 $\mathrm{d}T$，得

$$(C_{V,m}+R)p\mathrm{d}V+C_{V,m}V\mathrm{d}p=0 \tag{③}$$

将 $\gamma=\dfrac{C_{p,m}}{C_{V,m}}$ 代入式 ③ 可得

$$\frac{\mathrm{d}p}{p}+\gamma\frac{\mathrm{d}V}{V}=0 \tag{④}$$

在温度变化不太大的范围内，γ 可视为常量，因此式 ④ 积分，得

$$\ln p+\gamma\ln V=\text{常量}$$

即

$$pV^{\gamma}=\text{常量} \tag{14.24}$$

这是用压强和体积表示的理想气体准静态绝热过程方程，又称泊松方程(Poisson)。绝热过程方程(14.24)在 p-V 图中对应的曲线，称为绝热线。如图 14.9 中的绝热线 a，图中也画了一条等温线 i 进行比较。为什么绝热线比等温线陡？比较两个过程曲线的斜率可知等温线 $pV=$ 常量的斜率为

$$\frac{\mathrm{d}p}{\mathrm{d}V}=-\frac{p}{V} \tag{14.25}$$

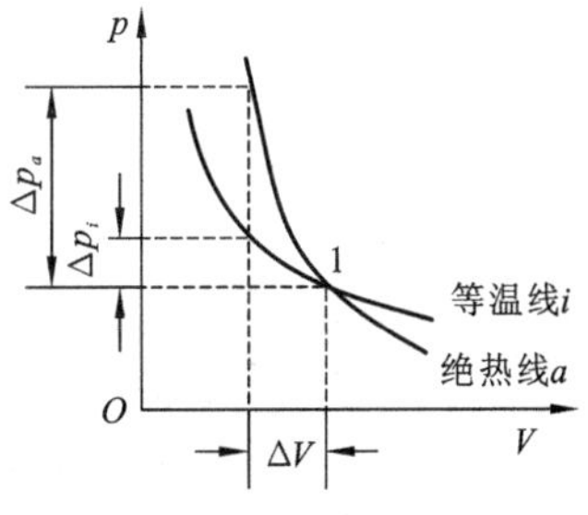

图 14.9　绝热线与等温线

绝热线 $pV^{\gamma}=$ 常量的斜率为

$$\frac{\mathrm{d}p}{\mathrm{d}V}=-\gamma\frac{p}{V} \tag{14.26}$$

因为 $\gamma=\dfrac{C_{p,m}}{C_{V,m}}>1$，可见绝热线比等温线陡峭。

还可以从气体动理论的观点来解释。同样的气体从相同状态 1 出发，分别经过等温压缩和绝热压缩，使气体缩小相同的值 ΔV；理想气体压强 $p=\dfrac{2}{3}n\overline{\varepsilon_t}$，在等温情况下，气体体积减小，分子数密度 n 增加，但温度不变，因而分子的平均平动动能 $\overline{\varepsilon_t}$ 不变，引起压强的改变为 Δp_i；在绝热情况下，随着气体体积减小，分子数密度 n 同样增加，而且外界做功，气体内能增加，温度

升高,因而分子的平均平动动能$\overline{\varepsilon_t}$也会增大,因而引起压强的改变$\Delta p_a > \Delta p_i$。

结合式(14.24)以及理想气体状态方程,绝热过程方程还可以用压强和温度表示为

$$p^{1-\gamma}T^{\gamma} = 常量 \tag{14.27}$$

以及用体积和温度表示为

$$TV^{\gamma-1} = 常量 \tag{14.28}$$

2. 绝热过程的功

根据绝热过程方程可以得到绝热过程的功的表达式。

设系统初态为(p_1, V_1, T_1),经准静态绝热过程后末态为(p_2, V_2, T_2),则在过程中的任一时刻,有$pV^{\gamma} = p_1V_1^{\gamma} = p_2V_2^{\gamma} = 常量$,将$p = \dfrac{p_1V_1^{\gamma}}{V^{\gamma}}$代入功的计算式$A = \int_{V_1}^{V_2} p\mathrm{d}V$中,可得

$$A = \int_{V_1}^{V_2} p\mathrm{d}V = \int_{V_1}^{V_2} \frac{p_1V_1^{\gamma}}{V^{\gamma}}\mathrm{d}V = \frac{p_1V_1^{\gamma}}{1-\gamma}(V_2^{1-\gamma} - V_1^{1-\gamma})$$

再由$p_1V_1^{\gamma} = p_2V_2^{\gamma}$,上式可写为

$$A = \frac{1}{\gamma - 1}(p_1V_1 - p_2V_2) \tag{14.29}$$

还可以根据热力学第一定律,利用理想气体的内能的表达式来计算准静态绝热过程的功。由$Q = 0$,则$\Delta E + A = 0$,那么

$$A = -\Delta E = -\nu C_{V,m}\Delta T = \nu C_{V,m}(T_1 - T_2) \tag{14.30}$$

14.4　循环过程

14.4.1　循环过程　准静态循环过程

系统从某一状态出发,经过一系列状态变化后,又回到初始状态的整个变化过程叫做循环过程。若一个循环过程经历的所有热力学过程都是准静态过程,则该循环过程是一个准静态循环过程,可以在p-V图上用一条闭合曲线$abcda$来表示,如图14.10所示。

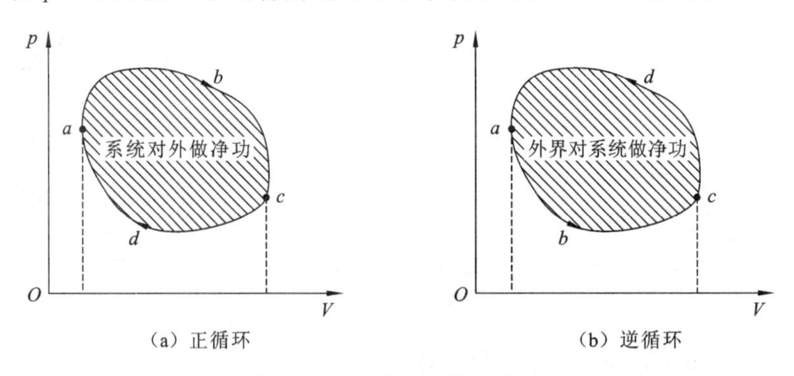

(a) 正循环　　(b) 逆循环

图14.10　准静态循环过程

参与循环的工作物质简称工质,通过工质的每一次循环,可以将从高温热源吸收的热量的一部分转化为对外所做的机械功,这样的装置称为热机。如蒸汽机、内燃机等。研究循环过程的目的就是为了探求能够更高效地将热量转化为机械功的途径。

14.4.2　热机及效率

1. 热机和正循环

以蒸汽机为例，来说明热机的工作原理。如图 14.11 所示为蒸汽机的循环示意图。蒸汽机是以水为工质来完成循环过程的。首先工质(水)在锅炉(高温热源)中吸收热量，变成高温高压的水蒸气；水蒸气进入汽缸，推动活塞对外做功；完成做功的水蒸气因为内能减少，温度和压强降低，进入冷凝器中向周围的空气或水(低温热源)放出热量，并凝结成水，再经水泵抽回锅炉，开始下一次循环。

在每一次循环过程中，工质至少与两个热源交换热量。工质从锅炉(高温热源)吸收热量，对外做功，同时向低温热源(空气或水)放出热量。即称为正循环。

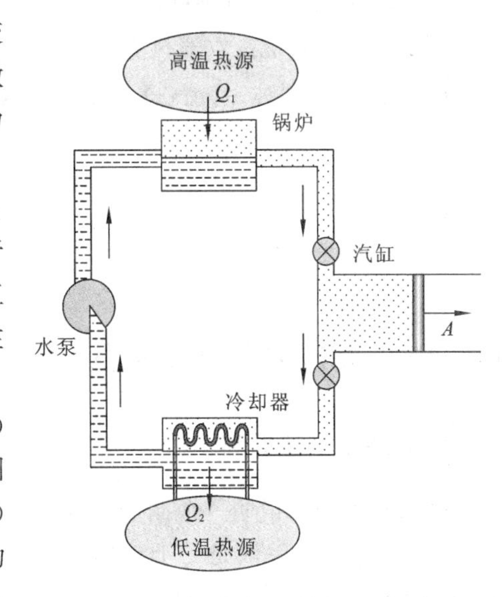

图 14.11　蒸汽机的循环示意图

一般将工质从高温热源吸收热量的大小用 Q_1 表示，向低温热源放出热量的大小用 Q_2 表示，由于在一个循环完成后，工质都会回到初始状态，所以工质内能不变，即 $\Delta E = 0$，由热力学第一定律，工质在一次循环过程中对外作的净功

$$A = Q_1 - Q_2 \tag{14.31}$$

工质进行的准静态正循环过程，可以在 p-V 图上用顺时针方向的封闭曲线来表示。如图 14.10(a)所示，工质从 $a \to b \to c$ 过程中吸热，并对外作正功 A_1，大小等于曲线 abc 下方的面积；工质从 $c \to d \to a$ 返回初态的过程中放热，工质对外界作负功 A_2，大小等于曲线 cda 下方的面积；可见，工质在一个循环过程对外作的净功 $A = A_1 + A_2 > 0$，且等于封闭曲线 $abcda$ 所包围的面积。

2. 热机的效率 η

效率是衡量热机性能的重要标志。在消耗同样多的燃料，即 Q_1 相同的情况下，一个热机对外作的功 A 越大，则热机的性能就越好。热机的效率 η 定义为做功与吸热的比值，即

$$\eta = \frac{A}{Q_1} \text{ 或 } \eta = 1 - \frac{Q_2}{Q_1} \tag{14.32}$$

因为 $Q_1 = A + Q_2$，A 总是小于 Q_1，所以 $\eta < 1$。

η 不可能大于 1，如果大于 1，就违反了热力学第一定律，也就是能量守恒与转化定律。η 也不可能等于 1，如果等于 1，则违反热力学第二定律(参见 14.5 节)。

例 14.4　一定质量的理想气体经历如图 14.12 所示的循环过程，其中 ab，cd 是等压过程，bc，da 为绝热过程，已知系统在 b，c 两态的温度分别为 T_b 和 T_c，求该循环的效率。

解　根据式(14.32)$\eta = \dfrac{A}{Q_1}$ 或 $\eta = 1 - \dfrac{Q_2}{Q_1}$，当循环过程的功比较容易计算时，效率用 $\eta = \dfrac{A}{Q_1}$ 计算较好；当循环过程中含有绝热过程时，用 $\eta = 1 - \dfrac{Q_2}{Q_1}$ 来计算效率更为方便。

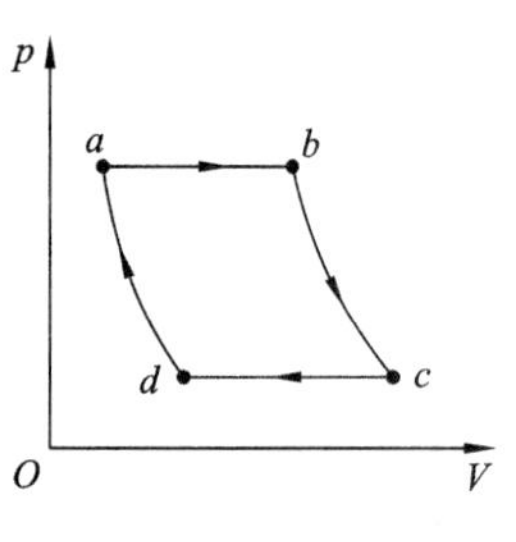

图 14.12　例 14.4 图

ab 是等压膨胀过程,吸热的值为

$$Q_1 = \nu C_{p,m}(T_b - T_a)$$

cd 是等压压缩过程,放热的值为

$$Q_2 = \nu C_{p,m}(T_c - T_d)$$

bc,da 为绝热过程,与外界无热量交换,因此

$$\eta = 1 - \frac{Q_2}{Q_1} = 1 - \frac{T_c - T_d}{T_b - T_a} = 1 - \frac{T_c\left(1 - \frac{T_d}{T_c}\right)}{T_b\left(1 - \frac{T_a}{T_b}\right)}$$

对于绝热过程 bc,有绝热方程　　$p_b^{\gamma-1}T_b^{-\gamma} = p_c^{\gamma-1}T_c^{-\gamma}$　　①

对于绝热过程 da,有绝热方程　　$p_a^{\gamma-1}T_a^{-\gamma} = p_d^{\gamma-1}T_d^{-\gamma}$　　②

因为 $p_b = p_a$,$p_c = p_d$,将 ①、② 两式相比可知

$$\frac{T_d}{T_c} = \frac{T_a}{T_b}$$

则效率为

$$\eta = 1 - \frac{T_c}{T_b}$$

14.4.3　制冷机及制冷系数

1. 制冷机和逆循环

以冰箱为例来说明一个制冷循环的工作过程,如图 14.13 所示的冰箱循环示意图。

冰箱中的工质一般是易于液化的制冷剂,如氨(NH_3)在标准大气压下的沸点为 -33.35 ℃,在室温下为蒸气状态。首先蒸气状态的工质被压缩为高温高压状态,经冷凝器向周围的空气或水(高温热源)散热,温度降低为室温附近,并凝结成高压液态,然后经多孔塞降压进入冷冻室中的蒸发器,液态工质从冷冻室(低温热源)中吸收大量的汽化热,使冷冻室温度降低,同时液态工质在蒸发器中沸腾,回到蒸气状态的工质再次进入压缩机,开始下一次循环。

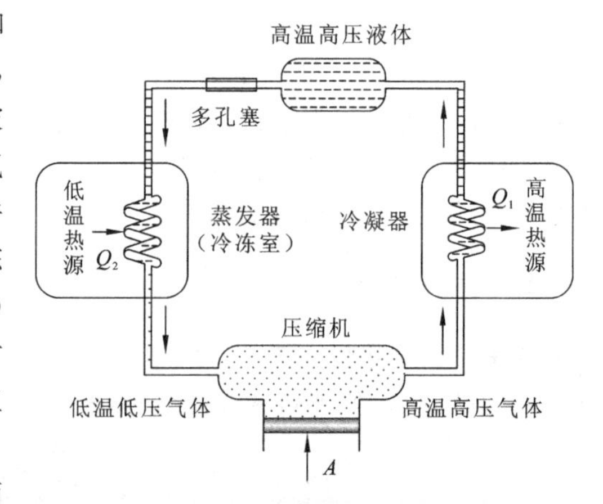

图 14.13　冰箱的循环示意图

在每一次制冷循环过程中,工质至少与两个热源交换热量。工质从低温热源(冷冻室)吸收热量,向高温热源(空气)放出热量,同时外界(压缩机)对工质做功,制冷循环也称为逆循环。

同正循环一样,逆循环中工质向高温热源放出热量的大小用 Q_1 表示,从低温热源吸收热量的大小用 Q_2 表示,由于在一个循环完成后,工质都会回到初始状态,所以工质内能不变,即 $\Delta E = 0$,由热力学第一定律,在一次循环过程中外界对工质作的净功

$$A = Q_1 - Q_2$$

若工质进行的是准静态逆循环过程,可以在 p-V 图上用逆时针方向的封闭曲线来表示。如

图 14.10(b) 所示，工质从 $a \to b \to c$ 过程中吸热，并对外作正功 A_1，大小等于曲线 abc 下方的面积；工质从 $c \to d \to a$ 返回初态的过程中放热，工质对外界作负功 A_2，大小等于曲线 cda 下方的面积；可见，工质在一个循环过程对外作的净功 $A = A_1 + A_2 < 0$，说明外界对工质做了净功，功的大小等于封闭曲线 $abcda$ 所包围的面积。

2. 制冷机的制冷系数 ω

在外界做了同样多的功，即 A 相同的情况下，一个制冷机从低温热源吸收的热量越多，即 Q_2 越大，则制冷效果越好，性能也就越好。衡量制冷机性能优劣的标志 —— 制冷系数 ω，就定义为从低温热源吸热与外界做功的比值，即

$$\omega = \frac{Q_2}{A} \quad 或 \quad \omega = \frac{Q_2}{Q_1 - Q_2} \tag{14.33}$$

14.4.4　卡诺循环

法国年轻工程师卡诺对热机效率进行了一系列研究，提出了理想循环(卡诺循环) 和理想热机，总结出卡诺定理，指出了提高热机效率的关键所在。而开尔文在卡诺的研究基础上定义了热力学温标，卡诺的研究也是热力学第二定律及熵概念建立的重要基础。

1. 卡诺循环

为了找到影响热机效率的主要因素，卡诺设计了一个理想热机(不存在摩擦散热漏气等) 的准静态循环过程。在该循环中，工质只与两个恒温热源 T_1 和 $T_2(T_1 > T_2)$ 交换热量，因为热源的温度恒定，因此工质与恒温热源交换热量的过程是等温过程；工质从 T_1 状态到 T_2 状态以及从 T_2 状态回到 T_1 状态没有与任何热源接触，是两个绝热过程。这样的由两个等温过程和两个绝热过程构成的准静态循环就是卡诺循环。以卡诺循环工作的理想热机就称为卡诺热机。

2. 以理想气体为工质的卡诺循环的效率

如图 14.14 表示以一定质量的理想气体为工质的正向卡诺循环，由两条等温线和两条绝热线构成。

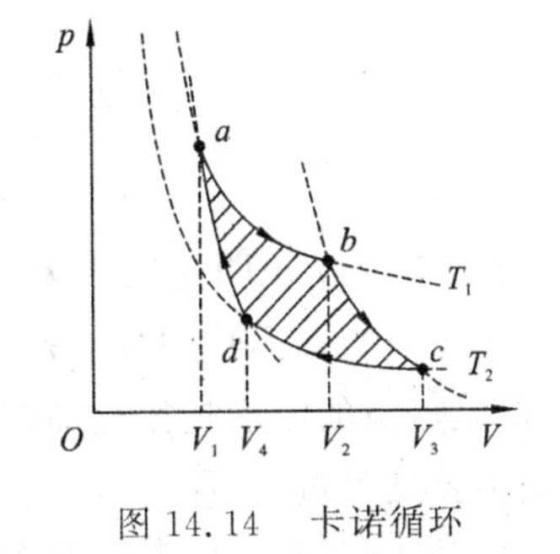

图 14.14　卡诺循环

由状态 $a(p_1, V_1, T_1)$ 到状态 $b(p_2, V_2, T_1)$ 是等温膨胀过程，气体从高温热源 T_1 吸热 Q_1：$Q_1 = \nu R T_1 \ln \frac{V_2}{V_1}$；

由状态 $c(p_3, V_3, T_2)$ 到状态 $d(p_4, V_4, T_2)$ 是等温压缩过程，气体向低温热源 T_2 放热 Q_2：$Q_2 = \nu R T_2 \ln \frac{V_3}{V_4}$。

由状态 $b(p_2, V_2, T_1)$ 到状态 $c(p_3, V_3, T_2)$ 是绝热膨胀过程，气体与外界无热量交换，气体对外界做功，气体内能减少，温度降低到 T_2。

由状态 $d(p_4, V_4, T_2)$ 到状态 $a(p_1, V_1, T_1)$ 是绝热压缩过程，气体与外界无热量交换，外界对气体做功，气体内能增加，温度升高到 T_1。

气体完成一个循环内能不变，气体对外界做的净功为

$$A = Q_1 - Q_2 = \nu R T_1 \ln \frac{V_2}{V_1} - \nu R T_2 \ln \frac{V_3}{V_4}$$

循环的效率可以表示为

$$\eta = 1 - \frac{Q_2}{Q_1} = 1 - \frac{\nu R T_2 \ln \frac{V_3}{V_4}}{\nu R T_1 \ln \frac{V_2}{V_1}}$$

再根据绝热过程方程,因为状态 b,c 在一条绝热线上,可得

$$T_1 V_2^{\gamma-1} = T_2 V_3^{\gamma-1}$$

状态 d,a 在一条绝热线上,可得

$$T_1 V_1^{\gamma-1} = T_2 V_4^{\gamma-1}$$

两式相比得到

$$\frac{V_2}{V_1} = \frac{V_3}{V_4}$$

则

$$\eta = 1 - \frac{T_2}{T_1} \tag{14.34}$$

上式表明理想气体正向卡诺循环的效率仅取决于热源的温度(热力学温标)。式(14.34)说明提高卡诺循环的效率的方法是提高高温热源和低温热源的温差,由于热机中的低温热源一般是周围环境,所以 T_2 是固定的,因此提高热机效率的有效手段是提高高温热源的温度。

3. 逆向卡诺循环的制冷系数

将图 14.14 所示卡诺循环逆向,即沿 $adcba$ 方向进行,外界将对气体作净功 A,气体从低温热源吸热 Q_2,向高温热源放热 Q_1,且 $A = Q_1 - Q_2$,根据制冷系数的定义式式(14.34),可以得到理想气体的逆向卡诺循环的制冷系数为

$$\omega = \frac{Q_2}{A} = \frac{\nu R T_2 \ln \frac{V_3}{V_4}}{\nu R T_1 \ln \frac{V_2}{V_1} - \nu R T_2 \ln \frac{V_3}{V_4}} = \frac{T_2}{T_1 - T_2} \tag{14.35}$$

式(14.34)说明逆向卡诺循环的制冷系数的大小取决于高温热源和低温热源的温差,由于制冷机中的高温热源一般是周围环境,所以 T_1 是固定的,可见,当从低温热源吸收相同热量时,低温热源的温度越接近高温热源,消耗外界的功越小。越节能。因此夏季使用空调时室内外温差不要设置过大,可以有效节能。

可以证明,在相同高温热源和相同低温热源之间的卡诺循环的效率都与工质无关,且相同高温热源和相同低温热源之间任意循环的效率都不可能大于的卡诺循环效率。对逆向卡诺循环也有相同的结论。这一结论告诉了我们热机工作的最大效率,即

$$\eta = 1 - \frac{Q_2}{Q_1} \leqslant 1 - \frac{T_2}{T_1} \tag{14.36}$$

以及制冷机工作的最大制冷系数

$$\omega = \frac{Q_2}{Q_1 - Q_2} \leqslant \frac{T_2}{T_1 - T_2} \tag{14.37}$$

根据式(14.37),我们可以求出实际热机所能输出的最大功或实际制冷机所需输入的最小功。

如蒸汽机锅炉的温度为 200 ℃，冷凝器的温度为 20 ℃，则该蒸汽机可以达到的最大效率为

$$\eta = 1 - \frac{20 + 273.15}{200 + 273.15} = 38\%$$

但实际的循环过程不是卡诺循环，且存在摩擦散热等损耗，因此实际蒸汽机的效率要远小于该数值。

*14.5　热力学第二定律

14.5.1　热力学第二定律的两种表述

1. 开尔文表述

1851 年开尔文指出：不可能从单一热源吸收热量并使之全部转化为功而不引起其他变化。其中“单一热源”是指温度均匀的热源，如果热源的温度不均匀，工质可以从温度较高的部分吸热而向温度较低的部分放热，这就相当于两个热源了。“其他变化”是指除了工质吸热做功以外的工质本身或工质与外界之间所发生的任何变化，比如理想气体经等温膨胀，内能不变，因而根据热力学第一定律，气体从单一热源吸收的热量全部转化为功，但是气体的状态 —— 体积发生了改变，也就是说如果可以从单一热源吸收热量并使之全部转化为功的话，一定发生了“其他变化”，否则是不可以的。

开尔文表述是在研究热机效率的基础上产生的。热机的效率公式为

$$\eta = \frac{A}{Q_1} = 1 - \frac{Q_2}{Q_1}$$

如果开尔文表述不成立的话，那么就可以将从高温热源吸收的热量全部转化为功，而不需要向低温热源放热，即 $Q_2 = 0$，$\eta = 1$，这样的热机称为第二类永动机。第一类永动机是指 $\eta > 1$，违反热力学第一定律的热机。开尔文表述说明第二类永动机是不可能实现的。热机的效率只能小于 1，热机必须工作在两个及以上的热源之间。

2. 克劳修斯表述

克劳修斯在 1850 年指出：热量从低温物体传给高温物体不可能不引起其他变化。

我们知道，通过制冷机如空调、电冰箱可以将热量从低温物体传给高温物体的，但是外界对工质是作了功的，也就是引起了“其他变化”。

*14.5.2　两种表述的等效性

可以用反证法来证明热力学第二定律的两种表述的等效性：

(1) 假设克劳修斯表述不成立，我们可以在高温热源 T_1 和低温热源 T_2 之间通过一个制冷机 M 将热量从低温热源传到高温热源而不引起任何变化。设计一个卡诺热机 N 工作在两个热源之间，如图 14.15(a) 所示，该热机从高温热源吸热 Q_1，对外做功 A，同时向低温热源放热 Q_2，这一部分热量可以通过 M 直接传到高温热源而没有引起任何变化。因此这一联合循环完成后的最终效果就是从高温热源吸收了热量 $Q_1 - Q_2$，并全部用于对外做功，从而违反了开尔文表述。因此如果克劳修斯表述不成立，开尔文表述也不成立。

(2) 假设开尔文表述不成立,我们可以在高温热源 T_1 和低温热源 T_2 之间通过一个热机M从高温热源吸热Q并且全部用于对外做功A = Q,而不引起任何变化。利用这个功推动一个卡诺制冷机N,如图14.15(b)所示,使其从低温热源吸热 Q_2,并向高温热源放热 $Q_1 = Q_2 + A$。这样一个联合循环完成后的最终效果就是热量 Q_2 从低温热源传到高温热源而没有引起任何变化,从而违反了克劳修斯表述。可见,如果开尔文表述不成立,克劳修斯表述也不成立。

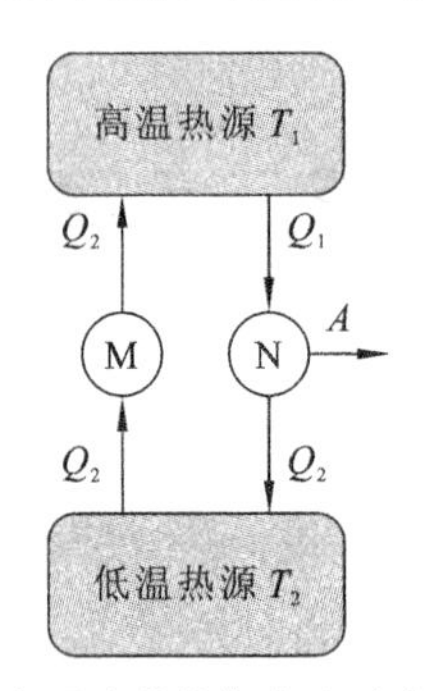

(a) 如果克劳修斯表述不成立,开尔文表述也不成立

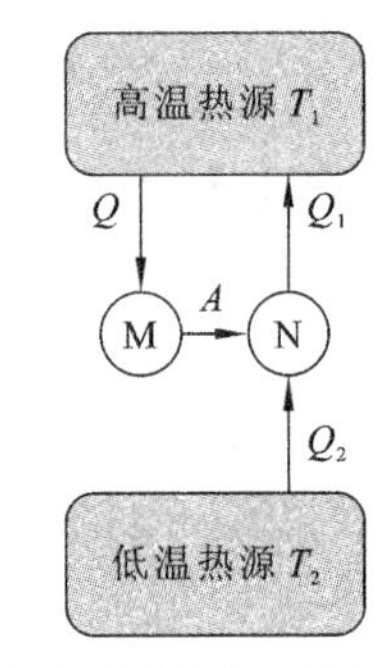

(b) 如果开尔文表述不成立,克劳修斯表述也不成立

图 14.15 热力学第二定律的两种表述的等效性

综上所述,热力学第二定律的开尔文表述实际上指"功变热"的不可逆,克劳修斯表述指"热传导"的不可逆。这两种表述的等效性实际上说明了它们反映的是一个共同的规律,即自然过程的方向性 —— 自然界中一切与热现象有关的实际宏观过程都是有方向性的。

*14.5.3 不可逆过程和可逆过程

自然界的宏观过程的方向性指的是这些过程都是自发沿某一方向进行,反方向不能自发进行或是反方向可以进行但是一定伴随有其他过程。这种方向性可以用过程的不可逆性来描述。

不可逆过程是指:如果一个过程发生以后,无论通过任何途径都不能使系统和外界回到原来状态而没有引起任何变化。例如摩擦生热,即"功变热"是自发的机械功转化为系统的内能的过程,一旦发生,可以通过热机的循环,使"热变功",但是热机的循环必然伴随着系统向其他物体的热传递,因此,摩擦生热是不可逆的。

热传导是高温物体自发向低温物体传递热量的过程。其逆过程,即低温物体向高温物体传递热量使可以通过制冷机的循环实现,但是制冷机的循环必然伴随着外界对系统做功的过程。因此,热传导是不可逆的。

相对不可逆过程,可逆过程是指:如果一个过程发生以后,可以反向进行,使系统和外界回到原来状态而没有引起任何变化。

从前面的讨论中可见,凡是伴随有摩擦(功变热)或存在有限大小的温差(热传导)的过程都是不可逆过程。

通过热力学第二定律,我们可以找到一个新的态函数来定量地表述实际过程的不可逆性,这个态函数就是熵。

提 要

1. 准静态过程:在过程中的每一时刻,系统都处于平衡态。p-V 图上用一条曲线表示一个准静态过程。

2. 热力学第一定律　　$Q = \Delta E + A$

系统吸收的热量，用于系统内能的增加，以及系统向外界做功。

对于一个元过程有　　$đQ = dE + đA$

热力学第一定律是包括热量在内的能量守恒和转换定律。

3. 准静态过程的功　　$A = \int_{V_1}^{V_2} p\mathrm{d}V$

4. 理想气体的内能　　$E = E(T)$

5. 热容：一定质量的物质吸收热量$đQ$，温度升高$\mathrm{d}T$，该过程的热容$C = \frac{đQ}{\mathrm{d}T}$

理想气体的定体摩尔$C_{V,m} = \frac{i}{2}R$和定压摩尔热容$C_{p,m} = \frac{i+2}{2}R$

迈耶公式　　$C_{p,m} = C_{V,m} + R$

比热比　　$\gamma = \frac{C_{p,m}}{C_{V,m}}$

6. 理想气体的典型准静态过程

过程名称	过程方程	做功 A	热量 Q	内能变化 ΔE
等体	$V=$常量	0	$\nu C_{V,m}(T_2-T_1)$	$\nu C_{V,m}(T_2-T_1)$
等压	$p=$常量	$p(V_2-V_1)$或$\nu R(T_2-T_1)$	$\nu C_{p,m}(T_2-T_1)$	$\nu C_{V,m}(T_2-T_1)$
等温	$pV=$常量	$\nu RT\ln\frac{V_2}{V_1}$	$\nu RT\ln\frac{V_2}{V_1}$	0
绝热	$pV^\gamma=$常量	$\frac{1}{\gamma-1}(p_1V_1-p_2V_2)$或$\nu C_{V,m}(T_1-T_2)$	0	$\nu C_{V,m}(T_2-T_1)$

7. 循环过程：系统从某一状态出发，经过一系列状态变化后，又回到初始状态的整个变化过程叫作循环过程。p-V图上用一条闭合曲线表示一个准静态循环过程。

正循环的效率　　$\eta = \frac{A}{Q_1} = 1 - \frac{Q_2}{Q_1}$

逆循环的制冷系数　　$\omega = \frac{Q_2}{A} = \frac{Q_2}{Q_1 - Q_2}$

8. 卡诺循环：工质只与两个恒温热源交换热量的可逆循环。

卡诺正循环的效率　　$\eta = 1 - \frac{T_2}{T_1} \geqslant 1 - \frac{Q_2}{Q_1}$

逆循环的制冷系数　　$\omega = \frac{T_2}{T_1 - T_2} \geqslant \frac{Q_2}{Q_1 - Q_2}$

9. 热力学第二定律的两种表述

开尔文表述：不可能从单一热源吸收热量并使之全部转化为功而不引起其他变化。

克劳修斯表述：不可能将热量从低温物体传给高温物体而不引起其他变化。

思　考　题

14.1　什么是准静态过程、循环过程、可逆过程？p-V图中的一条闭合曲线表示什么过程？

14.2　内能和热量的概念有何不同？下面两种说法正确吗？

(1) 物体的温度越高,则热量越大;

(2) 物体的温度越高,则内能越大。

14.3　热力学第一定律 $Q=\Delta E+A$ 可以写成 $Q=\Delta E+\int_{V_1}^{V_2}p\mathrm{d}V$ 的形式吗?两者等价吗?在什么情况下热力学第一定律可以写成 $Q=\nu C_{V,m}\Delta T+\int_{v_1}^{v_2}p\mathrm{d}V$ 的形式。

14.4　下面两种说法正确吗?

(1) 气体膨胀时对外做功,则内能减小;

(2) 气体吸热,则内能增加。

14.5　在夏天,能否将门窗紧闭,打开电冰箱,使室内降温?

14.6　一定质量的理想气体分别通过等压过程和等体过程升高相同的温度,哪一个过程中气体吸热较多?为什么?

14.7　一定质量的理想气体对外做功 500 J,求:

(1) 如果过程是等温的,气体吸热是多少?

(2) 如果过程是绝热的,气体内能改变是多少?

14.8　若两个卡诺热机工作所对应的 p-V 图上的循环曲线包围的面积相同,这两个卡诺热机的效率相同吗?

习　题

14.1　200 g 氮气等压地从 20 ℃ 加热到 100 ℃,试问要吸收多少热量?内能增加了多少?气体对外做了多少功?

14.2　气筒中贮有 10 mol 单原子分子气体,假设在压缩气体的过程中,外力做功 209 J,气体温度升高 1 ℃,试计算此过程中(1) 气体内能增量是多少?(2) 气体的热容量是多少?

14.3　证明理想气体作准静态绝热膨胀时气体对外做功为 $A=\frac{1}{\gamma-1}(p_1V_1-p_2V_2)$,其中 γ 为气体的比热比,气体的始末状态分别为(p_1,V_1)和(p_2,V_2)。

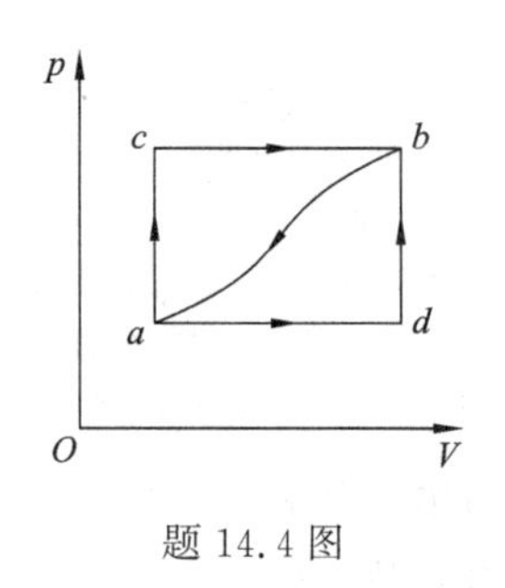

题 14.4 图

14.4　如题 14.4 图所示,已知系统由状态 a 沿 acb 到达状态 b,有 335 J 的热量传入系统,而系统做功 126 J,求:

(1) 当沿 adb 时,系统做功 42 J,问有多少热量传入系统?若 $E_d-E_a=167$ J,问系统沿 ad 及 db 各吸收热量多少?

(2) 当系统由状态 b 沿 ba 返回状态 a,沿 adb 时,外界对系统做功 84 J,问系统是吸热还是放热?传递热量是多少?

14.5　3 mol 氧气在压强为 2 atm 时体积为 40×10^{-3} m^3,先将气体绝热压缩到一半体积,再令气体等温膨胀到原来的体积,(1) 在 p-V 图中画出该过程曲线;(2) 求该过程中的气体的最大压强和最高温度;(3) 求该过程中的气体吸收的热量、对外做功以及内能改变分别是多少?

14.6　1 mol 单原子分子理想气体做如题 14.6 图所示的循环 $abcda$,求该循环的效率。

14.7　一定质量的理想气体做如题 14.7 图所示的循环 $abca$,已知 bc 为绝热过程,证明该

循环的效率为 $\eta=1-\gamma\dfrac{\dfrac{V_2}{V_1}-1}{\left(\dfrac{V_2}{V_1}\right)^{\gamma}-1}$，其中 γ 为气体的比热比。

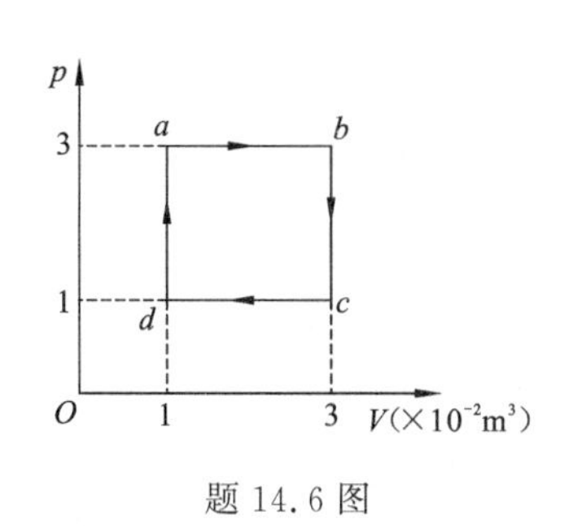

题 14.6 图

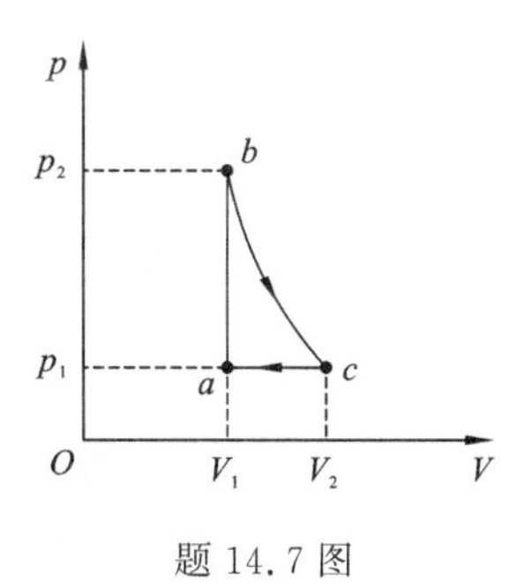

题 14.7 图

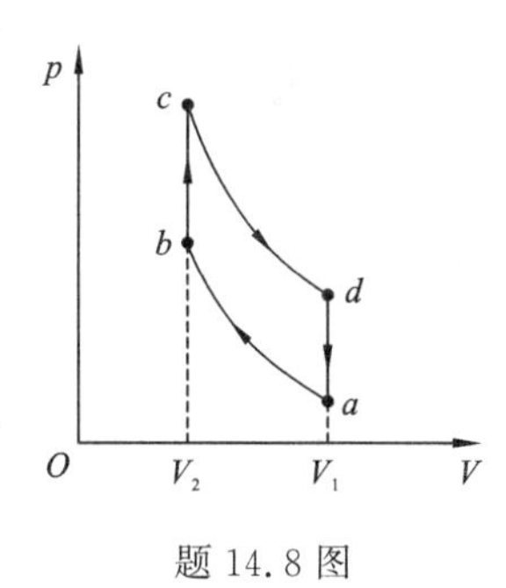

题 14.8 图

14.8　奥托循环的内燃机的工质是汽油与空气的混合气体，如题 14.8 图所示，首先混合气体进入气缸，处于状态 a，经过绝热压缩到达状态 b，此时点火燃烧(因为燃烧迅速，气体来不及膨胀，可以认为该升温过程是等体过程)，到达状态 c，然后气体经绝热膨胀对外做功，到达状态 d，再经等体放热回到状态 a，证明该循环的效率为 $\eta=1-\dfrac{1}{\left(\dfrac{V_1}{V_2}\right)^{\gamma-1}}$，其中 γ 为气体的比热比。

14.9　如题 14.9 图所示，一金属圆筒中装有 1 mol 双原子分子理想气体，用可移动活塞封住，圆筒浸在冰水混合物中。迅速推动活塞，使气体从标准状态(活塞位置 I) 压缩到体积为原来的一半(活塞位置 II)，此时维持活塞位置不变，待气体温度下降为 0 ℃，再让活塞缓慢上升到位置 I，完成一次循环。

(1) 在 p-V 图中画出相应的理想循环曲线；

(2) 若将 100 次循环放出的总热量全部用于熔解冰，问可以熔解多少千克冰？(已知冰的熔解热 $H=3.35\times10^5\ \mathrm{J\cdot kg^{-1}}$)

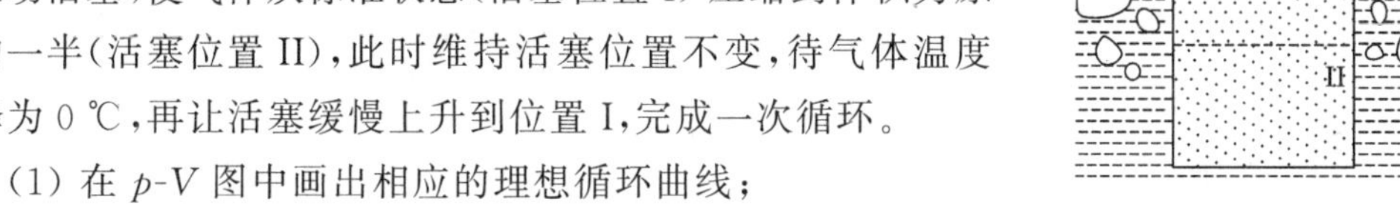

题 14.9 图

14.10　一卡诺热机的低温热源的温度为 7 ℃，效率为 40%，若将效率提高到 50%，则高温热源的温度需提高多少度？

14.11　在夏季，室内的温度保持为 20 ℃，空调机从室内吸收热量，释放到温度为 37 ℃ 的大气中，若将该空调机视为卡诺机，问：

(1) 每消耗 1 kJ 的功，空调机最多可以从室内取出多少热量？

(2) 若室内的温度提高为 25 ℃，取出相同的热量，空调机需消耗多少功？以上结果说明什么问题？

14.12　理想气体的绝热线和等温线能否相交两次？理想气体的两条绝热线能否相交？试用反证法说明你的结论。

第4篇 机械振动与机械波动

振动和波动是自然界相当常见的运动形式。狭义上,我们把质点的位置随时间周期性变化的机械运动称为机械振动,简称振动。如人唱歌时声带的运动。广义上,任何一个物理量随时间的周期性变化,都可称为振动,例如,周期性变化的电压和电流、周期性变化的电场和磁场;虽然这种振动和机械振动本质不同,但它们随时间的变化以及在其他许多性质在数学形式上都遵从相同的规律。

波动是一定的扰动(振动是扰动的一种形式)在空间的传播,简称波。机械扰动在弹性介质中传播称为机械波,如水波、声波、地震波等;变化的电场和磁场在空间的传播称为电磁波,它包括无线电波、光波、X 射线等,尽管各类波具有各自的特性,但它们具有相似的波动方程,都具有相应的传播速度,都伴随有能量的传播,都有反射、折射现象和干涉、衍射等波动特有的性质。

振动与波动的理论是机械工程学、建筑力学、声学、光学、量子力学等学科的重要基础,在航空航天技术、信息技术、工程技术、无线电技术和科学研究等诸多领域有着广泛的应用。

本篇主要讨论机械振动和机械波的描述方法及基本规律,其中有许多内容是带有普遍性的,对电磁振动和电磁波包括光波及对量子力学中描述微观粒子运动时的概率波等学习都是适用的。

第 15 章　机 械 振 动

物体在一定位置附近所做的周期性往复运动，称为机械振动。广义上讲：物理量在某一数值附近做周期性的变化都可称为振动。振动是自然界中普遍存在的一种运动形式，例如树枝在风中摇摆是振动，落叶在水面上随波荡漾是振动，所有声源发声时都在振动。振动的形式各式各样，也有复杂与简单之别。最简单、最基本的振动是简谐振动，所有复杂的振动都可以由一系列不同频率、不同振幅的简谐振动合成而获得。本章首先重点研究简谐振动的运动学和动力学，再简要介绍阻尼振动和受迫振动，最后讨论简谐振动的合成问题。

15.1　简谐振动的运动学描述

15.1.1　简谐振动的振动方程

图 15.1 所示为放在光滑桌面上的弹簧振子的运动，图 15.2 所示为单摆的运动，都是典型的简谐振动实例。

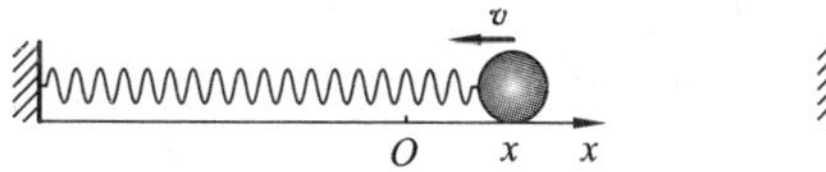

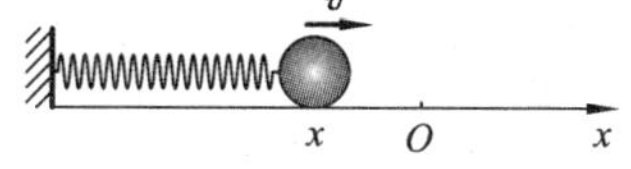

图 15.1　弹簧振子的简谐振动

质点相对于平衡位置 O 的位移 x（或角位移 θ）按余弦（或正弦）函数规律随时间 t 变化的运动就称为简谐振动。简谐振动是最简单、最基本的振动。

简谐振动的运动学定义式

$$x = A\cos(\omega t + \varphi) \tag{15.1}$$

就是简谐振动的振动方程，也称为简谐振动的表达式。图 15.3 是由定义式(15.1)描绘出的简谐振动的振动曲线。

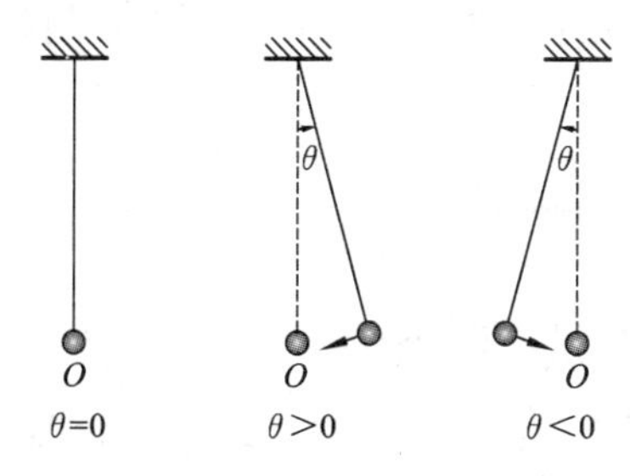

图 15.2　单摆的简谐振动

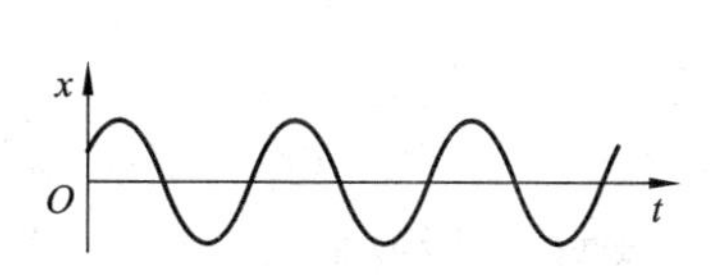

图 15.3　简谐振动的振动曲线

15.1.2 描述简谐振动的三个特征量

简谐振动的运动学定义式(15.1)中有三个参数:A,ω,φ;当这三个参数都已知时,简谐振动就完全确定了,因此这三个参数被称为描述简谐振动的三个特征量,下面分别给以介绍。

1. 振幅 A

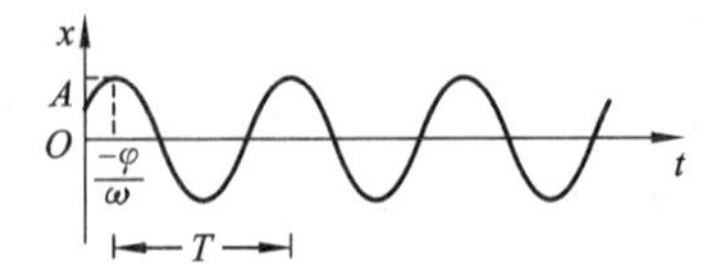

图 15.4　简谐振动的三个特征量

它表示质点能够离开平衡位置(原点)的最大距离,由式(15.1)及图 15.4 可知,$-A\leqslant x\leqslant A$。

2. 角频率 ω

角频率 ω 与简谐振动的周期 T 和频率 ν 密切相关。系统完整的振动一次所需的时间称为周期,用 T 表示,由

$$x = A\cos[\omega(t+T)+\varphi]=A\cos(\omega t+2\pi+\varphi) = A\cos(\omega t+\varphi)$$

得到

$$\omega T=2\pi$$

所以周期

$$T=\frac{2\pi}{\omega} \tag{15.2}$$

系统在单位时间里振动的次数称为频率,用 ν 表示,显然

$$\nu=\frac{1}{T}=\frac{\omega}{2\pi} \tag{15.3}$$

在国际单位制里,周期 T 的单位为 s,频率 ν 的单位为 Hz(或 s^{-1}),角频率 ω 的单位为 rad/s。

3. 初相位 φ

简谐振动定义式(15.1)中余弦函数的宗量$(\omega t+\varphi)$称为 t 时刻振动的相位角,简称**相位**。显然,这个角度一确定,系统在这一时刻的位移,速度和加速度就都确定了,所以 t 时刻的相位完全确定了系统在这一时刻的运动状态,因而相位是研究振动时最重要的一个物理量。φ 是 $t=0$ 时刻的相位,称为初相位,它决定了 $t=0$ 时刻系统的振动状态。

15.1.3 简谐振动的速度和加速度

运用运动学中速度和加速度的定义,由振动方程可以求出物体在任意时刻的速度和加速度

$$v=\frac{dx}{dt}=-A\omega\sin(\omega t+\varphi)=A\omega\cos\left(\omega t+\varphi+\frac{\pi}{2}\right) \tag{15.4}$$

$$a=\frac{dv}{dt}=\frac{d^2x}{dt^2}=-A\omega^2\cos(\omega t+\varphi)=A\omega^2\cos(\omega t+\varphi+\pi) \tag{15.5}$$

式(15.5)表明,简谐振动是一种变加速直线运动,对比式(15.1)和式(15.5)得

$$a=\frac{d^2x}{dt^2}=-\omega^2 x \tag{15.6}$$

此关系式表明:简谐振动的加速度与位移大小成正比,方向相反,这是简谐振动的**运动学**

特征。

由式(15.4)和式(15.5)可以表明，简谐振动的速度和加速度也是时间的余弦函数，从广义上讲，这两个物理量也是做简谐振动。

由式(15.4)表明，速度 v 的相位比位移 x 大 $\pi/2$，通常说简谐振动速度的相位超前位移 $\pi/2$；同理，由式(15.5)看到，加速度的相位超前速度 $\pi/2$，超前位移一个 π。

只有角频率 ω 相同的简谐振动之间才能做“超前”或“落后”的比较。

所谓“超前”或“落后”从时间上来看更容易理解。在振动曲线中，“超前”表示领先到达同一状态（如最大值），在 t 轴上居左；反之，“落后”则在 t 轴上居右。将简谐振动的位移、速度及加速度的振动曲线叠画在同一幅图中，如图 15.5 所示，速度振动曲线的最大值位于位移振动曲线最大值左 $T/4$ 处，加速度振动曲线的最大值又位于速度振动曲线最大值左 $T/4$ 处，于是，速度的振动比位移的振动“超前”四分之一个周期，加速度的振动比速度的振动“超前”四分之一个周期。

一般来说，如果没有经过具体的计算，而仅仅只是在振动曲线图上进行比较，“超前”或“落后”的时间差会被限制在半个周期之内，即两曲线的峰值间的时间差 $|\Delta t|\leqslant T/2$。

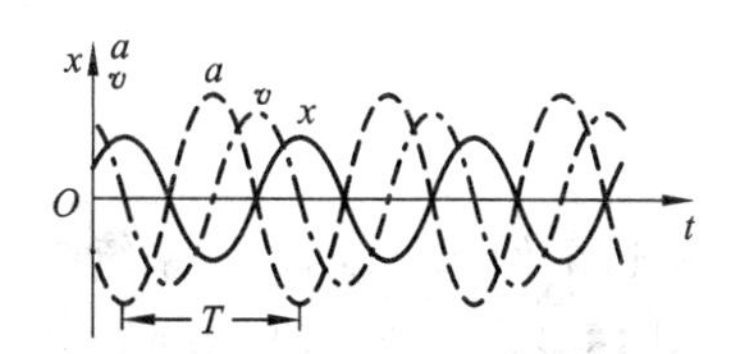

图 15.5 简谐振动的位移、速度和加速度的振动曲线

前述三个特征量中，振幅 A 和初相 φ 可由位移和速度的初始条件确定。将 $t=0$ 代入式(15.1)和式(15.4)，得到

$$x_0=A\cos\varphi,\quad v_0=-A\omega\sin\varphi \tag{15.7}$$

由上式可解出

$$A=\sqrt{x_0^2+\frac{v_0^2}{\omega^2}} \tag{15.8}$$

$$\tan\varphi=\frac{-v_0}{\omega x_0} \tag{15.9}$$

值得注意的是，单独用公式(15.9)是不能直接计算出初相位 φ 的，因为 φ 的象限不明，还必须用公式(15.7)，由初位移和初速度共同来判断初相位 φ 的象限。

例 15.1 一弹簧振子沿 x 轴做简谐振动，角频率 $\omega=2.0$ rad/s。试求下述情况下振子振动的振幅和初相位。(1)将振子从平衡位置右移 0.10 m，$t=0$ 时刻由静止状态释放；(2)$t=0$ 时刻振子过平衡位置，并以 0.20 m/s 向左的速度运动；(3)将振子从平衡位置左移－0.10 m，$t=0$ 时刻以 0.20 m/s 向右的速度释放。

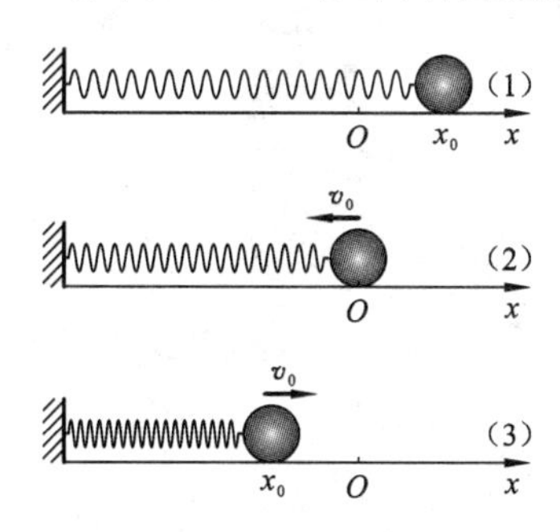

图 15.6 弹簧振子初始状态

解 依题意可以将弹簧振子初始状态绘于图 15.6 中。

(1) 由题意可知初始条件为

$$x_0=0.10\ \text{m},\quad v_0=0$$

由 $v_0=-A\omega\sin\varphi=0$ 可知 $\sin\varphi=0$，所以 $\varphi=0$ 或 π。

又因 $x_0=A\cos\varphi=0.10>0$，所以 $\cos\varphi>0$，则 $\varphi=0$；$A=x_0=0.10$ m。

(2) 由题意可知初始条件为

$$x_0=0;\quad v_0=-0.20\ \text{m/s}$$

由 $x_0 = A\cos\varphi = 0$，可知 $\cos\varphi = 0$，所以 $\varphi = \pm\frac{\pi}{2}$。

又由 $v_0 = -A\omega\sin\varphi = -0.20\ \text{m/s} < 0$，可知 $\sin\varphi > 0$，则 $\varphi = \frac{\pi}{2}$ (rad)。

将 $\varphi = \frac{\pi}{2}$ 代入上式，得到 $A\omega = 0.20$，所以 $A = \frac{0.2}{\omega} = 0.10$ (m)。

(3)由题意可知初始条件为 $x_0 = -0.10\ \text{m}$，$v_0 = 0.20\ \text{m/s}$，又由式(15.6)

$$x_0 = A\cos\varphi = -0.10, \quad v_0 = -A\omega\sin\varphi = 0.20$$

可知 $\cos\varphi < 0$，$\sin\varphi < 0$，则 φ 角位于第三象限。由式(15.8)

$$A = \sqrt{x_0^2 + \frac{v_0^2}{\omega^2}} = \sqrt{0.10^2 + \frac{0.20^2}{2^2}} = \sqrt{2} \times 10^{-1} \approx 0.14\ (\text{m})$$

再由式(15.9)

$$\tan\varphi = \frac{-v_0}{\omega x_0} = \frac{-0.20}{-2.0 \times 0.10} = 1.0$$

则

$$\varphi = \frac{5}{4}\pi\ (\text{rad})$$

由这个例子可以看出，系统振动的初相位要由初位移和初速度共同决定。

例 15.2　一质点沿 x 轴做简谐振动，角频率 $\omega = 10\ \text{rad/s}$，振幅 $A = 2.0\ \text{cm}$，当振子运动到 $x = 1.0\ \text{cm}$ 处并朝 x 轴正方向运动的瞬间开始计时，求：(1) 质点的初速度和初相位；(2)写出质点的振动方程；(3) 质点第二次通过 $x = 1.0\ \text{cm}$ 的时刻。

解　(1) 运用式(15.7)

$$x_0 = A\cos\varphi, \quad v_0 = -A\omega\sin\varphi$$

由已知条件知 $x_0 = 1.0\ \text{cm}$，$v_0 > 0$，继而有 $\cos\varphi > 0$，$\sin\varphi < 0$；于是可判断出 φ 角位于第四象限

$$\cos\varphi = \frac{x_0}{A} = \frac{1.0}{2.0} = \frac{1}{2}$$

求得初相位

$$\varphi = -\frac{\pi}{3}\ (\text{rad})$$

最后求出初速

$$v_0 = -A\omega\sin\varphi = -2.0 \times 10^{-2} \times 10 \times \frac{-\sqrt{3}}{2} = 0.173\ (\text{m/s})$$

(2) 质点的振动方程为　$x = 2.0 \times 10^{-2}\cos\left(10t - \frac{\pi}{3}\right)$ (SI)

(3) 设质点第二次通过 $x = 1.0\ \text{cm}$ 坐标的时刻为 t_2，有

$$x_2 = 2.0 \times 10^{-2}\cos\left(10t_2 - \frac{\pi}{3}\right) = 1.0 \times 10^{-2}$$

所以

$$\cos\left(10t_2 - \frac{\pi}{3}\right) = \frac{1}{2}$$

得

$$10t_2 - \frac{\pi}{3} = \pm\frac{\pi}{3}$$

由于质点首次通过 $x = 1.0\ \text{cm}$ 坐标时朝 x 轴正方向运动，所以第二次通过 $x = 1.0\ \text{cm}$ 坐

标时质点将朝 x 轴负方向运动，即速度 $v_2<0$，见图 15.7。由式(15.4)

$$v=-A\omega\sin(\omega t+\varphi)$$

有
$$v_2=-A\omega\sin\left(10t_2-\frac{\pi}{3}\right)<0$$

图 15.7 质点的运动方向

因此 $\sin\left(10t_2-\frac{\pi}{3}\right)>0$，$10t_2-\frac{\pi}{3}=\frac{\pi}{3}$；由此求出

$$t_2=\pi/15=0.209\ (\mathrm{s})$$

15.1.4　旋转矢量表示法

如图 15.8 所示，在 xy 平面内，有一个长为 A 的矢量 $\boldsymbol{A}$，$t=0$ 时刻位于$\overrightarrow{OM_0}$，与 x 轴的夹角为 φ，此后绕 O 以匀角速度 ω 逆时针旋转。t 时刻，矢量 $\boldsymbol{A}$ 自初始位置$\overrightarrow{OM_0}$转过角度 ωt 到达位置$\overrightarrow{OM}$，与 x 轴的夹角为 $\omega t+\varphi$。t 时刻旋转矢量 $\boldsymbol{A}$ 的端点 M 在 Ox 上投影点 P 的位置坐标

$$x=A\cos(\omega t+\varphi)$$

这就是简谐振动的运动学定义式(15.1)。于是可以利用旋转矢量来图示简谐振动。

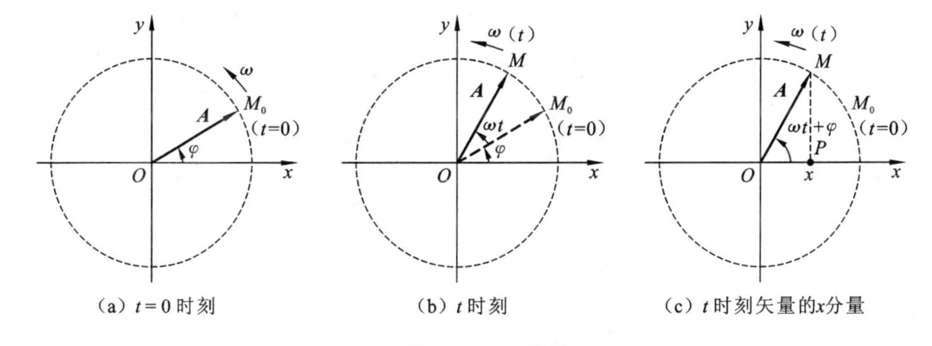

(a) t=0 时刻
(b) t 时刻
(c) t 时刻矢量的x分量

图 15.8　旋转矢量法原理分解图

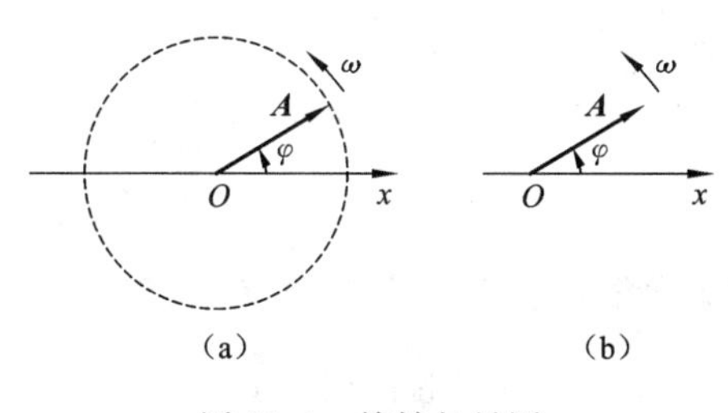

图 15.9　旋转矢量图

图 15.8 过于复杂，可将其简化为图 15.9(a)，即去掉 y 轴，只画出 $t=0$ 时刻旋转矢量 $\boldsymbol{A}$ 的初位置，此时 $\boldsymbol{A}$ 与 x 轴的夹角为初相位 φ，(规定：自 x 轴正向逆时针转向矢量 $\boldsymbol{A}$ 时 $\varphi>0$，顺时针转时 $\varphi<0$)，在 $\boldsymbol{A}$ 的端点附近画上带箭头的短弧线，表示矢量 $\boldsymbol{A}$ 将以 ω 的角速度逆时针旋转，至于 t 时刻旋转矢量 $\boldsymbol{A}$ 的位置则留给读者去想象了。在同时研究两个或多个旋转矢量时，还会进一步简化为图 15.9(b)的形式，即省略掉旋转矢量端点的圆形轨迹。

这种方法就称为旋转矢量法，用此方法分析简谐振动很直观，特别是处理与振动相位或时间有关的问题非常方便。

例 15.3　一个沿 x 轴做简谐振动的质点，振幅为 A。试用旋转矢量法求出下列几种初始条件下的初相位。

(1) $x_0=A$;

(2) $x_0=A/2$,且向 x 轴负方向运动;

(3) 过平衡位置向 x 轴负方向运动;

(4) $x_0=-\sqrt{3}A/2$,且向 x 轴负方向运动;

(5) $x_0=-A$;

(6) $x_0=A/2$,且向 x 轴正方向运动;

(7) 过平衡位置向 x 轴正方向运动;

(8) $x_0=-\sqrt{3}A/2$,且向 x 轴负正向运动。

解　由于旋转矢量图画的是 $t=0$ 时刻旋转矢量 $\boldsymbol{A}$ 的初位置,所以矢量 $\boldsymbol{A}$ 的端点在 x 轴上的投影点的位置就对应着质点的初始位置 x_0。而矢量 $\boldsymbol{A}$ 的旋转方向是逆时针的,当旋转矢量 $\boldsymbol{A}$ 的初位置位于 x 轴上方时,即 $0<\varphi<\pi$ 时,旋转矢量 $\boldsymbol{A}$ 的端点的运动方向的 x 分量向左,即对应的质点的初速度 v_0 向 x 轴负方向运动;当旋转矢量 $\boldsymbol{A}$ 的初位置位于 x 轴下方时,即 $-\pi<\varphi<0$ (或 $\pi<\varphi<2\pi$)时,旋转矢量 $\boldsymbol{A}$ 的端点的运动方向的 x 分量向右,即对应的质点的初速度 v_0 向 x 轴正方向运动。

于是,根据初位移 x_0 的大小和初速度 v_0 的方向(正、负),可确定旋转矢量的方位,如图 15.10,图中旋转矢量 $\boldsymbol{A}$ 与 x 轴正方向的夹角即为初相位 φ。

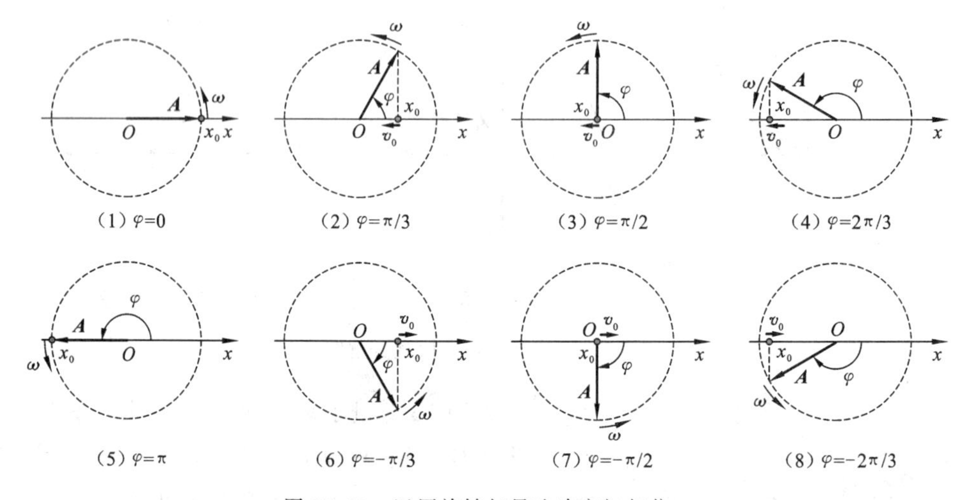

图 15.10　运用旋转矢量法确定初相位 φ

对比图 15.10 中的(2)与(6)可以看到,当沿 x 轴做简谐振动的质点的初位移是 $x_0=A/2$ 时,由式(15.7)中的第一式 $x_0=A\cos\varphi$,得 $\cos\varphi=\dfrac{1}{2}$,会有两个不同的初相位 $\varphi=\pm\pi/3$,还需要用式(15.7)中的第二式 $v_0=-A\omega\sin\varphi$,来进一步确定,而用旋转矢量法来判断则更为形象与直观:若初速度 v_0 向 x 轴负方向运动,则旋转矢量 $\boldsymbol{A}$ 的端点的运动方向的 x 分量向左,旋转矢量 $\boldsymbol{A}$ 的初位置将位于 x 轴上方,即 $0<\varphi<\pi$,于是可以确定初相位 $\varphi=\pi/3$;若初速度 v_0 向 x 轴正方向运动,则旋转矢量 $\boldsymbol{A}$ 的端点的运动方向的 x 分量向右,旋转矢量 $\boldsymbol{A}$ 的初位置将位于 x 轴下方,即 $-\pi<\varphi<0$,于是可以确定初相位 $\varphi=-\pi/3$。

而对比图 15.10 中的(3)与(7),或者对比图 15.10 中的(4)与(8)同样可以看到,若初速度 v_0 向 x 轴负方向运动,则旋转矢量 $\boldsymbol{A}$ 的初位置将位于 x 轴上方,即 $0<\varphi<\pi$;若初速度 v_0 向 x

轴正方向运动，则旋转矢量 $\boldsymbol{A}$ 的初位置将位于 x 轴下方，即 $-\pi<\varphi<0$。

例 15.4　有一质点沿 x 轴做简谐振动，已知 $A=0.160\ \text{m}$，$T=1.0\ \text{s}$，当 $t=0$ 时质点的位移 $x_0=0.080\ \text{m}$，且向 x 轴正方向运动。求：(1) 振动表达式；(2)第一次通过平衡位置的时刻。

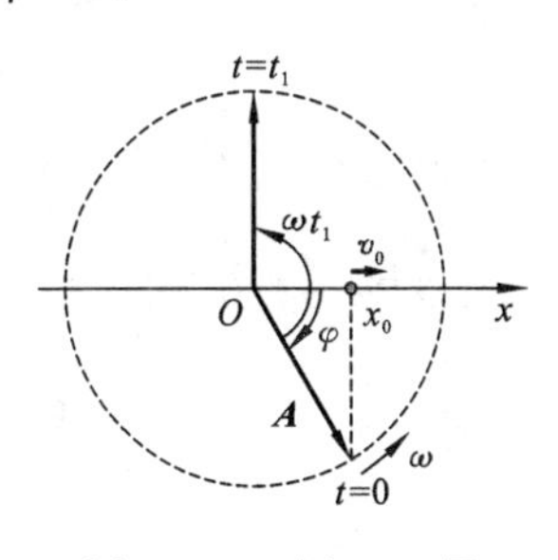

图 15.11　例 15.4 图

解　(1)运用旋转矢量法（如图 15.11 所示）

由于 $v_0>0$ 向右，则旋转矢量 $\boldsymbol{A}$ 的初位置将位于 x 轴下方，即

$$-\pi<\varphi<0$$

而 $x_0=\dfrac{A}{2}$，则 $\cos\varphi=\dfrac{x_0}{A}=\dfrac{1}{2}$，求得 $\varphi=-\dfrac{\pi}{3}$

角频率　$\omega=\dfrac{2\pi}{T}=2\pi$

将已确定的三个特征量代入简谐振动的振动方程定义式

$$x=A\cos(\omega t+\varphi)$$

得到该质点的振动方程　　$x=0.160\cos\left(2\pi t-\dfrac{\pi}{3}\right)$ (SI)

(2) 如图 15.11 所示，质点 $t=0$ 时刻从 x_0 处出发向右运动，到达 $x=A$ 处折返向左运动，设在 $t=t_1$ 时刻第一次通过平衡位置，此时旋转矢量 $\boldsymbol{A}$ 刚好转到竖直向上的位置，$\boldsymbol{A}$ 转过的角度为

$$\omega t_1=\frac{\pi}{3}+\frac{\pi}{2}=\frac{5}{6}\pi$$

$$t_1=\frac{\frac{5}{6}\pi}{\omega}=\frac{\frac{5}{6}\pi}{2\pi}=\frac{5}{12}=0.417\ (\text{s})$$

所以质点第一次过平衡位置的时刻为 $t=0.417\ \text{s}$。

本例题运用旋转矢量，把求振动的时间转化为求圆周运动的时间，计算简单直观。

例 15.5　已知一简谐振动的振动曲线如图 15.12 所示，求该振动的初相位和角频率，并写出其振动方程。

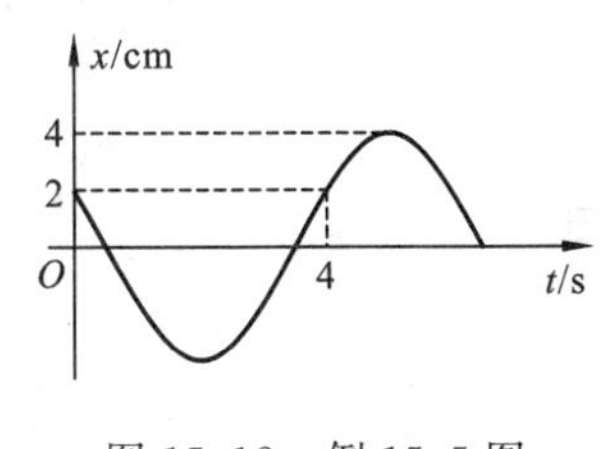

图 15.12　例 15.5 图

解　由振动曲线可获得的信息有：$A=0.040\ \text{m}$，$x_0=0.020\ \text{m}=A/2$，$v_0<0$；$t_1=4.0\ \text{s}$ 时，$x_1=0.020\ \text{m}=A/2$，$v_1>0$。下面分别用解析法和旋转矢量法来解题。

解析法　先用初始条件求初相位

$$x_0=A\cos\varphi=\frac{A}{2}，有\ \cos\varphi=\frac{1}{2}\Rightarrow\varphi=\pm\frac{\pi}{3}$$

又因 $v_0=-A\omega\sin\varphi<0$，则 $\sin\varphi>0\Rightarrow\varphi=\dfrac{\pi}{3}$

质点的振动方程设为

$$x=0.040\cos\left(\omega t+\frac{\pi}{3}\right)\ (\text{SI})$$

再求角频率：将 $t_1=4.0\ \text{s}$，$x_1=0.020\ \text{m}$，代入振动方程，有

$$0.020=0.040\cos\left(\omega\cdot 4.0+\frac{\pi}{3}\right),\quad \cos\left(\omega\cdot 4.0+\frac{\pi}{3}\right)=\frac{1}{2}$$

于是 $$\omega\cdot 4.0+\frac{\pi}{3}=2j\pi\pm\frac{\pi}{3}\quad (j\text{ 为整数})$$

由 $t_1=4.0$ s 时的速度:$v_1=-A\omega\sin\left(\omega\cdot 4.0+\frac{\pi}{3}\right)>0$ 可知,$\sin\left(\omega\cdot 4.0+\frac{\pi}{3}\right)<0$。

所以$\left(\omega\cdot 4.0+\frac{\pi}{3}\right)$位于第四象限,即 $\omega\cdot 4.0+\frac{\pi}{3}=2j\pi-\frac{\pi}{3}$,而 $\omega>0$,且要尽量取小值,于是 取 $j=1$,$\omega\cdot 4.0+\frac{\pi}{3}=\frac{5\pi}{3}$,求得

$$\omega=\frac{\pi}{3}$$

质点的振动方程为

$$x=0.040\cos\left(\frac{\pi}{3}t+\frac{\pi}{3}\right)\text{ (SI)}$$

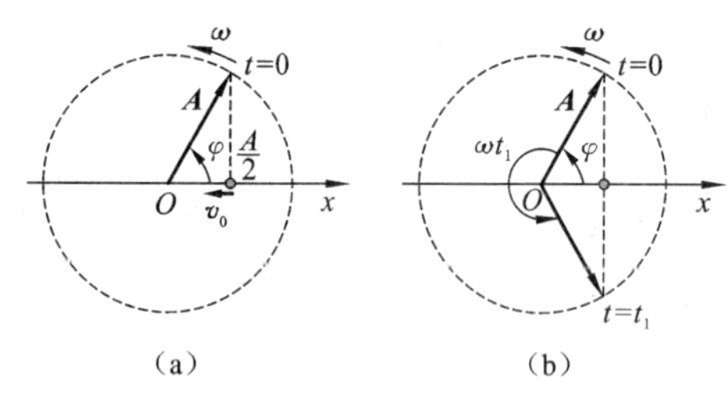

图 15.13 用旋转矢量法解例 15.5

旋转矢量法 由 $x_0=A/2$,$v_0<0$,可画出旋转矢量在 $t=0$ 时刻的位置,如图 15.13(a)所示,由图可得 $\varphi=\frac{\pi}{3}$。再由 $t_1=4.0$ s 时,$x_1=A/2$,$v_1>0$,如图 15.13(b)中画出了此时旋转矢量的位置 $\omega t_1+\varphi=\frac{5}{3}\pi$。在这 4.0 秒钟内,旋转矢量转过了角度 $\omega t_1=\frac{5}{3}\pi-\frac{1}{3}\pi=\frac{4}{3}\pi$,故旋转矢量的角速度为

$$\omega=\frac{4\pi/3}{4.0}=\frac{\pi}{3}$$

这也就是简谐振动的角频率。于是质点的振动方程为

$$x=0.040\cos\left(\frac{\pi}{3}t+\frac{\pi}{3}\right)\text{ (SI)}$$

比较两种解法可以看到:运用旋转矢量,把求振动的时间转化为求圆周运动的时间,计算简单直观。

15.2 简谐振动的动力学

15.2.1 简谐振动的动力学方程

前面已经推导出,沿 x 轴作简谐振动的质点的加速度满足式(15.6)

$$a=\frac{\mathrm{d}^2x}{\mathrm{d}t^2}=-\omega^2x$$

由牛顿第二定律可知作简谐振动的质点所受的合外力应为

$$F=ma=-m\omega^2x$$

$$F=-kx\quad (k>0\text{ 为常数})\tag{15.10}$$

力 F 与位移 x 的大小成正比,方向相反,这种力称为**恢复力**。

若已知一质点所受合外力为恢复力 $F=-kx$,则

$$F=m\frac{\mathrm{d}^2x}{\mathrm{d}t^2}=-kx \tag{15.11}$$

式(15.11) 称为简谐振动的**动力学方程**,令

$$\omega=\sqrt{\frac{k}{m}} \tag{15.12}$$

则

$$\frac{\mathrm{d}^2x}{\mathrm{d}t^2}=-\omega^2x \tag{15.13}$$

或

$$\frac{\mathrm{d}^2x}{\mathrm{d}t^2}+\omega^2x=0 \tag{15.14}$$

式 (15.14) 称为简谐振动的**微分方程**,而由式 (15.12)计算出的 ω 称为简谐振动系统的**固有角频率**。微分方程的解就是由式(15.1)给出的简谐振动的振动方程

$$x=A\cos(\omega t+\varphi)$$

其周期由式(15.2)为

$$T=\frac{2\pi}{\omega}=2\pi\sqrt{\frac{m}{k}} \tag{15.15}$$

式 (15.15)称为简谐振动系统的**固有周期**。

至此我们知道对于给定的简谐振动系统而言,其三个特征量中的角频率 ω(或周期 T)由振动系统本身的性质决定,而振幅 A 和初相位 φ 则由初始条件决定,由式(15.7)来计算。

只要能够证明系统所受合力为恢复力,就证明了系统的运动为简谐振动。而要证明系统所受合力为恢复力的关键在于坐标原点位置的选取,下面举几个简谐振动的实例来具体说明。

15.2.2 简谐振动的实例

1. 弹簧振子

一个由质量可以忽略的轻弹簧和一个刚体组成的振动系统,并且阻力小到可以忽略,这样的理想系统称为弹簧振子。

如图 15.14 所示为一置于光滑水平桌面上的弹簧振子。

图 15.14 水平弹簧振子

将弹簧振子所受合力为零时质心所处的位置定义为系统的**平衡位置**。取平衡位置为原点,按照胡克定律,弹簧弹力

$$f=-kx$$

这是满足式(15.10)的恢复力,所以水平弹簧振子的运动为简谐振动,其微分方程为

$$\frac{\mathrm{d}^2x}{\mathrm{d}t^2}+\omega^2x=0$$

其振动方程为

$$x=A\cos(\omega t+\varphi)$$

其固有角频率为

$$\omega=\sqrt{\frac{k}{m}}$$

其固有周期为

$$T=\frac{2\pi}{\omega}=2\pi\sqrt{\frac{m}{k}}$$

其振幅 A 和初相位 φ 则由初始条件决定。

例 15.6　一竖直悬挂的弹簧振子,由劲度系数为 k 的轻弹簧,和质量为 m 的小球组成。起先系统处于静止的平衡状态,之后用手捏住小球向上抬,使弹簧保持原长,在 $t=0$ 时刻由静止状态释放小球,试证明小球将做简谐振动并写出其振动方程。

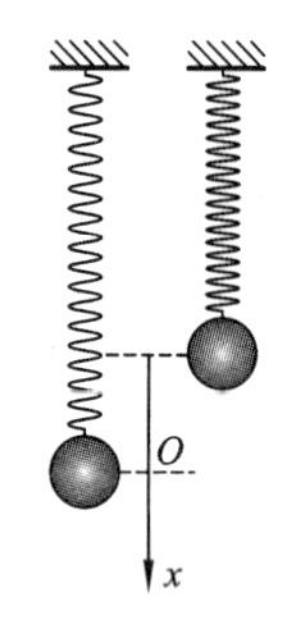

图 15.15　例 15.6 图

解　如图 15.15 所示,取系统处于静止的平衡状态(小球所受合力为零)时小球的质心处为坐标原点,x 轴向下为正。

设小球在平衡位置时弹簧已伸长 l,则

$$kl=mg \quad 或 \quad l=\frac{mg}{k}$$

当小球位于 x 处时,弹簧总伸长量为 $x+l$,则小球所受的合力为

$$F=mg-k(x+l)=-kx$$

小球的恢复力与位移成正比,因此它的运动是简谐振动。再由牛顿第二定律

$$F=m\frac{\mathrm{d}^2x}{\mathrm{d}t^2}=-kx$$

得到

$$\frac{\mathrm{d}^2x}{\mathrm{d}t^2}+\frac{k}{m}x=0$$

和式(15.14)比较,得到系统的固有角频率为

$$\omega=\sqrt{\frac{k}{m}}$$

(由此可见竖直悬挂的弹簧振子和水平弹簧振子做简谐振动的周期和频率是相同的,只是它们的平衡位置不同。这是因为它们合力为零的位置不同。对于弹簧振子而言,一定要取重物的平衡位置为原点,才能证明其所受合力为恢复力)。

再由初始条件求振幅和初相位,根据题意 $x_0=-l=-\frac{mg}{k}$,$v_0=0$,由式(15.7)得到方程组

$$\begin{cases} v_0=-A\omega\sin\varphi=0 & ① \\ x_0=A\cos\varphi=-\dfrac{mg}{k}<0 & ② \end{cases}$$

解得

$$A=\frac{mg}{k}, \quad \varphi=\pi$$

于是简谐振动的振动方程为

$$x=\frac{mg}{k}\cos\left(\sqrt{\frac{k}{m}}\cdot t+\pi\right)\ (\text{SI})$$

例 15.7　劲度系数为 k_1 和 k_2 的两根轻弹簧，与滑块 M 连成如图 15.16 所示的系统(忽略阻力). 先将滑块推离平衡位置再释放，问：(1) 滑块是否做简谐振动？(2) 固有角频率为多少？(3) 若将系统改为竖直悬挂，固有角频率是否变化？

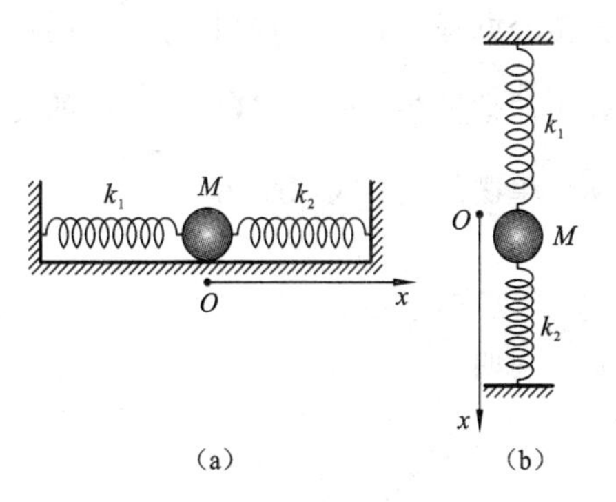

图 15.16　例 15.7 图

解　(1) 设 M 平衡时两弹簧各伸长 l_1 和 l_2，则

$$k_1l_1=k_2l_2$$

取 m 的平衡位置为原点，x 轴向右，则当滑块位于 x 处时，滑块所受的合力为

$$F=-k_1(l_1+x)+k_2(l_2-x)=-(k_1+k_2)x$$

是恢复力，所以滑块是做简谐振动。

(2) 系统的固有角频率为

$$\omega=\sqrt{\frac{k_1+k_2}{M}}$$

(3) 若将系统改为竖直悬挂，设平衡时两弹簧各伸长 l_1' 和 l_2'，则

$$k_1l_1'=k_2l_2'+Mg$$

取 m 的平衡位置为原点，x 轴向下，则当滑块位于 x 处时，滑块所受的合力为

$$F=-k_1(l_1'+x)+k_2(l_2'-x)+Mg=-(k_1+k_2)x$$

所以系统的固有角频率不变仍为

$$\omega=\sqrt{\frac{k_1+k_2}{M}}$$

2. 单摆

一条长度为 l 的细线(轻而不可伸长，称为摆线)，上端固定，下端系一质量为 m 的重物(可视为质点，称为摆锤)，如图 15.17 所示，忽略空气阻力，这样的系统称为**单摆**。

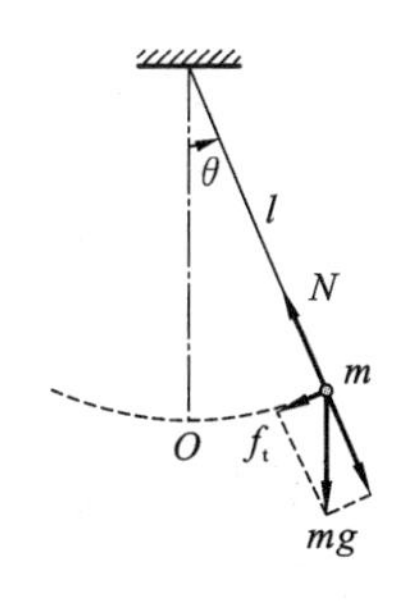

图 15.17　单摆

在重力与拉力的共同作用下，摆锤将在竖直面内沿着半径为 l 的圆弧，以平衡点 O 点为中心来回摆动。当摆线与竖直方向成 θ 角时，摆锤所受合力垂直于摆线，沿圆弧的切线方向，此合力就是重力沿切线方向的分力，取逆时针方向为角位移的正方向，则合力为

$$f_t=-mg\sin\theta$$

当角位移 θ 很小($\theta<5°$)时，$\sin\theta\approx\theta$(单位取弧度)，则

$$f_t=-mg\theta \tag{15.16}$$

由本书上册力学篇的知识可知摆锤的切向加速度

$$a_t=l\beta=l\frac{\mathrm{d}^2\theta}{\mathrm{d}t^2}$$

再由牛顿第二定律 $f_t=ma_t$ 可得

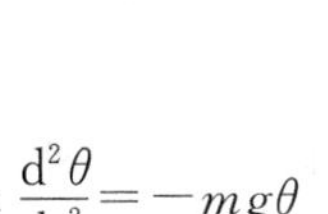

$$lm\frac{\mathrm{d}^2\theta}{\mathrm{d}t^2}=-mg\theta$$

或

$$\frac{d^2\theta}{dt^2}+\frac{g}{l}\theta=0 \tag{15.17}$$

此微分方程和式(15.14)具有相同的形式,只是微分变量不同,一个是角位移 θ,一个是位移 x,式中的常量 $\frac{g}{l}$ 等效于式(15.14)中的常量 ω^2,表明在摆角很小的情况下,单摆的摆动是简谐振动。单摆的固有角频率为

$$\omega=\sqrt{\frac{g}{l}} \tag{15.18}$$

固有周期为

$$T=\frac{2\pi}{\omega}=2\pi\sqrt{\frac{l}{g}} \tag{15.19}$$

式(15.16)是单摆的恢复力,它只是重力的一个分量,在小摆角下近似与角位移成正比,这种力称为**准弹性力**。所以把系统做简谐振动的条件放宽至系统的恢复力是弹性力或准弹性力。

3. 其他类型的简谐振动

例 15.8 如图 15.18 所示,质量为 m 的比重计浮在密度为 ρ 的液体中,比重计的圆管很细,其横截面积为 S,将比重计自平衡位置下压距离 h,由静止状态开始释放。试证明其运动是简谐振动,并求振动周期和振动方程。

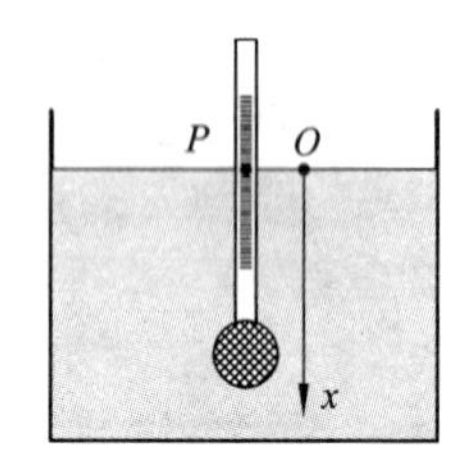

图 15.18 例 15.8 图

解 将坐标原点取在液面,x 轴向下。平衡时液面位于比重计上的 P 点处,设比重计 P 点以下的总体积为 V_0,平衡时重力等于浮力

$$mg=\rho gV_0$$

将比重计压下 x 时,排开液体的体积为 V_0+xS,比重计受合力

$$F=mg-(V_0+xS)\rho g=-S\rho gx$$

是恢复力,所以比重计是做简谐振动。

由牛顿第二定律

$$m\frac{d^2x}{dt^2}=-S\rho gx$$

得

$$\frac{d^2x}{dt^2}+\frac{S\rho g}{m}x=0$$

所以

$$\omega=\sqrt{\frac{S\rho g}{m}},\quad T=\frac{2\pi}{\omega}=2\pi\sqrt{\frac{m}{S\rho g}}$$

设振动方程为

$$x=A\cos(\omega t+\varphi)$$

由初始条件,$t=0$ 时有

$$\begin{cases} x_0=A\cos\varphi=h & ① \\ v_0=-A\sin\varphi=0 & ② \end{cases}$$

由式①$\cos\varphi>0$;由式②$\varphi=0$ 或 π,可得

$$\varphi=0,\quad A=h$$

所以振动方程为

$$x=h\cos\left(\sqrt{\frac{S\rho g}{m}}t\right)$$

例 15.9 如图 15.19 所示，一块均匀的长木板质量为 m，对称的平放在相距 l 的两个滚轴上，两滚轴的转动方向相反，滚轴表面与板间的摩擦系数为 μ。今使木板沿向左移动一段距离 s 后由静止状态释放。证明此木板将做简谐振动，并写出其振动方程。

解 设两滚轴对木板的支持力分别为 $\mathbf{N}_1$ 和 $\mathbf{N}_2$。以两滚轴顶端间距中心为原点 O，取 x 轴水平向右，如图 15.20 所示。

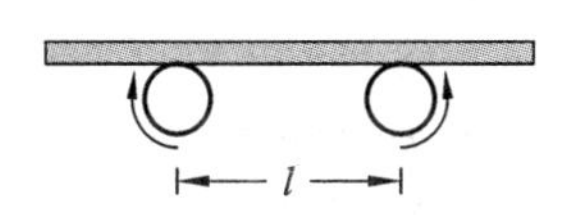

图 15.19 例 15.9 题图

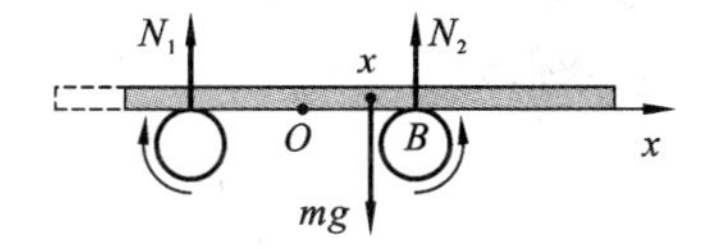

图 15.20 例 15.9 解图

当木板的重心位于 x 处时，木板对右侧滚轴的顶端的水平支撑线（过 B 点 $\perp Ox$）无转动，于是木板上相对于该水平支撑线的合力矩为零

$$N_1 l-mg\left(\frac{l}{2}-x\right)=0$$

同理，木板对左侧滚轴的顶端的水平支撑线的合力矩也为零

$$N_2 l-mg\left(\frac{l}{2}+x\right)=0$$

两式相减得

$$N_1-N_2=-\frac{2mgx}{l}$$

木板所受合力就只剩下了没被抵消掉的摩擦力

$$f=N_1\mu-N_2\mu=-\frac{2\mu mg}{l}x$$

这是恢复力，所以木板是做简谐振动。

由牛顿第二定律

$$m\frac{\mathrm{d}^2x}{\mathrm{d}t^2}=-\frac{2\mu mg}{l}x$$

得

$$\frac{\mathrm{d}^2x}{\mathrm{d}t^2}+\frac{2\mu g}{l}x=0$$

对比式(15.14)可得

$$\omega=\sqrt{\frac{2\mu g}{l}}$$

设振动方程为

$$x=A\cos(\omega t+\varphi)$$

由初始条件，$t=0$ 时有

$$\begin{cases} x_0 = A\cos\varphi = -s & ① \\ v_0 = -A\sin\varphi = 0 & ② \end{cases}$$

由式①$\cos\varphi<0$;由式②$\varphi=0,\pi$ 可得

$$\varphi=\pi,\quad A=s$$

所以木板的振动方程为

$$x=s\cos\left(\sqrt{\frac{2\mu g}{l}}t+\pi\right)$$

15.2.3 简谐振动的能量

作简谐振动的系统除了具有动能外,还具有势能,以水平弹簧振子为例,在力学篇中已经知道,其动能和势能分别为

$$E_k=\frac{1}{2}mv^2,\quad E_p=\frac{1}{2}kx^2(\text{取平衡位置为势能零点})$$

由式(15.4)得

$$E_k=\frac{1}{2}mv^2=\frac{1}{2}m\omega^2A^2\ \sin^2(\omega t+\varphi)$$

再利用式(15.12)有

$$E_k=\frac{1}{2}kA^2\ \sin^2(\omega t+\varphi) \tag{15.20}$$

由式(15.1)得

$$E_p=\frac{1}{2}kA^2\ \cos^2(\omega t+\varphi) \tag{15.21}$$

对比式(15.20)、(15.21)和式(15.1)得到:弹簧振子在做简谐振动时,其动能 E_k 和势能 E_p 都在随时间做周期性的变化,变化的周期是弹簧振子振动周期 T 的一半,即为 $T/2$。图15.21(a)和图15.21(b)分别给出了简谐振动过程中动能 E_k 和势能 E_p 随时间和位移的变化曲线。由图15.21(a)和(b)可以直观地看到:位移最大($x=\pm A$)时,弹性势能最大,动能为零;过平衡位置($x=0$)时,动能最大,势能为零;而在任意状态时,动能 E_k 和势能 E_p 的和始终保持不变,就是任意时刻简谐振动系统的总机械能

$$E=E_k+E_p=\frac{1}{2}kA^2 \tag{15.22}$$

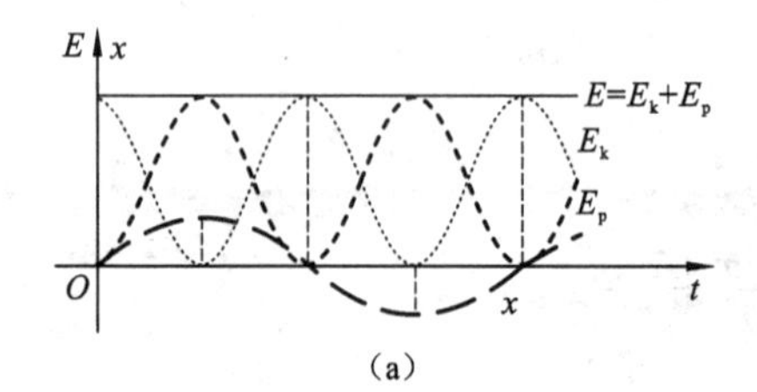

(a)

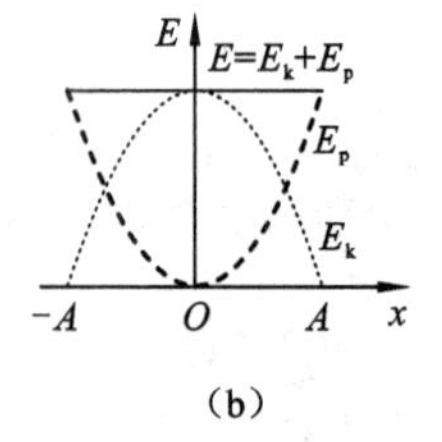

(b)

图15.21 能量曲线

可见,弹簧振子在做简谐振动的过程中机械能守恒,这是因为弹簧振子在振动中只有保守内力(弹性力)做功,使系统的动能和势能相互转化,而总能量不变。

例15.10 一质量为0.1 kg的物体,以0.01 m的振幅做简谐振动,振动的最大加速度为0.04 m/s^2,求:(1)振动周期;(2)振动总能量;(3)物体在何处时,动能与势能相等;(4)位移等

于振幅的一半时，动能与势能之比。

解　设该简谐振动的振动方程为

$$x=A\cos(\omega t+\varphi)$$

而

$$a=-\omega^2 x=-\omega^2 A\cos(t+\varphi)$$

则(1)

$$a_{\mathrm{m}}=\omega^2 A$$

振动周期

$$T=\frac{2\pi}{\omega}=2\pi\sqrt{\frac{A}{a_{\mathrm{m}}}}=2\pi\sqrt{\frac{0.01}{0.04}}=3.14\ (\mathrm{s})$$

(2) 总能量

$$E=\frac{1}{2}kA^2=\frac{1}{2}m\omega^2A^2=\frac{1}{2}ma_{\mathrm{m}}A$$

$$=\frac{1}{2}\times0.1\times0.04\times0.01=2\times10^{-5}\ (\mathrm{J})$$

(3) 动能等于势能，则动能和势能都等于总能量的一半，即

$$E_{\mathrm{p}}=\frac{1}{2}kx^2=\frac{1}{2}E=\frac{1}{2}\left(\frac{1}{2}kA^2\right)$$

所以

$$x=\pm\frac{\sqrt{2}}{2}A=\pm7.07\times10^{-3}\ (\mathrm{m})$$

(4) 当 $x=\pm\frac{1}{2}A$ 时

$$E_{\mathrm{p}}=\frac{1}{2}k\left(\frac{A}{2}\right)^2=\frac{1}{8}kA^2$$

$$E_k=E-E_{\mathrm{p}}=\frac{3}{8}kA^2$$

两能量之比为$\frac{E_{\mathrm{p}}}{E_{\mathrm{k}}}=\frac{1}{3}$或 $E_{\mathrm{p}}:E_{\mathrm{k}}=1:3$。

注：能量方法常用来求解谐振系统的固有角频率或周期。

例 15.11　截面积为 S 的 U 型管，内盛有密度为 ρ，长度为 l 的液体，先施以外力，使两边液面产生一定的高差，撤去外力后管内液体产生振荡，试写出液体柱的运动微分方程，并求出其固有角频率和振动周期。(忽略各种阻力)。

解　管内液体柱的运动既不是平动，也不是定轴转动，但其运动有一个重要特点：任一时刻液体柱内所质元速率相同，液体柱是在重力的作用下运动的。可用能量法解此题。

取两边液面等高处为原点 O，x 轴向上为正，设 t 时刻，液体柱内所有质元速率为 v，则液体柱的总动能为

$$E_{\mathrm{k}}=\frac{1}{2}mv^2=\frac{1}{2}Sl\rho v^2$$

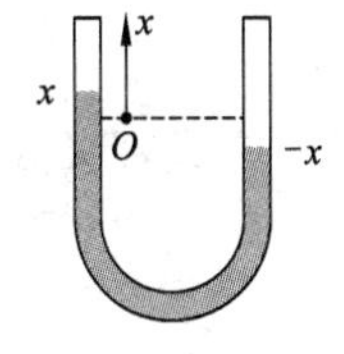

图 15.22　例 15.11 图

设液体柱在平衡状态(两边液面等高)时势能为零。若 t 时刻，液体柱左侧的液面比原点 O 高出 x，如图 15.22 所示，则液体柱的总势能应该是：平衡时液体柱右侧上端长 x 的小段液柱，从原点 O 的下方移至液体柱左侧原点 O 的上方克服重力所做的功 A。长 x 的小段液柱的质量

为 $m'=Sx\rho$,质心升高的高度为 x,于是

$$E_p=A=m'gx=S\rho gx^2$$

撤去外力后,系统只有重力(保守力)做功,所以机械能守恒

$$E=E_k+E_p=\frac{1}{2}Sl\rho v^2+S\rho gx^2=C(\text{常数})$$

将上式对时间 t 求导,有

$$Sl\rho v\frac{dv}{dt}+2S\rho gx\frac{dx}{dt}=0$$

再将

$$\frac{dx}{dt}=v \text{ 和 } \quad \frac{dv}{dt}=\frac{d^2x}{dt^2}$$

代入前式整理可得

$$\frac{d^2x}{dt^2}+\left(\frac{2g}{l}\right)x=0$$

这就是液体柱的运动微分方程。可见液体柱的运动是简谐振动,其振动的角频率为

$$\omega=\sqrt{\frac{2g}{l}}$$

振动的周期为

$$T=\frac{2\pi}{\omega}=2\pi\sqrt{\frac{l}{2g}}$$

在不计阻力时,其角频率或者周期与管的具体形状、横截面积以及液体的种类无关,仅取决于液体的总长度。

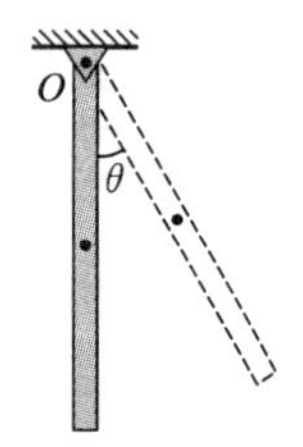

图 15.23 例 15.12 图

例 15.12 质量为 m,长度为 l 的匀质细棒可绕光滑的水平轴 O 在竖直平面内转动,如图 15.23 所示,试用能量法证明它在平衡位置附近的小角摆动为简谐振动,并求其振动频率和周期。

解 设棒在摆动中某时刻棒的角位移为 θ,角速度为 ω,棒的重心高度为 $h=\frac{l}{2}(1-\cos\theta)$(规定棒在平衡位置时重心的高度为零),由于棒在摆动中只有重力矩做功,所以它的动能和重力势能之和不变,即

$$\frac{1}{2}J\omega^2+mg\frac{l}{2}(1-\cos\theta)=C(\text{常数})$$

上式两边对时间 t 求导,有

$$J\omega\frac{d\omega}{dt}+mg\frac{l}{2}\sin\theta\frac{d\theta}{dt}=0$$

利用$\frac{d\omega}{dt}=\frac{d^2\theta}{dt^2}$,$\frac{d\theta}{dt}=\omega$,棒的转动惯量 $J=\frac{1}{3}ml^2$,上式简化为

$$\frac{d^2\theta}{dt^2}+\frac{3g}{2l}\sin\theta=0$$

将 $\sin\theta$ 展成幂级数

$$\sin\theta=\theta-\frac{1}{3!}\theta^3+\frac{1}{5!}\theta^5+\cdots$$

可见当摆角 θ 较大时,摆动不是简谐振动。当摆角 θ 较小($\theta<5°$)时,$\sin\theta\approx\theta(\text{rad})$,方程简

化为

$$\frac{d^2\theta}{dt^2}+\frac{3g}{2l}\theta=0$$

所以在摆角 θ 较小时，摆动近似为简谐振动，和标准微分方程式(15.14)比较，可得系统摆动的角频率为

$$\omega=\sqrt{\frac{3g}{2l}}$$

由此求得棒做简谐振动的频率和周期分别为

$$\nu=\frac{\omega}{2\pi}=\frac{1}{2\pi}\sqrt{\frac{3g}{2l}},\quad T=\frac{2\pi}{\omega}=2\pi\sqrt{\frac{2l}{3g}}$$

物理学中，将刚体绕水平轴做小角度摆动的系统称为**复摆**。

例 15.13　如图 15.24，弹簧的一端固定在墙上，另一端连接一质量为 M 的容器，容器可在光滑水平面上运动. 当弹簧未变形时容器位于 O 处，今使容器自 O 点左端 l_0 处从静止开始运动，每经过 O 点一次时，从上方滴管中滴入一质量为 m 的油滴，求：(1)滴到容器中 n 滴以后，容器运动到距 O 点的最远距离；(2)第$(n+1)$滴与第 n 滴的时间间隔。

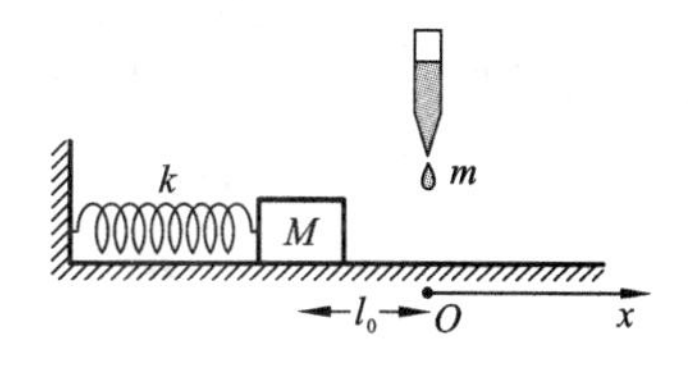

图 15.24　例 15.13 图

解　(1) 在没滴油的时间间隔内系统只有弹簧弹力(保守力)做功，所以机械能守恒，在滴第一滴油之前有

$$\frac{1}{2}kl_0^2=\frac{1}{2}Mv^2$$

在滴第 n 滴油与第 $n+1$ 滴油之间有

$$\frac{1}{2}kx_{\max}^2=\frac{1}{2}(M+nm)v'^2$$

在滴油的一瞬间，容器恰好过平衡位置，水平方向不受力，所以水平方向动量守恒

$$Mv=(M+nm)v'$$

联立以上 3 个方程解得

$$x_{\max}=\sqrt{\frac{M}{M+nm}}l_0$$

(2) 时间间隔 $(t_{n+1}-t_n)$ 应等于第 n 滴油滴入容器后振动系统周期 T_n 的一半。而

$$T_n=\frac{2\pi}{\omega_n}=2\pi\sqrt{\frac{M+nm}{k}}$$

所以

$$\Delta t=t_{n+1}-t_n=\frac{1}{2}T_n=\pi\sqrt{\frac{M+nm}{k}}$$

15.3　简谐振动的合成

在实际问题中，经常会碰到一个物体同时参与几个振动，例如当几列声波在空气中相遇时，相遇处的空气质点就同时参与了几个振动。一般的振动合成问题是比较复杂的，下面分几种情况进行研究。

15.3.1　同一直线上同频率简谐振动的合成

1. 同一直线上两个同频率简谐振动的合成

设一质点沿 x 轴同时参与两个同频率的简谐振动,在任意的 t 时刻,这两个振动的位移分别为

$$x_1=A_1\cos(\omega t+\varphi_1)$$
$$x_2=A_2\cos(\omega t+\varphi_2)$$

该质点任一时刻的位移为上述两个位移的代数和,即

$$x=x_1+x_2$$

这种合成可以有两种解法,一种是"解析法"(用三角函数公式进行推导);另一种是"旋转矢量合成法"。后者更为简捷直观。在此只运用"旋转矢量合成法"来推导。

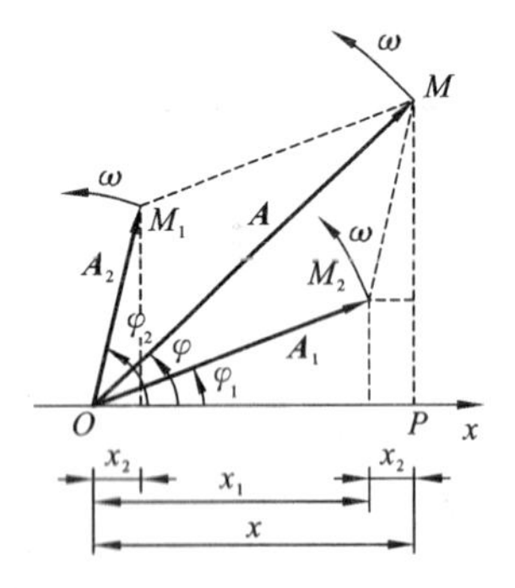

图 15.25　同一直线上两个同频率简谐振动的旋转矢量合成

图 15.25 中同时画出了 x_1 和 x_2 这两个简谐振动的旋转矢量 $\boldsymbol{A}_1$ 和 $\boldsymbol{A}_2$,它们都以角速度 ω 逆时针旋转,$t=0$ 时刻与 x 轴夹角分别是 φ_1 和 φ_2。图 15.25 中 $\boldsymbol{A}$ 是 $\boldsymbol{A}_1$ 和 $\boldsymbol{A}_2$ 的矢量和,由于 $\boldsymbol{A}_1$ 和 $\boldsymbol{A}_2$ 的角速度相同,旋转过程中平行四边形的形状保持不变,因此矢量 $\boldsymbol{A}$ 也是一个以角速度 ω 逆时针旋转的旋转矢量,即代表了一个相同频率的简谐振动,如图 15.25 所示,它代表的简谐振动在任意时刻的位移都是

$$x=x_1+x_2=A\cos(\omega t+\varphi)$$

所以**合振动仍为同频简谐振动**,$\boldsymbol{A}$ 就是合振动的旋转矢量,其长度就是合振动的振幅 A,它在 $t=0$ 时和 x 轴的夹角就是合振动的初相位角 φ。在$\triangle OM_2M$ 中,运用余弦定理可以得到

$$A=\sqrt{A_1^2+A_2^2+2A_1A_2\cos\Delta\varphi} \tag{15.23}$$

式(15.23)中,$\Delta\varphi=\varphi_2-\varphi_1$,称为**相位差**。上式利用到了 $\cos(\angle OM_2M)=-\cos(\angle M_1OM_2)=-\cos\Delta\varphi$。再利用直角三角形 OMP 可直接看出

$$\tan\varphi=\frac{A_1\sin\varphi_1+A_2\sin\varphi_2}{A_1\cos\varphi_1+A_2\cos\varphi_2} \tag{15.24}$$

式(15.23)表明,合简谐振动的振幅不仅和原来两个简谐振动的振幅有关,还和原来两个简谐振动的相位差 $\Delta\varphi=\varphi_2-\varphi_1$ 有关。下面讨论两个重要的特例。

同相

$$\Delta\varphi=2j\pi,\quad j=0,\pm1,\pm2\cdots$$

此时 $\cos\Delta\varphi=1$,按式 (15.23) 有

$$A_{\max}=\sqrt{A_1^2+A_2^2+2A_1A_2}=A_1+A_2 \tag{15.25}$$

合振动振幅最大,等于原来两个简谐振动的振幅之和。这时两个原振动同步调,或者说这两个原振动初相位相同,简称为**同相**,如图 15.26(a)所示。

反相

$$\Delta\varphi=(2j+1)\pi,\quad j=0,\pm1,\pm2\cdots$$

此时 $\cos\Delta\varphi=-1$,按式 (15.23) 有

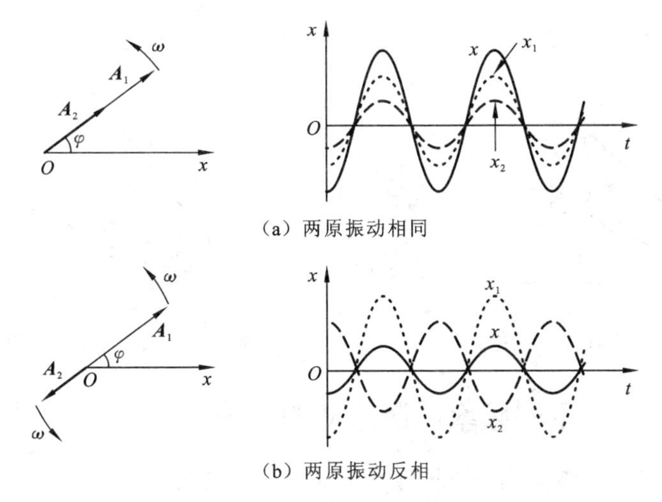

图 15.26　同方向同频率振动合成的特例

$$A_{\min}=\sqrt{A_1^2+A_2^2-2A_1A_2}=|A_1-A_2| \tag{15.26}$$

合振动振幅最小,等于原来两个简谐振动的振幅之差。这时两个原振动步调相反,或者说这两个原振动初相位相反,简称为**反相**,如图 15.26(b)所示。

反相时更特殊的特例是当 $A_1=A_2$ 时,$A_{\min}=0$,就是说,两等振幅反相的简谐振动合成的结果将使质点处于平衡状态,不再振动。

当相位差 $\Delta\varphi=\varphi_2-\varphi_1$ 为其他值时,合振动振幅在 $|A_1-A_2|$ 和 (A_1+A_2) 之间。可见初相位差在两个简谐振动的合成中起了非常重要的作用。式(15.23)是个非常重要的公式,在波的干涉及光的干涉中都有重要的应用。

2. 同一直线上 n 个同频率简谐振动的合成

图 15.25 中矢量的合成是采用的平行四边形法则,也可以采用三角形法则,即将旋转矢量 $\mathbf{A}_2$ 平移,使 $\mathbf{A}_2$ 的起点与 $\mathbf{A}_1$ 的终点相接,而 $\mathbf{A}_2$ 仍以角速度 ω 绕原点 O 逆时针转动,如图 15.27所示。

对于同一直线上 n 个同频率的简谐振动

$$x_1=A_1\cos(\omega t+\varphi_1)$$
$$x_2=A_2\cos(\omega t+\varphi_2)$$
$$\cdots\cdots$$
$$x_n=A_n\cos(\omega t+\varphi_n)$$

可以连续运用矢量的三角形法则来合成,也就是将 n 个矢量首尾相接,如图 15.28 所示。其中,第 i 个旋转矢量 $\mathbf{A}_i$ 的长度是其振幅 A_i,与 x 轴的夹角是其初相位 φ_i。第一个旋转矢量 $\mathbf{A}_1$ 的起点连到第 n 个旋转矢量 $\mathbf{A}_n$ 的终点的矢量 $\mathbf{A}$ 就是最终合振动的旋转矢量。由于所有 n 个旋转矢量都绕原点 O 以同一角速度 ω 旋转,矢量 $\mathbf{A}$ 作为刚性多边形的一条边,在旋转过程中,将始终保持 ω 的角速度旋转,所以,合振动仍为同频简谐振动,其运动学方程为

$$x=A\cos(\omega t+\varphi)$$

其中待定的振幅 A 和初相位 φ,可由具体的几何图形求得。

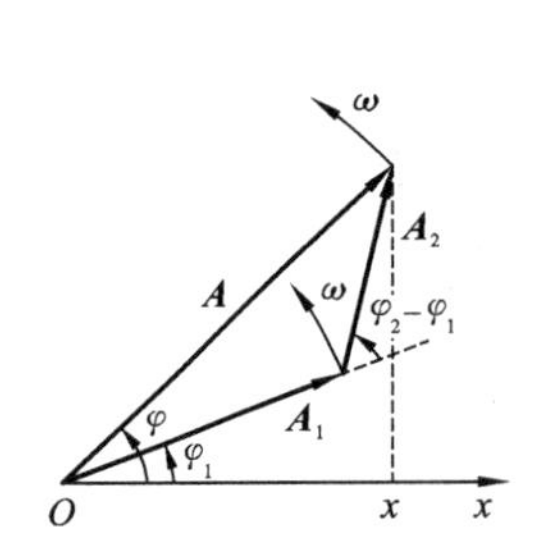

图 15.27　用三角形法则合成旋转矢量

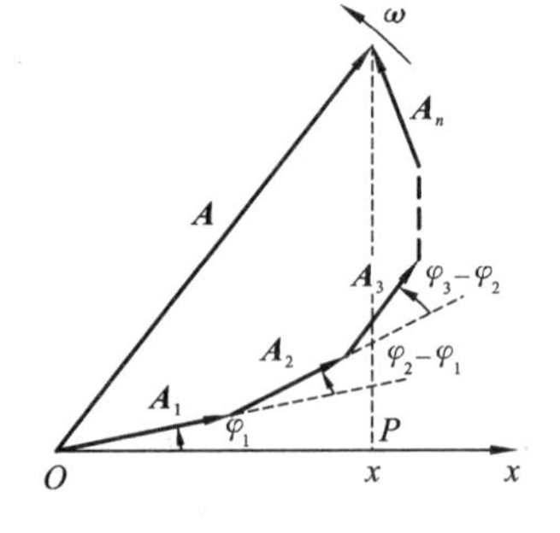

图 15.28　n 个同方向同频率简谐振动的旋转矢量合成

15.3.2　同一直线上不同频率简谐振动的合成

设一质点沿 x 轴同时参与两个不同频率的简谐振动，在任意的 t 时刻，这两个振动的位移分别为

$$x_1 = A_1\cos(\omega_1 t + \varphi_1)$$
$$x_2 = A_2\cos(\omega_2 t + \varphi_2)$$

图 15.29 为上述两简谐振动的旋转矢量合成图。

由于图 15.29 中两旋转矢量 $\boldsymbol{A}_1$ 和 $\boldsymbol{A}_2$ 的角速度是不相同的，致使旋转过程中两矢量的夹角 $\Delta\varphi=(\omega_2-\omega_1)t+(\varphi_2-\varphi_1)$ 不再是恒定角，将随时间 t 而改变。以矢量 $\boldsymbol{A}_1$ 和 $\boldsymbol{A}_2$ 为边的平行四边形将是非刚性的，于是其对角线 $\boldsymbol{A}$ 的长度 A 和旋转角速度 ω 也都将随时间 t 而改变。可见由同一直线上两个不同频率简谐振动的合成运动并不是简谐振动，而是较为复杂的周期振动，其振动曲线如图 15.30 所示。

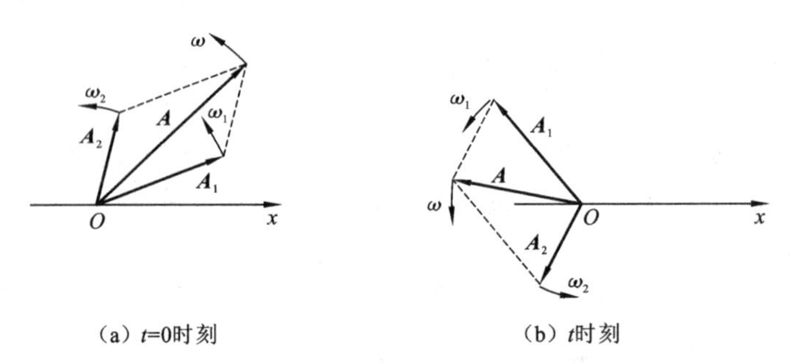

图 15.29　同一直线上两个不同频率简谐振动的旋转矢量合成

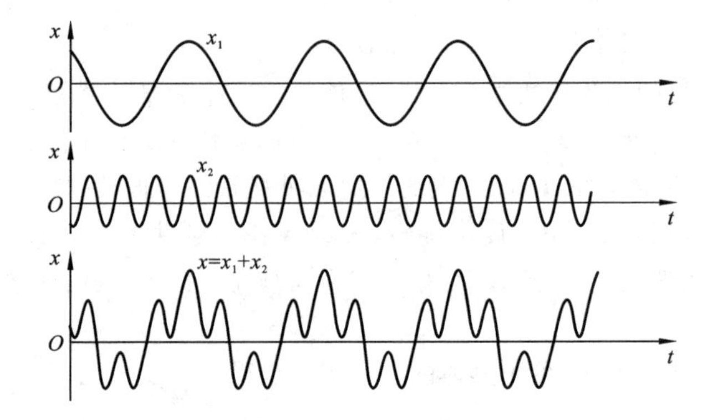

图 15.30　同一直线上两个不同频率简谐振动的合成振动曲线

由式(15.23)可得合振幅为

$$A=\sqrt{A_1^2+A_2^2+2A_1A_2\cos\Delta\varphi}$$

不妨令 $\varphi_1=\varphi_2=0$,则 $\Delta\varphi=(\omega_2-\omega_1)t$,若再设 $A_1=A_2$,则

$$A=A_1\sqrt{2(1+\cos\Delta\varphi)}=2A_1\left|\cos\left(\frac{\omega_2-\omega_1}{2}t\right)\right|=2A_1\left|\cos\left(2\pi\frac{\nu_2-\nu_1}{2}t\right)\right|$$

振幅 A 的变化频率为

$$\nu=|\nu_2-\nu_1| \tag{15.27}$$

当 $\nu\ll\nu_1+\nu_2$(ν_1 和 ν_2 都很大,但两者差值很小)时,能够很容易的观测到合成振动有规律的强弱变化,这现象被称为“拍”现象,式(15.27)给出的是拍的频率,简称**拍频**。如图15.31所示为拍现象的振动曲线示意图,图中 $T=1/\nu$ 为拍的周期。

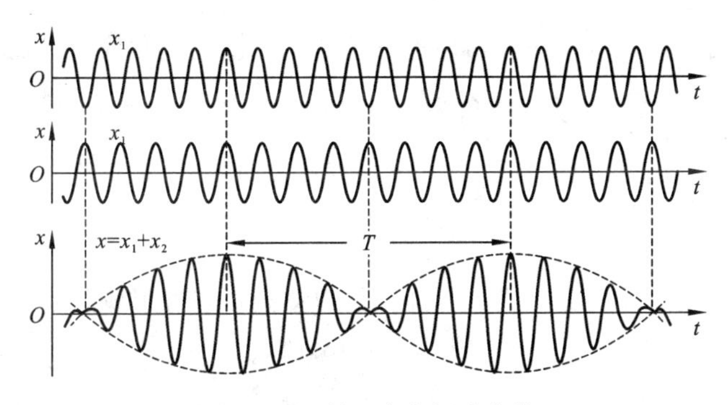

图 15.31 拍现象的振动曲线

两个频率很接近的音叉同时振动时,能够听到有规律的时强时弱的拍音。

*15.3.3 两个相互垂直简谐振动的合成

1. 两个振动方向相互垂直的同频率简谐振动的合成

设一质点同时参与沿 x 轴和 y 轴两个方向的同频率简谐振动,在任意的 t 时刻,这两个振动的位移分别为

$$\begin{cases}x=A_1\cos(\omega t+\varphi_1)\\ y=A_2\cos(\omega t+\varphi_2)\end{cases} \tag{15.28}$$

消去式(15.28)中的时间 t,并令 $\Delta\varphi=\varphi_2-\varphi_1$,得到质点的轨迹方程

$$\frac{x^2}{A_1^2}+\frac{y^2}{A_2^2}-\frac{2xy}{A_1A_2}\cos\Delta\varphi=\sin^2\Delta\varphi \tag{15.29}$$

在 $\Delta\varphi$ 取一般值的情况下,式(15.29)所表示的质点的运动轨迹是一个斜椭圆,如图15.32所示,该斜椭圆的外切矩形框是恒定的,x 方向长为 $2A_1$,y 方向长为 $2A_2$。

在 $\Delta\varphi$ 的几个特殊取值的情况下,式(15.29)所表示的质点的运动轨迹具有特殊形状,下面逐一进行讨论:

(1) 当 $\Delta\varphi=0$ 或 $2j\pi$(j 为整数)时,轨迹方程式(15.29)退化为

$$y=\frac{A_2}{A_1}x$$

是一三象限内的直线方程。质点在上述外切矩形框的一三象限的对角线上做简谐振动,如图15.33所示,振幅为 $A=\sqrt{A_1^2+A_2^2}$,振动方向角为 $\alpha=\tan^{-1}\left(\frac{A_2}{A_1}\right)$。

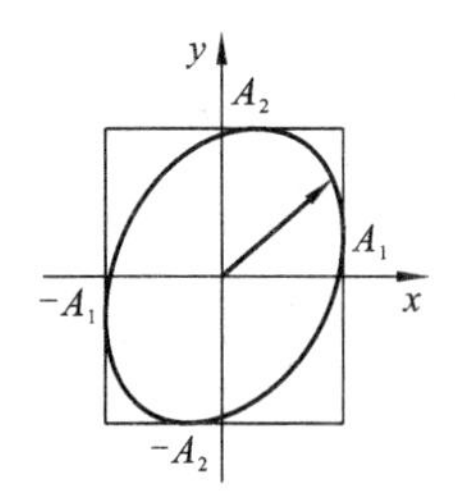

图 15.32 两个同频率垂直简谐振动的合成

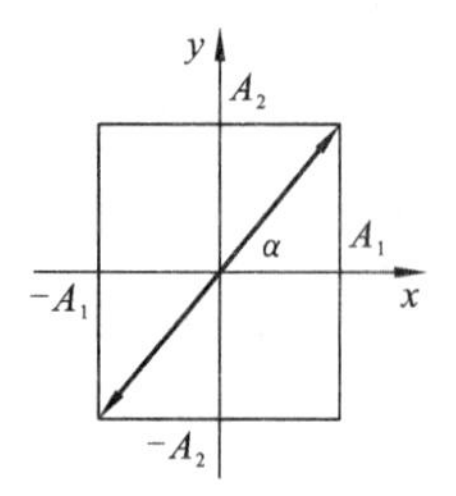

图 15.33 $\Delta\varphi=2j\pi$ 时同频率垂直简谐振动的合成

(2) 当 $\Delta\varphi=(2j+1)\pi$(j 为整数)时,轨迹方程式(15.29)退化为

$$y=-\frac{A_2}{A_1}x$$

是二四象限内的直线方程。质点在外切矩形框的二四象限的对角线上做简谐振动,如图15.34所示,振幅为 $A=\sqrt{A_1^2+A_2^2}$,振动方向角为 $\alpha=-\tan^{-1}\left(\frac{A_2}{A_1}\right)$。

(3) 当 $\Delta\varphi=(2j+1/2)\pi$($j$ 为整数)时,轨迹方程式(15.29)退化为

$$\frac{x^2}{A_1^2}+\frac{y^2}{A_2^2}=1$$

是正椭圆方程。由轨迹的参数方程式(15.28),可以知道质点在椭圆轨道上运动时的旋向。

利用 $\Delta\varphi=\varphi_2-\varphi_1=(2j+1/2)\pi$ 可将式(15.28)改写为

$$\begin{cases}x=A_1\cos(\omega t+\varphi_1)\\y=-A_2\sin(\omega t+\varphi_1)\end{cases}$$

不妨设 t 时刻质点位于 $x=A_1$, $y=0$ 处,如图 15.35 所示的 P 点,即 t 时刻相位 $\omega t+\varphi_1=2j\pi$。经过一个很小的时间间隔 Δt,在 $t+\Delta t$ 时刻质点位于

$$\begin{cases}x\approx A_1\\y=-A_2\sin(2j\pi+\omega\Delta t)<0\end{cases}$$

即,质点自 P 点向下移动,可见质点在椭圆轨道上是**沿顺时针方向运动**,被称为**右旋**。

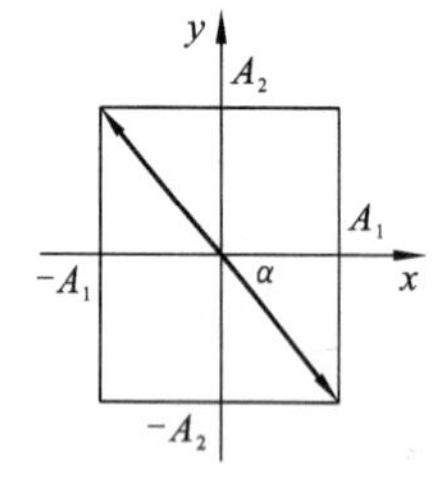

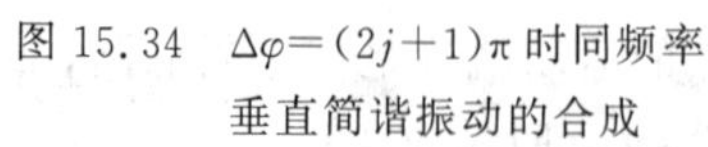

图 15.34 $\Delta\varphi=(2j+1)\pi$ 时同频率垂直简谐振动的合成

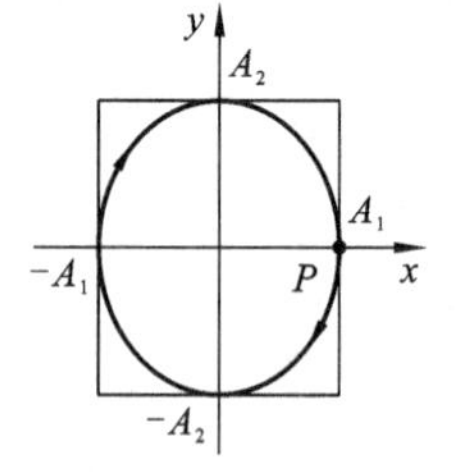

图 15.35 $\Delta\varphi=(2j+1/2)\pi$ 时同频率垂直简谐振动的合成

(4) 当 $\Delta\varphi=\left(2j+\frac{3}{2}\right)\pi$($j$ 为整数)时,轨迹方程式(15.29)仍退化为是正椭圆方程

$$\frac{x^2}{A_1^2}+\frac{y^2}{A_2^2}=1$$

利用 $\Delta\varphi=\varphi_2-\varphi_1=\left(2j+\frac{3}{2}\right)\pi$ 可将式(15.28)改写为

$$\begin{cases}x=A_1\cos(\omega t+\varphi_1)\\y=A_2\sin(\omega t+\varphi_1)\end{cases}$$

不妨设 t 时刻质点位于 $x=A_1$，$y=0$ 处，如图 15.36 所示的 P 点，即 t 时刻相位 $\omega t+\varphi_1=2j\pi$。经过一个很小的时间间隔 Δt，在 $t+\Delta t$ 时刻质点位于

$$\begin{cases} x\approx A_1 \\ y=A_2\sin(2j\pi+\omega\Delta t)>0 \end{cases}$$

即质点自 P 点向上移动，可见质点在椭圆轨道上是**沿逆时针方向运动**，被称为**左旋**。

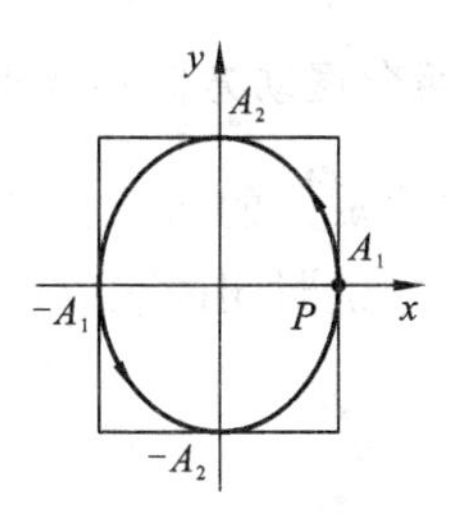

图 15.36　$\Delta\varphi=\left(2j-\frac{1}{2}\right)\pi$ 时同频率垂直简谐振动的合成

图 15.37 给出频率相同且振动方向相互垂直的两个简谐振动，在不同 $\Delta\varphi$ 取值时的合成运动轨迹。可见，当 $\Delta\varphi$ 取值在第一二象限时，质点的合成运动是右旋的椭圆运动；当 $\Delta\varphi$ 取值在第三四象限时，质点的合成运动是左旋的椭圆运动。

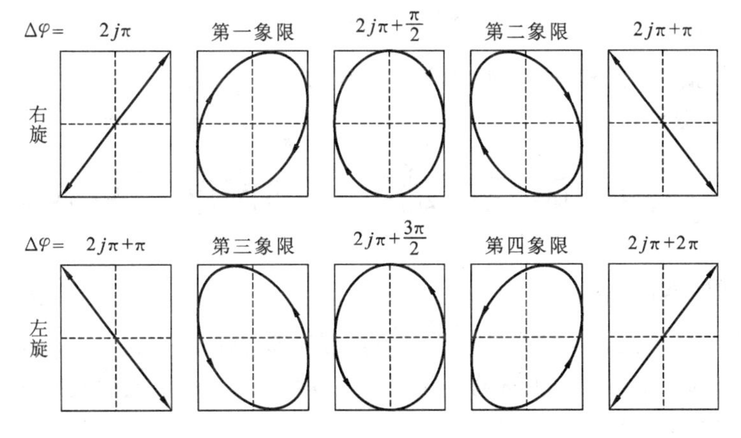

图 15.37　不同 $\Delta\varphi$ 时两个同频率垂直简谐振动的合成

若参与合成的两个相互垂直的简谐振动的振幅相等，则合成运动轨迹的外切矩形就成了正方形，如图 15.38 所示。这里有两个更为特殊的特例：就是当 $A_1=A_2$，且 $\Delta\varphi=\left(2j+\frac{1}{2}\right)\pi$ 时，质点的合成运动是右旋圆周运动；当 $A_1=A_2$，且 $\Delta\varphi=\left(2j+\frac{3}{2}\right)\pi$ 时，质点的合成运动是左旋圆周运动。

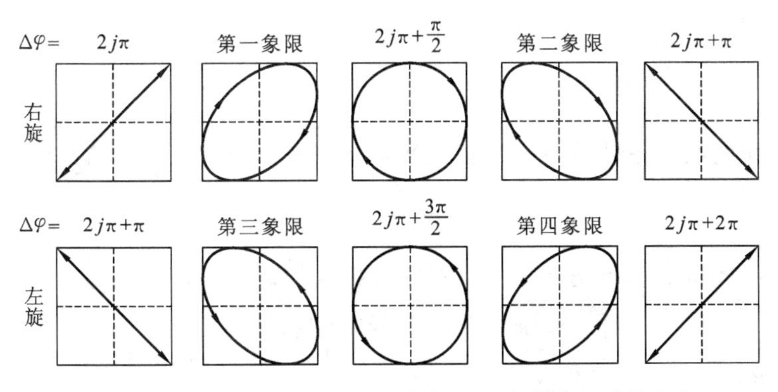

图 15.38　不同 $\Delta\varphi$ 时两个同频等振幅垂直简谐运动的合成

2. 两个振动方向相互垂直的不同频率简谐振动的合成

这种合成后的运动相当复杂,但若两振动的频率具有简单的整数比时,质点合成运动的轨迹仍是稳定的封闭曲线,称为**李萨如图**,闭合曲线形状和相位差有关,如图 15.39 所示。

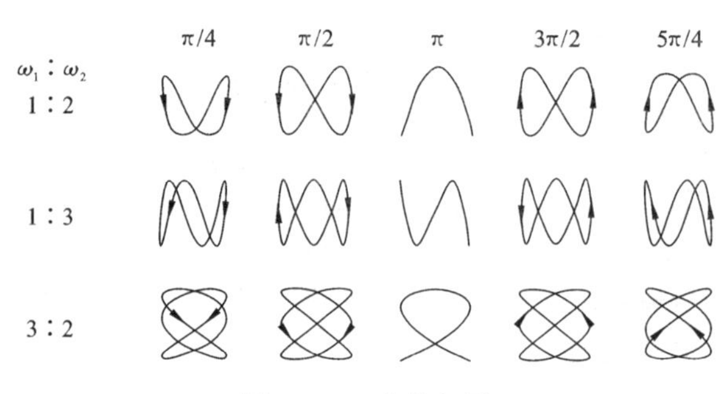

图 15.39　李萨如图

可以看出,在水平方向和垂直方向做闭合曲线的切线(或交线),切点(或交点)数之比为水平方向与垂直方向振动周期之比(与频率之比成反比),因此经常利用它来测量频率。

15.4　阻尼振动　受迫振动　共振

15.4.1　阻尼振动

前面所研究的简谐振动都是忽略了所有的阻力的理想模型,实际上,物体的振动都会受到阻力的作用,此时的振动称为**阻尼振动**。在阻尼振动的过程中,系统的机械能不再守恒,而是不断减少,振幅也逐渐变小。

当速度不太大时,介质对运动物体的阻力与速度大小成正比,方向相反。阻力可表示为

$$f_r = -\gamma v = -\gamma \frac{dx}{dt} \tag{15.30}$$

式中 $\gamma > 0$ 为常数,其大小取决于物体的大小、形状及介质的特性。

质量为 m 的振动物体在恢复力和阻力的作用下运动,则

$$m\frac{d^2x}{dt^2} = -kx - \gamma\frac{dx}{dt}$$

令

$$\omega_0 = \sqrt{\frac{k}{m}}, \quad \beta = \frac{\gamma}{2m}$$

式中,ω_0 称为系统的**固有角频率**,β 称为**阻尼系数**。于是得到阻尼振动的微分方程

$$\frac{d^2x}{dt^2} + 2\beta\frac{dx}{dt} + \omega_0^2 x = 0 \tag{15.31}$$

在阻尼较小($\beta < \omega_0$)时,此方程的解就是阻尼振动的振动方程(或称为运动表达式)

$$x = A_0 e^{-\beta t}\cos(\omega t + \varphi_0) \tag{15.32}$$

式中 $\omega = \sqrt{\omega_0^2 - \beta^2}$。

如图 15.40 所示是相应的阻尼振动曲线。这也被视为是准周期性的运动,其振幅 $A_0 e^{-\beta t}$ 按指数规律衰减,周期为

$$T=\frac{2\pi}{\omega}=\frac{2\pi}{\sqrt{\omega_0^2-\beta^2}} \tag{15.33}$$

可见,阻尼振动周期 T 大于系统的固有周期 $T_0=2\pi/\omega_0$,这与阻尼系数 β 密切相关。根据阻尼系数 β 的大小分为三种情况:

(1) 欠阻尼　$\beta<\omega_0$,物体的振动方程为式(15.32),其运动曲线如图 15.40 所示,或如图 15.41 所示中的曲线 a,称为**衰减振动**,属于准周期运动。

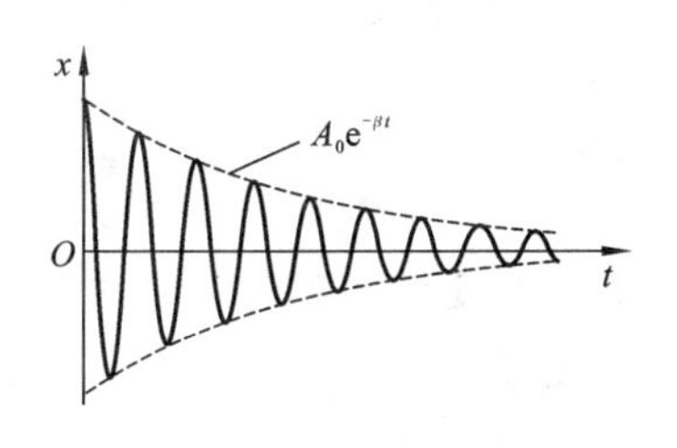

图 15.40　阻尼振动曲线

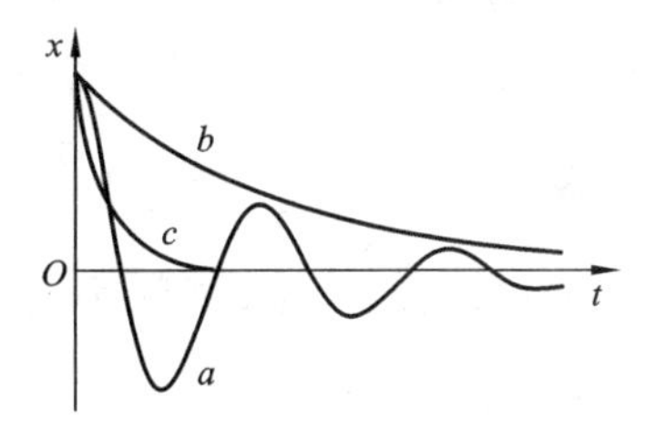

图 15.41　三种阻尼运动曲线

(2) 过阻尼　$\beta>\omega_0$,用式(15.33)已经算不出周期 T 的实数值,此时物体的运动为非周期运动,其运动曲线如图 15.41 所示中的曲线 b。

(3) 临界阻尼　$\beta=\omega_0$,由式(15.33)算出周期 $T=\infty$,此时物体的运动也为非周期运动,其运动曲线如图 15.41 所示中的曲线 c。

由图 15.41 可见,若要迅速归零(回到且稳定在平衡位置),应该是选择曲线 c。即采用临界阻尼条件,能够最快归零。精密测量仪器的"复位"键,就是采用的这一原理。

15.4.2　受迫振动

若一系统自身具有恢复力 $-kx$,受到阻力 $-\gamma\frac{\mathrm{d}x}{\mathrm{d}t}$,还受到周期性外力(策动力)$H\cos\omega t$,这三种力共同作用下的振动称为受迫振动,此时

$$m\frac{\mathrm{d}^2x}{\mathrm{d}t^2}=-kx-\gamma\frac{\mathrm{d}x}{\mathrm{d}t}+H\cos\omega t$$

令

$$\omega_0=\sqrt{\frac{k}{m}},\quad \beta=\frac{\gamma}{2m},\quad h=\frac{H}{m}$$

可得到受迫振动的微分方程

$$\frac{\mathrm{d}^2x}{\mathrm{d}t^2}+2\beta\frac{\mathrm{d}x}{\mathrm{d}t}+\omega_0^2x=h\cos\omega t \tag{15.34}$$

此微分方程的解为

$$x=A_0\mathrm{e}^{-\beta t}\cos(\sqrt{\omega_0^2-\beta^2}\,t+\varphi_0)+A\cos(\omega t+\varphi) \tag{15.35}$$

如图 15.42 所示给出了某种受迫振动的位移曲线。稳态时 (t 足够长),上式前项趋近于 0,则

$$x=A\cos(\omega t+\varphi)$$

这是一个稳定的简谐振动,其角频率就是策动力的角频率 ω,其振幅为

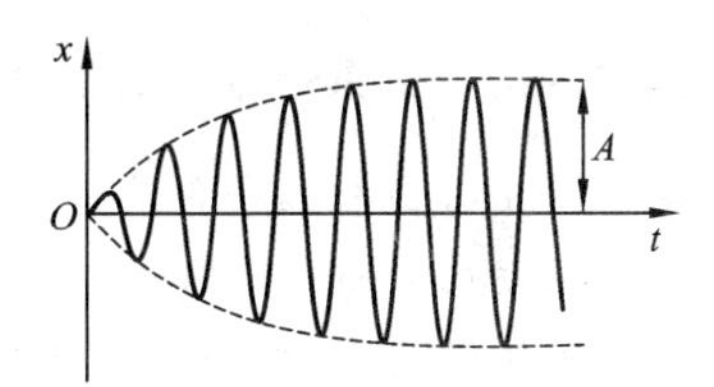

图 15.42　受迫振动曲线

$$A=\frac{h}{\left[(\omega_0^2-\omega^2)^2+4\beta^2\omega^2\right]^{\frac{1}{2}}} \tag{15.36}$$

稳态受迫振动与策动力之间的相位差为

$$\varphi=\arctan\frac{-2\beta\omega}{\omega_0^2-\omega^2} \tag{15.37}$$

受迫振动的特点是:稳定后的受迫振动仍是一个**简谐振动**,但是其角频率不是系统的固有频率 ω_0,而是策动力的角频率 ω。其振幅和初相位不是由初始条件决定,而是与策动力及阻尼密切相关。

15.4.3 共振

由式(15.36)可以看到,改变策动力的角频率 ω,能够改变稳态时的振幅 A 的大小。当策动力角频率 ω 达到某特殊值 ω_r 时,振幅 A 将达到极大值 A_r,这一现象就称为**共振**。令 $\frac{dA}{d\omega}=0$,可求得共振角频率为

$$\omega_r=\sqrt{\omega_0^2-2\beta^2}$$

共振振幅为

$$A_r=\frac{h}{2\beta\sqrt{\omega_0^2-\beta^2}}$$

如图 15.43 所示为受迫振动的振幅曲线,振幅曲线的峰值(共振振幅)随着阻尼系数 β 的减小增高。若阻尼很小,共振振幅将会很大。

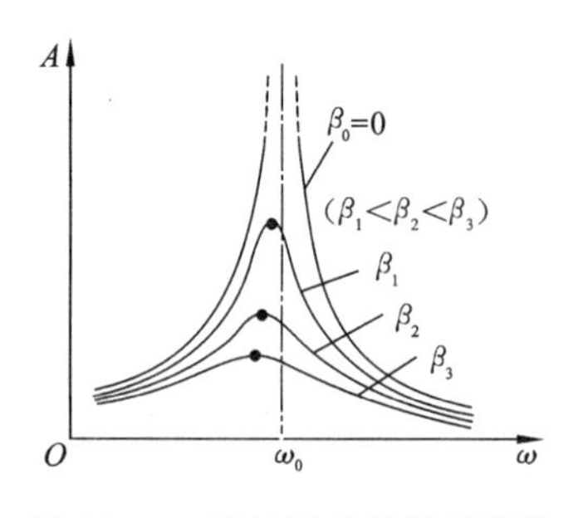

图 15.43　受迫振动的振幅曲线

共振现象在声、光、无线电以及工程技术中都会经常遇到。在许多方面共振现象是可以被利用的,例如许多乐器都是利用共振来提高音响;收音机是利用电磁共振来调台;原子核内的核磁共振被用来研究物质的微观结构以及医学上的诊断与治疗;动力减振器是利用共振来吸收振动系统的能量以达到减震的目的等等。而另一方面共振则是具有破坏性的,工程技术人员在设计制造各种机械设备、飞机、船舶、桥梁及建筑物时都要尽可能地避免由各种可能因素引起的破坏性共振的发生。

提　　要

1. 简谐振动的振动方程　　$x=A\cos(\omega t+\varphi)$

(1) 三个特征量

振幅 A　　决定振动系统的能量;

角频率 ω　由振动系统的性质决定,相应的周期 $T=\frac{2\pi}{\omega}$,频率 $\nu=\frac{1}{T}=\frac{\omega}{2\pi}$;

初相位 φ　由初始条件决定。

(2) 振动的相位$(\omega t+\varphi)$　t 时刻的相位完全确定了系统在这一时刻的运动状态。

(3) 可用旋转矢量表示简谐振动。

2. 简谐振动的速度和加速度

$$v=\frac{\mathrm{d}x}{\mathrm{d}t}=-A\omega\sin(\omega t+\varphi)$$

$$a=\frac{\mathrm{d}v}{\mathrm{d}t}=\frac{\mathrm{d}^2x}{\mathrm{d}t^2}=-A\omega^2\cos(\omega t+\varphi)=-\omega^2x$$

简谐振动的加速度与位移大小成正比,方向相反,这是简谐振动的运动学特征。

3. 简谐振动的动力学方程 $F=m\dfrac{\mathrm{d}^2x}{\mathrm{d}t^2}=-kx$ ($k>0$ 为常数)

固有角频率 $\omega=\sqrt{\dfrac{k}{m}}$

固有周期 $T=\dfrac{2\pi}{\omega}=2\pi\sqrt{\dfrac{m}{k}}$

振幅和初相位由初始条件决定 $x_0=A\cos\varphi$, $v_0=-A\sin\varphi$

4. 简谐振动的实例

弹簧振子 $\dfrac{\mathrm{d}^2x}{\mathrm{d}t^2}+\dfrac{k}{m}x=0$, $\omega=\sqrt{\dfrac{k}{m}}$, $T=\dfrac{2\pi}{\omega}=2\pi\sqrt{\dfrac{m}{k}}$

单摆 $\dfrac{\mathrm{d}^2\theta}{\mathrm{d}t^2}+\dfrac{g}{l}\theta=0$, $\omega=\sqrt{\dfrac{g}{l}}$, $T=\dfrac{2\pi}{\omega}=2\pi\sqrt{\dfrac{l}{g}}$

5. 简谐振动的能量

动能 $E_\mathrm{k}=\dfrac{1}{2}kA^2\sin^2(\omega t+\varphi)$

势能 $E_\mathrm{p}=\dfrac{1}{2}kA^2\cos^2(\omega t+\varphi)$

总机械能守恒 $E=E_\mathrm{k}+E_\mathrm{p}=\dfrac{1}{2}kA^2$

6. 简谐振动的合成

(1) 同一直线上同频率简谐振动的合成:仍为同频简谐振动(可用旋转矢量合成)

① 两个振动的合成

合振幅 $A=\sqrt{A_1^2+A_2^2+2A_1A_2\cos\Delta\varphi}$

相位差 $\Delta\varphi=\varphi_2-\varphi_1$ 同相时,$A_{\max}=A_1+A_2$;反同时,$A_{\min}=|A_1-A_2|$。

② n 个振动的合成 用旋转矢量首尾相接,可求出合振幅。

(2) 同一直线上不同频率简谐振动的合成:不再是简谐振动,是较为复杂的周期振动。

当两个分振动的频率很高而频率差又很小时,产生“拍”现象,拍频 $\nu=|\nu_2-\nu_1|$。

*(3) 两个相互垂直简谐振动的合成

① 两个振动同频率时,质点合成运动的轨迹,一般情况下为左(或右)旋的斜椭圆,特殊情况下为直线(仍为简谐振动),非常特殊的情况下可以为左(或右)旋的圆。

② 两个振动的频率有简单整数比关系时,质点合成运动的轨迹是李萨茹图。

7. 阻尼振动

(1) 欠阻尼(阻力较小)时的振动方程 $x=A_0\mathrm{e}^{-\beta t}\cos(\omega t+\varphi_0)$

为衰减振动,属于准周期运动。系统的机械能不再守恒,而是不断减少。

(2) 过阻尼(阻力较大)时,质点慢慢回到平衡位置,为非周期运动。

(3) 临界阻尼(阻力适当)时,质点以最短时间回到平衡位置,为非周期运动。

8. 受迫振动　在周期性外力(策动力)作用下的振动。稳定后的受迫振动仍是一个简谐振动,但是其角频率不是系统的固有频率 ω_0,而是策动力的角频率 ω。其振幅和初相位不是由初始条件决定,而是与策动力及阻尼密切相关。

9. 共振　当策动力的角频率等于系统的固有角频率,而且阻力很小时,振幅将非常大。

思 考 题

15.1　什么是简谐振动?试从运动学、动力学和能量的角度来分析说明质点作简谐振动时的特征。

15.2　描述简谐振动的三个特征量是什么?其物理意义是什么?它们取决于什么条件?

15.3　试说明下列运动是否为简谐振动:

(1) 小球在地面上作完全弹性的上下跳动;

(2) 小球在在半径很大的光滑凹球面底部作小幅度的摆动;

(3) 曲柄连杆机构使活塞作往复运动;

(4) 小磁针在地磁的南北方向附近摆动。

15.4　侧拉摆球,使单摆从平衡位置偏离一个小角 θ_0,然后由静止状态释放,于是摆球开始作简谐振动,问 θ_0 是否就是初相位?

15.5　旋转矢量和简谐振动有哪些对应关系?

15.6　两个同方向同频率的简谐振动合成后会是什么运动?合振动的振幅与哪些因素有关?什么条件下合振动振幅最大?什么条件下合振动振幅最小?

15.7　什么是"拍"?产生"拍"现象的条件是什么?

15.8　两个相互垂直的同频率的简谐振动合成后通常会是什么运动?是否为周期性的运动?在初相差为 $0,\frac{\pi}{2},\pi,\frac{3\pi}{2}$ 和 2π 时,合成运动的特征如何?

15.9　什么是阻尼振动?产生衰减振动的条件是什么?衰减振动是周期性振动吗?

15.10　什么是受迫振动?受迫振动的频率和振幅取决于哪些因素?

15.11　什么是共振,产生共振的条件是什么?日常生活中有哪些共振现象。

习　题

15.1　质量为 0.01 kg 的小球与轻弹簧组成系统,按 $x=0.50\times10^{-2}\cos\left(8\pi t+\frac{\pi}{3}\right)$(SI)的规律振动。试求:

(1) 振动的角频率、周期、初相位、速度和加速度的最大值;

(2) $t=1$ s、2 s、10 s 时刻的相位各为多少?

(3) 分别画出位移、速度、加速度与时间的关系曲线。

15.2　质量为 0.01 kg 的小球作简谐振动,其 $A=0.24$ m,$v=0.25$ Hz。当 $t=0$ 时,位移为 0.12 m 并向平衡位置运动。求:

(1) 小球的振动方程;

(2) 从起始位置到 $x=-0.12$ m 处所需的最短时间;

(3) $x=-0.12$ m 处小球的速度和加速度。

15.3　在开始观察弹簧振子时，它刚好振动到负位移一边的二分之一振幅处，此时其速度为 $2\sqrt{3}\ \mathrm{m\cdot s^{-1}}$，并指向平衡位置，加速度的大小为 $20.0\ \mathrm{m\cdot s^{-2}}$。写出这个振子的振动方程。

15.4　一质点作简谐振动的周期为 T，试求质点从(1) $x_1=0$ 到 $x_2=A/2$；(2) $x_2=A/2$ 到 $x_3=A$ 所用的最短时间。

15.5　(1) 一物体放在水平木板上，木板沿水平方向作简谐振动，频率为 2 Hz，物体与板面间的静摩擦系数为 0.5。要使物体在板面上不滑动，振幅的最大值为多少？

(2) 若令此板改为竖直方向的简谐振动(板面仍水平)，振幅为 0.05 m，要使物体始终保持与板接触的最大频率是多少？

15.6　两质点作同方向、同频率的简谐振动，它们的振幅均为 A；当质点 1 在 $x_1=A/2$ 处向 x 轴正方向运动时，质点 2 在 $x_2=0$ 处向 x 轴负方向运动，试用旋转矢量法求这两简谐振动的相位差。

15.7　一单摆的摆长 $l=1$ m，摆球质量为 $m=0.01$ kg，开始时处在平衡位置。(1) 若给小球一个向右的水平冲量 $I=5.0\times10^{-2}\ \mathrm{kg\cdot m/s}$。设摆角向右为正，以刚打击后为 $t=0$，求振动的初相位和振幅；(2) 若冲量是向左的，则初相位为多少？

15.8　如题 15.8 图所示，一直角匀质刚性细杆，水平部分杆长为 l，质量为 m，竖直部分杆长为 $2l$，质量为 $2m$，细杆可绕直角顶点处的水平固定轴 O 无摩擦地转动，水平杆的末端与劲度系数为 k 的弹簧相连，平衡时水平杆处于水平位置. 试求杆作微小摆动时的周期。

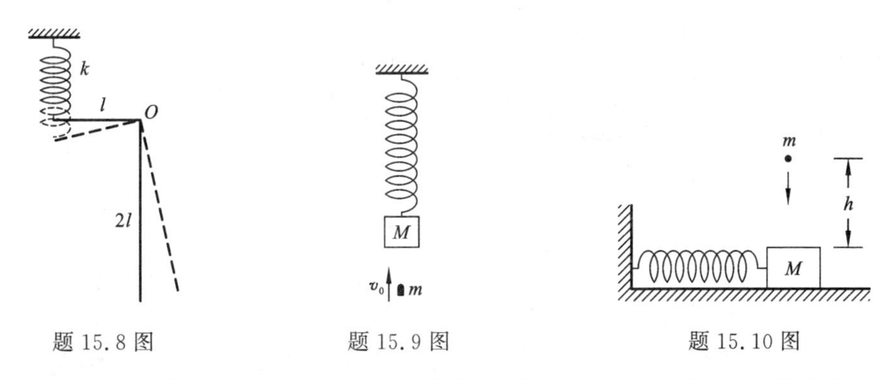

题 15.8 图　　题 15.9 图　　题 15.10 图

15.9　一弹簧振子由劲度系数为 k 的轻弹簧和质量为 M 的物块组成，将弹簧上端固定在顶板上，如题 15.9 图所示。开始时物块静止，一颗质量为 m，速度为 v_0 的子弹由下而上射入物块，并留在物块中，求此后的振幅和周期。

15.10　如图 15.10 所示，一个水平面上的轻弹簧振子，弹簧的劲度系数为 k，所系物体的质量为 M，振幅为 A。

(1) 求系统的振动周期和振动能量。

(2) 有一质量为 m 的小物体自离 M 上端高 h 处自由下落。当振子在最大位移处，小物体正好落在 M 上，并黏在一起，这时系统的振动周期、振幅和振动能量有何变化？

(3) 如果小物体是在振子到达平衡位置时落在 M 上，上述量又有何变化？

15.11　质量为 0.01 kg 的物体作简谐振动，其振幅为 0.24 m，周期为 4.0 s，当 $t=0$ 时，位移为 $+0.24$ m。求：(1) $t=0.5$ s 时，物体所在的位置；(2) $t=0.5$ s 时，物体所受力的大小和方向；(3) 由起始位置运动到 $x=0.12$ m 处所需的最少时间；(4) 在 $x=0.12$ m 处，物体的速度、动能、系统的势能和总能量。

15.12　一弹簧振子作简谐振动,振幅 $A=0.20\ \mathrm{m}$,弹簧的劲度系数 $k=2.0\ \mathrm{N/m}$,所系物体的质量 $m=0.50\ \mathrm{kg}$,试求:(1) 当势能和动能相等时,物体的位移是多少? 设 $t=0$ 时,物体在正最大位移处,达到动能和势能相等处所需要的时间是多少?(在一个周期内。)

15.13　一水平放置的弹簧振子,已知物体经过平衡位置向右运动时速度 $v=0.10\ \mathrm{m/s}$,周期 $T=1.0\ \mathrm{s}$,求再经过 1/3 s 时间,物体的动能是原来的多少倍。弹簧的质量不计。

15.14　同方向振动的两个简谐振动,它们的运动规律为

$$x_1=4.00\times10^{-2}\cos\left(12\pi t+\frac{1}{6}\pi\right)\ (\mathrm{SI}),\ x_2=5.00\times10^{-2}\sin(12\pi t+\varphi)\ (\mathrm{SI})$$

问 φ 为何值时,合振幅 A 为极大、A 为极小?

15.15　同方向振动的两个简谐振动,它们的振动方程为

$$x_1=5.0\times10^{-2}\cos\left(5t+\frac{3}{4}\pi\right)\ (\mathrm{SI}),\ x_2=6.0\times10^{-2}\sin\left(5t+\frac{1}{4}\pi\right)(\mathrm{SI})$$

求它们合成振动的振幅和初相位。

15.16　同方向振动的两个简谐振动,周期相同,振幅为 $A_1=0.05\ \mathrm{m}$,$A_2=0.07\ \mathrm{m}$,合成一个振幅为 $A=0.09\ \mathrm{m}$ 的简谐振动。求两分振动的相位差。

15.17　三个同方向、同频率的简谐振动为

$$x_1=0.20\cos\left(8t+\frac{\pi}{6}\right)\ (\mathrm{SI})$$

$$x_2=0.20\cos\left(8t+\frac{\pi}{2}\right)\ (\mathrm{SI})$$

$$x_2=0.20\cos\left(8t+\frac{5\pi}{6}\right)\ (\mathrm{SI})$$

试利用旋转矢量法求出合振动的振动方程。

第16章　机　械　波

某种扰动在空间的传播称为波动，简称波。多数波的扰动方式是振动，如图16.1所示。而单脉冲波的扰动方式则是单脉冲扰动，如图16.2所示。

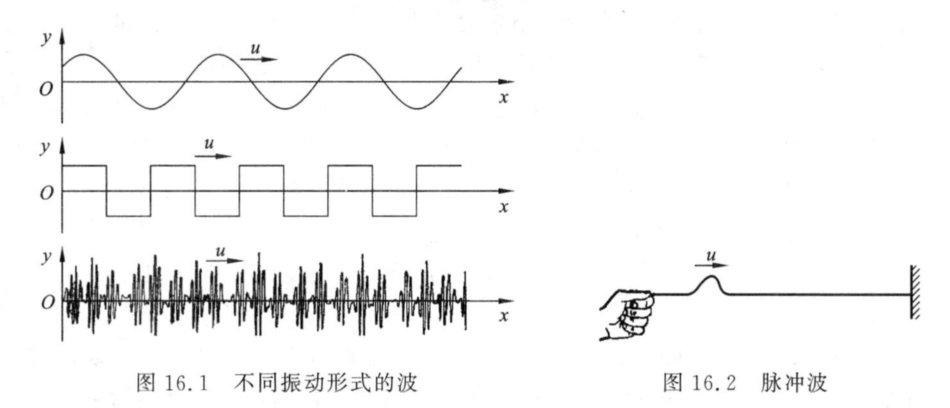

图16.1　不同振动形式的波　　　　图16.2　脉冲波

波的种类形形色色，有机械波，如声波、水波、地震波等；有电磁波，如无线电波、光波、X射线等；有几率波(微观粒子也具有波动性)等等。

波的共同特征：具有一定的传播速度，伴随着能量的传播，能产生反射、折射、衍射和干涉等现象。

本章只研究机械波。机械波的研究结论，对其他种类波的研究有借鉴作用。

16.1　机械波的产生与传播

16.1.1　机械波的产生

机械波是机械扰动在弹性介质中的传播，扰动的物体称为波源，当波源发生扰动时，就会使它周围的弹性介质发生位移和形变，形变产生的弹性恢复力一方面使该处介质在自己的平衡位置附近振动起来，另一方面又使更远处的介质发生位移和形变，这样由于介质内部的弹性相互作用，振(扰)动就由近及远地传播开去，形成了波动。**波源和弹性介质是产生机械波的必要条件。**

以水波为例，向平静的池塘中扔一粒小石子，被石子冲击的区域的水，在冲力、重力、表面张力及黏滞力的共同作用下开始上下振动，形成波源，波源的振动向四面八方传播，就形成了水波。

学习波动时，一定要注意**波动只是振(扰)动状态在介质中的传播**。在波的传播过程中，**介质中的各个质元并没有随波前进，而只是在各自的平衡位置附近振动**。例如池塘中水面上的落叶，并没有随着水波而走远，而只是水面起伏荡漾。

16.1.2 横波与纵波

按照振(扰)动方向与波传播方向之间的关系来分类,最基本的是横波与纵波。**横波是振(扰)动方向垂直于波传播方向的波**,如绳波。**纵波是振(扰)动方向平行于波传播方向的波**,如声波。当然,自然界中也有上述两种振(扰)动方向同时存在的波,如水面上的水波。仔细观察水面上的随波运动的树叶,可以看到,树叶不仅有上下的起伏,同时还有水平方向的荡漾。对于这种复杂的波动,可以将其分解为横波与纵波来分别研究。

图 16.3 是以绳波为例的横波形成与传播的示意图。当绳处于完全静止的状态时,在绳上等间隔地取 25 个质点。$t=0$ 时刻,所有质点都处在各自的平衡位置上,只有波源处的第 0 个质点在外界的扰动下获得了一个向上的速度,从自身的平衡位置开始向上运动。当第 0 个质点离开平衡位置时,引起周边介质产生形变,从而产生弹性恢复力,带动周边介质的质点开始随着向上运动。随着第 0 个质点远离平衡位置,弹性恢复力将使第 0 个质点减速。到 $t=T/4$ 时刻,第 0 个质点速度减为零,处于离平衡位置的最远处,并且向下的恢复力达到了最大值;第 1、2、3 个质点相继被带动着离开了各自的平衡位置向上运动;第 4 个质点则刚从左侧相邻的质点处获得了一个向上的速度,从自身的平衡位置开始向上运动;而右边的其余质点仍然都处在各自的平衡位置上。可见,经过四分之一周期,第 0 个质点 $t=0$ 时刻的运动状态(位移和速度)传播到了第 4 个质点处。随着时间的延续,第 0 个质点将围绕着自身的平衡位置上下振动,而第 0 个质点 $t=0$ 时刻的运动状态则还在继续向右边更远的质点传播。这就是横波形成与传播的机理。

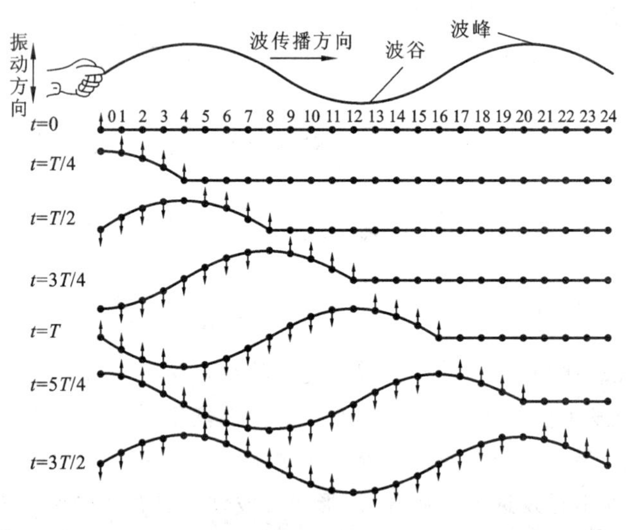

图 16.3 横波的形成与传播

图 16.4 是以轻软弹簧为例的纵波形成与传播的示意图。与横波的研究方法类似,只是纵波各质点的振(扰)动方向与波动传播方向在一条直线上。当弹簧处于完全静止的状态时,也在弹簧上等间隔地取 25 个质点。图 16.4 中有 25 条竖向的虚线,是用来标识所取的 25 个质点的平衡位置的。$t=0$ 时刻,所有质点都处在各自的平衡位置上,只有波源处的第 0 个质点在外界的扰动下获得了一个向右的速度,从自身的平衡位置开始向右运动。当第 0 个质点离开平衡位置时,引起了周边介质产生形变,从而产生弹性恢复力,带动周边介质的质点开始跟着向右运动。随着第 0 个质点远离平衡位置,弹性恢复力将使第 0 个质点减速。到 $t=T/4$ 时

刻，第0个质点速度减为零，处于离平衡位置的最远处，并且向左的恢复力达到了最大值；第1、2、3个质点相继被带动着离开了各自的平衡位置向右运动；第4个质点则刚从左侧相邻的质点处获得了向右的速度，从自身的平衡位置开始向右运动；而右边的其余质点仍然都处在各自的平衡位置上。也就是说，经过四分之一周期，第0个质点 $t=0$ 时刻的运动状态（位移和速度）传播到了第4个质点处。随着时间的延续，第0个质点将围绕着自身的平衡位置左右振动，而第0个质点 $t=0$ 时刻的运动状态则还在继续向右边更远的质点传播。这就是纵波形成与传播的机理。

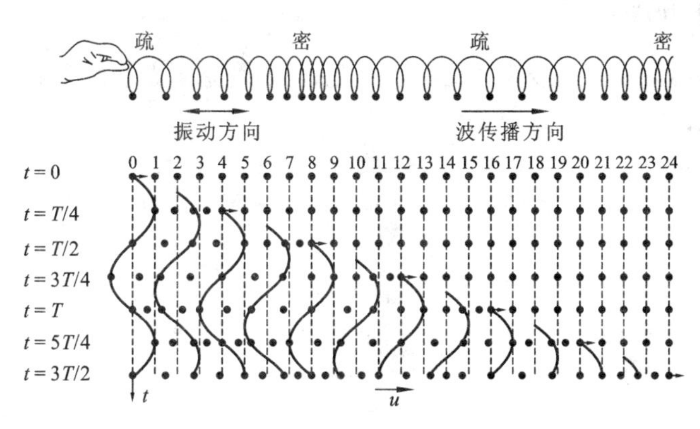

图 16.4 纵波的形成与传播

在图16.4中，沿着标识第0个质点平衡位置的竖直虚线向下做一个时间 t 轴，并将第0个质点在不同时刻的位置连成曲线，就得到第0个质点的位移随时间变化的振动曲线。其他质点的振动情况也类似。

以空间各质点的平衡位置为横坐标，以某一时刻各质点相对于自身平衡位置的位移为纵坐标，这样绘制出的曲线，称为该时刻的波形曲线。对于图16.3所示的载有横波的绳子而言，其波形曲线是随时可以直接用眼睛看到的，或者说，某一时刻拍下来的绳子形状的照片，就是该时刻绳上横波的波形曲线。但对于图16.4所示的载有纵波的轻柔弹簧而言，任一时刻拍下的照片，只能看到质元在空间分布的疏密情况，要想得到某时刻纵波的波形曲线，需要按照图16.5所示的方法进行转换。图16.5中各条竖向的虚线，都位于对应质点的平衡位置处，长度是对应某时刻质点离开平衡位置位移的大小，x 轴之上的短虚线代表正向的位移，x 轴之下的短虚线代表负向的位移，连接各短虚线端点的曲线就是该时刻纵波的波形曲线。

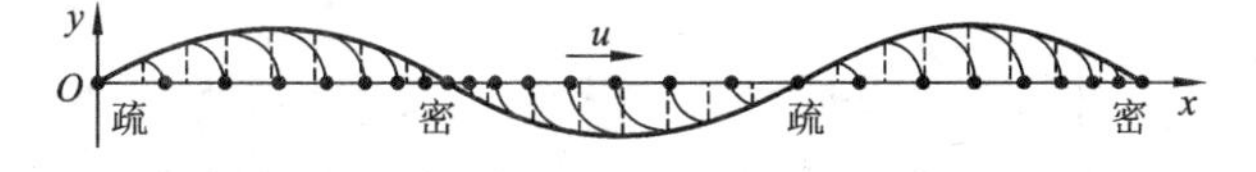

图 16.5 纵波的波形曲线

16.1.3 波线、波面与波前

常用几何图形来形象地描述波在空间的传播情况，如图16.6所示。

波线 沿着波传播方向的带箭头的几何线。

波面 振动相相位同的点所连成的面（同相面），在图16.6中用虚线表示。

波前 在某一时刻，由波源最初振动状态传达到的点所连成的面，也称为波阵面。

在任一时刻，波面可以有任意多个，波前（波阵面）是最前面的那一个波面（如图16.6所

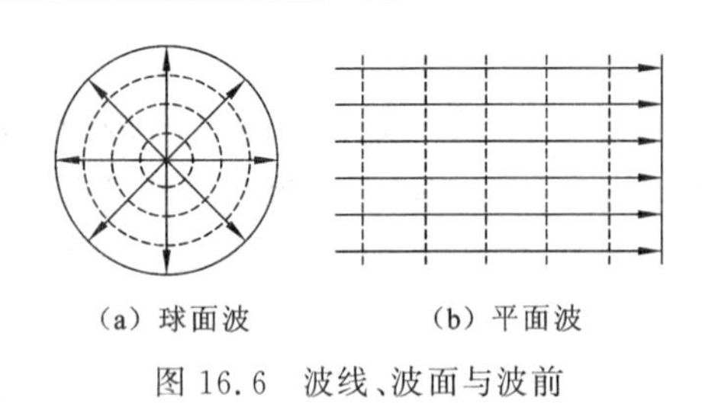

图 16.6 波线、波面与波前

示各波线箭头末端所在的面)。

在各向同性介质中,波线始终垂直于波面。

波面形状为球面的波称为**球面波**,波面形状为平面的波称为**平面波**,如图 16.6 所示。点波源在各向同性介质中发出的是球面波,当波源位于无限远时,小区域内的波可视为平面波。

16.1.4 描述波的物理量

振动是运动状态只随时间变量作周期性变化;波动则是运动状态既随时间变量,也随空间变量作周期性变化。

周期、波长、频率及波速是描述波的重要物理量,定义如下:

周期 T 介质中某质元振动的相位每增加一个 2π 所需时间。波源振动的周期与波的周期是一致的。

波长 λ 在同一波线上相位差为 2π 的两点间的距离,也是波在一个周期里传播的距离。在图 16.3、图 16.4 和图 16.5 中第 0 和第 16 个质点之间的距离就是一个波长。波长反映了波的空间周期性。

频率 ν 单位时间内波前进距离中"完整波"的个数。或者说是单位时间内通过介质中某一定点的"完整波"个数。频率是周期的倒数

$$\nu=\frac{1}{T} \tag{16.1}$$

波速 u 振动状态在单位时间内传播的距离。**波动本身就是振动相位的传播过程**,所以波速又称为**相速度**。

上述四个物理量之间的关系为

$$u=\frac{\lambda}{T}=\lambda\nu \tag{16.2}$$

波的周期和频率由波源决定,与介质无关;波速由弹性介质的力学性质决定,与波源无关;而波长则与波源和介质都相关。

16.1.5 弹性介质的形变与波速

1. 形变

任何物体在受到外力时形状或大小都会发生变化,称之为**形变**。当外力不太大时,形变也不太大,去掉外力,形状或体积能够还原。此外力限度称为**弹性限度**。在弹性限度以内的形变称为**弹性形变**。因施加外力的方式不同,形变大体分为下述 3 种基本形式。

1) 长变

长为 l,横截面积为 S 的固体细棒,沿轴向受到一对在弹性限度内的大小相等方向相反的外力(拉力或压力),长度改变量为 Δl,如图 16.7 所示。这种形变称为长变,满足长变胡克定律

$$\frac{F}{S}=Y\frac{\Delta l}{l} \tag{16.3}$$

其中:Y 是杨氏模量,由材料自身特性决定;F/S 称为应力;$\Delta l/l$ 称为长应变。

将式(16.3)改写为

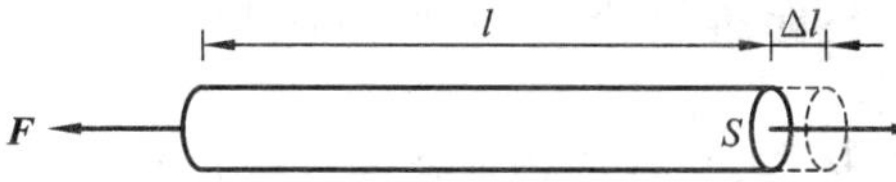

图 16.7　长变

$$F=\frac{YS}{l}\Delta l=k\Delta l$$

材料产生长变时，会具有弹性势能，与弹簧的弹性势能类似，长变材料的弹性势能

$$W_{\mathrm{p}}=\frac{1}{2}k\,(\Delta l)^2=\frac{1}{2}YSl\left(\frac{\Delta l}{l}\right)^2$$

将上式除以材料所具有的体积 Sl，就得到了材料单位体积内的势能，称为弹性势能密度

$$w_{\mathrm{p}}=\frac{1}{2}Y\left(\frac{\Delta l}{l}\right)^2 \tag{16.4}$$

在细棒中形成纵波时，介质中各质元都发生长变，如图 16.8 所示。各质元内都有弹性势能。

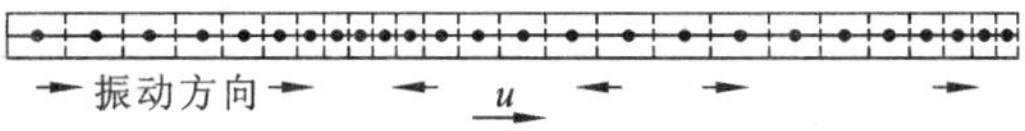

图 16.8　纵波传播时细棒中各质元的长变

2）切变

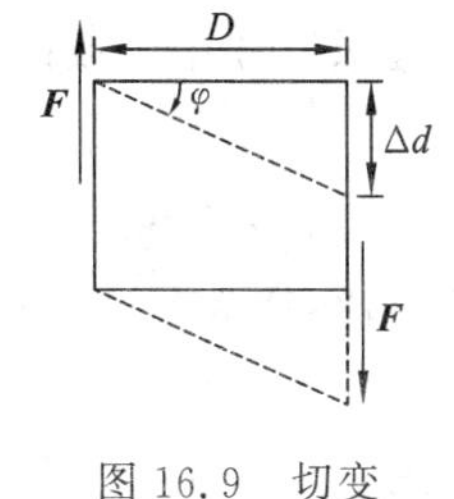

图 16.9　切变

一块固体矩形材料，在弹性限度内，对其一对面积为 S 间距为 D 的表面施加一对大小相等方向相反且平行于这对表面的外力，使得矩形变成了平行四边形，如图 16.9 所示。这种形变称为剪切形变，简称切变，满足切变胡克定律

$$\frac{F}{S}=G\varphi=G\,\frac{\Delta d}{D} \tag{16.5}$$

其中：G 是切变模量，由材料自身特性决定；F/S 称为切应力；$\Delta d/D$ 称为切应变。

在固体中形成横波时，介质中各质元都发生切变，如图 16.10 所示。各质元内也有弹性势能。

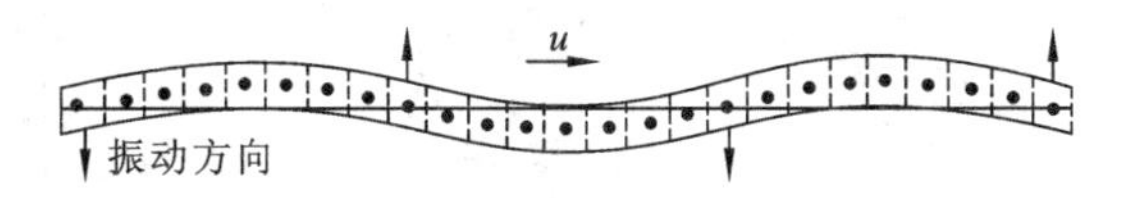

图 16.10　横波传播时介质中各质元的切变

3）体变

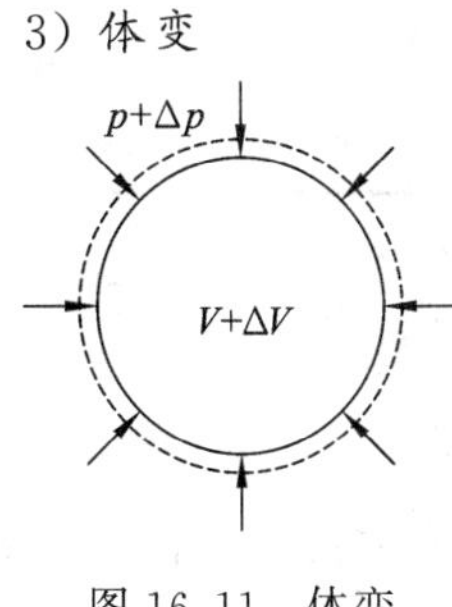

图 16.11　体变

体积为 V 的物质，周围受到的压强为 p，若压强变为 $p+\Delta p$，则体积将变为 $V+\Delta V$，如图 16.11所示。这种形变称为体变，在弹性限度内满足体变胡克定律

$$\Delta p=K\,\frac{\Delta V}{V} \tag{16.6}$$

其中：K 是体变弹性模量，由材料自身特性决定；Δp 为压强的改变量；$\Delta V/V$ 称为体应变。

在液体和气体内部,因为只能发生体变,不能发生切变,所以只能传播纵波,不能传播横波。

在固体中,能够产生切变、体变、长变等各种弹性形变,所以纵波和横波均能传播。

在液体和气体的界面上,因为有表面张力及重力共同作用,纵波和横波均能传播。

2. 波速

机械波的传播必须要以弹性介质为媒介。波速取决于弹性介质的力学性质。具体来说,取决于介质的弹性模量和质量密度。同种物质在处于固、液、气三种不同状态时,由于质量密度不同,在力的作用下形变的性质不同,则波在其中的传播速度也不同。在此给出几种常见的波速。

各向同性固体介质中横波的波速为

$$u_t=\sqrt{G/\rho} \tag{16.7}$$

各向同性固体介质中纵波的波速为

$$u_l=\sqrt{Y/\rho} \tag{16.8}$$

液体、气体中纵波的波速为

$$u_l=\sqrt{K/\rho} \tag{16.9}$$

拉紧的绳或弦中横波的波速为

$$u_t=\sqrt{F/\mu} \tag{16.10}$$

理想气体中纵波的波速为

$$u_l=\sqrt{\gamma RT/M} \tag{16.11}$$

其中:Y 为杨氏模量;G 为切变模量;K 为体变弹性模量;ρ 为体密度;μ 为线密度;F 为张力;γ 为比热比;R 为普适气体常数;T 为开氏温度;M 为摩尔质量。

在同种固体中,切变模量 G 总是小于杨氏模量 Y 和体变弹性模量 K,所以同一固体中,横波波速总是小于纵波波速。表 16.1 列出来一些常见介质中的波速。

表 16.1 一些常见介质中的波速

介质 \ 波速(m/s)	棒中纵波	无限大介质中纵波	无限大介质中横波
低碳钢	5 200	5 960	3 235
铝	5 000	6 420	3 040
铜	3 750	5 010	2 270
硬玻璃	5 170	5 640	3 280
地表	—	8 000	4 450
空气(干燥 20 ℃)	—	343.37	—
海水(25 ℃)	—	1 531	—
蒸馏水(25 ℃)	—	1 497	—

16.2 平面简谐波

扰动形式为简谐振动的波称为简谐波。简谐波是最简单也是最基本的波。任何一种复杂的波,都可以表示为若干不同频率的简谐波的合成。

波面是平面的简谐波称为平面简谐波。

16.2.1 平面简谐波的波函数

平面简谐波在无吸收的介质中传播时，各质元都做同频率等振幅的简谐振动，每个质元的位移都随时间不断在改变。但由于振动状态的传播是需要时间的，于是各质元开始振动的时刻不同，使得的简谐振动并不同步，即在同一时刻，各质元的位移会随着它们平衡位置的不同而不同。如图16.6(b)所示，平面波的每一条波线上的情况都是相同的，因此只需要考察平衡位置在某一条波线上的各质元即可，不妨将此波线取做 x 轴。**各质元的位移 y 随着其平衡位置 x 和时间 t 变化的数学表达式称为平面简谐波的波函数**。可通过以下步骤写出平面简谐波的波函数。

设原点 O 处质元的振动方程为

$$y_0=A\cos(\omega t+\varphi_0) \tag{16.12}$$

当波以波速 u 沿 x 正向传播时，如图16.12所示，O 点处质元的振动状态（位移和运动速度）传播到 P 点处的质元，所需的时间为 $\Delta t=x/u$。即 P 点处质元在 $(t+x/u)$ 时刻的振动状态与 O 点处质元在 t 时刻的振动状态相同。那么，P 点处质元在 t 时刻的振动状态（位移和运动速度）就应该与 O 点处质元在 $(t-x/u)$ 时刻的振动状态相同。于是介质中任意点 P 处质元的振动方程为

$$y=A\cos\left[\omega\left(t-\frac{x}{u}\right)+\varphi_0\right]$$

这就是以波速 u 沿 x 正向传播时平面简谐波的波函数。

当波以波速 u 沿 x 负向传播时，如图16.13所示，P 点处质元的振动状态（位移和运动速度）传播到 O 点处的质元，所需的时间为 $\Delta t=x/u$。即 P 点处质元在时刻 t 的振动状态与 O 点处质元在 $(t+x/u)$ 时刻的振动状态相同。于是介质中任意质点 P 处质元的振动方程为

$$y=A\cos\left[\omega\left(t+\frac{x}{u}\right)+\varphi_0\right]$$

这就是以波速 u 沿 x 负向传播时平面简谐波的波函数。

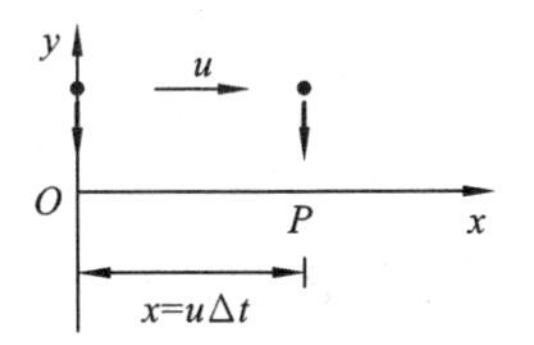

图16.12 振动状态沿 x 正向传播

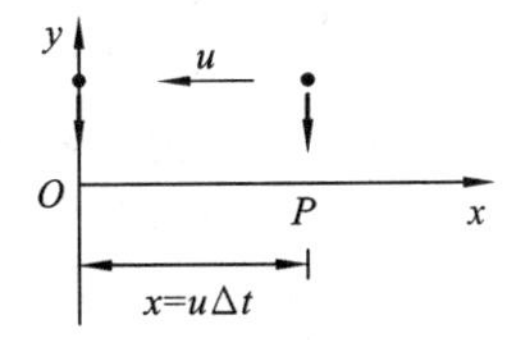

图16.13 振动状态沿 x 负向传播

将上两式合并。即**波沿 $\pm x$ 方向传播的平面简谐波的波函数为**

$$y=A\cos\left[\omega\left(t\mp\frac{x}{u}\right)+\varphi_0\right] \tag{16.13}$$

式中，A 称为平面简谐波的振幅；ω 称为简谐波的角频率；$\left[\omega\left(t\mp\frac{x}{u}\right)+\varphi_0\right]$ 为在 x 处的质元在 t 时刻的相位。式(16.13)表明，在同一时刻，各质元的相位不同；沿波的传播方向，各质元的相位依次落后。

由于 $\omega=\frac{2\pi}{T}=2\pi\nu$，$u=\frac{\lambda}{T}=\nu\lambda$，于是波沿 $\pm x$ 方向传播的平面简谐波的波函数还可以表

示为

$$y=A\cos\left[2\pi\left(\frac{t}{T}\mp\frac{x}{\lambda}\right)+\varphi_0\right] \tag{16.14}$$

若再定义**波数**

$$k=\frac{2\pi}{\lambda} \tag{16.15}$$

表示单位长度上波的相位变化,其数值等于 2π 长度内所包含的完整波的个数。则波函数又可以表示为

$$y=A\cos(\omega t\mp kx+\varphi_0) \tag{16.16}$$

以上三种表达形式的波函数从不同角度描述了平面简谐波。式(16.13)突出了时间,表明波线上各点振动有先有后,任意两点达到相同状态(相位)的时间差为 $\Delta t=\Delta x/u$;式(16.14)则突出了波动的**两个周期性**:时间周期性 T 和空间周期性 λ;式(16.16)是最简捷的形式,突出了**相位**,同一时刻波线上任意两点的相位差为

$$\Delta\varphi=\mp k\Delta x \tag{16.17}$$

式(16.16)中 kx 是波沿 x 轴正向(或负向)传播时,P 点落后(或超前)O 点的相位,由 O 点的相位减去(或加上)kx 便是 P 点振动的相位。

16.2.2 波函数的物理意义

波函数式(16.13)、(16.14)或式(16.16)是二元函数,它同时包含了与时间和空间有关的两方面信息,下面对波函数进行一些讨论:

(1) 坐标给定:令 $x=x_0$,则 $y=A\cos(\omega t\mp kx_0+\varphi_0)$,波函数退化成为波线上坐标为 x_0 那一点的**振动方程**,该点振动的初相位为 $\varphi\mp kx_0$。它的图形为**振动曲线**,如图 16.14 所示。

(2) 时间给定:令 $t=t_0$,则 $y=A\cos(\omega t_0\mp kx+\varphi_0)$,波函数退化成为 t_0 时刻的**波形方程**,其图形为该时刻的**波形曲线**,如图 16.15 所示。

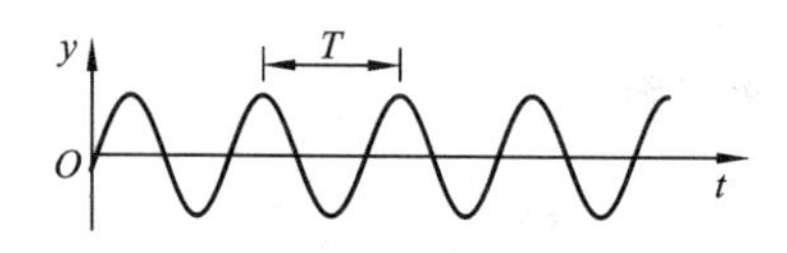

图 16.14　x_0 点的振动曲线

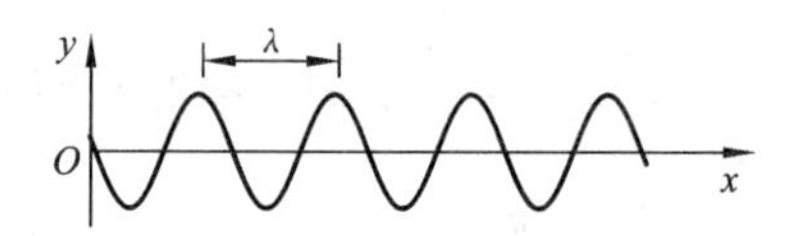

图 16.15　t_0 时刻的波形曲线

(3) 位移给定:令 $y=y_0$,则 $y_0=A\cos(\omega t\mp kx+\varphi_0)$,波函数退化成了 x 与 t 的函数关系。在 t 时刻,x 处的位移为 y_0,经过 Δt 时间,位移 y_0 出现在 $x+\Delta x$ 处,而 $\Delta x=\pm u\Delta t$。可见,振动状态 y_0 以波速 u 沿波传播方向移动。

(4) x 与 t 都变化:不同时刻,波形曲线的位置不同。如图 16.16 所示,t 时刻的波形曲线用实线表示。若 t 时刻坐标为 x 的质元 P 的振动状态为 $y_P=A\cos(\omega t\mp kx+\varphi_0)$。当波向 $\pm x$ 方向传播时,经过 Δt 时间,质元 P 的振动状态向右(或左)传播了距离 $u\Delta t$,到达坐标为 $(x\pm u\Delta t)$ 的质元 Q 处。由于质元 P 可以是 t 时刻波形曲线(实线)上的任意一个质元,这就表明随着时间的变化,波形曲线以波速 u 沿 x 轴正向(或负向)平移,在 $t+\Delta t$ 时刻波形曲线将运动到达图 16.16 中的虚线处,故这种波称为**行波**。

(5) 将式(16.16)对时间求偏导,可得到波线上任意质元在平衡位置附近振动的速度和加速度分别为

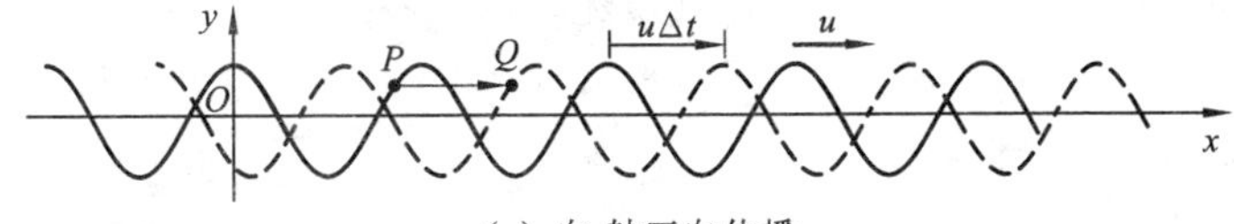

(a) 向x轴正向传播

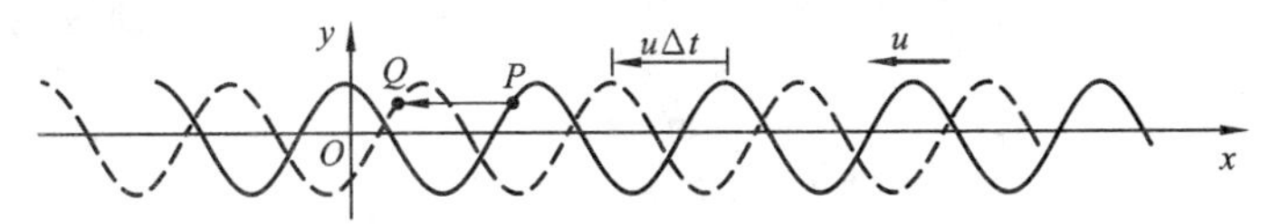

(b) 向x轴负向传播

图 16.16　行波示意图

$$v=\frac{\partial y}{\partial t}=-A\omega\sin(\omega t\mp kx+\varphi_0) \tag{16.18}$$

$$a=\frac{\partial^2 y}{\partial t^2}=-A\omega^2\cos(\omega t\mp kx+\varphi_0) \tag{16.19}$$

式(16.18)中的 v **是质元在自身平衡位置附近振动时的运动速度**，而式(16.13)中的 $\boldsymbol{u}$ 则是**质元的振动状态**(包括位移和运动速度)**传播的速度**，或者说是质元的相位传播的速度。一定要注意这两种速度的区别，决不可混为一谈。

(6) 可由波形曲线判断各质点(质元)的运动方向。

如图 16.17(a)给出了沿 x 轴正向和负向传播的两个平面简谐波的波形曲线。随着时间的变化，波形图是沿着波传播的方向行进的。为了便于判断各质点的运动方向，可以先画出经过一个小的时间间隔 Δt，波线曲线将要到达的位置，即 $t+\Delta t$ 时刻的波形曲线，如图 16.17(b)所示的虚线。当波行进时，质点的 x 值(平衡位置)不变，y (位移) 变。也就是说，波形曲线只沿 x 方向行进，而各个质点只沿 y 方向运动。t 时刻位于波形曲线(实线)上的各个质点，经过 Δt 将沿着 y 方向到达 $t+\Delta t$ 时刻的波形曲线(虚线)上。于是 t 时刻各个质点的运动方向就一目了然了，如图 16.17(b)所示各质点处的小箭头标示了各质点的运动方向。值得注意的是，t 时刻位于波形曲线(实线)极值点处的质点，没有标示小箭头，这是因为极值点处的质点，在到达 t 时刻的那一瞬间是不动的。

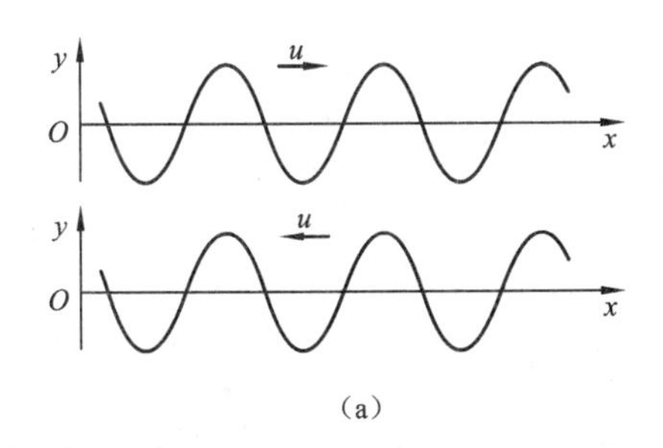

(a)

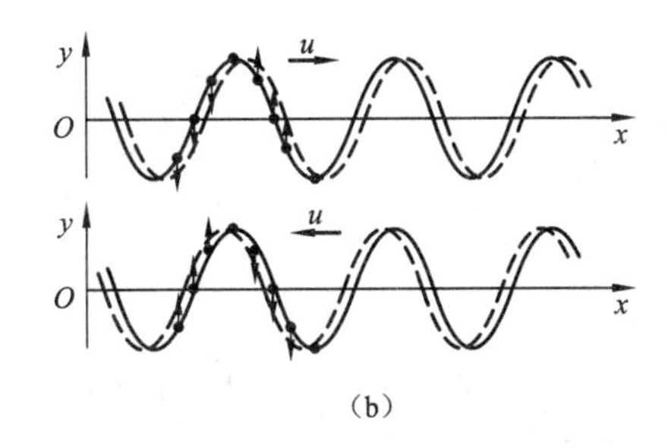

(b)

图 16.17　由波形图判断各质点的运动方向

例 16.1　一列沿 x 轴传播的平面简谐波，其波函数为 $y=0.01\cos\pi(5x-200t-0.5)$(SI)，求：

(1) 波的传播方向和波的振幅、周期、频率、波长和波速；

(2) 波线上坐标 $x=1$ m 的 P 点(质元)的振动方程，它振动的速度和加速度；

(3) 波线上相距 1 m 远的两点(质元)达到相同振动状态的时间差；

(4) 同一波形曲线上相距 1 m 远的两点(质元)振动的相位差。

解 (1) 将波函数写成式(16.16)的标准形式 $y=0.01\cos(200\pi t-5\pi x+0.5\pi)$(SI)并与式(16.16)比较可知:波沿 x 轴正方向传播

$$A=0.01\ \text{m},\quad \omega=200\pi,\quad T=\frac{2\pi}{\omega}=0.01\ \text{s},\quad \nu=\frac{1}{T}=100\ \text{Hz}$$

而由
$$k=\frac{2\pi}{\lambda}=5\pi$$

得
$$\lambda=0.4\ \text{m},\quad u=\lambda\nu=40\ \text{m/s}$$

(2) 将 $x=1$ m 代入波函数,即是 P 点(质元)的振动方程

$$\begin{aligned} y_P &=0.01\cos(200\pi t-5\pi+0.5\pi) \\ &=0.01\cos(200\pi t-0.5\pi)\text{(SI)}^{①} \end{aligned}$$

P 点(质元)振动速度和加速度分别为

$$v_P=\frac{\partial y_P}{\partial t}=-2\pi\sin(200\pi t-0.5\pi)\text{(SI)}$$

$$a_P=\frac{\partial v_P}{\partial t}=-400\pi^2\cos(200\pi t-0.5\pi)\text{(SI)}$$

(3) 振动状态的传播速度为 u,于是时间差:

$$\Delta t=\frac{\Delta x}{u}=\frac{1}{40}=2.5\times10^{-2}\text{(s)}$$

(4) 波形曲线是同一时刻波线上各点(质元)的位移分布,于是相位差

$$\Delta\varphi=[200\pi t-5\pi(x+\Delta x)+0.5\pi]-(200\pi t-5\pi x+0.5\pi)=-5\pi\Delta x=-5\pi^{①}$$

例 16.2 一沿 x 轴正方向传播的平面简谐波,波长 $\lambda=3$ m,周期 $T=4$ s,坐标原点处质元的振动曲线如图 16.18(a)所示,试写出其波函数。

解 按照式(16.14),沿 x 轴正方向传播的平面简谐波的波函数的标准式为

$$y=A\cos\left[2\pi\left(\frac{t}{T}-\frac{x}{\lambda}\right)+\varphi_0\right]$$

由图 16.18(a)的振动曲线可知:振幅 $A=0.02$ m,原点处质元振动的初位置为 $y_0=A/2$。

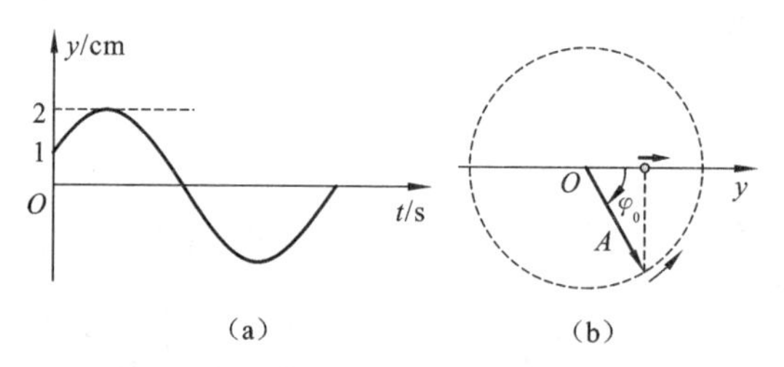

图 16.18　例 16.2 图

因为振动曲线自 $t=0$ 起随时间而上升,于是原点处质元的初速度 $v_0>0$。

由此可画出旋转矢量图,如图 16.18(b)所示,可知 $\varphi_0=-\pi/3$。将上述计算和题目给出的物理量代入波函数的标准式,得到波函数

$$y=0.02\cos\left[2\pi\left(\frac{t}{4}-\frac{x}{3}\right)-\frac{\pi}{3}\right]$$

---

① 注:若质点的振动方程算成了 $A\cos(\alpha+2j\pi)$(j 为整数)的形式,可以进一步简化:$A\cos(\alpha+2j\pi)=A\cos\alpha$。但若单独计算相位差,算成了 $\Delta\varphi=\alpha+2j\pi$,不能简化为 $\Delta\varphi=\alpha$。

例 16.3 一沿 x 轴正方向传播的平面简谐波，周期 $T=3$ s，$t=0$ 时刻的波形曲线如图16.19(a)所示，试写出其波函数。

解 按照式(16.14)，沿 x 轴正方向传播的平面简谐波的波函数的标准式为

$$y=A\cos\left[2\pi\left(\frac{t}{T}-\frac{x}{\lambda}\right)+\varphi_0\right]$$

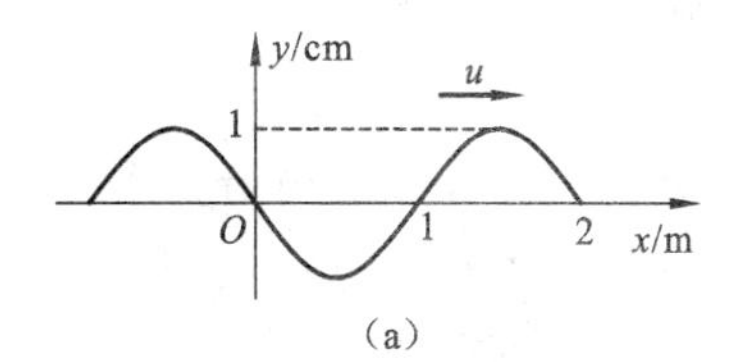

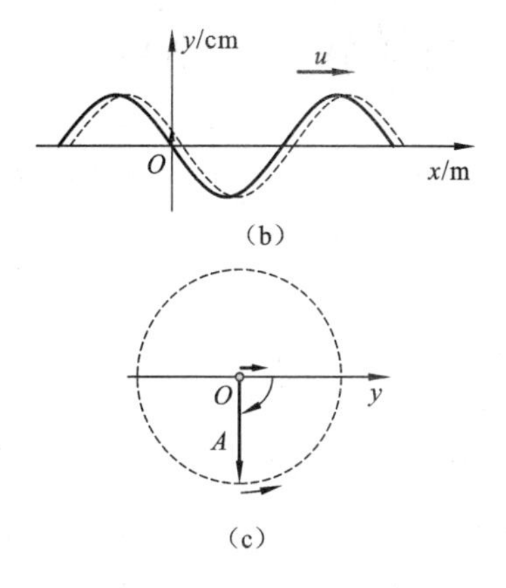

图 16.19 例 16.3 图

由波形曲线可知振幅、波长及坐标原点处质点的初位置

$$A=0.01\ \text{m},\quad \lambda=2\ \text{m},\quad y_0=0$$

将波形曲线沿运动方向稍稍平移，如图 16.19(b)中虚线，于是可判断出坐标原点处质点向 y 轴正方向运动，即

$$v_0>0$$

再画出旋转矢量图，如图 16.19(c)所示，可确定坐标原点处质点振动的初相位为

$$\varphi_0=-\frac{\pi}{2}$$

将上述计算的结果和题目给出的物理量代入波函数的标准式，得到波函数

$$y=0.01\cos\left[2\pi\left(\frac{t}{3}-\frac{x}{2}\right)-\frac{\pi}{2}\right]\ (\text{SI})$$

B • - - - - u - - - - • A

图 16.20 例 16.4 图

例 16.4 一平面简谐波在介质中以速度 $u=10$ m/s 沿 x 轴负方向传播，若波线上点 A 处质点的振动方程为 $y_A=2\cos\left(2\pi t+\frac{\pi}{4}\right)$。已知波线上另一点 B 与点 A 相距 5 cm。试分别以 A 及 B 为坐标原点列出波函数，并求出 B 处质点振动速度的最大值。

解 坐标为 x 的任意质点的振动方程就是波函数。

将 A 处质点振动方程中的 t 替换成 $\left(t+\frac{x}{u}\right)=\left(t+\frac{x}{10}\right)$，得到以点 A 为原点沿 x 负向传播的波函数

$$y=2\cos\left[2\pi\left(t+\frac{x}{10}\right)+\frac{\pi}{4}\right] \qquad ①$$

令波函数式①中的 $x=-0.05$ m，就得到了点 B 处质点的振动方程

$$y_B=2\cos\left(2\pi t-\frac{\pi}{100}+\frac{\pi}{4}\right) \qquad ②$$

将 B 处质点的振动方程式②中的 t 替换成$\left(t+\frac{x}{u}\right)=\left(t+\frac{x}{10}\right)$，就得到了以点 B 为原点沿 x 负向传播的波函数

$$y=2\cos\left[2\pi\left(t+\frac{x}{10}\right)-\frac{\pi}{100}+\frac{\pi}{4}\right]$$

将 B 处质点的振动方程式②对 t 求导数，得点 B 处质点的振动速度

$$v_B=\frac{\mathrm{d}y_B}{\mathrm{d}t}=-4\pi\sin\left(2\pi t-\frac{\pi}{100}+\frac{\pi}{4}\right)$$

则点 B 处质点振动速度的最大值为

$$v_{B\max}=4\pi\ (\mathrm{m/s})$$

例 16.5　一平面简谐波沿 Ox 轴正向传播，波速大小为 u，已知平衡位置坐标为 x_P 的质点 P 的振动方程为 $y_P=A\cos(\omega t+\varphi)$，试写出该波的波函数。

解　此题若是套用式(16.13)，还要先求出原点 O 处质点的振动方程。在此才采用最为简捷明了的方式来解答此题。

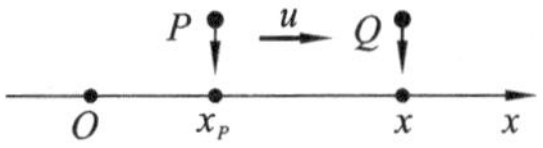

图 16.21　例 16.5 图

如图 16.21 所示，位于 x_P 处的质点 P 的振动状态（位移及速度）沿 x 轴正向传播给平衡位置坐标为 x 的质点 Q，所需时间为 $\Delta t=\frac{x-x_P}{u}$。也就是说，x 处质点 Q 在 t 时刻的振动状态，与 x_P 处质点 P 在 $t-\Delta t=t-\frac{x-x_P}{u}$ 时刻的振动状态相同。于是用 $t-\Delta t=t-\frac{x-x_P}{u}$ 替换掉质点 P 的振动方程中的 t，并去掉等式左边的角标，就得到了所求的波函数

$$y=A\cos\left[\omega\left(t-\frac{x-x_P}{u}\right)+\varphi\right]\tag{16.20}$$

此例题的结论，式 (16.20) 可以作为一个一般公式直接使用。而此例题的解题思路则是更为重要的，理解并掌握了此思路，对于理解波动的物理本质十分有益。

*16.2.3　平面波的波动微分方程

将平面简谐波的波函数式(16.13)

$$y=A\cos\left[\omega\left(t\mp\frac{x}{u}\right)+\varphi_0\right]$$

对 x 求 2 次偏导

$$\frac{\partial y}{\partial x}=-\frac{\omega}{u}A\sin\left[\omega\left(\frac{x}{u}\mp t\right)\mp\varphi_0\right]$$

$$\frac{\partial^2 y}{\partial x^2}=-\frac{\omega^2}{u^2}A\cos\left[\omega\left(\frac{x}{u}\mp t\right)\mp\varphi_0\right]$$

$$=-\frac{\omega^2}{u^2}A\cos\left[\omega\left(t\mp\frac{x}{u}\right)+\varphi_0\right]$$

对 t 求 2 次偏导

$$\frac{\partial y}{\partial t}=-\omega A\sin\left[\omega\left(t\mp\frac{x}{u}\right)+\varphi_0\right]$$

$$\frac{\partial^2 y}{\partial t^2}=-\omega^2 A\cos\left[\omega\left(t\mp\frac{x}{u}\right)+\varphi_0\right]$$

比较两个 2 阶偏导可得

$$\frac{\partial^2 y}{\partial x^2}=\frac{1}{u^2}\frac{\partial^2 y}{\partial t^2}\tag{16.21}$$

式(16.21)由沿 x 轴传播的平面简谐波导出，当然是沿 x 轴传播的平面简谐波能够满足的波动微分方程。但事实上，如果将由几种不同频率的沿 x 轴传播的平面简谐波进行线性叠

加，再对叠加结果求2阶偏导，仍可得到方程式(16.21)。而沿x方向传播的任何复杂的平面波，都能够分解为沿x方向传播的不同频率的平面简谐波的线性组合。所以式(16.21)是一切沿x方向传播的平面波都满足的微分方程。式(16.21)称为沿x方向传播的平面波的波动微分方程。式(16.21)不仅适用于机械波，也广泛地适用于电磁波、热传导、化学中的扩散等领域。只要将式(16.21)中的位移y换成相应的物理量即可。

在三维空间中，某物理量$\xi(x,y,z,t)$以波的形式传播，只要介质是均匀、线性、各向同性且无吸收的，所满足的波动微分方程为

$$\nabla^2\xi=\frac{1}{u^2}\frac{\partial^2\xi}{\partial t^2} \tag{16.22}$$

其中的∇^2是三维空间中的二阶偏导函数，称为拉普拉斯算符

$$\nabla^2=\frac{\partial^2}{\partial x^2}+\frac{\partial^2}{\partial y^2}+\frac{\partial^2}{\partial z^2}$$

式(16.22)中的u值为此波传播的速率。

16.3 机械波的能量

弹性介质在传播波的过程中，介质的各质元既有运动，又有弹性形变，因此各质元既具有动能，也具有弹性势能。随着扰动的传播，也将伴随有机械能由近及远逐层传播，这是波动的一个重要特征。

16.3.1 机械波的能量与能量密度

以棒中简谐纵波为例，如图16.8所示。将介质内任意的x处质元的振动方程(波函数)式(16.13)

$$y=A\cos\left[\omega\left(t\mp\frac{x}{u}\right)+\varphi_0\right]$$

对时间t求偏导，得到x处质元的振动速度为

$$v=\frac{\partial y}{\partial t}=-\omega A\sin\left[\omega\left(t\mp\frac{x}{u}\right)+\varphi_0\right] \tag{16.23}$$

x处质元的振动动能为

$$\Delta W_k=\frac{1}{2}\rho\Delta V v^2=\frac{1}{2}\rho\Delta V\omega^2A^2\sin^2\left[\omega\left(t\mp\frac{x}{u}\right)+\varphi_0\right] \tag{16.24}$$

其中，ρ为棒的质量体密度，ΔV为质元的体积。

将式(16.13)对坐标x求偏导，得

$$\frac{\partial y}{\partial x}=-\frac{\omega}{u}A\sin\left[\omega\left(\frac{x}{u}\mp t\right)\mp\varphi_0\right] \tag{16.25}$$

这里的∂x是x处质元的原长，∂y是x处质元受相邻质元作用力而产生的长变，于是$\frac{\partial y}{\partial x}$就是$x$处质元的长应变(如图16.7所示)。将弹性势能密度公式(16.4)中的长应变$\frac{\Delta l}{l}$，用$\frac{\partial y}{\partial x}$替换，可以得到$x$处质元的势能为

$$\Delta W_p=w_p\Delta V=\frac{1}{2}Y\left(\frac{\partial y}{\partial x}\right)^2\Delta V=\frac{1}{2}Y\Delta V\frac{\omega^2}{u^2}A^2\sin^2\left[\omega\left(\frac{x}{u}\mp t\right)\mp\varphi_0\right]$$

而由式(16.8)知 $u^2=Y/\rho$,于是

$$\Delta W_p=\frac{1}{2}\rho\Delta V\omega^2A^2\sin^2\left[\omega\left(\frac{x}{u}\mp t\right)\mp\varphi_0\right] \tag{16.26}$$

对比式(16.24)、式(16.26)有

$$\Delta W_k=\Delta W_p \tag{16.27}$$

可见在**波的传播过程中,介质中每个质元所具有的动能与势能是同步调地随时间做周期性的变化,并且在任意时刻都具有相同的数值**。这就表明它的动能和势能之间没有相互转化。

由式(16.13)和(16.23)知,在位移 y 的极值处,即波形曲线的峰(谷)处的,相位为

$$\omega\left(t\mp\frac{x}{u}\right)+\varphi_0=k\pi$$

这里质元的运动速度

$$v=\frac{\partial y}{\partial t}=-\omega A\sin\left[\omega\left(t\mp\frac{x}{u}\right)+\varphi_0\right]=0$$

则波形曲线的峰(谷)处质元的动能

$$\Delta W_k=\frac{1}{2}\Delta mv^2=0$$

这还是好理解的。而由式(16.27)知,波形曲线的峰(谷)处质元的势能

$$\Delta W_p=\Delta W_k=0$$

在第15章的简谐振动系统中,离开平衡位置位移最大时势能最大。而在波动中,波形曲线的峰(谷)处是质元离开自身平衡位置位移最大的地方。为什么会势能为零呢?

事实上,弹性介质中各质元的势能 ΔW_p 来源于相邻质元间的相对位移产生的应力。如图16.22和图16.23所示,在波形曲线峰(谷)处的质元是离开自身平衡位置位移最大,但与它相邻的质元离开自身平衡位置位移也很大,其实在波形曲线峰(谷)处的质元与相邻质元间的相对位移是趋近于零的,于是所受应力趋近于零,产生的形变趋近于零,所以在波形曲线峰(谷)处质元的势能为零。

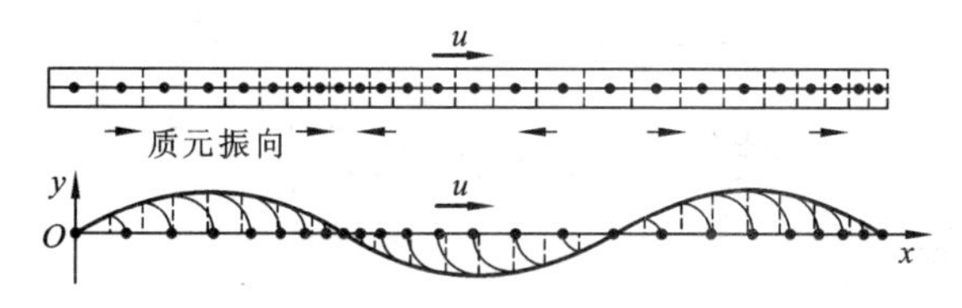

图16.22 纵波传播时各质元的长变与位移

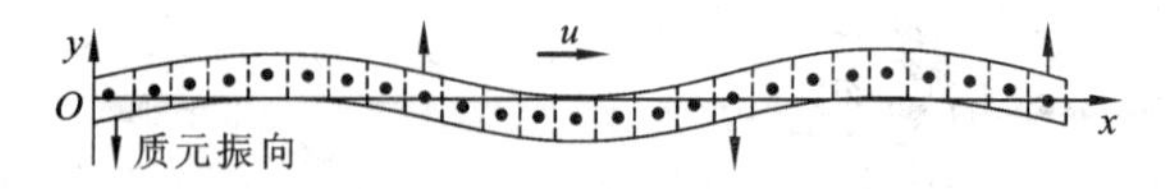

图16.23 横波传播时各质元的切变与位移

由式(16.13)和式(16.23),再参见图16.22和图16.23可知,当各质元位于自身的平衡位置时,尽管位移为零,但运动速度最大,受相邻质元作用产生的形变也最大,于是动能和势能都同时为最大。

波动时介质中 x 处质元的总机械能为

$$\Delta W=\Delta W_k+\Delta W_p=\rho\Delta V\omega^2A^2\sin^2\left[\omega\left(\frac{x}{u}\mp t\right)\mp\varphi_0\right] \tag{16.28}$$

质元的总机械能随 t 做周期性变化，这与第 15 章所讲的简谐振动系统不同。简谐振动系统是孤立系统，不受外力，没有耗散力，所以简谐振动系统的总机械能守恒(式(15.22))。而对于传播平面简谐波的弹性介质而言，尽管每个质元都是围绕着自己的平衡位置做简谐振动，但每个质元都不是孤立的，都要受到周围质元所施予的随时间变化的外力，因而**每个质元的总机械能不守恒**。

沿着波动的传播方向，某质元从后面(面向波前进的方向)的质元获得机械能，又把机械能传递给前面的质元，并不断重复。所以，**波动是能量传播的一种方式**。对于简谐振动系统，总机械能守恒，所以不传播能量。

在式(16.28)中，质元的总机械能与所取质元的体积 ΔV 成正比，除去体积 ΔV，得到介质单位体积内的能量，称为波的**能量密度**

$$w=\frac{\Delta W}{\Delta V}=\rho\omega^2 A^2 \sin^2\left[\omega\left(\frac{x}{u}\mp t\right)\mp\varphi_0\right] \tag{16.29}$$

能量密度在一个周期内的平均值称为**平均能量密度**

$$\overline{w}=\frac{1}{2}\rho\omega^2 A^2=2\pi^2\rho\nu^2 A^2 \tag{16.30}$$

上式说明，平均能量密度与介质的密度、频率的平方及振幅的平方成正比。此公式不仅适用于平面简谐波，对于各种弹性波均适用。

16.3.2　波的能流与波的强度

对于波动而言，更为重要的是它传播能量的本领。

定义能流 P　单位时间内通过介质中某面积的能量。或说是通过介质中某面积的功率。

在介质中垂直于波线取一面积 ΔS，如图 16.24 所示，则在 $\mathrm{d}t$ 时间内通过 ΔS 面的能量就等于该面后方体积为 $u\mathrm{d}t\cdot\Delta S$ 的介质中所有质元的总能量，于是通过面积 ΔS 的能流

$$P=\frac{w\cdot u\mathrm{d}t\cdot\Delta S}{\mathrm{d}t}=wu\Delta S=\rho\omega^2 A^2 \sin^2\left[\omega\left(\frac{x}{u}\mp t\right)\mp\varphi_0\right]\cdot u\Delta S$$

将上式除以面积 ΔS，得到波的**能流密度**

$$\frac{P}{\Delta S}=wu=\rho\omega^2 A^2 \sin^2\left[\omega\left(\frac{x}{u}\mp t\right)\mp\varphi_0\right]\cdot u$$

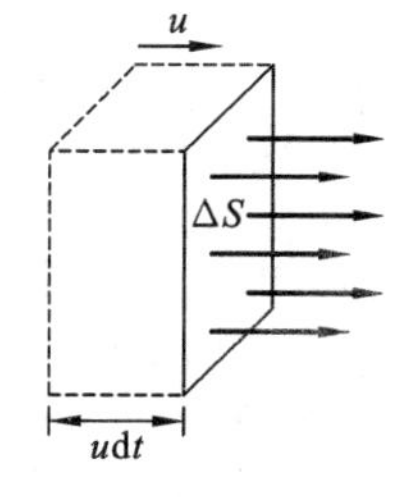

图 16.24　能流密度

将波的平均能流密度定义为**波的强度** I。即波的强度是单位时间内通过垂直于波线的单位面积的平均能流。

$$I=\frac{\overline{P}}{\Delta S}=\overline{w}u=\frac{1}{2}\rho\omega^2 A^2 u=2\pi^2\rho\nu^2 A^2 u \tag{16.31}$$

$$I\propto A^2 \tag{16.32}$$

波动强度正比于振幅的平方，这一关系，对机械波、电磁波(包括光波)均适用。

波在均匀无吸收的介质中传播时，由于每个质元只传递能量，不吸收，也不积存能量，依据能量守恒原理，一个周期内通过各波束截面(波面)的能量相同

$$I_1 S_1 T=I_2 S_2 T$$

将式(16.31)代入上式

$$\frac{1}{2}\rho u\omega^2 A_1^2 S_1 T=\frac{1}{2}\rho u\omega^2 A_2^2 S_2 T$$

于是

$$A_1^2 S_1=A_2^2 S_2$$

对于平面波而言,其各波束截面(波面)均相等,如图 16.25 所示。即,$S_1=S_2$,因此有

$$A_1=A_2$$

可见,**在均匀无吸收的介质中传播的平面波的振幅始终保持不变**。

若是球面波,如图 16.26 所示。不同波束截面(波面)的面积不相等

$$S_1=4\pi r_1^2,\quad S_2=4\pi r_2^2$$

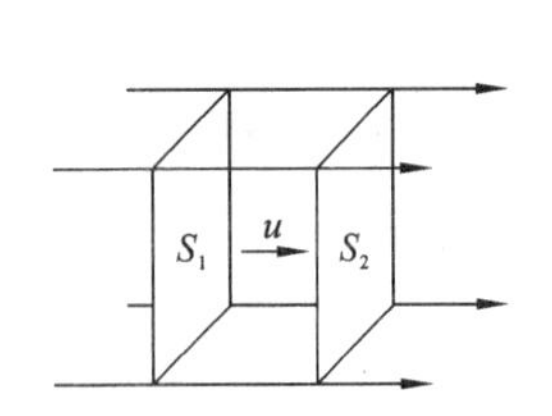

图 16.25　平面波传播能量

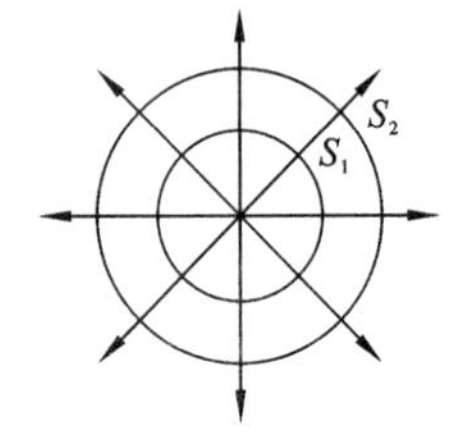

图 16.26　球面波传播能量

于是

$$A_1 r_1=A_2 r_2$$

即**球面波的振幅与到点波源的距离成反比**。若将距波源单位长度处的振幅取为 A_1,球面简谐波的波函数为

$$y=\frac{A_1}{r}\cos\left[\omega\left(t-\frac{r}{u}\right)+\varphi_0\right]\ (r>0) \tag{16.33}$$

事实上,任何介质都会吸收一部分波的能量,转化为介质的内能或热量。所以即使是平面波,沿着波传播的方向,波的振幅、强度也要逐渐减小。这种现象称为**波的吸收**。

*16.3.3　声波的声强

声波,狭义定义为:空气中形成的纵波;广义定义为:弹性介质中的纵波。

频率在 20～20 000 Hz 之间的机械纵波能引起人的听觉,称为**可闻声波**,也简称**声波**。频率高于 20 000 Hz(可高达 10^{11} Hz)的称为**超声波**,低于 20 Hz 的(可低至10^{-4} Hz)称为**次声波**。

声波的强度称为声强,其公式就是前面导出的式(16.31)

$$I=2\pi^2\rho\nu^2 A^2 u$$

引起听觉的声波不仅有频率范围,而且有声强范围。人们可以听到的声强范围极为广泛。例如,勉强能够听到 1 000 Hz 的声强约为10^{-12} W/m^2 的声音,而强烈到能够在耳中引起压力感的声音,声强可达 10 W/m^2,上下相差 13 个数量级。所以,习惯上声强用对数来标度,定义**声强级** L 为

$$L=10\lg\frac{I}{I_0}(\mathrm{dB}) \tag{16.34}$$

规定声强 $I_0=10^{-12}$ W/m^{2}作为测定声强级的基准。声强级的单位为分贝,符号为 dB。

人耳对声音强弱的主观感觉称为**响度**。表 16.2 给出了几种声音的大致声强、声强级和响度。

表 16.2 几种声音的大致声强、声强级和响度

声源	声强/(W/m²)	声强级/dB	响度
引起听觉伤害的声音	100	140	—
引起痛觉的声音	1	120	—
响雷	0.1	110	震耳
铆钉机	10^{-2}	100	震耳
闹市街道	10^{-5}	70	响
交谈声	10^{-6}	60	正常
耳语	10^{-10}	20	轻
落叶	10^{-11}	10	极轻
引起听觉的最弱声音	10^{-12}	0	—

16.4 惠更斯原理 波的反射与折射

16.4.1 波的衍射现象

水面波传播时，若没有障碍物，波前的形状将保持不变。但如果用一块开有窄小孔的隔板挡在波的前面(小孔正好位于水面)，不论水面波之前是何形状，通过小孔后的波将变成以小孔为中心的圆弧状，就像这个小孔是点波源一样，如图 16.27 所示。

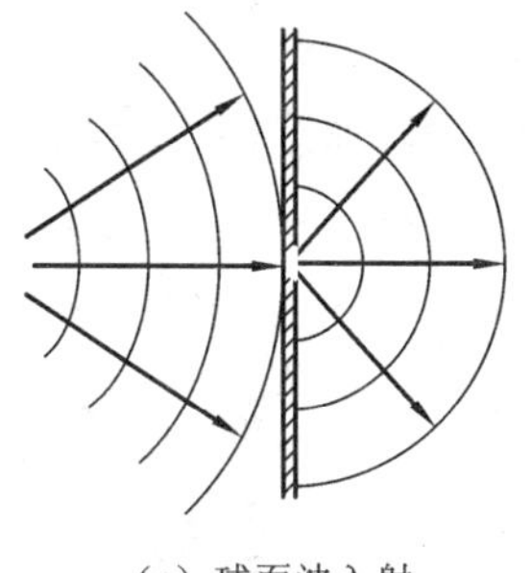

(a) 球面波入射

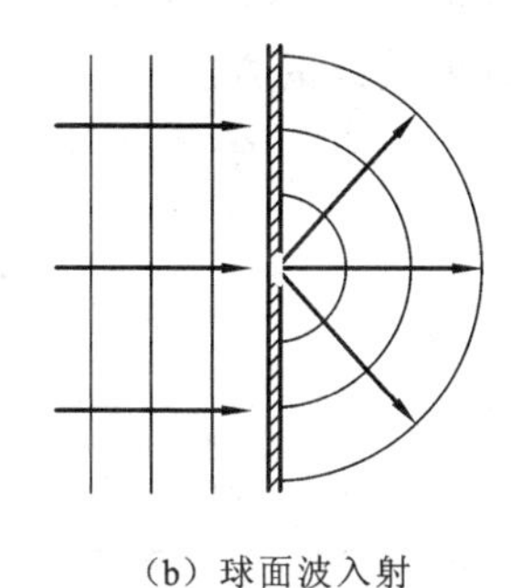

(b) 球面波入射

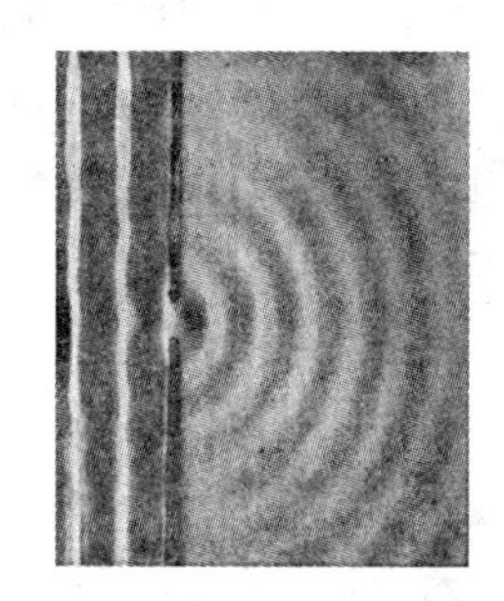

(c) 水面波衍射照片

图 16.27 波的小孔衍射

16.4.2 惠更斯原理

荷兰物理学家惠更斯在 1690 年提出了一个重要原理：**行进中的波前上的各点，都可以看作是发射子波的波源，其后任一时刻，这些子波的包络面就是新的波前**。这就是**惠更斯原理**。

根据惠更斯原理，只要知道了某一时刻的波前，就可以用几何作图法确定下一时刻的波前，从而确定波的传播方向。这种方法称为惠更斯作图法。在光学中也有应用。

下面用惠更斯作图法证明。波在均匀各向同性介质中传播时，波前形状不变。如图 16.28(a)所示，波从点波源 O 以速度 u 向四周传播。已知 t 时刻的波前是半径为 R_1 的球面 S_1，S_1 面上所有的点都是新的子波波源，Δt 时间内发出半径为 $u\Delta t$ 的球面子波，这些子波的包络面是半径为 $R_2=R_1+u\Delta t$ 的球面 S_2，它就是 $t+\Delta t$ 时刻的新波前。新波前的形状仍是球面，只是比 t 时刻的波前大一些。对于平面波，如图 16.28(b)所示，已知 t 时刻的波前是平面 S_1，S_1 面上所有的点都是新的子波波源，Δt 时间内发出半径为 $u\Delta t$ 的球面子波，这些子波

的包络面 S_2 就是 $t+\Delta t$ 时刻的新波前，新波前的形状仍是平面，只是比 t 时刻的波前向前推进了 $u\Delta t$ 的距离。

惠更斯原理，能够解释衍射现象。图 16.29(a)是平行水波遇到带有一定宽度开口的挡板时的衍射照片；图 16.29(b)是用惠更斯作图法画出的不同时刻的波前，波面形状与照片一样。

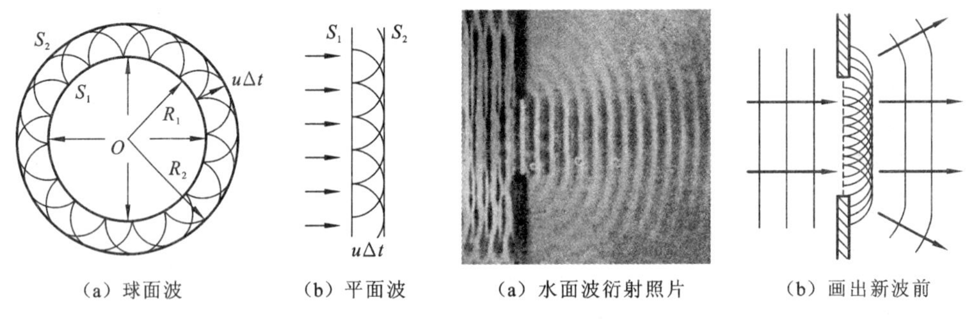

(a) 球面波　(b) 平面波　(a) 水面波衍射照片　(b) 画出新波前

图 16.28　用惠更斯作图法求新波前　　图 16.29　用惠更斯作图法解释衍射现象

16.4.3　用惠更斯作图法推导反射和折射定律

惠更斯原理能够解释波的反射、折射现象，也能推导反射和折射定律。

1. 反射定律的推导

已知一束平面波的波线以波速 u，入射角(入射波线与法线的夹角)θ_i 入射到两种介质的分界面上，如图 16.30(a)所示，求反射波线的方向。

为了便于推导和描述作图过程，将在图中各关键点处标注符号，如图 16.30(b)所示。

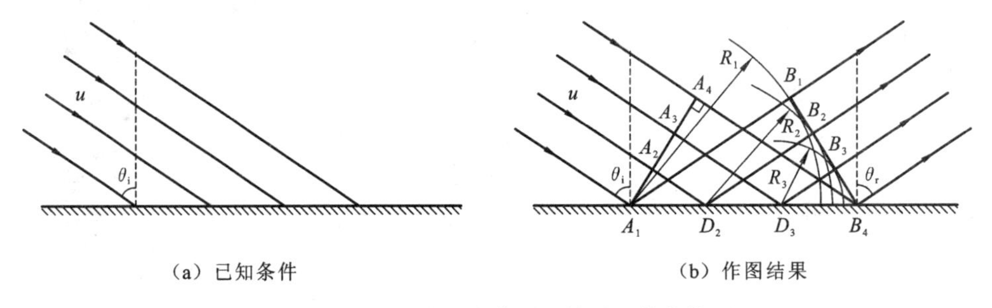

(a) 已知条件　(b) 作图结果

图 16.30　用惠更斯作图法推导反射定律

由于是斜入射，波束中各波线达到界面并即刻反射的时刻不尽相同，设 t 时刻第一条波线到达界面上的 A_1 点，$t+\Delta t$ 时刻最后一条波线到达界面上的 B_4 点。在图 16.30(b)中自 A_1 点作入射线的垂线 A_1A_4，则 A_1A_4 就代表的是 t 时刻平面波的波前，此刻波前上的 A_4 点尚未到达界面，还要经过 Δt 时间继续前行 $A_4B_4=u\Delta t$ 的距离才到达界面上的 B_4 点。由于平面波反射后仍回到原介质中传播，所以波速不变。每条波线在到达界面继而反射的过程是瞬间完成的。于是，自 t 时刻波前 A_1A_4 上各点出发的波线，经过 Δt 时间到达 $t+\Delta t$ 时刻的新波前上的过程中，所走的路程都是 $u\Delta t$。目前尚不清楚自 A_1 点反射的波线的具体方向，但可以知道以 A_1 作为子波源发射的子波，在 $t+\Delta t$ 时刻会到达以 A_1 为球心，$R_1=u\Delta t$ 为半径的球形子波波前上；自 A_2 点继续前行到 D_2 点后反射的子波，在 $t+\Delta t$ 时刻会到达以 D_2 为球心，$R_2=u\Delta t-A_2D_2$ 为半径的球形子波波前上；自 A_3 点继续前行到 D_3 点后反射的子波，在$t+\Delta t$时刻

会到达以 D_3 为球心，$R_3=u\Delta t-A_3D_3$ 为半径的球形子波波前上。上述各球形子波波前的公切面（包络面）是垂直于入射面（入射波线与法线组成的面）的平面 B_1B_4，而且公切面 B_1B_4 与各球形子波波前的切点均在入射面内。由惠更斯原理知，公切面（包络面）B_1B_4 就是 $t+\Delta t$ 时刻的新波前。在 $t+\Delta t$ 时刻各反射波线，既要到达自己的子波波前上，同时也要到达公切面（包络面）B_1B_4 上，于是各反射波线在 $t+\Delta t$ 时刻就只能到达自己的子波波前与公切面 B_1B_4 的切点处。这样，各反射波线的方向就完全确定下来了，即自 A_1 点反射的波线的沿 A_1B_1 方向，自 D_2 点反射的波线的沿 D_2B_2 方向，自 D_3 点反射的波线的沿 D_3B_3 方向，而自 B_4 点反射的波线将与上述反射波线方向平行。由于公切面 B_1B_4 垂直于过切点的半径，所以反射波线垂直于公切面，而且反射波线在入射面内。

以上是运用惠更斯原理对波的反射方向的详细解释与说明。图 16.30(b)的简明作图步骤如下：

自第一入射点 A_1 作入射线的垂线 A_1A_4，则 $A_4B_4=u\Delta t$，做半径各为 R_1、R_2、R_3 的圆弧，它们满足关系式

$$R_1=R_2+A_2D_2=R_3+A_3D_3=A_4B_4=u\Delta t$$

作各圆弧的公切线 B_1B_4，自界面上各入射点向对应切点连线（或向共切面作垂线）的方向就是反射线的方向。

因为

$$A_1B_1=R_1=u\Delta t=A_4B_4$$

则共用斜边的两个直角三角形 $A_1B_4A_4$ 与 $A_1B_4B_1$ 全等，于是$\angle A_1B_4A_4=\angle B_4A_1B_1$。

在图 16.30(b)中，在 B_4 点再作一条界面的法线，已知入射角为 θ_i，设反射角（反射线与法线的夹角）为 θ_r，则

$$\theta_i=90°-\angle A_1B_4A_4,\quad \theta_r=90°-\angle B_4A_1B_1$$

最终得到

$$\theta_r=\theta_i$$

总结以上反射规律可得到**反射定律：反射线在入射面（入射线与界面法线组成的面）内，与入射线分居于法线两侧，反射角等于入射角。**

2. 折射定律的推导

已知一束平面波的波线以波速 u_1、入射角 θ_i 入射到两种介质的分界面上，如图 16.31(a)所示，波在第二介质中的波速为 u_2，求折射波线的方向。

折射与反射不同的是，波折射进入第二介质后，波速改变了，在相同时间内波沿不同波线所行进的路程不再相同。可利用两波面之间各波线行进的时间相等的关系来解释与说明。解释的思路与反射类似，这里就不再详细说明了，而是直接作图。图 16.31(b)的作图步骤如下：

自第一入射点 A_1 作入射线的垂线 A_1A_4，则 $A_4B_4=u_1\Delta t$，做半径各为 R_1，R_2，R_3 的圆弧，它们满足关系式

$$\frac{R_1}{u_2}=\frac{R_2}{u_2}+\frac{A_2D_2}{u_1}=\frac{R_3}{u_2}+\frac{A_3D_3}{u_1}=\frac{A_4B_4}{u_1}=\Delta t$$

作各圆弧的公切线 B_1B_4，自界面上各入射点向对应切点连线（或向共切面作垂线）的方向就是折射线的方向。

在图 16.31(b)中，在 B_4 点再作一条界面的法线，已知入射角为 θ_i，设折射角（折射线与法

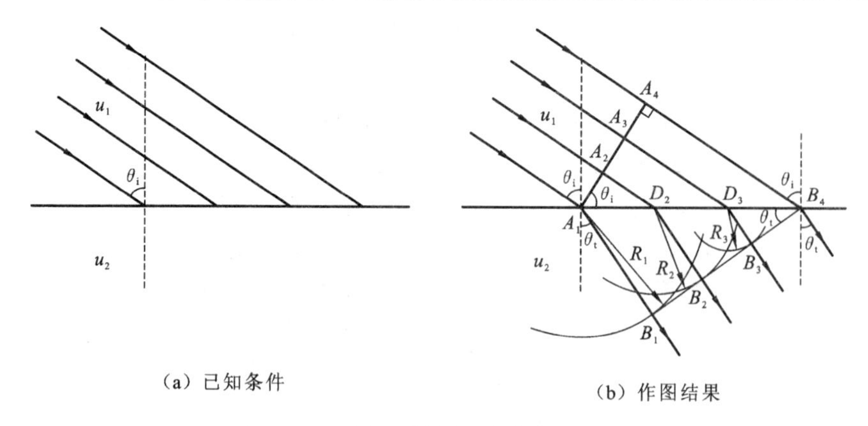

(a) 已知条件　　(b) 作图结果

图 16.31　用惠更斯作图法推导折射定律

线的夹角)为 θ_t。因为法线垂直于界面,折射线垂直于切线(波前)B_1B_4,于是$\angle A_1B_4B_1=\theta_t$,由图 16.31(b)可知

$$A_4B_4=A_1B_4\sin\theta_i=u_1\Delta t,\quad A_1B_1=A_1B_4\sin\theta_t=u_2\Delta t$$

最终得到

$$\frac{\sin\theta_i}{\sin\theta_t}=\frac{u_1}{u_2}=n_{21} \tag{16.35}$$

其中 n_{21} 为两种介质的相对折射率。

总结以上折射规律可得到**折射定律:折射线在入射面内,与入射线分居于法线两侧,折射角与入射角满足关系式**(16.35)。

16.5 波的干涉

16.5.1 波的叠加原理

如果几列波在空间某点处相遇,那么每一列波都将独立地保持自己原有的特性(频率、波长、振幅、振动方向等)传播,就好像在各自行进的路径中,没有与其他波相遇一样,这称为**波传播的独立性**。在波的相遇处质点的位移是各波单独存在时在该点所引起的位移的矢量和,这称为**波的叠加原理**。如图 16.32 所示。

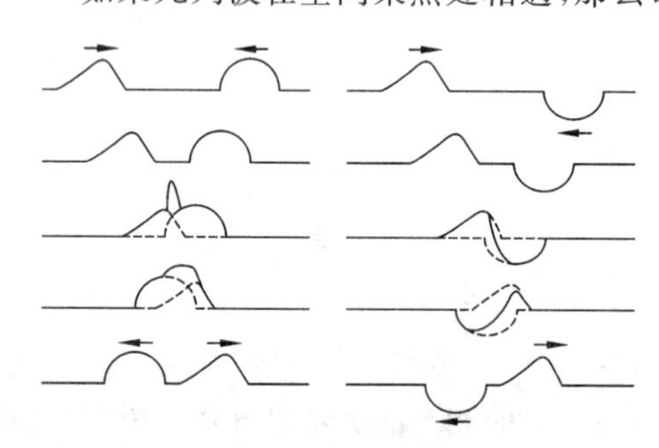

图 16.32　波的叠加原理

波的叠加原理只有在振幅较小,没有超过介质的弹性限度时才能成立。

乐队演奏或几个人同时讲话时,空气中同时传播着许多声波,但我们仍能辨别出各种乐器的音调和每个人的声音。这就是波传播的独立性的例子。

如果各波的频率不同,振动方向不同,则在相遇处叠加后质点的运动是很复杂的。下面只讨论一种最简单也是最重要的情形,即两列频率相同、振动方向相同、相位差恒定的简谐波的叠加。

16.5.2 两列波的干涉

同频率、同振动方向、相位差恒定,同时满足这三个条件的两列或多列同类波称为**相干波**,

产生相干波的波源称为**相干波源**。

两列同类波若同频率、相位差恒定，只要两波的振动方向有相互平行的分量，则两波的平行的分量之间是相干的，垂直分量之间是不相干的，称之为部分相干波。

两列同类波相遇，在交叠区域各质点振动的振幅(强弱)只随空间变，不随时间变，即空间上具有稳定的强弱分布，这种现象称为**波的干涉**。图16.33所示，为水面波的干涉照片。

两列同类波相遇时能够产生波的干涉现象的相干条件是：**同频率、振动方向有相互平行的分量、相位差恒定。这三要素缺一不可。**

如图16.34所示，S_1 和 S_2 是两个相干点波源，它们的振动为简谐振动

$$y_{01}=A_{10}\cos(\omega t+\varphi_1)$$
$$y_{02}=A_{20}\cos(\omega t+\varphi_2)$$

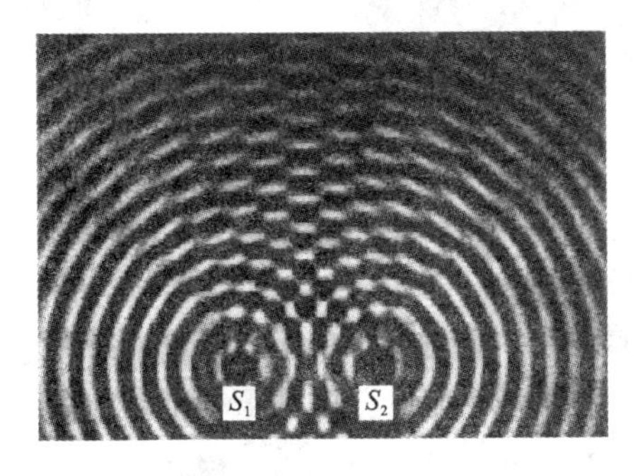

图16.33　水面波的干涉照片

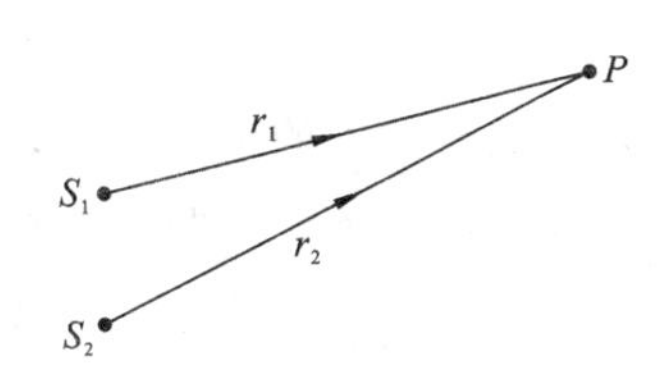

图16.34　波干涉的推导

两波到达 P 点时的振幅若分别为 A_1 和 A_2(点波源发出的是球面波，振幅随距离减小)，两波的波长都为 λ，则 P 点的两个分振动为

$$y_1=A_1\cos\left(\omega t+\varphi_1-\frac{2\pi r_1}{\lambda}\right)$$
$$y_2=A_2\cos\left(\omega t+\varphi_2-\frac{2\pi r_2}{\lambda}\right)$$

P 点的合振动为

$$y=y_1+y_2=A\cos(\omega t+\varphi)$$

其合振动的振幅由式(15.23)给出为

$$A=\sqrt{A_1^2+A_2^2+2A_1A_2\cos\Delta\varphi} \tag{16.36}$$

A 的变化取决于两相干波在 P 点振动的相位差 $\Delta\varphi$

$$\Delta\varphi=\varphi_{P2}(t)-\varphi_{P1}(t)$$

即

$$\Delta\varphi=\left(\omega t+\varphi_2-\frac{2\pi r_2}{\lambda}\right)-\left(\omega t+\varphi_1-\frac{2\pi r_1}{\lambda}\right)$$

由于(角)频率相同，于是

$$\Delta\varphi=\varphi_2-\varphi_1-\frac{2\pi}{\lambda}(r_2-r_1) \tag{16.37}$$

相位差 $\Delta\varphi$ 不随时间变化，而随空间位置变。于是合振动的振幅 A 不随时间变化，而随空间位置变。由于波的强度与振幅的平方成正比，式(16.36)又可改写为

$$I=I_1+I_2+2\sqrt{I_1I_2}\cos\Delta\varphi \tag{16.38}$$

所以合振动的强度不随时间变化，而随空间位置变，这就形成了波的干涉。

式(16.38)表明，相干波的叠加，不是普通的各自波强之和，而是多了一项，这一项取决于 P 点处两波之间的相位差 $\Delta\varphi$，称为**干涉项**。干涉使能量在空间呈周期性的非均匀分布。

研究**干涉最关心的是极值条件**，即何处合振动的振幅 A(或强度 I)最大，何处合振动的振幅 A(或强度 I)最小。下面就来讨论干涉的极值条件。

由式(16.36)和式(16.38)不难得到，当两相干波在 P 点振动的相位差满足

$$\Delta\varphi=2j\pi \quad (j=0,\pm1,\pm2,\cdots) \tag{16.39}$$

时，合振动的振幅和强度最大，为

$$A_{\max}=A_1+A_2, \quad I_{\max}=I_1+I_2+2\sqrt{I_1I_2}$$

即**相位差为零或 π 的偶数倍的那些位置**，振动始终最强，称为**干涉相长**(或干涉加强)。

当两相干波在 P 点振动的相位差满足

$$\Delta\varphi=(2j+1)\pi \quad (j=0,\pm1,\pm2,\cdots) \tag{16.40}$$

时，合振动的振幅和强度最小，为

$$A=A_{\min}=|A_1-A_2|, \quad I_{\max}=I_1+I_2-2\sqrt{I_1I_2}$$

即**相位差为 π 的奇数倍的那些位置**，振动始终最弱，称为**干涉相消**(干涉减弱)。

若进一步取参与干涉的两列波在相遇处振幅相等，即当 $A_1=A_2$ 或 $I_1=I_2$ 时

$$A_{\max}=2A_1, \quad I_{\max}=4I_1$$

$$A_{\min}=0, \quad I_{\min}=0$$

这是波的干涉应用中所追求的最高境界。

如果两相干波源的初相相位同，即 $\varphi_1=\varphi_2$，则由式(16.37)可得

$$\Delta\varphi=-\frac{2\pi}{\lambda}(r_2-r_1)=\frac{2\pi}{\lambda}(r_1-r_2)$$

令 $\delta=r_1-r_2$ 表示从波源 S_1 和 S_2 发出的两个相干波到达 P 点时所经历的路程之差，称为波程差。两相干波源的初相位相同时，两相干波在 P 点振动的相位差 $\Delta\varphi$ 与波程差的关系为

$$\Delta\varphi=\frac{2\pi}{\lambda}\delta \tag{16.41}$$

于是极值条件式(16.39)和式(16.40)用波程差来表示，计算更为简捷，当 P 点处

$$\delta=r_1-r_2=j\lambda \quad (j=0,\pm1,\pm2,\cdots)\text{时，干涉相长} \tag{16.42}$$

$$\delta=r_1-r_2=(2j+1)\frac{\lambda}{2} \quad (j=0,\pm1,\pm2,\cdots)\text{时，干涉相消} \tag{16.43}$$

这两式表明，两个初相位相同的相干波源发出的波在空间中叠加时，凡是波程差等于零或波长的整数倍的那些位置，干涉相长；凡是波程差等于半波长的奇数倍的那些位置，干涉相消。

值得注意的是，若两相干波源的初相位不相同，则不用波程差，而仍用相位差，即用极值条件式(16.39)和式(16.40)来研究极值问题。

必须强调的是，只有当两波属于同类波(如都是机械纵波)，才可以叠加。而对于两列同类波，只有同时满足相干条件的三要素(**同频率、振动方向有相互平行的分量、相位差恒定**)，才能发生干涉现象。相干条件的三要素只要有一项不满足，就看不到干涉现象，可以证明，波叠加的结果将是两波各自波强直接相加

$$I=I_1+I_2 \tag{16.44}$$

称这两列波为**非相干叠加**。

干涉是波动所特有的现象，不论是机械波，还是电磁波或光波，只要是满足相干条件的同类波相遇都会发生干涉。以上的分析对无线电波和光波都适用。干涉现象在声学、光学和近代物理学中都有着非常广泛的应用。

例 16.6 图 16.35 所示为用来演示声波干涉的声波干涉仪。发声器发出的声波从 S 进入仪器后，分 A、B 两路在音管中传播，并从喇叭口 R 会合传出，由接收器记录。弯管 B 可伸缩，当 B 逐渐伸长时，从喇叭口传出的声音周期性增强或减弱。设 B 每伸长 10.0 cm，声音减弱一次，求此声波的频率。已知空气中的声速为 340 m/s。

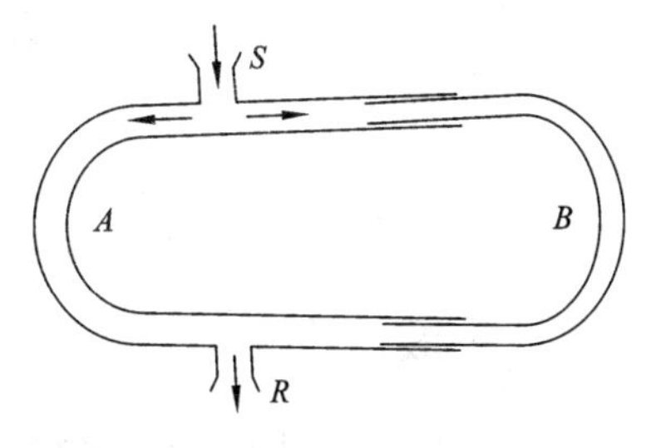

图 16.35 声波干涉仪

解 来自同一波源的两路声波 SAR 和 SBR，在 R 处发生干涉减弱，两者的波程差必须满足式(16.43)

$$\delta=r_1-r_2=(2j+1)\frac{\lambda}{2}\quad(j=0,\pm1,\pm2,\cdots)$$

当 B 管伸长 $x=10.0$ cm 时，SBR 的路径长度变为 $r_2'=r_2+2x$，R 处再次出现减弱，则新波程差为

$$\delta'=r_1-r_2'=(2j+1)\frac{\lambda}{2}\quad(j'=0,\pm1,\pm2,\cdots)$$

$$j'=j\pm1$$

经整理计算，并考虑到波长不能取负值，得 $\lambda=2x$

于是波的频率为

$$\nu=\frac{u}{\lambda}=\frac{u}{2x}=\frac{340}{2\times10.0\times10^{-2}}=1.70\times10^3(\text{Hz})$$

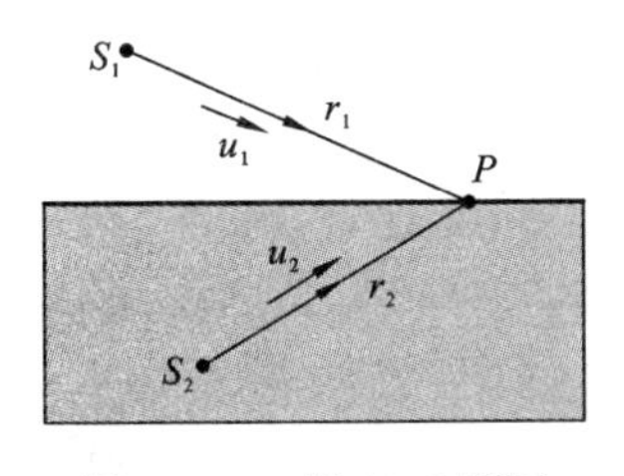

图 16.36 例 16.7 题图

例 16.7 如图 16.36 所示，两列平面简谐相干横波，在两种不同的介质中传播，在分界面的 P 点相遇，频率 $\nu=100$ Hz，振幅 $A_1=A_2=1.00\times10^{-3}$ m，S_1 的相位比 S_2 的相位超前 $\pi/2$，在介质 1 中速度 $u_1=400$ m/s，在介质 2 中速度 $u_2=500$ m/s，且 $S_1P=r_1=4.00$ m，$S_2P=r_2=3.75$ m，求 P 点的合振幅。

解 波函数标准式为

$$y=A\cos\left[2\pi\nu\left(t-\frac{r}{u}\right)+\varphi\right]$$

不妨设 S_1 的初相 $\varphi_1=0$，则 $\varphi_2=-\frac{\pi}{2}$

由已知可得各以 S_1、S_2 为原点的波函数为

$$y_1=1.00\times10^{-3}\cos[200\pi(t-r_1/400)]$$

$$y_2=1.00\times10^{-3}\cos\left[200\pi(t-r_2/500)-\frac{\pi}{2}\right]$$

则两波 t 时刻在 P 点的相差为

$$\Delta\varphi=\left[200\pi\left(t-\frac{r_2}{500}\right)-\frac{\pi}{2}\right]-\left[200\pi\left(t-\frac{r_1}{400}\right)\right]=\frac{\pi}{2}r_1-\frac{2\pi}{5}r_2-\frac{\pi}{2}$$

$$=\frac{\pi}{2}\cdot4.00-\frac{2}{5}\pi\cdot3.75-\frac{\pi}{2}=0$$

所以

$$A=A_{\max}=A_1+A_2=2.00\times10^{-3}(\mathrm{m})$$

16.6 驻　波

本节研究一种特殊形式的波的干涉问题,即驻波。两列振幅、振动方向和频率都相同,而传播方向相反的同类波相干叠加形成**驻波**。

16.6.1 驻波的形成

图 16.37 是一个演示装置,电动音叉连接一弦,弦的另一端系一砝码,跨过一个定滑轮,拉紧弦线。用于支撑弦线的劈夹 B 的位置可调节,当音叉振动时,弦便形成了一个并不向前跑的稳定的波形,这便是驻波。形成驻波时,弦线上始终不动的质元处,如 C_1、C_2、C_3、B 等,称为**波节**;而振动最强的质元处,如 D_1、D_2、D_3、D_4 等,称为**波腹**。它实际上是弦上 A 点发出向右传播的波(入射波)与从固定点 B 反射回来的波(反射波)相干叠加的结果。图 16.38 显示了频率、振幅和传播速度都相同,而传播方向相反的两列波相干叠加在不同时刻的情况。

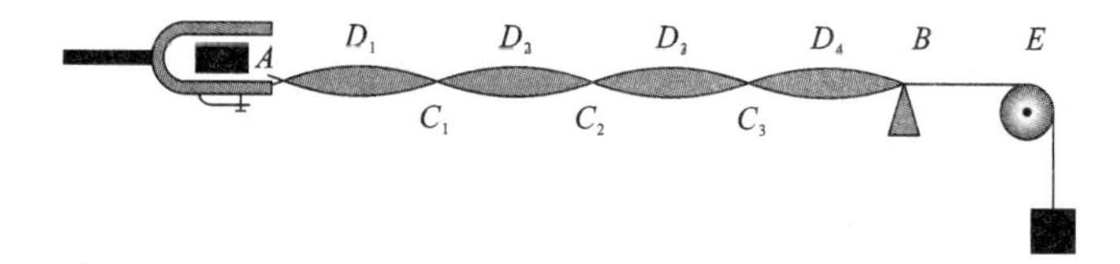

图 16.37　弦上驻波的演示

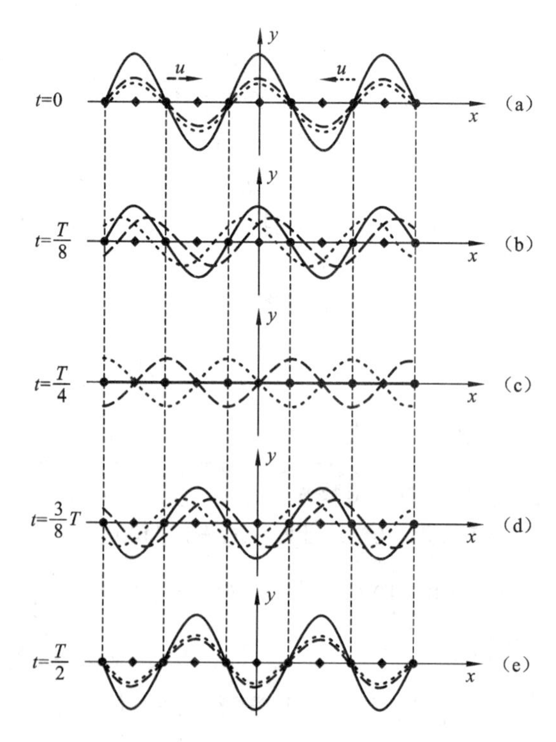

图 16.38　驻波的形成

("◆"处为波腹,"●"处为波节)

16.6.2 驻波波函数

下面用简谐波的叠加来定量描述驻波。设有两列振幅、频率和波长皆相等的简谐波分别沿 x 轴的正方向和负方向传播，两波的波函数分别为

$$y_1=A\cos 2\pi\left(\nu t-\frac{x}{\lambda}+\varphi_1\right)$$

$$y_2=A\cos 2\pi\left(\nu t+\frac{x}{\lambda}+\varphi_2\right)$$

则合成波为

$$y=y_1+y_2=A\cos 2\pi\left(\nu t-\frac{x}{\lambda}+\varphi_1\right)+A\cos 2\pi\left(\nu t+\frac{x}{\lambda}+\varphi_2\right)$$

运用三角函数的和差化积公式可简化为

$$y=2A\cos\left(\frac{2\pi}{\lambda}x+\frac{\varphi_2-\varphi_1}{2}\right)\cos\left(2\pi\nu t+\frac{\varphi_2+\varphi_1}{2}\right) \tag{16.45}$$

这就是**驻波的波函数**。

由式(16.45)可以看出，在驻波波函数中，x 和 t 已经分属两个余弦函数因子，所以它不再具有行波的特点。形成驻波的弦上，各点作振幅为 $\left|2A\cos\left(\frac{2\pi}{\lambda}x+\frac{\varphi_2-\varphi_1}{2}\right)\right|$，频率为 ν 的简谐振动，振幅随 x 不同而异。

在波节处

$$\cos\left(\frac{2\pi}{\lambda}x+\frac{\varphi_2-\varphi_1}{2}\right)=0$$

即

$$\frac{2\pi}{\lambda}x+\frac{\varphi_2-\varphi_1}{2}=(2j+1)\frac{\pi}{2}$$

于是波节位于

$$x=(2j+1)\frac{\lambda}{4}-\frac{\varphi_2-\varphi_1}{2\pi}\frac{\lambda}{2} \quad (j=0,\pm 1,\pm 2\cdots) \tag{16.46}$$

在波腹处

$$\left|\cos\left(\frac{2\pi}{\lambda}x+\frac{\varphi_2-\varphi_1}{2}\right)\right|=1$$

即

$$\frac{2\pi}{\lambda}x+\frac{\varphi_2-\varphi_1}{2}=j\pi$$

于是波腹位于

$$x=j\,\frac{\lambda}{2}-\frac{\varphi_2-\varphi_1}{2\pi}\frac{\lambda}{2} \quad (j=0,\pm 1,\pm 2\cdots) \tag{16.47}$$

相临两波节(腹)间的距离为半个波长，波节与相邻波腹间距为四分之一个波长。

16.6.3 驻波的特点

下面以弦线上的驻波为例来讨论驻波的特点。

驻波各质元的运动状态

各质元都做同频率的简谐振动,但振幅各不相同。波腹处振幅最大为 $2A$,波节处振幅为零(始终不动)。在图 16.38 中能够清楚地看到,每一时刻,驻波都有一个确定的波形(图 16.38中的粗实线曲线),此波形既不向右移动,也不向左移动,各质元以各自确定的振幅在各自的平衡位置附近振动,没有振动状态或相位的传播,因而称为驻波。

驻波的相位

两相临波节之间 $\cos\left(\frac{2\pi}{\lambda}x+\frac{\varphi_2-\varphi_1}{2}\right)$同号,各质元振动相位相同;一波节的两边 $\cos\left(\frac{2\pi}{\lambda}x+\frac{\varphi_2-\varphi_1}{2}\right)$异号,各质元振动相位相反。所以,**驻波为稳定的分段振动,且每段中各质元集体同步作简谐振动,只是各质元振幅不同**。

驻波的能量

波节处质元始终不动,动能始终为零;波腹处质元与相邻质元之间的形变始终几乎为零(尽管质元距离自身平衡位置的位移时大时小),弹性势能始终为零。弦上各质元位移最大(图 16.38 中 $t=0$ 和 $t=\frac{1}{2}T$ 时刻)时,速度均为零,于是弦上所有质元动能均为零,只有因形变而存在的弹性势能,波节处相邻质元之间的形变最大,因而弹性势能也最大;波腹处势能和动能均为零。弦上各质元位移为零(图 16.38 中 $t-\frac{1}{4}T$ 时刻)时,各质元形变均为零,于是弦上所有质元弹性势能均为零,波腹处质元速度最快,动能也最大;波节处动能和势能均为零。弦上既不位于波节,也不位于波腹的各质元,则没有动能和势能同时为零的时刻。随着弦上各质元位移大小的变化,每个质元的机械能基本都不守恒,但机械能只在波腹和波节之间来回流动,并且动能和势能也在不断相互转化,平均能流为零,不能向远方传递能量。

从上述特点可以看出,驻波完全不同于前面研究过的波。**驻波并不是真正意义上的波动,而只是一种特殊形式的振动,不传播能量**。真正意义上的波动是能够向远方传播能量的,也称为行波。

16.6.4　半波损失

如图 16.37 所示,弦线在反射点 B 处受到一个硬物的支撑,使得弦线在 B 处的质元固定不动,即 B 点只能是波节。这说明入射波和反射波在此反射点相位必定相反,或者说入射波在反射时相位有 π 的突变。根据相位差与波程差的关系式(16.41),相位差为 π 就对应于波程差为$\frac{\lambda}{2}$。于是这种入射波在反射时发生相反的现象称为**半波损失**。

如果反射点是自由的(如舞动着的长彩绸的末端),合成的驻波在反射点(彩绸末端)将形成波腹,这时,反射波与入射波之间没有相位突变,即不存在半波损失。

在一般情况下,波在两种介质的分界面反射时,反射波是否有半波损,与波的种类、两种介质的性质、入射角等因素有关。对机械波而言,当入射波垂直入射,它由介质的密度 ρ 和波速 u 决定。将 ρu 较大的介质称为波密介质,ρu 较小的介质称为波疏介质,则**存在半波损失的条件是:当波从波疏介质垂直入射到波密介质反射时,将有半波损失,反之则没有半波损失**。如图 16.39 所示。

例 16.8　两波源 B、C 相距 30 m,振幅均为 0.010 m,初相位差为 π,相向发出两平面简谐波,频率均为 100 Hz,波速均为 430 m/s。求:(1)两波源的振动表达式;(2)两波的波函数;(3)在直线段 BC 上,因干涉而静止的各点的位置。

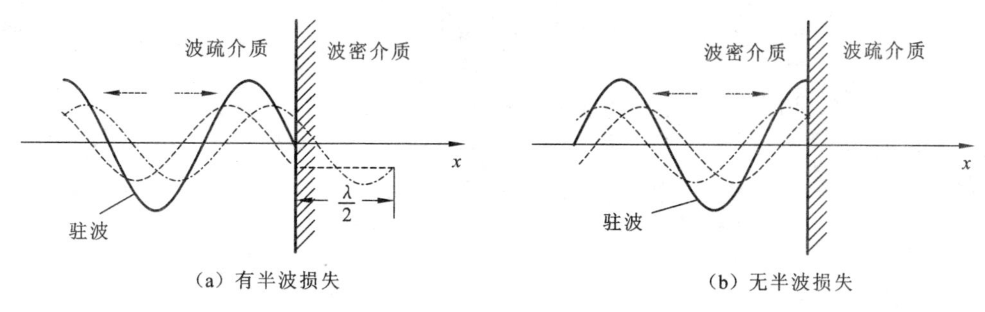

图 16.39 波的反射

解 (1) 将 B 取为原点，如图 16.40 建立坐标系。

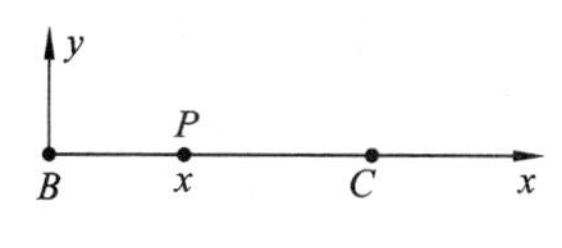

图 16.40 例 16.8 解题

不妨设波源 B 的初相位为 $\varphi_B=0$，则波源 C 的初相位为 $\varphi_C=\pi$。依照简谐振动表达式的标准形式

$$y=A\cos(2\pi\nu t+\varphi)$$

由已知可得两波源的振动表达式

$$y_B(t)=0.010\cos(200\pi t)\ (\mathrm{m})$$

$$y_C(t)=0.010\cos(200\pi t+\pi)\ (\mathrm{m})$$

(2) B 发出的波以波速 430 m/s 向右传播，则任意点 P 的振动比 B 的振动晚 $\frac{x}{u}=\frac{x}{430}$，$C$ 发出的波以波速均为 430 m/s 向左传播，则任意点 P 的振动比 C 的振动晚$\frac{BC-x}{u}=\frac{30-x}{430}$，于是两波的波函数为

$$y_B(x,t)=0.010\cos\left[200\pi\left(t-\frac{x}{430}\right)\right](\mathrm{m})\quad (x\geqslant 0)$$

$$y_C(x,t)=0.010\cos\left[200\pi\left(t-\frac{30-x}{430}\right)+\pi\right](\mathrm{m})\quad (x\leqslant 30\ \mathrm{m})$$

(3) BC 上因干涉而静止的点是合振幅为极小值的点，两波的相位差为 π 的奇数倍

$$\Delta\varphi=\left[200\pi\left(t-\frac{30-x}{430}\right)+\pi\right]-200\pi\left(t-\frac{x}{430}\right)=\pi+200\pi\,\frac{2x-30}{430}=(2j+1)\pi$$

因为两波的交叠区域只在 BC 之间，即 $0\leqslant x\leqslant 30$，于是可解得 BC 上因干涉而静止的点(波节)位于

$$x=10+2.15j\ (\mathrm{m})\quad j=0,\pm1,\pm2,\cdots,\pm6$$

例 16.9 两人各执长为 l 的绳的一端，以相同的角频率 ω 和振幅 A 在绳上激起振动，右端的人的振动比左端的人的振动相位超前 φ，试以绳的中点为原点描写合成驻波。由于绳很长，不考虑反射。绳上的波速设为 u。

解 设左端的振动方程为

$$y_1(t)=A\cos\omega t$$

则右端的振动方程为

$$y_2(t)=A\cos(\omega t+\varphi)$$

设向右和向左的行波波函数分别为

$$y_1(x,t)=A\cos\left[\omega\left(t-\frac{x}{u}\right)+\varphi_1\right]$$

$$y_2(x,t)=A\cos\left[\omega\left(t+\frac{x}{u}\right)+\varphi_2\right]$$

当 $x=-\frac{l}{2}$时,应有 $y_1\left(-\frac{l}{2},t\right)=y_1(t)$,对应的相位也相等

$$\omega\left(t+\frac{l}{2u}\right)+\varphi_1=\omega t$$

得

$$\varphi_1=-\frac{\omega l}{2u}$$

当 $x=\frac{l}{2}$时,应有 $y_2\left(\frac{l}{2},t\right)=y_2(t)$,对应的相位也相等

$$\omega\left(t+\frac{l}{2u}\right)+\varphi_2=\omega t+\varphi$$

得

$$\varphi_2=\varphi-\frac{\omega l}{2u}$$

于是向右和向左的行波波函数确定各为

$$y_1(x,t)=A\cos\left[\omega\left(t-\frac{x}{u}-\frac{l}{2u}\right)\right]$$

$$y_2(x,t)=A\cos\left[\omega\left(t+\frac{x}{u}-\frac{l}{2u}\right)+\varphi\right]$$

合成

$$y(x,t)=y_1(x,t)+y_2(x,t)$$

即

$$y(x,t)=A\cos\left[\omega\left(t-\frac{x}{u}-\frac{l}{2u}\right)\right]+A\cos\left[\omega\left(t+\frac{x}{u}-\frac{l}{2u}\right)+\varphi\right]$$

整理得驻波方程

$$y(x,t)=2A\cos\left(\frac{\omega x}{u}+\frac{\varphi}{2}\right)\cos\left(\omega t-\frac{\omega l}{2u}+\frac{\varphi}{2}\right)$$

若 $\varphi=0$,绳的中点为波腹;若 $\varphi=\pi$,绳的中点为波节。

例 16.10　一平面简谐波沿 x 轴正方向传播,波速 $u=40$ m/s,$x=0$ 处质点的振动方程为 $y_0=0.010\cos(200\pi t)$。在 $x=1.0$ m 处有波疏到波密介质的分界面。求:(1)入射波的波函数;(2)反射波的波函数;(3)在 $0\leqslant x\leqslant 1.0$ m 内,因干涉而静止的各点的位置。

解　(1) O 点的振动向右传播到达坐标为 x 的任一点,比 O 点的振动时间延迟了$\frac{x}{u}=\frac{x}{40}$,比照原点的振动方程可写出入射波的波函数为

$$y_1=0.01\cos\left[200\pi\left(t-\frac{x}{40}\right)\right]$$

整理得

$$y_1=0.01\cos(200\pi t-5\pi x)$$

(2) O 点的振动经由入射波在 $x=1.0$ m 处反射后到达坐标为 x 的任一点,如图 16.41 所示,走过的路程为 $2.0-x$,比 O 点的振动时间延迟了$\frac{2.0-x}{u}=\frac{2.0-x}{40}$,再加上半波损失引起

的相位突变 π，比照原点的振动方程也可直接写出反射波的波函数为

$$y_2=0.01\cos\left[200\pi\left(t-\frac{2.0-x}{40}\right)+\pi\right]$$

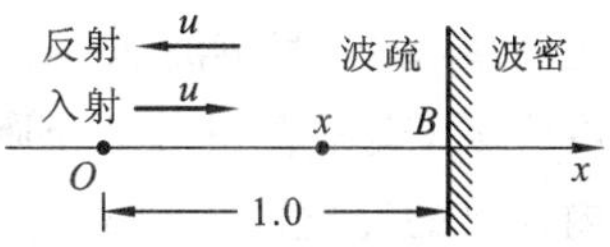

图 16.41 例 16.10 题解图

整理得

$$y_2=0.01\cos(200\pi t+5\pi x-9\pi) \quad 或 \quad y_2=0.01\cos(200\pi t+5\pi x+\pi)$$

(3) $0\leqslant x\leqslant 1.0$ 内，因干涉而静止的各点满足相位条件 $\Delta\varphi=(2j+1)\pi$（j 为整数）

$$\Rightarrow(200\pi t+5\pi x+\pi)-(200\pi t-5\pi x)=(2j+1)\pi \Rightarrow x=\frac{j}{5}$$

得因干涉而静止的各点的位置 $x=0,0.2,0.4,0.6,0.8,1.0$ (m)

例 16.11 将一根弦线拉紧后两端固定，两固定端之间的弦长为 L。拨动弦线使其振动，该振动以波的形式沿弦线传播，又在固定端反射，于是在弦线上形成驻波。已知波在弦线中的传播速度为 $u=\sqrt{\frac{F}{\mu}}$，其中 μ 是弦线单位长度的质量，F 是弦线中的张力。试证明，此弦线只能作下列固有频率的振动

$$\nu_j=\frac{j}{2L}\sqrt{\frac{F}{\mu}}, \quad (j=1,2,3\cdots)$$

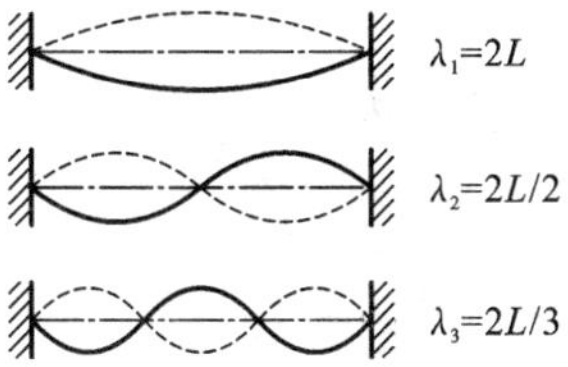

图 16.42 两端固定弦线上的驻波

证 弦线上的波在固定端反射时有半波损失，反射点处为波节。对于两端固定的弦线，由于两端点都是波节，而相邻波节的间距为半个波长，所以，不是任何波长（或频率）的波都能在弦上形成驻波，只有当弦线长度等于半波长的整数倍时，才能形成驻波。如图 16.42 所示。即驻波波长只能为

$$\lambda_j=2\frac{L}{j} \quad (j=1,2,3\cdots)$$

相应的频率只能为

$$\nu_j=\frac{u}{\lambda_j}=j\frac{u}{2L} \quad (j=1,2,3\cdots)$$

代入波速即得所要证明的结果

$$\nu_j=\frac{j}{2L}\sqrt{\frac{F}{\mu}} \quad (j=1,2,3\cdots)$$

可见波长与频率都不能连续取值，这就是量子化。这些频率称为弦振动的本征频率，当 $j=1$ 时，频率最低，称为基频，弦上其他的频率均为基频的整数倍，这些频率分别称为 2 次、3 次、…、j 次谐频。对于乐器而言，音调由乐器的基频决定，音色则由各谐频振幅的相对大小决定。

驻波的概念在声学、光学以及量子力学中都有重要的应用。

*16.6 多普勒效应

16.6.1 机械波的多普勒效应

1842 年奥地利物理学家多普勒发现：当波源或观察者相对介质运动时，观察者接收到的频率与波源的振动频率不同，这种现象称为**多普勒效应**。例如，当高速运行的列车鸣着汽笛经过身边时，听到的汽笛声的音调是先高后低，差别很明显。

为简单起见，假定波源和观察者的运动方向都在二者的连线上。设波源相对于介质的运动速度为 v_S，观察者相对于介质的运动速度为 v_R，波在介质中的传播速度为 u。波源在单位时间内发出的完整波的数目 ν_S 称为波源的频率；观察者在单位时间内接收到的完整波的数目 ν_R 称为观察者接收到的频率；单位时间内通过介质中某点的完整波的数目 ν_W 称为波的频率，$\nu_W=\dfrac{u}{\lambda}$。只有当波源和观察者相对于介质都静止时，上述三个频率才相等。下面我们分三种情况讨论波源与观察者相对于介质运动的情况。

波源固定，观察者以速度 v_R 相对于介质运动

静止的点波源发出同心的球面波，波长 λ 等于两个相邻的同相（相位差为 2π）球面之间的距离，如图 16.43 所示。观测者相对于介质以速度 v_R 趋近波源运动，则波面以速度 $u+v_R$ 通过观测者，于是观察者接收到的频率为

$$\nu_R=\frac{u+v_R}{\lambda}=\frac{u+v_R}{u/\nu_W}=\frac{u+v_R}{u}\nu_W$$

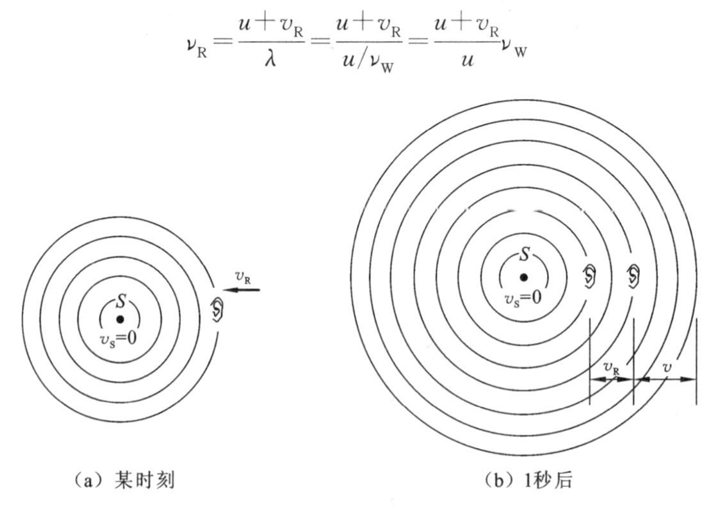

图 16.43　仅观察者运动时的多普勒效应

由于波源在介质中静止，于是波的频率就等于波源的频率，即 $\nu_W=\dfrac{u}{\lambda}=\nu_S$。于是，观测者趋近波源时接收到的频率为

$$\nu_R=\frac{u+v_R}{u}\nu_S \tag{16.48}$$

大于波源振动频率。

同理，观测者远离波源时接收的频率为

$$\nu_R=\frac{u-v_R}{u}\nu_S \tag{16.49}$$

小于波源振动频率。

观察者静止，波源以速度 v_S 相对于介质运动

波源相对于介质以速度 v_S 趋近观测者时，所发球面波波面不再同心，如图 16.44 所示。因为相邻两个同相（相位差为 2π）振动状态发出的地点不同，距离为 $v_S T_S$（T_S 为波源周期）。若波源静止时介质中波长为 $\lambda=uT_S$，当波源相对于介质运动时，沿运动方向波长将被压缩为

$$\lambda'=\lambda-v_S T_S=(u-v_S)T_S=\frac{u-v_S}{\nu_S}$$

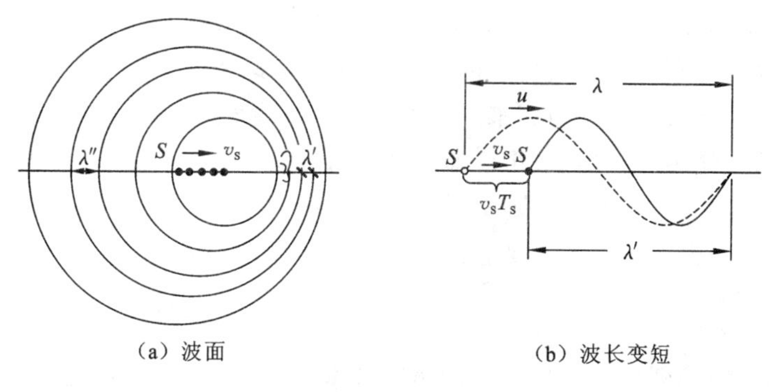

图 16.44 仅波源运动时的多普勒效应

相应的波的频率为

$$\nu_W=\frac{u}{\lambda'}=\frac{u}{u-v_S}\nu_S$$

观测者在介质中静止，于是观测者接收的频率就等于波的频率，即波源趋近观测者时观测者接收到的频率为

$$\nu_R=\frac{u}{u-v_S}\nu_S \tag{16.50}$$

大于波源振动频率。

同理，波源远离观测者时，观测者接收到的频率为

$$\nu_R=\frac{u}{u+v_S}\nu_S \tag{16.51}$$

小于波源振动频率。

波源与观察者同时相对于介质运动

根据以上讨论，观测者相对于介质以速度 v_R 趋近波源运动时，观察者接收到的频率与介质中波的频率之间的关系为

$$\nu_R=\frac{u+v_R}{u}\nu_W$$

而波源相对于介质以速度 v_S 趋近观测者运动时，介质中波的频率为

$$\nu_W=\frac{u}{u-v_S}\nu_S$$

代入上式即得波源与观察者同时向对方运动时，观察者接收到的频率为

$$\nu_R=\frac{u+v_R}{u-v_S}\nu_S \tag{16.52}$$

大于波源振动频率。

同理，波源和观测者同时背离运动时观测者接收到的频率为

$$\nu_R=\frac{u-v_R}{u+v_S}\nu_S \tag{16.53}$$

小于波源振动频率。

如果波源和观测者的运动不发生在连接波源与观测者的直线上，则只要考虑波源与观测者在连线方向上的速度分量就可以了。

例 16.12 一蜂鸣器发射频率为 500 Hz 的声波，离开观察者向一固定的目的物运动，其

速度为 1 m/s,试求:

(1) 观察者直接听到从蜂鸣器传来的声音的频率是多少?

(2) 观察者听到从目的物反射回来的声音频率为多少?

(3) 听到的拍频是多少?(空气中声速为 330 m/s)

解　已知 $\nu_S=500$ Hz,$v_S=1$ m/s,$u=330$ m/s。

(1) 由式(16.51)得到观察者听到直接从蜂鸣器传来的声音频率为

$$\nu_1=\frac{u}{u+v_S}\nu_S=\frac{330}{330+1}\times 500=498.5\ (\text{Hz})$$

(2) 由式(16.50)得到目的物接受到的声音频率

$$\nu_2'=\frac{u}{u-v_S}\nu_S=\frac{330}{330-1}\times 500=501.5\ (\text{Hz})$$

目的物反射的声音频率等于入射声音的频率 ν_{2R}',静止的观察者听到反射声音的频率

$$\nu_2=\nu_2'=501.5\ (\text{Hz})$$

(3) 两波合成的拍频为

$$\nu_B=\nu_2-\nu_1=501.5-498.5=3.0\ (\text{Hz})$$

观察者难以辨别 501.5 Hz 与 498.5 Hz 这么小的频率差别,但能够清晰地听到声音每秒 3 次的强弱变化。

16.6.2　电磁波的多普勒效应

多普勒效应是波动过程的共同特征。不仅机械波有多普勒效应,电磁波也有多普勒效应。与机械波不同的是,电磁波的传播不需要介质。在真空中,电磁波的传播速度是常数 $c=3.00\times 10^8$ m/s,与波源无关,因此,在电磁波的多普勒效应中,是由光源和观测者的相对速度 v 来决定观测者的接受频率,用相对论可以证明,当光源和观测者在同一直线上运动时,如果两者相互接近,则观测者接收到的频率为

$$\nu_R=\sqrt{\frac{1+v/c}{1-v/c}}\nu_S \tag{16.54}$$

如果两者相互远离,则观测者接收到的频率为

$$\nu_R=\sqrt{\frac{1-v/c}{1+v/c}}\nu_S \tag{16.55}$$

当光源与观测者相互远离时,接收到的频率比发射频率低,相应的波长变长,此现象称为“红移”。

多普勒效应在生产生活和国防技术中有着广泛的应用。例如利用声波的多普勒效应可以测定声源的频率、波速等;利用超声波的多普勒效应来诊断心脏疾病(彩超)和探测潜艇速度(声呐);利用电磁波的多普勒效应可以测定运动物体如汽车、飞机和人造卫星的速度(多普勒雷达)。

16.6.3　冲击波

当波源的运动速度 v_S 超过波速 u 时,运用多普勒效应公式(16.50)计算出

$$\nu_R=\frac{u}{u-v_S}\nu_S<0\quad 无意义!$$

如图 16.45 所示,τ 时间内波源发出的球面波的波前传播了 $u\tau$ 距离,而波源移动的距离

$v_S\tau>u\tau$，波源边移动边发出球面波，τ 时刻这些球面波的波前的公切面是一个以波源为顶点的圆锥面，称为**马赫锥**，其半顶角 α 满足

$$\sin\alpha=\frac{u\tau}{v_S\tau}=\frac{u}{v_S}$$

这种以点波源为顶点的圆锥形的波称为**冲击波**（艏波、激波）。$\frac{v_S}{u}$称为马赫数，α 称为马赫角。锥面就是受扰动的介质与未受扰动的介质的分界面，在两侧有着压强、密度和温度的突变。

在空气中，冲击波的马赫锥面掠过之处，空气压强突然增大，会激起高频高强的声波。如子弹、炮弹掠空而过发出的呼啸声，超音速飞机发出震耳的裂空之声。过强的冲击波可能造成巨大的破坏作用，如玻璃窗震碎等，这种现象称为"声爆"。

冲击波最直观的实例是快艇或轮船在水面驶过的尾迹，也常称为艏波。如图 16.46 所示为快艇的艏波。

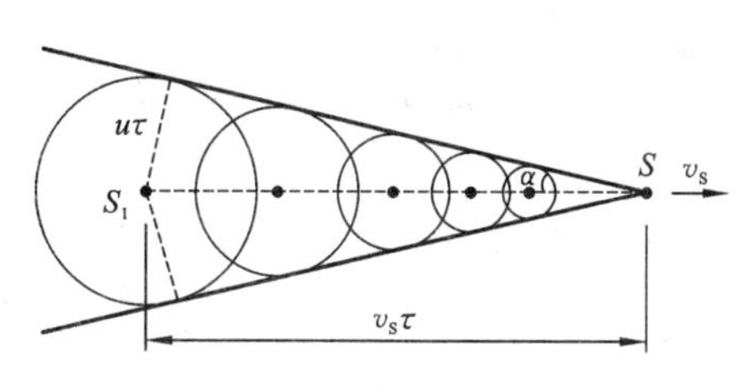

图 16.45 冲击波的产生

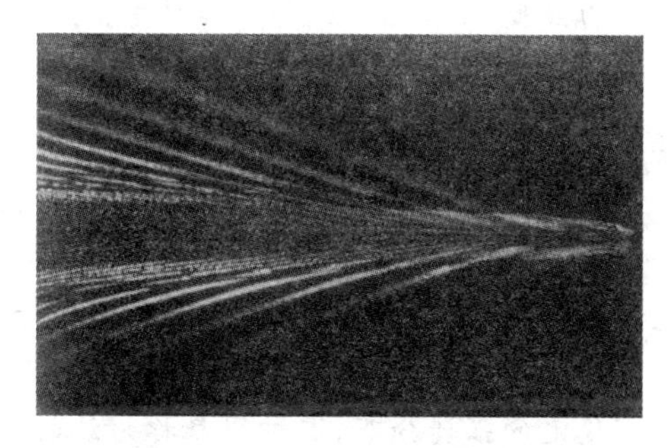

图 16.46 快艇的艏波

提 要

1. 波 某种扰动在空间的传播。多数波的扰动方式是振动。

产生机械波的必要条件：波源和弹性介质。

2. 描述波的物理量

周期 T：介质中某质元振动的相位每增加一个 2π 所需时间。

波长 λ：在同一波线上相位差为 2π 的两点间的距离，也是波在一个周期里传播的距离。

频率 ν：单位时间内波前进距离中"完整波"的个数 $\nu=\frac{1}{T}$

波速 u：振动状态在单位时间内传播的距离 $u=\frac{\lambda}{T}=\lambda\nu$

3. 弹性介质中的波速

固体中横波波速 $u_t=\sqrt{G/\rho}$

固体中纵波波速 $u_l=\sqrt{Y/\rho}$

液体气体中纵波波速 $u_l=\sqrt{K/\rho}$

绳或弦中横波波速 $u_t=\sqrt{F/\mu}$

4. 平面简谐波

简谐波是扰动形式为简谐振动的波。各质元都做同频率的简谐振动，但并不同步；沿波的

传播方向,各质元的相位逐点落后。

平面简谐波是波面为平面的简谐波。各质元振幅相等。

波函数
$$y=A\cos\left[\omega\left(t\mp\frac{x}{u}\right)+\varphi_0\right]$$
$$y=A\cos\left[2\pi(\frac{t}{T}\mp\frac{x}{\lambda})+\varphi_0\right]$$
$$y=A\cos(\omega t\mp kx+\varphi_0)$$

其中
$$\omega=\frac{2\pi}{T}=2\pi\nu,\quad k=\frac{2\pi}{\lambda}$$

5. 机械波的能量

介质中每个质元所具有的动能与势能相等,$\Delta W_k=\Delta W_p$,且同步调地周期性变化。

平均能量密度
$$\overline{w}=\frac{1}{2}\rho\omega^2A^2$$

波的强度
$$I=\frac{\overline{P}}{\Delta S}=\overline{w}u=\frac{1}{2}\rho\omega^2A^2u,\quad I\propto A^2$$

6. 惠更斯原理　行进中的波前上的各点,都可以看作是发射子波的波源,其后任一时刻,这些子波的包络面就是新的波前。

用惠更斯作图法能够解释波的反射、折射及衍射现象,也能推导反射和折射定律。

7. 波的干涉

相干条件:同频率、振动方向有相互平行的分量、相位差恒定。

几列相干波相遇,在交叠区域各质点振动的振幅(强弱)只随空间变,不随时间变,即空间上具有稳定的强弱分布,这种现象称为波的干涉。

合振动的振幅
$$A=\sqrt{A_1^2+A_2^2+2A_1A_2\cos\Delta\varphi}$$

合振动的强度
$$I=I_1+I_2+2\sqrt{I_1I_2}\cos\Delta\varphi$$

两相干波在 P 点振动的相位差　$\Delta\varphi=\varphi_2-\varphi_1-\frac{2\pi}{\lambda}(r_2-r_1)$

极值条件

$\Delta\varphi=2j\pi(j=0,\pm1,\pm2,\cdots)$时,$A_{max}=A_1+A_2$,$I_{max}=I_1+I_2+2\sqrt{I_1I_2}$,干涉相长;

$\Delta\varphi=(2j+1)\pi(j=0,\pm1,\pm2,\cdots)$时,$A_{min}=|A_1-A_2|$,$I_{max}=I_1+I_2-2\sqrt{I_1I_2}$,干涉相消。

8. 驻波

两列振幅、振动方向和频率都相同,而传播方向相反的同类波相干叠加形成驻波。

驻波的波函数
$$y=2A\cos\left(\frac{2\pi}{\lambda}x+\frac{\varphi_2-\varphi_1}{2}\right)\cos\left(2\pi\nu t+\frac{\varphi_2+\varphi_1}{2}\right)$$

驻波为稳定的分段振动,且每段中各质元集体同步作简谐振动,只是各质元振幅不同。波腹处振幅最大为 $2A$,波节处振幅为零(始终不动)。

驻波并不是真正意义上的波动,而只是一种特殊形式的振动,不传播能量。

半波损失条件:当波从波疏介质垂直入射到波密介质反射时,将有半波损失,反之则没有半波损失。

在有限的介质(如两端固定的弦线)中,驻波的波长与频率都是量子化的。

*9. 多普勒效应　当波源或观察者相对介质运动时,观察者接收到的频率与波源的振动频率不同。

波源静止 $\nu_R=\dfrac{u+v_R}{u}\nu_S$

观察者静止 $\nu_R=\dfrac{u}{u-v_S}\nu_S$

波源与观察者同时向对方运动 $\nu_R=\dfrac{u+v_R}{u-v_S}\nu_S$

波源和观测者同时背离运动 $\nu_R=\dfrac{u-v_R}{u+v_S}\nu_S$

当波源的运动速度 v_S 超过波速 u 时，产生冲击波。

思 考 题

16.1 什么叫波动？具备哪些条件才能形成机械波？

16.2 什么叫波面？波面与波前有何异同？波面与波线之间有什么联系？

16.3 气体和液体能传播横波吗？

16.4 声波是横波还是纵波，为什么？

16.5 平面简谐波的波函数与简谐振动方程有什么不同？有什么联系？

16.6 说明波长、频率、周期、波速这四个物理量的含义，各量由哪些因素决定？

16.7 波动过程中，弹性介质的质元在位移最大时弹性势能为零，位移为零时，弹性势能最大，为什么？

16.8 波动过程中，弹性介质的质元做简谐振动，但是它的机械能不守恒，而弹簧振子做简谐振动时，机械能却守恒，为什么？

16.9 两波干涉的条件是什么？如果两列波振动方向不同，但是也不相互垂直，它们能干涉吗？

16.10 什么是“半波损失”？形成的条件是什么？

16.11 驻波是怎么形成的？与行波相比驻波有什么特征？

16.12 在驻波中，介质的各质元的振动相位有什么关系？为什么说驻波中相位没有传播？

习 题

16.1 室温下空气中的声速为340 m/s，水中的声速为1 450 m/s，能使人耳听到的声波频率在20～20 000 Hz，求这两种极限频率的声波在空气中和水中的波长。

16.2 沿绳子传播的横波的波函数为

$$y=0.03\cos(10\pi t-4\pi x)\ \text{(SI)}$$

(1) 求振幅、波速、频率和波长；

(2) 求绳上各质元振动的最大速度和最大加速度；

(3) 求 $x=0.20$ m 处的质元在 $t=1.00$ s 时的相位，它是原点处质元在哪一时刻的相位？

(4) 分别画出 $t=1.00$ s，$t=1.25$ s，$t=1.50$ s 各时刻的波形曲线。

16.3 线圈弹簧中传播着一个平面简谐纵波，设波沿 x 轴正向传播，弹簧中某圈的最大位移为2.0 cm，振动频率为2.5 Hz，弹簧中相邻两疏部中心的距离为24 cm，当 $t=0$ 时，在 $x=$

0 处质元的位移为零,并向 x 轴正向运动。试写出该波的波函数。

16.4　设有一平面简谐波 $y=0.010\cos 2\pi\left(\frac{t}{0.010}-\frac{x}{0.30}\right)$(SI)

(1) 求振幅、波长、频率和波速;

(2) 求 $x=0.10$ m 处质元振动的初相位。

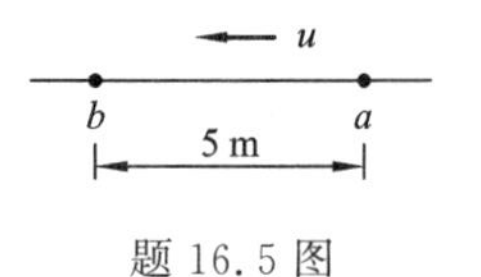

题 16.5 图

16.5　如题 16.5 图所示,一平面简谐波在介质中以速度 $u=20$ m/s 沿 x 轴负向传播,已知 a 点的振动方程为 $y_a=0.30\cos 4\pi t$(SI)

(1) 以 a 为坐标原点写出波函数;

(2) 以距离 a 点 5 m 处的 b 点为坐标原点写出波函数。

16.6　某质点作简谐振动,周期为 2.0 s,振幅为 0.040 m,开始计时($t=0$)时,质点恰好处在负向最大位移处,求:

(1) 该质点的振动方程;

(2) 此振动以速度 $u=2$ m/s 沿 x 轴正方向传播时,形成的一维简谐波的波函数(以该质点的平衡位置为坐标原点);

(3) 该波的波长。

16.7　如题 16.7 图所示为一平面简谐波在 $t=0$ 时刻的波形曲线。求:

(1) O 点的振动方程;

(2) 平面简谐波的波函数;

(3) P 点的振动方程;

(4) a、b 两质点的振动方向(在图上标出)。

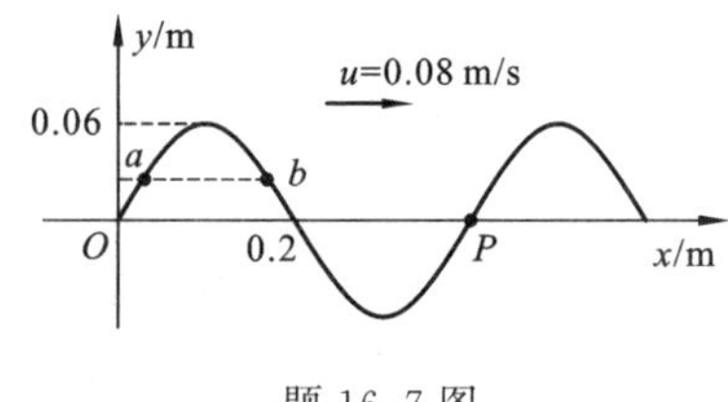

题 16.7 图

16.8　一弹性波在介质中以速度 $u=1\ 000$ m/s 传播,振幅 $A=1.0\times10^{-4}$ m,频率 $\nu=1\ 000$ Hz,若介质的密度为 800 kg/m^3。求:(1)该波的平均能流密度;(2)1 分钟内垂直通过面积 $S=4.0\times10^{-4}$ m^2 的总能量。

16.9　两人轻声说话的声强级为 40 dB,闹市中的声强级为 80 dB,问闹市中的声强是轻声说话的声强的多少倍?

16.10　设 S_1 和 S_2 为两个相干波源,相距 $\lambda/4$,S_1 的相位比 S_2 的相位超前 $\pi/2$。若两波在 S_1 与 S_2 连线方向上各处的强度均为 I,问 S_1 与 S_2 连线上在 S_1 外侧各点的合成波的强度为多少?在 S_2 外侧各点的合成波的强度又为多少?

16.11　如题 16.11 图所示,两相干波源 S_1 和 S_2,其振动方程分别为 $y_{10}=0.20\cos 2\pi t$ cm,$y_{20}=0.20\cos(2\pi t+\pi)$cm,它们在 P 点相遇。已知波速 $u=20$ cm/s,$r_1=40$ cm,$r_2=50$ cm。试求:

(1) 两列波的波函数;

(2) 两列波传播到 P 点的相位差;

(3) P 点的振动是加强还是减弱?

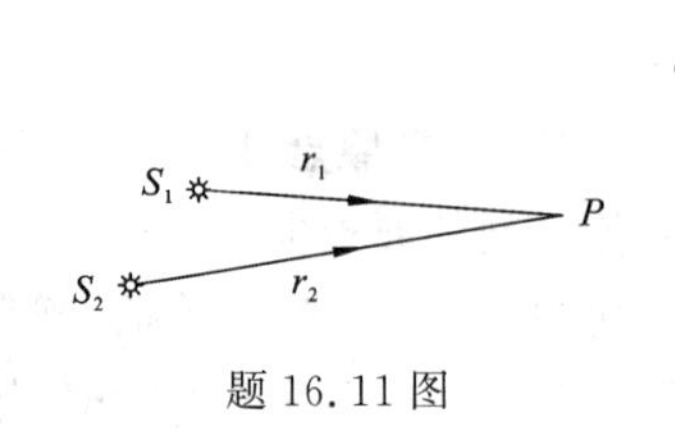

题 16.11 图

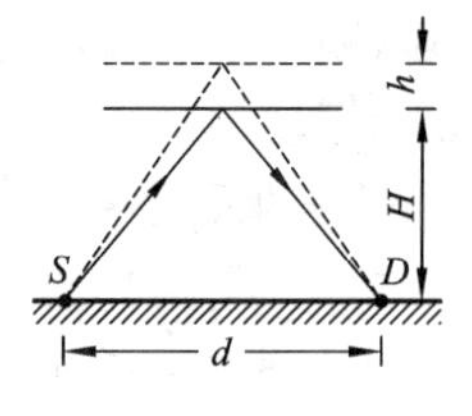

题 16.12 图

16.12 如题16.12图所示，地面上波源 S 与高频波探测器 D 之间的距离为 d，从 S 直接发出的波与从 S 发出经高度为 H 的水平层反射后的波，在 D 处相遇加强。当水平层逐渐升高 h 距离时，在 D 处测不到讯号。忽略大气的吸收。求波源 S 发出波的波长。

16.13 有一平面波 $y=2\cos 600\pi\left(t-\dfrac{x}{330}\right)$ (SI)，传到隔板上两个小孔 B、C 上，相距 1 m，$PB\perp BC$，如题16.13图所示。若从 B、C 传出的子波到达 P 点时恰好相消，求 P 点到 B 的点距离。

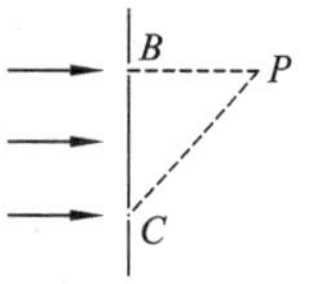

题 16.13 图

16.14 两波在一根很长的弦线上传播，两波的波函数为

$$y_1=0.040\cos\frac{\pi}{2}(8.0t-0.020x)\ \text{(SI)},\quad y_2=0.040\cos\frac{\pi}{2}(8.0t+0.020x)\ \text{(SI)}$$

(1) 求各波的频率、波长、波速；

(2) 求节点的位置；

(3) 求波腹的位置。

16.15 弦上驻波的波函数为 $y=0.040\cos 0.16x\cos 750t$ (SI)。

(1) 组成此驻波的各分行波的振幅及波速为多少？

(2) 波节之间的距离为多少？

(3) $t=2.0\times10^{-3}$ s 时，位于 $x=0.05$ m 处的质元速度为多少？

16.16 在一根线密度 $\mu=10^{-3}$ kg，张力 $F=10$ N 的弦线上，有一列沿 x 轴正向传播的简谐波，其频率 $\nu=50$ Hz，振幅 $A=0.020$ m。已知弦线上坐标为 $x_1=0.5$ m 处的质元在 $t=0$ 时刻的位移为 $+A/2$，且沿 y 轴负向运动。当传播到 $x_2=10$ m 处的固定端时，被全部反射。试求：

(1) 入射波和反射波的波函数；

(2) 入射波和反射波叠加的合成波在 $0\leqslant x\leqslant 10$ 区间内波腹和波节的坐标；

(3) 合成波的平均能流。

***16.17** 如题16.17图所示，A、B 为两个汽笛，频率均为 500 Hz，A 静止不动，B 以 60 m/s的速度向右运动。在两个汽笛之间有一观察者 O 以 30 m/s 的速度也向右运动。已知空气中的声速为 330 m/s。求：

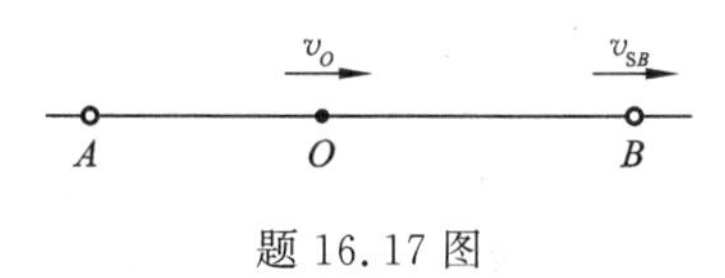

题 16.17 图

(1) 观察者听到来自 A 的频率；

(2) 观察者听到来自 B 的频率；

(3) 观察者听到的拍频。

第5篇　光　　学

光是一种重要的自然现象。我们之所以能够看到五彩斑斓、瞬息万变的景象，是因为眼睛接收到了物体发射、反射或散射的光。据统计，人类感官接收到外部世界的总信息中，至少有90%以上通过眼睛。

光学是一门古老的学科。由于光与人类生活和社会实践密切相关，光学也是最早发展起来的学科之一。光学的起源可以追溯到远古时代，有关光学知识的最早记录是中国的墨翟及其弟子，于公元前468年所著的“墨经”。“墨经”中记载着关于光的直线传播(影的形成和针孔成像)，以及光在镜面(凹面和凸面)上的反射现象，并总结出了一系列经验规律，把物和像的位置及大小与所用镜面的曲率联系了起来。

光学又是一门活跃的学科。经历了萌芽时期、几何光学时期、波动光学时期，并在20世纪，发展到量子光学、现代光学。

对于光的本性的探索，从牛顿年代开始至20世纪，持续了三百多年。主要发展进程是：微粒说、早期波动说(借助于以太传播的光振动，以纵波的形式传播)、光的电磁理论，以及在20世纪初发现光的波粒二象性。

牛顿的微粒说和惠更斯的波动说产生于同一个时期(17世纪后半叶)。牛顿的微粒说认为光是从发光体射出的作惯性运动的微粒，波动说则认为光是振动在媒质中的传播过程。这两种学说都能够解释几何光学中的基本规律，但是由微粒说计算出水中的光速大于真空中的光速，只是那个年代还无法测量光速，另外牛顿自己也无法用微粒说来解释做的一些光学实验，其中牛顿环就是一例。惠更斯的波动说则认为光是机械波纵波，但并没有建立起系统的有说服力的理论。直到19世纪前20年，主要由英国物理学家托马斯·杨和法国物理学家菲涅耳，根据实验事实以及理论假设，并结合法国物理学家阿拉果、法国物理学家马吕斯等人对于光的偏振性的研究，认识到光是横波，确立了光的波动学说地位。19世纪后半叶，麦克斯韦运用电磁学理论预言了电磁波的存在，并指出光是一种电磁波；赫兹的实验证实了电磁波的存在，终于建立了以光的电磁理论为依据的波动光学理论。20世纪前期，爱因斯坦提出了光量子理论，物理学家终于发现，光有时表现得像一连串粒子，有时又表现为一列波，光具备波粒二象性。这里的微粒即光子，是与牛顿的微粒有着根本区别的粒子。至此，光的本性得到诠释。

进入20世纪60年代，具有高度相干性的激光问世。大大刺激了光学技术的发展，成为现代物理学和现代科学技术的重要组成部分，并由此派生了许多新的分支。例如激光物理、激光应用、全息理论及应用、光纤通信、红外及遥感技术、集成光路、信息处理、文字图像扫描等，都是现代光学的研究成果。

光学的基本内容可作如下概括：

（1）**几何光学**　几何光学以光沿直线传播性质为基础，研究光在透明介质中的传播特性及规律，主要应用于各种成像等光学仪器中。

（2）**物理光学**　物理光学由波动光学和量子光学两部分组成。波动光学以电磁波理论为基础，研究光的电磁特性和传播规律，主要是干涉、衍射、偏振理论及应用；量子光学以光的量子理论（光的粒子性）为基础，研究光与物质相互作用的规律。

我们将在第16章简要介绍几何光学，在第17章、第18章、第19章中讲述光的波动性（干涉、衍射及偏振），在第22章中介绍光的粒子性（光量子），在第26章介绍激光（一种人造优异光源）。

第17章　几何光学

麦克斯韦的经典电磁学理论以及实验都证明了光是一种电磁波，因此光也具有波的共同特征：有一定的传播速度，伴随着能量的传播，能产生反射、折射、衍射和干涉等现象。但由于可见光的波长非常短，日常生活中一般是看不到光的衍射现象的。而不同光波之间相位差是不恒定的，所以光的干涉现象也不是很常见。

撇开光的波动本性，仅以光的直线传播、反射和折射性质为基础，研究光在透明介质中传播问题的光学，称为几何光学。几何光学仅适用于“波面线度≫波长”的范围。本章只研究光在各向同性均匀透明介质中的传播情况。

17.1　几何光学的基本概念

光线　表示光传播方向的带箭头的几何线称为光线。注意，光线并非是光传播过程中受限后分出的细能量束，光线仅示方向。

波面　光在传播过程中，某相同时刻光振动到达的点所形成的曲面称为波面，就是说**波面是等相面**。在各向同性介质中，光的传播方向总是和波面的法线方向相重合。

发光点　只有几何位置，而没有大小的光源。若光线实际发自某点，则该点即为实发光点；反之，若该点为诸**光线延长线的交点**，则为**虚发光点**。

光束　有一定关系的一些光线的集合。自一发光点发出的许多光线构成的光束，称为单心光束(或同心光束)，如图17.1(a)所示。实物点总是发出单心光束与球面波相应；发光点在无限远的单心光束称为平行光束，与平面波相应，如图17.1(b)所示，像散光束对应于非球面的高次曲面波，如图17.1(c)所示。

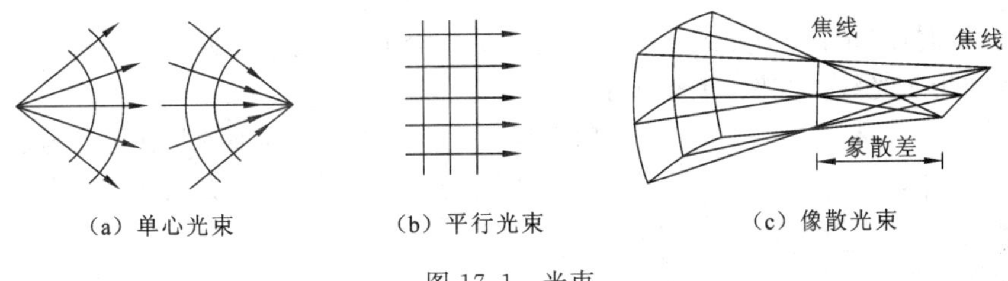

图17.1　光束

光具组　若干反射面或折射面组成的光学系统称为光具组。

实物　如果入射到光具组的是发散的单心光束，则发散中心 Q 称为实物，如图17.2(a)、(b)所示。

虚物　如果入射到光具组的是会聚的单心光束，则会聚中心 Q 称为虚物，如图17.2(c)、(d)所示。

像点　自物点发出的光束，经光具组后，若出射光线仍保持单心光束，则这个经过系统后的光束心(顶点)称为光学系统对该物点成的像点。

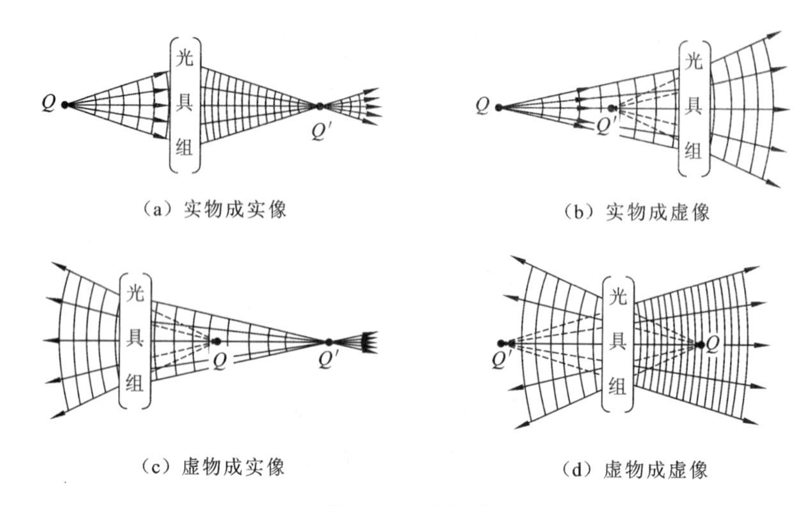

图 17.2　物与像

实像　如果从光具组出射的是会聚的单心光束,则会聚中心 Q' 称为实像,如图 17.2(a)、(c)所示。

虚像　如果从光具组出射的是发散的单心光束,则发散中心 Q' 称为虚像,如图 17.2(b)、(d)所示。

所有旨在对物体成像的光学系统,必须在按要求改变光束的立体角的同时,**保持光束的单心性**,这也就是**构造各种光学仪器的基本原理**。

光的直线传播定律　在均匀介质中,光沿直线传播。

光的独立传播定律　自不同方向或由不同物体发出的光线的相交,对每一光线的独立传播不发生影响。

17.2　光的反射与折射

17.2.1　反射和折射定律

光的反射和折射定律:当光线由一介质进入另一介质时,光线在两个介质的分界面上被分为反射光线和折射光线。如图 17.3 所示。

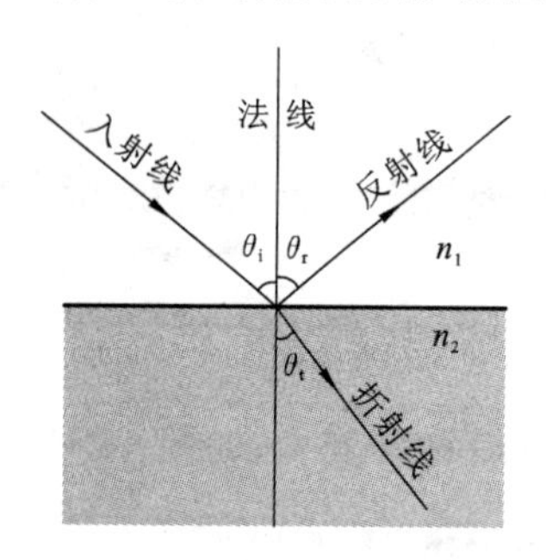

图 17.3　光的反射和折射

反射定律　反射光线在入射面(入射光线与法线组成的面)内,反射光线与入射光线分居法线两侧,反射角等于入射角

$$\theta_r = \theta_i \tag{17.1}$$

折射定律　折射光线在入射面内,折射光线与入射光线分居法线两侧,折射角与入射角满足

$$n_1 \sin\theta_i = n_2 \sin\theta_t \tag{17.2}$$

其中,n_1 和 n_2 为光在两种介质中的折射率。

光在介质中的折射率定义为光在真空中的传播速率 c 与在介质中的传播速率 u 之比

$$n = c/u \tag{17.3}$$

17.2.2 反射率与透射率

定义反射率

$$R=W_r/W_i \tag{17.4}$$

定义透射率

$$T=W_t/W_i \tag{17.5}$$

其中，W_i、W_r及W_t分别是入射、反射及透射光的能流(单位时间内通过光束截面的能量)。

由于能量守恒

$$W_r+W_t=W_i$$

可得

$$R+T=1 \tag{17.6}$$

式(17.6)表明**反射线与折射线能量互补**。

影响反射率的因素有入射角(是主要因素)、折射率和入射光的偏振态(后讲)。如图17.4给出了自然光由空气到两种不同折射率表面的反射率R随入射角θ_i而变的曲线。例如图17.5是水面倒影的照片，光线在水面大角度入射时反射率很高。

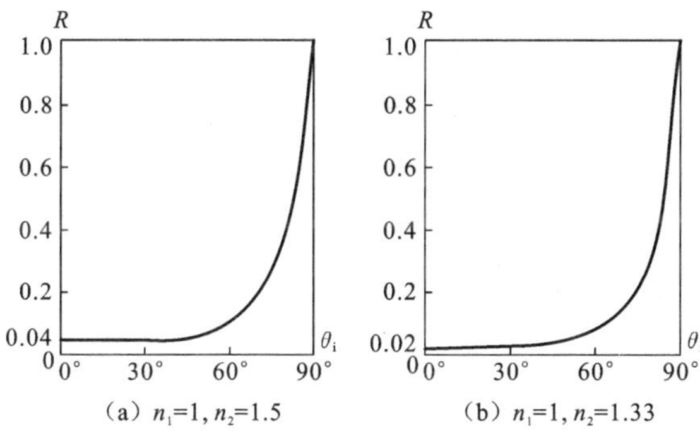

图17.4 $n_1<n_2$时光的反射率随入射角而变的曲线

图17.5 水面倒影照片

17.2.3 全反射

光由光密介质入射到光疏介质($n_1>n_2$)时，由折射定律

$$n_1\sin\theta_i=n_2\sin\theta_t$$

知

$$\theta_i<\theta_t$$

当$\theta_i=\theta_C$时，$\theta_t=90°$，继续增大θ_i，$\theta_i>\theta_C$折射光就没有了，$T=0$，由式(17.6)得

$$R=1$$

说明光能全部反射了，称为**全反射**。

图17.6给出了光由光密介质入射到光疏介质($n_1>n_2$)时的反射率曲线。由

$$n_1\sin\theta_C=n_2\sin 90°$$

可求得**全反射临界角**

$$\theta_C=\arcsin(n_2/n_1) \tag{17.7}$$

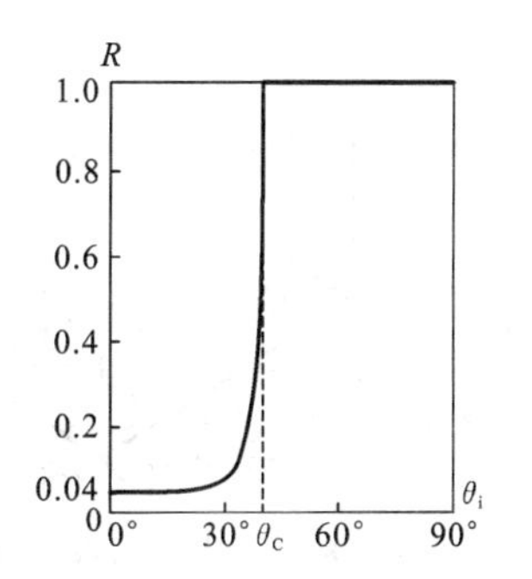

图17.6 $n_1>n_2$的反射率曲线
($n_1=1.5, n_2=1$)

全反射时不损失能量,因而应用相当广泛,如光纤通信,转向棱镜等。

17.3 光在平面界上的反射与折射

17.3.1 平面反射成像

1. 平面镜成像

平面镜:平面上镀上铝膜,反射率 $R\approx 0.92$,只反射不透射。

平面反射镜是一个最简单的,**不改变光束单心性**的,能成完善像的光学系统,像与物同大小,且对称于镜面。

如图 17.7(a)所示是平面镜成像的原理图。实物上任意一点(如 A 点)都可作为实物点发出一束发散的单心光线,经镜面反射时,遵循反射定律,反射光线仍是一束发散的单心光线,这一束发散的反射光线的反向延长后会交于一点(如 A'点),成为虚像。像与物相对于镜面对称(左右手系相反)。竖直放置的平面镜成等大正立虚像(左右相反,如图 17.7(b)所示);水平放置的平面镜成等大倒立虚像(上下颠倒)(如图 17.5 所示,光线大角度入射时,平静的水面像一面水平放置的大镜子)。

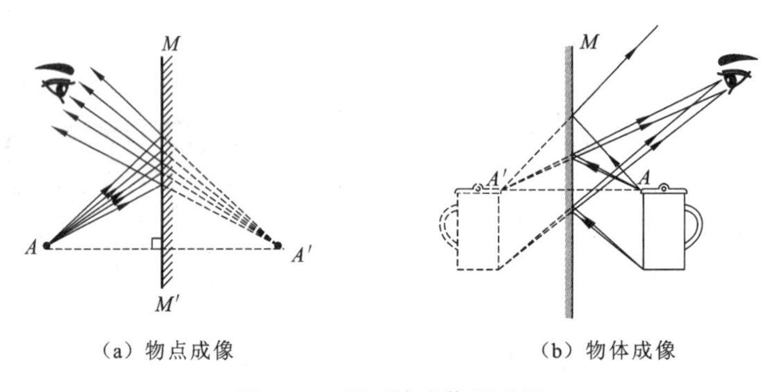

(a) 物点成像　　(b) 物体成像

图 17.7　平面镜成像原理图

如图 17.8 所示为两块正交放置的平面反射镜,当入射面同时垂直于这两块反射镜时,由反射定律很容易证明,光线经两块反射镜反射后,出射光线与最初的入射光线平行反向。

如图 17.9 所示为三块相互正交放置的平面反射镜,只需入射光线大体对着三块反射镜入射,由反射定律可以易证明,光线经三块反射镜反射后,出射光线与最初的入射光线平行反向。

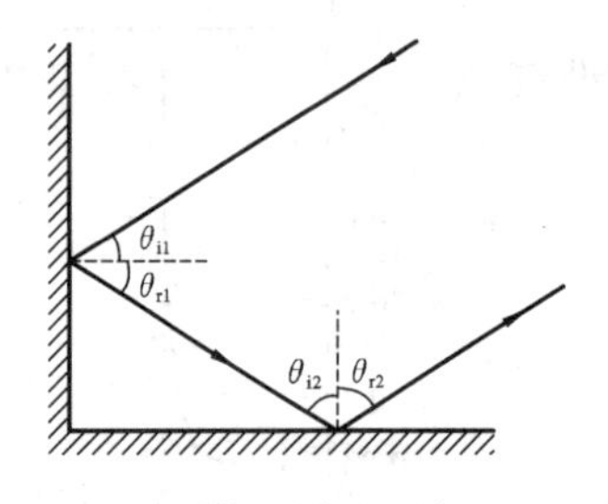

图 17.8　入射面同时垂直于两正交平面反射镜的光路

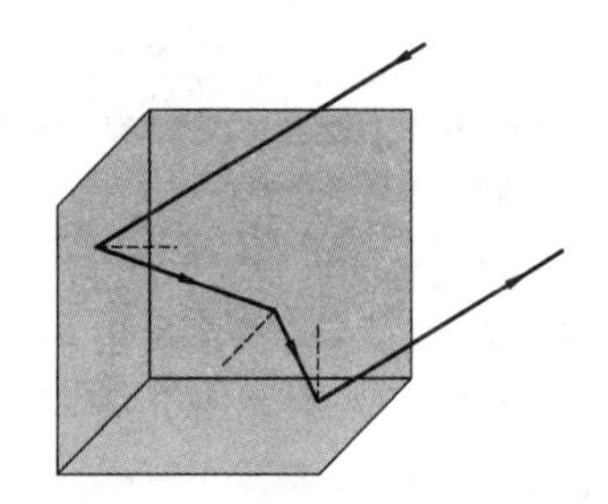

图 17.9　三垂直平面反射镜出射光与入射光平等反向

2. 全反射棱镜

由于镀金属膜的平面反射镜吸收较为严重，也容易被氧化腐蚀。而玻璃对光的吸收很小，又不会被氧化，光线从玻璃($n_1=1.5$)内射向与空气($n_2=1$)的界面时，由式(17.7)可算出全反射临界角 $\theta_C=41.8°$，这是很容易满足的条件。另外，光线正入射到空气与玻璃的界面上时，反射率约为4%，如果再镀上"增透膜"，可使反射率降到约为1%。所以常用玻璃做成各种全反射棱镜，用以改变光线的方向。

如图17.10(a)和(b)所示是最简单的全反射棱镜的两种运用方式。如图17.10(c)所示为单反相机取景窗内的五角棱镜，光线反射偶数次所成之像不改变左右手系。如图17.10(d)所示为**向后反射棱镜**，它的形状是一个由三个等腰直角三角形和一个等边三角形所围成的四面体，其特点是，无论入射光线的方向如何，只要能直接照射到等边三角形的表面上，出射光线就能原路返回(与入射光线平行反向)，其工作原理与图17.9所示的三垂直平面反射镜的类似。自行车尾灯、高速公路边的反光标识物，大都是由许多小的向后反射棱镜排列而成，可使车灯光照上去的光线原向返回。

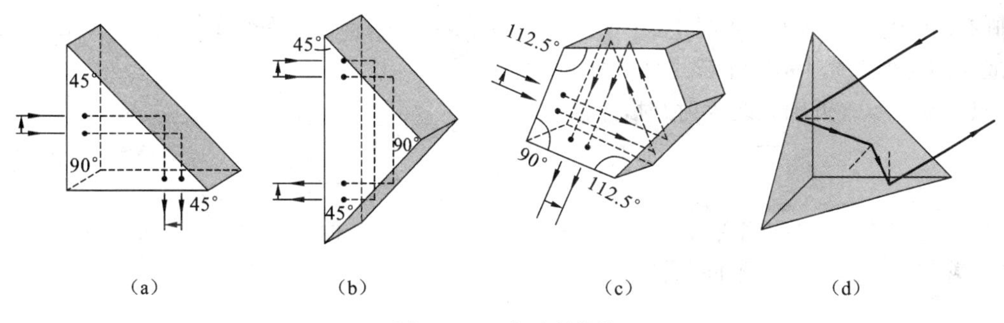

图17.10 全反射棱镜

17.3.2 光在平面上的折射 单心性的破坏

光束在两透明介质分界平面上的折射，不能保持其单心性。单心光束经折射后将变成像散光束。

设 P 为发光点。在图17.11中建立坐标系，使 x 轴沿两透明介质分界平面向右，y 轴过 P 点垂直于两透明介质分界平面向下。先只研究自 P 点发出的一条光线的折射，如图17.11(a)所示，它满足折射定律

$$n_1\sin\theta_i=n_2\sin\theta_t$$

由图中几何关系知

$$\sin\theta_i=\frac{x}{\sqrt{x^2+y^2}};\quad \sin\theta_t=\frac{x}{\sqrt{x^2+y_1^2}}$$

解得

$$y_1=\frac{n_2}{n_1}\sqrt{y^2+\left(1-\frac{n_1^2}{n_2^2}\right)x^2}$$

或

$$y_1=y\,\frac{n_2\cos\theta_t}{n_1\cos\theta_i}$$

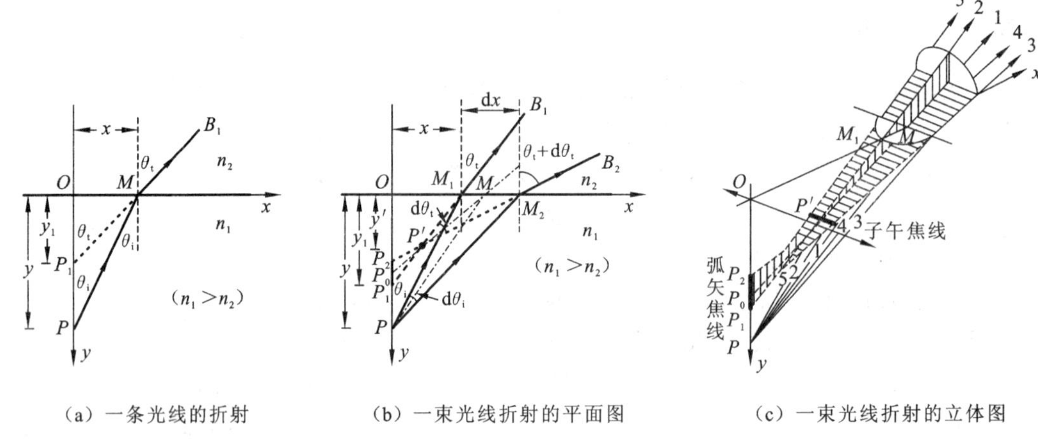

(a) 一条光线的折射　　(b) 一束光线折射的平面图　　(c) 一束光线折射的立体图

图 17.11　单心元光束经平面折射后成为像散光束

可见,当 y 不变时,y_1 随 θ_i 或 x 而变,即对于由给定位置的发光点发出的光束,由于其中不同光线在分界平面上具有不同的入射角 θ_i 或水平位移 x,相应折射光线的反向延长线与 y 的轴的交点 P_1 位置不同,如图 17.11(b)所示。单心的较细光束经平面折射后,单心性被破坏,成为的是像散光束,如图 17.11(c)所示。

只有在 $\theta_i\approx 0$(近轴光线入射)时,才能在

$$x'=x=0,\quad y'=y_1=y\frac{n_2}{n_1}\tag{17.8}$$

处形成发光点 $P(0,y)$的完善虚像点 $P'(0,yn_2/n_1)$。这与平面反射之特点(任何角度入射都能成完善像)相比,是截然不同的。

17.4　球面反射镜

球面镜的反射面是球面的一部分。反射面若为球面的内表面,称为凹面镜;反射面若为球面的外表面,则称为凸面镜。**凹面镜对光线有会聚作用,凸面镜则对光线有发散作用。**

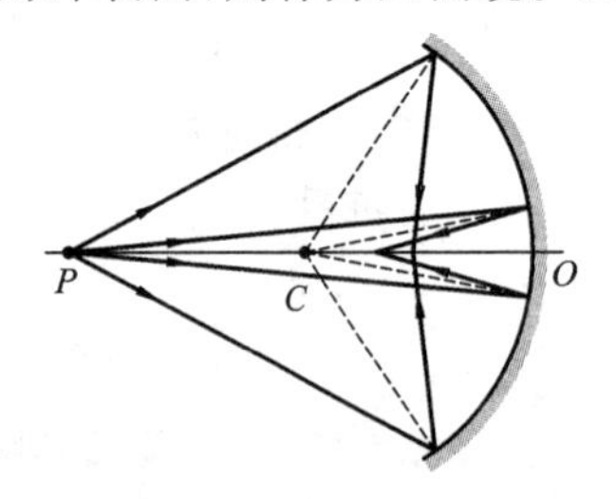

图 17.12　球面镜反射破坏单心性

如图 17.12 所示,凹面镜的曲率中心位于 C 点,P 是点光源,位于凹面镜的对称轴 CO 上,由 P 发出的光线经凹面镜反射,大角度入射光线的反射光的交点与小角度入射光线的反射光的交点不同。说明光束在凹面镜上的反射,不能保持光束的单心性。

若只用近轴光线,还能够近似保持光束的单心性。于是球面镜采用近轴光线时能够成像。

17.4.1　球面镜成像公式

如图 17.13 所示,球面镜的半径为 r。球面曲率中心 C 与球面顶点 O 的连线 CO 称为**光轴**(球面镜的对称轴)。物点 P 到球面镜顶点 O 的轴向距离 s 称为**物距**,将像点 P'到球面镜顶点 O 的轴向距离 s'称为**像距**。对于近轴光线近似有

$$\alpha=\frac{\overset{\frown}{OA}}{s},\beta=\frac{\overset{\frown}{OA}}{r},\gamma=\frac{\overset{\frown}{OA}}{s'}$$

由三角形外角与内角的几何关系,有

$$\beta=\alpha+\theta,\quad \gamma=\beta+\theta$$

消去 θ 得

$$\alpha+\gamma=2\beta$$

将上面的 α,β,γ 代入此式,可得

$$\frac{1}{s}+\frac{1}{s'}=\frac{2}{r} \tag{17.9}$$

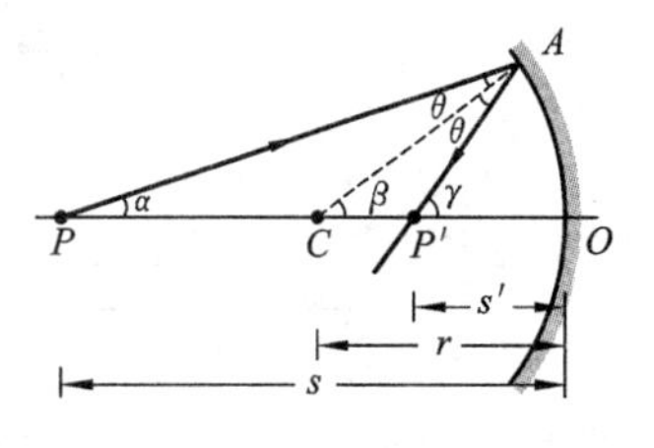

图 17.13 球面镜近轴光线成像

若入射光为平行于光轴的近轴光线,即发光点 P 位于轴上无穷远,$s=\infty$,则反射光线将会聚于 $s'=\frac{r}{2}$ 的点处,该会聚点称为球面镜的焦点 F,如图 17.14(a)所示,此时的像距称为球面镜的焦距 f

$$f=\frac{r}{2} \tag{17.10}$$

规定:凹面镜的半径取正值 $r>0$,凸面镜的半径取负值 $r<0$。于是凹面镜的焦距为正值 $f>0$,凸面镜的焦距为负值 $f<0$。

凹面镜对光线有会聚作用,可将平行于光轴的近轴光线会聚于焦点,如图 17.14(a)所示,也可将由焦点处发出的发散光束会聚成平行光束,如图 17.14(b)所示;凸面镜则对光线有发散作用,平行于光轴的近轴光线经凸面镜发散后,反向延长线会聚于焦点。如图 17.14(c)所示。

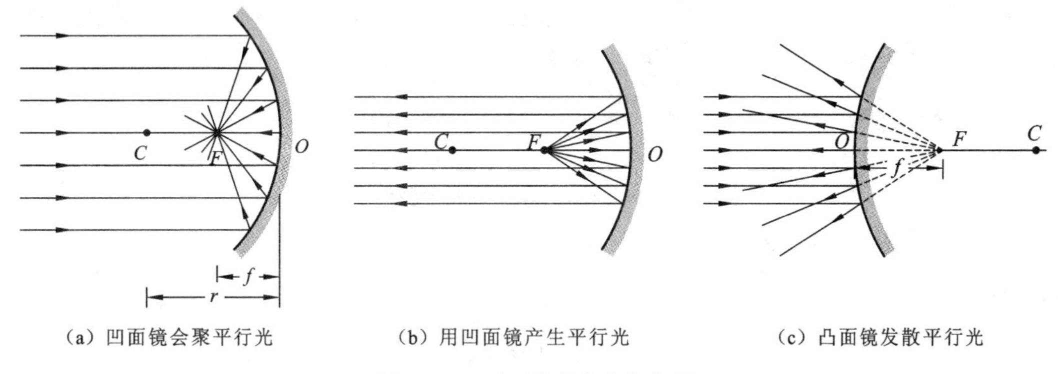

(a) 凹面镜会聚平行光　(b) 用凹面镜产生平行光　(c) 凸面镜发散平行光

图 17.14 球面镜的焦点与焦距

式(17.9)可改写为

$$\frac{1}{s}+\frac{1}{s'}=\frac{1}{f} \tag{17.11}$$

式(17.9)和式(17.11)都是**球面镜成像公式**。

规定:实物(入射光为发散光)的物距取正值 $s>0$;虚物(入射光为会聚光)的物距取负值 $s<0$。实像(出射光为会聚光)的像距为正值 $s'>0$;虚像(出射光为发散光)的像距为负值 $s'<0$。

17.4.2 球面镜成像几何作图方法(光路图法)

球面反射镜的近轴光线中,有三条特殊的光线,称为**三条主光线**(如图 17.15 和如图 17.16):

1. **通过球心入射的光线,反射后原路返回;**

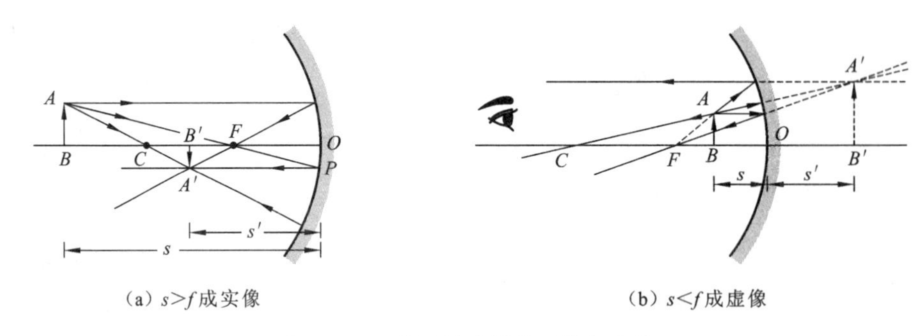

(a) $s>f$成实像　　(b) $s<f$成虚像

图 17.15　凹面镜成像的三条主光线

2. **平行于光轴入射的光线,反射后通过焦点;**

3. **通过焦点入射的光线,反射后平行于光轴。**

利用上述三条主光线,采用几何作图的方法,可找到像的位置,并画出像的大小。自物点发出任意两条主光线的反射线(或反射线的反向延长线)的交点即为像点。

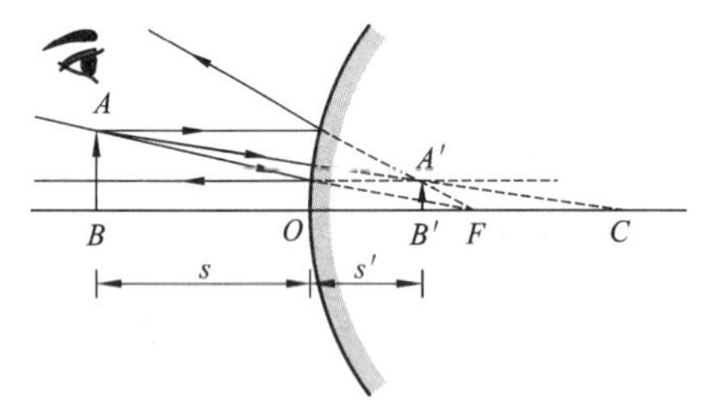

图 17.16　凸面镜成像的三条主光线

几何作图方法:如图 17.15 和图 17.16 所示,AB 是垂直于光轴放置的实物,B 端在光轴上,只需画出由轴外端点 A 发出的任意两条主光线的反射线,则反射线(或反射线的反向延长线)的交点即为像点 A'。自 A'点向光轴作垂线,垂足 B'点即为轴上物点 B 的像点。$A'B'$就是实物 AB 的像。

17.4.3　像的横向放大率

设物 AB 的高为 h,像 $A'B'$的高为 h'。定义像的横向放大率

$$m=\frac{h'}{h}$$

由图 17.15(a)可得

$$m=\frac{h'}{h}=\frac{FO}{FB}=\frac{f}{s-f}$$

再由式(17.11)得

$$\frac{f}{s-f}=\frac{1/\left(\frac{1}{s}+\frac{1}{s'}\right)}{s-1/\left(\frac{1}{s}+\frac{1}{s'}\right)}=\frac{s'}{s}$$

于是像的横向放大率为

$$m=\frac{h'}{h}=\frac{s'}{s} \tag{17.12}$$

在式(17.12)中,若 $|m|>1$,成放大的像;若 $|m|<1$,成缩小的像。$m>0$ 时,物像虚实相同(s'与 s 同号),像相对于物倒立;$m<0$ 时,物像虚实相反(s'与 s 异号),像相对于物正立。

对于凹面镜,$f>0$(或 $r>0$),由式(17.11)和(17.12)可知,$s>2f$ 时,成缩小实像,如图 17.15(a)所示;$f<s<2f$ 时,成放大实像;$s<f$ 时,成放大虚像,如图 17.15(b)所示。

对于凸面镜,$f<0$(或 $r<0$),由式(17.11)和(17.12)可知,实物($s>0$)总成缩小正立的虚像

($s'<0$),如图 17.16 所示。凸镜成像视野开阔,用于汽车反光镜,公路急弯处的大反光镜等。

*17.5 光在球面上的折射

17.5.1 球面对任意光线的折射

在图 17.17 中,在折射点 A 处,按折射定律有

$$n_1 \sin\theta_i = n_2 \sin\theta_t \tag{17.13}$$

由图可得各角量间的关系

$$\varphi = \theta_i - \alpha = \theta_t + \beta \tag{17.14}$$

在 ΔPAC 中,按正弦定律有:

$$\frac{p}{\sin\varphi} = \frac{r}{\sin\alpha} = \frac{r+s}{\sin\angle PAC}$$

而

$$\sin\angle PAC = \sin(\pi - \theta_i) = \sin\theta_i$$

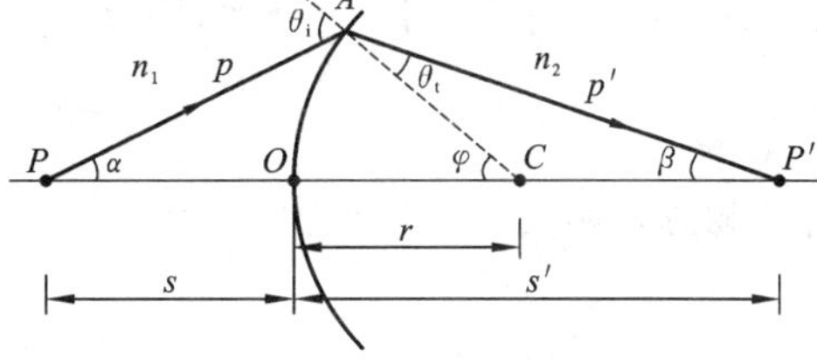

图 17.17 球面折射

得

$$\frac{p}{\sin\varphi} = \frac{r}{\sin\alpha} = \frac{r+s}{\sin\theta_i} \tag{17.15}$$

同理,由 $\Delta P'AC$ 得

$$\frac{P}{\sin\varphi} = \frac{r}{\sin\beta} = \frac{s'-r}{\sin\theta_t} \tag{17.16}$$

以上四个公式便是光经球面折射时,决定光路的基本公式.利用它们并借助相邻折射面的过渡条件,可计算出光线在任意组合的光学系统中的光路,这种计算工作称为**光路计算**,这是设计光学系统时,必须进行的工作。

由式(17.14)、(17.15)、(17.16)可得

$$\frac{n_1(s+r)}{p} = \frac{n_2(s'-r)}{p'} \tag{17.17}$$

其中 p 和 p' 的数值,可由三角公式算出

$$p^2 = (r+s)^2 + r^2 - 2r(r+s)\cos\varphi$$
$$p'^2 = (s'-r)^2 + r^2 - 2r(s'-r)\cos\varphi$$

将并将上列 p^2 和 p'^2 代入式(17.17)的平方式,则有

$$\frac{r^2+(s+r)^2}{n_1^2\,(s+r)^2} - \frac{2r\cos\varphi}{n_1^2(s+r)} = \frac{r^2+(s'-r)^2}{n_2^2\,(s'-r)^2} - \frac{2r\cos\varphi}{n_2^2(s'-r)} \tag{17.18}$$

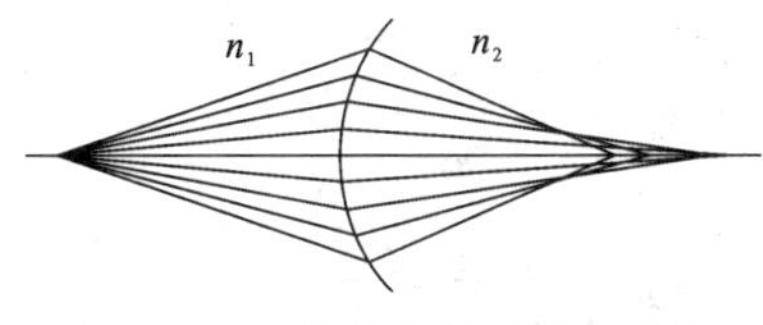

图 17.18 球面折射破坏单心性

可见,在已知 n_1,n_2 和 r 时,“像距”s'不仅与物距 s 有关,还与 φ 有关。即对于自同一发光点发出的各光线经球面折射后,一般不交于一点。或者说,**球面折射破坏光束的单心性**,一般不能给出完善的像,如图 17.18 所示。

17.5.2 球面对近轴光线的折射

对于近轴光线而言,φ 很小,以至于 $\cos\varphi\approx1$,$\sin\theta_i\approx\theta_i$(rad),$p\approx s$,$p'\approx s'$,代入式(17.17)可得

$$\frac{n_1}{s} + \frac{n_2}{s'} = \frac{n_2 - n_1}{r} \tag{17.19}$$

上式为**近轴条件下单球面的折射成像公式**。若光线由左向右传播,则**规定**:球心位于球面右侧时,$r>0$;球心位于球面左侧时,$r<0$;若折射界面为平面,则 $r=\infty$。实物(入射光为发散光)的物距取正值 $s>0$;虚物(入射光为会聚光)的物距取负值 $s<0$。实像(出射光为会聚光)的像距为正值 $s'>0$;虚像(出射光为发散光)的像距为负值 $s'<0$。

当入射光为平行光时,$s\to\infty$,则有

$$s'=\frac{n_2 r}{n_2-n_1}=f' \tag{17.20}$$

f' 称为像方焦距,像点 P' 即为像方焦点 F' 所在处。

当折射光为平行光时,$s'\to\infty$,则有

$$s=\frac{n_1 r}{n_2-n_1}=f \tag{17.21}$$

f 称为物方焦距,物点 P 即为物方焦点 F 所在处。将 f 和 f' 代入式(17.19),可得

$$\frac{f}{s}+\frac{f'}{s'}=1 \tag{17.22}$$

该式称为**高斯公式**,是普遍的球面折射成像公式。

单个折射球面不能用来作为一个基本的成像元件(或系统)。对于共轴球面近轴光线的成像问题,只需重复应用单个折射球面的成像公式(17.19)或式(17.22),即**逐次成像**。

17.6 薄 透 镜

17.6.1 透镜

透镜是由两个界面组成的光学系统。透镜的界面可以是球面,也可以是非球面,如旋转抛物面、旋转双曲面、椭圆面等。因球面加工较为简便,所以实际中绝大多数的透镜是由两个球面构成的。中间比边缘部分厚的透镜称为凸透镜,中间比边缘部分薄的叫凹透镜,如图 17.19 所示。

连接透镜两球面曲率中心的直线 C_1C_2 称为透镜的光轴。若光线由左向右传播,则规定:球心位于球面右侧时,$r>0$;球心位于球面左侧时,$r<0$;若折射界面为平面,则 $r=\infty$。在光路图中标注长度时,小于零的物理量标注其绝对值。如图 17.20(a)中 $r_2<0$,于是其长度标为 $-r_2(=|r_2|)$。

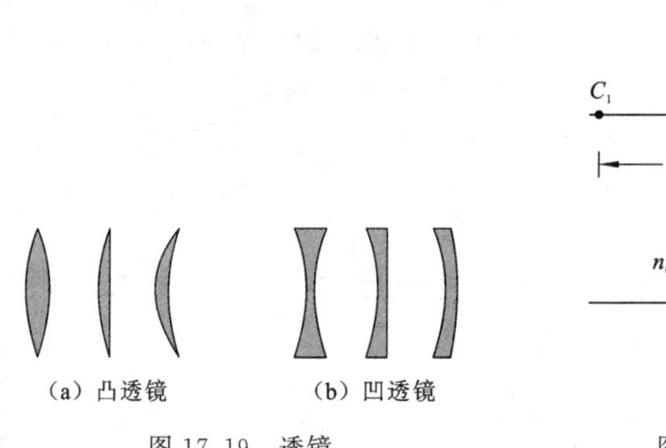

图 17.19 透镜

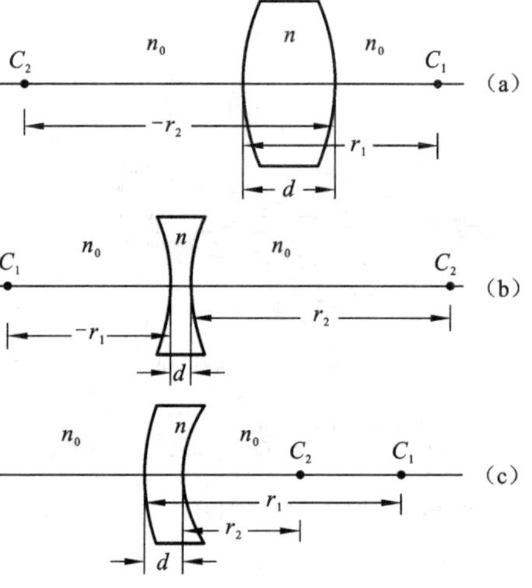

图 17.20 透镜尺寸的符号规定

物方轴上无穷远点(平行于光轴的光线入射)的共轭像点称为**像方焦点 F'**;像方轴上无穷远点(平行于光轴的光线出射)的共轭物点称为**物方焦点 F**。

设某透镜的折射率为 n,两球面的半径各为 r_1 和 r_2,两球面顶点的间距为 d(称为透镜的厚度),外围介质折射率为 n_0。两次运用单个折射球面的成像公式式(17.19),可推导出该透镜的物方和像方焦距是相等的,为

$$f=f'=\frac{n_0 n r_1 r_2}{(n-n_0)[n(r_1-r_2)+(n-n_0)d]} \tag{17.23}$$

由式(17.23)可见,透镜的焦距由透镜的两个球面的半径、透镜的厚度以及透镜材料和外围介质的折射率共同决定。

17.6.2　薄透镜的焦距

若透镜的厚度 d 远小于两球面的半径,则可近似取 $d=0$,这种透镜称为**薄透镜**。于是式(17.23)可简化为

$$f=f'=\frac{n_0 r_1 r_2}{(n-n_0)(r_1-r_2)} \tag{17.24}$$

式(17.24)是薄透镜在折射率为 n_0 介质中的**焦距公式**。

绝大多数时候,透镜都是在空气中使用,即 $n_0=1$,于是

$$f=f'=\frac{r_1 r_2}{(n-1)(r_1-r_2)} \tag{17.25}$$

为了便于记忆也常写为

$$\frac{1}{f}=\frac{1}{f'}=(n-1)\left(\frac{1}{r_1}-\frac{1}{r_2}\right) \tag{17.26}$$

式(17.25)和式(17.26)都是薄透镜在空气中的焦距公式。式(17.24)也称为磨镜者公式。不难证明,凸透镜 $f>0$,凹透镜 $f<0$。

薄透镜中,两球面顶点连线的中点 O 称为光心。光心 O 是量度焦距、物距和像距的基准点。过光心的光线不改变传播方向。

平行于光轴入射的光线透过凸透镜后,出射光线将会聚到光轴上的像方焦点 F' 处,如图17.21(a)所示;从物方焦点 F 处发出的入射光线透过凸透镜后出射光线将平行于光轴,如图17.21(b)所示。平行于光轴入射的光线透过凹透镜后,出射光线的反向延长线将会聚到光轴上的焦像方点 F' 处,如图17.22(a)所示;延长线过物方焦点 F 的会聚入射光线透过凹透镜后,出射光线将平行于光轴,如图17.22(b)所示。

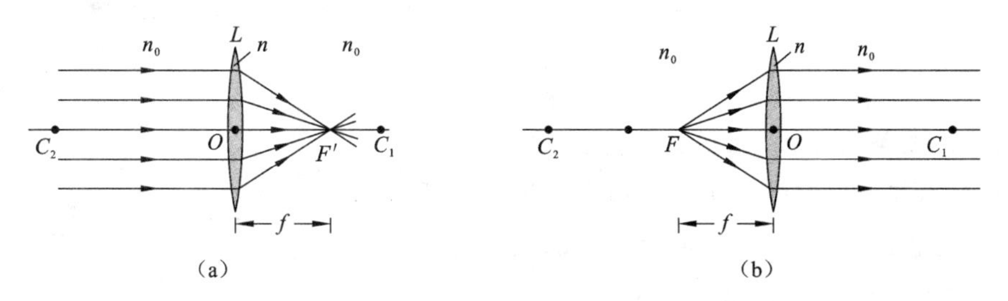

图17.21　凸透镜会聚光线

值得注意的是,所谓“物方”和“像方”并非是以透镜的“左方”和“ 右方”来区分的。与入射光线相联系的属于“物方”;与出射光线相联系的属于“像方”。

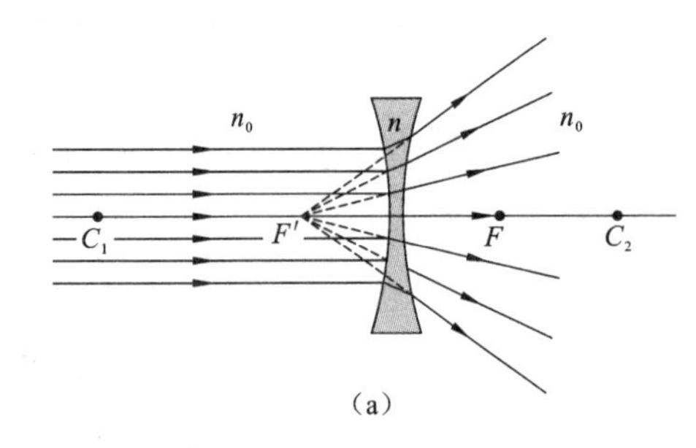

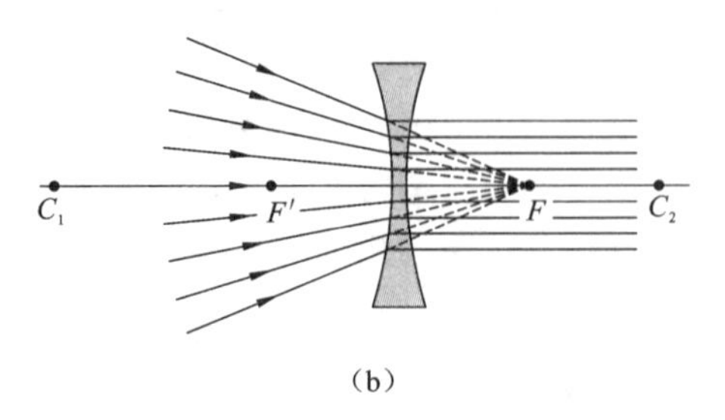

图 17.22 凹透镜发散光线

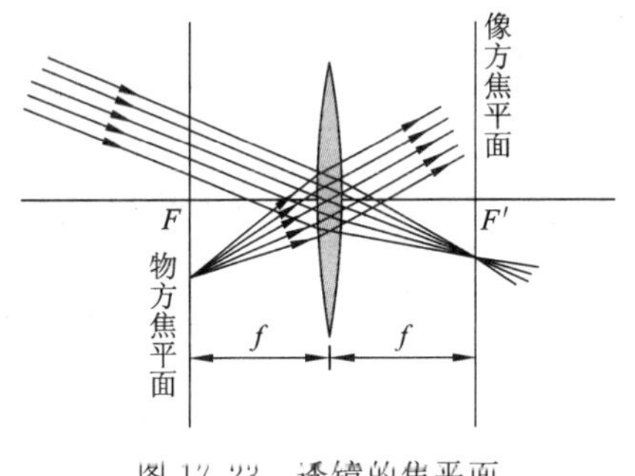

图 17.23 透镜的焦平面

过焦点且与光轴垂直的平面称为**透镜的焦平面**,如图 17.23 所示。

任一方向的平行光入射后,将会聚于像方焦平面上一点,此点是过光心的直光线与像方焦平面的交点,称为**像方副焦点**;自物方焦平面上任一点(称为**物方副焦点**)发出的光线,经透镜出射为平行光线,其方向是过光心的直光线方向。

17.6.3 薄透镜成像

1. 光路作图法

薄透镜的近轴光线中,有三条特殊的光线,称为三条主光线(如图 17.24 和图 17.25):

(1) **通过光心的光线,出透镜后方向不变。**

(2) **平行于光轴的光线,出透镜后通过像方焦点。**

(3) **通过物方焦点的光线,出透镜后平行于光轴。**

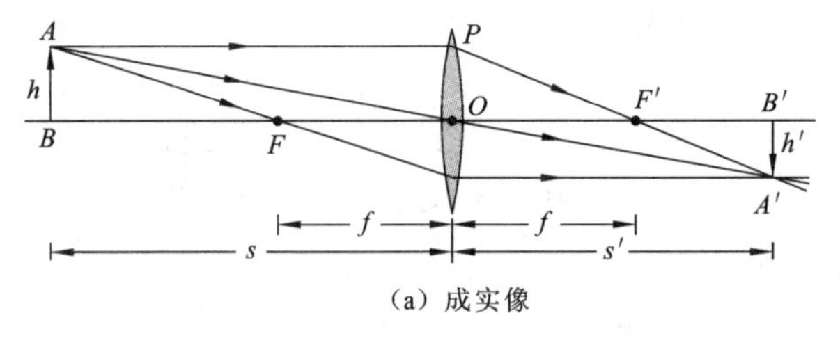

(a) 成实像

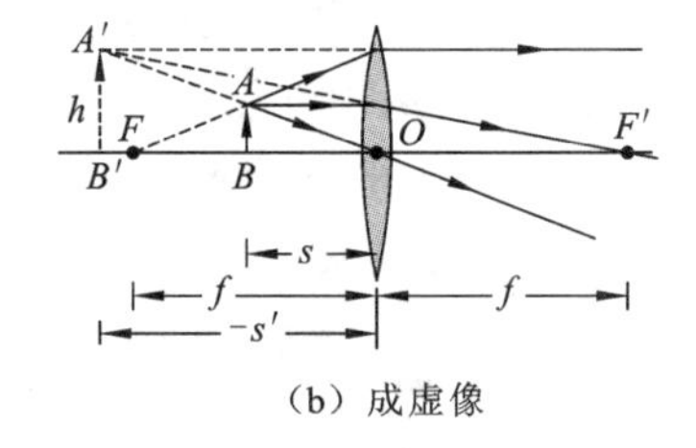

(b) 成虚像

图 17.24 凸透镜成像

利用上述三条主光线,采用几何作图的方法,可找到像的位置,并画出像的大小。自物点发出任意两条主光线经薄透镜后的出射线(或出射线的反向延长线)的交点即为像点。

图 17.24 和图 17.25 就是利用三条主光线画出的凸透镜和凹透镜的成像光路图。

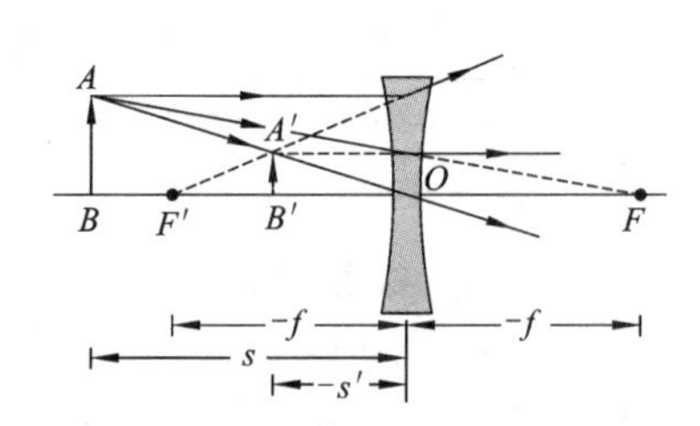

图 17.25 凹透镜成像

2. 薄透镜成像公式与横向放大率

如图 17.24 所示，物体 AB 经过凸透镜所成的实像为 $A'B'$，物体 AB 所在位置到光心 O 的距离 s 称为物距，像 $A'B'$ 到光心 O 的距离 s' 称为像距，薄透镜 $f=f'$。

由 $\Delta F'OP \backsim \Delta F'B'A'$，则有

$$\frac{h'}{h}=\frac{F'B'}{F'O}=\frac{s'-f}{f}$$

又由 $\Delta OB'A' \backsim \Delta OBA$，则有

$$\frac{h'}{h}=\frac{B'O}{BO}=\frac{s'}{s}$$

联立以上两式，得

$$\frac{h'}{h}=\frac{s'-f}{f}=\frac{s'}{s} \tag{17.27}$$

整理可得

$$\frac{1}{s}+\frac{1}{s'}=\frac{1}{f} \tag{17.28}$$

该式称为在**近轴条件下的薄透镜成像公式**，也称为薄透镜的**高斯公式**，薄凸透镜和薄凹透镜都适用于此公式。对于凹透镜而言，式中的焦距应取负值。式(17.27)还给出了薄透镜成像的横向放大率

$$m=\frac{h'}{h}=\frac{s'}{s} \tag{17.29}$$

式(17.29)中 h 为物体 AB 的高度，称为物高；h' 为像 $A'B'$ 的高度，称为像高。薄透镜成像的横向放大率公式(17.29)与球面反射镜的横向放大率公式(17.12)完全相同。

在式(17.29)中，若 $|m|>1$，成放大的像；若 $|m|<1$，成缩小的像。$m>0$ 时，物像虚实相同(s' 与 s 同号)，像相对于物倒立；$m<0$ 时，物像虚实相反(s' 与 s 异号)，像相对于物正立。

由式(17.28)、式(17.29)、式(17.11)、式(17.12)可总结出薄透镜和球面反射镜的成像规律，表 17.1 中列出了实物($s>0$)成像的规律。

表 17.1　薄透镜和球面反射镜的成像规律

光学元件	物距 s 范围	像距 s' 范围	横向放大率 m	像的性质		
				虚实	缩放	正倒
凸透镜 凹面镜 $f>0$	$s>2f$	$f<s'<2f$	$0<m<1$	实	缩小	倒立
	$s=2f$	$s'=2f$	$m=1$	实	等大	倒立
	$f<s<2f$	$s'>2f$	$m>1$	实	放大	倒立
	$s=f$	$s'=\infty$	$m=\infty$	无像	无像	无像
	$s<f$	$s'<-s<0$	$m<-1$	虚	放大	正立
凹透镜，凸面镜 $f<0$	$s>0$	$-s<s'<0$	$-1<m<0$	虚	缩小	正立

17.7　常用光学仪器简介

17.7.1　照相机和投影仪的光学原理

1. 照相机

照相机的工作原理是用凸透镜成缩小的实像。实像成于感光元件(底片、CCD、CMOS)上。

对物距的要求是 $s>2f$,则 $f<s'<2f$。通常情况下,$s\gg f$,于是 $s'>f$(略大),即感光元件位于像方焦点后方附近,如图 17.26 所示的像 $A'B'$处。

2. 投影仪

投影仪的工作原理是用凸透镜成放大的实像。实像成于屏幕上。

对物距的要求是 $f<s<2f$,则 $s'>2f$。通常希望放大率尽可能大,即 $s'\gg s$,于是 $s'\gg f$,则 $s>f$(略大),即要将物置于物方焦点前方附近,如图 17.27 所示。

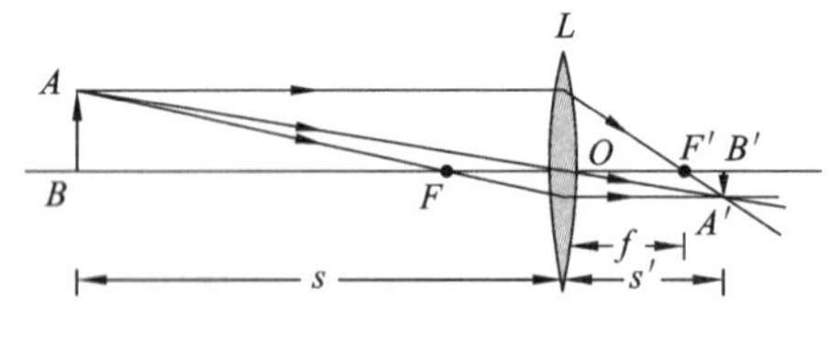

图 17.26　照相机的光学原理图

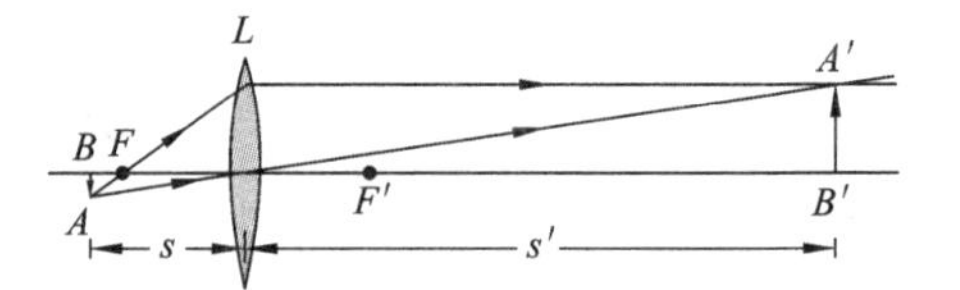

图 17.27　投影仪的光学原理图

3. 复合透镜

薄透镜和球面反射镜的成像公式都只能在近轴条件下成立。当以宽光束大角度入射时,薄透镜和球面反射镜都会出现球差、彗差 、像散和畸变,透镜因材料的色散还会存在色差,这些像差会使物点不能聚焦为几何像点,而是形成较大的像斑,从而不能清晰成像。

多透镜组合能抵消像差。为消除像差,照相机的镜头都是由多个(少则 6 个,多则 20 余个)共轴的不同透镜组成的"复合透镜",如图 17.28 所示。

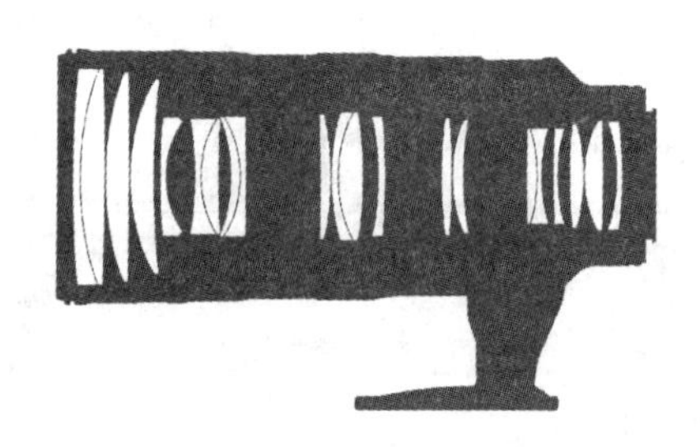

图 17.28　单反相机镜头

17.7.2　助视仪器

1. 正常人眼的特点

人眼的结构如图 17.29 所示。能够看清楚物体,又不易眼疲劳的物与眼之间的距离,称为人眼的**明视距离**。在正常照明的情况下，正常人眼的明视距离为 25 cm。

人眼看远近物体有一定的调节范围，正常人眼的远点在∞远，近点最近 7～8 cm。

人眼能分辨的最小视角一般为 1′(分)。

当物体移近时，视角变大，但若移到眼睛的近点时，视角仍然小于 1′，就必须借助于助(目)视光学仪器来观察了。

2. 放大镜

观察近距离较小物体的助视光学仪器称为放大镜。

(1) 用单凸透镜作放大镜

放大镜的使用方法是：先将放大镜贴近眼睛，再将待观察的小物体(AB)置于放大镜前较近处($s<f$)，并适当调整物体(AB)的位置，使所成虚像($A'B'$)位于眼睛的明视距离($-s'=$ 25 cm)处，如图 17.30(a)所示。

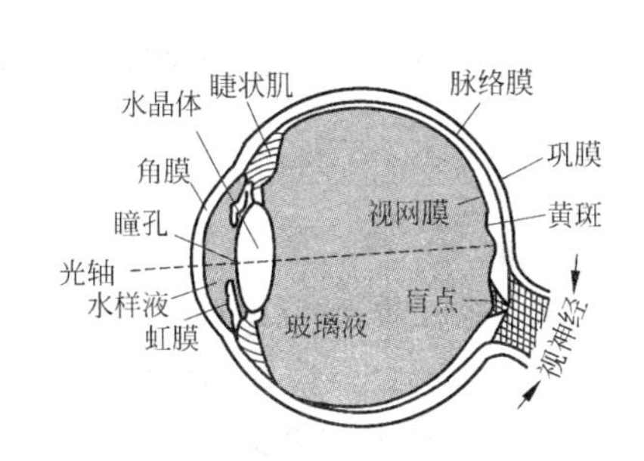

图 17.29 人眼的结构(水平剖面图)

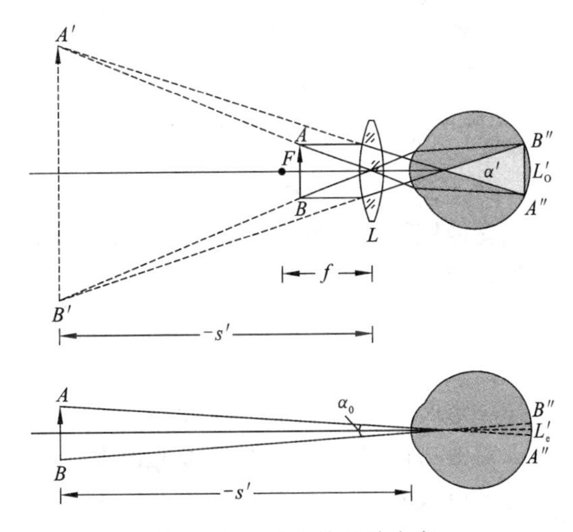

图 17.30 放大镜的放大率

若虚像($A'B'$)对眼瞳孔中心的张角为 α'(如图 17.30(a)所示)；而不经仪器，小物直接放在眼睛的明视距离(25 cm)处时，小物(AB)对眼的张角为 α_0，定义仪器的视角放大率为

$$M=\frac{\alpha'}{\alpha_0}\approx\frac{|s'|}{f}\approx\frac{25}{f(\text{cm})} \tag{17.30}$$

考虑到像差的影响，单凸透镜不能太厚，于是焦距 f 不会很短，于是单凸透镜的视角放大率 $M_{单凸}<3\times$(即 3 倍，这里的"×"读作"倍")。

(2) 目镜

目镜是用于观察由光学系统所成像的放大镜，它由若干个透镜组合而成(用于抵消像差)如图 17.31 所示。目镜的工作原理和视角放大率的计算与普通放大镜完全相同，即也满足公式(17.30)。目镜的视角放大率可达 $M_{目镜}=20\times$(即 20 倍)。

3. 显微镜

如果要求得到更高的视角放大率，必须采用复杂的组合光学系统，这就是显微镜。

显微镜光学系统由物镜和目镜两部分组成，为了减少各种像差，物镜和目镜都是复杂的透镜组合。为了突出其基本原理，在此，二者都用一个薄透镜代替，如图 17.32 所示，为显微镜的原理光路。L_1 为物镜，L_2 为目镜。将长 h 的小物 AB 放在物镜的物方焦点 F_1 外附近，则物将成一放大的实像 $A'B'$，长为 $m_{物}\ h$。适当选择光学间隔 l 的大小，使 $A'B'$ 位于目镜的物方焦点 F_2 内侧附近，于是在目镜之前的明视距离处，成一放大的虚像 $A''B''$，虚像 $A''B''$ 又成为眼睛的物，成像 $A'''B'''$ 于视网膜上。显微镜放大率为

$$M_{显}=\frac{\alpha'}{\alpha_0}=m_{物}\ M_{目}=\frac{25l}{f_1 f_2} \tag{17.31}$$

式(17.31)中各长度的单位为 cm。

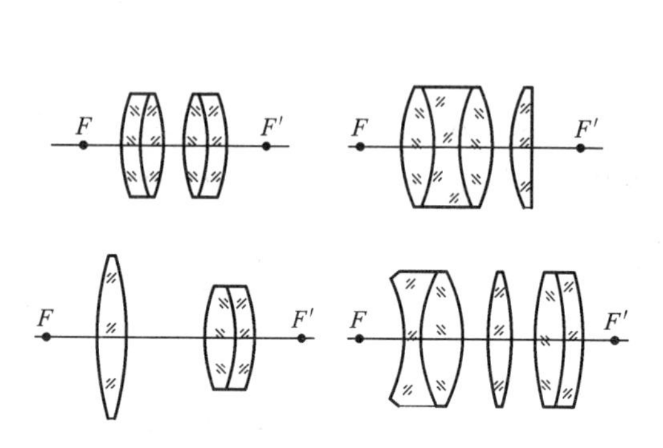

图 17.31　几种典型目镜

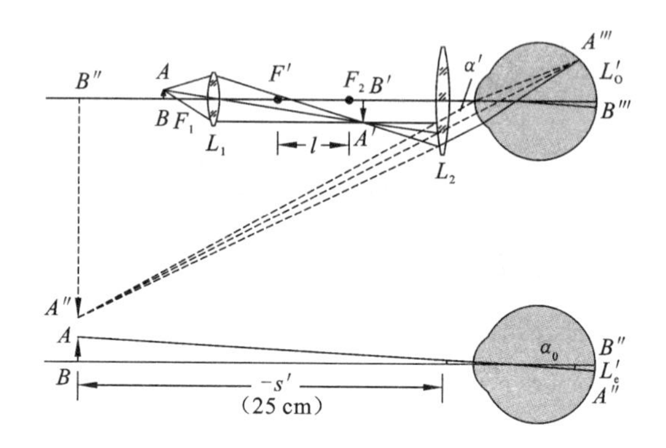

图 17.32　显微镜的工作原理图

光学显微镜放大率可达 $M_{显}=1\ 000\times$(即 1 000 倍)，可用于观察微米量级的小物体。在中间实像处放置带刻度的透明玻璃板，则可用于精密测量。

4. 望远镜

当物在很远，视角小于 1 分，又不可移近时，要借助望远镜来放大视角(感觉远物被移近了)。

望远镜由物镜和目镜组成，物镜的像方焦点与目镜的物方焦点重合。远处物体发出的光近似平行光束入射，在物镜的像方焦点外侧生成实像，再经目镜形成放大的虚像。

望远镜的角放大率为

$$M_{望}=\frac{\alpha'}{\alpha}=\frac{f_{物}}{f_{目}} \tag{17.32}$$

1) 开普勒望远镜

开普勒望远镜的物镜和目镜都是凸透镜($f_1>0, f_2>0$)，如图 17.33 所示。在中间实像处放置带刻度的透明玻璃板，可用于测量。目镜中看到的是倒立的虚像。

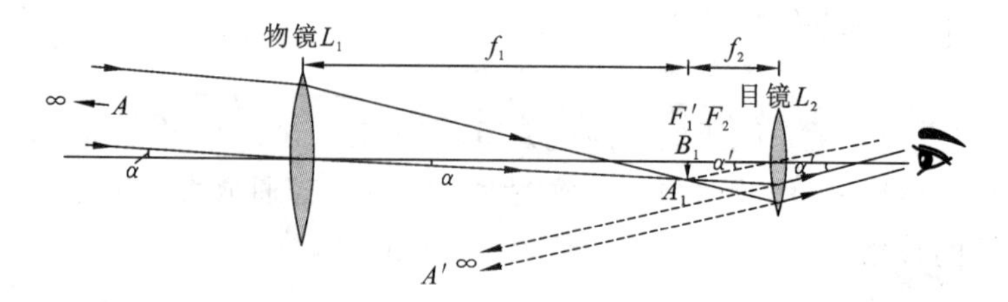

图 17.33　开普勒望远镜原理图

2) 反射望远镜

反射望远镜，用凹面反射镜作物镜，如图 17.34 所示，可以折叠光路，也可以做成很大口径的望远镜。

图17.35是在我国贵州建成的FAST射电望远镜，其口径有500米，是世界最大的单口径射电望远镜，其灵敏度也是世界最高的。

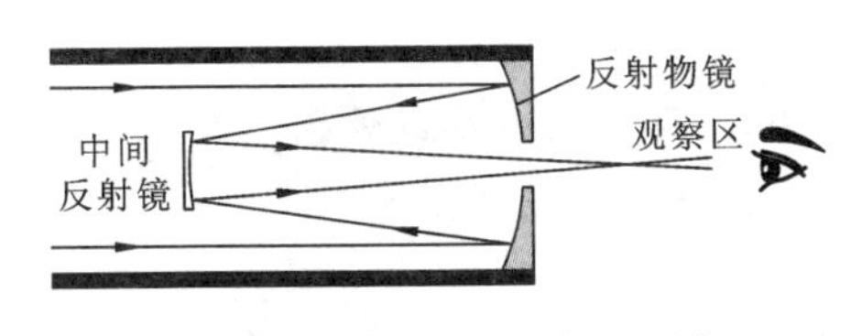

图17.34 反射望远镜原理图

图17.35 FAST射电望远镜照片

3）伽利略望远镜

伽利略望远镜的物镜是凸透镜，目镜用凹透，即 $f_1>0, f_2<0$。看到的是正立的虚像。由于目镜放在了中间实像之前，光线还没有汇聚成实像就入射到目镜上了，所以没有地方放置带刻度的透明玻璃板，也就是说，伽利略望远镜只能用于观察，不能用于测量。如图17.36所示。

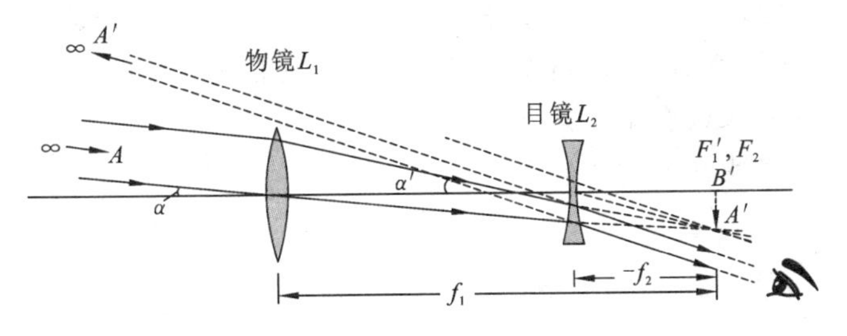

图17.36 伽利略望远镜原理图

提 要

1. 几何光学基本定律

光的直线传播定律：在均匀介质中，光沿直线传播。

光的独立传播定律：自不同方向或由不同物体发出的光线的相交，对每一光线的独立传播不发生影响。

反射定律：反射光线在入射面（入射光与法线组成的面）内，反射光线与入射光线分居法线两侧，反射角等于入射角 $\theta_r=\theta_i$

折射定律：折射光线在入射面内，折射光线与入射光线分居法线两侧，折射角与入射角满足

$$n_1\sin\theta_i=n_2\sin\theta_t$$

折射率 $n=c/u$

2. 反射率与透射率

反射率 $R=W_r/W_i$

透射率 $T=W_t/W_i$

反射光与透射光互补 $R+T=1$

3．全反射

光由光密介质入射到光疏介质($n_1>n_2$)时，若入射角 $\theta_i \geqslant \theta_C$ 时，光线全反射。

全反射临界角　　$\theta_C = \arcsin(n_2/n_1)$

4．平面反射成像

平面反射镜是一个最简单的，不改变光束单心性的，能成完善像的光学系统，像为虚像，与物同大小，且对称于镜面。

5．光在平面上的折射

单心光束经平面折射后将变成像散光束。折射平面不能完善成像。只有近轴光线入射($\theta_i \approx 0$)时，才能近似使发光点 $P(0,y)$ 成完善的虚像点 $P'(0,yn_2/n_1)$。

6．球面反射镜

球面镜上的反射，不能保持光束的单心性。但若只用近轴光线，还能够近似保持光束的单心性。于是球面镜采用近轴光线时能够成像。

球面镜成像公式　　$$\frac{1}{s}+\frac{1}{s'}=\frac{1}{f}$$

球面镜的焦距　　$$f=\frac{r}{2}$$

凹面镜 $f>0$，对光线有会聚作用，可将平行于光轴的近轴光线会聚于焦点；也可将由焦点处发出的发散光束会聚成平行光束；凸面镜 $f<0$，对光线有发散作用，平行于光轴的近轴光线经凸面镜发散后，反向延长线会聚于焦点。

利用三条主光线，采用几何作图的方法，可找到球面镜成像的位置，并画出像的大小。

横向放大率　　$$m=\frac{h'}{h}=\frac{s'}{s}$$

7．薄透镜的焦距

空气中的焦距公式　　$$\frac{1}{f}=\frac{1}{}=(n-1)\left(\frac{1}{r_1}-\frac{1}{r_2}\right)$$

凸透镜 $f>0$，对光线有会聚作用，可将平行于光轴的近轴光线会聚于像方焦点；也可将由物方焦点处发出的发散光束会聚成平行光束；

凹透镜 $f<0$，对光线有发散作用，平行于光轴的近轴光线经凸面镜发散后，反向延长线会聚于像方焦点。

8．薄透镜成像公式

$$\frac{1}{s}+\frac{1}{s'}=\frac{1}{f}$$

利用三条主光线，采用几何作图的方法，可找到薄透镜成像的位置，并画出像的大小。

横向放大率　　$$m=\frac{h'}{h}=\frac{s'}{s}$$

9．助视仪器

放大镜视角放大率　　$$M=\frac{\alpha'}{\alpha_0}\approx\frac{|s'|}{f}\approx\frac{25}{f(\mathrm{cm})}$$

显微镜放大率　　$$M_{显}=\frac{\alpha'}{\alpha_0}=m_{物}\ M_{目}=\frac{25l}{f_1f_2}$$　(各长度量的单位是 cm)

望远镜的角放大率　　$$M_{望}=\frac{\alpha'}{\alpha}=\frac{f_{物}}{f_{目}}$$

思 考 题

17.1 为什么透过茂密的树叶缝隙投影到地面上的太阳光斑呈圆形或椭圆形？你能否设想一下，在日偏食时太阳的光斑是什么形状？

17.2 为什么远处的灯光在微波荡漾的湖面形成的倒影拉得很长？

17.3 试说明平行光束折射后光束横截面积的变化。

17.4 设想一下，你在潜水时，抬头向上看到的天空会是什么样的？

17.5 为什么钻石戒指比磨成相同形状的玻璃仿制品要光彩夺目得多？

17.6 若手边只有一盏白炽灯，如何大致估计一个凹面反射镜的焦距和曲率半径？

17.7 机动车上的后视镜和公路急转弯处的观察镜，为什么不用平面镜或凹面镜，而要用凸面镜？

17.8 将物体放在凸透镜的焦平面上，透镜的另一侧放一块与光轴垂直的平面镜，最终的像成在什么位置？其大小及虚实怎样？平面镜的位置前后移动对象有何影响？你能否据此设计出一种测量凸透镜焦距的简易方法？

习 题

17.1 当入射光方向不变时，平面镜绕垂直入射面的轴转动 α 角，试证明反射光线的方向转过角度为 2α。

17.2 在一块厚度 $d=30$ cm 的平行平面玻璃板前放置一小物体，在板的另一侧看到小物体向人眼靠近多少？

17.3 水下 20 cm 处有一点光源，试求水面上能看到的光斑的最大半径（$n_{水}=1.33$）。

17.4 牙医的小反射镜距牙 2.0 cm 处时，能看到牙的放大 4.0 倍的正立的像，此反射镜是凸面还是凹面？其焦距为多少？其曲率半径为多少？

17.5 凹面镜的半径为 40 cm，物放在何处成放大两倍的实像？放在何处成放大两倍的虚像？

17.6 要把球面反射镜前 10.0 cm 处的灯丝成像到 3.00 m 处的墙上，球面镜是凸的还是凹的？曲率半径多大？此时像放大了多少倍？

17.7 一凸面镜，曲率半径为 25.0 cm。在镜前 60.0 cm 处放置一高为 1.0 cm 的物体，求像的位置、横向放大率、正倒和虚实，并画出成像光路图。

17.8 用折射率 $n=1.50$ 的玻璃制成的凸透镜，在空气中的焦距为 10.0 cm，在水中的焦距为多少？（$n_{水}=3/4$）。

17.9 一光源与屏之间的距离为 1.60 m，用焦距为 30.0 cm 的凸透镜插在二者之间，透镜应放在什么位置，才能使光源成像于屏上？

17.10 接收屏与物相距 100 cm，两者之间放一凸透镜，前后移动透镜时，发现透镜在两个位置能够将物成像于接收屏，测得这两个位置的间距为 20.0 cm，求：

（1）透镜的焦距；

（2）透镜的两个位置到接收屏的距离；

（3）两个像的横向放大率。

17.11　用一透镜投影仪放幻灯片,凸透镜的焦距为 20.0 cm。如果屏幕离透镜 5.00 m,幻灯片应放在何处?正放还是倒放?像的面积是幻灯片面积的几倍?

17.12　美国芝加哥大学 Yerkes 天文台的折射望远镜的物镜焦距为 19.5 m,目镜焦距为 10 cm。此望远镜的视角放大率为多少?

17.13　一光学系统由一焦距为 5.0 cm 的凸透镜和焦距为 −10.0 cm 的凹透镜相距 5.0 cm共轴放置,凹透镜在凸透镜的右方。现在凸透镜的左方 10.0 cm 处放一小物体。求该物经两个透镜折射后成像在何处?横向放大率?像的正倒、虚实?并画出成像光路图。

第 18 章　光 的 干 涉

第 17 章所讲述的几何光学仅适用于“波面线度 $\gg$ 波长”的情况，是光的波动性不明显时的近似状况。本章介绍光的波动特性之一：光的干涉。

18.1　相干光的获取

18.1.1　光是一种电磁波

1865 年，麦克斯韦运用电磁场理论，推导出交变的电场强度和磁感应强度在三维空间中的传播分别满足方程

$$\nabla^2 \boldsymbol{E}=\frac{1}{u^2}\frac{\partial^2 \boldsymbol{E}}{\partial t^2},\quad \nabla^2 \boldsymbol{B}=\frac{1}{u^2}\frac{\partial^2 \boldsymbol{B}}{\partial t^2} \tag{18.1}$$

其中的∇^2是拉普拉斯算符

$$\nabla^2=\frac{\partial^2}{\partial x^2}+\frac{\partial^2}{\partial y^2}+\frac{\partial^2}{\partial z^2}$$

对比式(16.22)可知，式(18.1)是典型的三维空间**波动方程**，证明了交变的电场和交变的磁场在介质中的传播规律具有波动性，预见了电磁波的存在。

波动方程式(18.1)的解可以有很多形式：平面波、球面波、柱面波，并且都可有通解与特解(简谐波)。

平面简谐波的波函数为

$$\boldsymbol{E}=\boldsymbol{A}\cos(\boldsymbol{k}\cdot\boldsymbol{r}-\omega t),\quad \boldsymbol{B}=\boldsymbol{A}'\cos(\boldsymbol{k}\cdot\boldsymbol{r}-\omega t) \tag{18.2}$$

球面简谐波的波函数为

$$\boldsymbol{E}=\frac{\boldsymbol{A}_1}{r}\cos(kr-\omega t),\quad \boldsymbol{B}=\frac{\boldsymbol{A}_1'}{r}\cos(kr-\omega t) \tag{18.3}$$

这里的 $\boldsymbol{A}_1$ 和 $\boldsymbol{A}_1'$分别是球面电波和球面磁波在距离波源 1 m 处的振幅。

电磁波波动方程式(18.1)中的 u 是电磁波在介质中的**波速**(传播速率)

$$u=\frac{1}{\sqrt{\varepsilon\mu}} \tag{18.4}$$

其中的 ε 是介质的介电常数，μ 是介质的磁导率。

于是真空中电磁波的波速为

$$c=\frac{1}{\sqrt{\varepsilon_0\mu_0}}=299\ 792\ 458(\mathrm{m/s})\approx 3\times 10^8(\mathrm{m/s}) \tag{18.5}$$

这与实测的真空中的光速相同。

电磁波在介质中的折射率定义为 $n=\frac{c}{u}$，则

$$n=\sqrt{\frac{\varepsilon\mu}{\varepsilon_0\mu_0}}=\sqrt{\varepsilon_r\mu_r}$$

对非铁磁质而言,相对磁导率 $\mu_r \approx 1$,于是

$$n=\sqrt{\varepsilon_r} \tag{18.6}$$

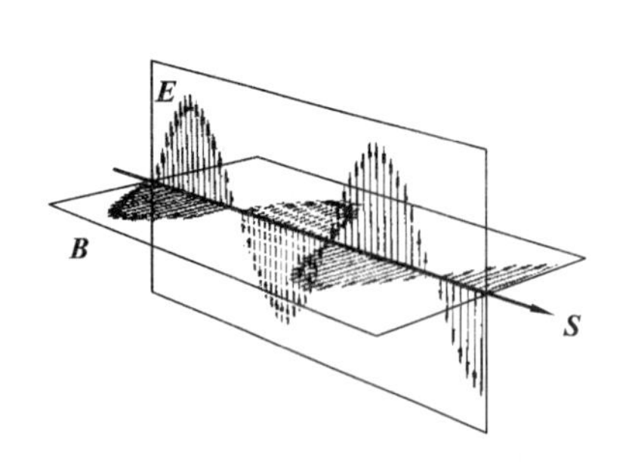

图 18.1　电磁波是横波(**S** 沿波传播方向)

式(18.6)称为麦克斯韦关系式,光的折射率也满足此关系式。

基于这些证据,麦克斯韦指出:光是一种电磁波。

麦克斯韦还从理论上证明电场强度矢量 $\boldsymbol{E}$ 和磁感应强度矢量 $\boldsymbol{B}$ 相互垂直,且均垂直于波的传播方向,如图 18.1 所示。这说明电磁波是横波。光的偏振性也证实了光是横波。

电磁波的频谱范围很宽,可见光只是其中很小一部分,如图 18.2 所示。

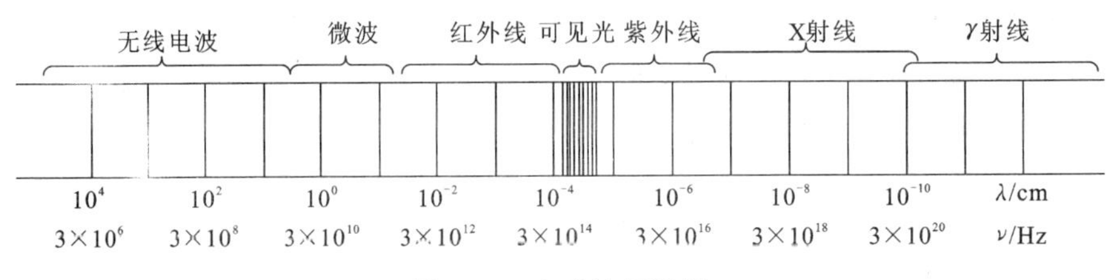

图 18.2　电磁波频谱图

可见光的波长在 400 ～ 760 nm 范围内,其相应的频率在 7.5×10^{14}～3.9×10^{14} Hz 范围内,如图 18.3 给出了可见光的颜色分布谱图。

颜色	红			橙	黄	绿	青	蓝	紫
波长	760	700	650	600	550	500	450	400	(nm)
频率	3.9	4.3	4.6	5.0	5.5	6.0	6.7	7.5	($\times10^{14}$Hz)

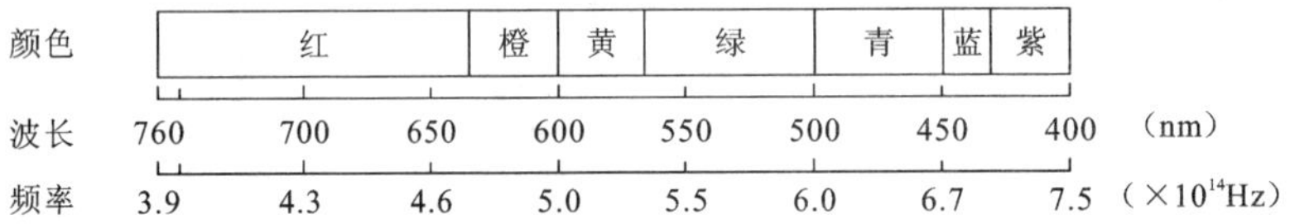

图 18.3　可见光的颜色分布谱图

大量实验结果证实,光与物质相互作用时,**起主导作用的是电波**,因而电磁波中的电场强度矢量 $\boldsymbol{E}$ 也称为**光矢量**。

18.1.2　光的相干条件

光既然是波,就应该能够产生干涉现象。在第 16 章 16.5.2 节中我们讲述过机械波的干涉,相干条件是:频率相同、振动方向有相互平行的分量、相位差恒定,这三要素缺一不可。任何波的相干条件都是一样的,光波也不例外。

18.1.3　普通光源的发光特点

能够发射光波的物体称为光源。物体发光是原子或分子的激发现象。常见的发光方式有:热辐射(物体在热能激发下辐射电磁波的现象,例如太阳、白炽灯电阻丝等);化学发光(由化学反应引起的发光现象,例如燃烧等);电致发光(将电能转换为光能的发光现象,例如闪电、发光二极管等);光致发光(在紫外光或波长较短的可见光照射下荧光物质发出荧光的现象,例如日光灯管中,汞蒸汽放电产生的紫外线激发管壁上荧光物质发出可见光)(荧光波长 > 原照射光波长)。上述发光现象都是由于原子或分子等发光的基本单元从较高能量态向较低能

量态跃迁而产生的。原子或分子吸收外界能量跃迁到较高的能态，处于高能态的原子是不稳定的，很快就会向低能态跃迁；跃迁时辐射电磁波(光波)。

理论指出，原子或分子辐射时发出的光波是不连续的，每次(指一次持续发光时间 τ_0，约为10^{-9} s到10^{-8} s)只能发出一段长度为1 m量级的光波。而且单个原子或分子一次发出的光波的能量非常小，人们所能够感知到的光波，是大量原子或分子在同时发光的结果，而每个原子或分子所发射的光波的传播方向、振动方向、振动初相位都是随机的。另外，人眼的响应能力(可分辨的最小时间间隔)约为0.1 s。所以通常情况下人们所看到的只是平均干涉场，平均的最终效果是等于各光波的非相干叠加。

总之，**两个不同的发光点(无论是否在同一光源上)，发出的光不相干**。因为它们发出的波列在相位及振动方向上都不可能有确定的关系。

18.1.4　相干光的获取方法

由惠更斯原理，介质中波动传播到的各点都可以看作是发射子波的波源，尽管原子发光瞬息万变，这种变化都会同时传到下一个波前上。同一波前上的各点是具有相同初相位的子波源。所以，可以借助光学元件从一点光源发出的光波的波前上分离出两部分或更多个部分的光束，再使这些光束重新相遇，如图18.4所示，则它们可视为是由频率相同、振动方向相同、初相位相同的子光源发出的光波。是完全满足相干条件的。这样获取相干光的方法称为**分波前法**。

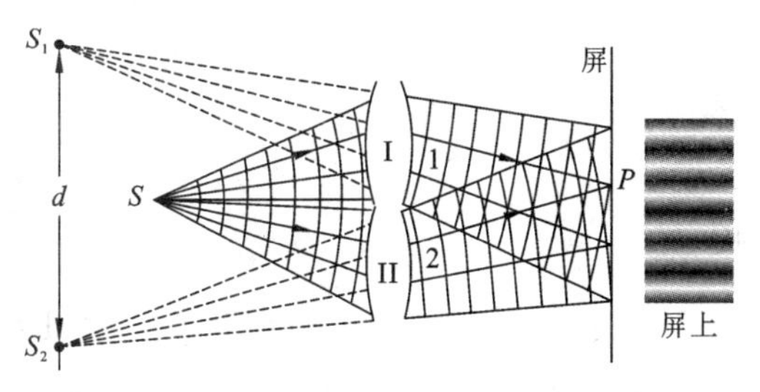

图18.4　分波前法获取相干光

光在透明介质的分界面处会分成有确定相位关系的反射光和折射光，若能设法使这样分开的光再相遇，也是完全满足相干条件的。这样获取相干光的方法称为**分振幅法**。

上述两种获取相干光的方法，都是设法将由一个点光源发出的光束，分成两束或多束后再相遇。也就是说，**光波只与自身相干**。

18.2　相干点光源的干涉

18.2.1　光程与光程差

真空中频率为 ν、波长为 λ 的光，进入到介质中传播时，频率不变，波长为

$$\lambda'=\frac{u}{\nu}=\frac{c}{n\nu}=\frac{\lambda}{n} \tag{18.7}$$

光振动的相位沿传播方向逐点落后，通过路程 r 后，光振动相位落后的值为

$$\Delta\varphi=\frac{2\pi}{\lambda'}r=\frac{2\pi}{\lambda}nr$$

定义**光程**

$$L=nr \tag{18.8}$$

是将光在介质中通过的路程，按相位变化相同折合到真空中的路程。

一束光连续经过多种介质的总光程为

$$L = \sum n_i r_i \tag{18.9}$$

两相干光之间的**光程差**为

$$\delta = L_2 - L_1 \tag{18.10}$$

由于相干光实质上来自于同一点光源,因此两相干光的初相位相同,两相干光之间的相位差仅取决于光程差和波长,即**相位差与光程差的关系**为

$$\Delta\varphi = \frac{2\pi}{\lambda}\delta \tag{18.11}$$

值得注意的是,**光的干涉和光的衍射这两章的中心任务就是计算光程差、相位差,继而求出干涉或衍射条纹的极值位置**。

例 18.1 如图 18.5 所示,自两个同相的相干点光源 S_1 和 S_2 到达 P 点的距离为 r_1 和 r_2,在 S_2P 中间插入折射率为 n、厚度为 d 的透明介质,其余的地方折射率均为 n_0,求自两点光源到 P 点的程差与相位差。

解 按照光程的定义式(18.8)、式(18.9)、式(18.10)、式(18.11)有

$$L_1 = n_0 r_1, \quad L_2 = n_0(r_2 - d) + nd$$

光程差

$$\delta = L_2 - L_1 = n_0(r_2 - d) + nd - n_0 r_1 - n_0(r_2 - d - r_1) + nd$$

相位差

$$\Delta\varphi = \frac{2\pi}{\lambda}\delta = \frac{2\pi}{\lambda}[n_0(r_2 - d - r_1) + nd]$$

在光的干涉和光的衍射装置中,经常会用到透镜,都视为是理想透镜。由几何光学的理论可知:**理想透镜**可以改变光线的传播方向,但**不产生光程差**。或者说:**理想透镜成像时,物点和像点间各光线等光程**〔平行光的物点或像点在无穷远〕。如图 18.6 所示。

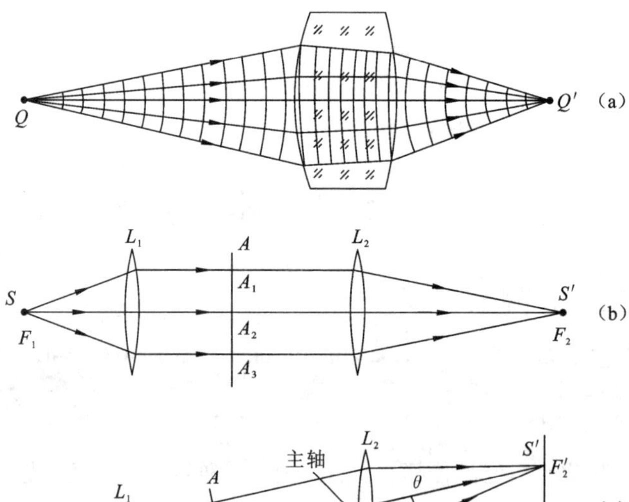

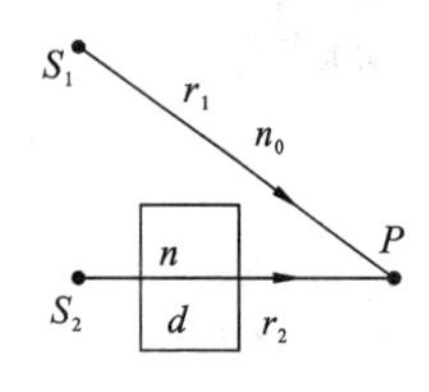

图 18.5 例 18.1 图

图 18.6 理想透镜不产生光程差

于是,在有透镜的光路中计算光程差时,无须考虑物点和像点之间的光程。对于平行光而

言，其等相面是一系列垂直于平行光的平面。计算光程时可以任意选择一个垂直于平行光的平面，由物点到此平面的所有光线，或由此平面到像点之间的所有光线均无光程差，如图 18.6(b)(c)所示。

18.2.2　两个相干点光源的干涉

1. 干涉场中光强的极值条件

空气中，有两个等强的同相的相干点光源，如图 18.7 所示，与第 16 章第 16.5 节"(机械)波的干涉"的推导一样，可以得到**两相干光在空间任一点 P 的强度**为

$$I(P)=I_1(P)+I_2(P)+2\sqrt{I_1(P)I_2(P)}\cos\Delta\varphi(P) \tag{18.12}$$

与机械波的干涉强度公式(16.38)一样。

其中　$I_1(P)=[A_1(P)]^2,\quad I_2(P)=[A_2(P)]^2$

通常取 r_1 和 r_2 远大于 d，则 $A_1(P)\approx A_2(P)=A$，于是

$$I(P)=2A^2[1+\cos\Delta\varphi(P)]=4A^2\cos^2\frac{\Delta\varphi(P)}{2} \tag{18.13}$$

式(18.13)是**两等幅(强)相干光的干涉光强**。这里的光强 $I(P)$是 $\Delta\varphi(P)$的周期性函数，依照式(18.13)在图 18.8 中画出了其函数曲线。

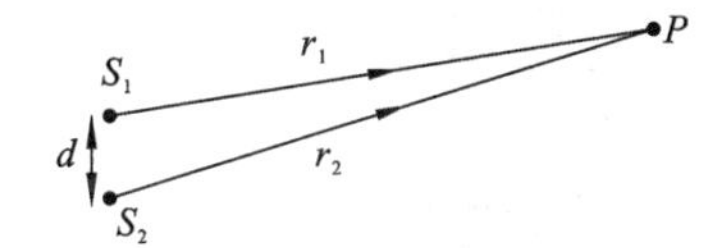

图 18.7　两个相干点光源的干涉

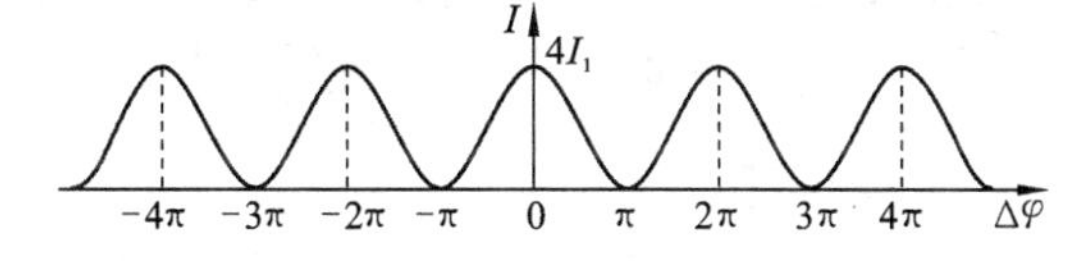

图 18.8　两等幅相干光的干涉强度曲线

干涉场中的干涉极大值(明纹)的强度是参与干涉的两束光的强度之和的 2 倍，极小值(暗纹)强度为零，即 $I_M=2(I_1+I_2)=4I_1$，$I_m=0$。

由式(18.13)和图 18.8 都可以得到**干涉光强 $I(P)$ 的极值条件**为

$$\begin{cases}\Delta\varphi=2j\pi & [极大(明)](j=0,\pm1,\pm2\cdots)\\ \Delta\varphi=(2j\mp1)\pi & [极小(暗)](j=\pm1,\pm2,\pm3\cdots)\end{cases} \tag{18.14}$$

注：式(18.14)的极小值条件中，当 $j>0$ 时，$\Delta\varphi=(2j-1)\pi$；当 $j<0$ 时，$\Delta\varphi=(2j+1)\pi$

由于光程差的计算相对较容易，将式(18.11)代入上式可得**用光程差来表示的光强的极值条件公式**

$$\begin{cases}\delta=(2j)\lambda/2 & [极大(明)](j=0,\pm1,\pm2\cdots)\\ \delta=(2j\mp1)\lambda/2 & [极小(暗)](j=\pm1,\pm2,\pm3\cdots)\end{cases} \tag{18.15}$$

注：式(18.15)的极小值条件中，当 $j>0$ 时，$\delta=(2j-1)\lambda/2$；当 $j<0$ 时，$\delta=(2j+1)\lambda/2$

2. 等光程差面和干涉条纹

建立如图 18.9 所示的三维直角坐标系，则

$r_1=\sqrt{(x-d/2)^2+y^2+z^2}$，$r_2=\sqrt{(x+d/2)^2+y^2+z^2}$

光程差为 $\delta=r_2-r_1$，即

$$\delta=\sqrt{(x+d/2)^2+y^2+z^2}-\sqrt{(x-d/2)^2+y^2+z^2}$$

化简得

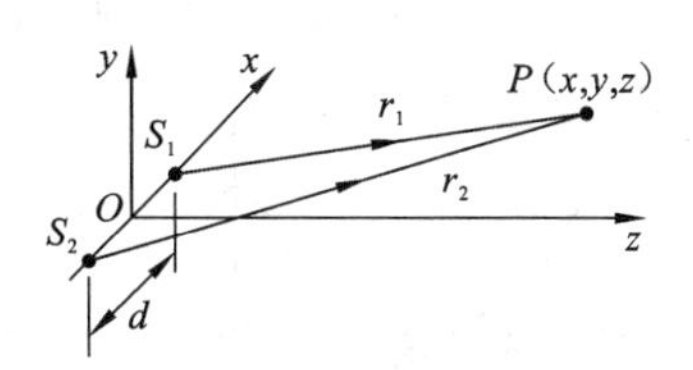

图 18.9　直角坐标系中的点源干涉

$$\frac{x^2}{(\delta/2)^2}-\frac{y^2+z^2}{(d/2)^2-(\delta/2)^2}=1 \tag{18.16}$$

这是δ固定的等光程差面的方程,是以 S_1和 S_2为焦点的双叶旋转双曲面。

代入光强的极大值条件 $\delta=j\lambda$,得

$$\frac{x^2}{(j\lambda/2)^2}-\frac{y^2+z^2}{(d/2)^2-(j\lambda/2)^2}=1 \tag{18.17}$$

这是三维空间中干涉光强极大(亮)点的轨迹方程。图 18.10(a)是依据式(18.17)画出来的干涉光强极大的分布曲面示意图,是一系列以 S_1 和 S_2 为焦点的旋转双曲面。由于光的波长非常短,实际的干涉极大分布的旋转双曲面在空中的分布是相当密集的。

在透明介质中,如果不是直接迎着光传播的方向看,是看不到光的,也看不见图 18.10(a)所示的干涉光强极大(亮)点的分布旋转双曲面,只有将接收屏(一般为不透明的白色平面物质)置于干涉场中,才能在两相干光都能到达的屏上的区域中看到明暗相间的干涉条纹(图样),它是接收屏与光强极大点的分布旋转双曲面相交所截曲线,如图 18.10(b)所示。屏的位置不同,条纹形状不同。

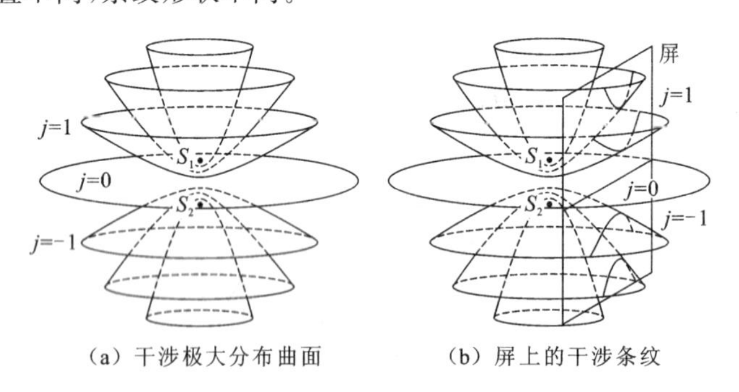

(a) 干涉极大分布曲面　(b) 屏上的干涉条纹

图 18.10　两点源干涉极大分布示意图

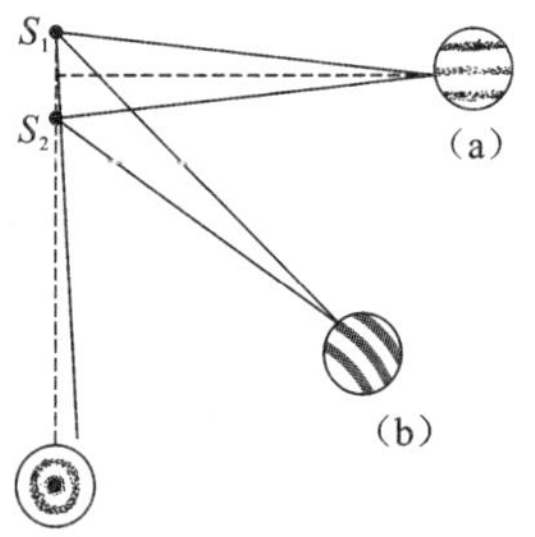

S_1 S_2 (a) (b) (c)

图 18.11　条纹形状随屏位置而变

若将接收屏平行于两点源的连线$\overline{S_1S_2}$,且对称于$\overline{S_1S_2}$的中垂线放置时,则屏上的干涉条纹为双曲线,如图 18.10(b)所示。当屏又∞远时,则屏上的干涉条纹为等间距的直线(曲率半径很大的双曲线近似为直线),如图 18.11(a)所示。若将接收屏垂直于两点源的连线$\overline{S_1S_2}$放置时,则屏上的干涉条纹为同心圆环,如图 18.11(c)所示。若将接收屏放置于一般位置时,则屏上的干涉条纹为弯曲的弧线,如图 18.11(b)所示。

18.2.3　条纹的对比度

当参与干涉的两相干光振幅不相等 $A_1\neq A_2$ 或不等强 $I_1\neq I_2$ 时,由式(18.12)可知,干涉明纹的强度 $I_M<2(I_1+I_2)$,干涉暗纹的强度 $I_m>0$。在图 18.12 中画出了此情况下干涉强度随相位差而变的函数曲线。对比图 18.8 看到,在参与干涉的两光强度之和保持不变的前提下,$I_1\neq I_2$ 时的干涉条纹,比起 $I_1=I_2$ 时的干涉条纹来,干涉明纹的强度减小了,干涉暗纹的强度增加了(不再是无光的纯黑色),感觉干涉条纹的清晰程度下降了。

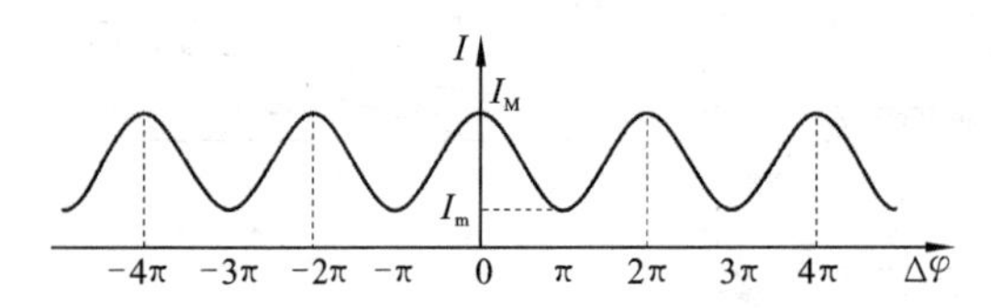

图 18.12　两不等幅相干光的干涉强度曲线

为了定量描述干涉条纹的清晰程度,定义干涉**条纹的对比度**(也称为可见度或反衬度):

$$K=\frac{I_M-I_m}{I_M+I_m} \tag{18.18}$$

式中 I_M 是干涉明纹(极大)处的光强度,I_m 是

干涉暗纹(极小)处的光强度。

当 $I_m=0$(暗纹全黑)时,$\boldsymbol{K=1}$,条纹的对比度(反差)最大,最清晰,称为**完全相干**;当 $I_m=I_M$时,$\boldsymbol{K=0}$,条纹的对比度最小,看不见任何条纹,称为**完全不相干**。

18.2.4　振幅比对条纹对比度的影响

由式(18.12)

$$I=I_1+I_2+2\sqrt{I_1I_2}\cos\Delta\varphi=A_1^2+A_2^2+2A_1A_2\cos\Delta\varphi$$

当 $\Delta\varphi=2j\pi$ 时(j 为整数)

$$I=I_M=(A_1+A_2)^2$$

当 $\Delta\varphi=(2j+1)\pi$ 时(j 为整数)

$$I=I_m=(A_1-A_2)^2$$

于是对比度为

$$K=\frac{2A_1A_2}{A_1^2+A_2^2}=\frac{2(A_1/A_2)}{1+(A_1/A_2)^2}\tag{18.19}$$

由式(18.19)可知,$A_1=A_2$时,$K=1$;$A_1\neq A_2$时,$0<K<1$。

式(18.19)说明,**要想获得高清晰度的干涉条纹**,即要得到对比度 $K\to1$ 的干涉条纹,**就要使参与干涉的两相干光振幅(或强度)尽量相等**。

18.3　杨氏干涉实验与分波前干涉方法

英国物理学家托马斯·杨于1801年首先在实验室观察到光的干涉现象,为光的波动理论提供了有力的证据。

18.3.1　杨氏双孔干涉

杨氏双孔干涉装置如图18.13所示。S,S_1 和 S_2 都是遮光片上开的小圆孔。S 在对称轴上,S_1 和 S_2 孔径相同,间距为 d,对称于轴放置。在 S_1 和 S_2 右侧距离为 $D(D\gg d)$处平行于$\overline{S_1S_2}$,且垂直于对称轴(垂直于纸面)放置了一个接收屏。

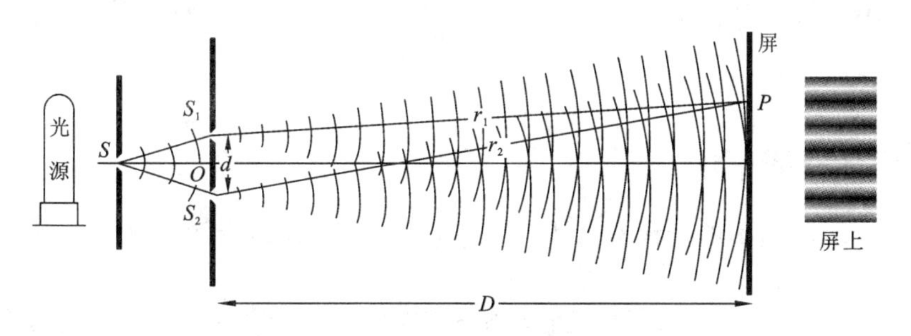

图18.13　杨氏双孔干涉装置原理图

光源放置于小圆孔 S 的左侧,依据惠更斯原理,S 可视为一个点光源;S_1 和 S_2 是位于点光源 S 发出的球面波的波前上的两点,于是,S_1 和 S_2 是两个等强的同相的相干点光源。

在本章18.2节中,已经对两个相干点光源的干涉做了详细的研究。由图18.10和图18.11可知,杨氏双孔干涉的接收屏上会出现垂直于$\overline{S_1S_2}$,同时也垂直于称于轴的平行直线干涉条纹(图 18.13 左边的装置图中,平行直线条纹的走向垂直于纸面)。杨氏双孔干涉接收屏上 P 点的光强的极值条件由公式(18.15)给出,为

$$\begin{cases}\delta=(2j)\dfrac{\lambda}{2} & (j=0,\pm1,\pm2\cdots)\text{极大(明)}\\ \delta=(2j\mp1)\dfrac{\lambda}{2} & (j=\pm1,\pm2,\pm3\cdots)\text{极小(暗)}\end{cases}$$

其中的 δ 是两相干光到达 P 点的处的光程差,可由几何关系求出。

如图 18.14 所示,设屏上 P 点位于对称轴与 S_1 和 S_2 所在的平面内,P 与轴的距离为 x $(D\gg x)$。取 $CP=S_1P$,则光程差 $\delta=r_2-r_1=S_2C$。

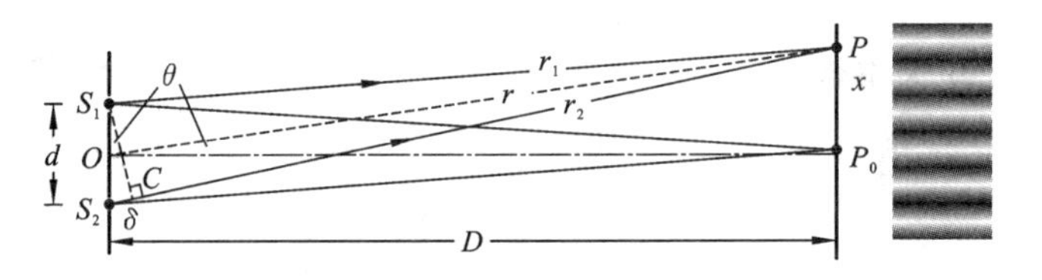

图 18.14　杨氏干涉条纹位置计算

由于 $D\gg d,D\gg x$,则 ΔS_1PC 将是一个顶角($\angle S_1PC$)非常小,两底角接近 90°的细长等腰三角形,于是 ΔS_1S_2C 是直角三角形。

又由于$\angle S_1PC$ 非常小,可认为 $S_1P\parallel OP\parallel S_2P$,则近似有$\angle S_2S_1C=\angle POP_0=\theta$,并且这个 θ 也很小,于是光程差

$$\delta=r_2-r_1\approx d\sin\theta\approx d\,\frac{x}{D} \tag{18.20}$$

代入上述极值条件由公式(18.15)得屏中条纹的位置为

$$\begin{cases}x=j\lambda\dfrac{D}{d} & (j=0,\pm1,\pm2\cdots)\text{极大(明)}\\ x=(2j\mp1)\lambda\dfrac{D}{d} & (j=\pm1,\pm2,\pm3\cdots)\text{极小(暗)}\end{cases} \tag{18.21}$$

注:式(18.21)的极小条件中,当 $j>0$ 时,$x=(2j-1)\lambda\dfrac{D}{d}$;当 $j<0$ 时,$x=(2j+1)\lambda\dfrac{D}{d}$。

0 极条纹位于几何光程差为零的点(P_0)**处**。

相邻两条明(暗)**条纹间距**

$$\Delta x=x_{j+1}-x_j=\lambda\,\frac{D}{d} \tag{18.22}$$

18.3.2　杨氏双缝干涉

若将如图 18.13 所示的杨氏双孔干涉装置做一些小改动,干涉条纹将会有什么变化呢?下面分 4 种情况来讨论。

(1) 若将小圆孔 S 垂直于纸面(垂直于$\overline{S_1S_2}$和对称轴)向外移动一个很小的距离,则接收屏上的直线条纹将垂直于纸面向里整体平移一点。直线条纹的长度方向仍垂直于纸面,零级(光程差为零的位置)仍在对称轴上,条纹间距也保持不变。若将小圆孔 S 沿垂直于纸面(垂直于$\overline{S_1S_2}$和对称轴)方向加宽,则宽光源 S 上的每一点发出的光经两个小圆孔 S_1 和 S_2 后,在接收屏上都将各形成一套直线干涉条纹,这些直线干涉条纹的长度方向、零级位置及条纹间距都一样,只是在沿条纹的长度方向(垂直于纸面方向)稍有平移。尽管这些条纹在屏上将是非相干叠加,但由于正好是极大加极大,极小加极小(零加零仍为零),所以明条纹的亮度提高了,

而条纹的对比度并没有改变，仍然是 $K=1$。

(2) 若将两个小圆孔 S_1 和 S_2 垂直于纸面（垂直于$\overline{S_1S_2}$和对称轴）向里移动一个很小的距离，则接收屏上的直线条纹将垂直于纸面向里整体平移一点。直线条纹的长度方向仍垂直于纸面，零级仍在对称轴上，条纹间距也保持不变。若将两个小圆孔 S_1 和 S_2 沿垂直于纸面（垂直于$\overline{S_1S_2}$和对称轴）方向加宽，结果与(1)的情形一样，明条纹的亮度提高，条纹的对比度仍然是 $K=1$。

(3) 若沿平行于$\overline{S_1S_2}$方向将小圆孔 S 向上（或下）移动一个很小的距离，则接收屏上的直线条纹将沿平行于$\overline{S_1S_2}$方向向下（或上）整体平移一点。直线条纹的长度方向仍垂直于纸面，间距仍保持不变，但条纹的零级（光程差为零的位置）已经不在对称轴上了。若在沿平行于$\overline{S_1S_2}$方向，将小圆孔 S 加宽一点，则宽光源 S 上的每一点发出的光经两个小圆孔 S_1 和 S_2 后，在接收屏上都将各形成一套直线干涉条纹，这些直线干涉条纹的长度方向仍垂直于纸面，间距都一样，但条纹的零级位置彼此错开，也就是各套条纹的明纹彼此错开，暗纹也彼此错开。这些条纹在屏上将是非相干叠加，叠加的结果是，屏上找不到强度为零的位置了，条纹的对比度下降了，$0<K<1$。若沿平行于$\overline{S_1S_2}$方向继续加宽 S，则接收屏上的条纹的对比度将很快降为 $K=0$，就再也看不见干涉条纹了。

(4) 若沿平行于$\overline{S_1S_2}$方向将两个小圆孔 S_1 和 S_2 同时向上（或下）移动一个很小的距离，则接收屏上的直线条纹将沿平行于$\overline{S_1S_2}$方向向上（或下）整体平移一点。若沿平行于$\overline{S_1S_2}$方向将两个小圆孔 S_1 和 S_2 同时加宽一点，结果与(3)情形一样，条纹的对比度下降了，$0<K<1$。若沿平行于$\overline{S_1S_2}$方向继续同时加宽 S_1 和 S_2，则接收屏上的条纹的对比度也将很快降为 $K=0$，也看不见干涉条纹了。

综上所述，如图 18.13 所示的杨氏双孔干涉装置中，用作在光波面上取点光源的三个小圆孔 S、S_1 和 S_2，可以沿垂直于纸面（垂直于$\overline{S_1S_2}$和对称轴）的方向加宽，这样能够提高明条纹的亮度，条纹的对比度仍然是 $K=1$；但沿平行于$\overline{S_1S_2}$方向的宽度必须受到严格限制，否则条纹的对比度会下降很多，甚至看不见条纹。也就是说 S、S_1 和 S_2 可以是三个垂直于纸面（垂直于$\overline{S_1S_2}$和对称轴）的平行狭缝（狭缝的许可宽度通常小于 0.05 mm）。于是最终定型的杨氏干涉装置就不再是“杨氏双孔干涉”，而是“杨氏双缝干涉”。

杨氏双缝干涉装置的平面示意图仍可用图 18.13 表示，只是图中的 S、S_1 和 S_2 是三个垂直于纸面（垂直于$\overline{S_1S_2}$和对称轴）的平行狭缝。

杨氏双缝干涉条纹与杨氏双孔干涉条纹相比较，形状、位置、对比度完全一样，而亮条纹的亮度则有大幅度提高，条纹更易分辨。在 18.3.1 小节中，用杨氏双孔干涉装置推导出的屏上 P 点的光程差式(18.20)，条纹的位置式(18.21)，条纹的间距式(18.22)均适用于杨氏双缝干涉。

18.3.3　杨氏干涉条纹的特点

由式(18.13)、式(18.21)和式(18.22)可以总结出杨氏干涉条纹具有如下特点：

(1) 各明纹等强 $I(P)=4I_1(P)$；

(2) 相邻条纹间距（从某明条纹的中心量到相邻明条纹的中心，或从某暗条纹的中心量到相邻暗条纹的中心）相等，且与干涉级次无关；

(3) 波长 λ 一定（单色光）时，接收屏与双缝距离 D 增加，则条纹间距 Δx 增加（条纹变稀疏);双缝间距 d 增加,则条纹间距 Δx 减小(条纹变密集)。

(4) D 和 d 一定时,若 $\lambda_1<\lambda_2$,则 $\Delta x_1<\Delta x_2$,即波长较长的光波的干涉条纹较宽,不同波长光的干涉条纹,只有零级位置相同,其余级次的条纹位置均不相同,如图 18.15 所示。

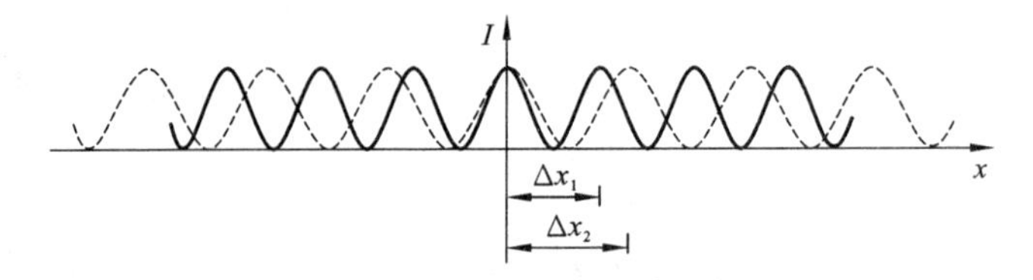

图 18.15 波长较长的光波干涉条纹较宽

(5) 白光入射时,不同波长(颜色)光的干涉条纹的零级位置相同,其余各级明纹的位置均不相同,按波长(颜色)连续分布,在接收屏上,同级条纹的颜色从中心向外依次为紫、蓝、青、绿、黄、橙、红色,但在较高级次时,不同颜色不同级次的干涉条纹会重叠严重,如图 18.16 所示。

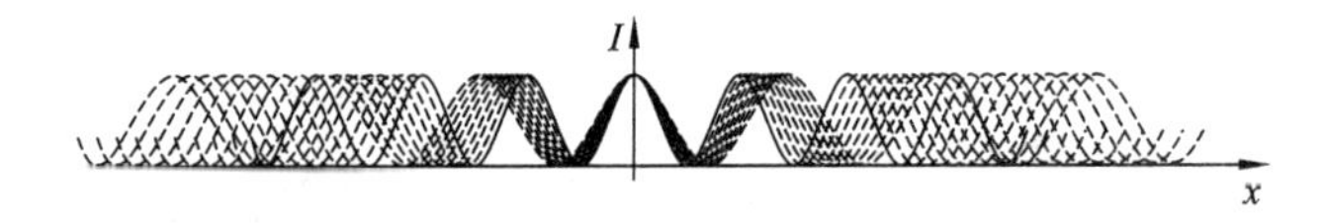

图 18.16 白光入射时不同波长干涉条纹的重叠现象

(6) 想看到条纹(Δx 不太小),必使 $D\gg d$,一般来说 D 要比 d 大约 3~4 个数量级,这样才能将肉眼无法看见的可见光的波长(400~760 nm)的尺度,转换成肉眼能够看见的条纹宽度(mm)尺度,这就是物理光学的光放大原理。

例 18.2 单色光通过两个相距 2×10^{-4} m 的狭缝,在缝后 1 m 处的屏上观察到干涉条纹。已知从第一明条纹到第四明条纹的距离为 7.5×10^{-3} m,求此单色光的波长。

解 由 $x=j\lambda\dfrac{D}{d}$,有 $x_1=\lambda\dfrac{D}{d}$,$x_4=4\lambda\dfrac{D}{d}$,则

$$x_4-x_1=3\frac{D}{d}\lambda=7.5\times10^{-3}$$

即

$$\lambda=\frac{x_4-x_1}{3D}d=\frac{7.5\times10^{-3}\times2\times10^{-4}}{3\times1}=5\times10^{-7}\ \text{m}$$

例 18.3 如图 18.17 所示,在杨氏双缝实验装置的缝 S_2 后插入厚度为 e 折射率为 n 的透明介质薄片,条纹将如何变化?

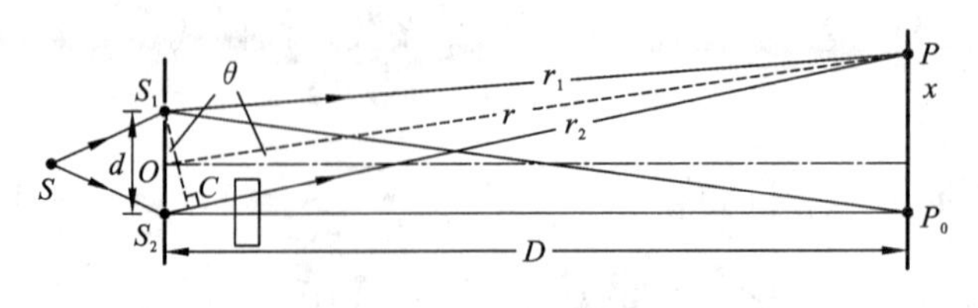

图 18.17 例 18.3 图

解 插入介质薄片后,到达 P 点的两光线的光程差为

$$\begin{aligned}\delta&=r_2-r_1+(n-1)e\\&\approx d\sin\theta+(n-1)e\end{aligned}$$

$$\approx d\frac{x}{D}+(n-1)e$$

代入极值条件

$$\begin{cases}\delta=(2j)\dfrac{\lambda}{2} & (j=0,\pm1,\pm2\cdots)\text{明}\\ \delta=(2j\mp1)\dfrac{\lambda}{2} & (j=\pm1,\pm2,\pm3\cdots)\text{暗}\end{cases}$$

得干涉条纹的位置为

$$\begin{cases}x=j\lambda\dfrac{D}{d}-(n-1)e\dfrac{D}{d} & (j=0,\pm1,\pm2\cdots)\text{明}\\ x=(2j\mp1)\lambda\dfrac{D}{2d}-(n-1)e\dfrac{D}{d} & (j=\pm1,\pm2,\pm3\cdots)\text{暗}\end{cases}$$

相邻两条明(暗)条纹间距

$$\Delta x=x_{j+1}-x_j=\lambda\frac{D}{d}$$

与未插入介质薄片时的条纹间距相同。

零极条纹 P_0 位于

$$x_0=-(n-1)e\frac{D}{d}$$

所以,插入介质薄片后,条纹整体向光程增加的一侧(下)平移,平移量为$(n-1)e\dfrac{D}{d}$。

例 18.4　用折射率 $n=1.58$ 的很薄的云母片覆盖在双缝实验中的狭缝 S_2 后方,如图 18.18 所示,这时屏上的第七级明条纹下移到原来的零级明条纹的位置上。如果入射光波长为 550 nm,试问此云母片的厚度是多少?

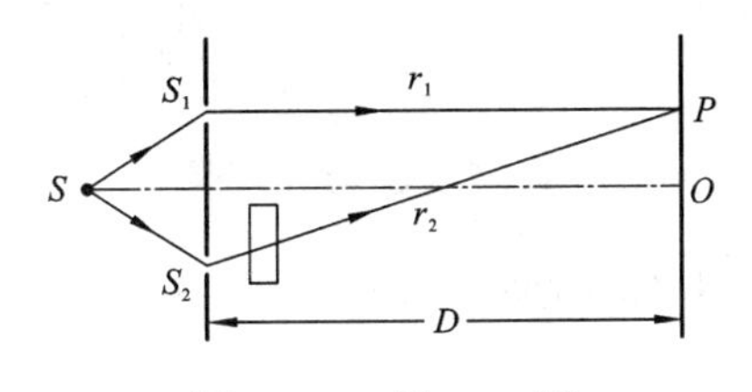

图 18.18　例 18.4 图

解　两相干光到达第 j 级明纹的光程差为 $j\lambda$,到达第 $j+1$ 级明纹的光程差为 $(j+1)\lambda$,于是两相干光到达相邻明纹的光程差相差 λ。

S_2 后方插入云母片后,条纹将向 S_2 侧平移,已知平移了 7 个条纹的间距,说明光程差改变了 7λ,设云母片厚度为 e,则光程差改变量为

$$\Delta\delta=[r_2-r_1+(n-1)e]-(r_2-r_1)=(n-1)e=7\lambda$$

云母片厚度为

$$e=\frac{7\lambda}{n-1}=\frac{7\times550\times10^{-9}}{1.58-1}=6.638\times10^{-6}(\text{m})$$

18.3.4　与杨氏双缝类似的分波前干涉实验

与杨氏双缝类似的分波前干涉实验有菲涅耳双棱镜、菲涅耳双面镜、洛埃镜等,虽然装置各异,从两虚相干光源发出的相干光的光程差的计算与杨氏双缝完全一样。干涉条纹也都是平行于狭缝的等间距的直线条纹。

1. 菲涅耳双棱镜与菲涅耳双面镜

如图 18.19 和图 18.20 分别为菲涅耳双棱镜及菲涅耳双面镜的装置原理图。

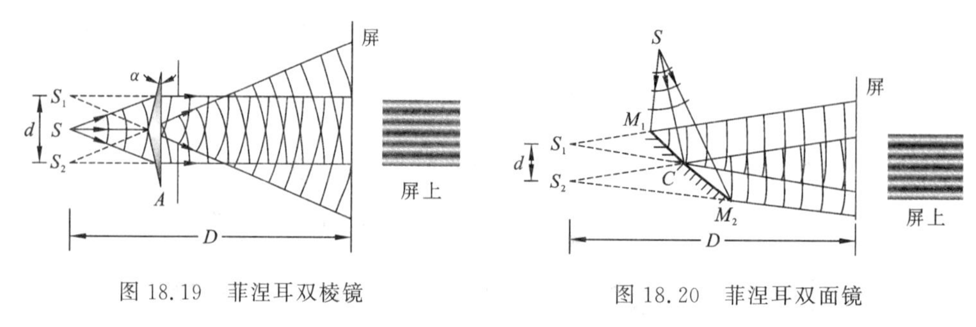

图 18.19　菲涅耳双棱镜　　　　图 18.20　菲涅耳双面镜

图 18.19 中,S 为狭缝光源,它与棱镜 A 的棱脊平行。从 S 发出的波前经棱镜折射分成两部分。由于折射光来自于同一线光源的同一波前,它们是相干光,由图 18.19 可知,S_1 和 S_2 为通过棱镜的折射光反向延长而得到的两个虚光源,它们相当于两个离得很近的双狭缝相干光源。

图 18.20 为菲涅耳双面镜装置。M_1 与 M_2 是夹角约为$(\pi-10^{-3})$ rad 的两个平面反射镜,狭缝光源 S 发出的光经 M_1 和 M_2 反射,这些反射光来自同一线光源,因此是相干光。设 S_1 和 S_2 分别是 S 在 M_1 和 M_2 中的虚像,则从 M_1 和 M_2 上反射的光好像是从这两个虚光源 S_1 和 S_2 发出的一样,由于 S_1 与 S_2 离得很近,它们也相当于双狭缝光源。因此,只要能由几何光学的方法算出图 18.19 和图 18.20 中的 d 和 D,菲涅耳双棱镜干涉和菲涅耳双面镜干涉都可以套用杨氏双缝干涉的公式。

2. 洛埃镜与半波损失现象

洛埃镜的装置相当简洁,只用了一个狭缝、一个平面镜和一个接收屏,如图 18.21 所示。

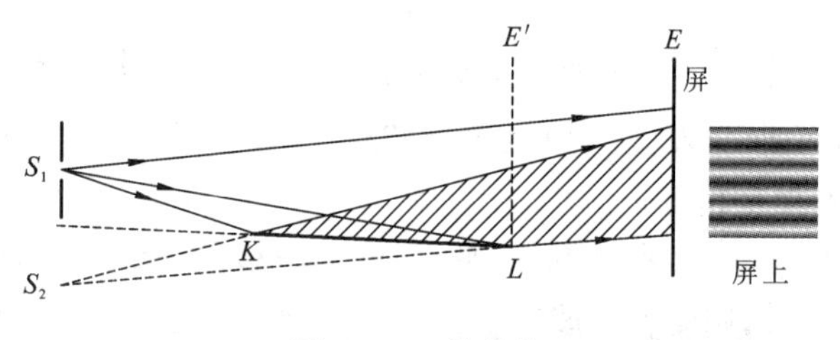

图 18.21　洛埃镜

狭缝光源 S_1 直接射出的一部分光线与其掠入射(入射角接近 90°)到平面镜上而被反射的另一部分光线相遇(图中斜线部分),从而发生干涉。如果将反射光看成是虚光源 S_2 发出的,那么由于 S_1 与 S_2 靠得很近,这一对相干光源“发出”的光的干涉也与杨氏双缝干涉光路类同。值得注意的是,因为$\overline{S_1L}=\overline{S_2L}$,按照光程的计算,图中 L 处应为零级明纹,但当我们将屏幕移到 E'处,却观察到 L 处为暗条纹,这说明两光线 S_1L 与 S_2L 交于 L 点时光程差不为零,而是 $\frac{\lambda}{2}$,这种现象称为光的半波损失。

实验和理论都可以证明:光波从光疏介质向光密介质表面掠入射($\theta_i\approx90°$)或垂直入射($\theta_i\approx0°$)时,与入射光相比,反射光在反射点的相位发生 π 的突变,即反射光产生了**半波损失**。

18.4　薄膜干涉

光射到两透明介质的分界面上时,一部分反射,一部分透射,光束的这种分割方式称为分振幅法。其优点是用扩展光源也可获得清晰条纹。最基本的分振幅干涉装置是一块透明介质薄膜。薄膜干涉在日常生活中经常可见,如许多昆虫的翅膀在阳光下呈现的七彩光泽,肥皂泡上的七彩纹路等。

18.4.1　薄膜干涉概述

1. 薄膜的反射光场与透射光场

折射率为1.5的介质薄膜置于空气中,如图18.22所示,若光线入射角不太大($\theta_i<30°$),则两个界面的反射率都是4%[参见第17章中图17.4(a)和图17.6的反射率曲线]。若入射光线的光强为$I_i=100$,则第一支反射光的强度为$I_{r1}=4.0$,振幅为$A_{r1}=\sqrt{I_{r1}}=2.0$;第二支反射光的强度为$I_{r2}=3.7$,振幅为$A_{r2}=\sqrt{I_{r2}}=1.9$;第一支透射光的强度为$I_{t1}=92$,振幅为$A_{t1}=\sqrt{I_{t1}}=9.6$;第二支透射光的强度为$I_{t2}=0.15$,振幅为$A_{t2}=\sqrt{I_{t2}}=0.39$。

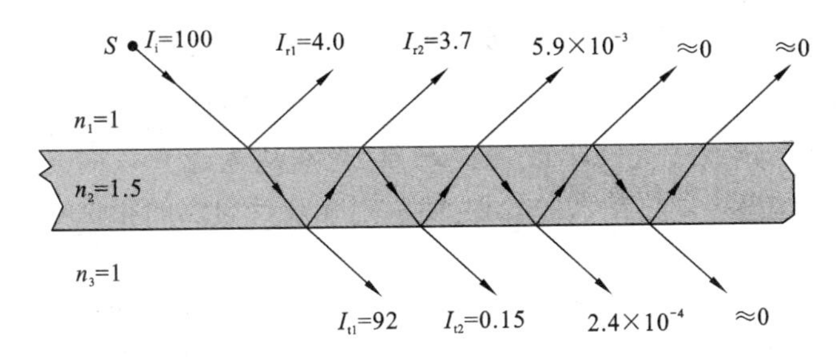

图18.22　薄膜的反射光场与透射光场

由振幅比与对比度的关系式(18.19)

$$K=\frac{2(A_1/A_2)}{1+(A_1/A_2)^2}$$

可求得反射光场干涉条纹对比度为$K=0.999$,干涉条纹非常清晰;透射光场干涉条纹对比度为$K=0.081$,干涉条纹几乎无法分辨(明暗条纹几乎一样亮)。所以薄膜干涉一般(反射率R很小)只用反射光场。反射光场近似为等振幅双光束的干涉场。

2. 薄膜干涉的光程差公式

1) 几何光程差

图18.23是薄膜干涉原理示意图。眼所看见的薄膜上表面上任意一点,都必有来自扩展光源上某一点发出的两条相干光线在此相遇。

因为膜很薄(0~几十微米量级),所以$\overline{AB}\ll\overline{SB}$,于是$\angle BSA\approx0$,可以认为$SA\parallel SB$,即$a\parallel b$。

人眼视为透镜,不产生光程差。作线段AD,使$SA=SD$,于是两相干光线因几何路程不同引起的光程差为

$$\delta_L = n_2(\overline{AC}+\overline{CB}) - n_1\,\overline{DB}$$

因$\angle BSA \approx 0$,则 $AD \perp SB$。为方便推导,将图 18.23 局部放大,并取 $a \parallel b$ 画入图 18.24 中。由图 18.24 中的几何关系知

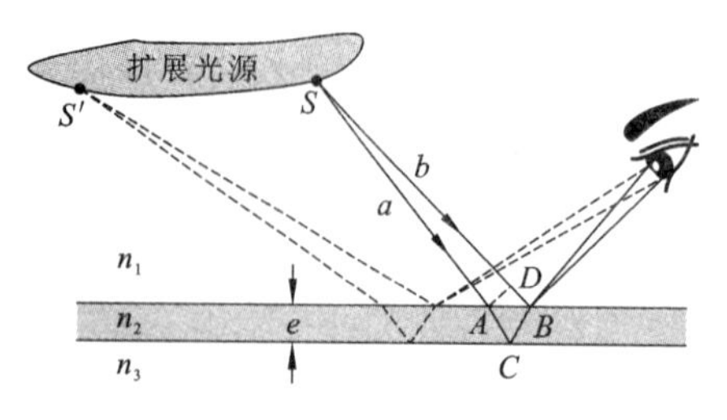

图 18.23　薄膜干涉原理示意图

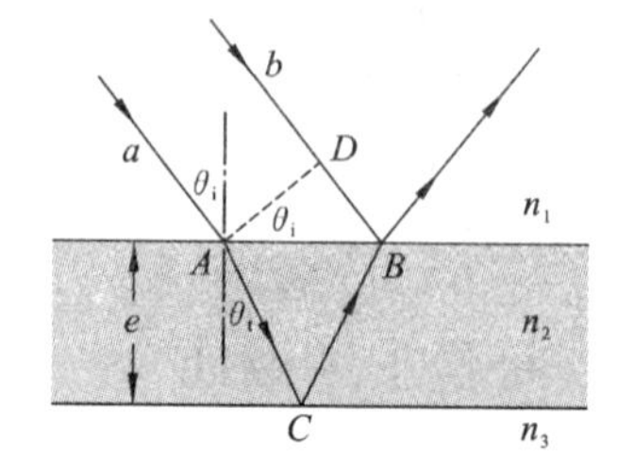

图 18.24　薄膜光程差的计算

$$\overline{AC}=\overline{CB}=\frac{e}{\cos\theta_t}$$

$$\overline{DB}=\overline{AB}\sin\theta_i = 2e\tan\theta_t \cdot \sin\theta_i$$

再由折射定律

$$n_1\sin\theta_i = n_2\sin\theta_t$$

于是

$$\delta_L = 2n_2\,\overline{AC} - n_1\,\overline{DB} = 2n_2\frac{e}{\cos\theta_t} - 2n_1 e\tan\theta_t \cdot \sin\theta_i = 2n_2\frac{e}{\cos\theta_t}(1-\sin^2\theta_t)$$

$$\delta_L = 2n_2 e\cos\theta_t = 2e\sqrt{n_2^2 - n_1^2\sin^2\theta_i} \tag{18.23}$$

2) 附加光程差

在 18.3.4 小节中,介绍过光的半波损失现象:光波从光疏介质向光密介质表面掠入射($\theta_i \approx 90°$)或垂直入射($\theta_i \approx 0°$)时,与入射光相比,反射光在反射点的相位发生 π 的突变,即反射光产生了半波损失。

薄膜干涉中,用的是反射光场,除了上述由几何路程不同而产生的光程差 δ_L 以外,还必须考虑是否存在"半波损失"产生的附加光程差 δ_0,下面在小角度入射($\theta_i \approx 0°$)条件下,按照不同折射率环境情形逐一讨论。

① $n_2 > n_1, n_2 > n_3$ 的情形

a 光线进入薄膜后在 C 反射时,是从光密介质向光疏介质入射,反射光无半波损失;b 光线在 B 反射时,是从疏光介质向光密介质入射,反射光有半波损失。两光束中有一束有半波损失,于是两相干光之间的附加光程差 $\delta_0 = \frac{\lambda}{2}$。

② $n_2 < n_1, n_2 < n_3$ 的情形

a 光线进入薄膜后在 C 反射时,是从疏光介质向光密介质入射,反射光有半波损失;b 光线在 B 反射时,是从密光介质向光疏介质入射,反射光无半波损失。两光束中有一束有半波损失,于是两相干光之间的附加光程差 $\delta_0 = \frac{\lambda}{2}$。

③ $n_1 < n_2 < n_3$ 的情形

a 光线进入薄膜后在 C 反射时,是从疏光介质向光密介质入射,反射光有半波损失;b 光线在 B 反射时,也是从疏光介质向光密介质入射,反射光也有半波损失。两光束都有半波损失,于是两相干光之间的附加光程差 $\delta_0 = 0$。

④ $n_1 > n_2 > n_3$ 的情形

a 光线进入薄膜后在 C 反射时,是从密光介质向光疏介质入射,反射光无半波损失;b 光

线在B反射时，也是从密光介质向光疏介质入射，反射光也无半波损失。两光束都无半波损失，于是两相干光之间的附加光程差$\delta_0=0$。

注：上述附加光程差的推导，用的是反射光与入射光之间的半波损失条件，对入射角的要求很苛刻($\theta_i\approx0°$或$\theta_i\approx90°$)。但实际上(用物理光学中的菲涅耳公式可以证明)，薄膜的反射光场中的两相干光之间的附加光程差，与入射角无关，只取决于各介质的折射率。

3) 薄膜干涉光程差公式

综上所述，薄膜干涉的光程差公式可以写为

$$\begin{cases}\delta=2n_2e\cos\theta_t+\delta_0=2e\sqrt{n_2^2-n_1^2\sin^2\theta_i}+\delta_0\\ \delta_0=\begin{cases}\dfrac{\lambda}{2}(n_2>n_1\text{ 和 }n_3\text{，或 }n_2<n_1\text{ 和 }n_3\text{ 时})\\ 0(n_1<n_2<n_3\text{，或 }n_1>n_2>n_3\text{ 时})\end{cases}\end{cases}\tag{18.24}$$

薄膜上表面上任一点P的光强可由式(18.12)给出，用光程差表示为

$$I(P)=I_1(P)+I_2(P)+2\sqrt{I_1(P)I_2(P)}\cos\left[\frac{2\pi\delta(P)}{\lambda}\right]$$

干涉条纹极值条件仍为式(18.15)的基本形式，因δ非负，所以级次j也非负。

另外，由于**零级规定在几何光程差为零的位置**，薄膜干涉条纹的零级位于厚度$e=0$的位置，若附加光程差δ_0不同，将会导致零级的明暗不同。于是薄膜干涉条纹的极值条件为

$$\begin{cases}\delta_0=0\text{ 时}\begin{cases}\delta=(2j)\dfrac{\lambda}{2}\quad(j=0,1,2\cdots)\text{明}\\ \delta=(2j-1)\dfrac{\lambda}{2}\quad(j=1,2,3\cdots)\text{暗}\end{cases}\\ \delta_0=\dfrac{\lambda}{2}\text{时}\begin{cases}\delta=(2j)\dfrac{\lambda}{2}\quad(j=1,2,3\cdots)\text{明}\\ \delta=(2j+1)\dfrac{\lambda}{2}\quad(j=0,1,2\cdots)\text{暗}\end{cases}\end{cases}\tag{18.25}$$

注：式(18.25)表达比较复杂，主要是为了精准记录条纹信息。当$\delta_0=0$时，零级为明纹，于是暗纹只能从$j=1$开始计数。薄膜的厚度从0开始连续增厚，最低级次($j=1$)暗纹对应的光程差为最小的半波长的正奇数倍，即$\delta=(2\times1-1)\dfrac{\lambda}{2}=\dfrac{\lambda}{2}$，所以暗纹条件为$\delta=(2j-1)\dfrac{\lambda}{2}$ ($j=1,2,3,\cdots$)，若写成$\delta=(2j+1)\dfrac{\lambda}{2}$ ($j=1,2,3,\cdots$)将会少计了$\delta=\dfrac{\lambda}{2}$的条纹；当$\delta_0=\dfrac{\lambda}{2}$时，零级为暗纹，于是暗纹将从$j=0$开始计数，最低级次($j=0$)暗纹对应的光程差为最小的半波长的正奇数倍，即$\delta=(2\times0+1)\dfrac{\lambda}{2}=\dfrac{\lambda}{2}$，所以暗纹条件为$\delta=(2j+1)\dfrac{\lambda}{2}$($j=0,1,2,\cdots$)，若写成$\delta=(2j-1)\dfrac{\lambda}{2}$ ($j=0,1,2,\cdots$)将会多计了$\delta=-\dfrac{\lambda}{2}$的条纹，而薄膜的光程差$\delta$非负，是不会出现$\delta=-\dfrac{\lambda}{2}$的条纹的。

若光源不是单色光源，由式(18.25)可知，不同波长(颜色)同级条纹对应的光程差不同，继而条纹的位置也不同。若光源是包含了所有可见光的白光，则薄膜干涉条纹将是在空间上连续变化的七彩条纹。

在薄膜干涉的光程差公式(18.24)和式(18.23)中可以看到，几何光程差δ_L的大小将由3

个可变因素来决定:薄膜的厚度 e、薄膜的折射率 n_2、光线的倾角(入射角 θ_i,或折射角 θ_t)。在实际应用中,为了便于控制,往往人为固定住上述 3 个可变因素中的两个因素。固定 n_2 和 θ_i(或 θ_t),**只让几何光程差 $\boldsymbol{\delta_L}$ 随薄膜的厚度 $\boldsymbol{e}$ 变化的干涉称为等厚干涉**;固定 n_2 和 e,**只让几何光程差 $\boldsymbol{\delta_L}$ 随光线的倾角 $\boldsymbol{\theta_i}$(或 $\boldsymbol{\theta_t}$)变化**的干涉称为**等倾干涉**;固定 e 和 θ_i(或 θ_t),只让几何光程差 δ_L 随薄膜的折射率 n_2 变化的干涉称为等密度干涉。

18.4.2　等厚干涉

1. 等厚干涉概述

令薄膜干涉的光程差公式(18.24)和式(18.23)中的 n_2 和 θ_i(或 θ_t)为常数,光程差只随薄膜的厚度 e 变化,则在薄膜的上表面形成的干涉条纹中,**位于同一条连续的干涉条纹上的各点处薄膜厚度相等**。因此这样的薄膜干涉称为**等厚干涉**。

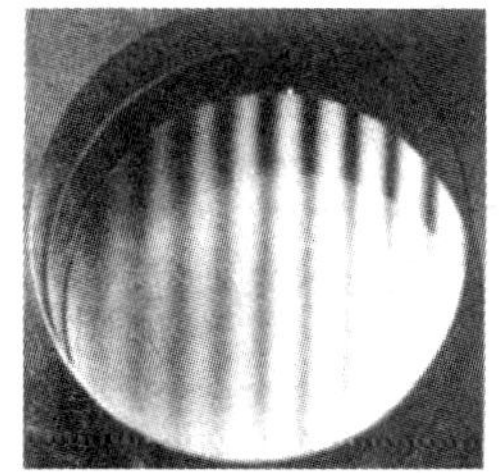

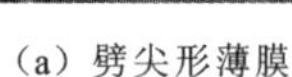

(a) 劈尖形薄膜

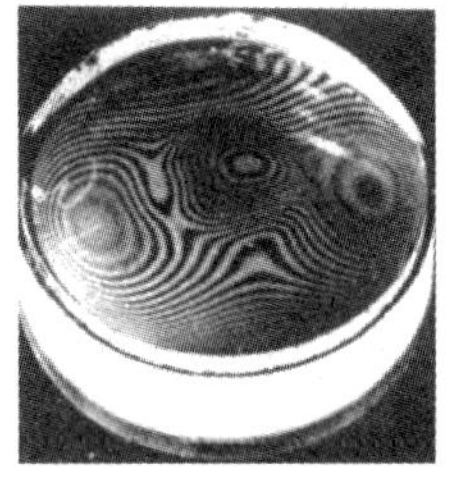

(b) 厚度不规则的薄膜

图 18.25　等厚干涉条纹

如图 18.25 所示是劈尖形薄膜和厚度不规则的透明膜表面的等厚干涉条纹。

实际中采用最多的是正入射方式,即 $\theta_i \approx \theta_t \approx 0$,于是光程差公式(18.24)简化为

$$\begin{cases} \delta = 2n_2 e + \delta_0 \\ \delta_0 = \begin{cases} \dfrac{\lambda}{2}(n_2 > n_1 \text{ 和 } n_3, \text{或 } n_2 < n_1 \text{ 和 } n_3 \text{ 时}) \\ 0(n_1 < n_2 < n_3, \text{或 } n_1 > n_2 > n_3 \text{ 时}) \end{cases} \end{cases} \tag{18.26}$$

注:式(18.26)只适用于薄膜干涉的正入射方式。薄膜干涉的极值条件仍是式(18.25)

等厚干涉条纹的特征:

① 条纹在膜的表面形成;

② 薄膜表面上的干涉条纹沿等厚线分布(因此称为等厚干涉条纹);

③ 由于相邻条纹上的光程差 δ 相差一个波长,因此相邻等厚条纹对应的厚度差为

$$\Delta e = e_{j+1} - e_j = \frac{\lambda}{2n_2} \tag{18.27}$$

这就是半个介质内的波长(仅适用于正入射情况下)。

不少薄膜干涉条纹用肉眼就可以直接看到,但大多数条纹是很细密的,要想精确测量,需要用到读数显微镜。而等厚干涉需要平行光入射,这也需要用到准直镜,图 18.26 是观测等厚干涉的装置原理图。M 是一个在玻璃上镀了金属膜的半反射镜,准直镜 L 的光轴水平放置,读数显微镜的光轴竖直放置,M 与两光轴均成 45°角,点光源 S 置于准直镜 L 的物方焦点上。自 S 发出的光线经准直镜 L 后成为平行于其光轴的平行光线,经半反射镜使一半的光线反射成为竖直向下的平行光线,正(垂直)入射到待测薄膜上,再经薄膜的上下表面反射,在薄膜的上表面相

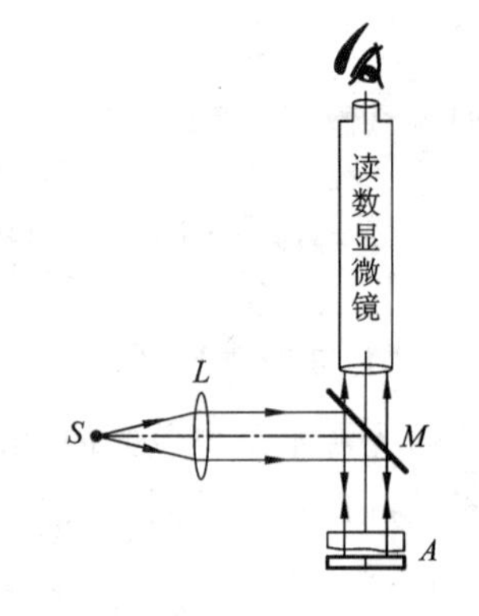

图 18.26　观测等厚条纹的装置

遇形成等厚干涉条纹，之后光线继续向上，一半的光线透过半反射镜进入读数显微镜，调整好读数显微镜，能够清晰地看见刻度尺和干涉条纹，就可以测量了。

2. 劈尖

等厚干涉的薄膜中，最简单且有代表性的是劈尖形状的薄膜(简称**劈尖**)。

1) 介质劈尖

介质劈尖如图 18.27 所示。

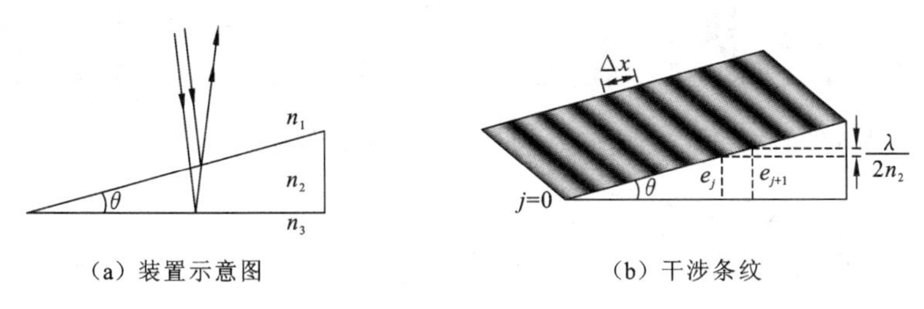

(a) 装置示意图　(b) 干涉条纹

图 18.27　介质劈尖

注：在图 18.27 中，为了让读者能看清细节，将薄膜沿竖直方向放大了很多。实际上，θ 约为$10^{-4}\sim10^{-3}$ rad。

劈尖干涉条纹的特征：

① 条纹是一组平行于交棱的等间距的直线；

② 0 级位于交棱处，明暗由附加光程差决定：$\delta_0=\frac{\lambda}{2}$时 0 级为暗条纹；$\delta_0=0$ 时 0 级为明条纹；

③ 相邻明(暗)条纹对应的高度相差 $\lambda/(2n_2)$；

④ 条纹宽度与顶角间的关系为

$$\Delta x=\frac{\lambda}{2n_2\theta} \tag{18.28}$$

式(18.28)说明各级条纹宽度(相邻明纹或相邻暗纹的间距)相等。若入射波长和折射率不变，当劈尖的顶角 θ 增加，条纹变密集；而若固定顶角和折射率，条纹宽度将与波长成正比。

2) 空气劈尖

将两块叠放在一起的平板玻璃片的一端夹进一张纸片，便形成一个空气劈尖，如图 18.28(a)所示，干涉条纹呈现在空气劈尖的上表面处(如图 18.28(b)所示)，也就是呈现在上玻璃片的下表面处。

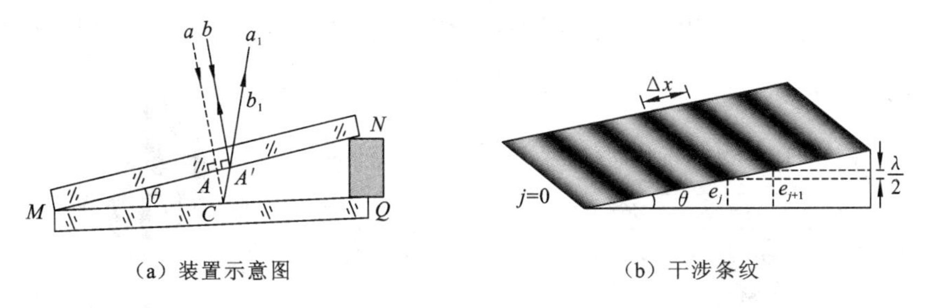

(a) 装置示意图　(b) 干涉条纹

图 18.28　空气劈尖

注：在图 18.28 中，为了让读者能看清细节，将薄膜部分沿竖直方向放大了很多。实际上，平板玻璃片的厚度约为 3 mm，NQ 则是一片厚度约为 0.03 mm 的薄纸片，θ 约为$10^{-4}\sim10^{-3}$ rad。

空气劈尖的条纹特征：

① 条纹是一组平行于交棱的等间距的直线。

② 0 级位于交棱处为暗纹(附加光程差 $\delta_0=\dfrac{\lambda}{2}$)。

③ 相邻明(暗)条纹对应的高度相差$\dfrac{\lambda}{2}$。

④ 条纹宽度与顶角间的关系为

$$\Delta x=\frac{\lambda}{2\theta} \tag{18.29}$$

式(18.29)说明各级条纹宽度(相邻明纹或相邻暗纹的间距)相等。若入射波长不变，当劈尖的顶角 θ 增加，条纹数目增加，并向交棱(零级)压缩(相邻条纹处厚度差仍为$\dfrac{\lambda}{2}$)，如图 18.29 所示。而若固定顶角 θ，条纹宽度将与波长成正比。

(5) 若均匀增加劈尖膜的厚度(不改变顶角 θ)，如图 18.30 所示，则条纹宽度不变，条纹整体向劈尖膜的薄侧平移。

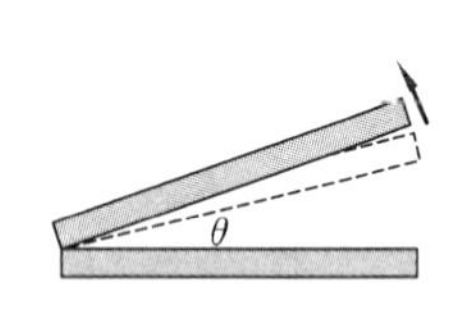

(a) 劈尖顶角增大　(b) 条纹增多向棱边压缩

图 18.29　干涉条纹随劈尖顶角变化的改变

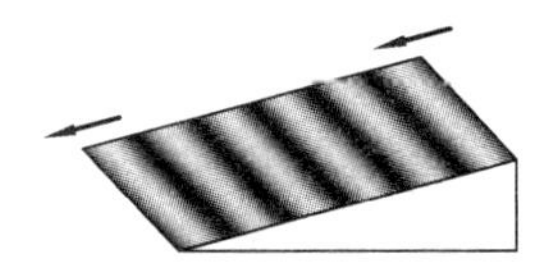

(a) 劈尖膜均匀加厚　(b) 条纹向薄侧平移

图 18.30　干涉条纹随劈尖厚度变化的改变

3) 劈尖干涉的应用

劈尖干涉广泛应用于各种细小尺寸的精密测量和动态监测。

应用劈尖干涉可以测材料的膨胀系数。如图 18.31 所示，由平板玻璃 G 和待测物体表面构成一个劈尖，当物体受热膨胀，使得空气隙厚度减少，可以根据条纹的移动量测出物体随温度升高的形变量，从而测出线胀系数。

应用劈尖干涉可以测工件表面的平整度。如图 18.32 所示，将平板玻璃 G 与待检测的透明工件 M 构成一个空气劈尖，若工件表面有凹陷或凸起，相当于该处的膜厚发生了改变，因此原先经过此处的条纹必须改变走向，以维持一条连续条纹之下薄膜的厚度不变。在图 18.32 中，工件表面有一道很短的垂直于棱边的刻痕，观察到的现象是：条纹在刻痕处向棱边弯曲(这是因为同一条纹处对应的空气隙厚度相同)。测出弯曲部分与原条纹的偏离程度，就能计算出刻痕深度。

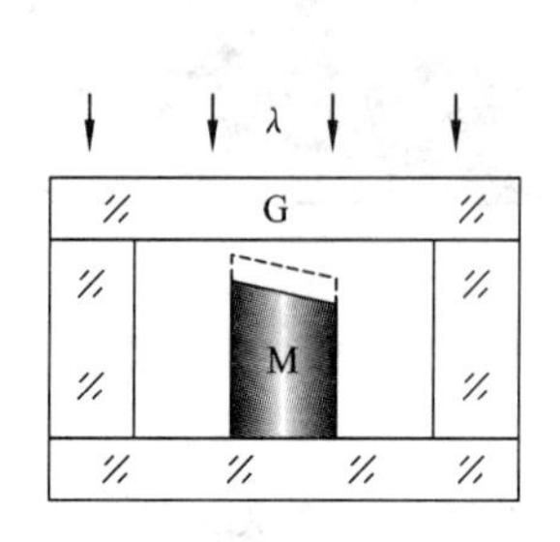

图 18.31　劈尖干涉测热膨胀系数

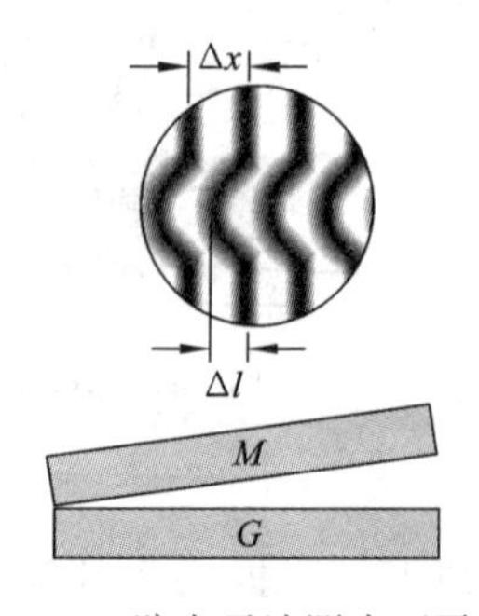

图 18.32　劈尖干涉测表面平整度

例 18.5 如图 18.33 所示，在 Si 的平表面上镀了一层厚度均匀的 SiO_2 薄膜. 为了测量薄膜厚度，将它的一部分磨成劈形(示意图中的 AB 段)。现用波长为 600 nm 的平行光垂直照射，观察反射光形成的等厚干涉条纹. 在图中 AB 段共有 8 条暗纹，且 B 处恰好是一条暗纹，求薄膜的厚度。(Si 折射率为 3.42，SiO_2 折射率为 1.50)。

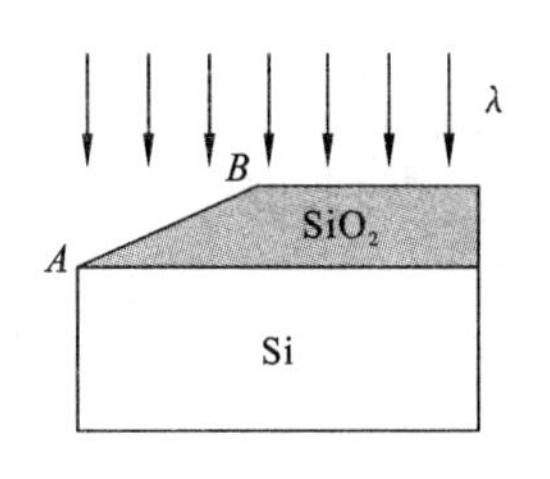

图 18.33 劈尖干涉测膜厚

解 正入射时的等厚干涉光程差公式(18.26)为

$$\begin{cases}\delta=2n_2e+\delta_0\\ \delta_0=\begin{cases}\dfrac{\lambda}{2}(n_2>n_1\text{ 和 }n_3\text{，或 }n_2<n_1\text{ 和 }n_3\text{ 时})\\ 0(n_1<n_2<n_3\text{，或 }n_1>n_2>n_3\text{ 时})\end{cases}\end{cases}$$

薄膜干涉条纹的极值条件公式(18.25)为

$$\delta_0=0\text{ 时}\begin{cases}\delta=(2j)\dfrac{\lambda}{2} & (j=0,1,2\cdots)\text{明}\\ \delta=(2j-1)\dfrac{\lambda}{2} & (j=1,2,3\cdots)\text{暗}\end{cases}$$

$$\delta_0=\frac{\lambda}{2}\text{时}\begin{cases}\delta=(2j)\dfrac{\lambda}{2} & (j=1,2,3\cdots)\text{明}\\ \delta=(2j+1)\dfrac{\lambda}{2} & (j=0,1,2\cdots)\text{暗}\end{cases}$$

依题意 $n_1<n_2<n_3$，于是 $\delta_0=0$，则本题的暗纹条件为

$$\delta=2ne=\frac{1}{2}(2j-1)\lambda\quad(j=1,2,3,\cdots)$$

由已知 $j_B=8$，可得到薄膜的厚度为

$$e_B=\frac{(2j_B-1)\lambda}{4n}=1.50\times10^{-3}(\text{mm})$$

例 18.6 如图 18.34 所示，两块玻璃片的一端互相接触，另一端夹了一根待测的细钢丝，细钢丝的放置方向平行于两块玻璃片的交棱，用波长为 632.8 nm 的单色光，垂直照射到玻璃片上，用读数显微镜测得，20 条干涉条纹的总宽度为 5.60 mm，从交棱到细钢丝的距离为44.25 mm，试求：(1)细钢丝的直径；(2) 细钢丝处条纹的明暗及其干涉级次。

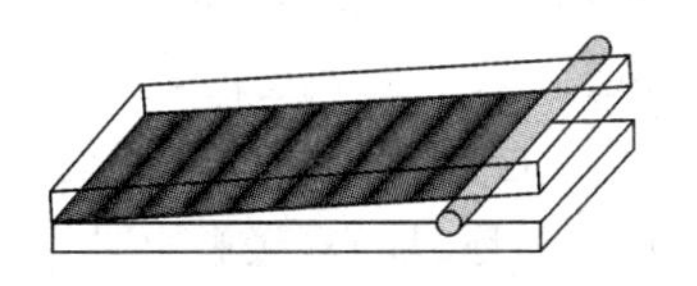
图 18.34 劈尖干涉测细丝直径

解 这是一个空气劈尖，干涉条纹为平行于交棱的等间距的直线，交棱处为暗条纹。由已知条件可得单条条纹的宽度为

$$\Delta x=\frac{5.60}{20}=0.280\ (\text{mm})$$

于是从交棱到细钢丝之间总共的条纹数为

$$N=\frac{L}{\Delta x}=\frac{44.25}{0.280}=158.0$$

(1) 由于相邻条纹的高度相差$\dfrac{\lambda}{2}$，则细钢丝的直径为

$$d=N\frac{\lambda}{2}=\frac{158.0\times632.8\times10^{-9}}{2}=4.999\times10^{-5}=49.99$$

(2) 正入射时的等厚干涉光程差公式(18.26)为

$$\begin{cases}\delta=2n_2e+\delta_0\\ \delta_0=\begin{cases}\dfrac{\lambda}{2}(n_2>n_1\text{ 和 }n_3\text{,或 }n_2<n_1\text{ 和 }n_3\text{ 时})\\ 0(n_1<n_2<n_3\text{,或 }n_1>n_2>n_3\text{ 时})\end{cases}\end{cases}$$

空气劈尖 $n_2=1,\delta_0=\frac{\lambda}{2}$。在细钢丝处 $e=d$,光程差

$$\delta=2d+\frac{\lambda}{2}=\left(\frac{4d}{\lambda}+1\right)\frac{\lambda}{2}=\left(\frac{4\times4.999\times10^{-5}}{632.8\times10^{-9}}+1\right)\frac{\lambda}{2}=317\ \frac{\lambda}{2}$$

为半波长的奇数倍,由薄膜干涉条纹的极值条件公式(18.25)

$$\delta_0=0\text{ 时}\begin{cases}\delta=(2j)\dfrac{\lambda}{2} & (j=0,1,2\cdots)\text{明}\\ \delta=(2j-1)\dfrac{\lambda}{2} & (j=1,2,3\cdots)\text{暗}\end{cases}$$

$$\delta_0=\frac{\lambda}{2}\text{时}\begin{cases}\delta=(2j)\dfrac{\lambda}{2} & (j=1,2,3\cdots)\text{明}\\ \delta=(2j+1)\dfrac{\lambda}{2} & (j=0,1,2\cdots)\text{暗}\end{cases}$$

细钢丝处为暗条纹,相应的极值条件为

$$\delta=(2j+1)\frac{\lambda}{2}=317\ \frac{\lambda}{2}\quad(j=0,1,2\cdots)$$

其级次为 $j=158$,即细钢丝处为第 158 级暗条纹。

3. 牛顿环

将曲率半径很大(2～6 m)的平凸透镜,凸面朝下放在平板玻璃之上,如图 18.35(a)所示,平凸透镜与平板玻璃之间形成了一个厚度非线性变化的空气薄层。光线正入射时,空气薄层的上表面(平凸透镜的凸面)将呈现清晰的等厚干涉条纹。由于空气层厚度相同的位置位于同一个圆上,所以这样形成的等厚干涉条纹是以接触点为圆心的同心圆环,环心(接触点处)为暗斑,如图 18.35(b)所示。这一干涉现象是牛顿首先发现的,故称为牛顿环(但当初牛顿还是“光粒子学说”的代表人,无法解释“牛顿环”这一典型的干涉现象)。

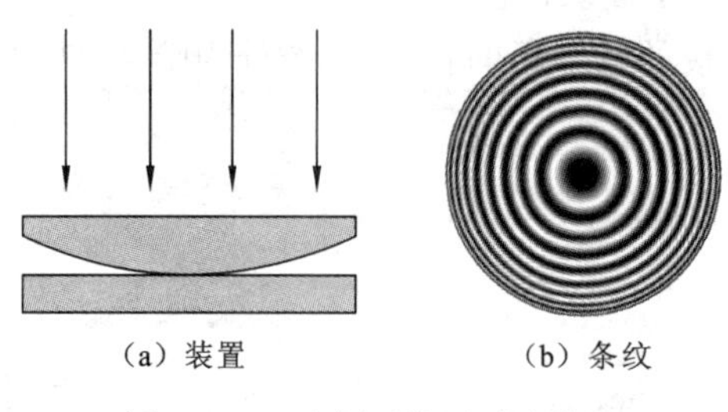
(a) 装置　　(b) 条纹

图 18.35　牛顿环装置干涉装置

牛顿环干涉属于正入射时的等厚干涉,因此其光程差应由公式(18.26)来计算,通常牛顿环装置的平凸透镜和平板玻璃是用同种玻璃材料制成的,于是无论牛顿环装置是置于空气中,或是置于折射率为 n 的液体中,由式(18.26)知,$\delta_0=\frac{\lambda}{2}$。

再依据薄膜干涉条纹的极值条件公式(18.25),可得

$$\delta=2ne+\frac{\lambda}{2}=\begin{cases}(2j)\dfrac{\lambda}{2} & (j=1,2,3\cdots)\text{明}\\(2j+1)\dfrac{\lambda}{2} & (j=0,1,2\cdots)\text{暗}\end{cases}$$

条纹对应的薄膜厚度

$$e=\begin{cases}(2j-1)\dfrac{\lambda}{4n} & (j=1,2,3\cdots)\text{明}\\j\dfrac{\lambda}{2n} & (j=0,1,2\cdots)\text{暗}\end{cases}$$

由图 18.36 可知圆环半径 r 与薄膜厚度 e 的几何关系为

$$r^2=R^2-(R-e)^2=2Re-e^2$$

因为球面的曲率半径很大，即 $R\gg e$，可以忽略高阶小量 e^2，则

$$r^2=2Re$$

代入上述条纹厚度式，可得明暗条纹的半径公式

$$r_j=\begin{cases}\sqrt{R(2j-1)\dfrac{\lambda}{(2n)}} & (j=1,2,3\cdots)\text{明}\\\sqrt{\dfrac{jR\lambda}{n}} & (j=0,1,2\cdots)\text{暗}\end{cases}\tag{18.30}$$

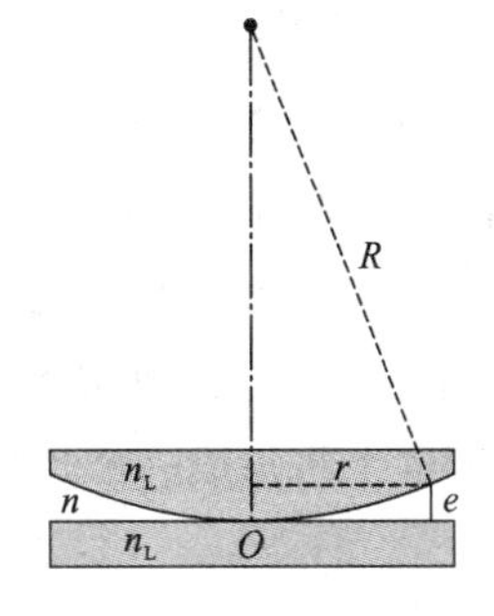

图 18.36 牛顿环条纹位置推导

其中暗条纹的半径公式较为简洁，通常**牛顿环**只用其**暗纹公式**

$$r_j=\sqrt{\frac{jR\lambda}{n}}\quad(j=0,1,2\cdots)\tag{18.31}$$

上式中取 $n=1$，就是最常见的置于空气中的牛顿环装置的暗纹公式

$$r_j=\sqrt{jR\lambda}\quad(j=0,1,2\cdots)\tag{18.32}$$

例 18.7 用钠黄光观测置于空气中的牛顿环装置时，测得第 j 级暗环半径 $r_j=8.41$ mm，第 $j+10$ 级暗环半径 $r_{j+10}=10.30$ mm。已知钠黄灯的波长为 $\lambda=589.3$ nm，求所用牛顿环装置中平凸透镜的曲率半径以及所观察到环的级次 j 为多少。

解 根据牛顿环的暗环半径公式，有

$$r_j=\sqrt{jR\lambda},\quad r_{j+10}=\sqrt{(j+10)R\lambda}$$

联立解得

$$\lambda=\frac{r_j^2}{jR}=\frac{r_{j+10}^2}{(j+10)R}$$

代入题给数据解得 $R=6.00$ m，$j=20$

18.4.3 等倾干涉

1. 等倾干涉条纹形成的原理

令薄膜干涉的光程差公式(18.24)和式(18.23)中的 n_2 和 e 为常数，**光程差只随光线的入射角 θ_i（或折射角 θ_t）变化**，这样形成的干涉条纹中，同一条连续的干涉条纹对应于相同入射角 θ_i（或折射角 θ_t）的光线。因此这样的薄膜干涉称为**等倾干涉**。

用于等倾干涉的薄膜，是材质均匀，且上下表面平行的薄膜，如图 18.37 所示。任意一条入射光线，经此薄膜的上下表面反射而形成的两条相干光线，将从薄膜的上表面平行出射，借

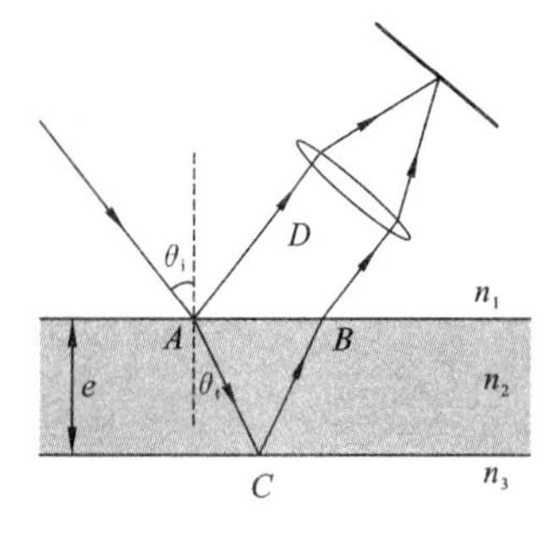

图 18.37　相干光的形成

助于凸透镜可使两条相干光线在透镜的像方焦平面上相遇,在透镜的像方焦平面处放置接收屏,就可获得等倾干涉条纹(眼睛迎着出射光线也能看见等倾干涉条纹,因为眼睛也相当于一个凸透镜)。

观察等倾干涉的实验装置如图 18.38(a)(c)所示。聚焦透镜的光轴垂直于薄膜(材质和厚度都均匀)平面,半反射镜与光轴成 45°角,在透镜的像方焦平面处放置接收屏。

先研究采用点光源的干涉情形,如图 18.38(a)所示。点光源 S 发出的光线,其中入射角为 θ_i 的某光线经膜的上、下表面反射的两条光线相互平行,再经透镜会聚于焦平面上 C_1 点发生干涉。由于 S 发出的所有入射角为 θ_i 的光线形成一个圆锥面,以这种"锥面光"入射的光线,被膜的上、下表面反射,再经透镜会聚,会聚点的轨迹将是一个圆。若入射角 θ_i 正好使反射的两相干光在会聚点满足干涉相长的条件,则屏上将形成一个亮圆环;而若反射的两相干光在会聚点满足干涉相消的条件,则屏上将形成一个暗圆环。屏上等倾干涉的条纹是明暗相间的同心圆环,如图 18.38(b)所示。

再研究采用扩展光源的干涉情形,如图 18.38(c)所示。扩展光源上的某一个点光源 S 发出的光线,将在屏上形成一套如图 18.38(b)所示的等倾干涉条纹;扩展光源上的另一个点光源 S' 发出的光线,也将在屏上形成一套等倾干涉条纹。在图 18.38(c)中可以看到,自 S 和 S' 发出的同一方向的光线,经膜的上、下表面反射后出射的两套相干光线是相互平行的,经透镜聚焦后将到达焦平面上的同一点(见图 18.38(c)中的 C_1 点或 C_2 点)。所以两个不同的点光源 S 和 S' 在屏上形成的两套等倾干涉条纹的位置和尺寸完全相同。可见,等倾条纹的位置和尺寸与光源的位置无关,只与形成条纹的光束的入射角及透镜的焦距有关。实际上,扩展光源上的每一个点光源,都会各自在屏上形成一套等倾干涉条纹,而这些等倾干涉条纹的位置和尺寸都是完全相同的,它们在屏上再作非相干(强度)叠加,恰好是极大加极大,极小加极小,于是,条纹的图形没变,条纹对的比度没变,而明条纹的亮度提高了。也就是说,光源的扩大,只会增加干涉条纹的亮度,而并不会影响条纹的形状和对比度。

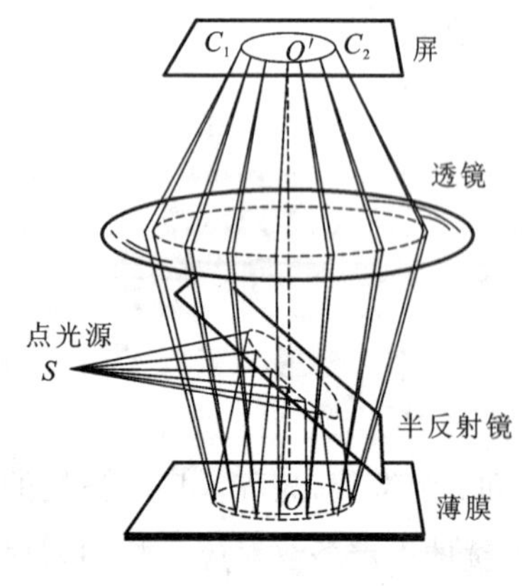

(a) 采用点光源的光路

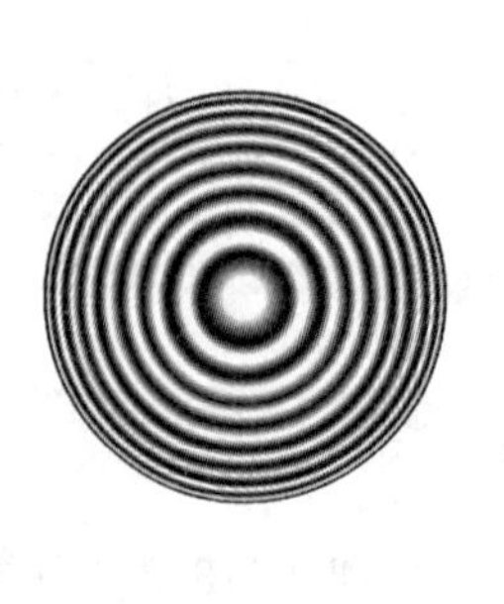

(b) 干涉条纹

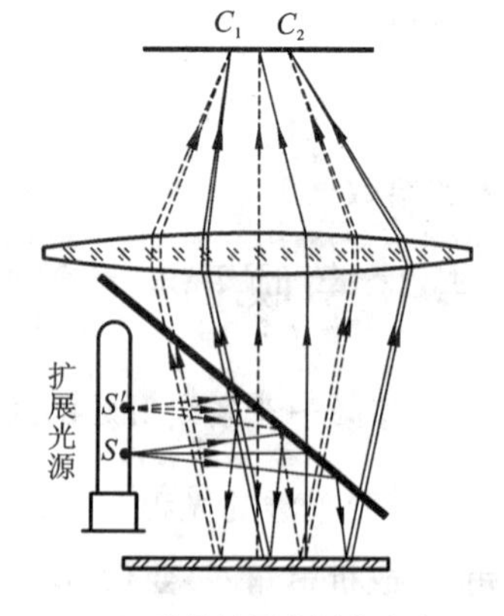

(c) 采用扩展光源的光路

图 18.38　等倾干涉观测装

2. 等倾干涉的光程差和极值条件

等倾干涉光程差公式，就是薄膜干涉的一般光程差公式(18.24)

$$\delta=2n_2e\cos\theta_t+\delta_0=2e\sqrt{n_2^2-n_1^2\sin^2\theta_i}+\delta_0$$

$$\delta_0=\begin{cases}\dfrac{\lambda}{2}(n_2>n_1\text{ 和 }n_3\text{，或 }n_2<n_1\text{ 和 }n_3\text{ 时})\\ 0(n_1<n_2<n_3\text{，或 }n_1>n_2>n_3\text{ 时})\end{cases}$$

只是其中的 n_2 和 e 为常数，即薄膜的材质和厚度都是均匀的。

等倾干涉的极值条件，就是薄膜干涉的极值条件公式(18.25)

$$\delta_0=0\text{ 时}\begin{cases}\delta=(2j)\dfrac{\lambda}{2} & (j=0,1,2\cdots)\text{明}\\ \delta=(2j-1)\dfrac{\lambda}{2} & (j=1,2,3\cdots)\text{暗}\end{cases}$$

$$\delta_0=\frac{\lambda}{2}\text{时}\begin{cases}\delta=(2j)\dfrac{\lambda}{2} & (j=1,2,3\cdots)\text{明}\\ \delta=(2j+1)\dfrac{\lambda}{2} & (j=0,1,2\cdots)\text{暗}\end{cases}$$

3. 等倾条纹的特点

1）条纹形态

由于聚焦透镜的光轴垂直于薄膜平面，各光线的入射角(或折射角、倾角)相对于透镜光轴呈轴对称分布，所以在透镜的像方焦平面处的接收屏上的等倾干涉条纹也呈轴对称分布，即**等倾干涉条纹为一系列同心圆环**。

可以导出相邻条纹的角距离为

$$\Delta\theta_t=\theta_{t(j+1)}-\theta_{t(j)}=-\frac{\lambda}{2n_2h\sin\theta_t} \tag{18.33}$$

式中负号表示级次 j 增高，对应的倾角 θ_t 减小。

等倾干涉中的倾角 θ_t 一般都不大，可以近似认为相邻条纹半径差正比于倾角差，即

$$\Delta r=r_{j+1}-r_j\propto\Delta\theta_t$$

当 θ_t 增大时，$|\Delta\theta_t|$ 减小，$|\Delta r|$ 减小，说明：离中心越远，条纹越密(**内疏外密**)；当 h 增大时，$|\Delta\theta_t|$ 减小，$|\Delta r|$ 减小，说明：**膜越厚，条纹越密**。

2）中央条纹

由式(18.24)可知，由于 n_2 和 e 为常数，经由薄膜上、下表面反射光线的光程差只随光线的入射角 θ_i(或折射角 θ_t)变化，越靠中心的干涉圆环所对应入射光线的入射角 θ_i 越小，折射角 θ_t 也越小，但 $\cos\theta_t$ 越大，故光程差 δ 越大，相应的干涉环级次 j 也越高。所以**等倾干涉条纹圆心处光程差最大，干涉级次最高**(与牛顿环正相反)。

由于等倾干涉条纹圆心处的光程差 $\delta=2n_2e+\delta_0$ 可以是大于 0 的任意值，它不一定恰好就是半波长的偶数倍或奇数倍，所以，**等倾干涉条纹圆心处的明暗是随机的**。当圆心处的光程差 δ 恰好就是半波长的偶数倍时，圆心处是一个亮斑，如图 18.39(a)所示；当圆心处的光程差 δ 恰好就是半波长的奇数倍时，圆心处是一个暗斑，如图 18.39(b)所示；当圆心处的光程差 δ

不是半波长的整数倍时,圆心处是一个半明不暗的较小的斑,如图 18.39(c)所示。

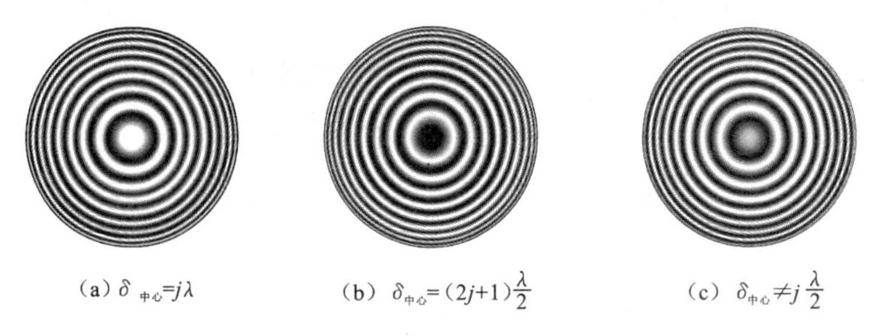

(a) $\delta_{中心}=j\lambda$　　(b) $\delta_{中心}=(2j+1)\dfrac{\lambda}{2}$　　(c) $\delta_{中心}\neq j\dfrac{\lambda}{2}$

图 18.39　等倾干涉圆心处的明暗是随机的(j 为整数)

3) 膜厚度连续变化时条纹的变化

若薄膜是平行玻璃片夹的空气膜或液体膜,则膜厚度可以连续变化。薄膜的厚度为 e 时,条纹中心点的光程差为 $\delta=2n_2e+\dfrac{\lambda}{2}$,每当 e 改变$\dfrac{\lambda}{2n_2}$时,δ 改变 λ,中心斑点的级数改变 1。设原来 $e=e_j=j\dfrac{\lambda}{2n_2}$,这时中心是级数为 j 的暗斑点,从中心向外数起的第 1、2、3、…条暗圆环的级数依次为 $j-1,j-2,j-3,\cdots$。当 e 增大到 $e_{j+1}=(j+1)\dfrac{\lambda}{2n_2}$时,中心变为级数为 $j+1$ 的暗斑点,从中心向外数起的第 1、2、3、…条暗圆环的级数依次变为 $j,j-1,j-2,\cdots$。也就是说,原来的中心暗斑点,变成了第 1 圈暗圆环,原来的第 1 圈暗圆环变成了第 2 圈暗圆环,……,同时中心处生出一个新的暗斑点。所以当薄膜的厚度 e 连续增大时,可以看到的是,中心强度周期地变化着,由中心不断生出("吐出")新的条纹,它们像水波似地扩张出去,如图 18.40(a)所示。而当薄膜的厚度 e 连续减小时,看到的情形则正好与上述描述相反,圆形条纹不断向中心收缩,直到缩成一个斑点后在中心消失掉("吞进"条纹),如图 18.40(b)所示。

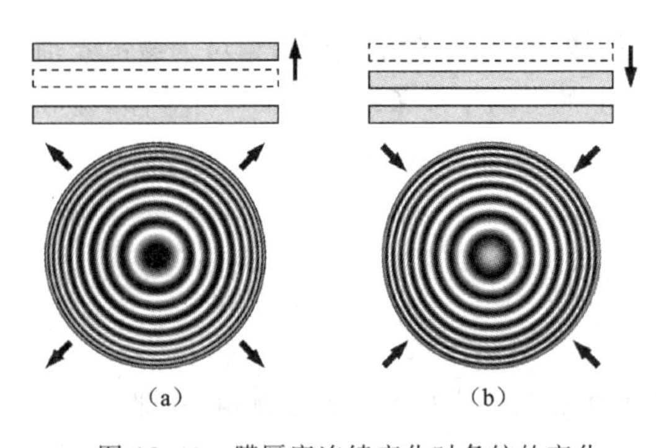

(a)　　(b)

图 18.40　膜厚度连续变化时条纹的变化

由于中心强度每改变一个周期(即"吐出"或"吞进"一个条纹),就表明 e 改变了$\dfrac{\lambda}{2n_2}$,利用这种方法可以精确地测定 e 的改变量。只要我们记录某一位置上圆环明暗变化的次数 N,或记录从中心"吐出"或"吞进"条纹的个数,就可以方便地求出膜厚的改变量 Δe,即

$$\Delta e=N\frac{\lambda}{2n_2} \tag{18.34}$$

18.4.4　增透膜和高反射膜

空气与玻璃的界面上反射率 $R>4\%$(如图 17.4(a)所示)。在各种精密成像系统中,为了消除像差,需要用多个透镜组合使用,照相机有 6～20 个透镜(如图 17.28 所示),每个透镜都有两个界面,于是因反射造成的光能损失加起来将达 39%～80.5%。为了减少反射损失,透镜表面都要镀"增透膜"(或称消反射膜)。有些光学元件需要提高表面反射率,则可镀上高反

射膜。

增透膜和高反射膜的原理就是薄膜干涉，由于反射相消(或加强)，使透射光加强(或减弱)。

1. 增透膜

1) 单层增透膜

如图18.41所示，在折射率为n_G的基材上镀一层折射率为n，厚度为e的均匀薄膜，使用环境的折射率为n_0。增透膜要求：$n_0<n<n_G$，波长为λ的单色光正入射。将这些条件代入薄膜干涉的一般光程差公式(18.24)和极值条件公式(18.25)，得反射光相干相消的条件为

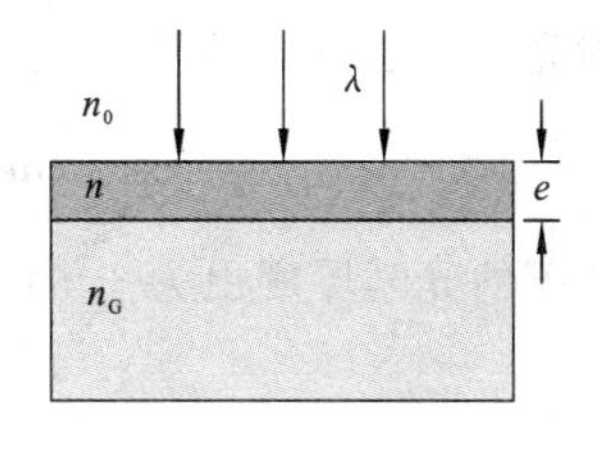

图18.41　单层增透膜

$$\delta=2ne\cos\theta_t+\delta_0=2ne=(2j-1)\frac{\lambda}{2}\quad(j=1,2,3\cdots)$$

反射光相干相消，于是透射光加强 。增透膜的光学厚度为

$$ne=\frac{\lambda}{4},\frac{3\lambda}{4},\cdots,\frac{(2j-1)\lambda}{4}\tag{18.35}$$

可以证明，光学厚度为$\frac{\lambda}{4}$的单层膜，100%透射(完全消反射)的条件为

$$n=\sqrt{n_0n_G}\tag{18.36}$$

一般情况下，透镜等光学元件的使用环境都是在空气中，即$n_0=1.00$，大多数光学元件的材料是折射率为$n_G=1.52$的光学玻璃，要想100%透射，依照式(18.36)要求膜材料的折射率为$n=1.23$。然而膜材料还必须要求无色透明、物理和化学性质稳定、附着力强、有一定的耐磨性等，实际中并没有找到符合这些要求的$n=1.23$的材料。目前光学玻璃或光学树脂(眼镜镜片用的材料)上所镀增透膜采用的材料为氟化镁(MgF_2)，$n=1.38$。用氟化镁制成的单膜光强反射率为1.3%，比不镀膜时的反射率4.3%要小许多。

2) 双层增透膜

要想达到100%透射的目的，需要镀两种不同材料的双层薄膜，如图18.42所示。可以证明，光学厚度为$\frac{\lambda}{4}$的双层膜系，100%透射(完全消反射)的条件为：

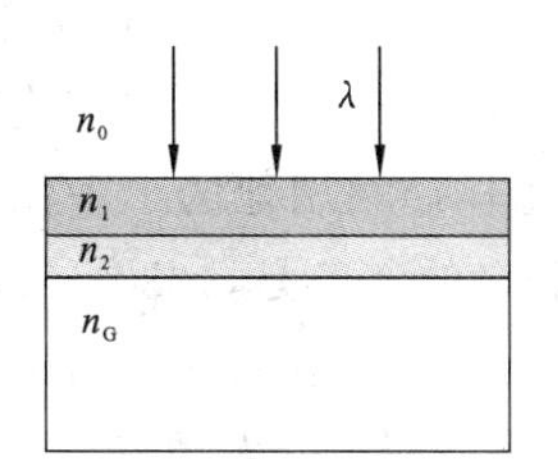

图18.42　双层增透膜

$$\frac{n_2}{n_1}=\sqrt{\frac{n_G}{n_0}}\tag{18.37}$$

这个条件容易满足。例如：$n_0=1.00$(空气)，$n_G=1.52$(玻璃)，$n_1=1.38$(氟化镁)，$n_2=1.70$(氟化铝)。

注意：无论是单层还是双层增透膜都只能使个别波长(镀膜时设定的波长λ)的反射光达到极小，对于其他波长相近的反射光也有不同程度的减弱。例如：给照相机的透镜镀膜，所选的消反射波长一般都是589.3 nm的钠黄光(位于可见光波段的中间位置)，这样可使中间波段的大多数可见光有较好的减反射效果，从而达到增透射的目的，但对于可见光两边的边缘波段(紫光和红光)的减反射效果就相对要差一些，所以，一般的照相机镜头，在较亮的光照下，能看到紫红色的反光。

2. 高反射膜

1) 单层高反射膜

因为折射率相差越大,反射率越高,所以高反射膜要求:$n>n_0$ 和 $n>n_G$,波长为 λ 的单色光正入射。将这些条件代入薄膜干涉的一般光程差公式(18.24)和极值条件公式(18.25),得反射光干涉加强的条件为

$$\delta=2ne\cos\theta_t+\delta_0=2ne+\frac{\lambda}{2}=j\lambda \quad (j=1,2,3\cdots)$$

增透膜的光学厚度也为

$$ne=\frac{\lambda}{4},\frac{3\lambda}{4},\cdots,\frac{(2j-1)\lambda}{4}$$

单层高反射膜能够提高反射率,但不可能使透射光强减为零,即 $R_{单}\neq100\%$。

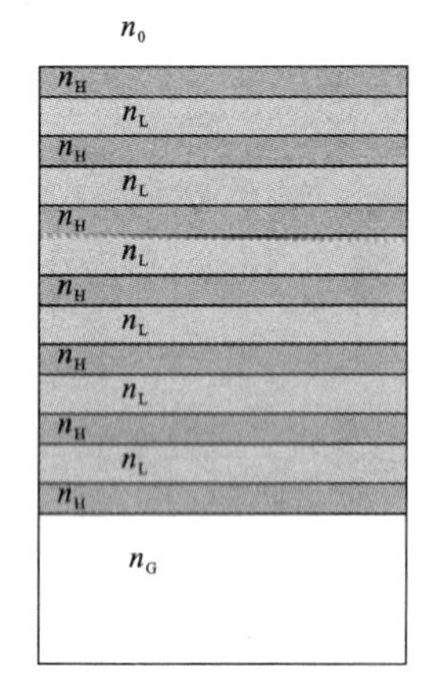

图 18.43 多层高反射膜

2) 多层高反射膜

要想获得接近 100%的反射率,需要镀多层(一般要镀十几层)膜,如图 18.43 所示。多层高反射膜由折射率为 $n_L(n_0<n_L<n_G)$ 的低膜和折射率为 $n_H(n_H>n_0$ 和 $n_H>n_G)$ 的高膜交叠而成,而且最外层必须是高膜,所有膜的光学厚度都是 $\lambda/4$(高膜的几何厚度<低膜的几何厚度)。实际中,低膜材料都用的是$n_L=1.38$ 的氟化镁,高膜材料常用的是 $n_H=2.38$ 的二氧化钛,或 $n_H=2.32$ 的硫化锌。

高反射膜也是针对特定波长而设计的。多层高反射膜能使指定的波长的反射率接近 100%,对于其他波长光的反射率也会很高,但达不到接近 100%的程度。

18.5 迈克耳孙干涉仪

迈克耳孙干涉仪由迈克耳孙于 1880 年设计制作的进行精密测量的光学仪器,简称迈干。它可以用于测量长度和长度的微小变化,角度和角度的微小变化,测定光谱线的精细结构等等。用迈干测量长度时,精度可以达到10^{-12} m 数量级,1892 年,迈克耳孙利用他的干涉仪首先测出镉 Cd 的红限波长 $\lambda_{Cd}=643.846\,96$ nm。该仪器在历史上最著名的实验是,1880—1888 年间多次进行的迈克耳孙-莫雷实验——利用迈干来检测"以太"是否存在。迈克耳孙为了使干涉仪能够进行准确测量,在将近十年中不断改进他的仪器精度,最终获得"以太漂移"实验的零结果(观察不到以太和地球之间的相对运动)具有足够的说服力。

18.5.1 仪器结构

迈干的设计原理是利用分振幅法产生等振幅的相干光,再根据干涉条纹的变化进行间接测量。

干涉仪的结构如图 18.44(a)所示。M_1 与 M_2 是两块近乎垂直放置的平面反射镜,M_2 被固定,M_1 可通过精密的丝杆作微小移动。G_1 与 G_2 是两块完全相同的厚度均匀的玻璃板。

其中 G_1 的 A 表面镀上了半透明的铝膜，如图 18.44(b)所示。使入射到 G_1 的光线一半反射，一半透射，成为振幅相等的两束光，因此 G_1 也称为分光板。G_1 与 G_2 相互平行并与 M_1 和 M_2 均成 45°夹角。从分光板 G_1 到 M_1、M_2 的距离分别称为迈克耳孙干涉仪的两臂。

图 18.44(b)光源 S 发出的光入射到 G_1 上。设被铝膜反射的光为光线 1，它到达 M_1 再经 M_1 反射并透过 G_1 成为光线 1′；被 G_1 透射的光为光线 2，它经 G_2 透射到 M_2 并被 M_2 反射，然后穿过 G_2，再被 G_1 的铝膜反射而成为光线 2′。光线 1′和 2′是由同一条入射光分裂而成的两条光线，它们是相干光。在光线 1′和 2′ 的路径中放置透镜 L 和接收屏 P(放在 L 的像方焦平面上)，在屏上可呈现迈干的干涉条纹。用眼睛直接对着光线 1′和 2′ 看，也能看到迈干的干涉条纹。

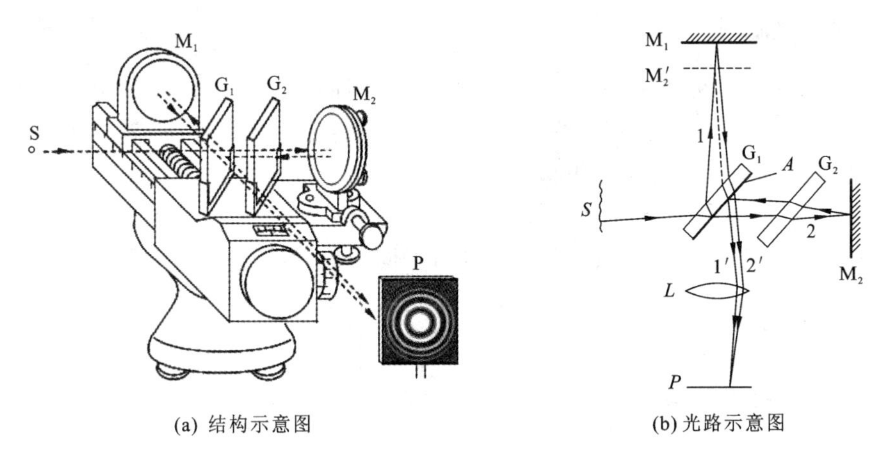

(a) 结构示意图　　(b) 光路示意图

图 18.44　迈克耳孙干涉仪

18.5.2　干涉条纹

在图 18.44(b)中，M_2'是 M_2 通过分光板 G_1 的铝膜 A 所成的虚像，M_1 与 M_2'形成一个“虚膜”，光线 1′、2′ 可以看作是虚膜的两个面反射的，于是迈干的干涉等效于 M_1 与 M_2'之间的薄膜干涉。

如果 $M_1 \perp M_2$，则 $M_1 // M_2'$，M_1 与 M_2'形成一个厚度均匀的“虚膜”，则可观察到同心圆环状的等倾干涉条纹(如图 18.39 所示)。

如果 M_1 与 M_2 并不严格垂直，M_1 与 M_2'则形成一个虚的劈尖膜，但由于采用的是扩展光源，此时观察到的是由厚度和倾角两个变量共同作用而形成的薄膜干涉条纹，是有些弯曲的条纹，如图 18.45 所示。

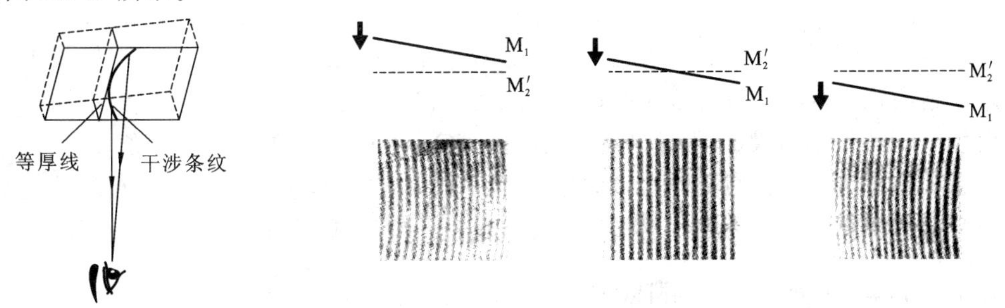

(a) 干涉条纹偏离等厚线　　(b) 干涉条纹随动镜M_1的位置而变

图 18.45　迈干在 M_1 与 M_2'不平行时的干涉条纹

由于两束光在 M_1 和 M_2 上的反射环境相同,而两束光在分光板的铝膜内外面上的反射基本上没有相位差,因此附加光程差 $\delta_0=0$;又由于是虚膜(空气膜,$n_2=1$),入射角等于折射角($\theta_i=\theta_t$),代入薄膜干涉的一般光程差公式(18.24),得 1′、2′相遇时光程差为

$$\delta=2e\cos\theta_t=2e\cos\theta_i$$

再代入薄膜干涉的极值条件公式(18.25),得迈干产生明、暗条纹的条件是

$$\delta=2e\cos\theta_t=2e\cos\theta_i=\begin{cases}(2j)\dfrac{\lambda}{2} & (j=0,1,2\cdots)\ \text{明}\\ (2j-1)\dfrac{\lambda}{2} & (j=1,2,3\cdots)\ \text{暗}\end{cases}\tag{18.38}$$

18.5.3　补偿板的作用

从图 18.44 中光路可知,若无 G_2 板,则经 M_1 反射的光线 1′ 将三次通过 G_1 板,而经 M_2 反射的光线 2′ 只一次通过 G_1 板。当采用白光光源时,由于色散效应,对于不同色光而言,两路光的光程差不同,则各色光的零级将不重合。于是迈克耳孙在光路 2 中加装了 G_2 板,称为补偿板。补偿板 G_2 与分光板 G_1 是由同一块光学平板上切割下来的(只是 G_1 的一个表面又镀上了铝膜),这样光线 1′与 2′ 就都是 3 次通过相同的玻璃板了,因而它们相遇时的光程差仅由几何路程的差别而定,可见补偿板 G_2 的作用是为了使光线 1′与光线 2′在玻璃板中的路程相等。

18.5.4　白光的零级条纹

零级条纹的出现,是断定两臂等光程的标志,这对迈干而言是至关重要的。而用单色光是无法确定零级的。所以观测零级条纹必须用白光,而且必须有补偿板 G_2。

想要看到零级条纹,需要将 M_1 与 M_2' 之间调出一个很小的夹角,当两臂等等长时,零级将出现在 M_1 与 M_2'的交线处。交线附近"虚膜"的厚度极薄,单色光的干涉条纹基本上是等宽的直线条纹(如图 18.45(b)所示),近似为劈尖的等厚干涉条纹,由式(18.29)知,条纹的宽度与波长成正比。

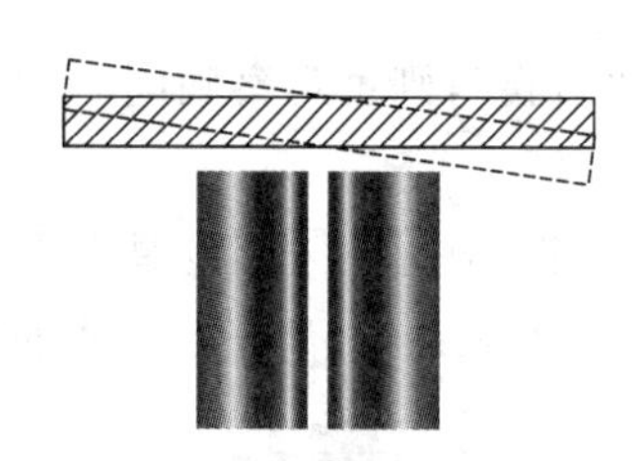

图 18.46　迈干的零级条纹

由于迈干的附加光程差 $\delta_0=0$,于是对所有颜色的光而言,零级都是明条纹,而加装了补偿板的迈干的各色光的零级是重合的,所以零级条纹是很亮的白色条纹。又由于不同颜色明纹的宽度不相等,紫光明条纹的宽度最小,红光明条纹的宽度最大,于是从明亮的白色条纹开始,向两边依次连续排布着紫、蓝、青、绿、黄、橙、红色的若干级明条纹,同一级各色明条纹连成一条有一定宽度的七彩条带,如图 18.46 所示。级次越高,七彩条带越宽,这就导致了各色光较高级次明纹重叠交错严重,结果也混合成接近白色了,所以迈干的零级附近只能看到相对于零级对称分布的几级七彩条带。

迈克耳孙检测"以太"的实验,就是用一台两臂长 10 m 的大型迈干,在顺着及垂直于地球旋转的两个方向观察零级条纹的位移。但没有观察到位移,说明在这两个方向上光速不变。

18.5.5　迈克耳孙干涉仪的应用

因为参与干涉的两相干光,有一部分在空间上是完全分开的,所以很方便地在其中一个光

臂上，插入待测元件。

① 测得插入介质前后，零级条纹出现的位置间距，可算出介质的厚度或折射率；

② 测得与 N 条条纹对应的 M_1 的移动间距，可算出单色光的波长；

③ 测得条纹由最清晰到最模糊对应的 M_1 的移动间距（相干长度），可算出光源的单色性；

④ 现代的大型双光束干涉仪，基本上全都是迈干的变形。

例 18.8 在迈克耳孙干涉仪的一臂上，沿臂长方向放入一个长 $l=0.1000$ m 玻璃管，其中充有1个大气压的空气。现用波长 $\lambda=589.3$ nm 光的产生干涉，在玻璃管内空气逐渐抽成真空的过程中，观察到有 $\Delta N=100$ 条干涉条纹的移动。求空气的折射率是多少。

解 设空气的折射率为 n，由于真空的折射率是1，故玻璃管内空气抽出前后，引起的光程差为

$$\delta=2(n-1)l$$

由于条纹每移动一条，光程差的变动为一个波长。因此依题意有

$$\delta=2(n-1)l=\Delta N\lambda$$

由此计算出空气的折射率为

$$n=1+\frac{\Delta N}{2l}=1+\frac{100\times589.3\times10^{-9}}{2\times0.1000}=1.0002947$$

提 要

1. 相干光

相干条件：频率相同、振动方向相同（或有相互平行的分量）、相位差恒定。

两个不同的发光点（无论是否在同一光源上），发出的光不相干。光波只与自身相干。

获取相干光的基本方法：分波前法和分振幅法。

2. 光程与光程差

光程：光在介质中通过的路程，按相位变化相同折合到真空中的路程。

一束光连续经过多种介质的总光程为 $L=\sum n_i r_i$

两相干光之间的光程差为 $\delta=L_2-L_1$

相位差与光程差的关系为 $\Delta\varphi=\frac{2\pi}{\lambda}\delta$

理想透镜不产生光程差。

3. 两个相干点光源的干涉

两相干光在空间任一点 P 的强度为

$$I(P)=I_1(P)+I_2(P)+2\sqrt{I_1(P)I_2(P)}\cos\Delta\varphi(P)$$

干涉光强 $I(P)$ 的极值条件为

相位差 $\begin{cases}\Delta\varphi=2j\pi & (j=0,\pm1,\pm2\cdots)\text{极大(明)}\\ \Delta\varphi=(2j\mp1)\pi & (j=\pm1,\pm2,\pm3\cdots)\text{极小(暗)}\end{cases}$

光程差 $\begin{cases}\delta=(2j)\dfrac{\lambda}{2} & (j=0,\pm1,\pm2\cdots)\text{极大(明)}\\ \delta=(2j\mp1)\dfrac{\lambda}{2} & (j=\pm1,\pm2,\pm3\cdots)\text{极小(暗)}\end{cases}$

干涉条纹的对比度　$K=\frac{I_M-I_m}{I_M+I_m}$

参与干涉的两相干光振幅(或强度)量相等时,$I_m=0$(暗纹全黑),$K=1$,条纹的对比度(反差)最大,最清晰。

4. 杨氏双缝干涉

采用分波前法获取两个相干光源。干涉条纹是间距相等的平行于双缝的直条纹。

条纹间距　$\Delta x=x_{j+1}-x_j=\lambda\frac{D}{d}$

5. 薄膜干涉

分振幅法:光射到两透明介质的分界面上时,一部分反射,一部分透射,这两束光相干。

薄膜干涉的光程差公式

$$\delta=2n_2e\cos\theta_t+\delta_0=2e\sqrt{n_2^2-n_1^2\sin^2\theta_i}+\delta_0$$

$$\delta_0=\begin{cases}\frac{\lambda}{2} & (n_2>n_1 \text{ 和 } n_3,\text{或 } n_2<n_1 \text{ 和 } n_3 \text{ 时})\\ 0 & (n_1<n_2<n_3,\text{或 } n_1>n_2>n_3 \text{ 时})\end{cases}$$

零级位于厚度 $e=0$ 处,薄膜干涉条纹的极值条件

$$\delta_0=0\text{ 时}\begin{cases}\delta=(2j)\frac{\lambda}{2} & (j=0,1,2\cdots)\text{明}\\ \delta=(2j-1)\frac{\lambda}{2} & (j=1,2,3\cdots)\text{暗}\end{cases}$$

$$\delta_0=\frac{\lambda}{2}\text{时}\begin{cases}\delta=(2j)\frac{\lambda}{2} & (j=1,2,3\cdots)\text{ 明}\\ \delta=(2j+1)\frac{\lambda}{2} & (j=0,1,2\cdots)\text{ 暗}\end{cases}$$

(1) 等厚干涉

令 n_2 和 θ_i(或 θ_t)为常数,光差只随薄膜的厚度 e 变化,干涉条纹沿等厚线分布。光线正入射($\theta_i\approx\theta_t\approx0$),时相邻等厚条纹对应的厚度差为

$$\Delta e=e_{j+1}-e_j=\frac{\lambda}{2n_2}$$

① 劈尖　由两个平面所夹劈尖形状的薄膜,干涉条纹是一组平行于交棱的等间距的直线。0 级位于交棱处,明暗由附加光程差决定。

条纹宽度与顶角间的关系为　$\Delta x=\frac{\lambda}{2n_2\theta}$

② 牛顿环　平凸透镜与平板玻璃之间形成了一个厚度非线性变化的空气薄层。

第 j 级暗条纹的半径(暗纹公式)

$$r_j=\sqrt{\frac{jR\lambda}{n}}\quad(j=0,1,2\cdots)$$

(2) 等倾干涉

令 n_2 和 e 为常数,光程差只随光线的入射角 θ_i(或折射角 θ_t)变化,同一条连续的干涉条纹对应于相同入射角 θ_i(或折射角 θ_t)的光线。

倾干涉条纹为一系列内疏外密的同心圆环;圆心处光程差最大,干涉级次最高;圆心处的明暗是随机的。

薄膜的厚度 e 连续增大时，中心不断“吐出”条纹；厚度 e 连续减小时，中心不断“吞进”条纹。若中心“吐出”或“吞进”条纹的个数为 N，膜厚的改变量为

$$\Delta e = N\frac{\lambda}{2n_2}$$

（3）增透膜和高反射膜

在玻璃等基材上人工镀上薄膜，使反射光相干相消（或相干相长），以实现增透射（或增反射）的目的。

增透膜和高反射膜所镀的单层膜的光学厚度均为

$$ne = \frac{(2j-1)\lambda}{4}$$

① 单层增透膜　要求 $n_0 < n < n_G$，100%透射的条件为

$$n = \sqrt{n_0 n_G}$$

② 双层增透膜　镀两种不同材料的双层薄膜，两层膜的光学厚度均为 $\frac{\lambda}{4}$，100%透射的条件为

$$\frac{n_2}{n_1} = \sqrt{\frac{n_G}{n_0}}$$

③ 高反射膜　要想获得接近100%的反射率，需要镀多（十几）层膜。

6. 迈克耳孙干涉仪

利用镀了半透明的铝膜的分光板产生等振幅的相干光。在两光臂末端的平面镜之间形成的是等效的空气薄膜（但附加光程差 $\delta_0 = 0$）。当两平面镜垂直时，观察到的是等倾干涉条纹。

思考题

18.1　为什么两个独立的同频率的普通光源发出的光波叠加时不能得到光的干涉条纹？

18.2　在双缝干涉实验中，(1)当狭缝间距 d 不断增大时，干涉条纹如何变化？为什么？(2)当狭缝光源 S 在纸面内垂直于轴线向下或向上移动时，干涉条纹如何变化？

18.3　在双缝干涉实验中，入射光的波长为 λ，用透明玻璃纸遮住双缝中的一个缝，则屏上的条纹有什么变化？

18.4　在双缝干涉实验中，如果有一条狭缝稍稍加宽一些，屏幕上的干涉条纹有什么变化？

18.5　将单色光垂直照射在空气劈尖上，若将整个劈尖装置由空气放入水中，劈尖条纹有什么变化？

18.6　观察肥皂液膜的干涉时，看到彩色条纹随膜厚度的变化而改变。当肥皂液膜的最高处的彩色条纹消失呈现黑色时，肥皂膜破裂，为什么？

18.7　由两块平面玻璃板做成的空气劈尖，为什么看到的是空气劈上下两个表面反射光的干涉，而不是玻璃板上下表面反射光的干涉？

习　题

18.1　在真空中波长为 λ 的单色光，在折射率为 n 的透明介质中从 A 沿某路径传播到 B。

若 A、B 两点相位差为 3π,则此路径 AB 的光程差为多少?

18.2 在双缝干涉实验中,光的波长为 600 nm,双缝间距为 2 mm,双缝与屏的间距为 3.00 m,在屏上形成干涉图样的明条纹间距为多少?

18.3 单色光射在两个相距 2.00×10^{-4} m 的狭缝上,在缝后 1.00 m 处的屏上,从第二明条纹到第五明条纹的距离为 7.50×10^{-3} m,求此单色光的波长。

18.4 在双缝装置中,用一很薄的云母片($n=1.58$)覆盖其中的一条狭缝,这时屏蔽上的第六级明条纹恰好移到屏幕中央原零级明条纹的位置。如果入射光的波长为 5.50×10^{-7} m,则这云母片的厚度应为多少?

18.5 以波长为 6.328×10^{-7} m 的激光投射到间距为 2.20×10^{-4} m 的双缝上,求距缝 1.80 m 处光屏上所形成的干涉条纹的间隔。

18.6 洛埃镜实验中(如图 18.21 所示),若将观察屏移到与反射镜的一端相接触,接触点由于半波损失而呈现暗纹。试写出此时屏上干涉条纹的明、暗条件。(设 $\overline{S_1S_2}=d$,S_1S_2 与屏之间的距离为 D,屏上的条纹位置为 x。)

18.7 一玻璃劈尖的折射率为 1.52,用波长为 589.3 nm 的钠黄光垂直入射,测得相邻条纹间距为 5.00 mm,求劈尖夹角。

18.8 长为 0.100 m 的两玻璃片的一端互相接触,另一端用厚 1.00×10^{-5} m 的金属片隔开,使之形成一空气劈尖。今以波长为 5.46×10^{-7} m 的平行光垂直照到玻璃片上,问在反射光中可以观察到每厘米有多少干涉条纹?

18.9 单色光观察牛顿环,测得某一明环的直径为 3.00 mm,它外面第 5 个明环的直径为 4.60 mm,平凸透镜的半径为 1.03 m,求此单色光的波长。

18.10 用波长为 5.00×10^{-7} m 的可见光照射到一肥皂膜上,在与膜面成 60°方向观察到膜最亮,已知肥皂膜折射率为 1.33。求此膜至少多厚?若改为垂直观察,求能使此膜最亮的光波的波长最大值。

18.11 如果在观察肥皂水薄膜($n=1.33$)的反射光时,它呈绿色($\lambda=5.00\times10^{-7}$ m),且这时法线和视线间夹角为 45°;若垂直观察,肥皂水薄膜将呈何种颜色?波长是多少?

18.12 一束波长为 λ 的单色光由空气垂直入射到折射率为 n 的透明薄膜上,透明薄膜放在空气中,要使反射光得到干涉加强,则薄膜的最小厚度为多少?

18.13 在照相机的镜头上镀一层折射率为 1.38 的氟化镁增透薄膜,玻璃的折射率为 1.50。现以波长为 5.50×10^{-7} m 的单色光垂直入射,欲使膜上反射最小,则膜的最小厚度为多少?

18.14 在实验室的迈克耳孙干涉仪的一条光路中,放入以折射率为 n,厚度为 d 的透明薄膜,放入前后,这条光路的光程改变了多少?

18.15 在玻璃基片上镀两层光学厚度为 $\dfrac{\lambda}{4}$ 的介质薄膜,玻璃基片折射率 $n_G=1.75$,薄膜的折射率应为多少?

18.16 在玻璃基片上镀一层光学厚度为 $\dfrac{\lambda}{4}$ 的介质薄膜,如果第一层的折射率为 1.38,问为了达到在正入射下膜系对 λ 全增透的目的,第二层薄膜的折射率应为多少?(玻璃基片折射率 $n_G=1.52$)

第19章　光的衍射

光的衍射和光的干涉一样，体现了光的波动特性。我们在干涉现象中研究的是某两条相干光的叠加，而衍射研究的是一系列连续分布的无限多条相干光的叠加，因此它们在本质上没有区别，衍射的中心问题仍是计算光强(衍射图样)的分布。但是比较起来，光的衍射现象所面临的相干光叠加问题，在数学处理方法上要复杂一些。本章重点讨论计算较为简单，并且应用很广泛的夫琅禾费衍射，最后介绍很实用的X射线晶体衍射。

19.1　光的衍射和惠更斯-菲涅耳原理

19.1.1　光的衍射现象

波在传播过程中遇到障碍物时改变传播方向而“绕过”障碍物，这种现象即衍射(绕射)。日常生活中，容易观察到机械波的衍射现象，例如声波绕过隔音墙，使得墙两边的人能够相互听到对方的呼叫；又如，水面波通过障碍物时，在障碍物的边沿会有衍射波出现。光波的衍射现象与机械波类同。

光波的衍射主要有两个特点：

① 波传播时，经障碍物后会在某种程度上绕到其几何阴影区域中去；

② 在几何阴影区附近，波的强度会有起伏，即有明暗相间的衍射图样。

只有当障碍物的尺寸与波长相近时，衍射现象才开始显著，故光衍射现象少见。图19.1(a)为矩形小孔的衍射图样，图19.1(b)为针和细线的衍射图样。

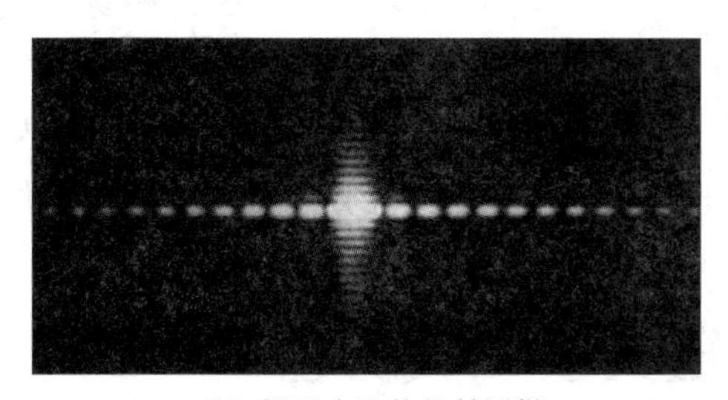

(a) 矩形小孔的衍射图样

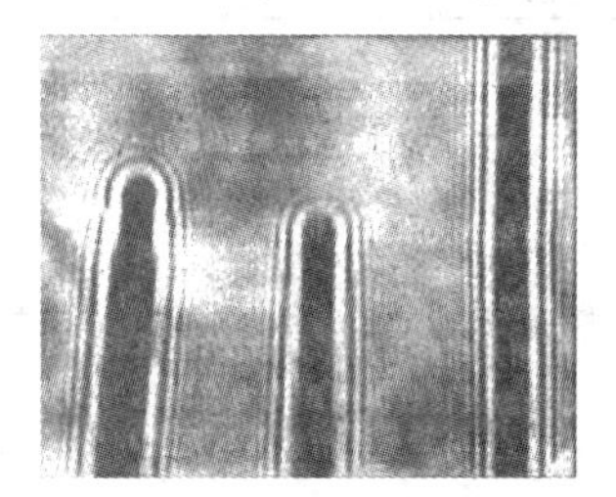

(b) 针和细线的衍射图样

图19.1　光的衍射现象

19.1.2　惠更斯-菲涅耳原理

惠更斯原理指出，某时刻介质中波所到达的波前上的各点都是产生子波的波源，此后任意时刻，这些子波波前的包络面形成该时刻波的新波前。惠更斯原理能够解释在波传播时，经障碍物后会在某种程度上绕到其几何阴影区域中去；但无法解释在几何阴影区附近，有明暗相间的衍射图样。

1818年，菲涅耳以光的干涉原理补充了惠更斯原理，他认为：**波前上各点发出的子波是相**

干波,衍射时波场中各点的强度由各子波在该点的相干叠加决定。这种利用相干叠加概念发展了的惠更斯原理称为**惠更斯-菲涅耳原理**,简称惠-菲原理,该原理是研究光波相干叠加的基础。

19.1.3　衍射分类

衍射的基本装置有光源、衍射屏(障碍物)和接收屏(屏幕),依照它们之间距离的不同,常把光的衍射分为两大类:

① 菲涅耳衍射:光源或考查点中至少有一个到衍射屏的距离有限远(即非平行光入射或出射)(如图 19.2(a)所示),也称为近场衍射。菲涅耳衍射的强度分布运算极其复杂,实际应用也不是很多,就不再详细介绍了。

② 夫琅禾费衍射:光源与考察点离衍射屏的距离均为无限远(即平行光入射,平行光出射)(如图 19.2(b)所示),也称为远场衍射。夫琅禾费衍射计算简便,应用广。

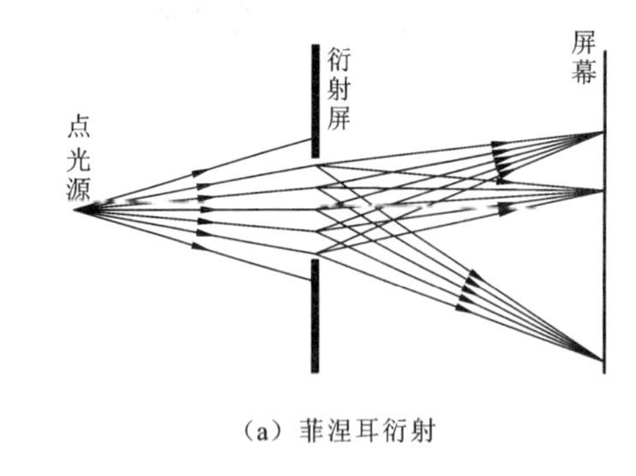

(a) 菲涅耳衍射　　(b) 夫琅禾费衍射

图 19.2　衍射分类

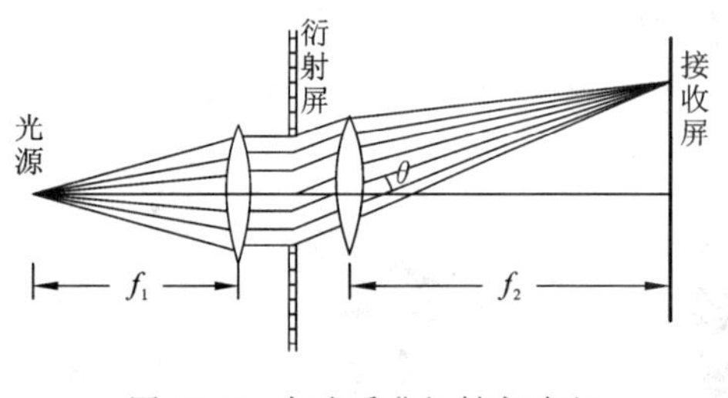

图 19.3　夫琅禾费衍射实验室

实验室中,用一个理想透镜(实际上是消了像差的组合透镜)产生平行光,使之入射到衍射屏上,再通过一个理想透镜会聚衍射光而得到衍射图样,以实现夫琅禾费(远场)衍射(如图 19.3 所示)。其中的衍射屏可以是单缝、圆孔、光栅等不同的衍射元件。

19.2　单缝夫琅禾费衍射

19.2.1　点光源的单缝夫琅禾费衍射的强度分布

先研究点光源的单缝夫琅禾费衍射,取坐标系如图 19.4(a)所示,z 轴沿光轴,y 轴沿狭缝的走向,x 轴垂直于狭缝的走向。从图 19.4(a)中屏幕上的衍射图样可以看到,衍射只发生在 x 方向(垂直于狭缝的走向),所以计算光程差时,只需要作 x-z 平面图,如图 19.4(b)所示。

设狭缝的宽度为 a(注:a 很小,但为了看清细节,画图时放大了许多倍),把缝内的波面分割为 m 个等宽的波带 ΔS,每个波带的宽度均为 a/M,它们是振幅相等的次波波源,朝各个方向发出次波。角度 θ 相同的衍射光将会聚于接收屏幕上的 P_θ 点,如图 19.4(b)所示。

由于理想透镜不产生光程差(参见第 18 章 18.2.1 小节),平行光正入射时,各光线在波面

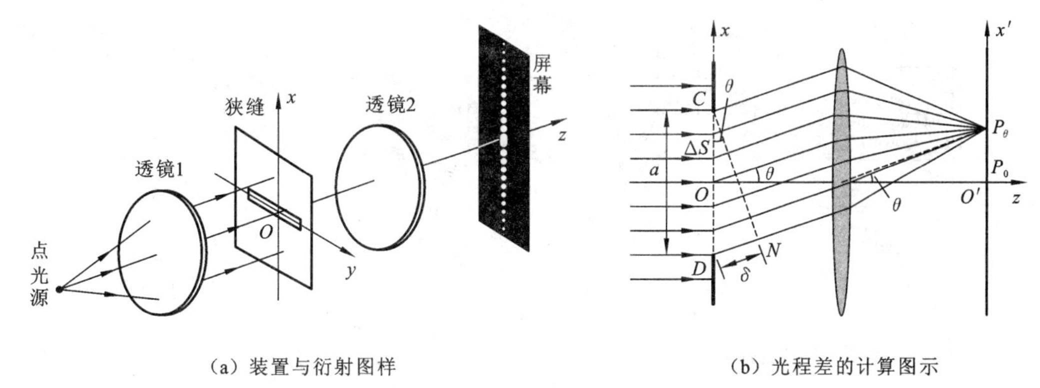

(a) 装置与衍射图样　　(b) 光程差的计算图示

图 19.4　点光源的单缝夫琅禾费衍射

CD 上无光程差；作 CN 垂直于衍射角为 θ 的平行光线，则各光线在 CN 与 P_θ 点之间无光程差。这样各光线之间的光程差只出现在直角 ΔCDN 的范围之内。于是经过狭缝上下边缘的两条光线之间的光程差 $\delta=DN$，即为

$$\delta=a\sin\theta \tag{19.1}$$

对应的相位差为

$$\Delta\varphi=\frac{2\pi}{\lambda}\delta=\frac{2\pi}{\lambda}a\sin\theta \tag{19.2}$$

相邻波带对应点(沿 x 方向距离为波带宽度$\frac{a}{M}$)间衍射光线的光程差为

$$\frac{\delta}{M}=\frac{a\sin\theta}{M} \tag{19.3}$$

对应的相位差为

$$\frac{\Delta\varphi}{M}=\frac{2\pi}{\lambda}\cdot\frac{a\sin\theta}{M} \tag{19.4}$$

振动的合成可用矢量图解和复数积分两种方法来精确计算，可推导出单缝衍射的强度分布公式，以及单缝衍射图样的位置分布；也可用半波带法近似推导出单缝衍射图样的位置分布。下面分别用半波带法和矢量图解法来研究单缝衍射的图样分布及特征。

1. 半波带法(衍射图样的近似分析)

若两相邻波带对应点(间距等于波带宽)发出光线的光程差为$\frac{\lambda}{2}$，这样的波带称为**半波带**。

若狭缝上下边缘的两条光线之间的光程差恰好是

$$\delta=a\sin\theta=m\,\frac{\lambda}{2}\quad(m=\pm1,\pm2,\cdots)$$

作彼此相距$\frac{\lambda}{2}$的平行于 CD 的平面，把 $\delta=DN$ 分成 m 等分，同时波面 CD 也被切割成 m 个半波带，如图 19.5 所示。

由于各个半波带的面积相等，所以各个半波带在 P 点所引起的光振幅接近相等。又因为两相邻半波带上任何两个对应点所发出的光线的光程差总是$\frac{\lambda}{2}$，于是两相邻半波带发出的光

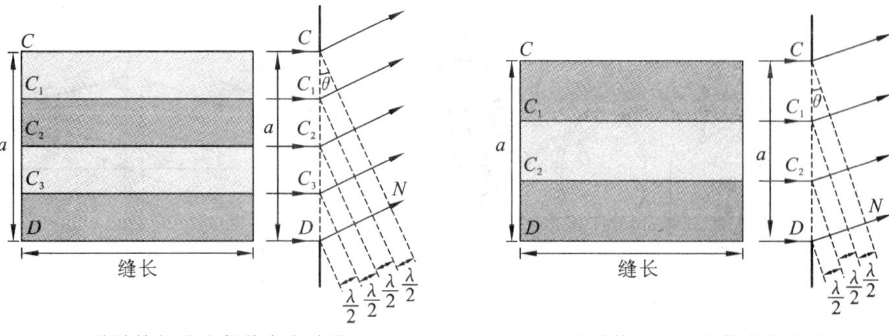

(a) 狭缝恰好分为偶数个半波带　　(b) 狭缝恰好分为奇数个半波带

图 19.5　用半波带法研究单缝夫琅禾费衍射

线在屏幕上的 P 点处相互抵消。

(1) 当 $m=2j$ $(j=\pm1,\pm2\cdots)$时，即狭缝恰好分为偶数个半波带时，如图 19.5(a)所示，相邻半波带两两抵消的结果是 P 点为暗点，则单缝衍射暗纹位置公式为

$$a\sin\theta=j\lambda\quad(j=\pm1,\pm2,\cdots)\tag{19.5}$$

(2) 当 $m=2j+1$ $(j=\pm1,\pm2\cdots)$时，即狭缝恰好分为奇数个半波带时，如图 19.5(b)，相邻半波带两两抵消的结果，还多出了一个半波带没有被抵消掉，于是 P 点为亮点，则单缝衍射明纹位置为

$$a\sin\theta=(2j+1)\frac{\lambda}{2}\quad(j=\pm1,\pm2,\cdots)\quad(\text{近似})\tag{19.6}$$

当明条纹级数 j 增加时，半波带数 m 增加，半波带面积减小，则第 j 级明纹的光强 I_j 减小。

(3) 当 $m=0$ $(j=0)$时，$\delta=0,\theta=0$，衍射线沿入射方向，经透镜会聚于 P_0 点，位于光轴上。因为衍射线间均无光程差，所以到达 P_0 的所有光线都相干加强，P_0 点最亮，称为零极(中央)主最大

$$I_0=I_{\max}\tag{19.7}$$

(4) 当 $\delta=a\sin\theta\neq m\dfrac{\lambda}{2}$ $(m=\pm1,\pm2,\cdots)$时，即狭缝不能恰好分为整数个半波带时，P 点介于亮暗之间。

例 19.1　波长为 λ 的平行光正入射到宽度为 5λ 的单缝上，在衍射角为 30°方向，单缝处波面被分成几个半波带？试判断该衍射方向对应的屏幕上的聚焦点的明暗与级次？

解　依题意

$$a\sin\theta=5\lambda\sin30°=5\,\frac{\lambda}{2}$$

可见狭缝处波面被分成 5 个半波带，屏幕上相应位置出现明纹。由 $m=2j+1=5$，得 $j=2$，即出现第二级明纹。

例 19.2　对于单缝夫琅禾费衍射的第三级暗纹，它所对应单缝上的波面被分成几个半波带？若缝宽缩小为原来的三分之一，原来的第三级暗纹会发生什么变化？

解　由单缝暗纹公式，有

$$a\sin\theta=j\lambda=3\lambda=6\,\frac{\lambda}{2}$$

可见 $m=6$ 个半波带。

依题意，当缝宽缩小为原来的三分之一，有

$$\frac{1}{3}a\sin\theta=\frac{1}{3}3\lambda=\lambda=2\cdot\frac{\lambda}{2}$$

狭缝所在波面被分成 2 个半波带，由 $m=2j=2$，可知 $j=1$，所以原第三级暗纹为变第一级暗纹。

注：半波带法是比较粗略的方法，所推导出的明纹位置公式(19.6)，只是近似位置；半波带法也无法导出各级明条纹的强度值

2. 矢量图解法(强度分布的精确推导)

矢量图解法是运用第 15 章 15.1.4 小节中介绍的旋转矢量，和第 15 章 15.3.1 小节中介绍的旋转矢量合成，来进行相干光振动叠加计算的。

用矢量图解法计算时，在图 19.4(b)中狭缝上分割出的波带，要比半波带细很多。在旋转矢量图中，每个波带 ΔS 对 P_θ 处振动的贡献都是一个小矢量，M 个小矢量首尾相接，逐个转过角度 $\Delta\varphi/M$，共转角度 $\Delta\varphi$。令 $M\to\infty$，则 $\Delta S\to 0$，由小矢量连成的折线化为圆弧，如图 19.6 所示，合成振幅 A 等于弦长 EF。设此弧的圆心在 O 点，半径为 R，圆心角为 $2u$，则

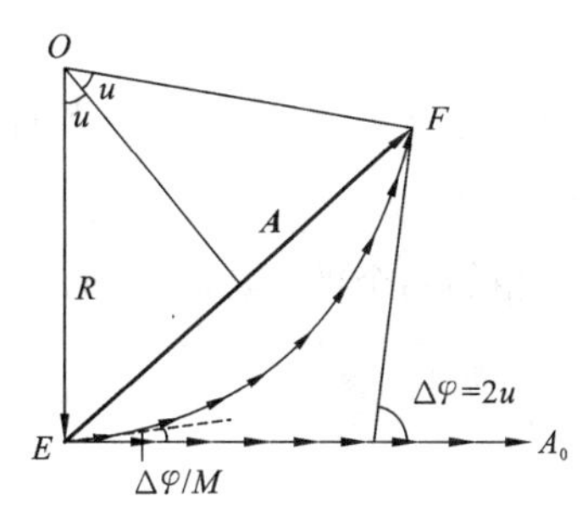

图 19.6 单缝夫琅禾费衍射振幅的矢量合成

$$u=\frac{\Delta\varphi}{2}=\frac{\pi a}{\lambda}\sin\theta$$

而

$$R=\frac{\overset{\frown}{EF}}{2u}$$

所以

$$A=\overline{EF}=2R\sin u=\overset{\frown}{EF}\frac{\sin u}{u}$$

$\overset{\frown}{EF}$是每个波带贡献的小矢量的长度之和。而 $\theta=0$ 时，$\delta=0$，每个波带之间都没有相位差，对应的 P_0 点的合成振幅的大小 A_0 是所有波带小矢量的长度直接相加，即$\overset{\frown}{EF}=A_0$，于是得到**夫琅和费单缝衍振幅分布公式**为

$$A=A_0\frac{\sin u}{u} \tag{19.8}$$

设 $P_0(\theta=0)$处的光强为 I_0，P_θ 处的光强为 I，则**夫琅和费单缝衍光强分布公式**为

$$I=I_0\left(\frac{\sin u}{u}\right)^2 \tag{19.9}$$

其中

$$u=\frac{\Delta\varphi}{2}=\frac{\pi a}{\lambda}\sin\theta \tag{19.10}$$

式(19.9)中的$\left(\frac{\sin u}{u}\right)^2$ 称为**单缝衍射因子**。

19.2.2　单缝衍射因子的特点

1. 光强分布的极值条件

1）极小

由强度公式(19.9)和(19.10)可看出，在 $u\neq0$，而 $\sin u=0$ 的地方，$I=0$，所以暗纹在 $u=j\pi$ ($j=\pm1,\pm2,\cdots$) ($j\neq0$ 的整数)的地方，即

$$a\sin\theta=j\lambda\quad(j=\pm1,\pm2,\cdots)$$

此式与式(19.5)完全一样，就是正入射单缝衍射的暗纹公式

2）主最大

当 $u\to0$ 时，按罗彼塔法则，有 $\lim\limits_{u\to0}\dfrac{\sin u}{u}=1$，即当 $u=0$ 或 $\theta=0$ 时，

$$I=I_{\max}=I_0$$

所以零极为主最大，**主最大的条件**是 $\theta=0$。

3）次极大

在相邻两个极小之间，必有一个极大。它们满足

$$\frac{\mathrm{d}}{\mathrm{d}u}\left(\frac{\sin u}{u}\right)=0$$

即

$$\frac{u\cos u-\sin u}{u^2}=0$$

化简得

$$u=\tan u$$

极大出现在由超越方程 $u=\tan u$ 所决定的位置上，解此超越方程运用作图法(如图 19.7 所示)更简单：作曲线 $y=\tan u$ 和直线 $y=u$，其交点就是超越方程 $u=\tan u$ 的解。由此可得方程的解为

$$u_0=0,u_1=\pm1.43\pi,\quad u_2=\pm2.46\pi,\quad u_3=\pm3.47\pi,\cdots\tag{19.11}$$

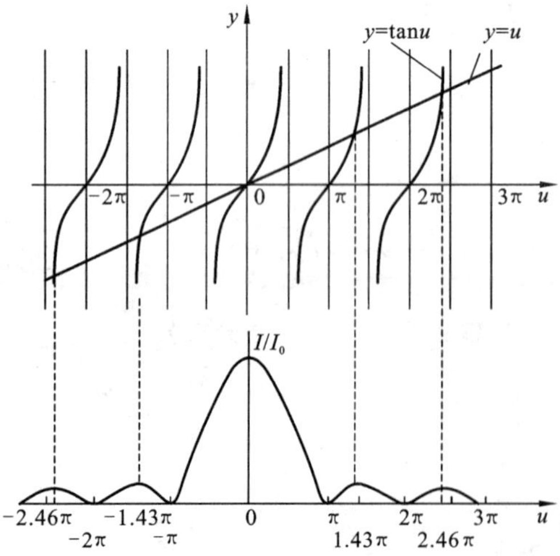

图 19.7　用作图法求衍射极大

式(19.11)中 $u_0=0$，对应的是零极主最大的位置 $\theta=0$，其余的解对应的极大值的强度相对较小，称为次极大。将以上各项依次代入到式(19.10)(即 $u=\dfrac{\pi a}{\lambda}\sin\theta$)中，得到次极大的位置为

$a\sin\theta_1=\pm1.43\lambda$　(第一级明纹最亮处)

$a\sin\theta_2=\pm2.46\lambda$　(第二级明纹最亮处)

$a\sin\theta_3=\pm3.47\lambda$　(第三级明纹最亮处)

……

由振幅矢量叠加法得到的光强结果是准确的，它说明单缝衍射的次极大并不严格等间隔。将上述结果与用半波带法得到的明纹公式(19.6)相比：用半波法得第一、二、三级明纹中

心依次出现在 $a\sin\theta_1=\pm1.50\lambda$，$a\sin\theta_2=\pm2.50\lambda$，$a\sin\theta_3=\pm3.50\lambda$ 等位置上，可见它们与次极大的确切位置略有差别。

根据式(19.9)，还可做出相对光强(单缝衍射因子)随 u 的变化曲线，如图 19.8 所示。零级主最大比次极大亮得多，第一、二、三级明纹的强度仅为零级强度的 4.7%、1.7%、0.83%，随着级次 j 的增高，I_j 还将持续下降。所以实际上，**单缝衍射的条纹只能看到有限的几级。**

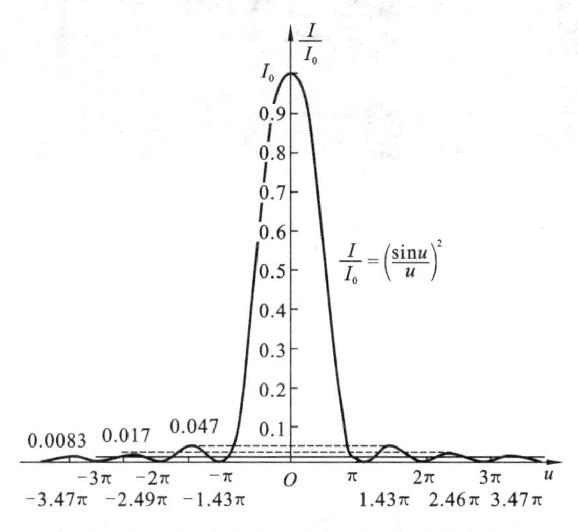

图 19.8 单缝夫琅禾费衍射强度分布曲线

2. 条纹宽度及其影响因素

1) 条纹宽度

衍射条纹的宽度定义为两相邻极小的间距。由于极小值位于 $\sin\theta=j\dfrac{\lambda}{a}$，衍射角不大时，近似有 $\theta\approx j\lambda/a$，所以次级大条纹角宽度

$$\Delta\theta=\theta_{j+1}-\theta_j=\frac{\lambda}{a} \tag{19.12}$$

零级主最大的半角宽度为

$$\theta_1\approx\frac{\lambda}{a} \tag{19.13}$$

零级主最大的角宽度为 $2\theta_1$，线宽为

$$\Delta x_1=2f\tan\theta_1\approx2f\frac{\lambda}{a} \tag{19.14}$$

可见零级主最大的宽度为次极大的 2 倍。

2) 影响条纹角宽度 $\Delta\theta$(或 θ_1)的因素

① 缝宽 a 一定时，$\Delta\theta\propto\lambda$。因为 $\lambda_{红}>\lambda_{紫}$，于是 $\Delta\theta_{红}>\Delta\theta_{紫}$，所以白光入射时，衍射条纹呈颜色连续变化的彩带，同级衍射条纹的颜色从靠近中心 0 的一侧向外依次为紫、蓝、青、绿、黄、橙、红色。

② 波长 λ 一定(单色光)时，$\Delta\theta\propto\dfrac{1}{a}$。缝宽 a 越小，$\Delta\theta$ 越大，衍射越显著。

它反映了障碍物与光波之间限制与扩展的辩证关系：**何方受限，就向何方扩展；限制越紧，扩展越显著**。如图 19.9(a)(b)(c)所示。

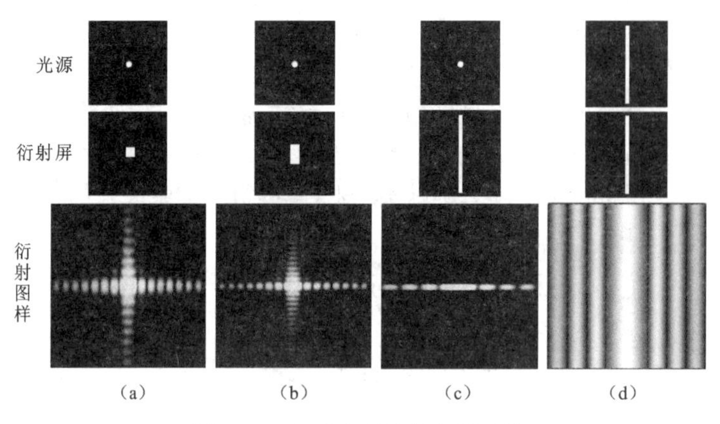

图 19.9　矩孔和单缝的衍射图样

③ 当 $\lambda \ll a$ 时，$\theta_1 = \Delta\theta = \dfrac{\lambda}{a} \to 0$，随着级次 j 的增高，I_j 将持续下降，高级次的亮纹可忽略不计，所以 $\theta_j = j\dfrac{\lambda}{a} \to 0$，即光沿直线传播。

④ 当 a 过小时，$\theta_1 \approx \dfrac{\lambda}{a}$ 很大，但因通过狭缝的光通量过小，将也无法看清条纹。

19.2.3　线光源的单缝夫琅禾费衍射

设想将图 19.4 中的点光源沿 x 或 y 方向移动，则接收屏幕上的衍射图样将如何变化？由透镜的成像规律能够知道，接收屏幕上的衍射图样将沿相反的方向平移。

若在图 19.4 中的点光源处放置一个沿 x 方向的线光源，线光源上的每一点发出的光线都将在接收屏幕上产生一套沿 x' 方向分布的单缝衍射条纹，这些条纹全都重叠在过 z 轴沿 x' 方向的直线上，但明暗条纹沿 x' 方向彼此错开了，它们在接收屏幕上再进行非相干叠加，结果是一条沿 x 方向的没有明暗交替变化的明亮直线，看不到衍射现象了。

若在图 19.4 中的点光源处放置一个沿 y 方向的线光源，线光源上的每一点发出的光线也都将在接收屏幕上产生一套沿 x 方向分布的单缝衍射条纹，这些条纹彼此沿 y' 方向错开，没有重叠，于是在接收屏幕上看到的是沿 y' 方向（沿狭缝的走向）展宽了的长条状的单缝衍射条纹，如图 19.9(d)所示。

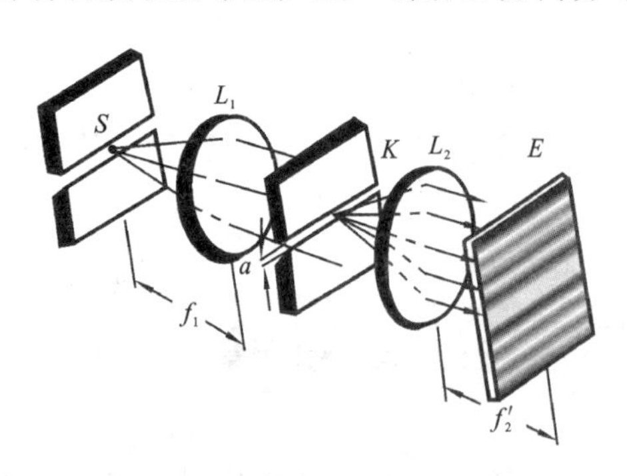

图 19.10　线光源的单缝夫琅禾费衍射

实验室中的单缝夫琅禾费衍射，大多都采用的是，用面光源照明狭缝而形成的线光源，如图 19.10 所示。形成线光源的狭缝与衍射狭缝必须平行放置，才能形成衍射条纹。

注：尽管线光源的单缝夫琅禾费衍射图样中的长条形条纹是平行于狭缝走向的，但衍射方向（条纹明暗相间的走向）是垂直于狭缝走向的。

例 19.3　如有一个缝宽 $a=0.100$ mm 的单缝，在缝后放一个焦距 $f=0.500$ m 的凸透镜，在透镜的焦平面上置一屏幕。用平行光（$\lambda=546.1$ nm）垂直照射在该缝上，求：(1) 中央明条纹的宽度；(2) 中央明条纹两旁明条纹的宽度和第三级暗条纹的位置。

解　(1) 根据单缝衍射的暗纹公式

$$a\sin\theta = j\lambda \quad (j = \pm 1, \pm 2, \cdots)$$

第一级暗纹位置可表示为

$$x_1=f\tan\theta\approx f\sin\theta=f\frac{\lambda}{a}$$

中央明条纹宽度是±1级暗纹之间的距离，即

$$\begin{aligned}\Delta x_1&=2f\tan\theta_1\approx 2f\frac{\lambda}{a}\\&=2\times0.500\times\frac{546.1\times10^{-9}}{0.100\times10^{-3}}=5.461\times10^{-3}\ \text{m}\end{aligned}$$

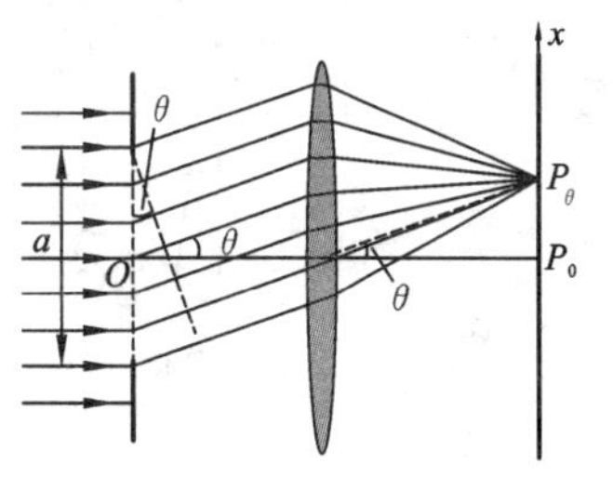

图 19.11　例 19.3 图

(2) 中央明纹两旁明纹的宽度即次极大宽度。即第二级和第一级暗纹之间的距离。由 $a\sin\theta=j\lambda$，当 θ 很小时，第 j 级暗纹可表示为

$$x_j=f\tan\theta_j\approx f\sin\theta_j=jf\frac{\lambda}{a}$$

所以

$$\Delta x=x_2-x_1=2f\frac{\lambda}{a}-f\frac{\lambda}{a}=f\frac{\lambda}{a}=0.500\times\frac{546.1\times10^{-9}}{0.100\times10^{-3}}=2.731\times10^{-3}(\text{m})$$

第3级暗纹

$$x_3=f\tan\theta_3\approx f\sin\theta_3=3f\frac{\lambda}{a}=3\times0.500\times\frac{546.1\times10^{-9}}{0.100\times10^{-3}}=8.192\times10^{-3}(\text{m})$$

19.3　圆孔夫琅禾费衍射　光学仪器的像分辨本领

19.3.1　圆孔夫琅禾费衍射

若将单缝夫琅禾费衍射中的狭缝换成圆孔，如图 19.12(a)所示，将得到图 19.12(b)所示的圆孔衍射图样，称为**爱里图形**。

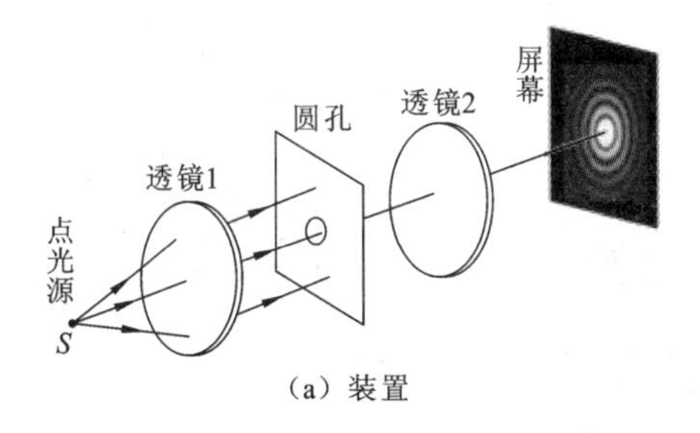

(a) 装置

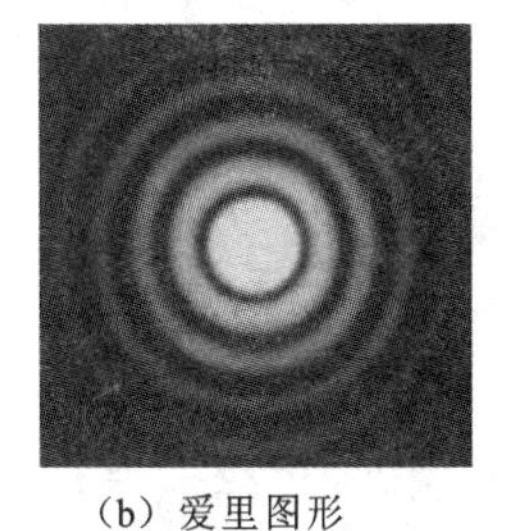

(b) 爱里图形

图 19.12　圆孔夫琅禾费衍射

由于推导圆孔夫琅禾费衍射的强度分布公式用到的数学知识相当复杂，这里只给出结果。正入射时强度分布公式为

$$I_\theta=I_0\left[\frac{2J_1(\psi)}{\psi}\right]^2 \tag{19.15}$$

其中

$$\psi=\frac{\pi D\sin\theta}{2\lambda} \tag{19.16}$$

D 为孔直径，$J_1(\psi)$ 为一阶贝塞耳函数（一种特殊函数），数值可查有关数学用表。由式(19.15)可画出圆孔夫琅禾费衍射强度分布的曲线，如图 19.13 所示。与图 19.8 所示的单缝

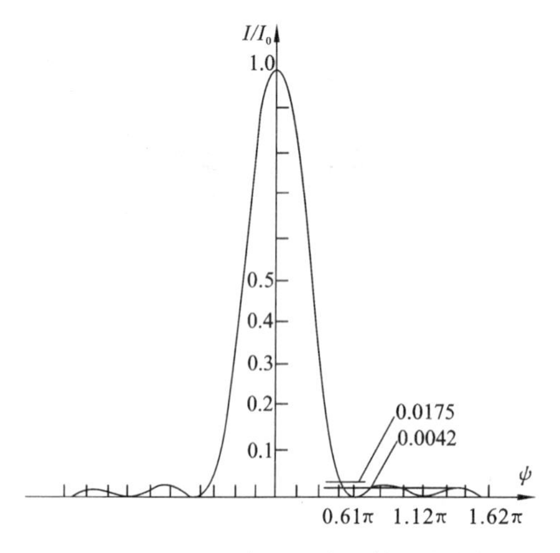

图 19.13　圆孔夫琅禾费衍射强度分布

夫琅禾费衍射强度分布相比较，两曲线的形状类似，都是次级大的强度远小于中央主最大的强度。圆孔衍射次级大的相对强度要更弱一些，第一次级大的强度只有零级强度的 1.75%，第二次级大的强度仅为零级强度的 0.42%，而且相邻暗纹间距并不相等。

以第一暗环为边界的中央亮斑称为**爱里斑**，它集中了约 84%的衍射光能量。爱里斑的外围是明暗相间的同心圆环。**爱里斑的半角宽度**即角半径为

$$\theta_0 \approx \sin\theta_0 = 1.22\,\frac{\lambda}{D} \tag{19.17}$$

式中 D 为圆孔直径，λ 为入射光的波长。若聚焦物镜焦距为 f，则**爱里斑的线半径**为

$$r_0 = f\theta_0 = 1.22 f\,\frac{\lambda}{D} \tag{19.18}$$

夫琅和费圆孔与单缝衍射，除了一个反映几何形状不同的因数 1.22 外，在定性方面是一致的。

即当 $\frac{\lambda}{D} \to 0$ 时，衍射现象可忽略。λ 越大或 D 越小，衍射现象越显著。

例 19.4　一束直径为 2.00 mm 的氦氖激光（波长为 632.8 nm）自地面射向月球，已知月球到地面的距离为 376×10^3 km，问在月球上接收到的光斑有多大？若把此激光扩束到直径为 0.200 m 再射向月球，月球上接收到的光斑又有多大？

解　激光束衍射的发散角就是爱里斑的角宽度，由式(19.17)

$$2\theta_0 = 2\times1.22\,\frac{\lambda}{D} = 2\times1.22\times\frac{632.8\times10^{-9}}{2.00\times10^{-3}} = 7.72\times10^{-4}\,(\text{rad})$$

在月球上接收到的光斑直径为

$$D' = 2\theta_0 L = 7.72\times10^{-4}\times376\times10^3 = 290\ (\text{km})$$

把此激光扩束到直径为 0.200 m 时，激光束衍射的发散角为

$$2\theta_0 = 2\times1.22\,\frac{\lambda}{D} = 2\times1.22\times\frac{632.8\times10^{-9}}{0.200} = 7.72\times10^{-6}\,(\text{rad})$$

在月球上接收到的光斑直径变为

$$D' = 2\theta_0 L = 7.72\times10^{-6}\times376\times10^3 = 2.90\ (\text{km})$$

此例说明，**由于衍射效应的原因，截面有限而又绝对平行的光束是不可能存在的**。

19.3.2　光学仪器的像分辨本领

1. 瑞利判据

按照几何光学中透镜的成像规律，似乎只要使透镜或透镜组有足够的放大率，就能将任何微小的物体放大到清晰可见的程度。实际上，在波动光学看来，点光源发出的光经圆孔后，由于衍射现象，并不能聚焦成一个像点，而是形成圆孔衍射图样。人眼睛的瞳孔，显微镜中的物

镜，光学仪器中所有的光阑都相当于是一个圆孔，物点好比是点光源。

图 19.14 是一个衍射受限成像系统，S_1 和 S_2 是两个发光强度相同且十分靠近的点状物体，系统的有效孔径是直径为 D 的圆。于是物点的像 S_1' 和 S_2' 应该成为图 19.12(b)所示的爱里图形。图 19.15 画出了点物 S_1 和 S_2 之间距离不相同时，像的强度分布曲线，以及两套爱里图形在像平面上非相干叠加的合成强度曲线，并对应配上了像的照片。在图 19.15(a)中，S_1 和 S_2 距离较大，像面上的合成强度分布曲线为两个峰，很容易分辨。图 19.15(b)中，S_1 和 S_2 距离减小了，致使像 S_1' 的中央强度极大值的位置与 S_2' 的第一个强度极小值位置重合，像面上的合成强度曲线仍是两个峰，中心点的光强度为两边极大值的 73.5%，此时，大多数人的眼睛尚能分辨这是两个点物的像(斑)。在图 19.15(c)中，S_1 和 S_2 距离进一步减小，像面上的合成强度分布为曲线成了单一的峰，这时无论成像系统的放大倍率有多高，也无法分辨这是两个点物的像。

瑞利首先提出，将图 19.15(b)的情形，即**一个物点爱里斑的中央极大恰好与另一个物点爱里图形的第一极小重合，作为光学成像系统的衍射受限分辨极限**，这一判据称为**瑞利判据**。

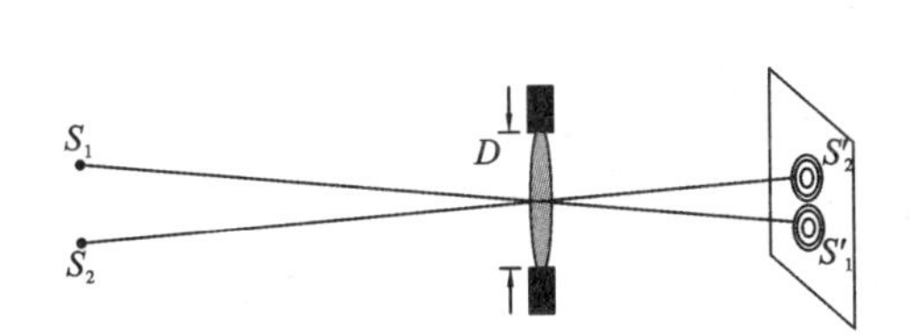

图 19.14 两个物点的衍射像

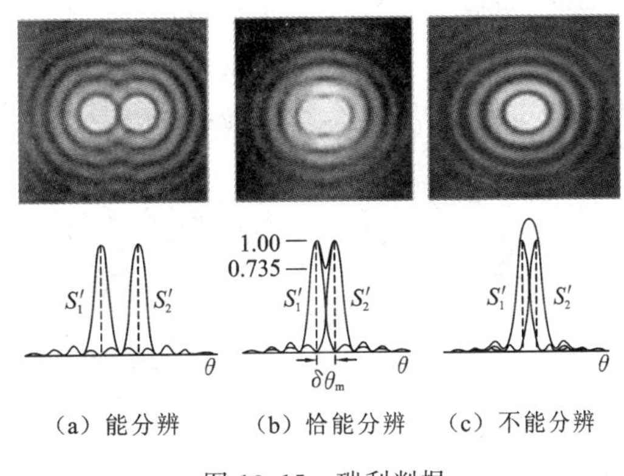

图 19.15 瑞利判据

2. 最小分辨角和仪器的分辨本领

如上所述，恰能分辨的两个点光源对应的两个爱里斑中心之间的距离正好是一个爱里斑的半径，这时两个点光源对透镜中心处的张角称为最小分辨角 $\delta\theta_m$。由图19.16知，它正是爱里斑的半角宽 θ_0，故最小分辨角为

$$\delta\theta_m = \theta_0 = 1.22\frac{\lambda}{D} \tag{19.19}$$

一般来说最小分辨角 $\delta\theta_m$ 总是相当小的，于是两个物点的最小分辨距离为

$$d_m = L\delta\theta_m = 1.22\frac{\lambda L}{D} \tag{19.20}$$

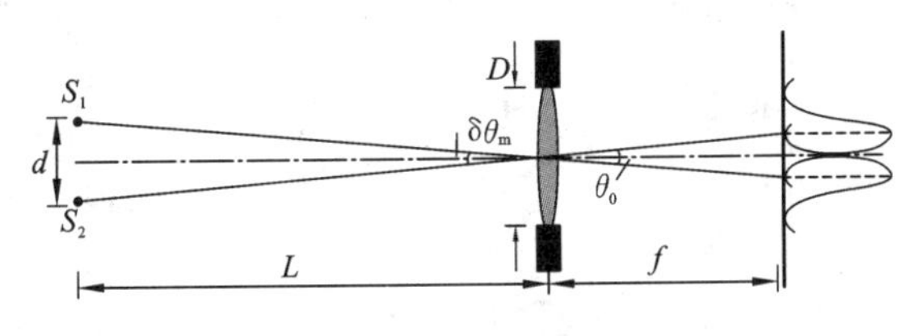

图 19.16 光学仪器的最小分辨角

最小分辨角越小，物点的最小分辨距离也越小，仪器的分辨本领越大。光学中，以最小分辨角的倒数来表示仪器的分辨本领

$$R = \frac{1}{\delta\theta_m} = \frac{D}{1.22\lambda} \tag{19.21}$$

分辨本领与仪器的孔径成正比，与所用的波长成反比。孔径越大，波长越短，分辨本领越

高。因此可以通过增大透镜的直径 D,或者减小入射光波长 λ 的方法来提高光学仪器的分辨本领。天文观测望远镜通常采用直径很大的透镜,就是为了提高分辨本领,同时也增大了入射光的能量。

例 19.5 哈勃太空望远镜的凹面物镜的直径为 4.3 m,可观察到距地球 130 亿光年远,即距今 130 亿年前的宇宙现象。求其对可见光的中心波长 550 nm 的最小分辨角及分辨本领。

解 最小分辨角为

$$\delta\theta_m=\theta_0=1.22\frac{\lambda}{D}=1.22\times\frac{550\times10^{-9}}{4.3}\delta\theta_m=1.56\times10^{-7}\text{rad}\approx0.0322''$$

分辨本领为

$$R=\frac{1}{\delta\theta_m}=\frac{1}{1.56\times10^{-7}}=6.41\times10^6$$

例 19.6 在我国贵州建成的 FAST 射电望远镜(如图 17.34 所示),是世界最大的单口径射电望远镜,其口径有 500 m;而位于美国的第二大射电望远镜的口径为 300 m,对于波长为 4 cm的无线电波,求这两台望远镜的最小分辨角及分辨本领。

解 我国的 FAST 最小分辨角为

$$\delta\theta_{m1}=1.22\frac{\lambda}{D_1}=1.22\times\frac{4\times10^{-2}}{500}=9.76\times10^{-5}(\text{rad})=20.1''$$

分辨本领为

$$R_1=\frac{1}{\delta\theta_{m1}}=\frac{1}{9.76\times10^{-5}}=1.02\times10^5$$

美国的最小分辨角为

$$\delta\theta_{m2}=1.22\frac{\lambda}{D_2}=1.22\times\frac{4\times10^{-2}}{300}=1.63\times10^{-4}(\text{rad})=33.6''$$

分辨本领为

$$R_2=\frac{1}{\delta\theta_{m2}}=\frac{1}{1.63\times10^{-4}}=6.13\times10^3$$

我国的 FAST 的分辨本领是美国射电望远镜的 1.66 倍。

注:FAST 射电望远镜的口径是哈勃太空望远镜口径的 116 倍,但分辨本领却没有哈勃太空望远镜高,这是因为两种望远镜的工作波长不同,无线电波的波长要比可见光的波长大4～6个数量级。

对于显微镜而言,为了方便,透镜的直径不宜过大,所以是尽量采用较短波长的波源,以提高分辨本领。例如可利用波长小于 0.1 nm 的电子束,制成最小分辨距离达 0.1 nm 的电子显微镜,其放大率可达几万倍乃至百万倍,比普通光学显微镜的分辨本领大千倍。

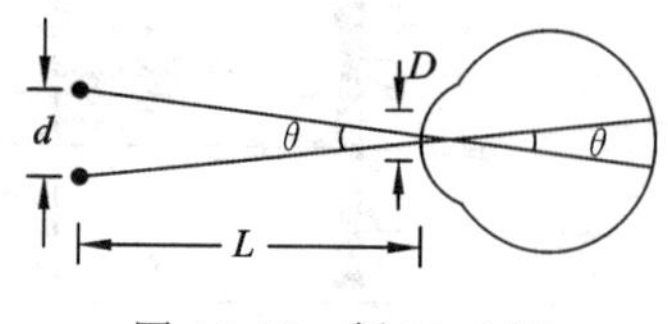

图 19.17 例 19.5 图

例 19.7 在通常的亮度下,人眼的瞳孔平均直径约为 2.5 mm,问人眼的最小分辨角是多大?如果黑板上画有两根平行直线,相距 0.5 cm,问离开多远处恰能分辨?(以视觉感受最灵敏的黄绿光(550 nm)来讨论)。

解 如图 19.17 所示,最小分辨角

$$\begin{aligned}\delta\theta_m&=\theta_0=1.22\frac{\lambda}{D}=1.22\times\frac{550\times10^{-9}}{2.5\times10^{-3}}\\&=2.684\times10^{-4}\text{rad}=0.9227'\approx1'\end{aligned}$$

设人离开黑板的距离为 L,两条平行线间距为 d,其对人眼的张角为 θ,则恰能分辨时 $\theta=\delta\theta_m$

$$d=d_{\mathrm{m}}=L\delta\theta_{\mathrm{m}}$$

$$L=\frac{d}{\delta\theta_{\mathrm{m}}}=\frac{0.5\times10^{-2}}{2.684\times10^{-4}}=18.6\ (\mathrm{m})$$

19.4 光栅衍射

19.4.1 光栅衍射原理

只要能够等宽而又等间隔地分割波前的装置，均称为衍射光栅。在一块很平的光学玻璃上，用金刚石刀尖或电子束刻出大量相互平行、等宽、等间距的刻痕，刻痕处因表面粗糙致使光线漫反射，所以不透光，没刻过的部分相当于透光的狭缝，这样便制作成了透射光栅，如图 19.18(a)所示；在金属表面上刻出大量平行等宽阶梯状的表面光滑的刻槽，就制作成了反射光栅，如图 19.18(b)所示。

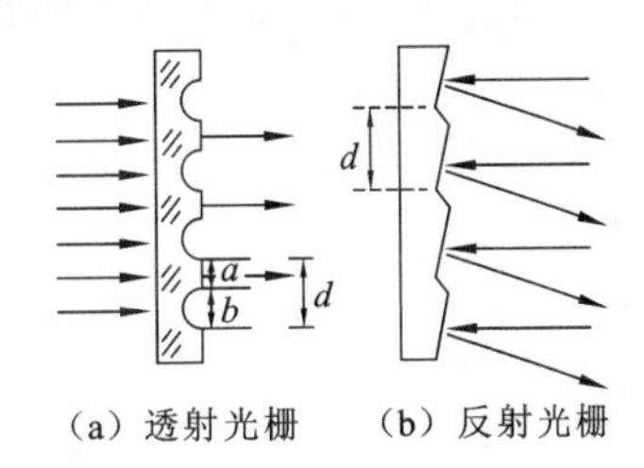

(a) 透射光栅 (b) 反射光栅

图 19.18 光栅(横截面)

常用的光栅在 1 mm 内刻有几十乃至成千条“狭缝”，光栅的有效宽度一般为 3 至 5 cm，所以一块光栅上的狭缝总数有10^3 到10^5 条。

设透射光栅的不透光部分宽度为 b，相邻刻痕间的透光部分宽度为 a，每条刻痕的宽度$d=a+b$称为**光栅常数**。若光栅的刻痕密度为 n(条/mm)，则光栅常数为

$$d=\frac{1}{n}\ (\mathrm{mm}) \tag{19.22}$$

将图 19.4 或图 19.10 所示的单缝夫琅禾费衍射装置中的单缝平面换成光栅，就构成光栅衍射装置，如图 19.19 所示。当平行光(平面波)垂直入射到光栅平面上时，光栅的每一条缝都将产生单缝衍射。

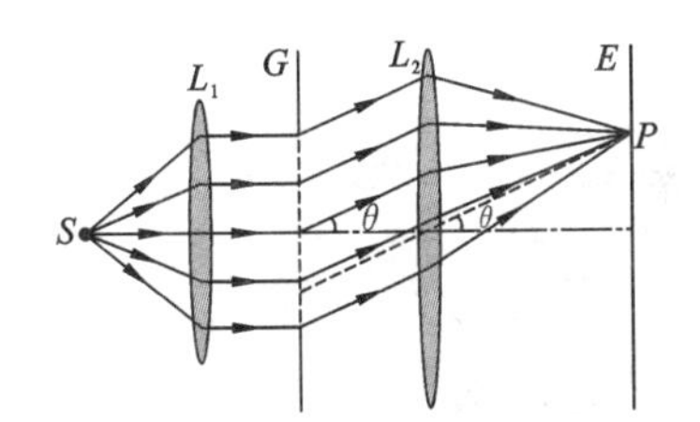

图 19.19 夫琅禾费多缝衍射装置示意图

在图 19.4 所示的单缝夫琅禾费衍射中，当单缝沿其所在平面内沿 x 轴(垂直于狭缝走向)上、下平移时，因为同一衍射角的衍射线经过透镜都聚焦于同一点，所以屏幕上得到的单缝衍射图样位置不变。在图 19.19所示的夫琅禾费多缝衍射中，遮住 N 缝中的$(N-1)$条缝，每次开放任意一条缝时，屏上获得的衍射图样将是完全一样的单缝衍射图样。N 缝同时开放时，屏上获得的衍射图样将会是怎样的呢？假如 N 条缝出来的光线彼此不相干，当它们同时开放时，就应得到强度 N 倍于一条缝的单缝衍射图样；然而，**N 条缝出来的光线来自一个点光源的同一个波前，彼此是相干的**，而且相互之间有一定的相位差，因此，在屏幕上单缝衍射区域，由于缝间干涉，使得衍射强度又发生了重新分布。

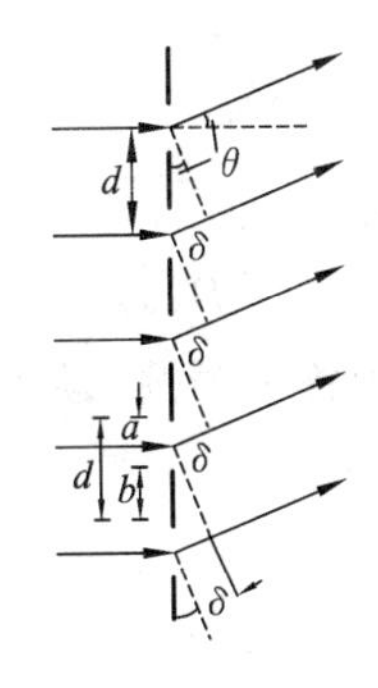

图 19.20 缝间光程差

19.4.2 光栅方程

光线正入射时，对于衍射角为 θ 的一组平行光，如图 19.20 所示，通过光栅上相邻对应点(间距为光栅常数 d)的光线之间的光程差为 $\delta=d\sin\theta$。若该光程差恰好为波长的整数倍，则这些对应光线

经透镜会聚于 P 点时全部相干相长，于是 P 点处是很亮的明条纹，是多缝衍射的主极大，也称为**光栅光谱线**。**多缝夫琅禾费衍射主极大出现的条件是**

$$d\sin\theta=j\lambda \quad (j=0,\pm1,\pm2,\cdots) \tag{19.23}$$

上式称为**光栅方程**。

19.4.3 强度分布公式

图 19.21(a)中 P_θ 点的光振动，是通过光栅全部 N 条狭缝的所有 θ 方向光线的振动之和。我们仍然采用旋转矢量叠加法来进行计算推导。由于矢量的加法具有结合律，我们可以先把来自单条狭缝自身的次波叠加起来，得到 N 个单缝衍射的合成振动(见 19.2 节中式(19.8))，再将这 N 个单缝衍射的合成振动叠加起来。

依据公式(19.8)，设每个单缝合成的振幅为

$$A_i=A_0\ \frac{\sin u}{u}$$

其中

$$u=\frac{\Delta\varphi}{2}=\frac{\pi a}{\lambda}\sin\theta$$

由图 19.21(a)中可得，相邻两缝对应点出射的衍射线间光程差为

$$\delta=d\sin\theta \tag{19.24}$$

相应的相位差为

$$\Delta\varphi=\frac{2\pi}{\lambda}d\sin\theta \tag{19.25}$$

在图 19.21(b) 所示的旋转矢量合成图中，每个单缝贡献的小振幅矢量 $\boldsymbol{A}_i$ 长度相等，依次作出首尾相连的 N 个矢量 $\boldsymbol{A}_i$，它们之间逐个相差 $\Delta\varphi$ 角度，矢量 $\boldsymbol{A}=\overrightarrow{B_0B_N}$ 就是 N 个单缝所提供的光矢量的和，即 $\boldsymbol{A}=\sum\limits_{i=1}^{N}\boldsymbol{A}_i$。

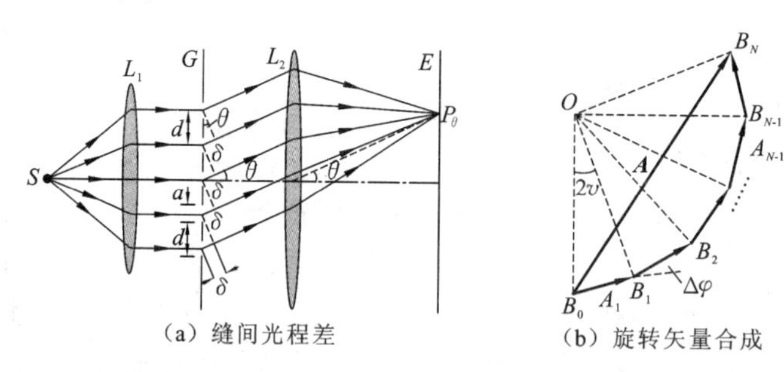

(a) 缝间光程差　(b) 旋转矢量合成

图 19.21 夫琅禾费多缝衍射强度分布公式推导

在图 19.21(b)中，作所有相邻小矢量夹角的角平分线，这些角平分线都将交于 O 点，再连接 OB_0 和 OB_N，这样就得到了 N 个全等的依次相邻的小等腰三角形。

令各小等腰三角形的顶角大小为 $2v$(从图 19.21(b)中不难看出 $2v=\Delta\varphi$)，则

$$\overline{OB_0}=\frac{A_1}{2\sin v}$$

于是

$$A=\overline{B_0B_N}=2\ \overline{OB_0}\sin Nv$$

这样就得到正入射时多缝夫琅和费衍射振幅分布公式为

$$A=A_0\frac{\sin u}{u}\cdot\frac{\sin Nv}{\sin v} \tag{19.26}$$

将上式平方就得到**正入射时多缝夫琅和费衍射强度分布公式为**

$$I=I_0\left(\frac{\sin u}{u}\right)^2\left(\frac{\sin Nv}{\sin v}\right)^2 \tag{19.27}$$

其中

$$u=\frac{\pi a}{\lambda}\sin\theta,\quad v=\frac{\pi d}{\lambda}\sin\theta \tag{19.28}$$

式(19.27)中的$\left(\frac{\sin Nv}{\sin v}\right)^2$称为缝间干涉因子。

19.4.4　缝间干涉因子的特点

缝间干涉因子$\left(\frac{\sin Nv}{\sin v}\right)^2$决定着光栅衍射的主要特性，需要详细讨论。

1. 主极大

当参量 $v=j\pi(j=0,\pm1,\pm2\cdots)$时，$\sin Nv=0$，$\sin v=0$，由洛必达法则

$$\lim_{v\to0}\frac{\sin v}{v}=1,\quad \lim_{v\to0}\frac{\sin Nv}{Nv}=1$$

于是

$$\lim_{v\to0}\frac{\sin Nv}{\sin v}=N\lim_{v\to0}\frac{\sin Nv}{Nv}\cdot\frac{v}{\sin v}=N$$

所以主极大的峰值大小为

$$I_{\max}=N^2I_0 \tag{19.29}$$

式中 I_0 是单缝衍射零级的光强度。

由式(19.29)可得与 $v=j\pi$ 对应的**主极大位置条件(光栅方程)**为

$$d\sin\theta=j\lambda\quad(j=0,\pm1,\pm2\cdots)$$

此式与第19.4.2小节中用简易的半定量的方法推导出的光栅方程式(19.23)完全相同。

由于能够通过透镜 L_2 到达接收屏的衍射光线的衍射角的取值范围为$-90°<\theta<90°$，则

$$-1<\sin\theta<1$$

所以**主极大的数目有限**，代入光栅方程，可得**主极大的取值范围**为

$$-\frac{d}{\lambda}<j<\frac{d}{\lambda}\quad(j\text{ 为整数}) \tag{19.30}$$

2. 极小值位置和次极大数目

若令 $\sin Nv=0$，$\sin v\neq0$，即

$$v=\left(j+\frac{m}{N}\right)\pi\quad(j=0,\pm1,\pm2,\cdots),(m=1,2,\cdots,N-1)$$

时，$I=I_{\min}=0$，于是极小值位置在

$$\sin\theta=\left(j+\frac{m}{N}\right)\frac{\lambda}{d}\quad(j=0,\pm1,\pm2,\cdots),(m=1,2,\cdots,N-1) \tag{19.31}$$

可见相邻两个主极大之间有$(N-1)$条全黑的暗线(极小)，而两个相邻极小之间必有一个

极大(因强度很弱,称为次级大),所以相邻两个主极大之间有$(N-2)$个次级大。

紧靠着主极大的第一个次极大($m=1$ 和 $m=N-1$)的光强度为 $I_{次1}=I_{次(N-1)}=4.50\%I_{\max}$,第二个次极大($m=2$ 和 $m=N-2$)的光强度为 $I_{次2}=I_{次(N-2)}=1.62\%I_{\max}$,其余的次极大光强度将随着远离主极大而进一步减小。

3. 主极大的半角宽度

光栅主极大的半角宽度 $\Delta\theta_j$ 被定义为:第 j 级主极大的中心位置到紧挨着的第一个暗纹之间的角距离。

第 j 级主极大的中心位置满足光栅方程

$$\sin\theta_j=j\frac{\lambda}{d}$$

紧挨着第 j 级主极大的第一个暗纹满足公式(19.31),即

$$\sin(\theta_j+\Delta\theta_j)=\left(j+\frac{1}{N}\right)\frac{\lambda}{d}$$

两式相减

$$\sin(\theta_j+\Delta\theta_j)-\sin\theta_j=\frac{\lambda}{Nd}$$

运用三角函数的和差化积公式有

$$2\cos\frac{2\theta_j+\Delta\theta_j}{2}\sin\frac{\Delta\theta_j}{2}=\frac{\lambda}{Nd}$$

一般 $\Delta\theta_j$ 是非常小的角度(约为10^{-4} rad),$\sin\frac{\Delta\theta_j}{2}\approx\frac{\Delta\theta_j}{2}$ rad,所以可近似为

$$\Delta\theta_j\cos\theta_j\approx\frac{\lambda}{Nd}$$

于是就得到了光栅主极大的半角宽度公式

$$\Delta\theta_j=\frac{\lambda}{Nd\cos\theta_j} \tag{19.32}$$

式(19.32)中,λ 为衍射光的波长,θ_j 为第 j 级主极大的衍射角,N 为光栅的总缝数,d 为光栅常数(相邻缝的间距),Nd 则是光栅的有效宽度。光栅的有效宽度 Nd 越宽,主极大越细锐。通常光栅的宽度为 3~5 cm,高档的能够达到 10 cm。

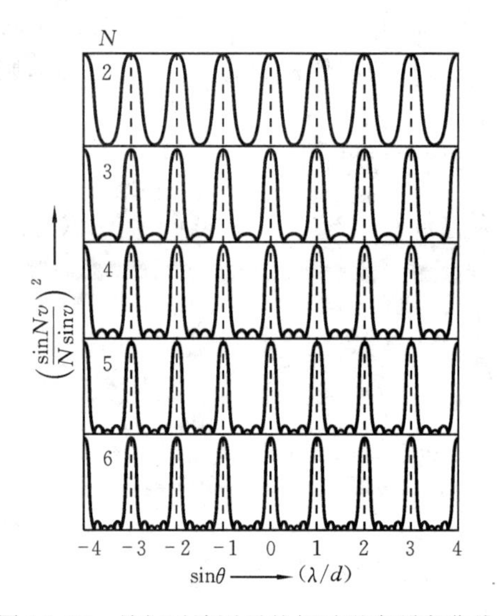

图 19.22 缝间干涉因子的相对强度颁布曲线

由式(19.31)可知,在第 j 级主极大条纹的宽度是其附近次级大条纹宽度的 2 倍。由于次极大强度本来就很弱,加上 N 越大(缝数越多)时,多缝干涉相邻主极大之间的暗线也越多,所以次极大与极小交错密集排列,形成一片强度很弱的暗背景;而多缝干涉主极大的中心位置是固定的(衍射角确定),于是主极大条纹被“挤”得愈加锐细;又因为狭缝数 N 越多,参与干涉的光线越多,则主极大的强度 $I_{\max}=N^2I_0$ 越大,所以主极大条纹愈加明亮。图 19.22 给出缝数为 2~6 的缝间干涉因子的相对强度分布曲线。

19.4.5 单缝衍射因子的作用 缺级现象

由多缝夫琅和费衍射强度分布公式(19.27)可以看到,多缝衍射强度为单缝衍射强度 $I_0\left(\frac{\sin u}{u}\right)^2$ 与缝间干涉因子 $\left(\frac{\sin Nv}{\sin v}\right)^2$ 之积,如图19.23所示中对应画出了单缝衍射强度曲线(a)、缝间干涉因子曲线(b)、两者的乘积关系(多缝衍射强度)曲线(c)。

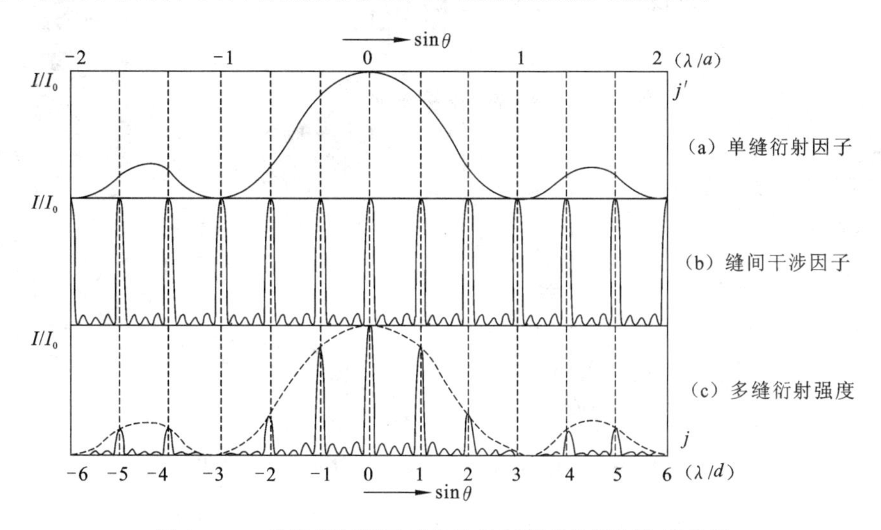

图 19.23 单缝衍射因子对多缝衍射强度的调制作用曲线

由图19.23可见,两因子相乘的结果是,原本均匀排列的等高度缝间干涉强度曲线(图19.23(b)),将受单缝衍射曲线(19.23(a))的"调制"作用而成为图19.23(c)所示曲线。这时单缝衍射强度分布曲线成为多缝干涉强度曲线的包迹线,它使得多缝干涉各级主极大不再等高度,只有零级主极大具有最大光强。单缝衍射因子并不改变主极大的位置和宽度,只改变各主极大的强度。

由于单缝衍射的极小值强度为零,倘若缝间干涉的某些主极大恰好落在单缝衍射的极小处,这些主极大条纹将消失,称为缺级现象。在图19.23中,±3和±6级主极大恰好与单缝衍射的±1和±2级极少在同一方位,于是±3和±6级主极大缺级了。

缺级的计算如下:设某一方向的衍射线同时满足单缝衍射的暗纹公式和光栅方程,即

$$a\sin\theta=j'\lambda \quad (j'=\pm1,\pm2\cdots)$$

$$d\sin\theta=j\lambda \quad (j=0,\pm1,\pm2\cdots)$$

以上两式中 θ 相等,表示干涉的第 j 级主最大与单缝衍射的 j' 极小重合,故

$$j=\frac{d}{a}j' \quad (j'=\pm1,\pm2\cdots) \tag{19.33}$$

式(19.33)即为**缺级条件**,它给出了缺级的主极大的级次。

图19.24中左边分别画出了 $N=1,2,3,4,5,6$ 时 N 缝夫琅和费衍射强度分布曲线,图19.24中左边为相应的 N 缝夫琅和费衍射图样的照片。由图19.24和图19.23可得到如下几点信息:

① 缝数 N 越大,主极大的宽度越窄,照片中的谱线越细。

② 无论缝数 N 为多少,缝间干涉的强度都将受到单缝衍射的调制。【注:第18章中的杨

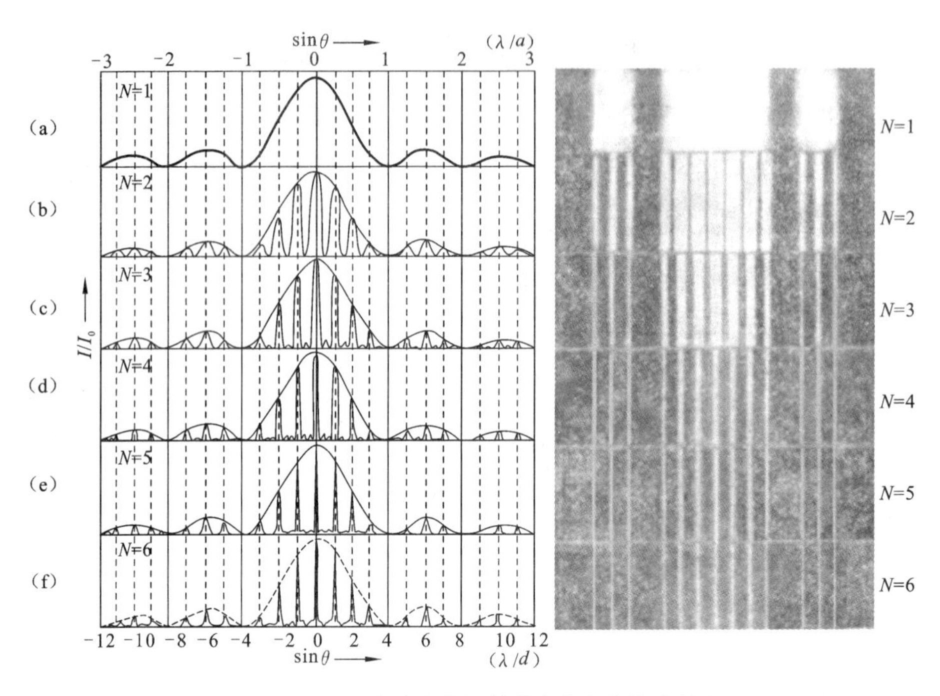

图 19.24 N 缝夫琅和费衍射强度分布曲线及照片

氏双缝的干涉强度也要受到单缝衍射的调制，只是当时还没有学到光的衍射，并且杨氏双缝的衍射属于菲涅耳衍射，在近轴光线时，近似于夫琅和费单缝衍射。】

③ 从强度分布曲线的缺级状况，可以知道衍射装置中光栅常数与缝宽的比值大小。因图 19.24 中主极大的第 $j=\pm4,\pm8,\pm12$ 级与单缝衍射的第 $j'=\pm1,\pm2,\pm3$ 级对应于同一方位，由式(19.33)可知，$\frac{d}{a}=4$。同理，图 19.23 中相应的光栅常数与缝宽的比值大小 $d/a=3$。

④ 由于两相邻主极大之间有 $N-2$ 个次级大，当光栅的缝数只有很少几条时，可根据费衍射强度分布曲线中，两相邻主极大之间的次级大的个数，判断出准确的缝数。如图 19.23 中，两相邻主极大之间的次级大的个数为 3，可知其衍射光栅的缝数为 5。如果看到的只是衍射图样，由于次级大强度很弱，实际上是看不见次级大条纹的，也可依据主极大的宽度为次级大宽度的两倍这一特性，由暗区宽度与明条纹的宽度的比值，大致判断出缝数(如图 19.24 中的衍射图照片)。

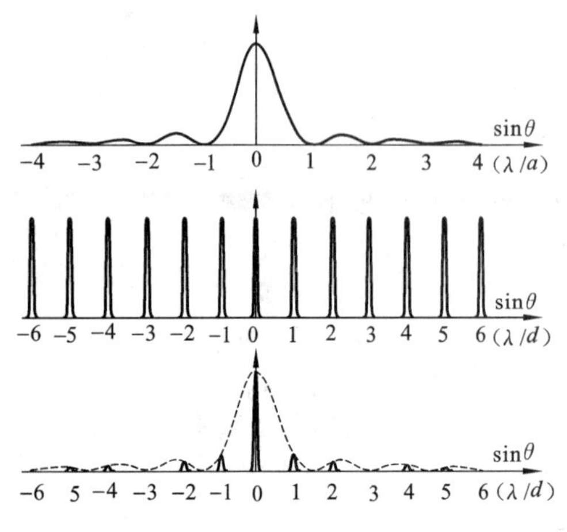

图 19.25 $j=\frac{d}{a}j'=\frac{3}{2}j'$ 时的缺级现象

注意到式(19.33)中 $\frac{d}{a}$ 只是个大于 1 的比值，不一定为整数，例如某光栅的光栅常数与缝宽之比为 $\frac{3}{2}$，即 $j=\frac{d}{a}j'=\frac{3}{2}j'$，当 $j'=\pm2,\pm4,\cdots$ 时，干涉主最大 $j=\pm3,\pm6,\cdots$ 级缺级，如图 19.25 所示。

例 19.8 波长 $\lambda=600$ nm 的单色光垂直入射在某平面光栅上，干涉第四级主极大与单缝衍射的第一级暗纹重合。(1)在衍射的中央亮区出现几条干涉明纹？(2) 若第二级亮线出现在 $\sin\theta_2=0.200$ 的方向上，试问光栅常数等于多少？(3)光栅上各狭缝的缝宽等于多少？(4)在屏上最多可能出现多少条光谱线？

解　(1)依题意，$j=\pm4$ 级为最开始的缺级级次，此时 $j'=\pm1$，所以衍射中央明纹区域会出现 $0,\pm1,\pm2,\pm3$ 共 7 条亮条纹。

(2) 由光栅方程

$$d\sin\theta=j\lambda$$

已知 $j=2$ 时，$\sin\theta_2=0.200$，得光栅常数

$$d=\frac{2\lambda}{\sin\theta_2}=\frac{2\times600\times10^{-9}}{0.200}=6.00\times10^{-6}(\text{m})$$

(3) 已知第四级主极大与单缝衍射的第一级暗纹重合，按照缺级条件

$$j=\frac{d}{a}j'$$

可求得缝宽

$$a=d\frac{j'}{j}=6.00\times10^{-6}\times\frac{1}{4}=1.50\times10^{-6}(\text{m})$$

(4) 因为 $-90°<\theta<90°$，则 $-1<\sin\theta<1$，代入光栅方程，可得

$$-\frac{d}{\lambda}<j<\frac{d}{\lambda}\quad(j\ 为整数)$$

而

$$\frac{d}{\lambda}=\frac{6.00\times10^{-6}}{600\times10^{-9}}=10$$

所以

$$-10<j<10$$

又因为缺级的级数为

$$j=\frac{d}{a}j'=4j'\quad(j'=\pm1,\pm2\cdots)$$

所以去掉缺级的 $\pm4,\pm8$ 级，屏上出现的光谱级次应为 $0,\pm1,\pm2,\pm3,\pm5,\pm6,\pm7,\pm9$，即实际看见 15 条谱线。

19.4.6　光栅光谱

当平行光垂直入射到光栅平面时，由光栅方程 $d\sin\theta=j\lambda$ $(j=0,\pm1,\pm2\cdots)$知，衍射明纹出现的方向为

$$\sin\theta=j\frac{\lambda}{d}\quad(j=0,\pm1,\pm2\cdots)$$

衍射角 θ 与入射光的波长 λ 有关。当复色光(光源中含有两种以上不同波长的光波)照射光栅时，**不同波长的同一级主极大，除零级外，均不重合**(如图 19.26 所示)，这种现象称为色散。光栅的应用价值就在于它所具有的优异的色散性能。接收屏上**各色光的主极大(明)条纹称为谱线**。光栅的主要用途就是用来测各种各样的复色光的光谱(接收屏或照片上各色光谱线的集合图)。

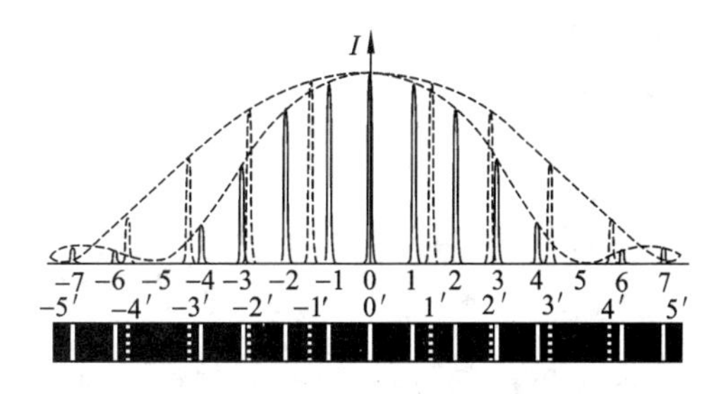

图 19.26　波长为 λ 和 λ' 的光谱($\lambda<\lambda'$)

(实线为 λ 的光谱；虚线为 λ' 的光谱)

1. 光栅光谱特性

图 19.26 所示的光栅光谱,含有 λ 和 $\lambda'(\lambda<\lambda')$ 两种波长的谱线。从图中可以看到,光栅光谱具有如下几个特性:

① 同一波长不同级次的谱线等间距排列,波长长的谱线间距比波长短的谱线间距大;

② 波长长的单缝衍射包迹线比波长短的单缝衍射包迹线宽;

③ 不同波长的零级谱线都是最亮的,而且全都位于同一个位置,所以零级光谱非常明亮,但无色散;

④ 不同波长的谱线缺级现象将出现在相同的级次上(图中 λ 和 λ' 都在 $j=\pm5$ 级缺级),但不在同一个空间位置上;

⑤ 不同波长同一级次的谱线分开的距离随级次增高而增大,说明**高级次的谱线色散能力强**,有利于提高测量精度;

⑥ 从中心的零级向右(或左)逐一观察谱线时,在较高级次处,可能会出现波长短的高级次谱线比波长长的低级次谱线先出现的情况(图 19.26 中 λ 的 4 级比 λ' 的 3 级先出现),这称为**级次交错**。级次越高,级次交错越严重,会影响对光谱的研判。

若两种不同波长的不同级次的谱线出现在同一方位,由光栅方程有

$$d\sin\theta=j\lambda=j'\lambda' \tag{19.34}$$

则称波长为 λ 的第 j 级谱线,与波长为 λ' 的第 j' 级**谱线重叠**。

如果入射光是波长不连续的复色光,例如汞灯、钠光灯等,则得到相应于不同波长的各级线状光谱。

若以白光(类似于太阳光的波长连续分布的光源)入射,各种色光的零级条纹重合,故中央明纹为白色。由于短波长的色光相邻条纹间距小,因此中央明纹两侧,对称排列着从紫光到红光的第一级、第二级…彩色连续光谱带。但高级次的光谱,将有不同级次间的谱线重叠,致使不能看到清晰的光谱。

利用光栅能得到极其锐细明亮的谱线,从而可以精确地测定某单色光的波长。各种元素或化合物都有各自特定的谱线,因此利用光栅光谱得到的谱线可以判断发光物质的成分。光栅和棱镜一样,是一个能够产生色散作用的分光元件,而且其条纹锐细明亮,优于棱镜,因此光栅是光谱仪、单色仪以及许多光学精密仪器的重要组成元件。

例 19.9 以氦放电管发出的光垂直照射到某光栅上,测得波长 $\lambda=0.668\ \mu m$ 的谱线的衍射角为 $\theta=20°$。如果在同样 θ 角处出现波长 $\lambda'=0.447\ \mu m$ 的更高级次的谱线,那么光栅常数最小是多少?

解 由光栅公式得

$$d\sin\theta=j\lambda=j'\lambda'$$

于是

$$\frac{j'}{j}=\frac{\lambda}{\lambda'}=\frac{0.668}{0.447}=\frac{3}{2}$$

取最小的 j 和 j',即 $j=2,j'=3$,则最小的光栅常数是

$$d=\frac{j\lambda}{\sin\theta}=\frac{2\times0.668}{\sin20°}=3.92\ \mu m$$

*2. 光栅的角色散率与色分辨本领

1) 角色散率

角色散率定义为:单位波长差被分开的角距离

$$D=\frac{\mathrm{d}\theta}{\mathrm{d}\lambda}=\lim_{\Delta\lambda\to 0}\frac{\Delta\theta}{\Delta\lambda}$$

将光栅方程式

$$d\sin\theta=j\lambda$$

两边同时对波长求导数

$$d\cos\theta\cdot\frac{\mathrm{d}\theta}{\mathrm{d}\lambda}=j$$

于是得角色散率

$$D=\frac{\mathrm{d}\theta}{\mathrm{d}\lambda}=\frac{j}{d\cos\theta_j}\ (\mathrm{rad/nm})或('/\ \mathrm{nm}) \tag{19.35}$$

由此式可知,光栅常数 d 越小,角色散率越大(越大越好)。

2) 色分辨本领

若在波长 λ 附近能够分辨的最小波长差为 $\Delta\lambda$,则色分辨本领定义为

$$R=\frac{\lambda}{\Delta\lambda}$$

根据瑞利判据,第 j 级谱线恰能分辨的角度为式(19.32)给出的谱线的半角宽度

$$\Delta\theta_j=\frac{\lambda}{Nd\cos\theta_j}$$

与之相应的恰能分辨的波长差为

$$\Delta\lambda=D\Delta\theta=\frac{\mathrm{d}\lambda}{\mathrm{d}\theta}\Delta\theta=\frac{d\cos\theta_j}{j}\cdot\frac{\lambda}{Nd\cos\theta_j}=\frac{\lambda}{jN}$$

所以光栅的色分辨本领为

$$R=\frac{\lambda}{\Delta\lambda}=jN \tag{19.36}$$

显然,光栅的总缝 N 数越大,或者级数 j 越大,光栅的色分辨本领越大(越大越好)。

19.4.7 平行光斜入射时的光栅衍射

1. 斜入射时的光栅方程

前面我们推导出的有关光栅的所有公式,全都是基于光线正入射的前提条件,然而在实际应用中,光栅也经常采用平行光斜入射的照明方式,如图 19.27 所示。

为了便于公式的推导,对入射角和衍射角的正负做如下规定:① 入射角 i 非负,即 $0\leqslant i<90°$;② 衍射角 θ 的取值范围是 $-90°<\theta<90°$,衍射角 θ 与入射角 i 处于法线同侧时(见图 19.28(a)),θ 取"+",θ 与 i 处于法线异侧时(见图 19.28(b)),θ 取"−"。

由图 19.28 易得,光栅相邻对应点间光线的光程差为

$$\delta=d\sin i+d\sin\theta$$

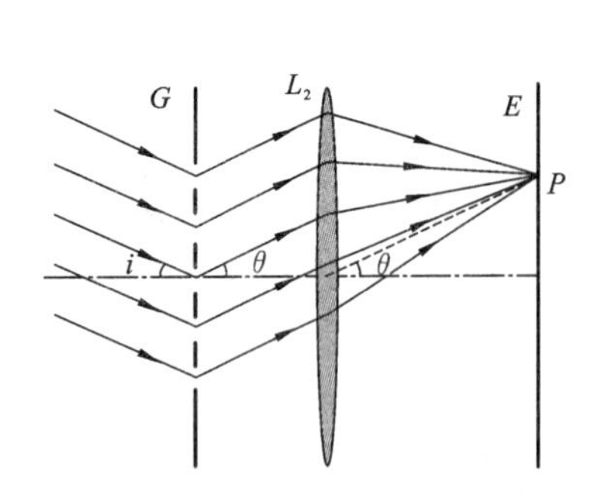

图 19.27　斜入射的光栅衍射

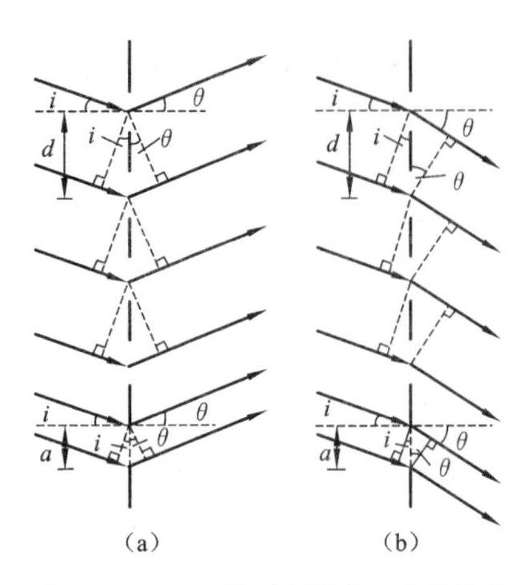

图 19.28　斜入射时光栅光程差的计算

若此光程差恰好为波长的整数倍，则这些对应光线经透镜会聚于 P 点时全部相干相长，于是 P 点处是很亮的明条纹，即斜入射时多缝衍射主极大出现的条件是

$$d(\sin i+\sin\theta)=j\lambda \quad (j=0,\pm1,\pm2,\cdots) \tag{19.37}$$

上式也是**斜入射时光栅方程**的普遍形式。

光栅衍射的零级主极大将位于 $\theta=-i$ 的方向上，即衍射光沿入射光直线前进的方向。

观察某单色光的衍射条纹时，由于 $-90°<\theta<90°$，依照斜入射时的光栅方程确定，**斜入射时能看到的级次范围是**

$$(\sin i-1)\frac{d}{\lambda}<j<(\sin i+1)\frac{d}{\lambda} \quad (j\ 取整数) \tag{19.38}$$

*2. 斜入射时光栅衍射的强度分布

由图 19.28 易得，光栅上每个单缝上下边缘衍射光线间的光程差和相位差为

$$\delta'=a(\sin i+\sin\theta)$$

$$\Delta\varphi'=\frac{2\pi}{\lambda}\delta'=\frac{2\pi a}{\lambda}(\sin i+\sin\theta)$$

而各相邻缝间对应点衍射线的光程差和相位差为

$$\delta=d(\sin i+\sin\theta)$$

$$\Delta\varphi=\frac{2\pi}{\lambda}\delta=\frac{2\pi d}{\lambda}(\sin i+\sin\theta)$$

同样用矢量图解法，可导出多缝夫琅和费衍射的光强分布公式仍为式(19.27)的形式

$$I=I_0\left(\frac{\sin u}{u}\right)^2\left(\frac{\sin Nv}{\sin v}\right)^2$$

只是其中的参量变为

$$u=\frac{\pi a}{\lambda}(\sin i+\sin\theta),\quad v=\frac{\pi d}{\lambda}(\sin i+\sin\theta) \tag{19.39}$$

式(19.39)说明，光栅上每个单缝衍射的零级与光栅衍射的零级是同一个 $\theta=-i$ 的方向上，即衍射光沿入射光直线前进的方向。

可以证明，光栅斜入射照明时，除了光栅方程和单缝衍射的零级和暗纹公式要做相应的修正以外，主极大的半角宽度公式(19.32)、缺级条件公式(19.33)、角色散率公式(19.35)、色分

辨本领公式(19.36)均适用于斜入射的情形。

例 19.10 以波长 $\lambda=500$ nm 的单色平行光斜入射在光栅常数为 $d=2.10\ \mu$m，缝宽为 $d=0.700\ \mu$m 的光栅上，光栅的有效宽度为 4.20 cm，入射角为 $i=30°$。求：(1)能看到哪几条衍射谱线；(2) 光栅 2 级光谱的角色散率；(3)光栅 2 级光谱的色分辨本领；(4)光栅 2 级光谱在 $\lambda=500$ nm 附近能够分辨的最小波长差。

解 (1) 斜入射时的光栅方程为

$$d(\sin i+\sin\theta)=j\lambda \quad (j=0,\pm1,\pm2,\cdots)$$

而 $-90°<\theta<90°$，所以有

$$(\sin i-1)\frac{d}{\lambda}<j<(\sin i+1)\frac{d}{\lambda}$$

带入数据

$$(\sin30°-1)\frac{2.10\times10^{-6}}{500\times10^{-9}}<j<(\sin30°+1)\frac{2.10\times10^{-6}}{500\times10^{-9}}$$

得

$$-2.1<j<6.3$$

j 取整数

$$-2\leqslant j\leqslant6$$

缺级级数为

$$j=\frac{d}{a}j'=\frac{2.10}{0.700}j'=3j' \quad (j'=\pm1,\pm2\cdots)$$

所以能看到 $j=-2,-1,0,1,2,4,5$，共 7 条衍射谱线。

(2)光栅的角色散率公式为

$$D=\frac{\mathrm{d}\theta}{\mathrm{d}\lambda}=\frac{j}{d\cos\theta_j}\ (\mathrm{rad/nm})$$

由光栅方程方程，2 级谱线满足

$$d(\sin i+\sin\theta_2)=2\lambda$$

则

$$\sin\theta_2=\frac{2\lambda}{d}-\sin i=\frac{2\times500\times10^{-9}}{2.10\times10^{-6}}-\sin30°=-0.023\,81$$

$$\cos\theta_2=0.999\,4$$

于是角色散率

$$D=\frac{\mathrm{d}\theta}{\mathrm{d}\lambda}=\frac{2}{2.10\times10^{3}\times0.9994}=9.530\times10^{-4}\,(\mathrm{rad/nm})=3.276\,('/\ \mathrm{nm})$$

(3) 光栅的色分辨本领为

$$R=\frac{\lambda}{\Delta\lambda}=jN$$

光栅的总缝数为

$$N=\frac{Nd}{d}=\frac{4.20\times10^{-2}}{2.10\times10^{-6}}=20\,000\ (条)$$

光栅 2 级光谱的色分辨本领 $R=jN=2\times20\,000=40\,000$

(4) 光栅 2 级光谱在 $\lambda=500$ nm 附近能够分辨的最小波长差

$$\Delta\lambda=\frac{\lambda}{R}=\frac{500\times10^{-9}}{40\ 000}=1.25\times10^{-11}(\mathrm{m})=1.25\times10^{-2}(\mathrm{nm})$$

19.5　X 射线衍射

19.5.1　劳厄实验

X 射线是一种波长很短的电磁波,其波长范围约为 0.005～10.0 nm。它是德国物理学家伦琴于 1895 年发现的,故也称为伦琴射线。由于其波长很短,无法用普通的光栅观察到 X 射线的衍射现象。1912 年,德国物理学家劳厄想到晶体中原子的规则排列可能正是一种理想的三维空间光栅,因为晶体的晶格常数的数量级为 0.1 nm,与 X(伦琴)射线的波长相近。他用天然晶体进行了实验(图 19.29),并圆满地获得了 X 射线的衍射图样,从而证明了 X 射线也是一种电磁波;同时,该实验又反过来证实晶体内的原子是按一定的间隔规则排列的,晶体可作为 X 射线的衍射光栅。由于构成晶体的微粒按一定的点阵结构排列,因此,晶体是一个三维立体光栅。

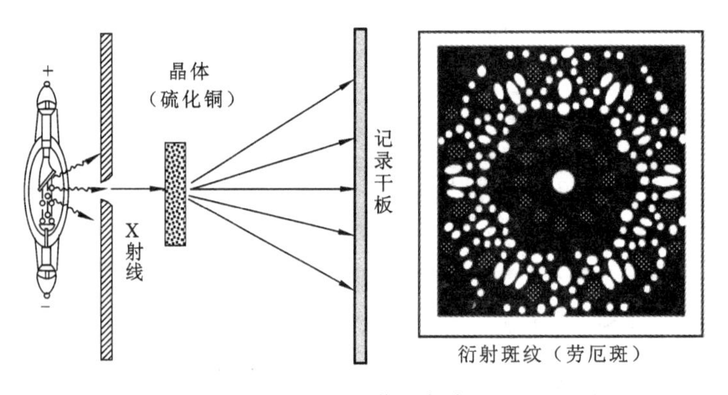

图 19.29　劳厄实验

19.5.2　布拉格方程

英国布拉格父子对 X 射线通过晶体的衍射作了更简明的解释(图 18.30),他们设想晶体中的原子整齐地按平行的原子层(晶面)排列,当 X 射线照射晶体时,晶体中每一个原子便成为一个子波源并向各个方向发出衍射线,这就是散射。散射线是由于晶体点阵上原子的束缚电子受到 X 射线的作用做强迫振动造成的,它与入射的 X 射线具有相同的频率。晶体表面和内层原子都可能发出散射线,这些散射线之间因为有固定的光程差而发生相干叠加。因此,X 射线通过晶体的衍射现象既可以发生在反射空间,也可以发生在透射空间。实验发现,在被任意一层晶面上原子所散射的光线中,只有遵循反射定律的散射线强度最大(常称这样的散射线为“散射的反射线”)。

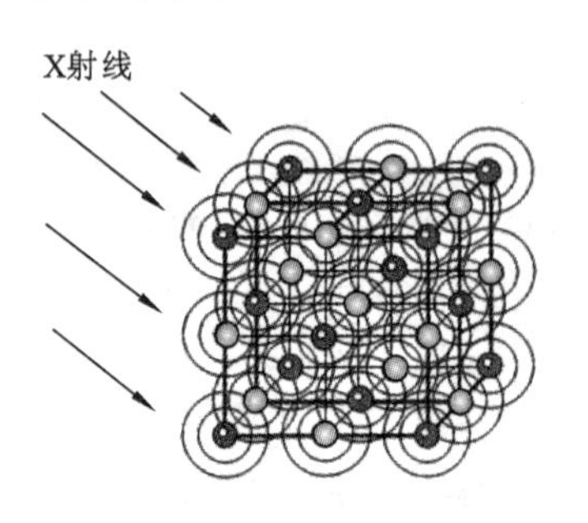

图 19.30　晶体对 X 射线的衍射

如图 19.31 所示。设各相邻晶面之间的距离称为晶格常数为 d，当入射波长为 λ 的平行 X 射线以掠射角 φ 入射到晶体上时，一部分光线被晶体表面层原子散射(图 19.31(a))，另一部分被内层原子散射(图 19.31(b))。显然，对于同一晶面，在几何光学的反射方向上，相邻原子 P 和 Q 的散射光的光程差为零($\overline{1P1'}=\overline{2Q2'}$)，如图 19.31(a)所示，形成该晶面的零级干涉极大条纹，也称为该晶面的零级衍射光谱。由反射定律，可知这时衍射角等于掠射角。

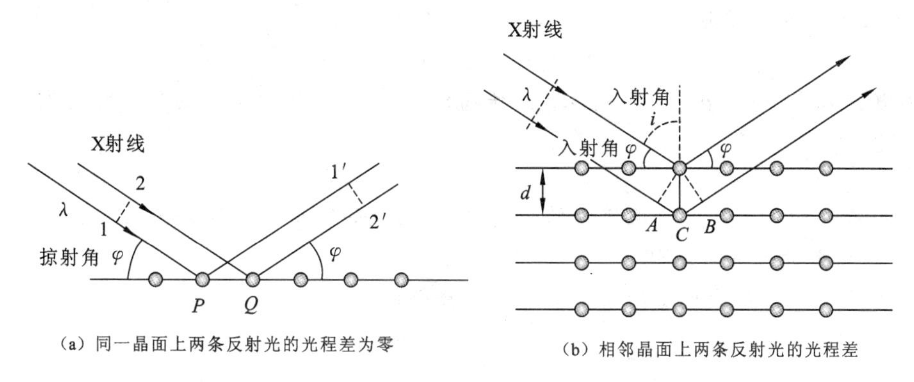

(a) 同一晶面上两条反射光的光程差为零　　(b) 相邻晶面上两条反射光的光程差

图 19.31　布拉格公式推导

现在考虑相邻晶面层上原子的散射光的干涉，如图 19.31(b)所示。在满足衍射角等于掠射角的条件下，相邻晶面反射的两条衍射光相遇时，其光程差为

$$\delta=\overline{AC}+\overline{BC}=2d\sin\varphi$$

显然，相邻各层面反射方向上散射线产生干涉极大的条件是

$$2d\sin\varphi=j\lambda \quad (j=1,2,\cdots) \tag{19.40}$$

式(19.40)即著名的**布拉格方程**，它表示**符合布拉格方程的散射光将发生相长干涉**。

对于同一晶体，从不同方向看去，会形成不同的晶面族取向(图 19.32)，这些晶面族相邻晶面间的距离各异，但凡是在符合布拉格方程的反射方向上，也都可观察到某晶面族上“散射的反射线”的干涉加强，因而晶体便成为一个三维空间光栅。

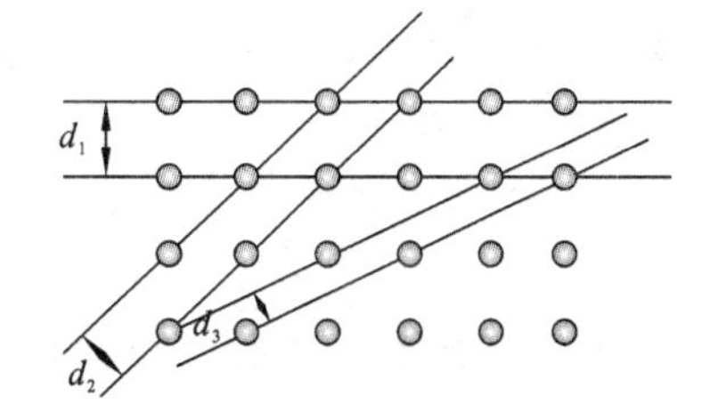

图 19.32　晶面族取向

布拉格方程的应用范围很广，式(19.40)中掠射角 φ 和 j 值可由实验确定，因此对于已知的晶体结构(d 已知)，可通过布拉格方程测得 X 射线波长，这样的工作称为 X 射线分析；反之，若 X 射线波长已知，又可由布拉格方程确定晶格常数 d，这种研究称为 X 射线的晶体结构分析。

例 19.11　对于同一晶体，分别以两种伦琴射线掠入射，发现已知波长 0.097 nm 的伦琴射线在与晶体表面成 30°掠射角处给出第一级极大，而另一未知波长的伦琴射线在与晶体表面成 60°掠射角处给出第三级反射极大，试求此未知伦琴射线的波长为多少？

解　由布拉格方程 $2d\sin\varphi=j\lambda$，当 $j=1$ 时，有

$$d=\frac{\lambda}{2\sin\varphi_1}=\frac{0.097\times10^{-9}}{2\sin30^\circ}=9.7\times10^{-11}\ \mathrm{m}$$

依题意 $2d\sin\varphi_3'=3\lambda'$ 故

$$\lambda'=\frac{2d\sin\varphi_3'}{3}=\frac{2\times9.7\times10^{-11}\times\sin60^\circ}{3}=5.6\times10^{-11}\ \mathrm{m}$$

提　要

1. 惠更斯-菲涅耳原理　波前上各点可视为子波波源，这些子波是相干波，衍射时波场中各点的强度由各子波在该点的相干叠加决定。

2. 单缝夫琅禾费衍射　单色光正入射时，暗纹位置满足

$$a\sin\theta=j\lambda \quad (j=\pm1,\pm2,\cdots)$$

零级强度最大，位于 $\theta=0$(即光线直线传播)的方向。零级主最大的半角宽度为

$$\theta_1\approx\frac{\lambda}{a}$$

零级主最大的强度远大于次级大的强度，零级明纹的宽度是次级大明纹宽度的 2 倍。

3. 光学仪器的像分辨本领

圆孔夫琅和费衍射爱里斑的角半径和线半径分别为

$$\theta_0\approx\sin\theta_0=1.22\frac{\lambda}{D},\quad r_0=f\theta_0=1.22f\frac{\lambda}{D}$$

由瑞利判据可得光学仪器的最小分辨角为

$$\delta\theta_{\mathrm{m}}=\theta_0=1.22\frac{\lambda}{D}$$

分辨本领为

$$R=\frac{1}{\delta\theta_{\mathrm{m}}}$$

两个物点的最小分辨距离为

$$d_{\mathrm{m}}=L\delta\theta_{\mathrm{m}}$$

4. 光栅衍射　多缝夫琅禾费衍射的图样的特点是，在较宽范围的暗背景上，呈现出细锐明亮的主极大(谱线)。

光线正入射时谱线的位置满足

$$d\sin\theta=j\lambda \quad (j=0,\pm1,\pm2,\cdots)$$

光线正入射时谱线的取值范围为

$$-\frac{d}{\lambda}<j<\frac{d}{\lambda} \quad (j\text{ 为整数})$$

光线斜入射时谱线的位置满足

$$d(\sin i+\sin\theta)=j\lambda \quad (j=0,\pm1,\pm2,\cdots)$$

光线斜入射时谱线的取值范围为

$$(\sin i-1)\frac{d}{\lambda}<j<(\sin i+1)\frac{d}{\lambda} \quad (j\text{ 取整数})$$

谱线的强度都受到单缝衍射的调制，可能会有缺级现象，缺级条件为

$$j=\frac{d}{a}j' \quad (j'=\pm1,\pm2\cdots)$$

光栅的色散　复色光照射光栅时，不同波长的同一级主极大，除零级外，均不重合。

* 光栅的角色散率

$$D=\frac{\mathrm{d}\theta}{\mathrm{d}\lambda}=\lim_{\Delta\lambda\to0}\frac{\Delta\theta}{\Delta\lambda}$$

*光栅的色分辨本领

$$R=\frac{\lambda}{\Delta\lambda}=jN$$

5. X射线衍射　布拉格方程

$$2d\sin\varphi=j\lambda \quad (j=1,2,\cdots)$$

思考题

19.1　在单缝夫琅禾费衍射实验中，衍射图样在下列情况下将怎样变化？

(1) 波长不变，其他装置条件不变，仅仅狭缝变窄；

(2) 装置条件不变，仅仅入射光的波长增大；

(3) 单缝垂直于透镜光轴上下平移。

19.2　干涉和衍射有什么区别和联系？

19.3　在日常经验中，为什么声波的衍射比光波的衍射更加显著？

19.4　在观察夫琅禾费衍射的装置中，透镜的作用是什么？

19.5　一台光栅摄谱仪备有三块光栅，它们分别为每毫米1 200条、600条、90条。

(1) 如果用此仪器测定700～1 000 nm波段的红外线的波长，应选用哪些光栅？为什么？

(2) 如果用来测定可见光波段的波长，应选用哪一块？为什么？

习　题

19.1　对于缝宽分别为(1)1个波长；(2) 2个波长；(3)5个波长的狭缝。试求其夫琅禾费衍射中央明纹的半角宽度各有多大？

19.2　宽度为$a=0.100$ mm的，其后放一焦距为50.0 cm的凸透镜，用波长为5.46×10^{-7} m平行绿光垂直入射，求：位于透镜焦平面处的接收屏上的中央明条纹的宽度。

19.3　在单缝夫琅禾费衍射中，设第一级暗纹的衍射角很小。若纳黄光($\lambda_1=589.3$ nm)中央明纹宽度为4.00 mm，则$\lambda_2=442$ nm的蓝紫色光的中央明纹宽度为多少？

19.4　一条单缝被波长为6.328×10^{-7} m的红光垂直照射，测得第一级暗纹对应的衍射角为5°，求缝宽。

19.5　波长为5.46×10^{-7} m绿光垂直入射在宽度为4.37×10^{-4} m的狭缝上，若缝后透镜的焦距为0.40 m，在透镜焦平面内，中央明纹到第一级暗纹的距离是多少？

19.6　波长为5.00×10^{-7} m的平行单色光，垂直入射到宽度为2.50×10^{-4} m的单缝上，紧靠单缝后放一凸透镜，如果置于焦平面处的屏上中央明纹两侧的第三级暗纹之间的距离是3.00×10^{-3} m，求透镜焦距。

19.7　在迎面驶来的汽车上，两盏前灯相距1.2 m，试问人在离汽车多远的地方，眼睛恰能分辨这两盏灯？设夜间人眼瞳孔直径为5.0×10^{-3} m，入射光波长为5.5×10^{-7} m。

19.8　用波长为546.1 nm的平行单色光垂直照射在一透射光栅上，在分光计上测得第一级光谱的衍射角$\theta=30°$，则该光栅每一毫米上有多少条狭缝？

19.9　用一毫米内刻有500条刻痕的平面透射光栅观察钠光谱($\lambda=589.3$ nm)，当光线垂直入射时，最高能看到第几级光谱？

19.10 两波长分别为 4.5×10^{-7} m 和 7.5×10^{-7} m 的单色光,垂直照射到光栅上,已知透镜的焦距为 1.50 m,测得它们第一级谱线之间的距离为 6.0×10^{-2} m,试求此光栅的光栅常数为多少?

19.11 对于一个每厘米有 4 000 条缝的光栅来说,如果用白光垂直照射,能产生多少级完整的光谱?

19.12 某双缝装置,缝宽为 2.00×10^{-5} m,缝间距为 1.00×10^{-4} m,用波长为 480 nm 的平行单色光垂直入射到该双缝上,双缝后有一个焦距为 0.500 m 的透镜。求:

(1) 透镜焦平面所在屏上干涉条纹的间距;

(2) 单缝衍射中央明纹的宽度;

(3) 单缝衍射的中央包迹线内有多少条干涉主极大条纹。

19.13 有一光栅,光栅常数 $d=0.40$ mm,缝宽 $a=0.08$ mm,用波长 $\lambda=480$ nm 的平行光垂直照射双缝,缝后透镜焦距 $f=2.0$ m,求:

(1) 透镜焦平面处的屏幕上第 3 级谱线到屏幕对称中心的距离 $|x_3|$;

(2) 哪些级数的谱线缺级?

(3) 在单缝衍射中央明纹范围内出现的光栅衍射谱线的级数。

19.14 波长为 500 nm 的单色光垂直入射在一光栅上,第二、第三级明纹分别出现在 $\sin\theta=0.20$ 和 $\sin\theta=0.30$ 处,第四级缺级,求:

(1) 光栅常数是多少?

(2) 光栅上狭缝的宽度有多大?

(3) 在 $-90°<\theta<90°$ 范围内,能看到哪些谱线?

19.15 一光栅每厘米有 3000 条缝,用波长为 5.55×10^{-7} m 的单色光以 30°角斜入射,问在屏的中心位置是光栅光谱的几级谱。

19.16 波长为 0.600 μm 的单色平行光以 30°入射角照射到光栅上,发现第二级光谱位置与此单色光垂直入射光栅时出现的中央明条纹位置互相重合,并且找不到第三级光谱。求:

(1) 光栅常数为多少?

(2) 狭缝宽度为多少?

(3) 以 30°角入射时能看到哪些级次的光谱?

19.17 波长为 500 nm 的单色平行光以 30°入射角照射到光栅上,发现第三级光谱位于 $\theta=0°$ 方向。能看到第二级光谱但看不到第四级光谱。求:

(1) 光栅常数为多少?

(2) 狭缝宽度为多少?

(3) 以 30°角入射时能看到哪些级次的光谱?

19.18 已知波长为 2.96×10^{-10} m 的 X 射线投射到一晶体上,所产生的第一级衍射线偏离原射线方向 31.7°,求相应于此衍射线的原子平面之间的间距。

19.19 一束波长范围为 $0.95\times10^{-10}\sim1.40\times10^{-10}$ m 的 X 射线照射到某晶体上。已知入射角为 60°,此晶面间的间距为 2.75×10^{-10} m。求这束 X 射线中能在此晶面上产生强反射的波长的大小。

第 20 章 光的偏振

光的干涉和衍射现象证实了光的波动性，光的偏振特性证则实了光是横波，这些事实为光的电磁理论提供了有力的证据。光在介质的分界面上反射和折射时常会造成偏振态的改变。光的偏振性与晶体的各向异性有密切的联系，所以偏振光理论是研究晶体光学性质的基础，它有多方面的实际应用价值。晶体的双折射现象，显色偏振现象，物质的旋光性等等，都体现了光的偏振与应用科学的密切关系。本章简要介绍有关偏振光的最基本知识。

20.1 光的偏振特性

20.1.1 光的偏振现象

波动有横波与纵波之分。横波是振动方向垂直于传播方向的波。

机械波横能顺利通过开口方向与振动方向平行的狭缝，如图 20.1(a)所示，但无法通过开口方向与振动方向及传播方向都垂直的狭缝，如图 20.1(b)所示，这就是机械波横的偏振现象。

由于纵波的振动方向平行于其传播方向，机械纵波则能穿过位于波线上的任意方向摆放的狭缝，如图 20.1(c)和(d)所示。

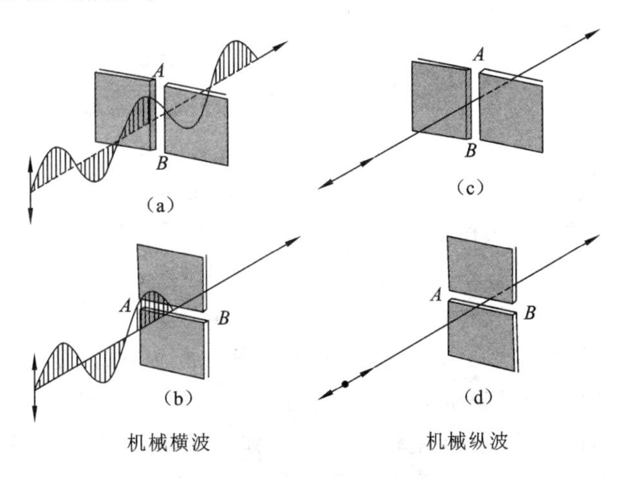

图 20.1 只有横波才有偏振现象

光波是一种电磁波。电磁波的电场强度和磁场强度的大小都随时间做同步的周期性变化，方向相互垂直，且又都与波的传播方向垂直，如图 20.2 所示。电磁波的电场强度和磁场强度的大小都随时间做同步的周期性变化，方向相互垂直，且又都与波的传播方向垂直。电波和磁波都是横波。**电磁波中起主导作用的是电波**，于是，就将电场强度矢量 $\boldsymbol{E}$ 直接称为**光矢量**。

光是横波，也应具有偏振性，用狭缝能否观察光的偏振现象？不能。因为狭缝限制的是质点的横向机械位移，然而光波并不是机械波。

观察光的偏振现象的最简单的光学元件是**偏振片**。偏振片只允许光矢量 $\boldsymbol{E}$ 沿特定方向振动的光线透过,该“特定方向”叫作偏振片的**透光轴** P,而光矢量 $\boldsymbol{E}$ 垂直于透光轴振动的光线,不能透过偏振片。如图 20.3 所示为光的偏振现象的演示实验。

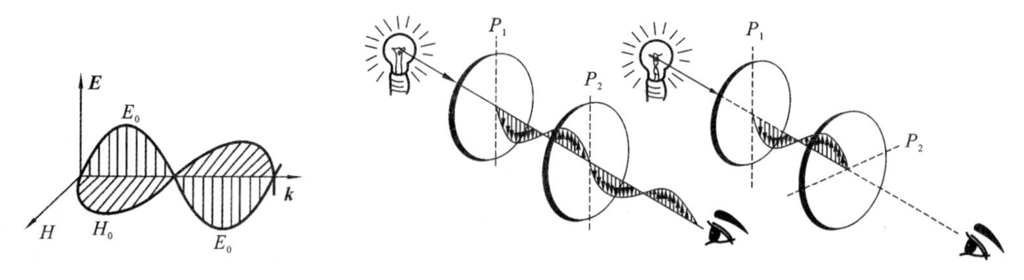

图 20.2　电磁波的横波性　　　　图 20.3　光偏振现象的演示

图 20.3 中的两个偏振片是一样的,单独拿一个偏振片对着光(灯光、明亮的天空、白墙),眼睛在偏振片后面看,感觉比没偏振片时的光强减半了,绕着光线方向转动偏振片,也看不到变化。若把两个偏振片叠在一起对着光,眼睛在偏振片后面看偏振片,连续转动其中一个偏振片,能观察到偏振片逐渐变黑,又逐渐变亮,又逐渐变黑,又逐渐变亮……,这就是光的偏振现象。

20.1.2　光的偏振态

光波具有下列几种可能的偏振态:

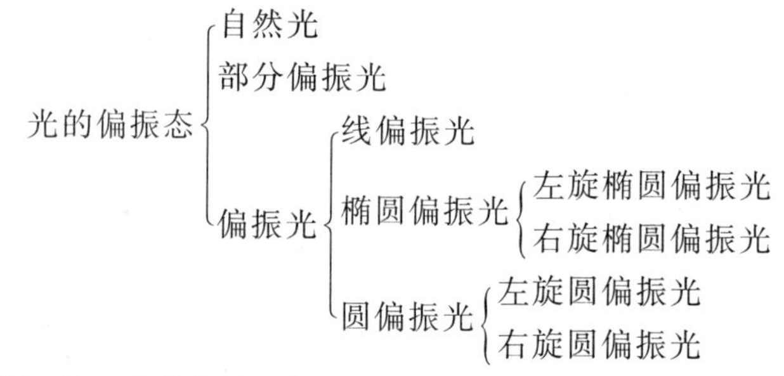

本章重点介绍常用的三种偏振态:自然光、线偏振光和部分偏振光。

1. 自然光

自然光是由普通光源发出的光。根据普通光源发光的独立性、随机性和间歇性,任何时刻,大量原子(或分子)发出的光矢量 $\boldsymbol{E}$ 可能取任何方向,而且没有哪一个方向较其他方向更占优势。即振动方向的特点是:个别的无规则性;总体统计,对于光的传播方向对称,这样的光称为自然光。如图 20.4(a)所示为迎着光线看时大量光的振动方向。

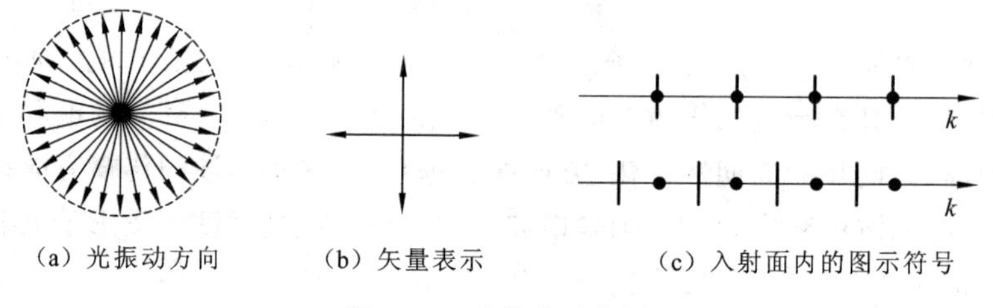

(a) 光振动方向　　(b) 矢量表示　　(c) 入射面内的图示符号

图 20.4　自然光示意图

自然光常用两个相互垂直的无固定相位联系的等幅光矢量来表示。如图 20.4(b)所示为迎着光线看时自然光的表示符号。

在平面光路图中，绘制的都是能画出光线的入射面，而光的振动方向总是垂直于光线方向的，为了绘图方便，将垂直于入射面振动的光矢量称为 s 波，用黑圆点“•”来描述，平行于入射面振动的光矢量称为 p 波，用垂直于光线的短线“|”来描述。

自然光在任意两个相互垂直方向(如 x 与 y 方向)上光振动的机会均等，所以光强相

若用 I_x,I_y 分别表示自然光在两个相互垂直的方向上的光强，以 I_0 表示自然光总光强，则有

$$I_x = I_y = \frac{I_0}{2} \tag{20.1}$$

上式说明**自然光在任意某方向上的分强度是自然光总强度的一半**。

在平面光路图中，用在光线上画相等数量圆点“•”和短线“|”来表示自然光，如图 20.4(c)所示。这也说明由自然光分解出来的 s 波与 p 波强度相等，即 $I_s = I_p = \frac{I_0}{2}$。

值得注意的是，不论用图 20.4(b)还是图 20.4(c)来表示自然光，这些光矢量都不能进行合成，因为它们之间无固定相位联系。

2. 线偏振光

迎着光线看，光矢量末端轨迹为一直线段，这样的光波称为**线偏振光**。线偏振光的光矢量只在一个平面内振动，如图 20.5(a)所示，因此也叫作平面偏振光。

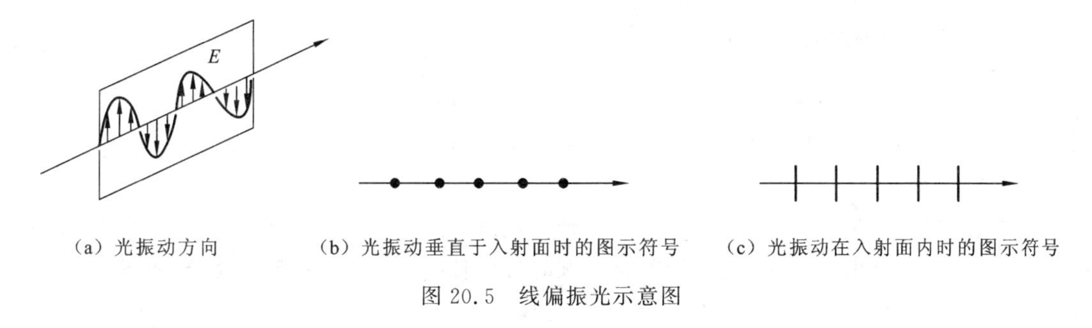

(a) 光振动方向 (b) 光振动垂直于入射面时的图示符号 (c) 光振动在入射面内时的图示符号

图 20.5 线偏振光示意图

当线偏振光的光矢量的振动方向垂直于入射面时，光波是纯粹的 s 波，其图示符号用一组沿光线的黑圆点表示，如图 20.5(b)所示；当线偏振光的光矢量的振动方向在入射面内时，光波是纯粹的 p 波，其图示符号用一组垂直于光线的小短线表示，如图 20.5(c)所示。

3. 部分偏振光

自然光在传播中，由于外界的作用，造成各个振动方向的强度不等，使某一方向的振动比其他方向占优势。如图 20.6(a)所示，这些密密麻麻的箭头表示，在垂直于光线传播方向的平面上，任何方向的振动都存在；而箭头的长度随方向而变，则说明箭头长的方向的振动占优势。这样的光波称为**部分偏振光**。

部分偏振光也可分解为两个相互垂直的无固定相位联系的不等幅光矢量，如图 20.6(b)所示。

在平面光路图中，用在光线上画不等数量黑圆点“•”和短线“|”来表示部分偏振光。p 波

（平行于入射面的振动）占优势时，黑圆点“•”少，短线“|”多；s 波（垂直于入射面的振动）占优势时，则黑圆点“•”多，短线“|”少，如图 20.6(c)所示。

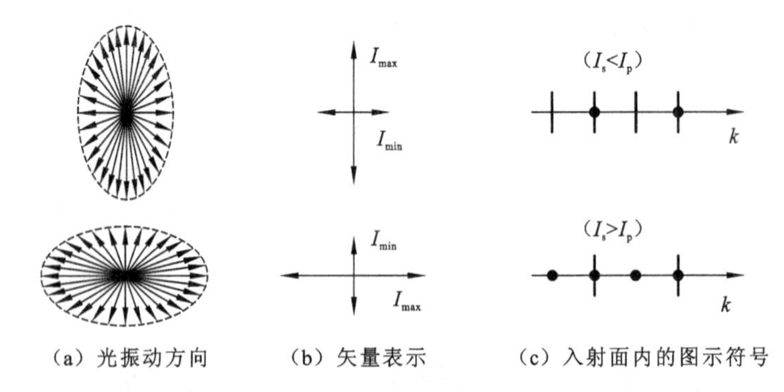

图 20.6　部分偏振光示意图

引入偏振度 P 这一个物理量，用于定量描述部分偏振光在某振动方向占优势的程度

$$P=\frac{I_{max}-I_{min}}{I_{max}+I_{min}} \tag{20.2}$$

对于自然光，$I_{max}=I_{min}$，$P=0$；

对于线偏振光，$I_{min}=0$，$I_{max}=I$，$P=1$；

对于部分偏振光，$0<P<1$，若光束的 $P\to1$，则偏振化程度增高。

可见，部分偏振光是介于自然光与线偏振光之间的一种偏振态。也可以说，自然光和线偏振光是部分偏振光的两个极端状态。

*4. 椭圆偏振光与圆偏振光

迎着光线看，光矢量末端轨迹为一个椭圆，则此光波称为椭圆偏振光。若光矢量末端是逆时针旋转的，则为左旋椭圆偏振光；若光矢量末端是顺时针旋转的，则为右旋椭圆偏振光，如图 20.7(a)(b)所示。

迎着光线看，光矢量末端轨迹为一个圆，则此光波称为圆偏振光。若光矢量末端是逆时针旋转的，则为左旋圆偏振光；若光矢量末端是顺时针旋转的，则为右旋圆偏振光，如图 20.7(a)(c)所示。

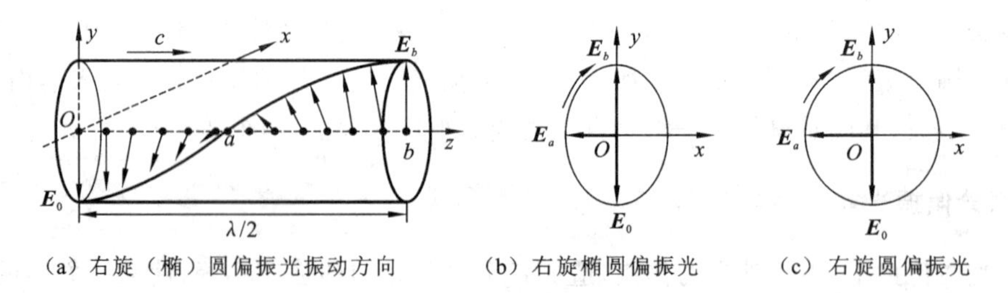

图 20.7　椭圆偏振光与圆偏振光示意图

在第 15 章 15.3.3 小节中，推导了两个振动方向相互垂直的同频率简谐振动的合成，质点的合成运动的轨迹方程为式(15.29)，在两者相位差 $\Delta\varphi$ 取一般值的情况下，式(15.29)所表示的质点的运动轨迹是一个的斜椭圆，而且随着 $\Delta\varphi$ 取值的不同，还有左旋椭圆与右旋椭圆的差别(图 15.37)。若参与合成的两个相互垂直的简谐振动的振幅相等，且相位差 $\Delta\varphi=\left(2j\mp\frac{1}{2}\right)\pi$

时，质点的合成运动是左(右)旋圆周运动(图15.38)。

类似的，在光学中，两个振动方向相互垂直的同频率的偏振光的光振动合成，将形成左旋或右旋的椭圆偏振光。若参与合成的两个振动方向相互垂直的同频率的偏振光的振幅相等，且 $\Delta\varphi=\left(2j\mp\frac{1}{2}\right)\pi$ 时，将形成左(右)旋的圆偏振光。

20.2　线偏振光的获得与检验

20.2.1　偏振片的起偏与检偏

1. 偏振片的工作原理

只允许光的某一振动方向的光矢量通过的光学元件，称为偏振片或偏振棱镜。

有些物质能吸收某一方向的光振动，只允许与该方向垂直的光振动通过，此特性称为**二向色性**，例如电气石晶片(图20.8)、碘化硫酸喹啉膜、含碘的塑料薄膜等都具有二向色性。利用具有二向色性的材料可制作出偏振片或偏振棱镜。

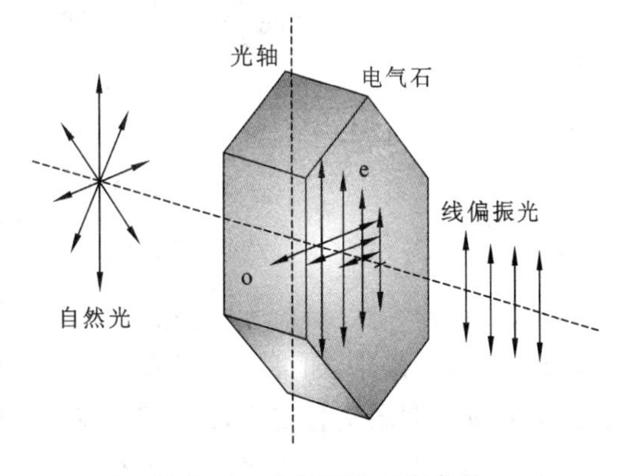

图20.8　电气石的二向色性

以碘-聚乙烯醇薄膜偏振片为例，把聚乙烯醇薄膜在碘溶液里浸泡后，在较高的温度下拉伸3～4倍，碘-聚乙烯醇分子沿着拉伸方向规则地排列起来，形成一条条定向导电的长链。

入射光波的电场强度，沿着长链方向的分量可推动电子，对电子做功，将被强烈地吸收；而垂直于长链方向的分量无法推动电子，不对电子做功，能够通过。

偏振片(或其他偏振器件)允许透过的光(电)矢量的方向称为它的**透光轴**，或称为**偏振化方向**。显然，偏振片的透光轴垂直于拉伸方向。**理想的偏振片**要求：**垂直于偏振化方向全吸收**，(这样透射光的偏振度 $P=1$)；并且**沿偏振化方向无吸收**。

2. 偏振片的起偏与检偏

以自然光入射时，如图20.9(a)所示(图中偏振片上带箭头的短线代表的是偏振化方向)，偏振片的作用是起偏，称为**起偏器**。对于理想的偏振片而言，无论其透光轴沿何方向，出射光都是沿偏振化方向振动的线偏振光，且强度为入射自然光强度之半，所以偏振片看上去是浅灰色透明的。以强度为 I_0 的自然光入射于偏振片上，起偏后强度为

$$I=\frac{1}{2}I_0 \tag{20.3}$$

人眼能够分辨光的颜色(色盲除外)，能够区分光的明暗，但无法识别光的偏振态，即人眼是“偏盲”。只能通过偏振元器件来分辨光的偏振态。

以线偏振光入射于时，偏振片的作用是检偏，称为**检偏器**。当入射的线偏振光的振动方向恰好平行于偏振化方向时，光线百分之百通过；当入射的线偏振光的振动方向恰好垂直于偏振化方向时，光线完全不能通过，如图20.9(b)所示。仅用一个偏振片就能够分辨入射光是否为

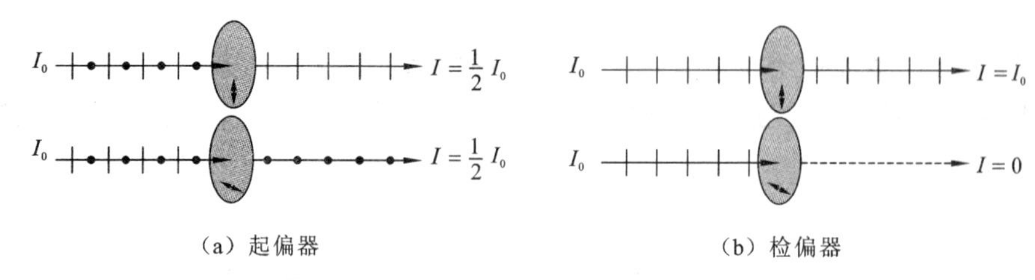

图 20.9　偏振片的起偏与检偏

线偏振光。

将两个理想的偏振片部分交叠，以自然光入射。若两偏振片的偏振化方向相同，则交叠区域与非交叠区域呈完全相同的浅灰色如图 20.10(a)所示；若两偏振片的偏振化方向垂直，则交叠区域为全黑，非交叠区域呈相同的灰色如图 20.10(b)所示。

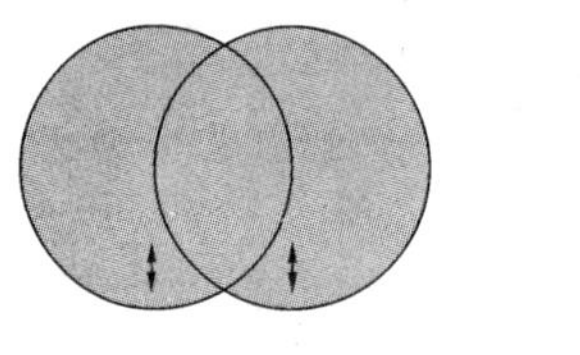
(a) 两透光轴同向

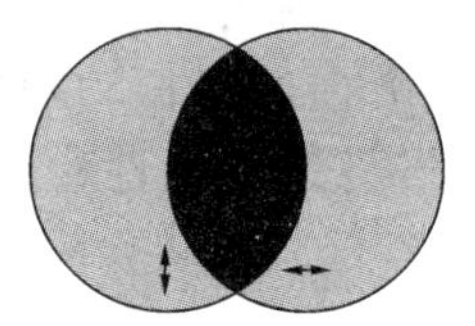
(b) 两透光轴垂直

图 20.10　两个理想偏振片部分交叠

利用偏振片，可以对前方来光的偏振态作大致的判断。如图 20.9 所示，在垂直于光的传播方向上转动偏振片，如果能看到明暗交替变化，并且能看到有全黑的时候，则此光束是偏振光；如果能看到明暗交替变化，但看不到有全黑的时候，则此光束可能是部分偏振光或椭圆偏振光；如果转动偏振片的过程中，光强一直保持不变，则前方来光可能是自然光或圆偏振光。至于如何进一步区分部分偏振光和椭圆偏振光，以及区分自然光和圆偏振光，还需要在偏振片之前加$\frac{1}{4}$波片(在 20.5.2 小节的表 20.1 中列出所有偏振态的鉴定方法)。

20.2.2　马吕斯定律

马吕斯定律是由实验总结出来的，它给出的是**线偏振光通过检偏器的强度变化公式**。若入射的线偏振光的强度为 I_1，相应的振幅为 A_1，其偏振化方向与检偏器的透光轴夹角为 θ 时，如图 20.11 所示，通过检偏器 P 的透射光的振幅为

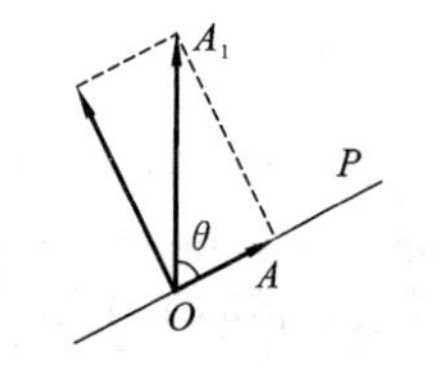

图 20.11　马吕斯定律

$$A = A_1 \cos\theta$$

而强度为振幅的平方，于是通过检偏器 P 的透射光强为

$$I = I_1 \cos^2\theta \tag{20.4}$$

值得注意的是马吕斯定律只适用于线偏振光入射。然而，普通光源发出的都是自然光，要想获得线偏振光还需要用起偏器来起偏。所以要验证马吕斯定律必须要有两个偏振片。

有两个偏振片 P_1 和 P_2，它们透光轴的夹角为 θ，强度为 I_0 的自然光通过起偏器 P_1 后得到强度为 $I_1=\frac{I_0}{2}$的线偏振光，再通过检偏器 P_2 出射的是偏振方向沿检偏器透光轴的线偏振

光，满足马吕斯定律，最终强度应为

$$I=I_1\cos^2\theta=\frac{I_0}{2}\cos^2\theta$$

例 20.1　两块偏振片叠在一起，其偏振化方向成 30°夹角。由强度相同的自然光和线偏振光混合而成的光束垂直入射在偏振片上。已知两种成分的入射光透射后强度相等。

(1) 若不计偏振片对可透射分量的吸收，求入射光中线偏振光的光矢量振动方向与第一个偏振片偏振化方向之间的夹角；

(2) 仍如上一问，求透射光与入射光的强度之比；

(3) 若每个偏振片对透光轴分量的吸收率为 5%，再求透射光与入射光的强度之比。

解　设入射的自然光和线偏振光强度各为 I_0(则入射总光强为 $2I_0$)，α 为入射光中线偏振光的光矢量振动方向与第一个偏振片偏振化方向间的夹角。

(1) 自然光透过第一块偏振片后，出射的是光强减半的线偏振光

$$I_1=\frac{I_0}{2}$$

再透过第二块偏振片，满足马吕斯定律

$$I'=I_1\cos^2\theta=\frac{I_0}{2}\cos^2\theta=\frac{I_0}{2}\cos^2 30^\circ$$

线偏振光连续通过两块偏振片，均满足马吕斯定律，则

$$I''=I_0\cos^2\alpha\cdot\cos^2\theta=I_0\cos^2\alpha\cdot\cos^2 30^\circ$$

依题意 $I'=I''$，即

$$\frac{I_0}{2}\cos^2 30^\circ=I_0\cos^2\alpha\cdot\cos^2 30^\circ$$

整理$\cos^2\alpha=\dfrac{1}{2}$，得

$$\alpha=45^\circ$$

(2) 依题意，总的透射光强为　$I=2I'=I_0\cos^2 30^\circ$

于是透射光强与入射光强的比为

$$\frac{I}{2I_0}=\frac{I_0\cos^2 30^\circ}{2I_0}=\frac{\cos^2 30^\circ}{2}=\frac{3}{8}=0.375$$

(3) 一块偏振片对透光轴分量的吸收率为 5%，则相应的透过率为$(1-5\%)=0.95$，透过两块偏振片透射光强应为 $(0.95)^2 I$，于是透射光强与入射光强的比为

$$\frac{(0.95)^2 I}{2I_0}=\frac{(0.95)^2 I_0\cos^2 30^\circ}{2I_0}=(0.95)^2\ \frac{\cos^2 30^\circ}{2}=0.338$$

20.3　反射光和折射光的偏振态

20.3.1　s 波 p 波的反射率与透射率

实验和理论都证实，自然光在介质的分界面上反射和折射时，只要入射角不太小，反射光和折射光就都成了部分偏振光，并且反射光中 s 分量(光矢量垂直于入射面)占优势，折射光中 p 分量(光矢量在入射面内)占优势，如图 20.12 所示。

任何偏振态的光波，都可分解为两个振动方向相互垂直的线偏振光。振动方向垂直于入

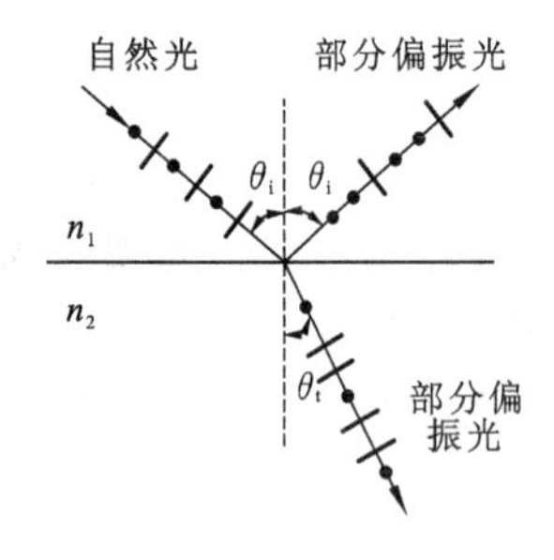

图 20.12　自然光反射和折射后成为部分偏振光

射面的光波称为 s 波，振动方向在入射面内的光波称为 p 波。

s 波和 p 波在介质分界面上的反射和折射是相互独立的。也就是说，如果入射光只有 s 波没有 p 波，则反射光和折射光也都只有 s 波没有 p 波。反之亦然。

从理论上可以导出 s 波和 p 波的反射率公式为

$$R_s=\frac{W_{s反}}{W_{s入}}=\left[\frac{\sin(\theta_i-\theta_t)}{\sin(\theta_i+\theta_t)}\right]^2 \tag{20.5}$$

$$R_p=\frac{W_{p反}}{W_{p入}}=\left[\frac{\tan(\theta_i-\theta_t)}{\tan(\theta_i+\theta_t)}\right]^2 \tag{20.6}$$

对应的透射率公式为

$$T_s=1-R_s,\quad T_p=1-R_p \tag{20.7}$$

20.3.2　反射和折射时光的偏振态

从式(20.5)、式(20.6)、式(20.7)可知，当自然光入射时，由于 s 波和 p 波的反射率与透射率均不相同，将会造成反射光和折射光中 s 波和 p 波强度不相等，于是反射光和折射光就都成为了部分偏振光。由于能量守恒，反射率和透射率是互补的，于是可以先只研究反射光。

两折射率已知时，折射角 θ_t 是入射角 θ_i 的函数，于是反射率 R 是入射角 θ_i 的函数。根据上述 s 波和 p 波的反射率公式，可以画出反射率随入射角变化的反射率曲线，如图 20.13 所示。

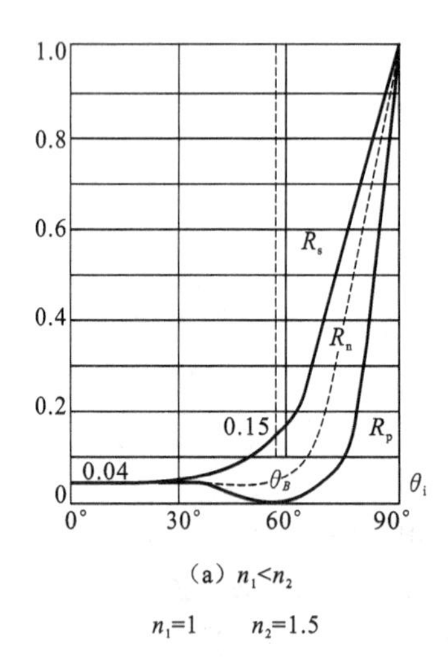

(a) $n_1<n_2$

$n_1=1$　$n_2=1.5$

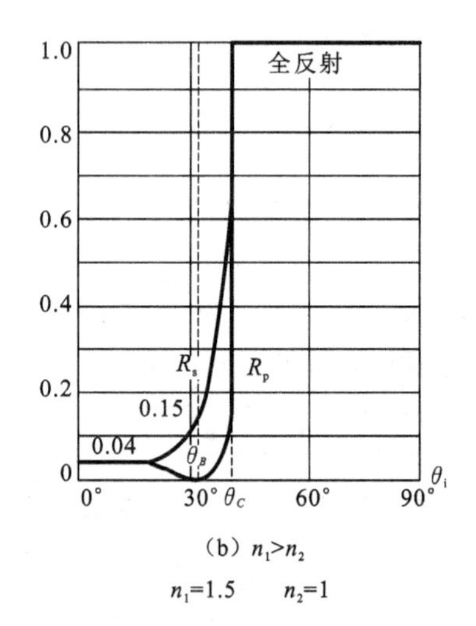

(b) $n_1>n_2$

$n_1=1.5$　$n_2=1$

图 20.13　反射率随入射角变化的反射率曲线

图 20.13(a)是光线从空气($n_1=1$)(光疏介质)射到玻璃($n_2=1.5$)(光密介质)时的反射率曲线。R_n 是 R_s 与 R_p 的平均值。

s 波的反射率 R_s，当入射角 θ_i 由 0°增至 30°附近时，维持在 0.04 不变；入射角 $\theta_i>30°$起，R_s 开始是缓慢增大，之后转为快速增大，直到入射角 $\theta_i=90°$时，达到最大值 1。

p 波的反射率 R_p，当入射角 θ_i 由 0°增至 30°附近时，维持在 0.04 不变；入射角 $\theta_i>30°$起，R_p 开始是缓慢减小，直到入射角 $\theta_i=\theta_B$ 时，$R_p=0$，之后 R_p 是先缓慢增大再转为快速增大，直到入射角 $\theta_i=90°$时，达到最大值 1。从图 20.13(a)可以看出，始终有 $R_s\geqslant R_p$。

图 20.13(b)是光线从玻璃($n_2=1.5$)(光密介质)射到空气($n_1=1$)(光疏介质)时的反射

率曲线。

s波的反射率R_s，当入射角θ_i由0°增至15°附近时，维持在0.04不变；入射角$\theta_i>15°$起，R_s开始是缓慢增大，之后转为快速增大，直到入射角$\theta_i=\theta_C$（全反射临界角）时，达到最大值1，入射角在$\theta_i=\theta_C$到90°之间$R_s=1$，是全反射。

p波的反射率R_p，当入射角θ_i由0°增至15°附近时，维持在0.04不变；入射角$\theta_i>15°$起，R_p开始是缓慢减小，直到入射角$\theta_i=\theta_B$时，$R_p=0$，之后R_p是先缓慢增大再转为快速增大，直到入射角$\theta_i=\theta_C$时，达到最大值1，入射角在$\theta_i=\theta_C$到90°之间$R_p=1$，是全反射。从图20.13可以看出，始终有$R_s\geqslant R_p$。

通过以上的分析我们可以知道：自然光入射，当入射角比较大时，一般情况下，反射光和折射光都是部分偏振光。反射光中s波（“•”光矢垂直于入射面）占优势。根据能量守恒，反射少，则折射多，所以，折射光中将是p波（“|”光矢在入射面内）占优势（图20.12）。

20.3.3　布儒斯特定律

在式(20.6)中，可以看到，当$\theta_i+\theta_t=90°$时，分母$\tan(\theta_i+\theta_t)=\infty$，则有$R_p=0$，即此时反射光中不存在p波成分，是只有s波的线偏振光。此时的入射角称为**布儒斯特角**或**起偏振角**，用θ_B表示，于是起偏振条件为

$$\theta_B+\theta_t=90° \tag{20.8}$$

布儒斯特定律表述为：**入射角为布儒斯特角θ_B时，反射光为只有s分量**（光振动垂直于入射面）的线偏振光。

再由折射定律$n_1\sin\theta_B=n_2\sin\theta_t$，可得

$$\tan\theta_B=\frac{n_2}{n_1} \tag{20.9}$$

由于反射角与入射角相等，所以当**光线以布儒斯特角入射时，反射光线垂直于折射光线**，这也是满足布儒斯特定律的图形标志，如图20.14所示。

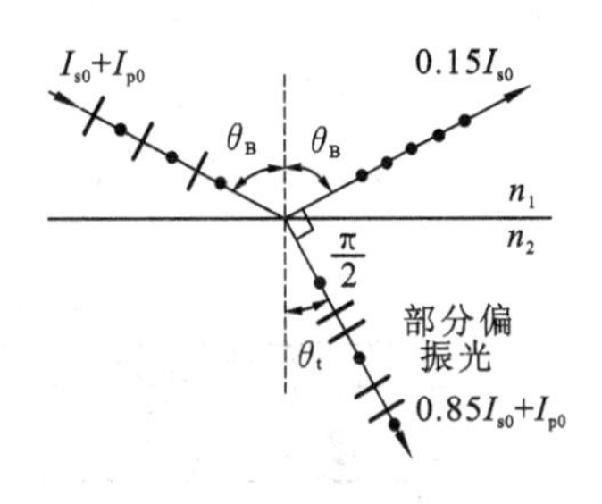

图20.14　自然光以布儒斯特角入射

由图20.13的曲线可以看到，光线在空气与玻璃的界面上以布儒斯特角入射时，$R_p=0$，$R_s=0.15$，相应的$T_p=1$，$T_s=0.85$，所以反射光为只有s量的线偏振光，但强度较弱，只占入射光中s波能量的15%，只占入射自然光总能量的7.5%；而折射光中则含有100%的p波入射光能量，和85%的s波入射光能量，所以折射光是p波略占优势的部分偏振光。

例20.2　一束自然光自空气射向一块平板玻璃，如图20.15(a)所示，设入射角等于布儒斯特角θ_B，试证在界面2的反射光b也是线偏振光，并画出各光线的偏振态。

解　设界面1的折射角θ_{t1}，设界面2的入射角和折射角分别是θ_{i2}和θ_{t2}（图20.15(b)）。

界面1处，按折射定律$\sin\theta_B=n\sin\theta_{t1}$，由于入射角为布儒斯特角，所以$\theta_B+\theta_{t1}=90°$。

界面2处，$n\sin\theta_{i2}=\sin\theta_{t2}$，而$\theta_{i2}=\theta_{t1}$，则有

$$n\sin\theta_{i2}=n\sin\theta_{t1}=\sin\theta_B=\sin\theta_{t2}$$

于是

$$\theta_{t2}=\theta_B,\quad \theta_{i2}+\theta_{t2}=90°$$

所以界面2的布儒斯特角为

$$\theta_{i2}=90°-\theta_{t2}=90°-\theta_B$$

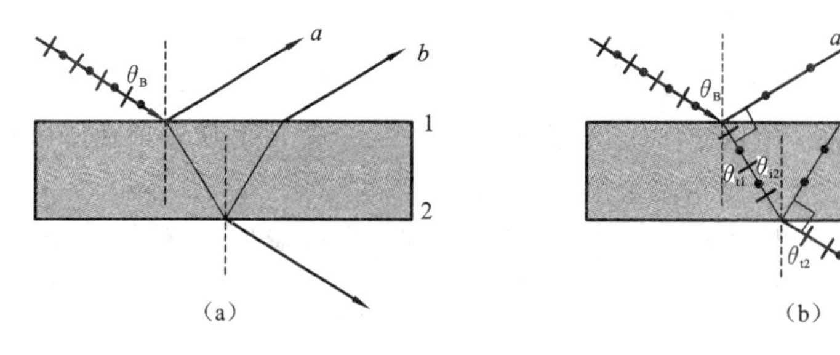

图 20.15 例 20.2 解图

在界面 2 反射的光线是只有 s 波的线偏振光。由 s 波和 p 波的独立传播性质,光线 b 是只有 s 波的线偏振光。

在界面 1 和界面 2 折射的光线都是 p 波占优的部分偏振光。

各光线的偏振态画在图 20.15(b)中。

20.3.4 偏振的应用

1. 玻璃片堆

利用一片玻璃,虽然能够获得反射的偏振光(s 波),但是强度非常小,因为自然光以布儒斯特角入射到介质分界面时,s 波反射 15%,透射 85%,而 p 波则 100%透过。如果设法让光通过一个由 N 片(10~20 片)玻璃叠在一起构成的玻璃片堆,如图 20.16 所示,自然光以布儒斯特角入射。由例 20.2 中图 20.15(b)可知,光线在玻璃片堆中的 $2N$ 个界面上的入射角都是相应界面的布儒斯特角,$2N$ 个界面都反射 0.15 入射的 s 波,到达侧壁全被吸收(侧壁涂上无光的黑漆),$N=10$ 时,玻璃片堆对 s 波的总透射率为 $T_s=0.85^{20}=0.039$;$N=20$ 时,玻璃片堆对 s 波的总透射率为 $T_s=0.85^{40}=0.000\,15$。而 p 波则 100%透过 $2N$ 个界面(忽略玻璃的吸收)。所以玻璃片堆能够获得高强度的线偏振光。

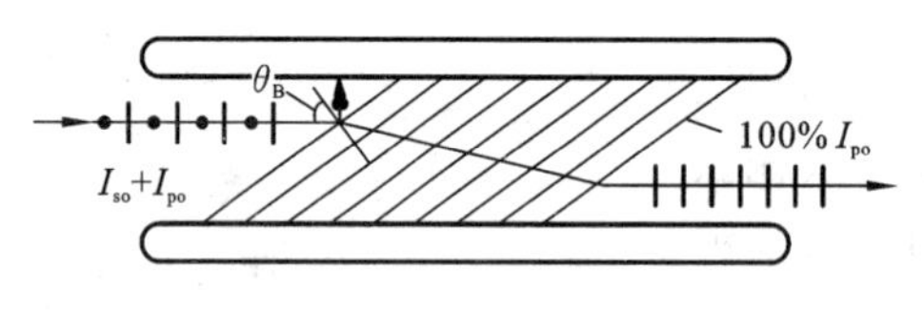

图 20.16 用玻璃片堆获得线偏振光

图 20.17 偏光太阳镜

2. 偏光太阳镜

如图 20.17 所示,偏光太阳镜的两个镜片都是偏振片。偏光太阳镜的主要作用是有效减少水面或地面的反光。人以坐姿或站姿看到了水平面的反光,入射面是包含光源(太阳)和观察者的竖直面。在大角度的反射光中,绝大部分是 s 波,而 s 波的振动方向垂直于入射面,即 s 波在视线中沿水平方向振动。偏光太阳镜就是要消除水平方向振动的 s 波,所以偏光太阳镜的两个镜片的透光轴都沿竖直方向,它可以消除视线前方水平面上大部分的反光(入射角没达到布儒斯特角时,反射光中还有少量的在竖直面内振动的 p 波能够透过偏光太阳镜)。偏光太阳镜是旅行者、司机、水上工作者的常备装备。

3. 偏振镜

高档相机都可以装配与镜头口径匹配的偏振片，称为偏振镜，如图 20.18(a)所示。

图 20.18(b)(c)这两张照片，是在同一地点，同一光照环境，同一角度拍摄的一个装满水的盆子。(b)图没加偏振镜直接照，(c)图加了偏振镜，并仔细调整好透光轴方位和照相角度，两者效果大相径庭。(b)图因强烈的反光，几乎看不到盆底的图案，而且盆的颜色也严重失真，偏暗很多；(c)图因消除了水面的反光，盆底的图案清晰可见，呈现出盆子真实的颜色。

(a) 偏振镜

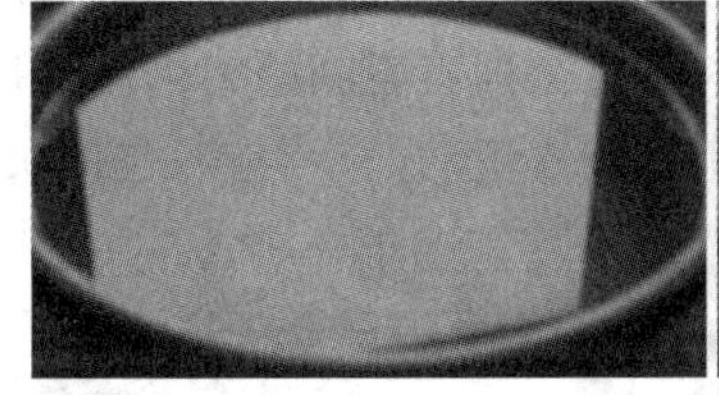

(b) 没有加装偏振镜的照片

(c) 加装并调好了偏振镜的照片

图 20.18　偏振镜及其应用

照相机感光元件(CCD、CMOS 或底片)的曝光量是受限制的，当对焦区域的反光过强时，照相机会相应的控制总曝光量，使得非反光区域曝光不足，颜色也就暗淡了许多。偏振镜是解决这类问题的最有效的工具。实际上，合理使用偏振镜，能够拍摄出更蓝的天空，更鲜艳的花草照片。

20.4　晶体的双折射

20.4.1　光在晶体中的双折射

1. 双折射现象

当一束光线入射到两种透明介质的界面上时，若折射光线不是一条，而是出现了两条折射光线，如图 20.19(a)所示，这种现象称为**双折射现象**。

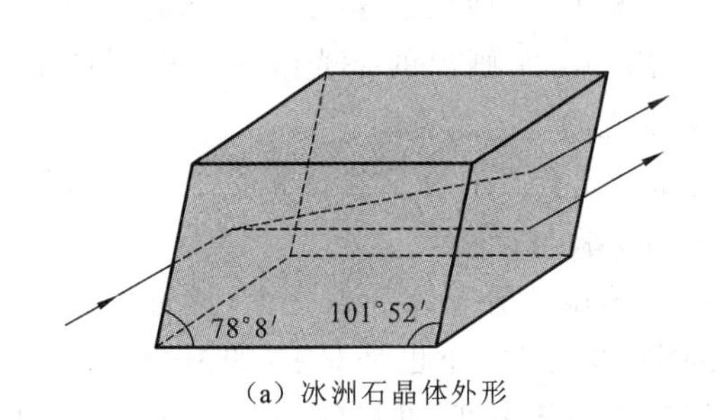

(a) 冰洲石晶体外形

(b) 双折射现象照片

图 20.19　冰洲石的双折射现象

双折射现象是透明介质具有各向异性性质的表现之一。除等轴晶系的晶体以外，大多数晶体都是各向异性的，都能够产生双折射现象，其中双折射现象最显著的是冰洲石(光学性质极好的方解石单晶体，化学成分是碳酸钙($CaCO_3$))。冰洲石依照其天然解理面解理出来的晶体外形是如图 20.19(a)所示的平行六面体，每个面都是锐角为 78°8′，钝角为 101°52′的平行四边形。

将厚度约为 2 cm 的冰洲石放在有字的纸上，透过冰洲石看到的字都是双字，图 20.19(b)为此现象的照片。

2. 寻常光线(o 光)和非常光线(e 光)

由冰洲石折射出来的两束光线有没有区别呢？这要做进一步的实验与观察。

在观察冰洲石放在有字的纸上的双折射现象时，目光正着向下看，看到的将是光线正入射到晶体表面上后折射出来的光线。此时透过冰洲石看到的字仍然都是双字。在纸面上旋转冰洲石时，可以看到有一组字不动，另一组字绕着不动的字旋转。图 20.20 是在纸面上旋转冰洲石时，从冰洲石正上方拍摄的一组照片。

图 20.20　转动冰洲石观察其双折射现象的照片

在纸面上旋转冰洲石，就是让冰洲石绕着入射面的法线旋转，于是，折射角不为零的折射光线将绕着法线旋转，不旋转的光线必定是沿着法线方向的，即折射角为零。旋转冰洲石时不动的字对应的光线的折射角为零，旋转的字对应的光线折射角不为零。由于光线是正入射的，即入射角为零。可见，两束折射光线中，折射角为零的光线是遵守折射定律的，折射角不为零的光线是不遵守折射定律的。

实际上，对于冰洲石而言，无论光线以何角度入射，都会产生两束折射光线，两束折射光线中，有一束总是遵守折射定律的，称为**寻常光**，简称 **o 光**；另一束折射光则不然，它一般不遵守折射定律，称为**非常光**，简称 **e 光**。

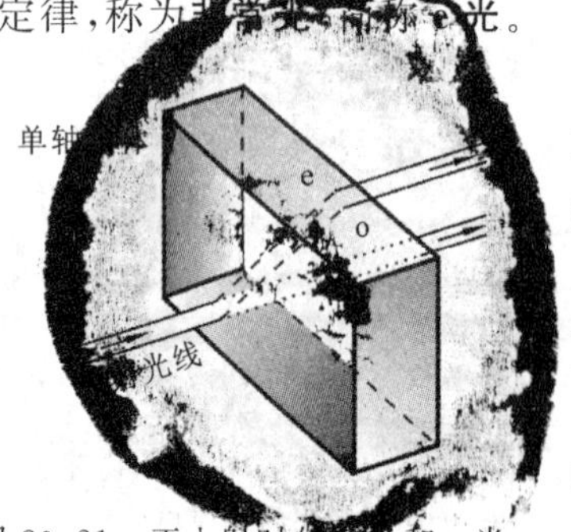

图 20.21　正入射时的 o 光和 e 光

通常情况下，即使入射角为零，e 光的折射角一般也不等于零，图 20.21 画出的是光线正入射到单轴晶体上时，o 光和 e 光的走向示意图。

o 光和 e 光会具有什么样的偏振态呢？这还需要做更进一步的实验与观察。

拿一块偏振片置于冰洲石之上，透过偏振片和冰洲石看到的字，多数情况下也是双字(如图 20.22(a)所示)，但转动偏振片到某角度，可看到其中一组字不见了(如图 20.22(b)所示)，再转 90°，先前不见的字又看见了，而先前看见的字却又看不见了(如图 20.22(c)所示)。

这说明：o 光和 e 光都是线偏振光，而且两者的光矢量相互垂直(即 $\boldsymbol{E}_o \perp \boldsymbol{E}_e$)。

注：o 光和 e 光只是相对于光线所在的晶体而言的，出了晶体就无所谓 o 光 e 光了。

(a) 通常是双字

(b) 某角度时一组字消失了

(c) 再转 90° 消失的是另一组字

图 20.22 透过转动的偏振片观察冰洲石双折射现象的照片

3. 光轴

方解石晶体的单晶胞是菱面体(六个面是全等的菱形),如图 20.23 所示。存在一对钝隅(围成立体角的三个平面角全是钝角),其对角线的方向很特殊,当光在晶体中沿着这个方向传播时,不发生双折射,**晶体内的这个不发生双折射的方向称为晶体的光轴**。

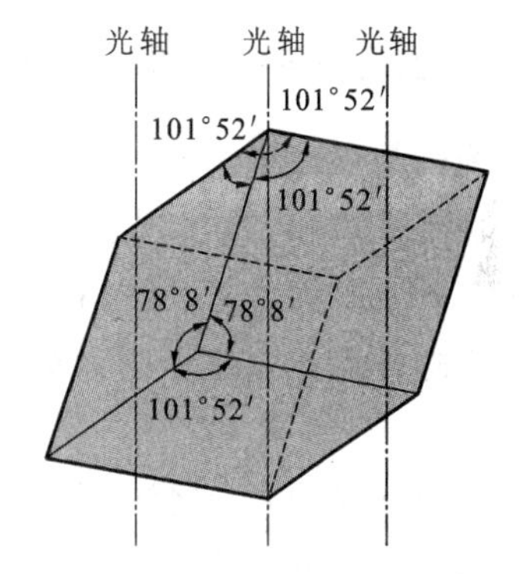

图 20.23 方解石晶体的光轴

注:光轴只代表一个方向

只有一个光轴方向的晶体,称为单轴晶体。有两个光轴方向的晶体,称为双轴晶体。

按照晶体的对称性来分类,晶体分为 3 个晶族,7 个晶系,32 个点群。属于低级晶族的正交、单斜、三斜晶系的晶体,如:云母、雄黄、蓝晶石等是双轴晶体;属于中级晶族的四方、六角、三角晶系的晶体,如:方解石、石英、红宝石、冰等,是单轴晶体;属于高级晶族的立方晶系的晶体,如:钻石、锆石、石榴石、NaCl 等是各向同性晶体,不产生双折射。

单轴晶体的物理性质比较简单,是应用最多的一大类晶体,我们只研究单轴晶体。实际上,单轴晶体的光轴就是中级晶族晶体的最高次的对称轴方向。

4. 光在单轴晶体中的波面

单轴晶体中 o 光沿各方向传播的速率相同,都是 v_o,所以其波面是半径为 v_o 的球面。e 光沿各个方向传播的速率不同,e 光的波面则是围绕光轴方向的回转椭圆球面,e 光在沿光轴方向传播时,速率也是 v_o;在垂直于光轴方向传播时,速率则是 v_e;e 光沿其余方向传播时,速率 v_e' 介于 v_o 与 v_e 之间。显然,**o 光波面与 e 光波面在光轴方向上相切**。与 v_o 和 v_e 对应的折射率 $n_o=\frac{c}{v_o}$ 和 $n_e=\frac{c}{v_e}$ 称为单轴晶体的**主折射率**。e 光的折射率 n_e' 介于 n_o 与 n_e 之间。

单轴晶体分为两类:

① 负晶体:$v_e>v_o$,$n_e<n_o$,以冰洲石(方解石)为代表,e 光的波面是扁椭球,在 o 波面(球)之外,如图 20.24 所示。

② 正晶体:$v_e<v_o$,$n_e>n_o$,以石英为代表,e 光的波面是长椭球,在 o 波面(球)之内,如图 20.25 所示。

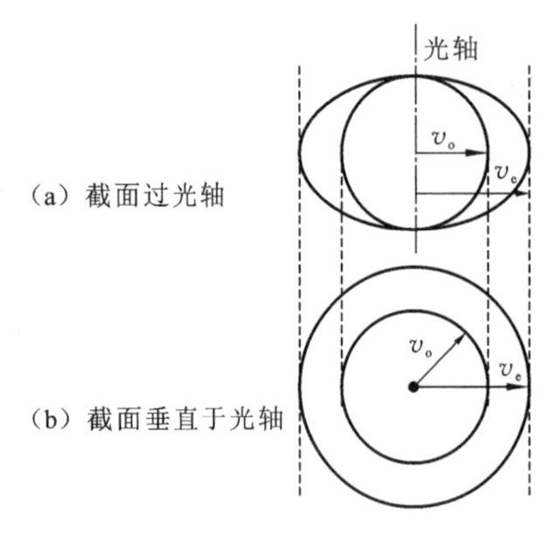

图 20.24　负晶体的波面(过对称中心的截面)

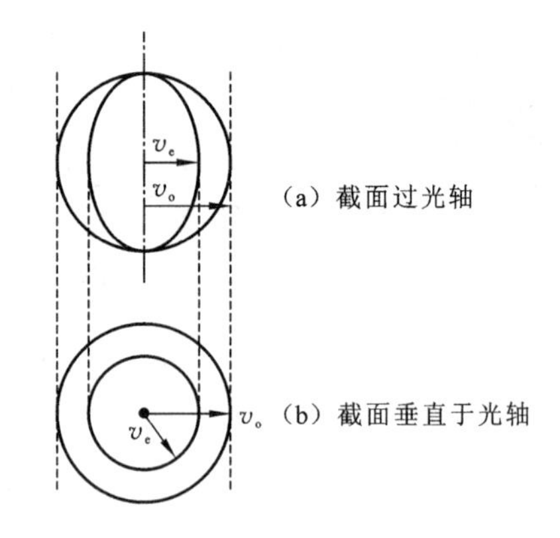

图 20.25　正晶体的波面(过对称中心的截面)

5. 主截面与主平面

光轴与晶面法线组成的面称为**主截面**。

由 o 光线和光轴组成的面称为 **o 主平面**;由 e 光线和光轴组成的面称为 **e 主平面**。o 光的光矢与 o 主平面垂直,所以 **o 光矢 $\boldsymbol{E}_o$ 总垂直于光轴;而 e 光的光矢 $\boldsymbol{E}_e$ 在 e 主平面内**,与光轴的夹角随传播方向的不同而改变。当 **e** 光沿光轴传播时,**o** 光矢 $\boldsymbol{E}_o$ 和 e 光矢 $\boldsymbol{E}_e$ 均垂直于光轴。

区分 o 光和 e 光之法:不垂直于光轴的一定是 e 光矢 $\boldsymbol{E}_e$。

对于任意方向的入射光而言,一般是入射面、主截面、o 光和 e 光的主平面,这四个面均不重合,这时 e 光线一般不在入射面内,而平面光路图画的都是入射面,所以一般情况下是无法用平面作图法来描述 o 光和 e 光的传播方向的。

只有在 o 光线和 e 光线均位于入射面内时,才能用作图法描绘 o 光和 e 光,能够满足此条件的只有两类特殊情况:① 当光轴在入射面内时,入射面、主截面、o 光和 e 光的主平面,这四个面重合。② 当光轴垂直于入射面时。

20.4.2　惠更斯作图法求双折射光

在第 16 章 16.4.3 小节中我们曾经介绍过惠更斯作图法,本小节介绍用惠更斯作图法解决相对较为复杂的双折射问题。用惠更斯作图法仅能画出单轴晶体当“光轴位于入射面内”,和“光轴垂直于入射面”这两类情形的平面图。下面分别举例详细加以说明。

1. 光轴位于入射面内的情形

光轴在入射面内时,入射面、主截面、o 主平面、e 主平面四面重合。

1) 光轴在入射面内并与晶体的折射界面成一般夹角

① 斜入射时

例 20.3　如图 20.26(a)所示,一束平行的单色自然光斜入射到空气与单轴晶体的界面上,已知光轴在入射面内与折射界面斜交,主折射率 $n_o=2.5$,$n_e=1.25$。求:经晶体折射后,o 光及 e 光的光线方向及偏振态。

解　由已知条件可求出晶体的两个主速率

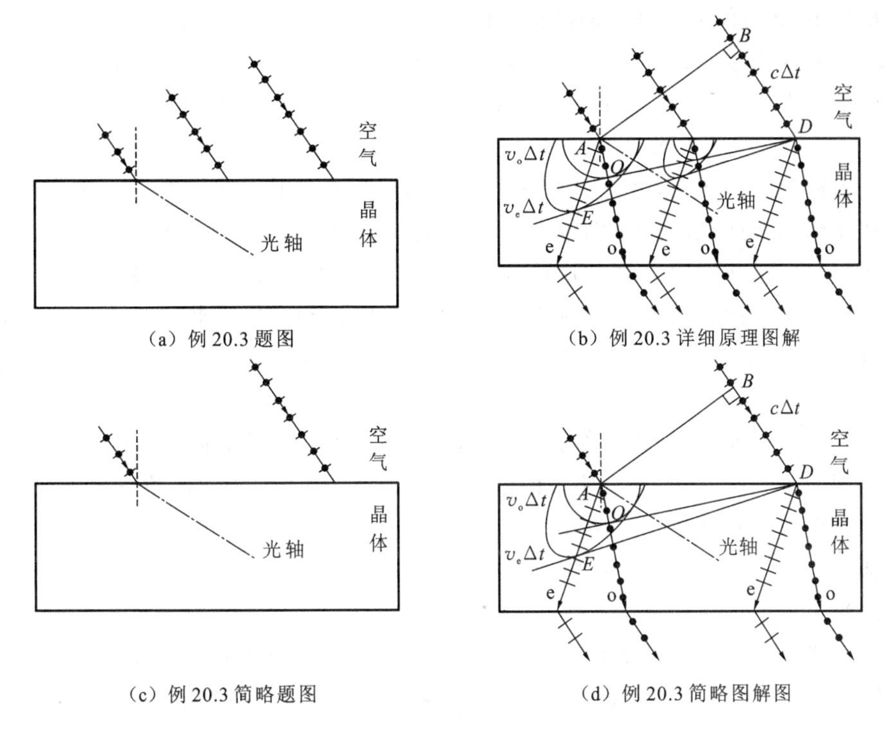

图 20.26　例 20.3 详细原理图解

$$v_o=\frac{c}{n_o}=0.4c,\quad v_e=\frac{c}{n_e}=0.8c$$

设平行的入射光束中，最先到达界面的光线的入射点为 A 点，最后到达界面的光线的入射点为 D 点，垂直于入射光作波面 AB，如图 20.26(b)所示。最右边的光线在空气中从波面 AB 经历 Δt 时间到达界面的 D 点，则$\overline{BD}=c\Delta t$，$\Delta t=\dfrac{\overline{BD}}{c}$。其余光线自波面 AB 出发经历 Δt 时间应该到达与 D 点相同的波面。

当自然光入射到晶体上的 A 点时，由于单轴晶体的各向异性特征，将产生双折射现象，依照惠更斯原理，A 点作为子波波源将发射 o 光和 e 光。经过 Δt 时间，o 光的波前是半径为 $v_o\Delta t$ 的球面；e 光的波前则是一个绕光轴的旋转椭球面，其短半轴沿光轴方向，长度为 $v_o\Delta t$，长半轴垂直于光轴方向，长度为 $v_e\Delta t$。因为 A 点位于晶体的边界上，而 o 光和 e 光的波面只能位于晶体中，所以自 A 点发出的 o 光和 e 光的波面只是半个球面和半个旋转椭球面。于是在画图 20.26(b)的平面图时，以 A 点为中心，作半径为 $v_o\Delta t=0.4\,\overline{BD}$的半圆(半球)形 o 光波面；以 A 点为中心，作长短半轴各为 $v_e\Delta t=0.8\,\overline{BD}$和 $v_o\Delta t=0.4\,\overline{BD}$的半椭圆(半旋转椭球)形 e 光波面。两波面相切于过入射点的光轴上。

中间的入射光线，从波面 AB 出发经历$\dfrac{\Delta t}{2}$时间才到达界面，在晶体中只剩$\dfrac{\Delta t}{2}$时间。以中间的入射点为中心，作半径为 $v_o\dfrac{\Delta t}{2}=0.2\,\overline{BD}$的半圆(球)形 o 光波面，作长短半轴各为 $v_e\dfrac{\Delta t}{2}=0.4\,\overline{BD}$和 $v_o\dfrac{\Delta t}{2}=0.2\,\overline{BD}$的半椭圆(旋转椭球)形 e 光波面。

作各 o 光波面的公切面，该公切面是过 D 点的垂直于入射面的平面 DO，则 DO 就是 o 光

自波面 AB 经历 Δt 时间后到达的新波前。因为由 A 出发的 o 光线的光速为 v_o，经过 Δt 时间，o 光线应该到达半径为 $v_o\Delta t$ 的球面上的某一点，同时 o 光线也有应该到达 o 光此时刻的公切面 DO 上的某一点，这两个面只有一个公共点 O 点，所以 o 光线的方向是从入射点 A 到切点 O 的连线方向。

作各 e 光波面的公切面，该公切面是过 D 点的垂直于入射面的平面 DE，则 DE 就是 e 光自波面 AB 经历 Δt 时间后到达的新波前。尽管自 A 点出发的 e 光线在不同的传播方向上的光速不相同，但经过 Δt 时间，e 光线应该到达长短半轴各为 $v_e\Delta t$ 和 $v_o\Delta t$(短半轴沿光轴方向)的绕光轴的旋转椭球面上的某一点，同时 e 光线也有应该到达 e 光此时刻的公切面 DE 上的某一点，这两个面只有一个公共点 E 点，所以 e 光线的方向是从入射点 A 到切点 E 的连线方向。

已知光轴在入射面内，于是入射面、主截面、o 主平面、e 主平面四面重合。由于 o 光矢量 $\boldsymbol{E}_o$ 垂直于 o 主平面(o 光线与光轴组成的面)，所以，o 光是 s 波(“•”振动)；而 e 光矢量 $\boldsymbol{E}_e$ 在 e 主平面(e 光线与光轴组成的面)内，所以，e 光是 p 波(“|”振动)。

光线从平行于入射界面的后一界面出射时，出射光线会平行于从空气入射的光线，但都已成为线偏振光了。

由于平行光入射时，o 光 e 光的波面都是平面，中间一路光线的光路可以省略掉。于是本例题的题图可以简略为图 20.26(c)的形式，图解图可以简略为图 20.26(d)的形式。

由图 20.26(d)可以看到，在晶体中，o 光线是垂直于 o 波面 DO 的，说明 o 光线满足折射定律；而 e 光线与 e 波面 DE 不垂直，说明 e 光线不满足折射定律。

② 正入射时

例 20.4 如图 20.27(a)所示，一束平行的单色自然光正入射到空气与单轴晶体的界面上，已知光轴在入射面内与折射界面斜交，主折射率 $n_o=2.5$，$n_e=1.25$。求：经晶体折射后，o 光及 e 光的光线方向及偏振态。

解 由已知条件可求出晶体的两个主速率

$$v_o=\frac{c}{n_o}=0.4c,\quad v_e=\frac{c}{n_e}=0.8c$$

平行光束正入射时，光束中所有的光线将同时到达入射的界面上，于是 Δt 可以任取，常取便于作图的数值。也就是说只要按比例取椭圆的长短轴，且两波面相切于过入射点的光轴上即可。其余作图步骤与上例相同。最终完成的作图结果见图 20.27(b)。

由图 20.27(b)可以看到，即便是正入射，e 光线与 e 波面也不垂直，e 光线仍不满足折射定律。

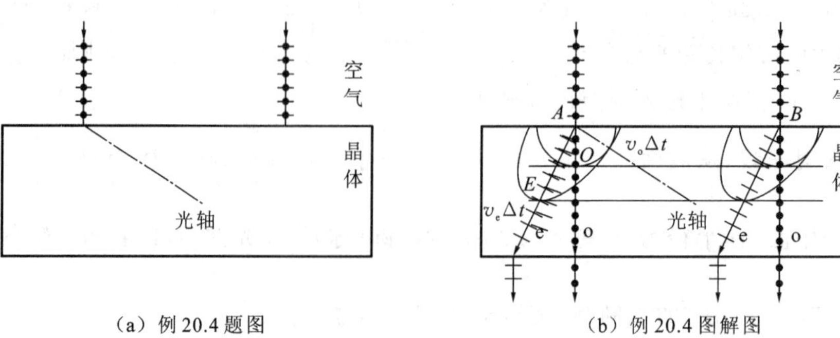

图 20.27 例 20.4 详细图解图

2) 光轴平行于折射界面并且在入射面内

① 斜入射时

例 20.5 如图 20.28(a)所示,一束平行的单色自然光斜入射到空气与单轴晶体的界面上,已知光轴平行于折射界面并且在入射面内,主折射率 $n_o=2.5$,$n_e=1.5$。求:经晶体折射后,o 光及 e 光的光线方向及偏振态。

解 由已知条件可求出晶体的两个主速率

$$v_o=\frac{c}{n_o}=0.4c,\quad v_e=\frac{c}{n_e}=0.67c$$

光轴取向不同,e 光波面的取向也相应不同,其余的作图方法与例 20.3 相同。最终完成的作图结果如图 20.28(b)所示。

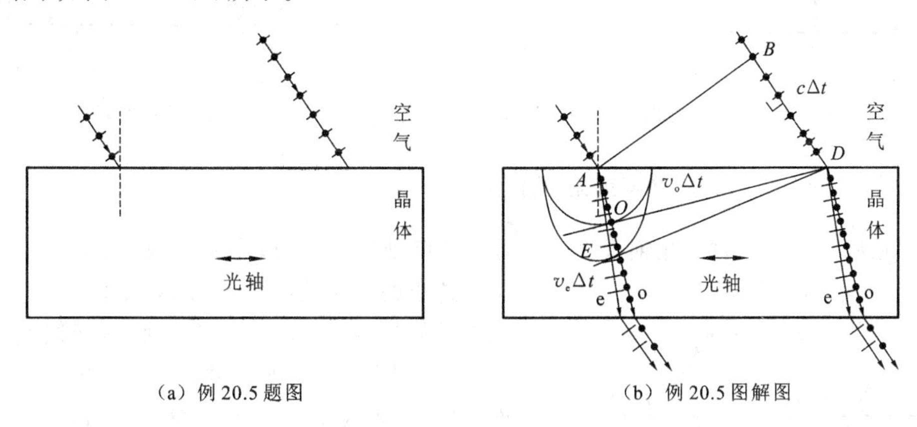

(a) 例 20.5 题图　　(b) 例 20.5 图解图

图 20.28 例 20.5 详细图解图

值得注意的是:如前所述,o 光和 e 光的波面将相切于过入射点的光轴上,但题目所画光轴并没有经过入射点。实际上,光轴只代表一个方向,这里的光轴是平行于折射界面并且在入射面内的,过入射点 A 的光轴就在折射界面与入射面的交线上,所以这里 o 光和 e 光的波面将相切于折射界面与入射面的交线上,并且有左右两个切点。

② 正入射时

平行单色光正入射到空气与单轴晶体的界面上,光轴平行于折射界面并且在入射面内时,光路及偏振态如图 20.29 所示,此时 o 光和 e 光方向一致但速率不同。若是自然光入射,出射光仍是自然光。但若入射的是 s 分量与 p 分量相等的线偏振光,光线进入晶体后,s 分量成为了 o 光,p 分量成为了 e 光,由于 o 光和 e 光折射率不同,o 光和 e 光在晶体中经历的光程不同,出晶体时,s 分量与 p 分量之间就会产生固定的相位差。一般情况下,出射的光不再是线偏振光,而是椭圆偏振光。利用这一原理可将晶体制作成相位延迟片。

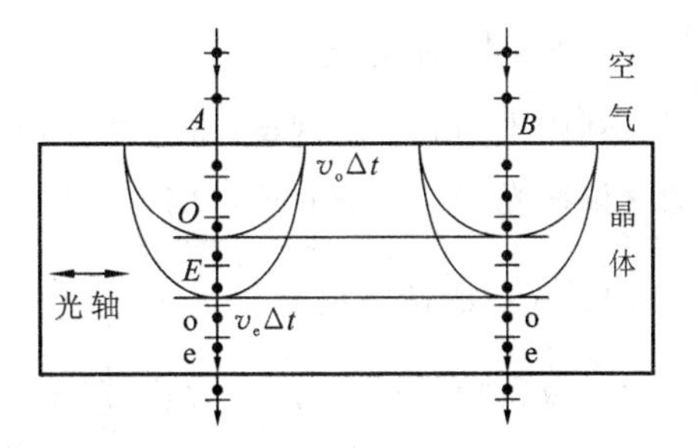

图 20.29 光轴平行于折射界面并且在入射面内,平行光正入射

3) 光轴垂直于折射界面

① 正入射时

平行光从空气正入射到光轴垂直于折射界面的单轴晶体上时,光路及偏振态如图 20.30 所示。此时 o 光和 e 光方向一致速率相同。光线通过晶体后,方向

不变,偏振态不变。

② 斜入射时

平行光从空气斜入射到光轴垂直于折射界面的单轴晶体上时,光路及偏振态如图 20.31 所示。只要是斜入射,o,e 光必定不同向。

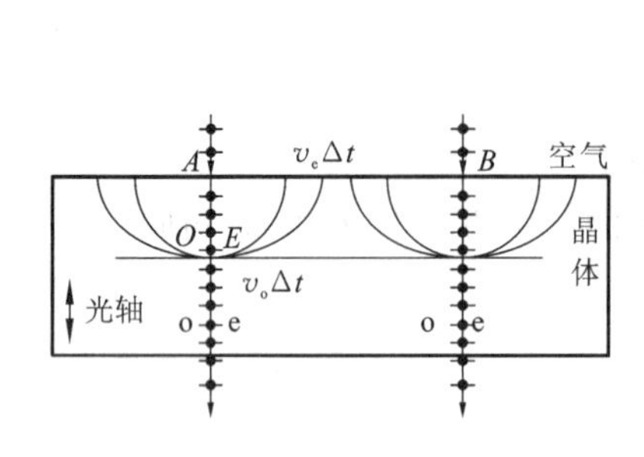

图 20.30　光轴垂直于界面,正入射

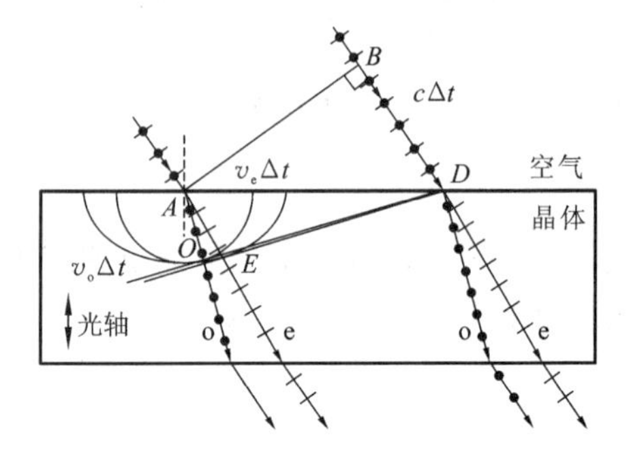

图 20.31　光轴垂直于界面,斜入射

2. 光轴平行于折射表面并与入射面垂直

平行光从空气斜入射到光轴垂直于入射面的单轴晶体上时,光路及偏振态如图 20.32 所示。这里的 e 光波面是绕过 A 点垂直于入射面的光轴的旋转椭球面,它与入射面的交线是半径为 $v_e\Delta t$ 的大圆。此时的 o 主平面(o 光线与光轴的面)是过 o 光线垂直于入射面的平面,o 光矢量 $\boldsymbol{E}_o$ 是垂直于 o 主平面振动的,所以平行于入射面,o 光是 p 波("|"振动);e 主平面(e 光线与光轴的面)是过 e 光线垂直于入射面的平面,e 光矢量 $\boldsymbol{E}_e$ 在 e 主平面内振动,所以平行于入射面,所以垂直于入射面,e 光是 s 波("•"振动)。这与光轴在入射面内的情形正好相反。另外从图中还可看到,e 光线(AE)垂直于波面(DE),说明**光轴垂直于入射面时 o,e 光线均满足折射定律**。

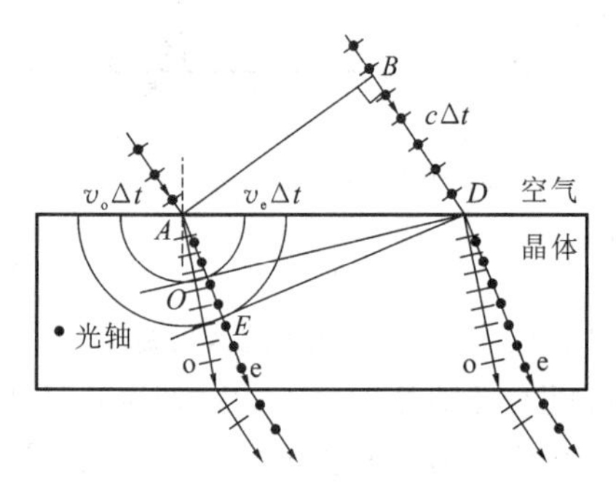

图 20.32　光轴垂直于入射面,斜入射

*20.5　晶体光学器件

20.5.1　偏振棱镜

利用光的双折射现象,将晶体进行切割、组合,可以从自然光中获得偏振度 $P=1$ 的纯净的线偏振光。这里只介绍常用的沃拉斯顿棱镜和格兰棱镜产生偏振光的基本光路。

1. 沃拉斯顿棱镜

沃拉斯顿棱镜由光轴方向垂直的两个直角的冰洲石(方解石)三棱镜胶合而成。如图 20.33(a)所示,其作用是起偏,即产生线偏振光。其特点是能够双窗口输出,即一次输出两个不同传播方向和振动方向的线偏振光。

沃拉斯顿棱镜的工作原理如图 20.33(b)所示,棱镜 1 的光轴平行于折射界面 AB,并且在入射面内，平行光自空气正入射到棱镜 1 时，在棱镜 1 中，s 波是 o 光，p 波是 e 光，两波传播方向一致但速率不同(参见图 20.29)。棱镜 2 的光轴垂直于折射界面 AC，平行光自棱镜 1 斜入射到棱镜 2 上，在棱镜 2 中，s 波是 e 光，p 波是 o 光(参见图 20.32)。在两棱镜的界面 AC 处，o 光和 e 光发生了转化，而且在棱镜 2 中两 o 光和 e 光均遵从折射定律。因为 $n_o > n_e$，s 波是由光密介质到光疏介质，折射光线将远离法线；p 波是由光疏介质到光密介质，折射光线将靠近法线。当两光线出晶体时，均是由光密介质到光疏介质，均远离法线。

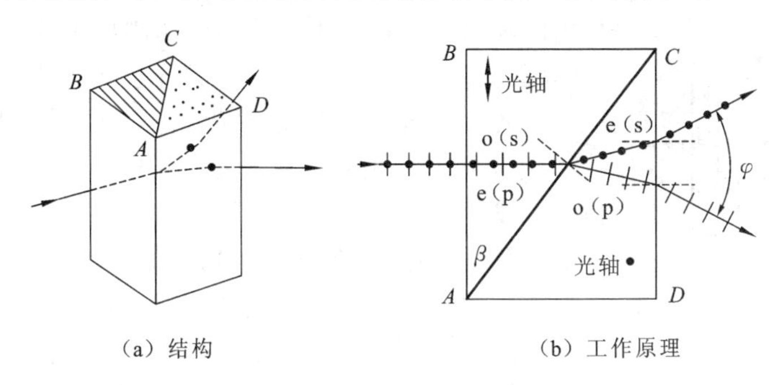

(a) 结构　　(b) 工作原理

图 20.33　沃拉斯顿棱镜

可以证明，由沃拉斯顿棱镜出射的两支线偏振光(s 波与 p 波)分开的角度为

$$\varphi = 2\sin^{-1}[(n_o - n_e)\tan\beta]$$

方解石的主折射率为 $n_o = 1.6584$，$n_e = 1.4864$；石英的主折射率为 $n_o = 1.54424$，$n_e = 1.55335$。当 $\beta = 45°$时，$\varphi_{方解石} = 19°48'$，$\varphi_{石英} = 1°3'$，可见方解石的双折射能力远大于石英。

2. 格兰棱镜

格兰棱镜由光轴方向都垂直于入射面(平行于棱柱)的两个直角的冰洲石(方解石)三棱镜组成，组装时两个相对的斜面间隔一个较薄的空气层，如图 20.34(a)所示。其作用是起偏，即产生线偏振光。其特点是单窗口直线输出，即自然光入射，出射的是一束线偏振光，而且出射线偏振光与入射光在同一条直线上，这很便于光路的调节。

格兰棱镜的工作原理如图 20.34(b)所示。在冰洲石(方解石)晶体中，o 光的折射率总是 $n_o = 1.6584$，e 光在垂直于光轴方向传播时的折射率就是主折射率 $n_e = 1.4864$。这时 o 光和 e 光对空气的全反射临界角分别为

$$\theta_{Co} = \arcsin\frac{1}{n_o} = 37.08°$$

$$\theta_{Ce} = \arcsin\frac{1}{n_e} = 42.28°$$

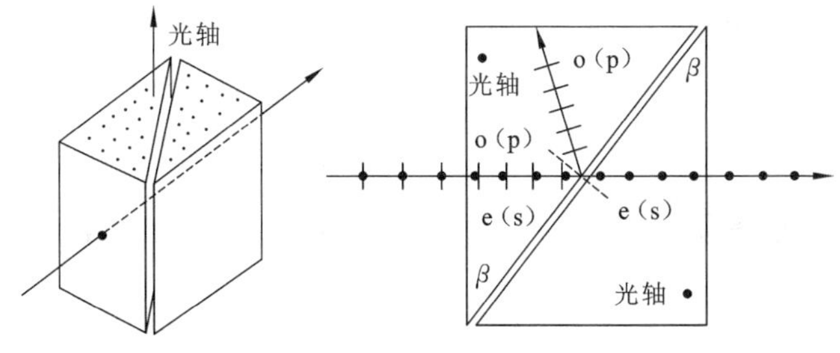

(a) 结构　　(b) 工作原理

图 20.34　格兰棱镜

取 $\beta=38.5°$，于是 o 光发生全反射，被涂黑的棱镜侧壁吸收；而 e 光不发生全反射，可以透过。格兰棱镜的偏振化（透光轴）方向平行于光轴，其作用与偏振片类似，也是起偏与检偏，但质量与性能远优于偏振片，只是因为材料的限制，尺寸做不大。

20.5.2 波片（相位延迟片）

波片是一种能够使光线的两个相互垂直的振动分量产生特定相位差的晶体元件，也称为相位延迟片。它是用石英晶体切割出来的厚度均匀的平行平面薄片，切割方向是使光轴平行于入射界面，如图 20.35 所示。波片的运用条件非常苛刻，要求：① 用规定的单色光；② 纯偏振光入射；③ 平行光正入射。

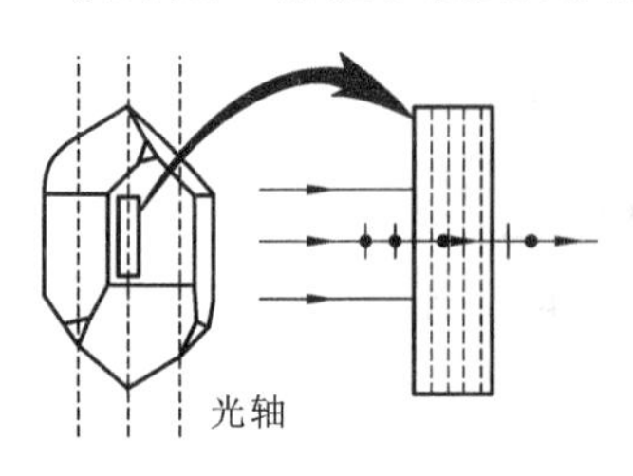

图 20.35 用石英制作波晶片

波片的工作原理参见图 20.29。当平行的单色线偏振光正入射到波片上，会分解 o 光和 e 光，o 光的振动方向垂直于光轴，e 光的振动方向平行于光轴。习惯上 o 光和 e 光中传播速度快（折射率小）的光振动方向称为快轴，传播速度慢（折射率大）的光振动方向称为慢轴。石英波片的快轴是 o 光的振动方向（垂直于光轴方向）。o 光和 e 光光都没有改变传播方向，但因折射率不同，通过波片后两光的光程差为

$$\delta=|n_o\quad n_e|d \tag{20.10a}$$

相应的相位差为

$$\Delta\varphi=k\delta=\frac{2\pi}{\lambda}|n_o-n_e|d \tag{20.10b}$$

下面介绍两种特殊的波片。

1. 半波片

如果波片产生的光程差

$$\delta=|n_o-n_e|d=(2j+1)\frac{\lambda}{2}\quad (j\ 为整数) \tag{20.11a}$$

相应的相位差为

$$\Delta\varphi=k\delta=\frac{2\pi}{\lambda}|n_o-n_e|d=(2j+1)\pi\quad (j\ 为整数) \tag{20.11b}$$

这样的波片称为半波片。圆偏振光通过半波片还是圆偏振，但旋向改变了。线偏振光通过半波片还是线偏振光，但振动方向改变了，振动方向与入射光相对快（慢）轴对称。

2. $\frac{1}{4}$波片

如果波片产生的光程差

$$\delta=|n_o-n_e|d=(2j+1)\frac{\lambda}{4}\quad (j\ 为整数) \tag{20.12a}$$

相应的相位差为

$$\Delta\varphi=k\delta=\frac{2\pi}{\lambda}|n_o-n_e|d=(2j+1)\frac{\pi}{2}\quad (j\ 为整数) \tag{20.12b}$$

这样的波片称为$\frac{1}{4}$波片。

$\frac{1}{4}$波片是晶体光学中非常重要的偏光器件，它与偏振片组合可以用来获取圆偏振光，也用

来检定圆偏振光或椭圆偏振光。

*20.6 偏振态的检定

20.6.1 椭圆偏振光与圆偏振光的获取方法

1. 椭圆偏振光的获取方法

如图 20.29 所示，若正入射到波片上的是自然光，则分解出来的 o 光(s 波)和 e 光(p 波)都是由一系列振幅和相位各不相同的光波非相干叠加而成的，两者之间没有固定的相位差，出射后合在一起还是自然光。而若正入射到波片上的是线偏振光，情况就不一样了。尽管线偏振光是由自然光分解出来的，也是由大量振幅和相位各不相同的光波非相干叠加而成的，但这些光波都是在同一个方向上振动的，其中的每一个光波入射到波片上时，在入射界面上都会各自分解为一对振动方向相互垂直的 o 光与 e 光，这每一对 o 光与 e 光的振幅比以及相位都相同，因晶体中 o 光与 e 光折射率不同，每一对 o 光与 e 光在出射界面处都会产生相同的相位差 $\Delta\varphi$，都将合成相似(除振幅大小有差别以外，其余所以参数均相同)的椭圆偏振光，椭圆的形状、方位、旋向随相位差 $\Delta\varphi$ 改变(参见第 15 章图 15.37)。于是最终从波片出射的光就是椭圆偏振光。

可见，要想由自然光获取椭圆偏振光，需要采用如图 20.36 所示的方式，即让自然光先通过偏振片起偏，再正入射到波片上即可得到椭圆偏振光。

2. 圆偏振光的获取方法

圆偏振光是椭圆偏振光的特例(参见第 15 章图 15.38)，只有当参与合成的两个振动方向相互垂直的光振幅相等，且相位差 $\Delta\varphi=\left(2j\pm\frac{1}{2}\right)\pi$($j$ 为整数)时，才能合成右(左)旋的圆偏振光。只有$\frac{1}{4}$波片才能满足此相位差条件。所以要获取圆偏振光，条件要比椭圆偏振光苛刻，要求波片必须采用$\frac{1}{4}$波片，还要求偏振片的透光轴 P 与$\frac{1}{4}$波片的快轴(x 轴)必须成 45°(或 −45°)角，如图 20.37 所示。这样由$\frac{1}{4}$波片出射的光才是右(左)旋的圆偏振光。

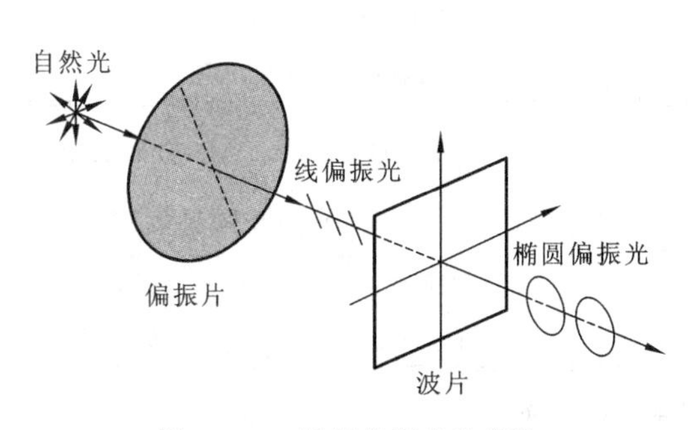

图 20.36 椭圆偏振光的获取

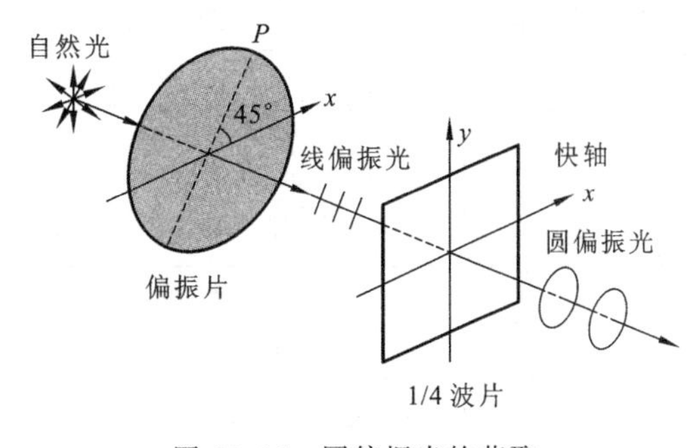

图 20.37 圆偏振光的获取

20.6.2 偏振态的检定方法

1. 圆偏振光与自然光的区分方法

圆偏振光和自然光通过偏振片后，旋转偏振片，光强都无强弱变化，故仅用偏振片无法区分这两种光。还需要借助$\frac{1}{4}$波片。

由于圆偏振光的两个光振动 $\boldsymbol{E}_o$ 和 $\boldsymbol{E}_e$ 之间相位差为 $\Delta\varphi=\left(2j\pm\frac{1}{2}\right)\pi$，通过$\frac{1}{4}$波片后，波片的相位延迟作用使它们之间又增加了 $\Delta\varphi'=\left(2j'-\frac{1}{2}\right)\pi$ 的相位差，因此出射时它们的相位差成为 $m\pi$(j,j',m 均为整数)。两个相位差为 $m\pi$、振动方向相互垂直的光矢量的合成是线偏振光(参见第 15 章图 15.38)，所以圆偏振光通过$\frac{1}{4}$波片后变成线偏振光。

利用自然光通过$\frac{1}{4}$波片仍然是自然光，而圆偏振光经过$\frac{1}{4}$波片后变成线偏振光的特点，可以在光路上先加一个$\frac{1}{4}$波片，接着在后面再加一个偏振片，旋转偏振片看是否有消光，有消光的是圆偏振光，无消光的是自然光。

事实上，运用偏振片与$\frac{1}{4}$波片的组合，如图 20.38 所示，能够检定所有的偏振态，具体的检定偏振态的方法与步骤如表 20.1 所示。

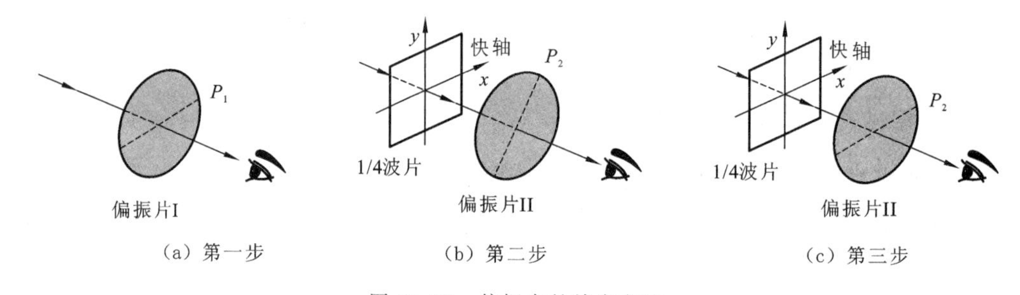

(a) 第一步　　(b) 第二步　　(c) 第三步

图 20.38　偏振态的检定方法

表 20.1　偏振态的检定方法

第一步	令入射光通过偏振片 I，改变 I 的透振方向 P_1，观察透射光强的变化(图 20.36(a))						
现象	有消光	强度无变化			强度有变化但无消光		
结论	线偏振	自然光　或　圆偏振			部分偏振　或　椭圆偏振		
第二步		①令入射光依次通过$\frac{1}{4}$波片和偏振片 II，改变 II 的透振方向 P_2，观察透射光强(图 20.36(b))			②同①，只是$\frac{1}{4}$波片的光轴方向，必须与第一步中，偏振片 I 产生的强度极大或极小的透振方向重合		
现象		有消光		无消光	有消光		无消光
结论		圆偏振		自然光	椭圆偏振		部分偏振
第三步		先令偏振片 II 的透光轴 P_2 平行于$\frac{1}{4}$波片的快轴，(图 20.36(c)) 再改变 II 的透振方向 P_2，观察消光位置					
		逆时针转角＜90°	顺时针转角＜90°		逆时针转角＜90°	顺时针转角＜90°	
现象		有消光	有消光		有消光	有消光	
结论		左旋	右旋		左旋	右旋	

*20.7　偏振光的干涉

我们知道光的相干条件是:频率相同、振动方向有相互平行的分量、相位差恒定。

正入射到晶体波片上的线偏振光,在入射界面上分解出来的o光与e光频率、传播方向、相位都相同,因o光与e光在晶体中传播时折射率不同,在出射界面处产生一定的相位差$\Delta\varphi$,但因o光与e光的振动方向相互垂直,o光与e光同路径时是不会相干的,只能合成椭圆偏振光。若能够在椭圆偏振光的两个相互垂直的振动中“取出”同方向的光振动分量,则可实现偏振光的干涉。其实方法很简单,就是在产生椭圆偏振光的装置(见图20.36)的后方再加上一块偏振片成为如图20.39(a)所示的装置,便可实现偏振光的干涉了。

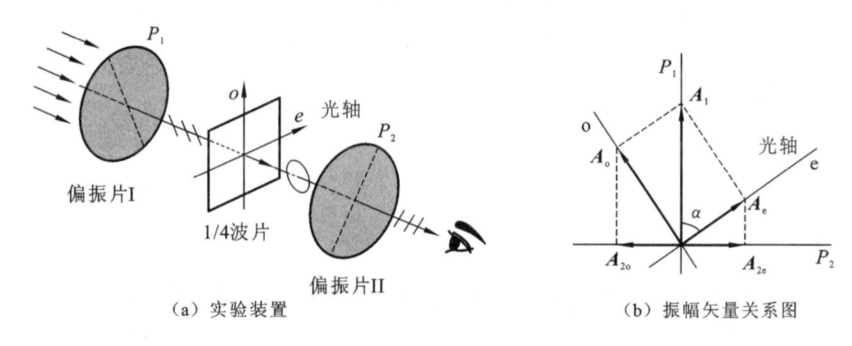

图20.39　偏振光的干涉

20.7.1　平行线偏振光通过波片的干涉强度

通常采用的是在两个正交的偏振片(P_1与P_2的透光轴相互垂直)之间插入波片来观测偏振光的干涉,波片的光轴与偏振片I透光轴P_1的夹角为α。平行自然光先通过偏振片I起偏,形成振幅为A_1的沿P_1方向振动的线偏振光,再正入射到波片上,在晶体的入射界面上会分解为振动方向相互垂直的o光和e光,振幅分别为A_o和A_e,o光和e光出晶体后通过偏振片II时,都只有沿P_2方向的振动能够透过,振幅分别为A_{2o}和A_{2e},如图20.39(b)中画出了各振幅矢量之间的投影关系。如果忽略吸收和反射等的损耗,由振幅矢量关系图可求得

$$A_o = A_1\sin\alpha$$

$$A_e = A_1\cos\alpha$$

$$A_{2o} = A_o\cos\alpha = A_1\sin\alpha\cos\alpha$$

$$A_{2e} = A_e\sin\alpha = A_1\sin\alpha\cos\alpha$$

可见在两偏振片P_1与P_2正交时,$A_{2o}=A_{2e}$,即参与干涉的两相干偏振光振幅相等。

因为入射到晶体上的是线偏振光,所以在入射界面上分解出来的o光与e光相位相同。o光与e光在晶体中传播时因折射率不同而产生的相位差$\Delta\varphi$,由式(20.10b)给出为

$$\Delta\varphi = \frac{2\pi}{\lambda}(n_o - n_e)d$$

而由图20.39(b)可见,两光通过P_2时因投影方向相反而产生了附加相位差π。于是两相干偏振光之间的总相位差为

$$\Delta\varphi' = \Delta\varphi + \pi = \frac{2\pi}{\lambda}(n_o - n_e)d + \pi \qquad (20.13)$$

这样，在两个正交的偏振片之间插入波片，产生了同频率、同振动方向、有恒定相位差的等振幅相干光干涉。

合强度

$$I=A^2=A_{2e}^2+A_{2o}^2+2A_{2e}A_{2o}\cos\Delta\varphi' I=A^2=A_{2e}^2+A_{2o}^2-2A_{2e}A_{2o}\cos\Delta\varphi$$

$$=(A_{2e}-A_{2o})^2+2A_{2e}A_{2o}(1-\cos\Delta\varphi)=4A_{2e}A_{2o}\cdot\sin^2\left(\frac{\Delta\varphi}{2}\right)$$

最终偏振片正交状态下的偏振光的干涉强度为

$$I=A_1^2\sin^2 2\alpha\cdot\sin^2\left(\Delta\frac{\varphi}{2}\right) \tag{20.14}$$

极值条件为

$$\Delta\varphi=\frac{2\pi}{\lambda}(n_o-n_e)d=\begin{cases}2j\pi & I_{\min}=0\\(2j+1)\pi & I_{\max}=A_1^2\sin^2 2\alpha\end{cases}\quad (j\text{ 为整数}) \tag{20.15}$$

20.7.2　平行线偏振光干涉的特点

1. 波片厚度均匀

1）单色光入射

此时各处 $\Delta\varphi$ 相同，视场中看到的是一片均匀的亮度，没有明暗相间的图样。若波片的参数（n_o，n_e，d）和入射光波长 λ 组合恰好满足的是式（20.15）的极小条件，则视场为全黑；而若恰好满足的是式（20.15）的极大条件，则视场为全亮。当然这个极大值也会因条件而变，由式（20.15）可见，$I_{\max}=A_1^2\sin^2 2\alpha$。在固定的两正交偏振片 P_1 与 P_2 之间的晶体波片是可以转动的，当 $\Delta\varphi$ 不满足式（20.15）的极小条件时，旋转波片，能看到视场光的强度呈均周期性的强弱变化。当 $\Delta\varphi$ 满足式（20.15）的极大条件时，旋转波片，强度变化范围是 $0\leqslant I\leqslant A_1^2$。

2）白光入射

对于不同颜色（波长）的光而言，同样的波片参数（n_o，n_e，d），具有同样的光程差 $\delta=(n_o-n_e)d$，但相位差 $\Delta\varphi=\frac{2\pi}{\lambda}(n_o-n_e)d$ 不同。白光中包含了从 400 nm 到 760 nm 的可见光波段中所有波长的光波。总有某颜色（波长）的光恰好能够满足的是式（20.15）的极小条件，于是这一颜色（波长）的光因干涉而相消了；与此同时也有某颜色（波长）的光恰好能够满足的是式（20.15）的极大条件，这一颜色（波长）的光是相干相长的；而此时绝大多数颜色（波长）的光干涉强度是介于零与极大值中间的某值的。视场中看到的是不为白色的亮光，而是有色亮光，其颜色是满足极小条件而消光波长颜色的补色（如缺红色，呈绿色；缺黄色，呈紫红色），这称为**显色偏振**。白光入射时偏振光干涉的颜色仅由相位差 $\Delta\varphi$ 决定，而旋转波片可以改变干涉场的光强，不会改变干涉场的颜色。

偏振光干涉的显色偏振特性，是检验与观察双折射效应最为灵敏的手段。白光正入射到两块正交偏振片上时，所看到的视场是全黑的，在两块偏振片之间插入各向同性的玻璃板，所看到的视场仍然是全黑的。但若在两块偏振片之间插入了各向异性的透明介质，就能看到黑背景下所插入介质的彩色轮廓。

2. 波片厚度不均匀

如果换一块厚度不均匀的晶片，则由于各处厚度 d 不同，光程差及相位差也不同，于是就出现等厚干涉条纹。

单色光正入射时，看到的是明暗相间的等厚干涉条纹；白光正入射时，各种波长的光干涉条纹位置及间距不一致。在某种颜色的光出现暗纹的地方，就显示出其互补色来，这样幕上就出现彩色条纹。

20.7.3 偏光显微镜的工作原理

偏光显微镜是在普通透射式高倍光学显微镜的基础上，在载物台(放置待测物的开有通光孔的平台)的上下各放置了一个可以推进推出的偏振片，两偏振片是正交的。由于利用偏振光干涉原理制成的偏光显微镜，能够通过灵敏的显色偏振清晰地呈现混在一起的微小各向异性透明物质，所以在矿物学、冶金、生物和医疗等方面得到广泛使用。

下面以偏光显微镜在矿物学中的应用来说明偏光显微镜的工作原理。在矿物学中偏光显微镜的主要用途就是观测研究岩石矿物薄片。

各种不同的岩石大多是由不同的细小的矿物聚集而成的。自然界的矿物一般都是天然晶体。岩石大多不透光，但切割成约 0.03 mm 厚的薄片(黏到玻璃板上)，基本上都能够透光了。在同一块岩石薄片中，各不同矿物的晶体的属性不同，低级晶族的晶体属于双轴晶体，中级晶族的晶体属于单轴晶体，双轴晶体和单轴晶体都是各向异性的晶体，都有双折射效应；而高级晶族的晶体属于各向同性的晶体，没有双折射效应。

由于岩石中的各矿物晶体的光轴的取向是随机的，切成薄片时，不可能每个小晶体的光轴都恰好平行于表面，也就是说本章 20.7.1 小节中用由波片(光轴平行于表面的单轴晶体)产生的偏振光干涉的强度公式(20.14)和极值条件(20.15)在定量计算时不再适用，但在定性研究时仍然是适用的。

线偏振光正入射到由各向异性材料(包括单轴晶、双轴晶体、液晶材料等)体制成的平行平面薄片上时，无论光轴的取向如何，都可以分解为振动方向相互垂直的两个光波(对于单轴晶体就是 o 光与 e 光，对于双轴晶体，两光都是不满足折射定律的非常光线)。由于两光分开的角度不是很大，且晶体是薄片，两光出晶体时又都是垂直于晶体薄片平行出射的(参见图 20.27(b))，两光束的中心距离非常小，一般通过晶体的光束都比较宽，所以可以认为振动方向相互垂直的两出射光束，在空间上还是完全重叠的。由于这两个振动方向相互垂直的光波在各向异性材料中的折射率不同，出射时就产生了一定的相位差，再通过偏振片时就能够干涉了。采用白光作光源时，就会产生显色偏振。由于不同矿物晶体的折射率不同，光轴取向不同，在显微镜下看到的颜色也大不相同。每一个不同的岩石薄片，在显微镜下看到的都是不同的色彩斑斓的绚丽图案，如图 20.40 所示(原彩色照片具有非常绚丽的色彩)。照片中显色为黑色的矿物，是不具有双折射效应的等轴(立方)晶系的晶体。

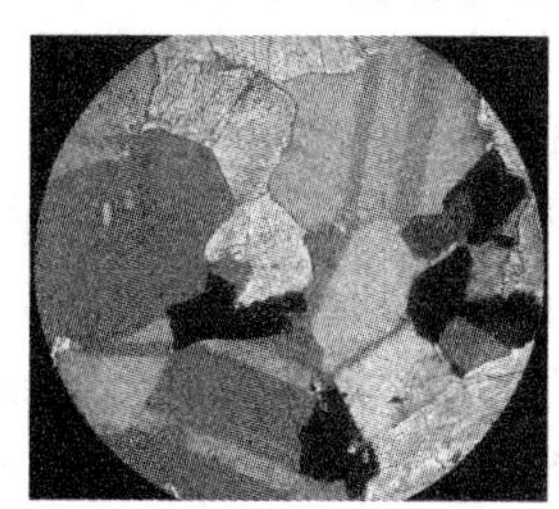
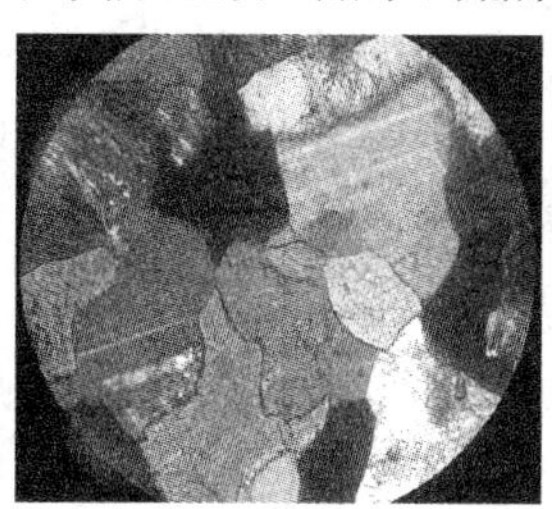
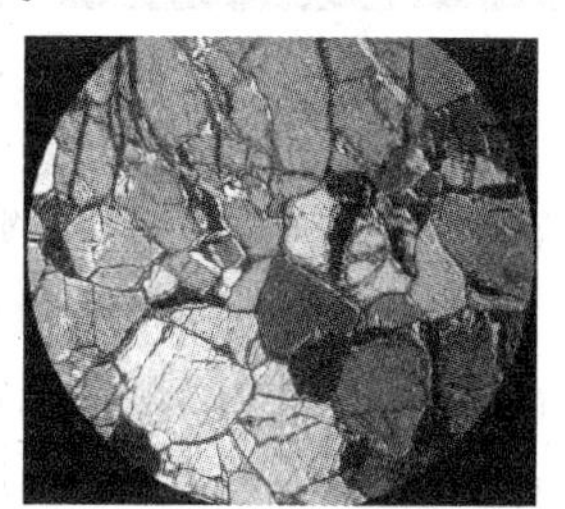

图 20.40　三个岩石薄片的偏光显微镜下彩色图案的(灰度)照片

20.7.4　人工双折射

一些非晶体在特定的条件下，例如外部机械力、强大电场或磁场的作用等影响时，可使其各向同性的性质发生改变而产生双折射现象。这种非晶体在一定的外界条件下使得原本各向同性的固体、液体等产生双折射的现象，称作**人工双折射现象**。

这里仅简单介绍光弹性效应、电光效应、磁致双折射效应等人为双折射现象及其应用。

1. 应力双折射

塑料、环氧树脂这些高分子化合物，以及玻璃这种各向同性的熔融物质，当它们受到外力的作用，会变成各向异性的物质而具备双折射性质。例如将一塑料薄膜沿某一个方向拉伸，塑料薄膜将以拉伸方向为光轴，其光学性质与单轴晶体类似。这种由外部机械力的作用所致的物质光学性质的改变，称为**应力双折射**。

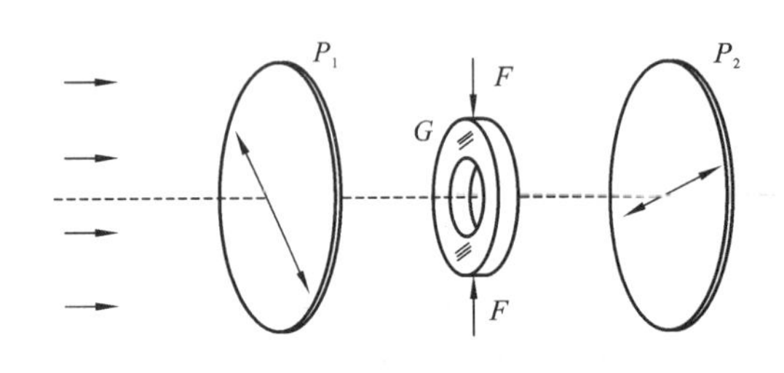

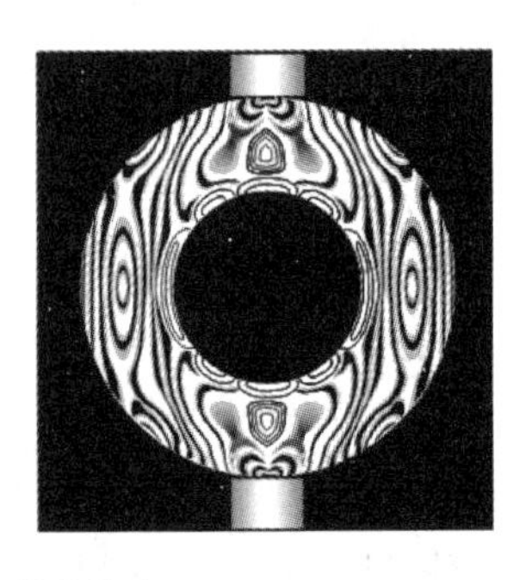

图 20.41　压力下的双折射现象（光弹性效应）

如图 20.41 所示，在两个正交的偏振片 P_1 与 P_2 之间平行的插入一个非晶体片 G（例如有机玻璃薄片），沿图示方向对非晶体施加压缩或者拉伸的机械力 $\boldsymbol{F}$，则原来的非晶体 G 将呈现双折射性质，施力方向成为 G 的光轴。因此从偏振片 P_2 出来的偏振光将发生干涉。实验发现，折射率 n_o 和 n_e 的差值与所施加的压强有关，即 G 上各处所受的压强不同，致使各处的 n_o-n_e 的值不同，所以在 P_2 的后方，将看到不规则的干涉条纹，这就是应力双折射效应，也称为**光弹性效应**。它在工业上用于检测大小构建内部的受力情况。将各种工程构件用透明塑料制成等比例缩小的模型，在外力的作用下，观察所产生的偏振光干涉条纹色彩及形状，用以判断工件的受力情况。这种方法称为**光弹性法**。图 20.42 是塑料桁架模型受力后产生的偏振光干涉图样。在没有施加应力时，由于模型材料本身是各向同性的，不产生双折射现象，P_2 之后的视场是全黑的，模拟实际环境施加应力后，P_2 之后的视场中能看到带有干涉图样的模型轮廓了，表示受到了应力，条纹密集的地方表示应力集中。

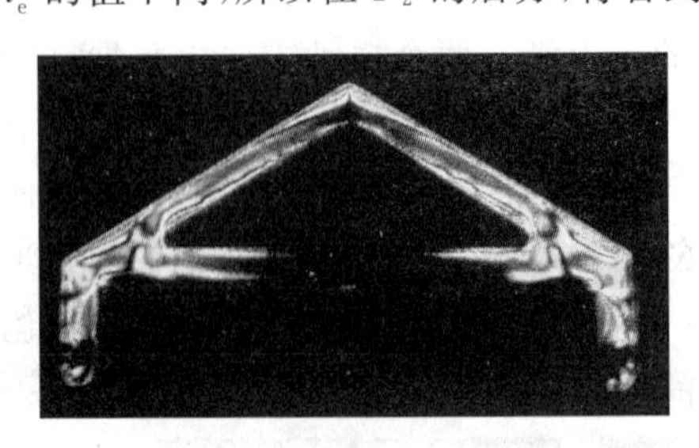

图 20.42　桁架模型受力干涉图样

用计算法分析构建的受力，通常只能得到平均应力，而用光弹性法测量应力能够清晰地显示出构建各个关键小局部的应力分布情况。利用偏振光干涉来检测透明物体内部的压强，这种方法快捷、可靠、经济，在工程技术上得到广泛应用，是光测弹性学的基础。

2. 电光效应

某些非晶体或液体在强大电场的作用下，显示出双折射现象，这种电光效应称克尔效应。产生电光效应的原因在于物质分子在强电场的作用下作定向的排列，从而获得类似于晶体的各向异性的性质。产生克尔效应的基本装置原理如图20.43所示。

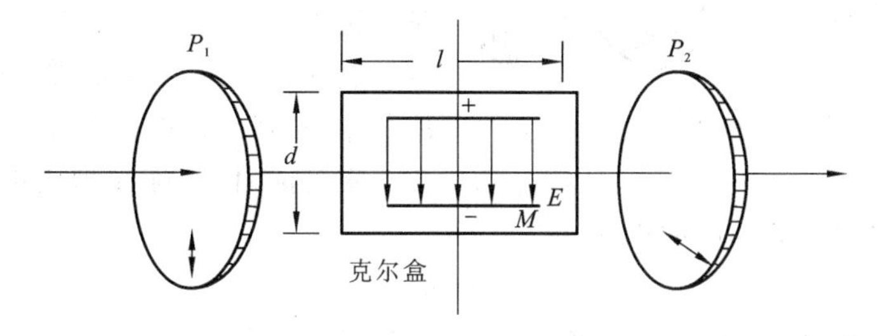

图20.43 克尔电光效应

在两个正交的偏振片 P_1 与 P_2 之间置入一个带有两个平行极板电容器的封闭容器 M，平行极板之间能建立强大的电场，容器内部盛有能产生人为双折射现象的液体，该容器称为(克尔盒)；强大的电场作用下，偏振片 P_2 后方的视场由暗变亮，说明克尔盒中的液体产生了双折射性质，通过克尔盒的偏振光成为圆偏振光或者椭圆偏振光。由于电场的强弱可以人为控制，所以由克尔盒产生的圆偏振光或者椭圆偏振光的强弱变化也随之被控制，而克尔效应的建立和消失需要的时间极短，约为10^{-9} s，因此可以使光强发生高频变化，利用这一特点制成的光开关(光断续器)，广泛应用于高速摄影、测距、激光通讯等装置中。

除此之外，还有一种重要的电光效应——**泡克耳斯效应**。该效应是指强电场的作用下，某些单轴晶体变成双轴晶体，沿原来的单轴晶体光轴方向产生双折射现象。利用该效应制作的泡克尔斯盒，可以作为超高速快门、激光器的Q开关的核心部件，在其他电光系统，如数据处理和显示技术中也得到多种应用。

3. 磁致双折射效应

在强磁场的作用下，某些非晶体也能够产生双折射现象，称为**磁致双折射效应**。产生该效应的原因是：物质的分子磁矩在外磁场中受到磁力矩的作用，各分子的取向趋于一致，使得物质宏观上体现各向异性，导致产生像单轴晶体那样的双折射性质。磁致双折射效应主要有两种，一种发生在液体中(科顿-穆顿效应)，一种发生在蒸汽中(佛克脱效应)，此处不作深入介绍。

*20.8 旋光现象简介

当线偏振光通过某些透明物质后，仍然还是线偏振光，但它的振动面会绕着光的传播方向旋转一定的角度，这种现象称为物质的**旋光性**，能够使振动面旋转的物质称为**旋光物质**。常见的食糖溶液、酒石酸溶液，以及石英晶体都是旋光性较强的物质。

物质的旋光性容易用偏振片来检验。如图20.44所示，在两个正交的偏振片 P_1 与 P_2 之间，插入石英晶片 C，当石英晶片的光轴方向与光的传播方向一致时，发现在 P_2 的后方，视场由暗变亮，再旋转偏振片 P_2，视场又由亮变暗，说明从晶片出射的仍然是线偏振光，但晶片改

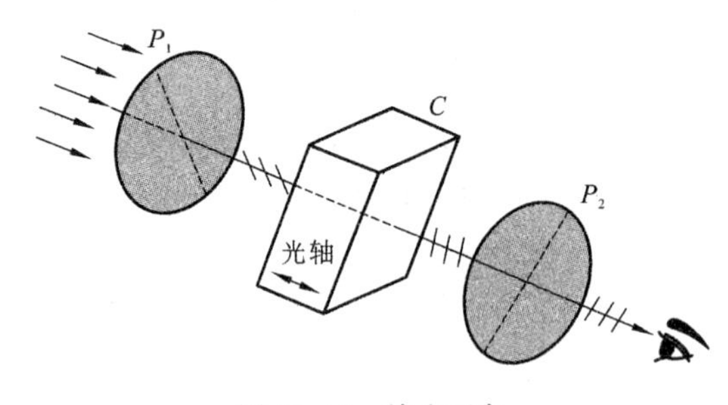

图 20.44　旋光现象

变了入射偏振光的方向，而且这时 P_2 的偏振化方向与由晶片出射的偏振光的振动面垂直，因此 P_2 旋转的角度就是线偏振光通过晶片前后振动面旋转的角度。

旋光物质有左、右旋之分：迎着光看，顺时针转为右旋；逆时针转为左旋。如石英晶体有左旋和右旋两种变体，它们互为镜像反映；葡萄糖为右旋，果糖为左旋。

实验证明，在旋光物质中，偏振光的振动面旋转角 φ 与旋光物质的厚度成正比

$$\varphi=\alpha d \tag{20.16}$$

对于液态的旋光物质，如糖溶液、松节油等，旋转角 φ 还与溶液的浓度成正比

$$\varphi=\alpha c d \tag{20.17}$$

利用这一特性，可以根据同种溶液在相同条件下的旋光程度，判断该溶液的浓度。制糖工业中用于测量糖溶液的糖量计，就是根据这一旋光特性制成的。糖量计也广泛应用于化学工业、制药工业等领域。

上两式中的系数 α 称为旋光率，旋光率不仅与旋光物质的特性有关，还与入射光的波长密切相关。表 20.2 列出了石英对不同波长的可见光的旋光率。

表 20.2　石英晶体的旋光率与波长的关系

波长(nm)	764.0	728.1	678.0	656.2	589.0	546.1	486.1	430.7	404.7	382.0
α(°/mm)	12.67	13.92	16.54	17.32	21.75	25.54	32.77	42.60	48.95	55.63

白光入射时，不同颜色光的振动面旋转角度不同，不能同时消光，旋转偏振片 P_2 在其后面观察到的将是色彩的变化，这称为旋光色散。目前应用很广泛的液晶彩色显示技术，就是旋光色散的应用。旋光色散对于分子结构的变化、分子间的相互作用反应非常灵敏。所以，物理学、化学、药物学、生物学等诸多领域都在研究物质的旋光性。

在强磁场的作用下，某些本来不具备旋光性的物质呈现出旋光性，这种现象称为**磁致旋光**。比如玻璃、汽油、二氧化硫等物质都可以实现磁致旋光。

提　　要

1. 光的偏振　光是横波，是电磁波的一种，起主导作用的是电波，电场强度矢量 $\boldsymbol{E}$ 就是光矢量。

光的偏振态　自然光，部分偏振光，偏振光（线偏振光、左旋或右旋椭圆偏振光、圆偏振光）。

2. 线偏振光　可由偏振片产生和检验。偏振片由能吸收某一方向的光振动的物质制成。

由自然光起偏　　$I_1=\dfrac{1}{2}I_0$

马吕斯定律　（线偏振光检偏）　　$I=I_1\cos^2\theta$

3. 反射光和折射光的偏振态　自然光以较大角度入射时，一般反射光和折射光都是部分偏振光。反射光中 s 波占优势，折射光中是 p 波占优势。

布儒斯特定律　入射角为布儒斯特角 θ_B 时，反射光为线偏振光（只有 s 波），且

$$\tan\theta_B=\frac{n_2}{n_1} \quad 或 \quad \theta_B+\theta_t=90^\circ$$

4. 晶体的双折射

一束光进入晶体，有两束折射出来，两者是振动方向相互垂直的线偏振光。

单轴晶体中，o 光线永远满足折射定律，o 波面为球面，o 光矢量垂直于 o 主平面（o 光线与光轴形成的面）；e 光线一般不遵守折射定律，e 波面为绕光轴的旋转椭球面，e 光矢量在 e 主平面（e 光线与光轴形成的面）内。o 波面与 e 波面相切于过波面对称中心的光轴之上。

运用惠更斯作图法能画出单轴晶体当“光轴位于入射面内”，和“光轴垂直于入射面”这两类情形的平面光路图。

*5. 晶体光学器件　用单轴晶体材料能制作出优质的偏振棱镜和波片（相位延迟片）。

*6. 偏振态的检定　运用偏振片与 $\frac{1}{4}$ 波片的组合，能够获得圆偏振光或椭圆偏振光，也能够检定所有的偏振态。

*7. 偏振光的干涉　利用晶体薄片（或人工双折射材料）和偏振片能够将偏振光分成两束相干光而发生干涉。若以白光入射，能够产生显色偏振。

*8. 旋光现象　线偏振光通过透明物质后振动面旋转的现象。

思　考　题

20.1　为什么代表自然光的两个相互垂直的光振动不能合成？

20.2　由某处发出一束光线，可以用什么方法来鉴别它是否为偏振光？

20.3　通常偏振片的偏振化方向是没有标明的，你有什么简易的方法将它确定下来？

20.4　自然光入射到两个偏振片 P_1 与 P_2 上，这两个偏振片的取向使得光不能透过第二个偏振片 P_2，如果在这两个偏振片之间插入第三块偏振片后，则有光透过 P_2。那么这第三块偏振片是怎样放置的？如果仍然无光透过，又是怎样放置的？试用光路图表示出来.

20.5　为什么有人要在照相机的镜头前方加一个偏振片？

20.6　用偏振片制成的太阳镜是如何减轻眼疲劳的？

20.7　单轴晶体的光轴是否只是一条固定的线？或者是表示空间的一个方向？

20.8　单轴晶体中的 e 光是否总是以速率 $\frac{c}{n_e}$ 在晶体中传播？

***20.9**　有一束光，它有可能是自然光或圆偏振光，也有可能是自然光与圆偏振光的混合光。给你一块偏振片和一块 $\frac{1}{4}$ 波片，你可否判定入射光是哪一种？

习　　题

20.1　一束部分偏振光由自然光和线偏振光相混合而成，使之垂直通过一检偏器。当检偏器以入射光方向为轴进行旋转检偏时，测得透过检偏器的最大光强为 I_1，最小光强为 I_2，如果所用检偏器在其偏振化方向无吸收，则入射光中自然光的强度为多少？线偏振光的强度为多少？

20.2　两偏振片平行叠放，求两者偏振化方向夹角为10°和75°时出射光的强度之比。

20.3　要使一束线偏振光通过偏振片后振动方向转过90°，至少需要让这束光通过几块理想偏振片，在此情况下，透射最大光强是原来光强的多少倍.

20.4　自然光入射到两个互相重叠的偏振片上.如果透射光强为

(1) 透射光最大强度的三分之一；

(2) 入射光强度的三分之一；

求上述两种情况中两个偏振片偏振化方向间的夹角分别是多少?

20.5　一束自然光入射到一组偏振片上，这组偏振片由四块偏振片所构成.这四块偏振片的排列关系为每块偏振片的偏振化方向相对于前面的一块偏振片，沿顺时针方向转过30°角.试求透过这组偏振片的光强占入射光强的百分比.

20.6　两偏振片的偏振化方向的夹角由30°转到60°，求转动前后透过这两个偏振片的透射光的强度之比。

20.7　自然光和线偏振光的混合光束，通过一偏振片时，随着偏振片以光的传播方向为轴的转动，透射光的强度也跟着改变。如最强和最弱的光强之比为6∶1，那么入射光中自然光和线偏振光的强度之比为多少?

20.8　平行放置的两偏振片，两者偏振化方向夹角为60°。

(1) 若两偏振片对光振动平行于偏振化方向的光线均无吸收，则以自然光正入射时，求出射光的强度与入射光的强度之比；

(2) 若两偏振片对光振动平行于偏振化方向的光线各吸收10%的能量，求出射光的强度与入射光的强度之比；

(3)在这两偏振片之间插入第三块偏振片，其偏振化方向与之前的两块偏振片的偏振化方向的夹角均为30°。请按各偏振片对光振动平行于偏振化方向的光线均无吸收，和各偏振片对光振动平行于偏振化方向的光线各吸收10%的能量，这两种情况，分别求出射光的强度与入射光的强度之比。

20.9　测得一池静水的表面反射出来的太阳光是线偏振光，求此时太阳处在地平线的多大仰角处?(水的折射率为1.33)

20.10　测得瓷砖上釉质的起偏角为$\theta_B=58°$，试求釉质的折射率。

20.11　一束太阳光从空气中以某一角度入射到玻璃平面上，此时反射光为线偏振光。光线的折射角为32°，求：

(1) 太阳光的入射角为多大?

(2) 此玻璃的折射率为多少?

20.12　自然光以55°角从水中入射到另一种透明媒质表面时，其反射光为线偏振光.已知水的折射率为1.33，则上述媒质的折射率为多少?透射入媒质的折射光的折射角是多少?

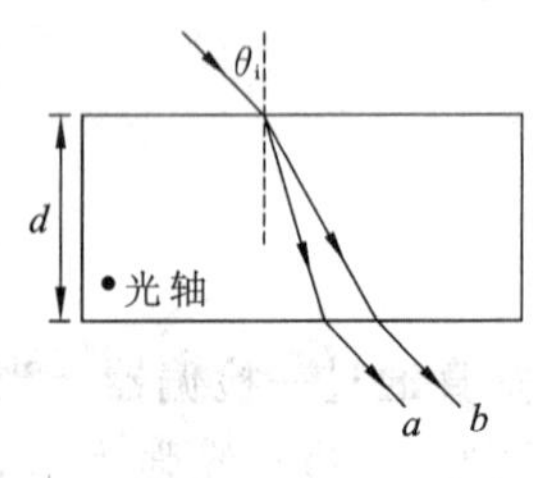

题20.13图

20.13　如题图20.13图所示，一束自然光从空气中入射到一方解石晶体上，晶体产生了两束折射光，晶体的其光轴垂直于入射面。已知方解石晶体的主折射率为$n_o=1.658$，$n_e=1.486$。

(1) 哪一束光在晶体中的部分是o光?哪一束光在晶体中的部分是e光?透射光中的光振动方向如何?

(2) 若厚度为$d=1.0$ cm，自然光的入射角为$\theta_i=45°$，求a、b两支透射光之间的垂直距离。

第6篇　近代物理学基础

近代物理学，是相对于20世纪以前，以牛顿力学、热力学和麦克斯韦电磁学理论为核心的经典物理学而言的。它的研究对象是包括各种聚集态物质的微观结构，原子、原子核、基本粒子等各个层次的内部结构以及它们的运动和相互作用的规律，它为我们提供了关于物质世界从微观到宏观的一幅全新的物理图像，是前沿科学研究和现代高新技术的理论基础，在科技发展中具有重要地位。

近代物理学的两大理论支柱是相对论和量子力学理论，相对论和量子力学理论可以说是20世纪物理学最伟大的成就。它们标志着物理学的重大发展和变革。狭义相对论提出了新的时空观以及质量和能量的内在联系，广义相对论提出了引力场中的时空结构。量子力学将物质的波动性与粒子性统一起来，建立了与经典物理截然不同的描述粒子运动规律的理论体系，我们熟识的经典力学规律只是量子力学规律在特定条件下的近似。

近代物理学的内容十分丰富，并且还在不断发展之中。本篇只对狭义相对论、量子力学的基础知识，以及原子、固体的结构与主要性质做简单介绍。

第21章　狭义相对论基础

爱因斯坦分别在1905年和1916年提出的狭义相对论和广义相对论，统称为相对论。狭义相对论是关于时间、空间和物质运动之间相互关系的理论，它描述高速运动物体所遵循的基本规律；广义相对论是关于时间、空间和物质引力之间相互关系的理论，它揭示了物质决定时空结构和时空对物质运动影响的内在规律。100多年来人们设计了各种实验对相对论进行严格检验，到目前为止，尚未有经证实的违反相对论理论的相关实验报道。相对论建立了一套全新的时空观念，加深了人们对于时间、空间和物质的认识，它不仅与量子力学一起构成了现代物理学的两大支柱，而且它也是现代天文学和现代工程技术不可或缺的理论基础。本章将讨论狭义相对论的基本原理、运动学和动力学基本内容以及它的时空结构。

21.1　伽利略变换和经典力学时空观

21.1.1　伽利略变换

物质的运动是绝对的，观察者对物质运动的描述是相对的，虽然不同的观察者对同一物质运动描述具有不同形式，但是，他们所反映其运动规律的本质是一致的。伽利略变换就是两个以相对速度 u 做匀速直线运动的惯性观察者(或惯性系)对同一事件所测量的时间和空间坐标之间的变换关系，这里的事件定义为某时刻 t 在空间某位置 x,y,z 发生的某件事情。

设有两个惯性系 S 和 S'，其中 S' 相对于 S 以速度 u 沿 x 和 x' 轴正向运动，如图21.1所示，分别在两个惯性系中建立坐标系 $S(O,x,y,z)$ 和 $S'(O',x',y',z')$，并选取两坐标系原点 O 和 O' 重合时，两个惯性参考系中的时间 $t=t'=0$ 作为计时起点。若某时刻在空间某地点发生一个事件 P，例如，一次爆炸或一个闪电，在惯性系 S 和 S' 中的惯性观察者 G 和 G' 分别测量该事件 P 的时间和空间坐标分别为 (x,y,z,t) 和 (x',y',z',t')，它们之间满足如下变换关系为

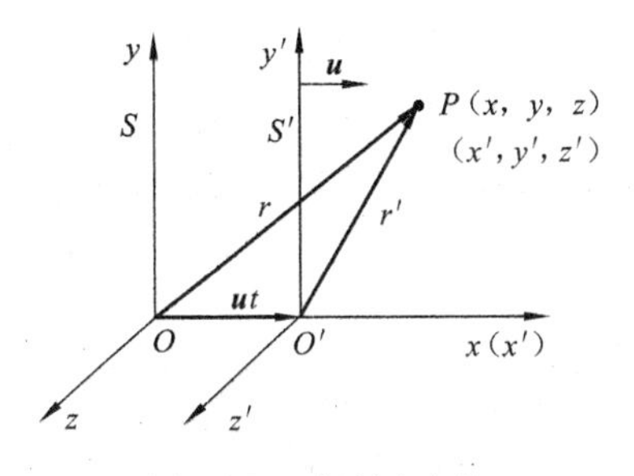

图21.1　伽利略变换

$$\begin{cases} x'=x-ut \\ y'=y \\ z'=z \\ t'=t \end{cases} \tag{21.1}$$

或用位置矢量 $\boldsymbol{r}$ 和 $\boldsymbol{r}'$ 可把式(21.1)写成矢量形式

$$\begin{cases} \boldsymbol{r}'=\boldsymbol{r}-\boldsymbol{u}t \\ t'=t \end{cases} \tag{21.2}$$

上述变换式就称为**伽利略坐标变换式**。

若将某时刻在空间某处运动的质点作为事件 P,将式(21.1)的等式两边分别对时间 t' 和 t 求导数,考虑到两个惯性系 S 和 S' 中的时间相等,$t'=t$,由此可得到两个惯性系中观察者 G 和 G' 分别测量质点运动速度之间的变换关系为

$$\begin{cases} v'_x = v_x - u \\ v'_y = v_y \\ v'_z = v_z \end{cases} \tag{21.3}$$

或写成矢量形式

$$\boldsymbol{v}' = \boldsymbol{v} - \boldsymbol{u} \tag{21.4}$$

式(21.3)和(21.4)称为**伽利略速度变换式**。这就是经典力学的速度相加定理,其中 $\boldsymbol{v}$ 和 $\boldsymbol{v}'$ 分别是惯性观察者 G 和 G' 测量质点运动的速度。

将式(21.3)对时间求导数,可得到惯性系 S 和 S' 中两个惯性观察者 G 和 G' 分别测量该质点运动加速度之间的变换关系为

$$\begin{cases} a'_x = a_x \\ a'_y = a_y \\ a'_z = a_z \end{cases} \tag{21.5}$$

或写成矢量形式

$$\boldsymbol{a}' = \boldsymbol{a} \tag{21.6}$$

式(21.5)和(21.6)称为**伽利略加速度变换式**。它表明不同运动速度的惯性观察者 G 和 G' 测量质点运动的加速度相同,换句话说,质点运动的加速度在伽利略变换下保持不变。

21.1.2　绝对时空观

在 20 世纪之前,人们普遍接受牛顿的观点,认为时间和空间就其本质而言与任何外界事物无关。时间均匀流逝,容纳一切物质的空间保持静止,永远不变,它们被称为绝对时间和绝对空间。伽利略变换就是以此为前提的,它客观地反映了牛顿经典力学的时空观。

1. 绝对时间

如果有两个相继发生的事件 P_1 和 P_2,在惯性系 S 和 S' 中的惯性观察者 G 和 G' 分别测量这两个事件,由伽利略变换式(21.1),他们所测量时间之间的变换关系为 $t'_1=t_1$ 和 $t'_2=t_2$;由此可以得到两个惯性观察者测量发生 P_1 和 P_2 事件的时间间隔的关系,即

$$\Delta t' = t'_2 - t'_1 = t_2 - t_1 = \Delta t \tag{21.7}$$

式(21.7)的物理意义是:任何两个惯性系 S 和 S' 中的时钟校准后,观察者 G 和 G' 分别用他们自己的时钟测量两个事件的时间间隔是相同的,与惯性系的运动状态无关,因此,存在着不受运动状态影响的时钟,它测量的时间就是绝对时间。在两个彼此做匀速直线运动惯性系中的观察者,分别对同一个物理过程所测量的时间间隔相等,时间均匀流逝,与运动状态无关,这称为经典力学的绝对时间观;由于在不同惯性系中测量两个事件的时间间隔相同,$\Delta t'=\Delta t$,伽利略变换反映了同时性是也绝对的,两个事件发生的先后次序不会改变。

2. 绝对空间

如果将一根直细杆沿 x 和 x' 轴放置，如图 21.2 所示，若将观察者在某时刻测量细杆端点在空间的位置这件事情作为一个事件 P，则在惯性系 S 和 S' 中的惯性观察者 G 和 G' 同时测量细杆的两端，这样就构成了两个事件 P_1 和 P_2，它们在惯性系 S 和 S' 中时空坐标分别为 $P_1[(x_1,0,0,t_1),(x'_1,0,0,t'_1)]$ 和 $P_2[(x_2,0,0,t_2),(x'_2,0,0,t'_2)]$。在惯性系 S 中观察者 G 测量细杆的长度为 $l=\Delta x=x_2-x_1$，在惯性系 S' 中观察者 G' 测量细杆的长度为 $l'=\Delta x'=x'_2-x'_1$；利用伽利略变换式(21.1)中的第一式，有

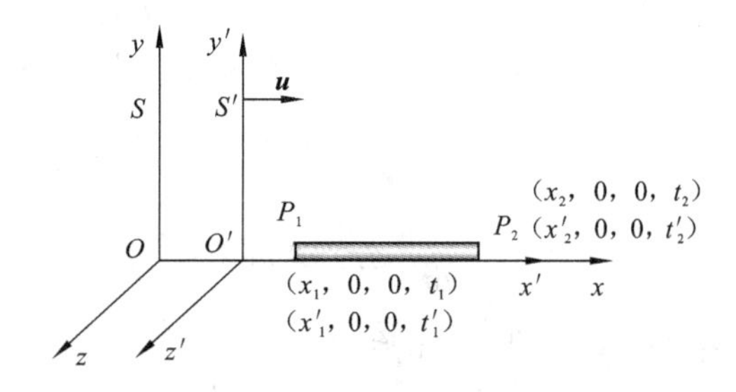

图 21.2　经典力学中绝对空间观

$$x'_2-x'_1=(x_2-ut_2)-(x_1-ut_1)=(x_2-x_1)-u(t_2-t_1) \tag{21.8}$$

由于惯性观察者 G 和 G' 同时对细杆两端进行测量，有 $t_1=t_2$ 和 $t'_1=t'_2$，再由伽利略变换式(21.1)的第四式，可得 $t'_1=t'_2=t_1=t_2$，因此他们测量事件都相同，式(21.8)可写成

$$l'=\Delta x'=x'_2-x'_1=x_2-x_1=\Delta x=l \tag{21.9}$$

式(21.9)表明在不同惯性系中的观察者 G 和 G' 测量细杆的长度相同，与细杆的运动状态无关。换句话说，空间两点间的距离对任何惯性系来说，都是绝对不变的，这就是经典力学的绝对空间观。

伽利略变换所隐含的绝对时间和绝对空间的概念，构成了经典力学的绝对时空观。

21.1.3　伽利略相对性原理和经典物理学的困难

经典力学和电磁学(经典电磁理论)是经典物理学的两大基本理论。在经典力学的时空观下，物理学面临的一个基本事实是：经典力学满足伽利略相对性原理，但是经典电磁理论不满足伽利略相对性原理。下面分别阐述什么是伽利略相对性原理以及经典物理学的困难。

1. 伽利略相对性原理

伽利略相对性原理也称力学相对性原理。它是指力学规律对于所有惯性系(或惯性观察者)相同。由于任何两个惯性系的时空坐标通过伽利略变换相联系，因此，伽利略相对性原理也可表述为力学规律在伽利略变换下具有不变性。它也说明一切惯性系都是等价的，没有哪一个惯性系处于特殊地位。在任何惯性系中的观察者描述同一力学规律的数学表达形式完全相同。

下面以一维运动的情况为例，简单说明牛顿第二定律满足伽利略相对性原理。

假设由两个质点组成一个系统，它们之间仅有万有引力作用，两个质点的质量分别为 m_1 和 m_2，假设 m_2 是地球，将惯性参考系 S 建立在地球上，因此，对于惯性参考系 S 中的观察者来说，质点 m_1 的运动满足牛顿第二定律，可表示为

$$F=\frac{Gm_1m_2}{(x_2-x_1)^2}=m_1\frac{\mathrm{d}^2x}{\mathrm{d}t^2}=m_1a \tag{21.10}$$

其中，F 和 $a=\dfrac{\mathrm{d}^2x}{\mathrm{d}t^2}$ 分别表示在 S 系中两个质点之间的作用力和加速度。对于以速度 u 相对于

S 系作匀速直线运动的 S' 系中的观察者是否也有与(21.10)相同的形式呢？

根据伽利略加速度变换式(21.6)和空间两点间距离绝对不变性式(21.9)，有

$$a=\frac{\mathrm{d}^2x}{\mathrm{d}t^2}=\frac{\mathrm{d}^2x'}{\mathrm{d}t'^2}=a',\quad x_2'-x_1'=x_2-x_1$$

将以上二式代入式(21.10)，并注意质量和作用力与运动无关，即与惯性系的选择无关，因此有

$$F'=\frac{Gm_1m_2}{(x_2'-x_1')^2}=m_1\frac{\mathrm{d}^2x'}{\mathrm{d}t'^2}=m_1a' \tag{21.11}$$

同样 F' 和 $a'=\frac{\mathrm{d}^2x'}{\mathrm{d}t'^2}$ 分别表示在 S' 系中两个质点之间的作用力和加速度。式(21.11)正是在惯性系 S' 中质点 m_1 运动满足的牛顿第二定律表达式。这表明牛顿第二定律的形式在伽利略变换下保持不变，它满足伽利略相对性原理。

由于一切惯性系都是平权的，牛顿定律在所有惯性系中都相同，因此，任何惯性系中的观察者无法通过力学实验或任何力学方法确定其所在惯性系的运动状态。例如，在一列匀速直线运动列车上的静止乘客就是一个惯性观察者，若不借助车外的参考系，他在车内做任何力学实验都不能确定列车是处于静止状态还是正在作匀速直线运动。非惯性系中的观察者则不然，他可以通过力学实验确定自己所在参考系的运动状态，这是广义相对论讨论的范畴。所有惯性系之间都在作相对匀速直线运动，绝对静止的参考系是不存在的。

2. 经典电磁理论不满足伽利略相对性原理

19 世纪末，麦克斯韦创立了电磁场理论。由麦克斯韦电磁场理论可以得出光是一种电磁波，光在真空中的传播速度 $c=\frac{1}{\sqrt{\varepsilon_0\mu_0}}\approx3\times10^8\ \mathrm{m\cdot s^{-1}}$($\varepsilon_0$，$\mu_0$ 分别为真空介电常数和真空磁导率)。波的传播是需要借助于媒质的，人们自然要问：光在真空中是靠什么传播的？为了解释这个问题，有人提出了以太学说。以太学说认为，以太是充满整个空间的一种特殊媒质，光在真空中的传播是一种以太的波动；除了与光波相应的微小形变运动以外，以太之间不可能有任何别的运动，以太是绝对静止的。以太参考系称之为绝对静止参考系，相对以太的运动速度称之为绝对速度。光只有在均匀无限大的以太参考系中是各向同性的，而在其他参考系中光是各向异性的，也就是说，沿不同方向测量光速是不相同的。比如地球参考系(地球可近似地看成惯性系)以速度 u 相对于以太运动，由伽利略变换，在地球参考系中，沿着地球运动方向测量的光速应该是 $c'=c-u$，逆着地球运动方向测量的光速应该是 $c'=c+u$。如果通过实验测量到地球相对于以太的绝对速度为 u，那么就从实验上证实了以太的存在；如果以太存在，则牛顿的绝对空间在以太参考系中就找到了落脚点，否则牛顿力学就是空中楼阁。依据伽利略相对性原理，通过力学规律不能得到绝对加速度，现在通过电磁规律是否可以探测到绝对速度呢？这种研究的前景是很诱人的(值得注意的是：在伽利略变换下，描述电磁理论的麦克斯韦方程组不符合伽利略相对性原理，这意味着存在一个特别优越的惯性系，在这个惯性系中麦克斯韦方程组成立，当然这个惯性系只能是以太参考系)。由于麦克斯韦方程组在伽利略变换下不具有数学形式的不变性，物理学界面临三种可能的选择：①存在适用于力学的相对性原理，电磁学不存在相对性原理；伽利略变换正确，麦克斯韦方程组只在以太参考系中成立，通过测量光速可以确定以太参考系，也可以确定惯性系的绝对速度；②力学存在相对性原理，电磁学也存在相对性原理，伽利略变换正确，修改电磁理论；③相对性原理普遍正确，电磁学规律正确，而伽利略变换不正确，修改牛顿力学，寻找与相对性原理相适应的新变换。当时，绝大多数

科学家相信的是经典的绝对时空观，选择了第一种可能性，致力于探测惯性系的绝对速度。1887年迈克耳孙和莫雷利用迈克耳孙干涉仪，进行了测定地球相对以太运动的绝对速度实验，历史上称之为迈克耳孙-莫雷实验。尽管实验精确度极高，可靠性极大，但是没有测量到地球相对于以太的任何运动(即 $u=0$)。面对这个"意外"的实验结果，当时不少学者提出了种种假设，展开了广泛而激烈的辩论，比较著名的如1892年洛伦兹-斐兹杰拉德提出的收缩学说；1904年，洛伦兹在论文《在以任何低于光速的速度运动中的电磁现象》中提出了以他的名字命名的时空坐标变换理论(洛伦兹变换)；法国数学家彭加勒提出了电磁学相对性原理和物体运动速度极限假设，彭加勒因此而被称为相对论先躯。由于他们都没有抛弃绝对时空观，也没有放弃以太的观念，因此未能形成令人信服的严格理论；爱因斯坦于1905年提出的狭义相对论假设，他抛弃了旧的时空观，否定了以太假说，提出了革命性的相对论时空观。

21.2 狭义相对论的基本概念 洛伦兹变换

爱因斯坦基于迈克耳孙-莫雷实验最基本的实验事实($u=0$)，否定以太的存在，提出了相对性原理和光速不变原理两个基本假设，创立了狭义相对论，使其成为物理学发展史上重要的里程碑。下面详细介绍这两个基本假设。

21.2.1 狭义相对论基本原理

1. 相对性原理

物理学规律对于所有惯性系(或惯性观察者)都相同。或者说物理学规律与惯性系的选择无关，不存在特殊的惯性系。这就是**爱因斯坦相对性原理**，即相对性原理。类似于伽利略相对性原理，在所有惯性系中观察者进行任何物理实验都不能确定惯性系的运动状态。

上述的物理学规律不仅是力学规律，它包括热学、电磁学、原子分子物理等任何物理学规律，爱因斯坦的相对性原理也称为狭义相对性原理，它是伽利略力学相对性原理的推广，它所强调的是无法用任何物理学的方法来选择绝对静止的惯性系，进一步说明所有惯性系是平权的。

2. 光速不变性原理

在所有惯性系中，光在真空中的速率为恒定值 c，与光源和观察者的运动状态无关。光的这种特性称为**光速不变性原理**。

按照前面所述的经典力学时空观，由伽利略速度变换式(21.4)可得出在做匀速直线运动的参考系中测量真空中的光速具有各向异性，并不是恒定值，因此，光速不变原理否定了伽利略变换，也就是否定了经典力学的绝对时空观。

21.2.2 洛伦兹变换

1. 洛伦兹时空坐标变换关系

伽利略变换不具有普遍性，需要寻找一种新的时间和空间坐标变换关系，来满足狭义相对论基本原理的要求，下面从相对性原理和光速不变原理出发进行推导。

按照相对性原理要求，时空坐标变换应该是线性变换，并且具有对称性。设有两个惯性系

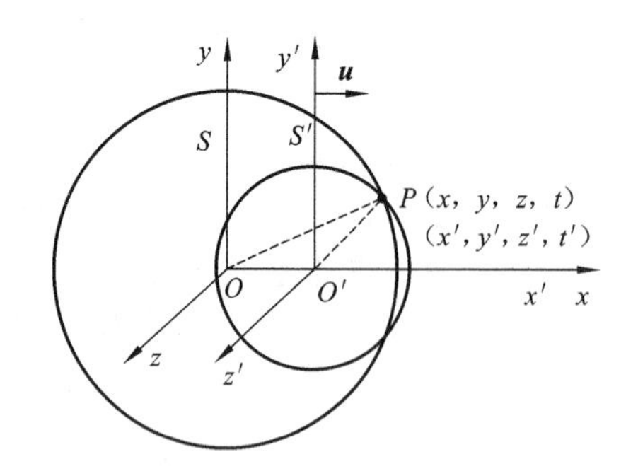

图 21.3 洛伦兹变换的推导

S 和 S'，其中 S' 系相对 S 系以速度 u 沿 x 和 x' 轴正方向运动，如图 21.3 所示，分别在两个惯性系中建立坐标系 $S(O,x,y,z)$ 和 $S'(O',x',y',z')$，并选取两坐标系原点 O 和 O' 重合时，两个惯性参考系中的时间 $t=t'=0$ 作为计时起点。如果此时从两坐标系重合的原点处发出一个光脉冲，由光速不变性原理，S 系中观察者在任意时刻 t 测量 O 点所发出光脉冲的波阵面方程为

$$x^2+y^2+z^2=(ct)^2 \tag{21.12}$$

S' 系中观察者在任意时刻 t' 测量 O' 点所发出光脉冲的波阵面方程为

$$x'^2+y'^2+z'^2=(ct')^2 \tag{21.13}$$

这里需要说明的是 S 系中观察者和 S' 系中观察者分别指他们在各自惯性系中保持静止，本章小节涉及同样叙述时，其意思与此相同。

现在，我们要寻求同一物理事件(如光脉冲信号传播到图 21.3 中 P 点)在惯性系 S 和 S' 中两组时空坐标 (x,y,z,t) 和 (x',y',z',t') 之间的变换关系。由于空间和时间是均匀的，因此，时空坐标之间的变换应当满足线性变换关系，考虑两个惯性系 S 和 S' 的 x 和 x' 轴重合，在 y 和 z 方向无相对运动，因此，在 y 和 z 方向空间坐标的变换不受相对运动的影响；假设时空坐标变换有如下形式

$$\begin{cases} x'=a_1x+a_2t \\ y'=y \\ z'=z \\ t'=a_3x+a_4t \end{cases} \tag{21.14}$$

式中 a_1、a_2、a_3、a_4 是常数，由式(21.12)和(21.13)有

$$x'^2+y'^2+z'^2-c^2t'^2=x^2+y^2+z^2-c^2t^2$$

将式(21.14)代入上式，则有

$$(a_1x+a_2t)^2+y^2+z^2-c^2\,(a_3x+a_4t)^2=x^2+y^2+z^2-c^2t^2$$

将上式展开并利用对应系数相等(待定系数法)，可得

$$\begin{cases} a_1^2-c^2a_3^2=1 \\ a_1a_2-c^2a_3a_4=0 \\ a_2^2-c^2a_4^2=-c^2 \end{cases} \tag{21.15}$$

又由于 S' 系的原点 o' 在 S 系和在 S' 系中的坐标分别为 $(ut,0,0,t)$ 和 $(0,0,0,t')$，因此，将这组坐标代入式(21.14)第一式中，有 $a_2=-a_1u$，现与式(21.15)联立，可解得

$$a_1=a_4=\left(1-\frac{u^2}{c^2}\right)^{-\frac{1}{2}},a_2=-u\left(1-\frac{u^2}{c^2}\right)^{-\frac{1}{2}},a_3=-\frac{u}{c^2}\left(1-\frac{u^2}{c^2}\right)^{-\frac{1}{2}}$$

然后，将上述系数 a_1、a_2、a_3、a_4 代入式(21.14)，有

$$\begin{cases} x'=\gamma(x-ut) \\ y'=y \\ z'=z \\ t'=\gamma\left(t-\dfrac{u}{c^2}x\right) \end{cases} \tag{21.16}$$

其中，$\gamma=\dfrac{1}{\sqrt{1-\dfrac{u^2}{c^2}}}$称为相对论因子，式(21.16)就是我们所要寻找的新的时空坐标变换，即**洛伦兹变换**。由变换的对称性，可将 S'系看成静止的，S 系以 $-u$ 相对于 S'系沿相反方向运动，只要将式(21.16)中的 u 替换成 $-u$，并将带撇的坐标与不带撇的坐标互换，可得到洛伦兹变换的逆变换

$$\begin{cases} x=\gamma(x'+ut') \\ y=y' \\ z=z' \\ t=\gamma\left(t'+\dfrac{u}{c^2}x'\right) \end{cases} \tag{21.17}$$

关于洛伦兹变换式(21.16)和(21.17)作以下几点说明：

(1) 洛伦兹变换表示同一物理事件在不同惯性系中时空坐标的变换关系，如图 21.4 所示，它表明时间和空间坐标是彼此关联、密不可分的，惯性系(或观察者)运动对时间和空间都会产生影响；然而，在伽利略变换中，时间和空间是彼此分离的、绝对的，它们与惯性系(或观察者)的运动无关。

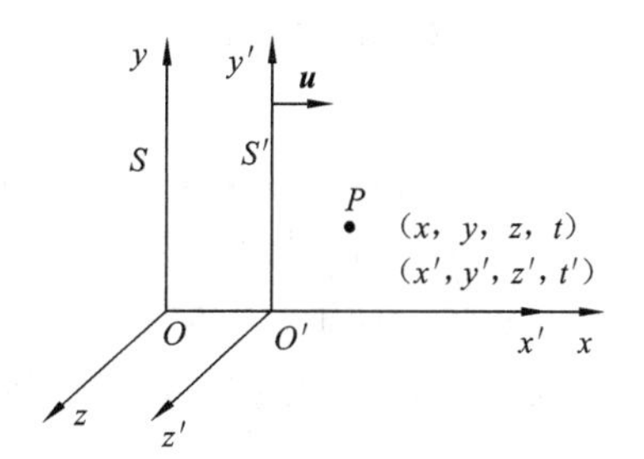

图 21.4　同一事件在两个惯性系中时空坐标表示

(2) 洛伦兹变换是狭义相对论基本原理的体现，所有物理学规律的表达式在洛伦兹变换下保持不变。

(3) 牛顿力学满足力学相对性原理，在伽利略变换下具有不变性，但是它不服从洛伦兹变换，也就是说牛顿力学与狭义相对论相矛盾，因此，需要修正牛顿力学，修正后的牛顿力学称为相对论力学。

(4) 当 $u\ll c$ 时，即在低速近似情况下，洛伦兹变换过渡到伽利略变换，相对论力学回到牛顿力学，可以说伽利略变换和牛顿力学是在 $u\ll c$ 时洛伦兹变换和相对论力学的近似。

(5) 由于 $\gamma=\dfrac{1}{\sqrt{1-\dfrac{u^2}{c^2}}}$为实数，有 $u<c$，所以物体之间相对运动速度必小于光速 c，真空中的光速是物体运动速度的极限。

2. 洛伦兹速度变换关系

设一个质点 P 在时空中运动，在惯性系 S 和 S'中的观察者 G 和 G'分别测量质点 P 的运动速度为(v_x, v_y, v_z)和(v'_x, v'_y, v'_z)，其中 S'相对于 S 以速度 u 沿 x 和 x'轴正向运动，观察者 G 和 G'所测量的速度之间的变换关系可由洛伦兹时空坐标变换关系式(21.16)得到。

将式(21.16)两边微分，有

$$\begin{cases} \mathrm{d}x'=\gamma(\mathrm{d}x-u\mathrm{d}t) \\ \mathrm{d}y'=\mathrm{d}y \\ \mathrm{d}z'=\mathrm{d}z \\ \mathrm{d}t'=\gamma\left(\mathrm{d}t-\dfrac{u}{c^2}\mathrm{d}x\right) \end{cases}$$

可得速度的 x'和 x 分量变换式

$$v'_x=\frac{\mathrm{d}x'}{\mathrm{d}t'}=\frac{\gamma(\mathrm{d}x-u\mathrm{d}t)}{\gamma\left(\mathrm{d}t-\frac{u}{c^2}\mathrm{d}x\right)}=\frac{\frac{\mathrm{d}x}{\mathrm{d}t}-u}{1-\frac{u}{c^2}\frac{\mathrm{d}x}{\mathrm{d}t}}=\frac{v_x-u}{1-\frac{u}{c^2}v_x} \tag{21.18}$$

同理可得速度的其他分量变换式

$$v'_y=\frac{\mathrm{d}y'}{\mathrm{d}t'}=\frac{v_y}{\gamma\left(1-\frac{u}{c^2}v_x\right)} \tag{21.19}$$

$$v'_z=\frac{\mathrm{d}z'}{\mathrm{d}t'}=\frac{v_z}{\gamma\left(1-\frac{u}{c^2}v_x\right)} \tag{21.20}$$

式(21.18)、(21.19)和(21.20)统称为**相对论速度变换关系**,它们的逆变换请读者自行推导。

在 $u\ll c$ 的低速近似情况下,相对论速度变换关系可写成

$$v'_x=v_x-u,\quad v'_y=v_y,\quad v'_z=v_z$$

这就是经典力学的速度相加定理式(21.3)。

考察光的运动,假设在惯性系 S 中的观察者 G 测量一束光沿 x 轴正方向运动,其速度为 $v_x=c$,若 x' 与 x 同轴且方向相同,根据相对论速度变换关系式(21.18),在惯性系 S' 中观察者 G' 测量该束光沿 x' 轴正方向运动速度为

$$v'_x=\frac{c-u}{1-\frac{u}{c^2}c}=c$$

即真空中的光速对于任何惯性系中的观察者都相同。

例 21.1　设有两个飞船 A 和 B 相向运动,在地面上的观察者测量它们沿 x 轴的正方向的速度分别为 $v_A=0.9c$ 和 $v_B=-0.9c$,问飞船 A 上的观察者测量飞船 B 相对飞船 A 的速度为多少。

解　如图 21.5 所示,设地面为惯性系 S,飞船 A 为惯性系 S',飞船 A 沿 x 轴正向运动,x 与 x' 同方向,有 S' 系相对于 S 系运动速度 $u=v_A$,则飞船 B 相对飞船 A 的速度为 v'_x;由于已知飞船 B 相对地面惯性系 S 的速度 $v_x=v_B=-0.9c$,代入式(21.18),可以得到

$$v'_x=\frac{v_x-u}{1-\frac{uv_x}{c^2}}=\frac{-0.9c-0.9c}{1-\frac{(0.9c)(-0.9c)}{c^2}}=-\frac{1.8c}{1.81}\approx-0.994c$$

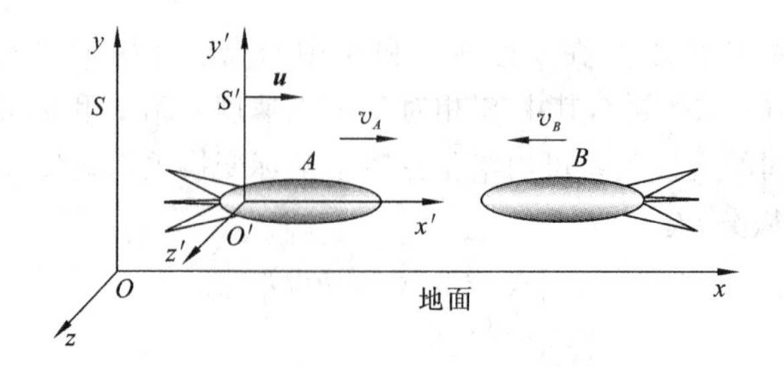

图 21.5　例 21.1 图

这与伽利略变换式(21.3)所给出的结果是不同的,这里 v'_x 的绝对值大小是小于 c 的。通常按照相对论速度变换,u 和 v_x 的值都小于 c 的情况下,v'_A 不可能对大于 c。

21.3　狭义相对论时空理论

经典力学的时空观认为，时间和空间是绝对的，与观察者的运动状态无关，而且时间与空间是彼此分离的，在不同惯性系中的时空坐标服从伽利略变换；然而，狭义相对论时空观与此截然相反，时间与空间相对的，它与观察者的运动状态有关，时间与空间相互联系，在不同惯性系中的时空坐标服从洛伦兹变换。本节我们将通过对同时相对性、时间延缓效应和运动尺度收缩的讨论来充分阐述相对论时空理论的基本思想。

21.3.1　“同时”的相对性

在经典力学时空观中，同时性的概念是绝对的。若在地面上 $P_A(x_A,0,0)$ 和 $P_B(x_B,0,0)$ 两点同时发生事件 A 和 B（例如两地同时鸣笛），取地面为惯性系 S，如图 21.6 所示，对于静止于地面的观察者 G，事件 A 和 B 是 S 系中的同时事件。按照经典力学时空观，对于任何静止于其他惯性系 S'（例如：一列匀速直线运动的列车）中的观察者 G' 来说，事件 A 和 B 也是同时事件，与惯性系或惯性观察者的运动状态无关。然而，按照狭义相对论时空观，同时的概念是相对的，它与惯性系或惯性观察者的运动状态有关。同时概念的相对性可以通过在不同惯性系中测量事件 A 和事件 B 之间的时间间隔具有不同结果反映出来。

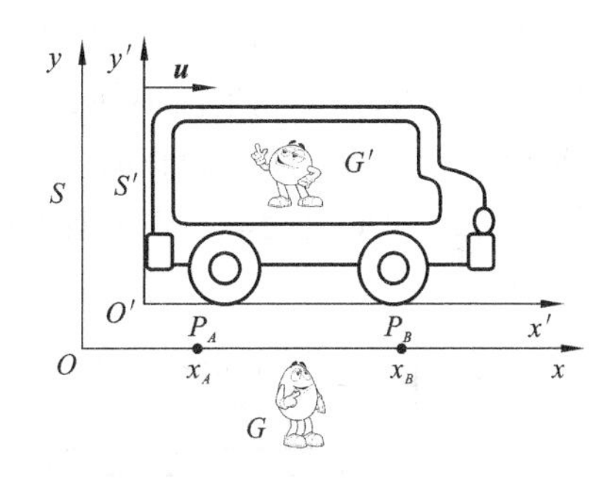

图 21.6　同时概念的相对性

在惯性系 S 中的观察者 G，测量同时发生在 S 系中 x_A 和 x_B 两地之间的时间间隔是

$$\Delta t=t_B-t_A=0 \text{ 或 } t_B=t_A$$

即事件 A 和事件 B 是同时事件。然而，以速度 u 相对两个事件运动的惯性系 S' 中观察者 G' 测量事件 A 和 B 发生的时刻是不同的，其时间间隔或时间差可表示如下：

由洛伦兹变换式(21.16)，考虑惯性系 S 中同时事件的时间间隔 $\Delta t=t_B-t_A=0$，可得

$$\Delta t'=t'_B-t'_A=-\gamma\frac{u}{c^2}(x_B-x_A) \tag{21.21}$$

在式(21.21)中，因为在惯性系 S 中事件 A 和 B 发生在不同地点，即 $P_A(x_A,0,0)$ 与 $P_B(x_B,0,0)$ 的空间坐标位置不同，有 $x_B-x_A\neq0$，所以惯性系 S' 中的观察者 G' 测量事件 A 和 B 之间的时间间隔 $\Delta t'=t'_B-t'_A\neq0$，即 $t'_B\neq t'_A$。可见，发生在惯性系 S 中不同地点的同时事件 A 和 B，对惯性系 S' 中的观察者 G' 来说不再是同时事件。

由以上讨论可知，时空中发生的两个事件是否为同时事件与观察者运动状态有关，或者说与惯性系的选择有关。与经典力学时空观中同时性概念具有绝对意义不同，在狭义相对论时空观中同时性是一个相对概念。

例 21.2　列车静止时的长度为 l，列车以速度 v 沿 x 轴正方向运动，当列车厢的中点 O' 与地面上的 O 点重合时，在列车上 O'（即 O）位置有一光源发出闪光信号，以地面作为惯性系的观察者看来，列车厢前后两端的接收器收到这个闪光信号的时间差为多少？

解　如图 21.7 所示，选地面为惯性系 S，列车为惯性系 S'，列车厢的前端和后端接收器收到闪光信号分别定义为事件 A 和事件 B，对于 S' 系（列车厢）中观察者，事件 A、B 是同时事

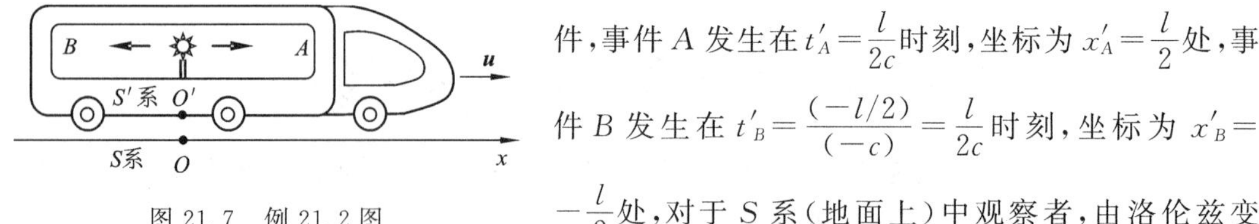

图 21.7　例 21.2 图

件，事件 A 发生在 $t'_A=\frac{l}{2c}$ 时刻，坐标为 $x'_A=\frac{l}{2}$ 处，事件 B 发生在 $t'_B=\frac{(-l/2)}{(-c)}=\frac{l}{2c}$ 时刻，坐标为 $x'_B=-\frac{l}{2}$ 处，对于 S 系（地面上）中观察者，由洛伦兹变换，可得事件 A 和事件 B 发生的时间差

$$t_A-t_B=\gamma\left(t'_A+\frac{u}{c^2}x'_A\right)-\gamma\left(t'_B+\frac{u}{c^2}x'_B\right)=\frac{1}{\sqrt{1-u^2/c^2}}\cdot\frac{ul}{c^2}>0$$

从上述结果可以看出地面上的观察者观测到列车后端 B 先接收到闪光信号。

21.3.2　时间延缓效应

在惯性系 S 中同一地点 P 先后发生事件 A 和 B。例如，静止于地面 P 的观察者 G 相继两次击掌 A 和 B，先后发生两事件 A 和 B 的时间间隔或时间差为 $\Delta t=t_B-t_A$，如图 21.8 所示；我们将相对于两个事件静止的观察者测量两事件先后发生的时间间隔称为**固有时间**或原时，用 τ 表示。这里惯性系 S 中观察者 G 测量两事件 A 和 B 的时间间隔就是固有时间，即 $\tau=\Delta t=t_B-t_A$。

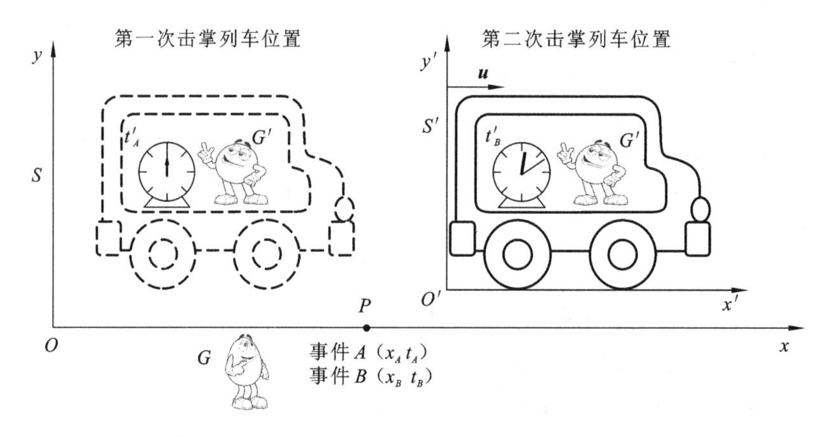

图 21.8　时间延缓效应

设有一个惯性系 S' 以速度 u 相对于惯性系 S 运动（例如一个匀速运动的列车），S' 系中观察者 G' 用他携带的时钟测量上述先后发生两事件 A 和 B 的时间间隔为 $\Delta t'=t'_B-t'_A$，根据洛伦兹变换式(21.16)可以得到它与观察者 G 测量的时间间隔的关系

$$\Delta t'=t'_B-t'_A=\gamma\left[(t_B-t_A)-\frac{u}{c^2}(x_B-x_A)\right] \tag{21.22}$$

因为对于惯性系 S 中观察者 G 来说，事件 A 和 B 在同一地点 P 先后发生的，有 $\Delta x=x_B-x_A=0$，式(21.22)可写成

$$\Delta t'=t'_B-t'_A=\gamma(t_B-t_A)=\gamma\tau=\frac{\tau}{\sqrt{1-\frac{u^2}{c^2}}} \tag{21.23}$$

从式(21.23)可知，$u\neq0$，$\gamma>1$，有 $\Delta t'=t'_B-t'_A>\tau$。

上述讨论表明：一个惯性系中的观察者测量在同一地点先后发生、相对于其静止的两个事件的时间间隔（固有时间）总是比相对于这两个事件运动的惯性观察者测量它们的时间间隔短一些。换句话说，相对于两事件运动的时钟较相对于两事件静止的时钟测量的时间间隔要长一些，因此，运动观察者携带的时钟较静止观察者的时钟走得慢，这种现象称为**运动时钟延缓效应**。

例 21.3　人们观测了以 $0.910\,0c$ 高速飞行的 $\pi^{\pm}$ 介子经过的直线路径，实验结果得出的平均飞行距离是 17.135 m，在实验室中静止的 $\pi^{\pm}$ 介子的寿命是 $(2.603 \pm 0.002) \times 10^{-8}$ s。试问实验结果与相对论理论的符合程度如何？

解　设地面上惯性观察者的参考系为 S 系，随 $\pi^{\pm}$ 介子运动的惯性参考系为 S' 系，观察者在 S 系中可由他所测量平均飞行距离得到 $\pi^{\pm}$ 介子的平均寿命

$$\Delta t = \frac{17.135}{0.910\,0c} = \frac{17.135}{0.910\,0 \times 3.000 \times 10^{8}} \approx 6.281 \times 10^{-8}\,(\mathrm{s})$$

由于 S' 系中的观察者相对 $\pi^{\pm}$ 介子静止，他所测量的平均寿命就是固有寿命，即 $\Delta t' = \tau$，此时由时间延缓的表达式可得到 $\pi^{\pm}$ 介子固有寿命的相对论理论预言值

$$\tau = \frac{\Delta t}{\gamma} = \Delta t\ \sqrt{1 - u^2/c^2} = 6.281 \times 10^{-8} \sqrt{1 - \frac{(0.910\,0c)^2}{c^2}} = 2.604 \times 10^{-8}\,(\mathrm{s})$$

可见理论预言值与实验室结果相差 0.001×10^{-8} s，且在实验误差范围内。

例 21.4　地球上的观察者发现一艘以速度 $0.6c$ 向东航行的宇宙飞船将在 10 s 后同一个以 $0.8c$ 速率向西飞行的彗星相撞。

(1) 飞船中的人测量到慧星以多大的速率向他们接近；

(2) 按照他们的钟，还有多少时间允许他们离开原来航线避免碰撞。

解　(1) 由洛伦兹速度变换，在飞船上测量彗星的速度为(在这里地球视为惯性系 S，飞船视为惯性系 S')，

$$v'_x = \frac{v_x - u}{1 - u\dfrac{v_x}{c^2}} = \frac{-0.8c - 0.6c}{1 - 0.6c \times \dfrac{-0.8c}{c^2}} = -0.95c$$

即飞船中的人看到彗星是以 $0.95c$ 的速率向他们接近。

(2) 若以地球上观察者发现飞船经过某地时，飞船和彗星相隔一段距离(并于 10 s 后就要相碰)为事件 A，以地球上发现飞船和彗星就要相碰为事件 B，这两个事件对飞船上的观察者来说发生在同一个地点，$x'_A = x'_B$，即 $\Delta x' = 0$，有

$$\Delta t = \gamma\left(\Delta t' + \frac{u}{c^2}\Delta x'\right) = \gamma \Delta t'$$

飞船上观察者测量的时间间隔应为固有时间，从上式得到时间间隔为

$$\Delta t' = \frac{\Delta t}{\gamma} = \Delta t\ \sqrt{1 - \frac{u^2}{c^2}} = 10\ \sqrt{1 - \frac{(0.6c)^2}{c^2}} = 8\ (\mathrm{s})$$

21.3.3　运动尺度收缩

按照经典力学时空观，两个同时事件之间的空间距离或物体的长度与观察者的运动状态无关，然而，从狭义相对论时空观来看，空间距离或物体的长度与观察者的运动状态是相关联的。

首先讨论长度测量问题。如图 21.9 所示，在一个惯性系 S 中的观察者测量一个细杆的长度时，必须注意的是如果细杆相对于观察者运动，需要同时测量细杆两端的位置坐标，从而得到细杆的实际长度，否则，将会得出错误结果。例如，一个在 S 系中的静止观察者测量一个相

对于其运动细杆的长度,若他先测量细杆 A 端在 S 系中的位置 x_A,后测量其 B 端的位置 x_B,显然,这两个位置坐标之差 $\Delta x=x_B-x_A$ 不能反映细杆在 S 系中的实际长度;然而,测量一个相对于观察者静止的细杆长度时,可以进行非同时测量。相对于细杆静止的观察者测量的细杆的长度称为它的**固有长度**。

为了准确地测量相对于观察者运动细杆的长度,我们用两个同时事件 A 和 B 表示对细杆两端位置坐标的同时测量,由于同时的概念具有相对性,长度测量也具有相对性。

假设一列以速度 u 相对于地面做匀速直线运动列车上有一根静止的细杆,如图 21.10 所示;现将地面和列车分别作为惯性系 S 和 S',细杆静止于 S' 系中,且以速度 u 相对于 S 系运动。S' 系(列车)中的观察者 G' 相对细杆静止,他测量细杆的长度就是固有长度,用 l_0 表示,可由细杆两端在 S' 系中位置坐标差给出,即

$$l_0=x'_B-x'_A=\Delta x' \tag{21.24}$$

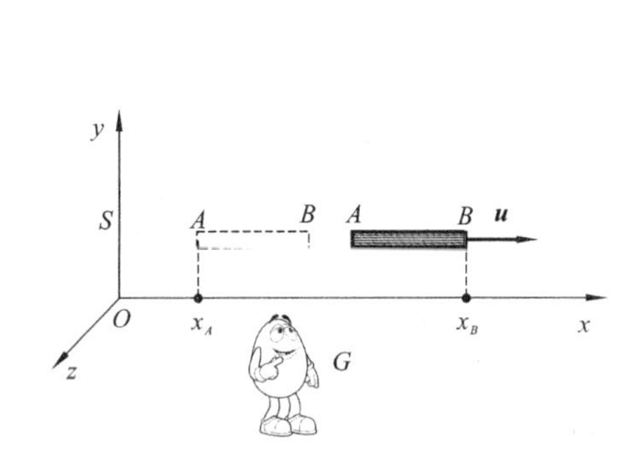

图 21.9 非同时测量引起长度测量问题

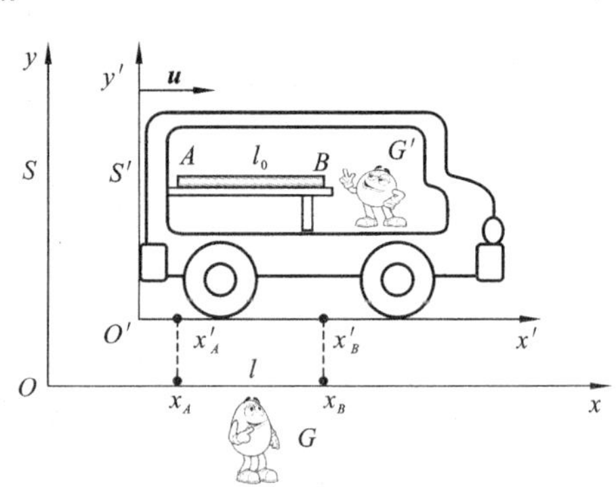

图 21.10 长度收缩效应

对于 S 系(地面)中的观察者 G 来说,细杆随 S' 系(列车)以速度 u 相对于 S 系(地面)运动,因此,他需要对细杆的两端进行同时测量,即 $\Delta t=t_B-t_A=0$。因为同时事件 A 和 B 在空间中的位置坐标之差表示细杆在 S 系(地面)中的长度,即

$$l=x_B-x_A=\Delta x \tag{21.25}$$

根据洛伦兹变换式(21.16),可得到 S 系和 S' 系中的观察者测量细杆长度之间的关系如下:

$$x'_B-x'_A=\gamma[(x_B-x_A)-u(t_B-t_A)] \tag{21.26}$$

由式(21.24)和(21.25),并考虑 S 系(地面)的观察者 G 进行同时测量,$\Delta t=t_B-t_A=0$,将式(21.26)写成

$$l_0=x'_B-x'_A=\gamma(x_B-x_A)=\gamma l$$

或表示为

$$l=\frac{l_0}{\gamma}=l_0\sqrt{1-\frac{u^2}{c^2}} \tag{21.27}$$

从式(21.27)可知,由于存在因子 $\sqrt{1-\frac{u^2}{c^2}}\leqslant 1$,长度测量与观察者的运动状态有关。相对于细杆运动的观察者测量细杆长度 l 较相对于细杆静止的观察者测量长度 l_0(固有长度)短一些,这种现象称为**尺度收缩效应**。当 $u=0$ 时,观察者相对于细杆静止,细杆的长度最长,即固有长度最长。

例 21.5 静止长为 1 200 m 的火箭车,相对车站以匀速率 u 做直线运动,已知车站的站台长度为 900 m,站台上观察者看到车尾通过站台进口瞬间,车头正好通过站台的出口,试问火

箭车的速率是多少？火箭车上的乘客测量站台的长度是多少？

解　火箭车静止的长度 $l_0=1\ 200$ m 就是固有长度。设站台为惯性系 S,依题意已知站台上观察者测量火箭车的长度与站台的长度相同 $l=900$ m,由运动尺度收缩效应可得

$$l=l_0\sqrt{1-\frac{u^2}{c^2}}$$

将 l_0 和 l 代入上式解出　　$u=2\times10^8\,\text{ms}^{-1}$

对于火箭车上的乘客来说,站台相对于他是运动的,因此,站台的长度也会收缩;站台的静止长度为 900 m,即站台的固有长度,火箭车上的乘客测量站台的长度为

$$l'=900\sqrt{1-\frac{(2\times10^8)^2}{(3\times10^8)^2}}=671\ (\text{m})$$

例 21.6　一艘宇宙飞船相对地球以 $0.8c$(c 表示真空中光速)的速度飞行,一光脉冲信号从船尾传到船头,飞船上的观察者测量飞船长度为 90 m,试求地球上的观察者测量光脉冲信号从船尾发出和到达船头这两个事件的空间间隔。

解　选地球为惯性系 S,飞船为惯性系 S',飞船上的观察者测量两事件的时间间隔为$\frac{90}{c}$(s),空间间隔为 90 m,那么地球上的观察者测量两事件的空间间隔为

$$\Delta x=\gamma(\Delta x'+u\Delta t')=\frac{1}{\sqrt{1-\frac{(0.8c)^2}{c^2}}}\left(90+0.8c\times\frac{90}{c}\right)=270\ (\text{m})$$

21.3.4　因果律与信号传递速度

在自然界中有因果联系的事情发生的先后次序是绝对的,原因在前,结果在后,因果规律不能倒置。下面讨论因果律对物体运动速度和信号传递速度两者的限制。

假设事件 A 和 B 是因果事件,事件 A 先发生,事件 B 后发生,对于惯性系 S 中的观察者测量这两事件的时间间隔为

$$\Delta t=t_B-t_A>0 \text{ 或 } t_B>t_A$$

对于以速度 u 相对于惯性系 S 运动的惯性系 S' 中的观察者而言,他测量 A、B 两事件的时间间隔为

$$\Delta t'=t'_B-t'_A=\gamma\left[(t_B-t_A)-\frac{u}{c^2}(x_B-x_A)\right] \tag{21.28}$$

改写式(21.28),有

$$\Delta t'=t'_B-t'_A=\frac{t_B-t_A}{\sqrt{1-\frac{u^2}{c^2}}}\left(1-\frac{u}{c^2}\frac{x_B-x_A}{t_B-t_A}\right) \tag{21.29}$$

要保证在惯性系 S' 中的观察者测量事件 A 和 B 具有因果关系,要求他测量的时间满足 $t'_B>t'_A$,即 $\Delta t'=t'_B-t'_A>0$;已知,在惯性系 S 中的有 $\Delta t=t_B-t_A>0$,式(21.29)应该满足

$$u\cdot\frac{x_B-x_A}{t_B-t_A}<c^2 \tag{21.30}$$

定义:信号传递速度为

$$v_s=\frac{x_B-x_A}{t_B-t_A} \tag{21.31}$$

如果在惯性系 S 中事件 A 和 B 是发生在不同地点的同时事件,要使它们在运动的惯性系 S' 中仍然是同时事件,则要求

$$u \cdot v_s = c^2 \tag{21.32}$$

也就是 u 和 v_s 都等于 c 或者它们其中之一大于 c,这两种情况是不可能发生的。

综上所述,要保证因果律在任何惯性系中都成立,必须要求物体(或观察者的)运动速度和信号传递速度都不能超过真空中的光速 c,否则,因果关系将倒置,它是非物理学的结果。

例 21.7 在惯性系 S 中,有两个事件同时发生在相距 1 000 m 的两点,而在另一个惯性系 S'(沿 x 轴负方向相对于 S 系运动)中观察者测量这两个事件发生的地点相距 2 000 m,求在 S' 系中观察者测量这两个事件的时间间隔?

解 在惯性系 S 中,$\Delta t = t_2 - t_1 = 0$,$\Delta x = x_2 - x_1 = 1\,000$ m,在惯性系 S' 中,$\Delta x' = x_2' - x_1' = 2\,000$ m,由洛伦兹变换有 $\Delta x' = \gamma(\Delta x - u\Delta t) = \gamma\Delta x$,即

$$2\,000 = \frac{1\,000}{\sqrt{1-\dfrac{u^2}{c^2}}}$$

所以,$u = \pm\dfrac{\sqrt{3}}{2}c$,由于 S' 系沿 x 轴负方向运动,取负号,有 $u = -\dfrac{\sqrt{3}}{2}c$,这就是惯性系 S' 相对于惯性系 S 的运动速度。S' 系中观察者测量这两个事件的时间间隔为

$$\Delta t' = \gamma\left(\Delta t - \frac{u}{c^2}\Delta x\right) = 2 \times \frac{\dfrac{\sqrt{3}c}{2}}{c^2} \times 1000 = 5.8 \times 10^{-6}\,(\text{s})$$

21.4 狭义相对论动力学基础

前面介绍的狭义相对论时空理论阐述了狭义相对论运动学规律,本节讨论狭义相对论动力学。

21.4.1 相对论质量

质量是动力学中的一个基本概念,它描述物体运动的惯性,在牛顿力学中它是通过比较物体在相同力作用下产生加速度的大小来度量的。然而,在物体相对于观察者高速运动情况下,牛顿力学不符合相对性原理,$\boldsymbol{F} = m\boldsymbol{a}$ 不再成立,这样质量的概念需要修改。另外,动量概念也是动力学中的基本概念,其中也涉及质量的问题。在牛顿力学中物体的动量定义为

$$\boldsymbol{p} = m\boldsymbol{v} \tag{21.33}$$

其中,质量 m 与物体运动的速率 v 无关,这里静止质量与运动质量无区别。我们将物体相对于观察者静止的质量称为**静止质量**,式(21.33)说明物体的动量大小与其运动速率 v 成正比,p 与 v 具有线性关系。但是,当物体作高速运动时,人们发现物体的动量 p 与运动速率 v 成非线性变化,如果要保留式(21.33)的形式来定义动量,必须改变对质量的看法,质量不再是一个与运动状态无关的常量,它将随物体的运动速率增大作非线性增加。在狭义相对论中,动量的定义在形式上仍然由式(21.33)表示,可是其中物体质量 m 的含义与经典力学中的质量意义有所不同,它与物体的运动速率有关。我们之所以保持动量定义的基本形式,是因为与动量概念相关联的动量守恒定律是比牛顿定律更基本的自然规律,动量守恒定律是空间均匀性的体现,它是由时空的内在结构决定的,因此,在狭义相对论中,动量守恒定律仍然成立。

下面我们可以采用式(21.33)定义的动量,根据动量守恒定律,考虑相对论速度变换关系式(21.18),可以导出相对论质量与速率的关系(本节末将给出具体推导过程):

$$m=\frac{m_0}{\sqrt{1-v^2/c^2}}=\gamma m_0 \tag{21.34}$$

其中,m_0 是物体的静止质量,它是观察者相对于物体静止时所测量的质量;m 是物体以速度 v 相对于观察者运动时,观察者所测量的物体质量,它被称为**相对论质量或运动质量**。可见物体的运动质量 m 是其静止质量 m_0 的 γ 倍,它与物体的运动速度有关,速度越大,物体的质量越大,质量与物体运动速度成非线性变化关系。

当物体的运动速度接近光速时($v\to c$),物体的质量趋向无穷大,因此,对于静止质量大于零的物体($m_0>0$),其运动速度 v 不能达到光速 c。如果某种粒子以光速 c 运动,且要求其运动质量保持有限,则该种粒子的静止质量必须等于零($m_0=0$),光子和引力子就是这样的粒子。

利用相对论质量表示式(21.34),相对论动量可表示为

$$\boldsymbol{p}=m\boldsymbol{v}=\frac{m_0\boldsymbol{v}}{\sqrt{1-\frac{v^2}{c^2}}}=\gamma m_0\boldsymbol{v} \tag{21.35}$$

由于动量的概念在相对论力学中仍然适用,可以用动量对时间的变化率定义物体受到的作用力,即

$$\boldsymbol{F}=\frac{\mathrm{d}\boldsymbol{p}}{\mathrm{d}t}=\frac{\mathrm{d}(m\boldsymbol{v})}{\mathrm{d}t} \tag{21.36}$$

仍然是正确的。但是因为质量 m 不是常数,式(21.36)不再与表示式

$$\boldsymbol{F}=m\boldsymbol{a}=m\frac{\mathrm{d}\boldsymbol{v}}{\mathrm{d}t} \tag{21.37}$$

等价。牛顿第二定律公式(21.37)在相对论力学中不再成立。

相对论质量与速率关系式(21.34)的推导如下:

若已知 A、B 两个粒子在惯性系 S 中静止时的质量相同,现假设它们分别以速度 $\boldsymbol{v}_A=u\boldsymbol{i}$ 和 $\boldsymbol{v}_B=-u\boldsymbol{i}$ 沿 x 轴的正向和反向相对于静止观察者 G(如:地面上的观察者)运动,如图 21.11 所示,然后,相互碰撞并结合在一起形成一个新粒子 C,根据动量守恒定律,结合后的粒子 C 运动速度等于零,$\boldsymbol{v}_C=0$。

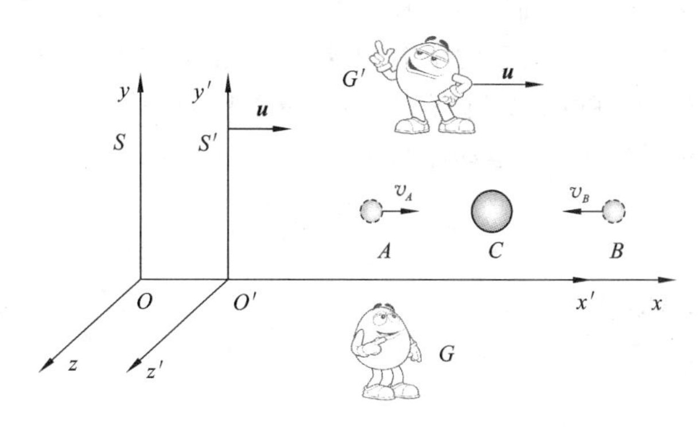

图 21.11　相对论质量推导

另外有一个观察者 G' 以速度 u 沿 x 轴做匀速直线运动,(如:列车上的观察者),将其取为

惯性系 S'。从观察者 G' 的角度来看,这两个粒子的碰撞过程仍然满足动量守恒定律,因此,在观察者 G' 所在的惯性系 S' 中,动量守恒定律可以表示为

$$m_A \boldsymbol{v}'_A + m_B \boldsymbol{v}'_B = (m_A + m_B)\boldsymbol{v}'_C \tag{21.38}$$

其中,m_A 和 m_B 分别是观察者 G' 测量粒子 A 和 B 的质量,它们与观察者 G 测量结果是不同的;$\boldsymbol{v}'_A$、$\boldsymbol{v}'_B$ 和 $\boldsymbol{v}'_C$ 分别是观察者 G' 测量粒子 A、B 和 C 的速度。根据相对论速度变换关系式(21.18),有

$$\boldsymbol{v}'_A = \frac{u-u}{1-\dfrac{u}{c^2}u} = 0 \tag{21.39}$$

$$\boldsymbol{v}'_B = \frac{-u-u}{1-\dfrac{u}{c^2}(-u)} = \frac{-2u}{1+\dfrac{u^2}{c^2}} \tag{21.40}$$

$$v'_C = \frac{0-u}{1-\dfrac{u}{c^2}\cdot 0} = -u \tag{21.41}$$

将式(21.39)、式(21.40)和式(21.41)代入式(21.38),得到粒子 A 和 B 质量的关系

$$m_B = \frac{c^2+u^2}{c^2-u^2} m_A \tag{21.42}$$

再由式(21.40)求解 u,并考虑超光速的限制,取一元二次方程的负号解,可以得到

$$u = -\frac{c^2}{v'_B}\left(1-\sqrt{1-\frac{(v'_B)^2}{c^2}}\right) \tag{21.43}$$

从式(21.42)和式(21.43)消去 u 有

$$m_B = \frac{m_A}{\sqrt{1-(v'_B)^2/c^2}} \tag{21.44}$$

此式说明,在惯性系 S' 中的观察者 G' 测量粒子 A 和 B 的质量 m_A 和 m_B 是有差别的。由式(21.39),$v'_A=0$,在惯性系 S' 中粒子 A 相对于观察者 G' 静止,因此,m_A 是静止质量,有 $m_A = m_0$,式(21.44)可写成

$$m_B = \frac{m_0}{\sqrt{1-(v'_B)^2/c^2}} \tag{21.45}$$

当粒子 B 相对于观察者 G' 也静止时,$v'_B=0$,上式可得 $m_B=m_0$,此时 m_B 也是静止质量,相同粒子的静止质量相等,都为 m_0。如果粒子 B 以速率 v'_B 相对于观察者 G' 运动,它的运动质量 m_B 大于其静止质量 m_0;m_B 和 v'_B 都是任意的,可以分别用 m、v 代替 m_B 和 v'_B,它们分别表示粒子的运动质量和相对于某观察者运动速率,式(21.45)可写成

$$m = \frac{m_0}{\sqrt{1-v^2/c^2}} \tag{21.46}$$

这就是要证明的式(21.34)。

21.4.2 相对论能量

当外力 $\boldsymbol{F}$ 对一个质点做功时,根据动能定理,质点动能的增量等于外力 $\boldsymbol{F}$ 对它所做的功;假设初始时刻质点静止,其静止质量为 m_0,外力 $\boldsymbol{F}$ 做功使质点的速率增加到 v,质点的动能可写成

$$E_k = \int_0^v \boldsymbol{F} \cdot \mathrm{d}\boldsymbol{r} = \int_0^v \frac{\mathrm{d}(m\boldsymbol{v})}{\mathrm{d}t} \cdot \mathrm{d}\boldsymbol{r} = \int_0^v \boldsymbol{v} \cdot \mathrm{d}(m\boldsymbol{v}) \tag{21.47}$$

由于 $\boldsymbol{v} \cdot \mathrm{d}(m\boldsymbol{v}) = m\boldsymbol{v} \cdot \mathrm{d}\boldsymbol{v} + \boldsymbol{v} \cdot \boldsymbol{v}\mathrm{d}m = mv\mathrm{d}v + v^2\mathrm{d}m$,并将式(21.34)改写成

$$m^2c^2 - m^2v^2 = m_0^2c^2$$

对上式两边求微分,消去 $2m$ 后有

$$c^2\mathrm{d}m = v^2\mathrm{d}m + mv\mathrm{d}v$$

因此有

$$\boldsymbol{v} \cdot \mathrm{d}(m\boldsymbol{v}) = c^2\mathrm{d}m \tag{21.48}$$

将式(21.48)代入式(21.47)可得

$$E_k = mc^2 - m_0c^2 \tag{21.49}$$

这就是**相对论动能**表示式,其中 m 和 m_0 分别是质点的相对论质量和静止质量。

质点的相对论动能表示式(21.49)与牛顿力学中动能表示式 $E_k = \frac{1}{2}mv^2$ 明显不同,但是,当 $v \ll c$ 时,作如下展开,取一级近似

$$\frac{1}{\sqrt{1-v^2/c^2}} \approx 1 + \frac{1}{2}\frac{v^2}{c^2}$$

从式(21.49)可得

$$E_k = \frac{m_0c^2}{\sqrt{1-v^2/c^2}} - m_0c^2 \approx m_0c^2\left(1+\frac{1}{2}\frac{v^2}{c^2}\right) - m_0c^2 = \frac{1}{2}m_0v^2$$

这回到宏观低速运动(相对于光速来说)物体的牛顿力学动能表示式,注意,此时式中的质量是静止质量 m_0。

在相对论动能表示式(21.49)中,等式右边为两项只差,可以认为与静止质量 m_0 相联系的 m_0c^2 表示粒子静止时所具有的能量,称为**静止能量(或静能)**。mc^2 表示粒子以速率 v 运动时所具有的能量,这个能量是粒子的总能量,称为**相对论能量**,可表示为

$$E = mc^2 = \frac{m_0c^2}{\sqrt{1-v^2/c^2}} \tag{21.50}$$

当粒子速率 v 等于零时,粒子的总能量就是其静止能量

$$E_0 = m_0c^2 \tag{21.51}$$

式(21.49)可写成

$$E_k = mc^2 - m_0c^2 = E - E_0 \tag{21.52}$$

这说明粒子的动能等于此时刻粒子总能量与静止能量之差。

上述的粒子是一个广义的说法,它可以是原子、分子或由它们组成的物质,粒子的总能量 E 是包含物质各种运动形式能量的总和。

例 21.8 电子的静止质量 $m_0 = 9.11 \times 10^{-31}$ kg。

(1) 试用焦耳和电子伏为单位,表示电子静能;(注:$1\ \mathrm{eV} = 1.60 \times 10^{-19}$ J)

(2) 静止电子经过10^6 V 电压加速后,其质量和速率各为多少?

解 (1) 电子静能

$$E_0 = m_0c^2 = 9.11 \times 10^{-31} \times 9.00 \times 10^{16} = 8.20 \times 10^{-14}\ (\mathrm{J})$$

$$E_0 = \frac{8.20 \times 10^{-14}}{1.60 \times 10^{-19}} = 0.51 \times 10^6\ \mathrm{eV} = 0.51\ (\mathrm{MeV})$$

(2) 静止电子经过10^6 V电压加速后，动能为

$$E_k=1.00\times10^6\ \text{eV}=1.00\times10^6\times1.60\times10^{-19}=1.60\times10^{-13}(\text{J})$$

比较以上结果，有$E_k\approx2E_0$，因此，必须考虑相对论效应。电子质量为

$$m=\frac{E}{c^2}=\frac{E_0+E_k}{c^2}=\frac{8.20\times10^{-14}+1.60\times10^{-13}}{9.00\times10^{16}}=2.69\times10^{-30}(\text{kg})$$

可见$m\approx3m_0$，由式(21.34)可得电子运动的速率

$$v=\sqrt{1-\frac{m_0{}^2}{m^2}}c=\sqrt{1-\frac{(9.11\times10^{-31})^2}{(2.69\times10^{-30})^2}}c=0.94c$$

例 21.9　在参考系S中有两个静止质量都是m_0的粒子A和B，它们分别以速度$v_A=vi$，$v_B=-vi$运动，相互碰撞后合成为一个静止质量为M_0的粒子，求M_0。

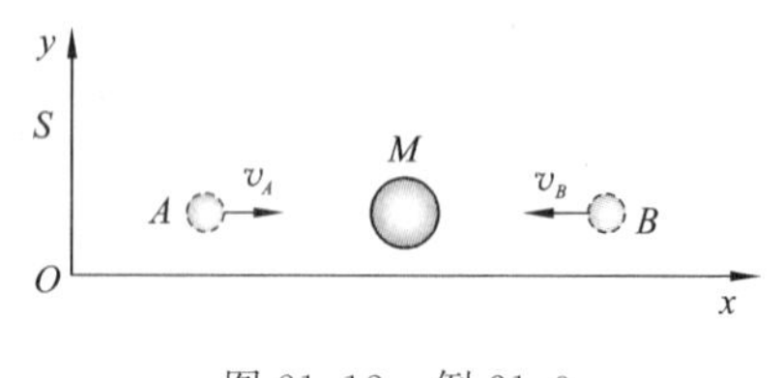

图 21.12　例 21.9

解　如图21.12所示，用M表示合成粒子的质量，其运动速度为v，根据动量守恒有

$$m_Av_A+m_Bv_B=Mv$$

式中m_A、m_B为碰撞前粒子A和B的质量，由于A、B的静质量相同，$m_{A0}=m_{B0}=m_0$，速率亦相同，所以$m_A=m_B$，又因为$v_A=-v_B$，所以上式给出$v=0$，即合成粒子是静止的，因此$M=M_0$。又根据能量守恒有

$$M_0c^2=m_Ac^2+m_Bc^2$$

即

$$M_0=m_A+m_B=\frac{2m_0}{\sqrt{1-v^2/c^2}}$$

此结果说明，$M_0\neq2m_0$，即系统总质量守恒，但静止质量之和可以不守恒。

21.4.3　质能关系

从式(21.40)可见相对论能量表示把粒子的能量E与它的质量m(包含静止质量m_0)联系起来，一定的能量对应一定的质量，两者的数值仅相差一个恒定因子c^2，能量与质量是等价的，这里的质量被赋予了新的意义，它是物质所含能量的量度，相对论能量表示式$E=mc^2$也称为**质能关系式**。

如果一个系统的质量发生Δm的变化，则该系统的能量也一定有相应的变化，即

$$\Delta E=\Delta(mc^2)=\Delta m\cdot c^2 \tag{21.53}$$

式(21.53)称为**质能守恒定律**。在原子核反应中，重核裂变或轻核聚变过程都会有系统的质量减少，称为**质量亏损**Δm，同时会伴随着大量核能ΔE释放。质能守恒定律的意义在于系统的能量守恒时，其质量必然守恒，因此，质能守恒律把能量守恒定律与质量守恒定律联系起来了。相对论力学中，若干个粒子在相互作用的过程中，系统总能量守恒，即

$$\sum_i E_i=\sum_i(m_ic^2)=\text{常量} \tag{21.54}$$

由式(21.54)可得

$$\sum_i m_i=\text{常量} \tag{21.55}$$

式(21.55)称为广义质量守恒律，其物理意义与经典情况下的质量守恒律不同，系统作用前后的静止质量之和可以不守恒，这是因为粒子的静止质量与运动质量可以相互转化，或者说是粒子静能与动能可以相互转化的结果。

21.4.4　动量能量关系式

静止质量为 m_0，速度为 v 的物体，其动量和总能量的表达式分别为

$$\boldsymbol{p}=m\boldsymbol{v}=\frac{m_0\boldsymbol{v}}{\sqrt{1-v^2/c^2}},\quad E=mc^2=\frac{m_0c^2}{\sqrt{1-v^2/c^2}}$$

考虑 $p^2=\boldsymbol{p}\cdot\boldsymbol{p}=m^2\boldsymbol{v}\cdot\boldsymbol{v}=m^2v^2$，从上式中消去 v 可得到物体动量和能量之间的一个重要关系式

$$E^2=p^2c^2+m_0^2c^4 \tag{21.56}$$

这就是**相对论动量能量关系式**。

静止质量非零的物体不能以光速运动，但是对于静止质量为零的粒子，按照相对论的观点，它以光速运动是可能的。对于这种粒子，$E_0=m_0c^2=0$，根据式(21.56)有 $E=E_k=pc$，因此，这种粒子的静止能量为零，其总能量等于动能，光子就是这样的粒子。

对于静止质量 m_0、动能为 E_k 的粒子，总能量可写成 $E=E_k+m_0c^2$，代入式(21.56)中，有

$$E_k{}^2+2E_km_0c^2=p^2c^2 \tag{21.57}$$

当 $v\ll c$ 时，粒子的动能 E_k 比其静止能量 m_0c^2 小很多，上式中第一项与第二项相比可以忽略，式(21.57)可写成

$$E_k=\frac{p^2}{2m_0}=\frac{1}{2}m_0v^2$$

这又回到了牛顿力学的动能表达式。

例 21.10　质量亏损与原子核的结合能。如果一个复杂的原子核由 N 个静止质量为 m_{0i} 的粒子所组成，这个原子核的静止质量为 M_0，实验数据指出：$\Delta M_0=\sum_i^N m_{0i}-M_0>0$，$\Delta M_0$ 称为质量亏损，对应的能量为 $\Delta E=\Delta M_0c^2$，ΔE 称为**原子核的结合能**，即分散的单个粒子结合成原子核时释放的能量。重核裂变和轻核聚变都有质量亏损，因此它们都有大量能量放出，这就是原子核能。在一种热核反应

$${}_1^2\mathrm{H}+{}_1^3\mathrm{H}\longrightarrow{}_2^4\mathrm{He}+{}_0^1\mathrm{n}$$

各种粒子的静止质量如下

氘核(${}_1^2\mathrm{H}$)　$m_D=3.3437\times10^{-27}$ kg，　氦核(${}_2^4\mathrm{He}$)　$m_{He}=6.6425\times10^{-27}$(kg)

氚核(${}_1^3\mathrm{H}$)　$m_T=5.0049\times10^{-27}$ kg，　中子(${}_0^1\mathrm{n}$)　$m_n=1.6750\times10^{-27}$(kg)

试求这一热核反应释放的能量是多少？

解　这一热核反应中的质量亏损为

$$\Delta M_0=(m_D+m_T)-(m_{He}+m_N)=0.0311\times10^{-27}(\mathrm{kg})$$

反应中释放的能量为

$$\Delta E=(\Delta M_0)c^2=0.0311\times10^{-27}\times9\times10^{16}=2.799\times10^{-12}(\mathrm{J})$$

1 kg 这种核燃料所释放的能量为

$$\frac{\Delta E}{m_D+m_T}=\frac{2.799\times10^{-12}}{8.3486\times10^{-27}}=3.35\times10^{14}(\mathrm{J\cdot kg^{-1}})$$

这一数值是 1 kg 优质煤燃烧所释放热量的 1 千万多倍，正因为如此，核能愈来愈受到人们的重视。

提　要

1. 伽利略变换

伽利略坐标变换式　$x'=x-ut$，$y'=y$，$z'=z$，$t'=t$

伽利略速度变换式　$v'_x=v_x-u$，$v'_y=v_y$，$v'_z=v_z$　或　$\boldsymbol{v}'=\boldsymbol{v}-\boldsymbol{u}$

2. 牛顿经典力学时空观(绝对时空观)

时间和空间的测量与观察者的运动状态无关，与惯性系的选择无关。

3. 伽利略相对性原理(力学相对性原理)

力学规律对于所有惯性系(或惯性观察者)相同。

4. 狭义相对论基本原理

相对性原理：物理学规律对于所有惯性系(或惯性观察者)都相同。

光速不变性原理：在所有惯性系中，光在真空中的速率为恒定值 c，与光源和观察者的运动状态无关。

5. 洛伦兹变换

时空坐标变换关系：

$$\text{正变换}\ \begin{cases} x'=\gamma(x-ut) \\ y'=y \\ z'=z \\ t'=\gamma\left(t-\dfrac{u}{c^2}x\right) \end{cases} \qquad \text{逆变换}\ \begin{cases} x=\gamma(x'+ut') \\ y=y' \\ z=z' \\ t=\gamma\left(t'+\dfrac{u}{c^2}x'\right) \end{cases}$$

相对论速度变换关系

$$v'_x=\frac{v_x-u}{1-\dfrac{u}{c^2}v_x},\quad v'_y=\frac{v_y}{\gamma\left(1-\dfrac{u}{c^2}v_x\right)},\quad v'_z=\frac{v_z}{\gamma\left(1-\dfrac{u}{c^2}v_x\right)}$$

6. 同时的相对性

两个事件的同时性与观察者运动状态有关，或者说与惯性系的选择有关。

7. 时间延缓效应

相对于两个事件运动时钟测量的时间间隔 $\Delta t'$ 比其固有时间 τ 长。

$$\Delta t'=\frac{\tau}{\sqrt{1-u^2/c^2}}$$

8. 运动尺度收缩

相对于细杆运动的观察者测量的长度 l 较其固有长度 l_0 短。

$$l=l_0\sqrt{1-\frac{u^2}{c^2}}$$

9. 因果律与信号传递速度

因果律要求物体运动和信号传递的速度都不能超过光速 c

10. 相对论质量

$$m=\frac{m_0}{\sqrt{1-v^2/c^2}}=\gamma m_0$$

11. 相对论动量

$$\boldsymbol{p}=\frac{m_0\boldsymbol{v}}{\sqrt{1-v^2/c^2}}$$

12. 相对论能量

静止能量：$E_0=m_0c^2$

相对论能量(也称质能关系)：$E=mc^2=\dfrac{m_0c^2}{\sqrt{1-v^2/c^2}}$

相对论动能：$E_k=mc^2-m_0c^2=E-E_0$

质能守恒定律：$\Delta E=\Delta(mc^2)=\Delta m\cdot c^2$

13. 动量能量关系式

$$E^2=p^2c^2+m_0^2c^4$$

思　考　题

21.1　有两个惯性参考系做相对运动，当它们的原点重合时在原点发出一光波，此后在两参考系中观察光波波阵面形状如何？如何解释？

21.2　下面两种论断是否正确？

(1) 在某个惯性参考系中同时、同地发生的两个事件，在所有其他惯性参考系中的观察者测量它们也一定是同时、同地发生的；

(2) 在某个惯性参考系中有两个事件，同时发生在不同地点，而在对该参考系有相对运动的其他惯性参考系中的观察者来说，这两个事件一定不同时发生。

21.3　相对论中运动物体长度收缩与物体线度的热胀冷缩是否为一回事？

21.4　什么是固有时间？为什么说固有时间最短？

21.5　相对论的时间和空间概念与经典力学的有何不同？有何联系？

21.6　在相对论中，对动量定义 $\boldsymbol{p}=m\boldsymbol{v}$ 和公式 $\boldsymbol{F}=\dfrac{\mathrm{d}\boldsymbol{p}}{\mathrm{d}t}$ 的理解，与在经典力学中的情况有何不同？在相对论中，$\boldsymbol{F}=m\boldsymbol{a}$ 是否成立？为什么？

习　　题

21.1　惯性系 S 和 S' 的坐标在 $t=t'=0$ 时重合，有一事件发生在 S' 系中的时空坐标为 $(60,10,0,8\times10^{-8})$. 若 S' 系相对于 S 系以速度 $u=0.6c$ 沿 x-x' 轴正方向运动，则该事件在 S 系中测量时空坐标 (x,y,z,t) 为多少？

21.2　惯性系 S' 以速度 $u=0.6c$ 相对于惯性系 S 沿 x-x' 轴正向运动，$t=t'=0$ 时坐标原点重合，事件 A 发生在 S 系中 $t_1=2.0\times10^{-7}$ s，$x_1=50$ m 处，事件 B 发生在系中 $t_2=3.0\times10^{-7}$ s，$x_2=10$ m 处，求 S 系中观察者测得两事件的时间间隔。

21.3　长为 4 m 的棒静止于惯性系 S 中的 xoy 平面内，并与 x 轴成 $30°$，惯性系 S' 以速度 $u=0.5c$ 相对于 S 系沿 $x-x'$ 轴正向运动，$t=t'=0$ 时两坐标原点重合，求 S' 系中测得此棒的长度和它与 x' 轴的夹角。

21.4　一个匀质薄板静止时测得长、宽分别是 a、b，质量为 m，假定该板沿长度方向以接近光速的速度 v 做匀速直线运动，那么它的长度为________，质量为________，面积密度(单位面积的质量)为________。

21.5　在惯性系 S 中有两个事件发生在同一地点,时间间隔为 $t_2-t_1=2\ \mathrm{s}$,在另一个相对于 S 系运动的惯性系 S' 中的观察者测量其时间间隔 $t_2'-t_1'=3\ \mathrm{s}$,那么 S' 系中的观察者测量两个事件发生的地点相距多远?

21.6　天津和北京相距 120 km。在北京于某日上午 9 时正有一工厂因过载而断电。同日在天津于 9 时 0 分 0.000 3 秒有一自行车与卡车相撞。试求在以 $u=0.8c$ 的速率沿北京到天津方向飞行的飞船中,观察到的这两个事件之间的时间间隔。哪一事件发生在前?

21.7　一个在实验室中以 $0.8c$ 速度运动的粒子,飞行 3 m 后衰变,按这个实验室中观察者的测量,该粒子存在了多长时间?由一个与该粒子一起运动的观察者来测量,这粒子衰变前存在了多长时间?

21.8　把电子的速度 $0.9c$ 增加到 $0.99c$,所需的能量是多少?这时电子的质量增加了多少?

21.9　电子静止质量 $m_0=9.1\times10^{-31}\ \mathrm{kg}$,当它具有 $2.6\times10^5\ \mathrm{eV}$ 动能时,增加的质量与静止质量之比是多少?

21.10　设某微观粒子的总能量是它的静止能量的 k 倍,则其运动速度的大小是多少?(c 表示真空中光速)

21.11　在什么速度下粒子的动量等于非相对论动量的两倍?又在什么速度下粒子的动能等于非相对论动能的两倍?

21.12　在氢的核聚变反应中,氢原子核聚变成质量较大的核,每用 1 g 氢约损失 0.006 g 静止质量.而 1 g 氢燃烧变成水释放出的能量为 $1.3\times10^5\ \mathrm{J}$。氢的核聚变反应中释放出来的能量与同质量的氢燃烧变成水释放出的能量之比为多少?

21.13　两个静止质量都是 m_0 的粒子,其中一个静止,另一个以 $v=0.8c$ 的速度运动,在它们相互碰撞后合成在一起,求碰撞后合成粒子的质量、速度及静止质量。

第 22 章　波粒二象性

量子理论起源于对波粒二象性的认识。本章按照波粒二象性的发现过程，首先介绍普朗克在研究黑体辐射时提出的能量子概念，再介绍爱因斯坦解释光电效应时引入的光子概念，并用光子概念解释康普顿效应和氢原子光谱，说明玻尔的氢原子理论，最后阐述德布罗意引入的物质波概念，说明粒子的波粒二象性的概念及物理含义。这些基本概念都是对经典物理的突破，是学习量子理论的基础。

22.1　黑体辐射

22.1.1　热辐射基本概念　黑体辐射

1. 热辐射基本概念

在物质内部由于带电粒子的热运动而引起的电磁辐射称为热辐射。在任何温度下都存在带电粒子的热运动，因此热辐射是一个普遍的物理现象。不仅是“热的”物体（比如炉中炙热的煤块），还是“冷的”物体（比如冰块），都有热辐射。实验表明，在不同温度下，物体辐射的电磁波的能量按波长（频率）有不同的分布，比如铁块被加热时，一开始只发热，看不到它发光。随着温度不断升高，铁块变得暗红、赤红、橙黄，最后变成黄白色。这种辐射的电磁波能量按波长的分布随温度变化的情况可以用单色辐射出射度（又称单色辐射本领）来进行定量描述。当物体温度为 T 时，波长为 λ 的单色辐射出射度是指单位时间内从物体单位表面积发出的波长在 λ 附近单位区间的电磁波的能量，用 $M_\lambda(T)$ 表示，单位为 $\mathrm{W \cdot m^{-3}}$。该温度下单位时间从物体单位面积辐射的电磁波的总能量，即物体的辐射出射度（或辐射功率），用 $M(T)$ 表示，单位为 $\mathrm{W \cdot m^{-2}}$。

$$M(T) = \int_0^\infty M_\lambda(T)\,\mathrm{d}\lambda \tag{22.1}$$

物体在辐射电磁波的同时，还在吸收照射它表面的电磁波。如果在同一时间内从物体表面辐射的电磁波能量与吸收的电磁波能量相等，物体就处于温度一定的热平衡状态，此时的热辐射也称为平衡热辐射，下面只讨论平衡热辐射的情形。

当电磁波照射在不透明的物体表面，能量一部分被吸收，另一部分被反射（如果物体是透明的，则还有一部分能量透射）。物体吸收的能量占入射总能量的比值称为吸收比，用 $\alpha(\lambda, T)$ 表示；反射的能量占入射总能量的比值称为反射比，用 $\gamma(\lambda, T)$ 表示；对于不透明的物体

$$\alpha(\lambda, T) + \gamma(\lambda, T) = 1$$

如果物体可以完全吸收照射在其表面的全部电磁波能量，则它的吸收比 $\alpha(\lambda, T) = 1$，这样的物体称为黑体。实验表明辐射能力越强的物体，其吸收能力越强。理论上也可以证明，尽管各种材料的单色辐射出射度 $M_\lambda(T)$ 和吸收比 $\alpha(\lambda, T)$ 有很大的不同，但是在同一温度下二者

的比值$\frac{M_\lambda(T)}{\alpha(\lambda,T)}$与材料无关,是一个确定的值,即

$$\frac{M_\lambda(T)}{\alpha(\lambda,T)}=\left[\frac{M_\lambda(T)}{\alpha(\lambda,T)}\right]_{黑体}=M_\lambda(T)_{黑体}$$

因此黑体的单色辐射出射度应是各种材料中最大的,而且只与波长和温度有关。黑体辐射的规律也是研究其他材料的热辐射规律的基础。

2. 黑体辐射的实验规律

黑体是一个理想化模型。自然界中的物质吸收比最大也只能达到99%,如煤烟。用不透明的材料做成一个空腔,如图22.1所示,在腔壁上开一个小孔,则射入小孔的光线经过腔内壁的多次反射,很难从小孔中出来。这样的一个可以吸收各种波长的电磁波的小孔就视为一个黑体。加热这个空腔到不同温度,用分光技术测量由小孔辐射出的电磁波的能量按波长的分布,就可以研究不同温度下的黑体辐射的规律。如图22.2所示为不同温度下实验测量的黑体的$M_\lambda(T)\sim\lambda$曲线。

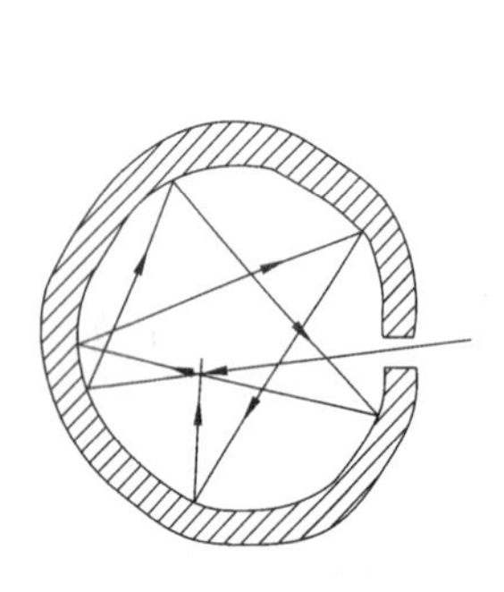

图22.1　黑体模型

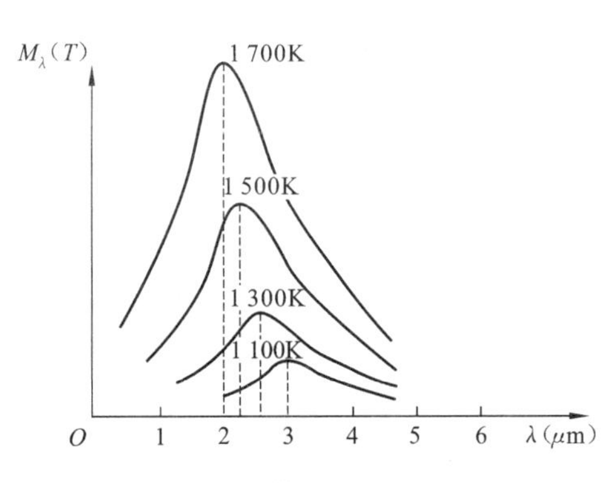

图22.2　黑体曲线$M_\lambda(T)\sim\lambda$

实验测量结果反映出黑体辐射具有以下规律:

1) 斯特藩-玻尔兹曼定律

某温度下黑体的辐射出射度$M(T)$(即曲线$M_\lambda(T)\sim\lambda$下方的面积)与温度T的四次方成正比,即

$$M(T)=\sigma T^4 \tag{22.2}$$

式中:$\sigma=5.670\times10^{-8}\ \mathrm{W\cdot m^{-2}\cdot K^{-4}}$,称为斯特藩-玻尔兹曼常量。

2) 维恩位移定律

某温度下黑体辐射中单色辐射出射度$M_\lambda(T)$最大的电磁波波长λ_m由下式表示,则

$$T\lambda_m=b \tag{22.3}$$

式中:常量$b=2.897\times10^{-3}\ \mathrm{m\cdot K}$。该式指出当温度升高时,$\lambda_m$向短波方向移动。

例22.1　测得太阳和北极星的辐射谱的λ_m分别为510 nm和350 nm,试估算太阳和北极星表面温度和辐射功率。

解　将太阳和北极星视为黑体,由式(22.3)可得二者表面温度分别为

太阳:
$$T=\frac{b}{\lambda_m}=\frac{2.897\times10^{-3}}{510\times10^{-9}}=5\,700\ (\mathrm{K})$$

北极星：
$$T=\frac{b}{\lambda_m}=\frac{2.897\times10^{-3}}{350\times10^{-9}}=8\ 300\ (\mathrm{K})$$

由(22.2)式可得，二者辐射功率分别为

太阳：$M(T)=\sigma T^4=5.670\times10^{-8}\times5\ 700^4=6\times10^7(\mathrm{W\cdot m^{-2}})$

北极星：$M(T)=\sigma T^4=5.670\times10^{-8}\times8\ 300^4=27\times10^7(\mathrm{W\cdot m^{-2}})$

22.1.2　普朗克量子假设

19 世纪末，许多物理学家试图在经典物理学的基础上对黑体辐射规律从理论上给以解释，即从理论上推出符合实验曲线的 $M_\lambda(T)=f(\lambda,T)$ 的函数关系。其中最有代表性的有维恩公式和瑞利-金斯公式。

1896 年维恩从麦克斯韦分布律出发，把黑体空腔中的电磁波看作是各种波长的平面电磁波的叠加，从而导出

$$M_\lambda(T)=\alpha\lambda^{-5}\mathrm{e}^{-\beta/\lambda T} \tag{22.4}$$

式中 α、β 均为常量。该式给出的结果在短波部分与实验曲线符合得很好，但在长波部分与实验结果偏差较大(见图 22.3)。

1900 年瑞利和金斯认为电磁波在黑体空腔中振荡形成驻波，利用能量均分定理导出

$$M_\lambda(T)=2\pi c\lambda^{-4}kT \tag{22.5}$$

该式给出的结果在低频部分与实验曲线符合，但在高频部分与实验结果相差太大，甚至可以趋于无限大。这一在高频区域出现能量发散的情况，在物理学史上称为“紫外灾难”(如图 22.3 所示)。

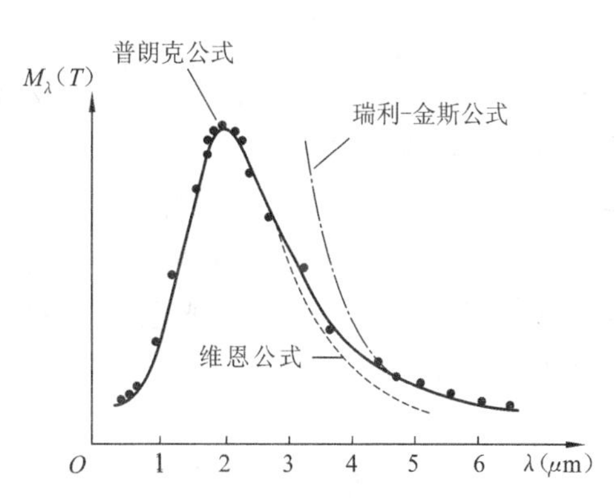

图 22.3　黑体辐射的理论与实验结果的比较

普朗克通过对以上两个公式的仔细分析，大胆地引入能量量子化假设，于 1900 年 12 月 14 日发表了普朗克公式

$$M_\lambda(T)=\frac{2\pi hc^2\lambda^{-5}}{\mathrm{e}^{hc/\lambda kT}-1} \tag{22.6}$$

该式在短波区域可以变换为维恩公式，在长波区域可以变换为瑞利－金斯公式，在全部频率范围与实验结果相符合(如图 22.4 所示)。式中 $h=6.626\ 075\ 5\times10^{-34}\ \mathrm{J\cdot s}$，为普朗克常数，$c$ 和 k 分别为光速和玻尔兹曼常量。

普朗克的能量量子化假设是：

(1) 组成黑体腔壁的分子或原子可看做带电的线性谐振子，这些谐振子可以吸收和辐射电磁波，与周围的电磁场交换能量；

(2) 这些谐振子的能量不能连续变化，只能处于某些特定的能量状态，每一状态的能量只能是最小能量 ε_0 的整数倍，ε_0 与谐振子的振动频率 ν 有关

$$\varepsilon_0=h\nu \tag{22.7}$$

那么谐振子的能量可以表示为

$$\varepsilon=n\varepsilon_0=nh\nu \tag{22.8}$$

其中 $n=1,2,\cdots$一系列正整数，称为量子数。

在能量观点上,普朗克的能量量子化假设与经典物理理论有本质的区别。在经典理论中,能量是连续的,物体吸收或辐射的能量可以是任意的值;按照普朗克的量子假设,能量则是不连续的,物体吸收或辐射的能量只能是某个最小单元 $h\nu$ 的整数倍。就是普朗克本人,也觉得提出能量量子化假设是“绝望地”、“不惜任何代价地”。

利用普朗克公式(22.6)还可以推出斯特藩-玻尔兹曼定律式(22.2)和维恩位移定律式(22.3),这进一步证明了普朗克的理论和实验能够很好地符合。毋庸置疑,普朗克的能量量子化假设引导了物理学观念上的变革,对物理学的发展具有重要意义。普朗克也因此获得1918年的诺贝尔物理学奖。

22.2 光电效应 爱因斯坦光量子理论

22.2.1 光电效应的实验规律

光照射在金属表面时有电子逸出的现象称为光电效应,所逸出的电子称为光电子,这一现象是赫兹在1886—1887年间在实验中偶然发现的。

研究光电效应的实验装置简图如图22.4所示。GD是一个光电管(管内为真空)当光通过石英玻璃照射阴极K时,阴极金属释放出光电子;在光电管两极之间加上一定的电压U,光电子在电场作用下加速下飞向阳极,从而在回路中形成光电流i。

当入射光频率一定时,实验测量光电流i和光电管两极电压U之间的关系,得到的关系曲线如图22.5所示。由图中可知,在一定光强I下,光电流i随加速电压($U>0$)的增大而增大,当加速电压增大到一定值时,光电流i不再增大,此时光电流达到饱和,说明此时从阴极逸出的光电子已经全部被阳极接受。饱和光电流用i_m表示。而且实验表明,饱和光电流和光强成正比。当加速电压减小到零时并变负值时,光电流并不为零,说明逸出的光电子具有一定的动能,在没有电场加速下或者受到电场阻碍时,都可以到达阳极;只有当反向电压增大到U_c时,光电流才为零,U_c称为截止电压;说明此时从阴极逸出的、具有最大动能的光电子,在电场阻碍下不能到达阳极了。因此截止电压与逸出光电子所具有的最大动能之间的关系应为

$$\frac{1}{2}mv_m^2=eU_c \tag{22.9}$$

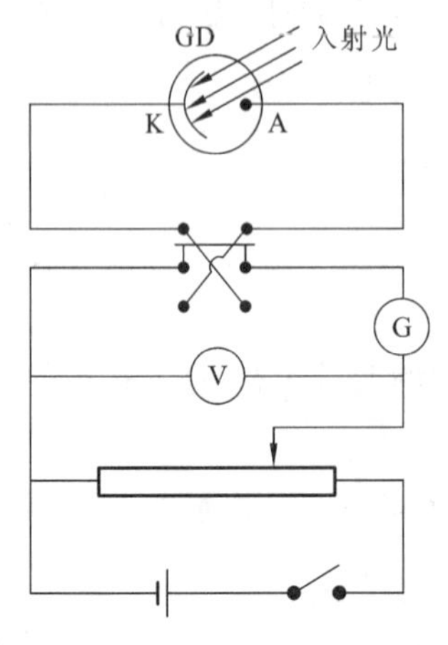

图22.4 光电效应的实验装置简图

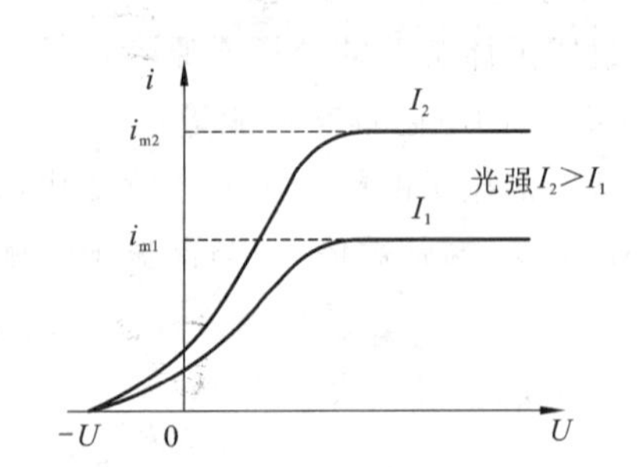

图22.5 光电流i和光电管两极电压U之间的关系

其中 m 和 e 分别是电子的质量和电量，v_m 表示逸出光电子所具有的最大速度。图 22.5 表明 U_c 与入射光的光强无关。

另外，当改变入射光的频率 ν 时，得到 $U_c \sim \nu$ 的实验关系，如图 22.6 所示，二者为一线性关系，表明 U_c 与入射光的频率有关。该线性关系可以表示为

$$U_c = K(\nu - \nu_0) \tag{22.10}$$

并且，对于不同的阴极金属材料，斜率 K 都是一个常量，与金属种类无关。但是对于不同的阴极金属材料，直线与横轴的交点 ν_0 是不同的。实验表明，当入射光频率 $\nu < \nu_0$ 时，不管光强多大，都不会有电子从金属中逸出；只有当 $\nu \geqslant \nu_0$ 时，才会产生光电效应。因此 ν_0 称为金属的红限频率，是使金属产生光电效应的最低频率。

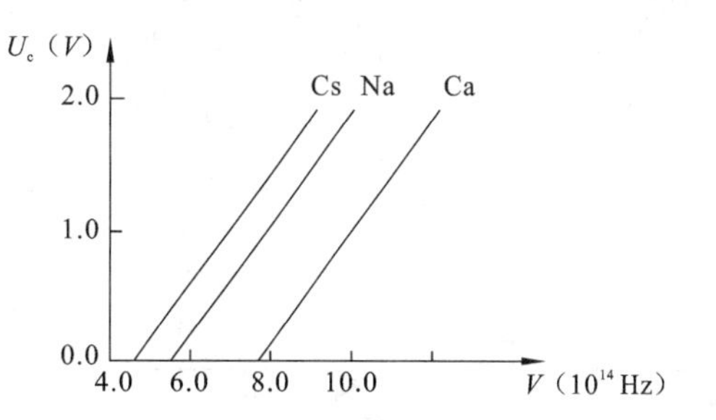

图 22.6　截止电压 U_c 与入射光频率 ν 之间的关系

实验还测定，金属表面从接受光照到逸出光电子，所需时间不超过 10^{-8} s。

以上光电效应的实验规律是经典电磁理论无法解释的。经典电磁理论认为，金属中的电子是在入射光的作用下产生受迫振动，由于光强与入射光的振幅的平方成正比，无论入射光的频率如何，只要光强足够大，或光照时间足够长，金属中的电子都可以积累到足够的能量挣脱原子核的束缚逸出金属表面，产生光电效应。因此逸出光电子所具有的最大初动能应取决于入射光强与照射时间，而不是入射光频率，也不应该存在红限频率。

22.2.2　爱因斯坦光量子假设

1905 年，爱因斯坦为了解释光电效应，在普朗克能量子假设的基础上提出了光子假设。他认为，光的能量不仅在发射和吸收时是量子化的，在空间传播时也是量子化的。在真空中传播的一束光，是由以光速运动的粒子组成的粒子流，这些粒子称为**光子**，每一个光子的能量为

$$E = h\nu \tag{22.11}$$

按照爱因斯坦光量子假设，当频率为 ν 的光照射金属时，金属中的一个电子吸收一个光子的能量 $h\nu$，并转化为动能，当电子吸收的能量 $h\nu$ 大于电子的逸出功 A（电子用于克服金属表面电场所需要的能量），就可以逸出金属表面，产生光电效应。根据能量守恒定律，逸出光电子的最大初动能为

$$\frac{1}{2}mv_m^2 = hv - A \tag{22.12}$$

该式称为**爱因斯坦光电效应方程**。用此方程可以圆满解释光电效应的实验规律。

首先，该式说明光电效应的形成机制是一个电子吸收一个光子的能量，电子吸收能量不需要时间积累，因而光电效应的产生应该是瞬时的。

其次，该式表明，只有当 $hv \geqslant A$，才可能有光电子逸出金属表面，即存在红限频率 ν_0，ν_0 由金属材料的逸出功决定，即

$$v_0 = \frac{A}{h} \tag{22.13}$$

表 22.1 列出了几种金属材料的逸出功及红限频率的值。

表 22.1　几种金属的逸出功和红限频率

金属	红限频率 ν_0(10^{14} Hz)	逸出功 A(eV)
钨	10.95	4.54
钙	7.73	3.20
钠	5.53	2.29
钾	5.44	2.25
铷	5.15	2.16
铯	4.69	1.94

结合式(22.9),可得

$$eU_c=h\nu-A$$

整理得到 $U_c\sim\nu$ 的线性关系为

$$U_c=\frac{h}{e}\left(\nu-\frac{A}{h}\right) \tag{22.14}$$

该式说明截止电压与入射光的频率有关。而且对比式(22.10),可知

$$K=\frac{h}{e}$$

说明斜率 K 是一个与金属种类无关的常量。

最后,根据爱因斯坦光量子假设,光强表示单位时间入射的光子的数量,光强大说明光子数多,则产生的光电流就多,因而饱和光电流和光强成正比。

爱因斯坦光量子假设对光电效应的圆满解释说明了光子概念是正确的。

例 22.2　要从铝中移出一个电子至少需要 4.2 eV 的能量,用波长为 200 nm 的光照射铝,问:

(1) 逸出光电子的最大动能是多少?

(2) 截止电压是多少?

(3) 铝的红限波长是多少?

解　已知铝的逸出功为 $A=4.2$ eV

(1) 根据光电效应方程式(22.12),逸出光电子的最大动能为

$$\frac{1}{2}mv_m^2=h\nu-A=\frac{hc}{\lambda}-A=\left(\frac{6.63\times10^{-34}\times3\times10^8}{200\times10^{-9}\times1.6\times10^{-19}}-4.2\right)=2.0\ (\text{eV})$$

(2) 根据式(22.9):$eU_c=\frac{1}{2}mv_m^2=2.0$ eV,截止电压为 $U_c=2.0$ (V)

(3) 根据式(22.13):$\nu_0=\dfrac{A}{h}$,铝的红限波长为

$$\lambda_0=\frac{c}{\nu_0}=\frac{ch}{A}=\frac{6.63\times10^{-34}\times3\times10^8}{4.2\times1.6\times10^{-19}}=296\ (\text{nm})$$

22.2.3　光的波粒二象性

在 19 世纪,通过光的干涉、衍射等实验,人们已经认识到光的波动性,,并建立了光的电磁理论——麦克斯韦理论。刚进入 20 世纪,通过光电效应,人们又认识到光的粒子性。综合起来,光既具有波动性,又具有粒子性,即**光是波粒二象性**的。有些情况下,光突出地显示其波动性,如干涉、衍射等现象;而在另一些情况下,光突出地显示其粒子性,如光电效应。

光的波动性用光波的波长 λ 和频率 ν 来描述,二者的乘积

$$\lambda\nu=c \tag{22.15}$$

这里 c 是光速，表示光波的波速。

光的粒子性用光子的质量 m、能量 ε 以及动量 p 来描述，根据相对论质能关系，

$$\varepsilon=mc^2,\quad p=mc=\frac{\varepsilon}{c} \tag{22.16}$$

这里的光速 c 表示光子的运动速度。

结合式(22.11)和式(22.15)，可得光子的动量

$$p=\frac{h\nu}{c}=\frac{h}{\lambda} \tag{22.17}$$

以及光子的质量

$$m=\frac{h\nu}{c^2}=\frac{h}{c\lambda} \tag{22.18}$$

式(22.11)和式(22.17)式给出了描述光的波粒二象性的基本关系式

$$\varepsilon=h\nu, p=\frac{h}{\lambda}$$

式中左侧是描述光的粒子性的物理量，右侧是描述光的波动性的物理量，它们的值通过普朗克常数相互联系。

22.3　康普顿效应

22.3.1　康普顿效应的实验规律

1922～1923 年间，康普顿在研究 X 射线通过金属、石墨等物质散射后的光谱成分，发现散射谱中有与入射谱线波长 λ_0 相同的谱线，也有波长 $\lambda>\lambda_0$ 的谱线，这一现象，称为康普顿效应。波长差 $\Delta\lambda=\lambda-\lambda_0$，称为康普顿移动。

图 22.7 为康普顿效应的实验装置简图。从 X 射线源 R 射出的波长为 λ_0 的 X 射线，先经过光栅 B，得到一狭窄的射线束，再经散射物质 A 散射后，由摄谱仪 S 测量不同散射角 φ 方向上的散射线的波长和强度。图 22.8 为以石墨为散射物质的康普顿效应实验结果。

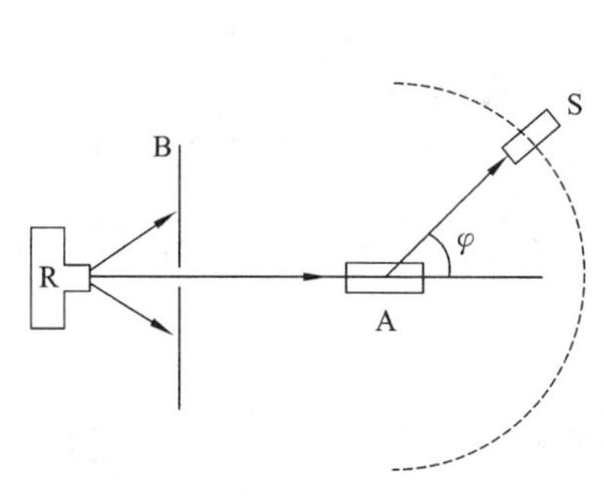

图 22.7　康普顿效应的实验装置简图

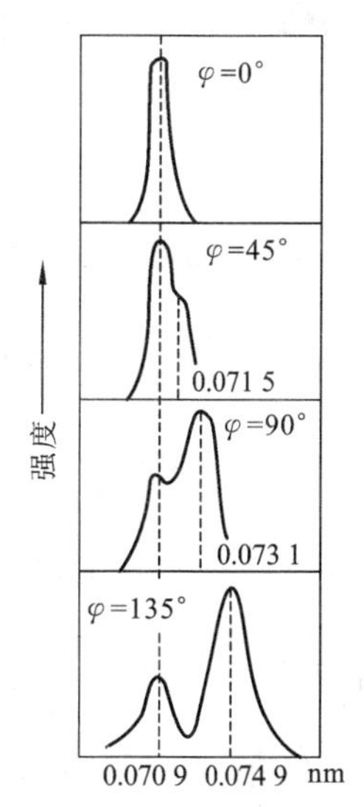

图 22.8　石墨的康普顿效应实验结果

1926 年我国科学家吴有训通过研究同一散射角方向 15 种不同的元素(如 Li,Be,B,C 等)的散射谱线,得到以下结论:

(1) 只要散射角 φ 一定,康普顿移动 $\Delta\lambda$ 就相同,即:$\Delta\lambda$ 与散射物质无关,仅随散射角 φ 变化,二者关系为

$$\Delta\lambda=\lambda-\lambda_0=\lambda_c(1-\cos\varphi) \tag{22.19}$$

实验测定 $\lambda_c=0.002\,41$ nm,称为**康普顿波长**。

(2) 原子量小的物质,康普顿效应较强;原子量大的物质,康普顿效应较弱。

按照经典的电磁理论,当电磁波通过物质时,将引起物质内部带电粒子的受迫振动,受迫振动的频率与入射电磁波的频率一致。因此振动的带电粒子向四周辐射的电磁波(即散射光)的频率(波长)应与入射电磁波的频率波长一致,而不应该出现散射光波长变大的现象。可见,经典的电磁理论无法解释康普顿效应。

22.3.2 康普顿效应的光子理论解释

康普顿用光量子的观点完美地解释了康普顿效应。他认为光与物质内部带电粒子的相互作用是光子与电子等带电粒子发生了弹性碰撞。按照此观点,对康普顿效应的实质解释如下:

(1) 物质内部有许多与原子核联系较弱的电子可视为自由电子。同时因为这些电子的热运动平均动能($\sim10^{-2}$ eV)远小于入射的 X 射线光子的能量($10^4\sim10^5$ eV),可以认为它们也是静止的。当一个 X 射线光子与一个静止的自由电子发生弹性碰撞,按照能量与动量守恒,应有以下关系式成立

$$h\nu_0+m_0c^2=h\nu+mc^2 \tag{22.20}$$

$$\frac{h\nu_0}{c}\boldsymbol{e}_0=\frac{h\nu}{c}\boldsymbol{e}+m\boldsymbol{v} \tag{22.21}$$

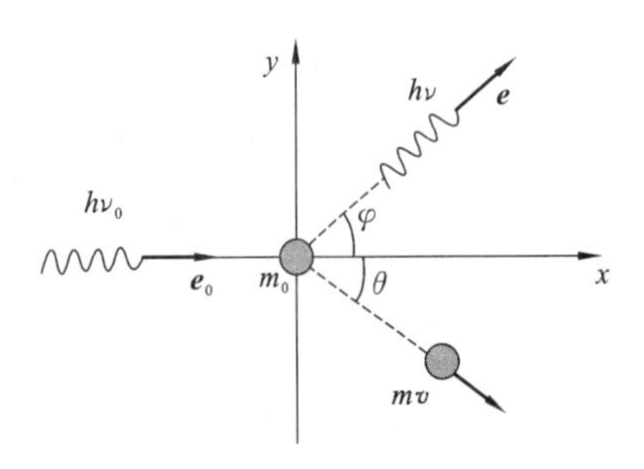

图 22.9 光子与静止的自由电子的弹性碰撞

其中 ν_0 和 ν 分别是碰撞前后光子的频率,$\boldsymbol{e}_0$ 和 $\boldsymbol{e}$ 分别表示碰撞前后光子的运动方向上的单位矢量(如图 22.9 所示);m_0 是电子的静止质量,m,$\boldsymbol{v}$ 分别为碰撞后反冲电子的质量和速度

$$m=\frac{m_0}{\sqrt{1-\dfrac{v^2}{c^2}}}$$

式(22.20)表示碰撞前入射光子能量 $h\nu_0$ 与静止电子的能量 m_0c^2 的和等于碰撞后散射光子的能量 $h\nu$ 与反冲电子的能量 mc^2 的和。也可将式(22.20)写为

$$h\nu_0-h\nu=mc^2-m_0c^2=E_k \tag{22.22}$$

式(22.22)理解为碰撞后电子获得的动能 E_k 等于光子损失的能量;而光子因为失去了部分能量,因而散射光频率减小,波长变大。而式(22.21)表示碰撞前入射光子动量 $\frac{h\nu_0}{c}\boldsymbol{e}_0$ 等于碰撞后散射光子的动量 $\frac{h\nu}{c}\boldsymbol{e}$ 与反冲电子的动量 $m\boldsymbol{v}$ 的矢量和。

将式(22.20)和式(22.21)联立求解,可以得到康普顿移动

$$\Delta\lambda=\lambda-\lambda_0=\frac{h}{m_0c}(1-\cos\varphi)$$

与式(22.19)比较可知

$$\lambda_c=\frac{h}{m_0 c} \tag{22.23}$$

将普朗克常数 h,电子质量 m_0,以及光速 c 的值代入计算可得 $\lambda_c=0.002\,43$ nm,与实验测量结果完全符合。

(2) 当 X 射线光子与被原子核紧密束缚的内层电子发生碰撞,则相当于是和整个原子发生碰撞,因为原子的质量要比光子的质量大得多,这样的碰撞也可看作是完全弹性碰撞,此时光子基本没有能量损失,因而散射光子的波长不变。

(3) 氢原子中的电子一般束缚较弱,重原子中的电子只有外层电子束缚较弱,内层电子束缚紧密。因此原子量小的物质,康普顿效应较强;原子量大的物质,康普顿效应较弱。

综上所述,用光量子理论可以圆满地解释康普顿效应的实验规律,这不仅进一步证实了光量子理论的正确性,同时也说明了能量守恒和动量守恒两个定律在微观粒子的相互作用过程中同样适用。

例 22.3　波长 $\lambda_0=0.01$ nm 的 X 射线与静止的自由电子碰撞,在与入射方向成90°角的方向上观察时,散射 X 射线的波长为多少?反冲电子的动能、动量各为多少?

解　根据式(22.19),$\Delta\lambda=\lambda_c(1-\cos\varphi)=0.002\,43\times(1-\cos 90°)=0.002\,4$ nm,散射 X 射线的波长为

$$\lambda=\lambda_0+\Delta\lambda=0.012\,4\ (\text{nm})$$

根据式(22.22)),反冲电子的动能

$$\begin{aligned}E_k&=h\nu_0-h\nu=hc\left(\frac{1}{\lambda_0}-\frac{1}{\lambda}\right)\\&=6.63\times10^{-34}\times3\times10^{8}\times\left(\frac{1}{0.01\times10^{-9}}-\frac{1}{0.0124\times10^{-9}}\right)\\&=3.8\times10^{-15}\text{J}=2.4\times10^{4}(\text{eV})\end{aligned}$$

根据动量守恒关系,并参照图 22.10,可得 $mv\cos\theta=\frac{h}{\lambda_0}$,$mv\sin\theta=\frac{h}{\lambda}$,则反冲电子的动量

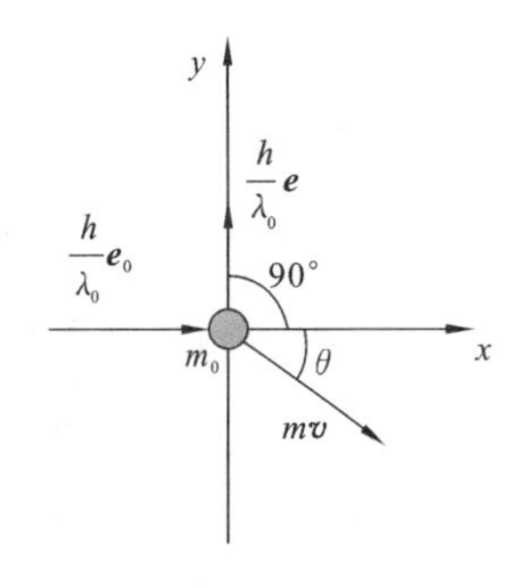

图 22.10　例 22.3 图

$$\begin{aligned}mv&=\sqrt{\left(\frac{h}{\lambda_0}\right)^2+\left(\frac{h}{\lambda}\right)^2}=\frac{h}{\lambda_0\lambda}\sqrt{\lambda_0^2+\lambda^2}\\&=\frac{6.63\times10^{-34}}{0.01\times10^{-9}\times0.012\,4\times10^{-9}}\times\sqrt{(0.01^2+0.012\,4^2)}\times10^{-9}\\&=8.5\times10^{-23}(\text{N}\cdot\text{s})\end{aligned}$$

$$\tan\theta=\frac{\lambda_0}{\lambda}=\frac{0.01}{0.0124}=0.806,\theta=38.9°$$

22.4　玻尔的氢原子理论

22.4.1　氢原子光谱的实验规律

原子光谱是研究原子结构的重要途径。用适当波长的光照射或用电子轰击物体,都可以激发物体中的原子或分子,使其发光,称为原子光谱。实验发现原子光谱都是不连续的线状谱,而且每一种原子都具有自己的特征光谱。

1865 年,巴尔末发现(1890 年里德伯整理),在可见光范围内的氢原子谱线(谱线波长 λ 分

别为 656.3 nm,486.1 nm,434.1 nm,410.2 nm)可用一个简单的公式表示为

$$\frac{1}{\lambda}=R\left(\frac{1}{2^2}-\frac{1}{n^2}\right)\quad(n=3,4,5,\cdots) \tag{22.24}$$

式中:$R=1.096\,776\times10^7\ \text{m}^{-1}$,称为里德伯常数。式(22.24)称为氢原子光谱巴尔末系的里德伯公式。

20 世纪初,帕邢红外区发现氢原子光谱的一个线系

$$\frac{1}{\lambda}=R\left(\frac{1}{3^2}-\frac{1}{n^2}\right)\quad(n=4,5,6,\cdots) \tag{22.25}$$

该线系称为帕邢系。

这一时期人们对其他元素(如一价碱金属)的光谱也进行了研究,发现碱金属光谱也可以分为若干线系,与氢原子光谱有着类似的规律。

原子光谱的实验规律正是原子内部结构的表现,但当时人们对原子结构一无所知,因此对这些实验规律无法给出圆满的解释。

22.4.2 玻尔的氢原子假设

1911 年英国物理学家卢瑟福在 α 粒子散射实验的基础上提出了原子的核式结构:原子中有一个集中了所有正电荷 Ze(Z 为原子序数,e 为电子电量)以及几乎全部原子质量的极小的区域,其线度在$10^{-14}\sim10^{-15}$ m,称为原子核;其周围有 Z 个带电荷$-e$ 的电子绕核运动。按照经典的电磁理论,电子绕核做加速运动应该产生电磁辐射,辐射的电磁波的频率等于电子绕核运动的频率。由于电磁辐射将导致整个原子系统的能量不断减少,电子运动的轨道半径越来越小,相应的转动频率也越来越高。因此,原子辐射的光谱应是连续的,而不是实验观察到的线状谱。同时,由于电子运动的轨道半径越来越小,电子将沿螺旋线接近原子核,最终落在原子核上,因而原子不可能是个稳定的系统。

为了解决上述疑问,1913 年,丹麦物理学家玻尔在卢瑟福的原子核式结构基础上,结合原子光谱的实验规律,将普朗克的能量子和爱因斯坦的光量子概念推广到原子系统,提出了三个基本假设,创立了半经典半量子的氢原子理论,使得氢原子光谱得到圆满地解释。

玻尔理论的基本假设为:

1. 轨道角动量量子化假设

原子中的电子绕核做圆周运动的角动量 L 必须是$\frac{h}{2\pi}$的整数倍,即

$$L=mvr=n\frac{h}{2\pi}=n\hbar\quad(n=1,2,3,\cdots) \tag{22.26}$$

式中,m 为电子质量,v,r 分别为电子做圆周运动的速度大小和轨道半径,n 为量子数,$\hbar=\frac{h}{2\pi}$,也称为普朗克常数。

2. 定态假设

原子中的电子只能在一定的轨道上绕核做圆周运动。电子在这些轨道上运动时,不辐射电磁波,原子系统的能量是稳定的,称为**定态**。

根据卢瑟福的原子核式结构,由于原子核的质量远大于电子质量,可以认为原子核是静止的,电子绕核做半径 r,速度大小为 v 的圆周运动。以氢原子为例,如图 22.11 所示,氢原子核

对电子的库仑作用作为向心力

$$\frac{e^2}{4\pi\varepsilon_0 r^2}=\frac{mv^2}{r} \tag{22.27}$$

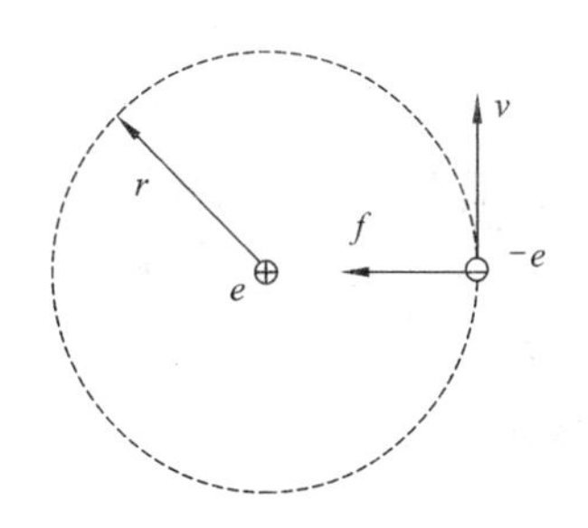

图 22.11　氢原子核外电子的轨道运动

得到电子的动能为

$$E_k=\frac{1}{2}mv^2=\frac{e^2}{8\pi\varepsilon_0 r}$$

同时氢原子系统所具有的电势能为

$$E_p=-\frac{e^2}{4\pi\varepsilon_0 r}$$

氢原子系统的总能量为

$$E=E_k+E_p=-\frac{e^2}{8\pi\varepsilon_0 r} \tag{22.28}$$

根据式(22.26)，将 $v=\frac{n\hbar}{mr}$代入式(22.27)可得

$$r_n=n^2\left(\frac{4\pi\varepsilon_0\hbar}{me^2}\right)=n^2a_0\quad n=1,2,3,\cdots \tag{22.29}$$

代入常数计算可得 $a_0=0.053$ nm，称为**玻尔半径**。上式表明，电子绕核运动的轨道半径是量子化的。玻尔半径 a_0 也是氢原子核外电子绕核运动的最小轨道半径。

将式(22.29)代入式(22.28)，可得氢原子的能量为

$$E_n=-\frac{e^2}{8\pi\varepsilon_0 r_n}=-\frac{1}{n^2}\left(\frac{me^4}{8\varepsilon_0^2h^2}\right)=-\frac{|E_1|}{n^2}\quad n=1,2,3,\cdots \tag{22.30}$$

代入常数计算可得 $|E_1|=13.6$ eV。上式表明，氢原子的能量也是量子化的。这种分立的能量也称为**能级**。

根据玻尔的氢原子理论，我们可以这样描述氢原子中电子的运动状态。当 $n=1$ 时，电子在 $r_1=a_0$ 的轨道上运动，此时氢原子的能量为 $E_1=-13.6$ eV，这是氢原子的最低能量状态，称为**基态**；当 n 取大于 1 的正整数 2,3,4,…时，电子在 $r_n=n^2a_0$ 的轨道上运动，此时氢原子的能量为 $E_n=-\frac{13.6}{n^2}$ eV，高于基态能量，称为**激发态**；按照 $n=2,3,4,\cdots$的顺序依次称为第一激发态、第二激发态…；同时因为负的能量代表电子是被核束缚的，因此基态和激发态也称为**束缚态**；当 $n\to\infty$时，$E_\infty=0$，电子脱离核的束缚成为自由电子，这一状态称为**电离态**。

3. 频率跃迁假设

当电子从一个轨道跃迁到另一个轨道，即原子的能量从一个能级变化到另一个能级时，要辐射或吸收光子，光子的能量等于这两个能级的能量差。即

$$hV=E_n-E_k \tag{22.31}$$

原子从低能级跃迁到高能级时吸收光子，称为吸收跃迁；从高能级跃迁到低能级时辐射光子，称为辐射跃迁。

对于氢原子光谱，如果 $n>k$，即 $E_n>E_k$，根据式(22.31)，辐射的光子的频率为

$$V=\frac{|E_1|}{h}\left(\frac{1}{k^2}-\frac{1}{n^2}\right)$$

再由 $v\lambda=c$，可得波长的倒数为

$$\frac{1}{\lambda}=\frac{|E_1|}{hc}\left(\frac{1}{k^2}-\frac{1}{n^2}\right)=R'\left(\frac{1}{k^2}-\frac{1}{n^2}\right) \tag{22.32}$$

上式就是里德伯公式。计算得到式中 $R'=1.097\ 373\times10^7\ \mathrm{m}^{-1}$,与实验值符合得很好。1915～1924 年间,在波尔理论的指导下,人们陆续在紫外区和红外区发现氢原子光谱的几个线系。分别为:

赖曼系(T. Lyman)(紫外区)　$\frac{1}{\lambda}=R\left(\frac{1}{1^2}-\frac{1}{n^2}\right)$　$(n=2,3,4,\cdots)$

布喇开(F. Brackett)系(红外区)　$\frac{1}{\lambda}=R\left(\frac{1}{4^2}-\frac{1}{n^2}\right)$　$(n=5,6,7,\cdots)$

普丰特(A. H. Pfund)系(红外区)　$\frac{1}{\lambda}=R\left(\frac{1}{5^2}-\frac{1}{n^2}\right)$　$(n=6,7,8,\cdots)$

图 22.12 说明了氢原子光谱各线系与能级跃迁的关系。

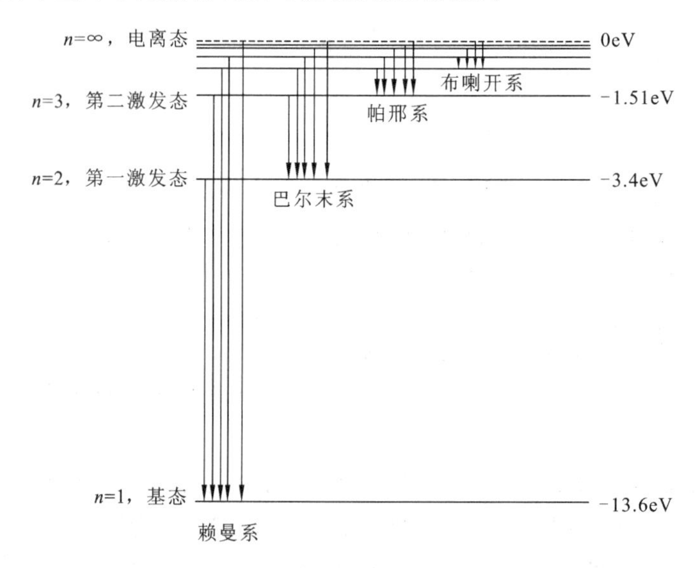

图 22.12　氢原子光谱各线系的能级跃迁

玻尔的氢原子理论可以成功解释氢原子和类氢离子的光谱,是原子量子理论的重要开端,玻尔也因此获得了 1922 年的诺贝尔物理学奖。但是,玻尔理论却不能对稍微复杂的碱金属光谱给出合理解释。此外,如果用高分辨率的摄谱仪观察氢原子和类氢离子的光谱,可以发现每一条谱线实际上是由靠得很近的几条谱线组成,这一现象称为光谱的精细结构;还有 1898 年发现的塞曼效应(谱线在磁场中分裂的现象),对于这些实验现象玻尔理论也不能做出解释。原因在于,玻尔理论只是经典力学概念与量子化条件混合的产物,并没有抓住微观粒子的波粒二象性的本质属性。

22.5　实物粒子的波粒二象性

22.5.1　德布罗意物质波假设

实物粒子就是静止质量不为零的粒子。1924 年德国物理学家德布罗意基于对自然界的对称性思考,在光的波粒二象性的启发下指出:整个 19 世纪以来,在光学中,比起波动的研究方法,我们过于忽略了粒子的研究方法。而在实物粒子的理论中,我们是不是把粒子的图像想得过多，过于忽略了波的图像呢？于是，他提出大胆的假设，认为一切实物粒子也应当具有波粒二象性。对比光子的能量、动量与频率、波长之间的关系，德布罗意认为实物粒子的表示粒子性的物理量(质量 m，能量 E，动量 p)与表示波动性的物理量(频率 ν，频率 λ)之间的关系为

$$E=mc^2=h\nu,\quad \nu=\frac{E}{h} \tag{22.33}$$

$$p=mv=\frac{h}{\lambda},\quad \lambda=\frac{h}{p} \tag{22.34}$$

上述关系称为德布罗意公式，与实物粒子相联系的波称为**德布罗意波或物质波**。

德布罗意物质波的概念提出后，很快就在实验上得到证实。1927 年。戴维逊和革末将加速电子投射到晶体表面，观察到与 X 射线衍射类似的电子衍射现象。同年，汤姆逊观察到电子束穿过多晶薄膜的衍射图样。1961 年，约恩逊得到电子束通过单缝、双缝、三缝等的明暗相间的衍射条纹。以上实验事实都直接证明了电子的波动性。除了电子外，陆续有实验证实中子、质子、原子以及分子等都具有波动性。德布罗意公式对这些粒子也同样正确。所以，德布罗意公式是表示实物粒子波粒二象性的基本公式。

微观粒子的波动性在现代科技上已有广泛应用。如电子显微镜，因为电子的波长可以很短，因此电子显微镜的分辨能力要比光学显微镜高得多，可以达到 0.1 nm，不仅可以看到蛋白质等较大分子，还可以分辨单个原子的尺寸。

22.5.2　德布罗意波的统计解释

在经典理论中，波是连续的，代表某种实际可观测的物理量(机械波中的位移，电磁波中的电场、磁场强度)的空间分布的周期性变化，并呈现出波的相干叠加性(如干涉、衍射现象)；而粒子是分立的，总是与确定的位置、速度、轨道相联系。这两种特性应该如何统一在同一客体上呢？

类比光的波粒二象性，玻恩于 1926 年对实物粒子的波粒二象性提出了令人信服的解释。他认为，从统计学的角度可以把光波的强度与光子出现的概率相对应，光强大的地方光子出现的概率大，光强小的地方光子出现的概率小；那么，如果用相同的观点来分析电子的衍射图样，衍射图样中的明条纹表示电子出现在该位置的概率大，非明条纹处电子出现概率小。对单个粒子来说，某时刻在空间某处出现具有偶然性；但对于大量粒子而言，它们在空间的分布服从一定的规律，形成连续的分布曲线，从而体现了具有连续特征的波动性。与光波可以用关于场强的波函数描述一样，因为光强$\propto$振幅的平方$\propto$光子出现的概率，如果用一个波函数 Ψ 来描述德布罗意波，那么这个波函数的振幅的平方$\propto$粒子出现的概率。这就是玻恩对实物粒子的**波粒二象性的统计解释：德布罗意波(物质波)描述的是粒子在空间各处出现的概率，德布罗意波是概率波**。

需要指出的是，这种波动性不是大量粒子集体才具有的特征。进一步的电子衍射实验表明，如果让电子一个一个地射到晶体表面，经过足够长的时间，一样可以得到与电子束射到晶体表面相同的衍射图样。这一实验现象说明了波动性是单个粒子具有的属性。

综上所述，我们对实物粒子的认识为：它是粒子，具有稳定的结构、质量和能量，但它不是经典的粒子，不能用确定的位置、速度、轨道来描述；它的空间位置是用波函数来描述的，波函数只能给出粒子在空间各处出现的概率；物质波和经典的波一样具有相干叠加性，有干涉、衍射现象，但是与经典的波代表某种实际物理量的周期性变化不同，物质波的波函数本身不具有

实在的物理意义。简而言之,实物粒子不是经典的粒子,也不是经典的波。

例 22.4 电视机的显像管中电子的加速电压为 9 kV,电子的物质波波长是多少?

解 显像管中电子的动能为

$$E_k = eU = 9\ (\text{keV})$$

电子的静能为 $E_0 = m_0 c^2 = \dfrac{9.11\times10^{-31}\times(3\times10^8)^2}{1.6\times10^{-19}} = 0.51\ (\text{MeV})$

当 $E_k \ll E_0$ 时,不需要考虑相对论效应,因此电子的动量为

$$p = \sqrt{2m_0E_k}$$

物质波波长为

$$\lambda = \frac{h}{p} = \frac{h}{\sqrt{2m_0E_k}} = \frac{6.63\times10^{-34}}{\sqrt{9\times10^3\times1.6\times10^{-19}}} = 1.75\times10^{-26}(\text{m})$$

结果表明,显像管中的电子的波动性表现非常微弱,可视为经典粒子。

例 22.5 分别计算动能为 E_k 时的电子和光子的波长、频率和波速。(假设 $E_k \ll E_0$,不考虑相对论效应)

解 (1) 根据式(22.33)和式(22.34),电子物质波波长和频率分别为

$$\lambda = \frac{h}{p} = \frac{h}{\sqrt{2m_0E_k}},\quad \nu = \frac{E}{h} = \frac{m_0c^2 + E_k}{h}$$

波速 $u = \lambda\nu = \dfrac{m_0c^2 + E_k}{\sqrt{2m_0E_k}}$,若电子的运动速度为 v,并考虑 $E_k \ll E_0$,可得

$$u = \frac{m_0c^2}{m_0v} = \frac{c^2}{v}$$

因为 $v<c$,所以 $u>c$。u 也称为相速度,不是实际物体的运动速度,可以大于光速。

(2) 因为光子速度为 c,静能为零,光子的动能就是光子的总能,即

$$E = E_k = mc^2$$

且

$$p = mc = \frac{E_k}{c}$$

所以光子的波长和频率分别为

$$\lambda = \frac{h}{mc} = \frac{hc}{E_k},\quad \nu = \frac{E}{h} = \frac{E_k}{h}$$

且

$$v\lambda = c$$

22.6 不确定关系

不确定关系是微观粒子的波动性所表现出来的基本特征。因为粒子的波动性,粒子在空间何处出现是一种随机行为,而不是经典力学中可以用确定的轨道来描述。既然不存在粒子运动的轨道,那么就不可能像经典力学中一样用确定的位置和动量来描述粒子的运动状态。

1927 年,德国物理学家海森伯通过对若干理想实验的思考,提出了微观粒子的不确定关系。

以电子的单缝衍射为例。如图 22.13 所示,一束动量为 p 的电子经过缝宽为 a 的单缝 S,

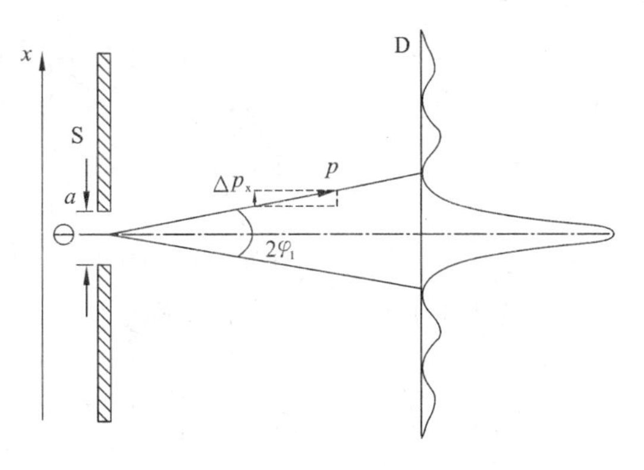

图 22.13　电子的单缝衍射

发生衍射，在屏 D 上形成衍射条纹。因为中央明条纹的强度远大于其他各级明纹，说明通过狭缝后的电子落在中央明条纹范围的概率极大，因此只考虑中央明条纹范围。电子的物质波波长 $\lambda=\dfrac{h}{p}$，根据光的单缝衍射公式

$$a\sin\varphi=k\lambda \quad (k=1,2,3,\cdots)$$

可得到中央明条纹的衍射角范围

$$\sin\varphi_1=\frac{\lambda}{a} \tag{22.35}$$

当电子通过狭缝时，我们只知道它通过狭缝，却无法确定通过狭缝的具体位置，因而缝宽 a 就表示了电子位置的不确定量 Δx；通过狭缝后的电子可以落在 $+\varphi_1\sim-\varphi_1$ 之间的任何一个位置，说明电子通过狭缝的同时电子动量在 x 方向存在一个不确定量 Δp_x，而且 $\Delta p_x=p\sin\varphi_1$，结合式(22.35)，可得：

$$\Delta p_x\cdot\Delta x=p\sin\varphi_1\cdot a=p\lambda=h$$

考虑到衍射条纹的其他各级明条纹，则有 $\Delta p_x\geqslant p\sin\varphi_1$，那么

$$\Delta p_x\cdot\Delta x\geqslant h \tag{22.36}$$

更一般的推导给出

$$\Delta p_x\cdot\Delta x\geqslant\frac{\hbar}{2},\hbar=\frac{h}{2\pi}=1.055\times10^{-34}\,\mathrm{J\cdot s} \tag{22.37}$$

对于三维空间，有 $\Delta p_y\cdot\Delta y\geqslant\dfrac{\hbar}{2}$，$\Delta p_z\cdot\Delta z\geqslant\dfrac{\hbar}{2}$ 的关系存在。这些关系式称为海森伯不确定关系。该关系说明，粒子的位置坐标和动量不可能同时进行准确地测量。若是粒子的坐标测得越精确，则动量的偏差就越大，反之亦然。

普朗克常数 h 在海森伯不确定关系中，起到判断一个物体系统是否是量子系统的标尺的作用。如果对于一个物体系统来说，h 的数量级可以忽略不计，则式(22.37)可以写为

$$\Delta p_x\cdot\Delta x\geqslant0$$

表明该物体系统的位置坐标和动量可以同时准确测量，该系统可以用经典的物理方法来处理；反之，若 h 的数量级不能忽略，该系统必须用量子理论进行研究。

时间和能量也有这样的不确定关系。如果原子处于某一能级的时间是 Δt，那么这一能级的能量存在一个不确定范围 ΔE，有

$$\Delta E\cdot\Delta t\geqslant\frac{\hbar}{2} \tag{22.38}$$

该关系说明，粒子处于某一能级的时间越短，该能级的能量不确定范围就越大。原子能级具有一个不确定的范围，说明原子光谱线必然存在一定的宽度。

例 22.6　电视机的显像管中电子的加速电压为 9 kV，若电子束的直径为 0.1 mm，根据不确定关系说明显像管中的电子能否用经典力学的方法进行处理？如果是原子中的电子呢？原子的线度为10^{-10} m。

解　(1) 已知显像管电子束中电子的横向位置不确定量 $\Delta x=0.1\times10^{-3}$ m，根据式(22.37)，电子的横向速度不确定量

$$\Delta v_x=\frac{\hbar}{2m_0\Delta x}=\frac{1.055\times10^{-34}}{2\times9.1\times10^{-31}\times0.1\times10^{-3}}=0.58\ (\mathrm{m\cdot s^{-1}})$$

电子的速度

$$v=\sqrt{\frac{2eU}{m_0}}=\sqrt{\frac{2\times1.6\times10^{-19}\times9\times10^{3}}{9.1\times10^{-31}}}=5.66\times10^{7}(\mathrm{m\cdot s^{-1}})$$

可见 $\Delta v_x\ll v$,这时电子可视为经典粒子,服从经典力学规律。

(2) 已知原子中的电子位置不确定量 $\Delta x=10^{-10}$ m,根据式(22.36),电子的横向速度不确定量

$$\Delta v_x=\frac{\hbar}{2m_0\Delta x}=\frac{1.055\times10^{-34}}{2\times9.1\times10^{-31}\times10^{-10}}=5.8\times10^{5}(\mathrm{m\cdot s^{-1}})$$

根据玻尔理论式(22.25)$L=mvr=n\hbar$可以估算原子中电子速度的数量级,令 $n=1,r_1=0.053$ nm,则

$$v=\frac{\hbar}{m_0r_1}=\frac{1.055\times10^{-34}}{9.1\times10^{-31}\times0.053\times10^{-9}}=2.2\times10^{6}(\mathrm{m\cdot s^{-1}})$$

可见 Δv_x 与 v 的数量级极为接近,原子中的电子无法具有确定的速度,也就没有确定的轨道,因而不能视为经典粒子。

提　　要

1. 普朗克量子假设:　　$\varepsilon_0=h\nu$

2. 光电效应:光照射在金属表面时有电子逸出的现象

实验规律:

(1) U_c 与入射光的光强无关,$\frac{1}{2}mv_m^2=eU_c$;

(2) U_c 与入射光的频率有关;

(3)只有当入射光的频率 $\nu\geqslant\nu_0$ 时,才会产生光电效应,ν_0 为金属的红限频率,由金属材料的逸出功决定,$v_0=\frac{A}{h}$;

(4) 光电效应的产生是瞬时的。

爱因斯坦光电效应方程:$\frac{1}{2}mv_m^2-hv-A$

表明当频率为 ν 的光照射金属时,金属中的一个电子吸收一个光子的能量 $h\nu$,并转化为动能,当电子吸收的能量 $h\nu$ 大于电子的逸出功 A,就可以逸出金属表面,产生光电效应。

3. 光的波粒二象性:$\varepsilon=h\nu,p=\frac{h}{\lambda}$

光的波动性:$\lambda\nu=c$,c 表示光波的波速

光的粒子性:$\varepsilon=mc^2,p=mc=\frac{\varepsilon}{c}$,$c$ 表示光子的运动速度

4. 康普顿效应:X 射线通过物质散射后,散射谱中有与入射谱线波长 λ_0 相同的谱线,也有波长 $\lambda>\lambda_0$ 的谱线。

康普顿效应的光量子解释:

(1) 一个 X 射线光子与一个静止的自由电子发生弹性碰撞,电子获得动能,光子损失部分

能量，因而散射光子波长变大。根据能量守恒

$$h\nu_0 + m_0 c^2 = h\nu + mc^2$$

以及动量守恒：

$$\frac{h\nu_0}{c}\boldsymbol{e}_0 = \frac{h\nu}{c}\boldsymbol{e} + m\boldsymbol{v}$$

可以得到散射光子的波长改变，即康普顿移动

$$\Delta\lambda = \lambda - \lambda_0 = \lambda_c(1-\cos\varphi)$$

$o\lambda$ 与散射物质无关，仅随散射角 φ 变化。康普顿波长 $\lambda_c = 0.002\ 43\ \text{nm}$。

(2) 当X射线光子与内层电子发生碰撞，此时光子能量损失，散射光子的波长不变。

5. 玻尔氢原子理论的三个基本假设：

(1) 轨道角动量量子化假设：$L = mvr = n\dfrac{h}{2\pi} = n\hbar$ ($n = 1,2,3,\cdots,n$)为量子数；

(2) 定态假设：原子中的电子只能在一定的轨道上绕核做圆周运动，此时原子的能量是稳定的，即为定态。

轨道半径：$r_n = n^2 a_0$，玻尔半径 $a_0 = 0.053\ \text{nm}$ ($n = 1,2,3,\cdots$)

能级：$E_n = -\dfrac{|E_1|}{n^2}$，$|E_1| = 13.6\ \text{eV}$ ($n = 1,2,3,\cdots$)

基态 $E_1 = -13.6\ \text{eV}$，为氢原子的最低能量状态；n 取大于1的正整数2,3,4,…时，氢原子的能量高于基态能量，为激发态；$n\to\infty$ 时，$E_\infty = 0$，称为电离态。

(3) 频率跃迁假设：　　$hv = E_n - E_k$

6. 德布罗意物质波假设，实物粒子的波粒二象性

$$\varepsilon = mc^2 = h\nu，\text{或 } \nu = \frac{\varepsilon}{h}$$

$$p = mv = \frac{h}{\lambda}，\text{或 } \lambda = \frac{h}{p}$$

玻恩对实物粒子的波粒二象性的统计解释：德布罗意波(物质波)是概率波，描述的是粒子在空间各处出现的概率。

7. 不确定关系

粒子的位置和动量的不确定关系：$\Delta p_x \cdot \Delta x \geqslant \dfrac{\hbar}{2}$

说明，粒子的位置坐标和动量不可能同时进行准确地测量

时间和能量的不确定关系：　$\Delta E \cdot \Delta t \geqslant \dfrac{\hbar}{2}$

说明，粒子处于某一能级的时间越短，该能级的能量不确定范围就越大。

思　考　题

22.1　一般温度计测温要与被测物体进行热接触，对于无法进行热接触的物体，比如炼钢炉内炽热的钢水，以及遥远的星体，我们可以用怎样的办法来测量它们的温度呢？

22.2　刚粉刷过内墙的房间从远处看，即使是在白天，它开着的窗口也是黑的，这是为什么？

22.3　在光电效应实验中，分别将入射光的强度和波长减小一半，对实验结果会有怎样的影响？

22.4 在光电效应方程中,为什么说$\frac{1}{2}mv_m^2=h\nu-A$是逸出光电子的最大初动能?

22.5 如果用可见光做康普顿散射实验,实验结果会如何?

22.6 光电效应和康普顿散射都可以解释为光子与电子的相互作用,作用过程中的能量和动量是不是都守恒?

22.7 相同波长的电子和光子,它们的频率、动量、动能相同吗?

22.8 解释以下概念:定态、基态、激发态、束缚态、电离态。

22.9 玻尔理论中与实物粒子的波粒二象性相矛盾的地方是什么?

22.10 若普朗克常数$h\to 0$,对实物粒子的波粒二象性会有什么影响?若光速$c\to\infty$,对时空的相对性会有什么影响?

习　题

22.1 夜间地面降温主要是由于地面的热辐射。设晴朗的夜间的地面温度为2 ℃,将地面视为黑体,估算每平方米地面失去热量的速率是多少?

22.2 地球表面太阳光的强度约为1.0 kW·m^{-2},设某一太阳能水箱的涂黑面正对阳光,请按黑体辐射的规律计算达到热平衡时,水箱的温度可以达到多少摄氏度?

22.3 测得从某壁炉小孔辐射出来的单位面积的辐射功率为20 W·cm^{-2},求炉内温度和辐射谱中的极值波长。

22.4 银河系宇宙空间内星光的能量密度为10^{-15} J·m^{-3},其光子的数密度是多少?假定光子的平均波长为500 nm。

22.5 在距离功率为1.0 W的灯泡1.0 m处垂直于光线放置一钾片,钾片的逸出功为2.25 eV,若钾片中的一个电子可以在$r=1.3\times10^{-10}$ m的圆面积内吸收电磁波的能量。按照经典的电磁理论,钾片中的一个电子要逸出金属表面,需要多少时间?

22.6 波长为200 nm的单色光照射金属表面,逸出光电子的最大动能是2.0 eV,试求:(1)金属的逸出功?(2)该金属的红限频率是多少?(3)若改用100 nm的单色光照射金属表面,金属的逸出功和红限频率是多少?逸出光电子的最大动能是多少?

22.7 在康普顿实验中,能量为0.5 MeV的入射光子射中一个电子,该电子获得的动能为0.1 MeV,问散射光子的波长和散射角是多少?

22.8 波长为0.0710 nm的X射线入射到石墨上,与入射角方向成45°角的散射X射线的波长是多少?反冲电子的动量是多少?

22.9 在康普顿散射中,入射X射线的波长为0.003 nm,测得反冲电子的速率为0.6c,求散射X射线的波长和散射方向。

22.10 在康普顿散射中,电子可能获得的最大能量是60 keV,求入射光子的波长和能量。

22.11 根据氢原子光谱规律计算巴尔末线系中最短和最长的谱线波长。

22.12 波长为63.6 nm的紫外线照射在基态氢原子上,可否使之电离?激发出的光电子动能是多少?光电子远离原子核后的运动速度是多少?

22.13 分别计算动能为100 eV的电子和光子的波长。

22.14 在电子双缝干涉实验中,电子的加速电压为50 kV,双缝间距为2 nm,屏到双缝间距离为 35 cm，计算电子的波长和屏上干涉条纹间距。

22.15　(1) 室温(300 K)下的中子称为热中子，求热中子的德布罗意波长；

(2) 某中子的德布罗意波长为 0.2 nm，它的动能是多少？

(3) 以上两问是否需要考虑相对论效应，为什么？

22.16　光子和静止质量为 1 g 的实物粒子的波长都为 0.01 nm，求它们各自的动量 p、动能 ε_k、总能 ε 和速度 v。

22.17　沿 x 方向运动的电子和子弹(质量为 10 g)的速率都是 800 $m \cdot s^{-1}$，且速率的不确定度都为 0.01%，求它们的 x 坐标的不确定量？

22.18　设光波为 40 m 长的正弦波列，光波波长为 400 nm，求其波长的不确定量。

22.19　一个电子处于某能态的时间为10^{-8} s，此能态的能量最小不确定量是多少？

第23章　量子力学基础

由于微观粒子的波粒二象性，我们无法用经典力学中坐标、动量、轨道等概念来描述微观粒子的运动状态，经典力学中用于描述物体运动的基本方程 $\boldsymbol{F}=m\boldsymbol{a}$ 对微观粒子也不适用。为了描述微观粒子的运动规律，我们需要一套新的理论体系，20世纪初，经过许多物理学家的研究与探索，最终由薛定谔和海森伯等人从不同途径建立起一套与经典理论完全不同的理论体系——量子力学。在量子力学中，微观粒子的运动状态由波函数来描述，微观粒子运动的基本方程称为薛定谔方程，波函数是薛定谔方程的解。本章中，我们将首先介绍粒子的波函数所具有的基本形式和特性，再给出薛定谔方程的基本形式，并简要说明建立方程的基本思路。然后将薛定谔方程运用于一维无限深势阱中的粒子、有势垒存在时的粒子以及线性谐振子等情况，着重说明由薛定谔方程得到的微观粒子不同于经典粒子的重要特征。

23.1　波函数　薛定谔方程

23.1.1　波函数

1. 波函数的一般表达形式

按照德布罗意的假设，一个具有能量为 E、动量为 p 的运动粒子，同时具有波动性，波长 $\lambda=\dfrac{h}{p}$、频率 $\nu=\dfrac{E}{h}$，如果用 Ψ 表示粒子的波函数，Ψ 应该具有怎样的形式呢？

首先考虑一个自由粒子的波函数。假定自由粒子沿 x 轴方向做匀速直线运动，因为自由粒子不受力，动量、能量不变，所以波长、频率都不变，因此自由粒子的波函数可以用一个单色平面波来表示。即

$$\Psi=\Psi_0\cos 2\pi\left(\nu t-\frac{x}{\lambda}\right) \tag{23.1}$$

德布罗意把物质波的波函数定义为复数形式。

$$\Psi(x,t)=\Psi_0 e^{-i2\pi\left(\nu t-\frac{x}{\lambda}\right)} \tag{23.2}$$

式(23.1)是式(23.2)的实部。以 $\nu=\dfrac{E}{h}$，$\lambda=\dfrac{h}{p}$ 代入式(23.2)，可以得到

$$\Psi(x,t)=\Psi_0 e^{-i(Et-px)/\hbar} \tag{23.3}$$

其共轭波函数是 $\Psi^*(x,t)=\Psi_0 e^{i(Et-px)/\hbar}$。

对于在三维空间中运动的自由粒子，设 $\boldsymbol{r}$ 表示从坐标原点指向自由粒子的位矢，则自由粒子的波函数为

$$\Psi(\boldsymbol{r},t)=\Psi_0 e^{-i(Et-\boldsymbol{p}\cdot\boldsymbol{r})/\hbar} \tag{23.4}$$

2. 波函数的特性

自由粒子的波函数振幅的平方

$$\Psi_0^2 = |\Psi(\boldsymbol{r},t)|^2 = \Psi^*(\boldsymbol{r},t) \cdot \Psi(\boldsymbol{r},t) \tag{23.5}$$

按照玻恩对物质波的波函数的统计解释，波函数本身并不具有实在的物理意义，波函数振幅的平方 $\Psi_0{}^2$ 表示在单位体积发现一个粒子的概率，即概率密度。那么在 t 时刻，$\boldsymbol{r}$ 处的一个体积元 $\mathrm{d}V$ 中发现一个粒子的概率 $\mathrm{d}W$ 为

$$\mathrm{d}W = |\Psi(\boldsymbol{r},t)|^2 \mathrm{d}V \tag{23.6}$$

因为概率不会在某处发生突变，而且每一处的概率只能对应一个值，概率的值也不可能无限大，即概率应该是连续、单值、有限的。因此，波函数也应该具有**连续**、**单值**、**有限**的性质，这被称为**波函数的标准条件**。

此外，由于粒子必定会出现在空间中的某一点，所以粒子在空间各点出现的概率总和等于1，也就是式(23.6)对全空间的积分应等于1，即

$$\iiint \mathrm{d}W = \iiint |\Psi(\boldsymbol{r},t)|^2 \mathrm{d}V = 1 \tag{23.7}$$

上式称为**波函数的归一化条件**。

非自由粒子要受到外力作用，其能量、动量不再守恒，频率和波长也会随时间改变，描述非自由粒子的波函数不再是简谐波，而是各种简谐波函数的叠加形式。

23.1.2　薛定谔方程

按照量子力学的观点，当粒子的波函数 $\Psi(\boldsymbol{r},t)$ 确定后，在空间某处发现一个粒子的概率以及任何一个力学量的测量值都将完全确定。因此量子力学中最核心的问题就是要找出能够描述在各种情况下的微观粒子的运动的方程(就像经典力学中的牛顿第二定律一样)，通过这个方程可以得到粒子的各种可能的波函数。1926 年，薛定谔建立了低速情况下微观粒子在外力场中运动的微分方程，使这一问题得以解决。

1. 薛定谔方程的一般形式

对一维自由粒子的波函数式(23.3)取关于 x 的二阶偏导，得

$$\frac{\partial^2 \Psi}{\partial x^2} = -\frac{p^2}{\hbar^2}\Psi(x,t)$$

再对式(23.3)取关于 t 的一阶偏导，得

$$\frac{\partial \Psi}{\partial t} = -\frac{\mathrm{i}E}{\hbar}\Psi(x,t)$$

两式比较可得自由粒子沿 x 方向运动的薛定谔方程

$$-\hbar^2 E \frac{\partial^2 \Psi}{\partial x^2} = \mathrm{i}\hbar p^2 \frac{\partial \Psi}{\partial t} \tag{23.8}$$

对于在三维空间中运动的自由粒子，用拉普拉斯算符 $\nabla^2 \equiv \frac{\partial^2}{\partial x^2} + \frac{\partial^2}{\partial y^2} + \frac{\partial^2}{\partial z^2}$ 替换上式中的 $\frac{\partial^2}{\partial x^2}$，即可得到在三维空间中运动的自由粒子的薛定谔方程

$$-\hbar^2 E \nabla^2 \Psi = \mathrm{i}\hbar p^2 \frac{\partial \Psi}{\partial t} \tag{23.9}$$

2. 定态薛定谔方程

在不随时间变化的势场 $U(\boldsymbol{r})$ 中微观粒子运动所遵循的基本方程，称为定态薛定谔方程。

因为粒子的能量等于动能和势能之和，如果系统不受外力，势场$U(\boldsymbol{r})$不随时间变化，粒子的能量和动量就不会随时间变化，这种状态就称为定态。

以一维运动的粒子为例，处于定态的粒子的波函数可以分离变量为

$$\Psi(x,t)=\Psi_0 e^{-i(Et-px)/\hbar}=\Psi_0 e^{ipx/\hbar}\cdot e^{-iEt/\hbar}$$

其中$\Psi(x)=\Psi_0 e^{ipx/\hbar}$称为振幅函数，也称为粒子的定态波函数，$|\Psi(x)|^2$就是概率密度。对振幅函数$\Psi(x)$取关于$x$的二阶导数，可得

$$\frac{d^2\Psi}{dx^2}+\frac{p^2}{\hbar^2}\Psi(x)=0 \tag{23.10}$$

当粒子的运动速度$v\ll c$时，$p^2=2mE_k$，E_k为粒子的动能，代入式(23.10)可得

$$\frac{d^2\Psi}{dx^2}+\frac{2mE_k}{\hbar^2}\Psi(x)=0 \tag{23.11}$$

当粒子在势场$U(x)$中运动，$E_k=E-U(x)$，E为粒子的总能，则式(23.11)写为

$$\frac{d^2\Psi}{dx^2}+\frac{2m}{\hbar^2}[E-U(x)]\Psi(x)=0 \tag{23.12}$$

式(23.11)和式(23.12)就是一维运动粒子的非相对论性的定态薛定谔方程。

三维运动粒子的非相对论性的定态薛定谔方程为

$$\nabla^2\Psi+\frac{2m}{\hbar^2}[E-U(\boldsymbol{r})]\Psi(\boldsymbol{r})=0 \tag{23.13}$$

薛定谔方程是量子力学的基本方程，它是不能由其他原理推导出来，也不可能用任何逻辑推理的方法加以证明，它的正确性只能通过实验来检验。

23.2　薛定谔方程在几个定态问题上的应用

*23.2.1　一维无限深势阱中的粒子

质量为m的粒子被限制在$x=0\sim x=a$之间做一维运动，粒子的势能函数为

$$\begin{cases}U(x)=0 & (0<x<a)\\ U(x)=\infty & (x\leqslant 0,x\geqslant a)\end{cases} \tag{23.14}$$

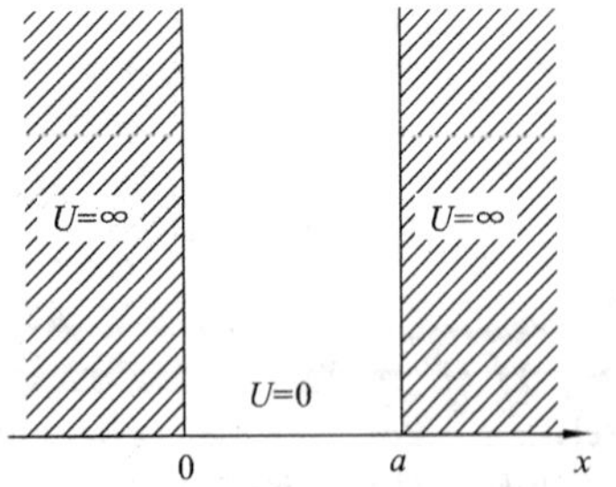

这样的势场称为一维无限深势阱，其势能曲线如图23.1所示。

图23.1　一维无限深势阱的势能曲线

在$x\geqslant a$，$x\leqslant 0$的区域，因为$U(x)=\infty$，故有限能量的粒子不可能在此区域出现，波函数$\Psi(x)=0$。因此可以确定势阱的边界处$\Psi(0)=0$，$\Psi(a)=0$。

在$0<x<a$的区域，$U(x)=0$，由式(23.12)，该区域的定态薛定谔方程为

$$\frac{d^2\Psi}{dx^2}+\frac{2mE}{\hbar^2}\Psi(x)=0 \tag{23.15}$$

令$k^2=\dfrac{2mE}{\hbar^2}$，则方程写为

$$\frac{d^2\Psi}{dx^2}+k^2\Psi(x)=0$$

该方程的通解为

$$\Psi(x)=A\sin kx+B\cos kx \tag{23.16}$$

式中的 A、B、k 三个常数可以通过波函数的标准条件以及归一化条件来确定。

由于波函数的连续性，且在势阱的边界上 $\Psi(0)=0$，$\Psi(a)=0$，因此将 $x=0$ 代入式(23.16)，可得 $B=0$，则

$$\Psi(x)=A\sin kx$$

将 $x=a$ 代入上式，可得

$$k=\frac{n\pi}{a}\quad(n=1,2,3,\cdots)$$

将该结果代入 $k^2=\dfrac{2mE}{\hbar^2}$，可得到势阱中粒子的能量为

$$E_n=n^2\frac{\pi^2\hbar^2}{2ma^2}\quad(n=1,2,3,\cdots) \tag{23.17}$$

该结果表明，粒子的能量是量子化的，能量的取值是一系列不连续的分立值，即能级。n 称为量子数。能量最低的状态是 $n=1$ 的状态，称为基态，又叫零点能。零点能不为零，说明势阱中的粒子不可能静止，总是处于运动状态。这也是不确定关系所要求的：粒子被束缚势阱中，则粒子位置的不确定量 $\Delta x=a$，动量的不确定量 $\Delta p_x\geqslant\dfrac{\hbar}{2a}\neq0$，所以粒子的动能不可能为零。

在 E_n 的表达式中，还可以发现能级间隔决定于分母中 m 和 a 的乘积，只有当它与分子中的$\hbar$的数量级(10^{-34})相仿时，能量的量子化才能体现出来。如果 m 是宏观质量，或 a 是宏观距离，能级间隔将会极小，粒子的能量就像是连续分布的。因此对宏观物体，能量体现不出明显的量子化。

接下来，根据波函数的归一化条件

$$\int_{-\infty}^{+\infty}|\Psi(x)|^2\mathrm{d}x=\int_0^a A^2\sin^2\frac{n\pi}{a}x\,\mathrm{d}x=1$$

可得 $A=\sqrt{\dfrac{2}{a}}$。这样，对应于每一个能量值 E_n 的粒子的波函数为

$$\Psi_n(x)=\sqrt{\frac{2}{a}}\sin\frac{n\pi}{a}x\quad(n=1,2,3,\cdots,0<x<a) \tag{23.18}$$

根据波函数的意义，粒子出现在势阱中各点的概率密度为

$$|\Psi_n(x)|^2=\frac{2}{a}\sin^2\frac{n\pi}{a}x\quad(n=1,2,3,\cdots,0<x<a) \tag{23.19}$$

这一概率密度是随 x 变化的，而且与粒子所处的状态(量子数不同时，粒子状态也就不同)有关，图 23.2 给出了波函数 $\Psi(x)$(实线)和概率密度 $|\Psi(x)|^2$(虚线)与 x 的关系曲线。由该图可见，当粒子处于基态 $n=1$ 时，它在势阱中间($x=a/2$)出现的概率最大，接近阱壁处的概率趋近零。这个结果与经典的观点完全不同。根据经典的概念，在势阱内各处粒子出现的概率是相同的。由图中不难看到，当 $n\to\infty$ 时，概率密度 $|\Psi(x)|^2$ 随 x 的分布将趋于均匀，此时将与经典的图像一致。

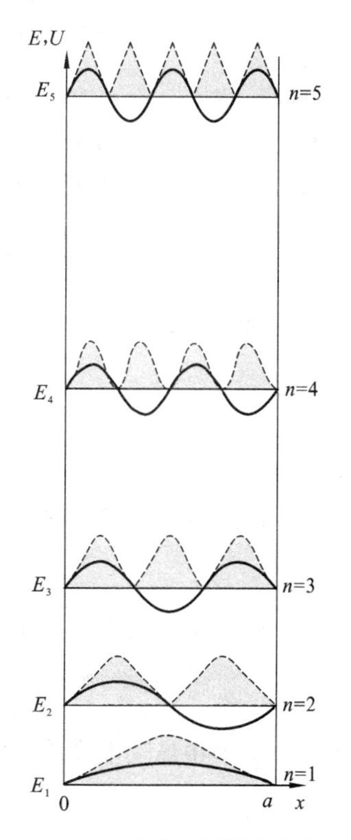

图 23.2　一维无限深势阱的粒子的能级、波函数(实线)和概率密度(虚线)

对于粒子处于较强的束缚作用下的情形，比如被束缚在金属内部的自由电子、被束缚在原

子中的电子,或者被束缚在原子核中的质子、中子等,我们都可以利用一维无限深势阱这一理想化的势场模型对粒子的运动状态进行粗略的分析。

例 23.1　已知一维无限深势阱中微观粒子的定态波函数为

$$\Psi_n(x)=\begin{cases}\sqrt{\dfrac{2}{a}}\sin\dfrac{n\pi}{a}x & (0\leqslant x\leqslant a)\\ 0 & (x<0,x>a)\end{cases}$$

试求微观粒子在$\left[0,\dfrac{a}{4}\right]$区间出现的概率,$n$为何值时概率最大?当$n\to\infty$时,该概率的极限是多少?其结果说明什么?

解　微观粒子在$\left[0,\dfrac{a}{4}\right]$区间出现的概率

$$P=\int_0^{\frac{a}{4}}|\Psi(x)|\mathrm{d}x=\int_0^{\frac{a}{4}}\frac{2}{a}\sin^2\frac{n\pi}{a}x\,\mathrm{d}x=\frac{1}{a}\int_0^{\frac{a}{4}}\left(1-\cos\frac{2n\pi}{a}x\right)\mathrm{d}x=\frac{1}{4}-\frac{1}{2n\pi}\sin\frac{n\pi}{2}$$

可见,概率与量子数n有关,当$n=3,7,11,\cdots$等值时,$\sin\dfrac{n\pi}{2}=-1$,当$n=3$时P为最大值

$$P_m=\frac{1}{4}+\frac{1}{6\pi}$$

当$n\to\infty$时,粒子在该区间出现的概率极限为$P=\dfrac{1}{4}$,粒子在该区间各处等概率出现,说明此时微观粒子的波动性表现得不明显。

例 23.2　利用不确定关系估计在宽度为a的一维无限深势阱中自由运动粒子的基态能量,一维无限深势阱的势能函数为

$$U(x)=\begin{cases}0 & (0<x<a)\\ \infty & (x\leqslant 0,x\geqslant a)\end{cases}$$

解　因为粒子只能在$(0,a)$区间自由运动,所以粒子的位置不确定量

$$\Delta x=a$$

根据海森伯不确定关系,粒子的动量的不确定量

$$\Delta p_x\geqslant\frac{\hbar}{2a}$$

当粒子静止时,粒子的动量为零,那么动量的不确定量Δp_x就是粒子动量的最小值

$$p\geqslant\frac{\hbar}{2a}$$

假设粒子速度远小于光速,则粒子动能的最小值

$$E_\mathrm{k}=\frac{p^2}{2m}\geqslant\frac{\hbar^2}{8ma^2}$$

因为粒子在势阱中势能为零,粒子的能量就是粒子动能,所以粒子的基态能量为

$$E=\frac{\hbar^2}{8ma^2}$$

与式(23.15)比较,二者的数量级是一致的。

23.2.2　一维势垒和隧道效应

做一维运动的粒子的势能可以表示为

$$U(x)=\begin{cases}U_0 & (0\leqslant x\leqslant a)\\ 0 & (x<0,x>a)\end{cases}\tag{23.20}$$

这样的势场称为一维方势垒，其势能曲线如图 23.3 所示。

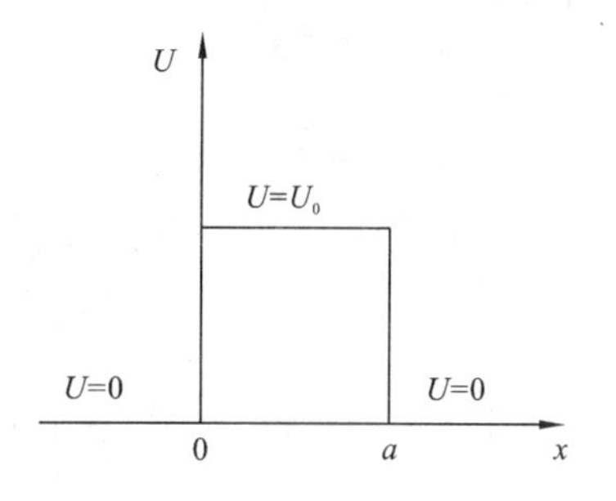

图 23.3　一维方势垒的势能曲线

具有一定能量 E 的粒子由势垒左方（$x<0$）向右方运动，当粒子能量 $E<U_0$，按照经典力学的观点，粒子不可能进入势垒，将被阻挡在势垒左侧。但是量子力学给出完全不同的结论。

在势垒左侧区域（$x<0$）和势垒右侧区域（$x>a$），$U=0$，定态薛定谔方程具有相同的形式，由式(23.12)

$$\frac{\mathrm{d}^2\Psi}{\mathrm{d}x^2}+\frac{2mE}{\hbar^2}\Psi(x)=0 \tag{23.21}$$

在势垒中（$0\leqslant x\leqslant a$），$U=U_0$，由式(23.12)，定态薛定谔方程为

$$\frac{\mathrm{d}^2\Psi}{\mathrm{d}x^2}+\frac{2m(E-U_0)}{\hbar^2}\Psi(x)=0 \tag{23.22}$$

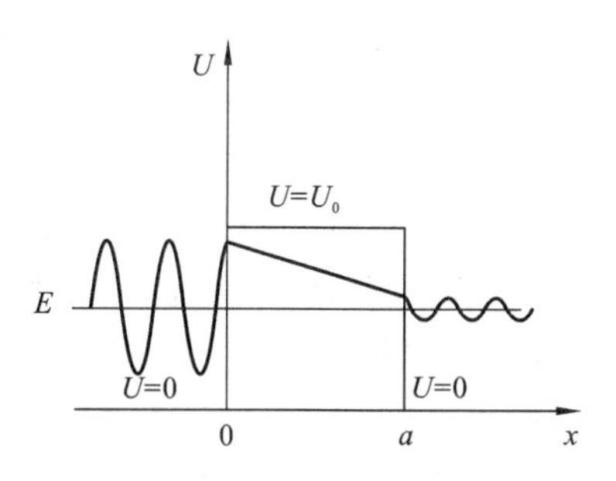

图 23.4　一维方势垒的两侧和势垒中的波函数

用 $\Psi_1(x)$、$\Psi_2(x)$、$\Psi_3(x)$ 分别表示势垒左侧，垫垒中以及垫垒右侧三个区域中的波函数，根据波函数的单值、连续、有限的标准条件，可以得到波函数的边界条件：波函数连续，$\Psi_1(0)=\Psi_2(0)$，$\Psi_2(a)=\Psi_3(a)$；以及波函数的一阶导数连续，$\Psi_1'(0)=\Psi_2'(0)$，$\Psi_2'(a)=\Psi_3{}'(a)$。再结合波函数的归一化条件，即可求解式(23.21)和式(23.22)。根据结果（由于数学过程比较复杂，略去求解过程），画出波函数 $\Psi(x)$ 与 x 的关系曲线如图 23.4 所示。

由图中可以看到，$\Psi_2(x)$ 和 $\Psi_3(x)$ 都不为零，说明粒子由势垒左侧向右运动时，有透过势垒进入势垒的右侧的可能性。但在经典力学看来，这种可能性是不存在的。因为粒子的能量 $E<U_0$，粒子一旦进入势垒（$0\leqslant x\leqslant a$），$E_\mathrm{k}=E-U_0<0$，粒子的动能将成为负值，这在经典力学中是不可能的。

我们把粒子透过势垒的现象称为隧道效应。隧道效应是微观粒子的一种量子效应，是量子力学特有的现象。这一现象已经被许多实验所证实。如 α 粒子从放射性核中释放出来、电子的场致发射（电子在强电场作用下从金属逸出）等都是隧道效应的结果。1986 年获得诺贝尔奖的扫描隧穿显微镜也利用了隧道效应，其原理是将探针针尖和样品表面之间的距离小到纳米数量级时，在一定电压下电子可以穿过势垒形成隧道电流，通过隧道电流的变化反映样品表面原子结构。

*23.2.3　线性谐振子

谐振子在经典物理和量子物理中都是一个很重要的物理模型，许多实际问题都可以简化为谐振动来研究。在经典物理中，线性谐振子的运动就是简谐振动；比如，在普朗克黑体辐射理论中，把发射电磁波的物质视为线性谐振子的集合；在量子力学中也有许多因为受到微小扰动做围绕着平衡点的小振动的系统，固体中束缚在晶格上的原子、分子等，都可以视为谐振子系统。

一维谐振子的势能函数可以表示为

$$U(x)=\frac{1}{2}kx^2=\frac{1}{2}m\omega^2x^2 \tag{23.23}$$

式中 $\omega=\sqrt{k/m}$是谐振子(粒子)的固有圆频率,m 是谐振子的质量,x 是谐振子离开平衡位置的位移。由式(23.12),它的定态薛定谔方程为

$$\frac{\mathrm{d}^2\Psi}{\mathrm{d}x^2}+\frac{2m}{\hbar^2}\left(E-\frac{1}{2}m\omega^2x^2\right)\Psi(x)=0 \tag{23.24}$$

再根据波函数的单值、连续、有限的标准条件以及归一化条件,求解可得到谐振子的总能量

$$E_n=\left(n+\frac{1}{2}\right)\hbar\omega=\left(n+\frac{1}{2}\right)h\nu \quad (n=0,1,2,\cdots) \tag{23.25}$$

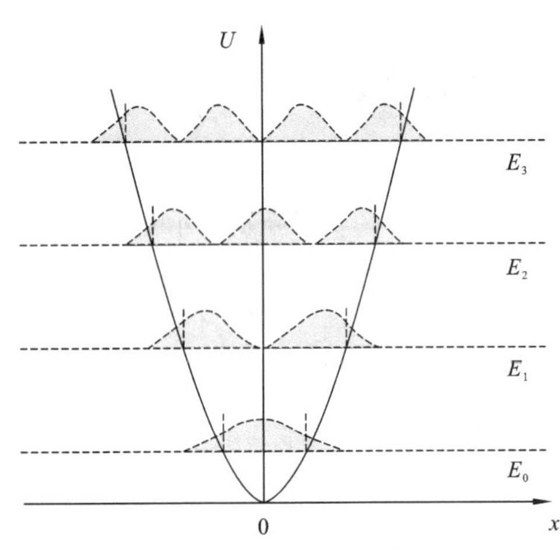

图 23.5　谐振子的能级与概率密度

上式说明谐振子的能量也是量子化的,只能取一系列分立的值。n 是量子数。当 $n=0,1,2,\cdots$ 时,谐振子的能量分别为 $h\nu/2, 3h\nu/2, 5h\nu/2,\cdots$。与无限深势阱中的粒子不同,谐振子的能级是等间距的,相邻两个能级差 $\Delta E=h\nu$。谐振子的最低能量(基态)为 $E_0=h\nu/2$。在经典力学中谐振子的最低能量可以为零,相当于谐振子静止的状态。而量子力学得出的结论是谐振子的最低能量不为零,说明谐振子(粒子)不可能完全静止。微观粒子总是处于运动状态,这也是微观粒子波粒二象性的表现。

图 23.5 是谐振子的势能曲线、能级以及概率密度 $|\Psi(x)|^2$ 与 x 的关系曲线情况。

由图 23.5 可知,在任一能级 E_n 上,在势能曲线 $U(x)$以外的区域,$|\Psi(x)|^2$ 并不为零,说明微观粒子有可能出现在经典理论认为不可能出现的地方。

提　要

1. 自由粒子的波函数的一般形式:

$$\Psi(\boldsymbol{r},t)=\Psi_0\mathrm{e}^{-\mathrm{i}(Et-\boldsymbol{p}\cdot\boldsymbol{r})/\hbar}$$

Ψ_0^2 表示在单位体积发现一个粒子的概率,即概率密度。

t 时刻,$\boldsymbol{r}$ 处的一个体积元 $\mathrm{d}V$ 中发现一个粒子的概率为 $\mathrm{d}W=|\Psi(\boldsymbol{r},t)|^2\mathrm{d}V$

2. 波函数的归一化条件　$\iiint \mathrm{d}W=\iiint|\Psi(\boldsymbol{r},t)|^2\mathrm{d}V$

3. 波函数的标准条件:连续、单值、有限

4. 定态薛定谔方程　$\frac{\mathrm{d}^2\Psi}{\mathrm{d}x^2}+\frac{2m}{\hbar^2}[E-U(x)]\Psi(x)=0$

思 考 题

23.1　在原子的核式结构中,核外电子被认为是绕核做轨道运动,这一物理图像正确吗?

23.2　可以用哪几种方法来估计原子中电子能级的数量级或原子核中质子的能级的数量

级(设原子和原子核线度分别为 10^{-10} m 和 10^{-14} m),至少列出两种方法。

23.3　波函数的标准条件是什么?归一化条件又是什么?

23.4　粒子的零点能不为零说明了微观粒子的什么特性?如何理解它与波粒二象性以及不确定关系之间的联系。

习　题

23.1　已知一维无限深势阱中微观粒子的定态波函数为

$$\Psi_n(x)=\begin{cases}\sqrt{\dfrac{2}{a}}\sin\dfrac{n\pi}{a}x & (0\leqslant x\leqslant a)\\ 0 & (x<0, x>a)\end{cases}$$

试求微观粒子在基态和 $n=2$ 的能态时,在 $\left[0,\dfrac{a}{3}\right]$ 区间出现的概率。

23.2　一维无限深势阱中微观粒子的定态波函数在边界处为零,这种定态物质波相当于两端固定的弦线中的驻波,因而势阱宽度 a 必须等于物质波的半波长的整数倍。若粒子动能按照经典关系计算,证明粒子的能级为 $E_n=n^2\dfrac{\pi^2\hbar^2}{2ma^2}$　$(n=1,2,3,\cdots)$

23.3　已知一维运动的粒子的波函数为 $\Psi(x)=\begin{cases}A\mathrm{e}^{-\frac{\mathrm{i}}{\hbar}Et}\sin\dfrac{\pi}{a}x & (0\leqslant x\leqslant a)\\ 0 & (x<0, x>a)\end{cases}$ 求:

(1) 归一化常数 A;

(2) 粒子在空间分布的概率密度;

(3) 出现概率最大的位置;

(4) 粒子位置坐标的平均值 $\overline{x}$。

23.4　求宽度为 0.1 nm 无限深势阱中,$n=1,2,100,101$ 时各能态电子的能量;如果势阱宽度为 1 cm,结果又如何?

第 24 章　原子中的电子

用量子力学的方法研究氢原子核外电子分布问题，不仅可以得到量子化的能级、角动量等一系列结果，说明氢原子光谱的实验规律。这一方法还可以处理结构更为复杂的原子体系，从而帮助我们深入了解原子内部结构。本章先介绍氢原子的定态薛定谔方程及重要结果，进一步说明表征核外电子运动状态的 4 个量子数，并介绍原子中电子的排布规律以及元素周期表中元素的排序。

24.1　氢原子中的电子

在氢原子中，由于电子质量远小于原子核的质量，可以近似认为原子核静止不动，电子在原子核的库仑场中运动。体系的势函数为

$$U(r)=-\frac{e^2}{4\pi\varepsilon_0 r} \tag{24.1}$$

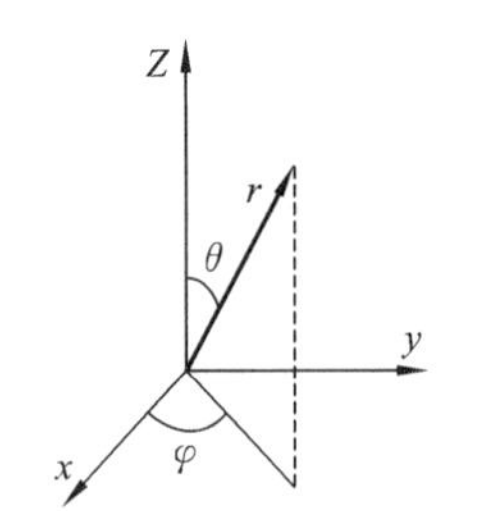

图 24.1　电子的球坐标

式中 r 是电子离核的距离，以核的位置为坐标原点，根据第 23 章式(23.11)，电子的定态薛定谔方程为

$$\nabla^2\Psi+\frac{2m}{\hbar^2}\left(E+\frac{e^2}{4\pi\varepsilon_0 r}\right)\Psi=0 \tag{24.2}$$

由于势函数 $U(r)$ 具有球对称性，因此采用球坐标更为方便求解。电子的球坐标 r,θ,φ 如图 24.1 所示。

上式在球坐标系中化为

$$\frac{1}{r^2}\frac{\partial}{\partial r}\left(r^2\frac{\partial\Psi}{\partial r}\right)+\frac{1}{r^2\sin\theta}\frac{\partial}{\partial\theta}\left(\sin\theta\frac{\partial\Psi}{\partial\theta}\right)+\frac{1}{r^2}\frac{\partial^2\Psi}{\sin^2\theta\,\partial\varphi^2}+\frac{2m}{\hbar^2}\left(E+\frac{e^2}{4\pi\varepsilon_0 r}\right)\Psi=0 \tag{24.3}$$

该微分方程的解可以分离变量为三个函数的乘积

$$\Psi(r,\theta,\varphi)=R(r)\Theta(\theta)\Phi(\varphi)$$

式中 $R(r)$ 为 r 的函数，$\Theta(\theta)$ 为 θ 的函数，$\Phi(\varphi)$ 为 φ 的函数。再根据波函数的单值、连续、有限的标准条件以及归一化条件，进行求解。(此处略去求解过程，只对一些重要结论进行讨论。)

1. 能量量子化

求解方程得到电子(整个氢原子)的能量为

$$E_n=-\frac{1}{n^2}\frac{me^4}{(4\pi\varepsilon_0)^2 2\hbar^2}\quad(n=1,2,3,\cdots) \tag{24.4}$$

上式说明氢原子的能量是量子化的，只能取一系列分立的值。n 称为主量子数。基态能量为 $E_1=-13.6$ eV。我们注意到上式与波尔理论得到的氢原子的能量式(22.30)完全一致。虽然结果一致，但二者的途径是不一样的。在玻尔理论中，是人为引入量子化条件得到的结果，在量子力学中则是求解薛定谔方程的必然结果，后者显得更自然合理。

2. 角动量量子化

求解方程得到的电子角动量的大小为

$$L=\sqrt{l(l+1)}\hbar \quad (l=0,1,2,\cdots,n-1) \tag{24.5}$$

上式说明氢原子中电子的角动量是量子化的，只能取一系列分立的值。式中 l 称为角量子数。对于一定的 n 值，l 可以有 n 个取值。对同一个 n 值，l 值不同，说明同一能级上的电子绕核运动的状态不同，概率分布也不同。一般用 $s,p,\mathrm{d},f,\cdots$ 等字母表示 $l=0,1,2,3,\cdots$ 等状态，比如 $n=3,l=0,1,2$ 的电子分别可以称为 $3s,3p,3\mathrm{d}$ 电子。

3. 角动量空间量子化

量子力学的计算结果还指出电子的角动量在外磁场中只能取一些特定的方向。若以外磁场方向为 z 轴正方向，电子的角动量 $\boldsymbol{L}$ 在 z 轴方向的投影 L_z 是量子化的

$$L_z=m_l\hbar \quad (m_l=0,\pm1,\pm2,\cdots,\pm l) \tag{24.6}$$

式中 m_l 称为磁量子数。对于一定的角量子数 l，m_l 可以有 $2l+1$ 个取值，也就是说角动量 $\boldsymbol{L}$ 在外磁场中可以有 $2l+1$ 种取向，$\boldsymbol{L}$ 在 z 轴方向的投影 L_z 的最大值是 $l\hbar$。这些结论都经过实验验证。

以上讨论说明，电子的角动量 $\boldsymbol{L}$ 的投影 L_z 的值是确定的，这就意味着 $\boldsymbol{L}$ 的另外两个分量 L_x 和 L_y 完全不能确定。这也是海森伯不确定关系给出的结论。

此外还需要说明只有当一个微观系统置于磁场中，才会表现出这种空间量子化。此时磁场方向是一个特定的方向，作为 z 轴方向。对于各向同性的自由空间，z 轴方向是任意的，磁量子数也就没有什么实际意义。

例 24.1　$l=2$ 时的电子轨道角动量为多少，处于外磁场时轨道角动量有哪些空间取向，做出轨道角动量空间取向的示意图。

解　$l=2$ 时，电子轨道角动量

$$L=\sqrt{2(2+1)}\hbar=\sqrt{6}\hbar$$

m_l 的取值为 $0,\pm1,\pm2$，轨道角动量在 z 轴方向的投影 L_z 的值分别为 $0,\pm\hbar,\pm2\hbar$，如 24.2 图所示，它在外磁场中有 5 种取向。

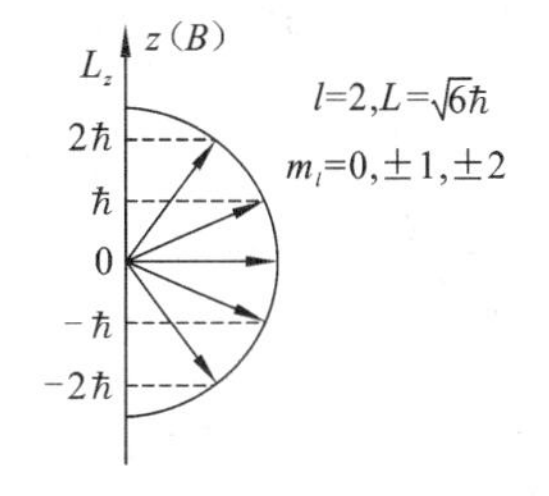

图 24.2　例 24.1 图 $\boldsymbol{L}$ 的空间取向及其分量 L_z 示意图

4. 电子在核外空间的概率分布

求解薛定谔方程得到氢原子核外电子的波函数的表达形式为

$$\Psi_{n,l,m_l}(r,\theta,\varphi)=R_{n,l}(r)\Theta_{l,m_l}(\theta)\Phi_{m_l}(\varphi) \tag{24.7}$$

电子处于 (n,l,m_l) 的定态时，在空间 (r,θ,φ) 各点的概率密度为

$$|\Psi_{n,l,m_l}(r,\theta,\varphi)|^2=|R_{n,l}(r)|^2\ |\Theta_{l,m_l}(\theta)|^2\ |\Phi_{m_l}(\varphi)|^2 \tag{24.8}$$

其中 $|R_{n,l}(r)|^2$、$|\Theta_{l,m_l}(\theta)|^2$ 和 $|\Phi_{m_l}(\varphi)|^2$ 分别给出电子的概率密度随 r、θ、φ 的变化。计算结果表明：

(1) $|\Phi_{m_l}(\varphi)|^2$ 对 φ 是常数，即电子的概率分布与 φ 角无关，也就是说概率分布关于 z 轴是对称的。

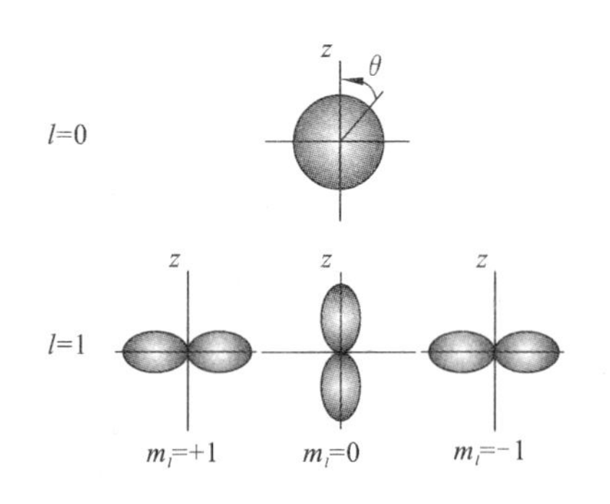

图 24.3　电子的概率分布与 θ 角的关系

(2) $|\Theta_{l,m_l}(\theta)|^2$ 与 l,m_l 有关。图 24.3 表示了在各种 l,m_l 的态中 $|\Theta_{l,m_l}(\theta)|^2$ 与 θ 角的关系。例如，$l=0,m_l=0$ 时，$|\Theta_{l,m_l}(\theta)|^2$ 与 θ 无关，电子的概率分布具有球对称性；$l=1,m_l=0$ 时，电子的概率分布在 $\theta=0$ 时有最大值，在 $\theta=\frac{\pi}{2}$ 时为零；$l=1,m_l=\pm1$ 时，电子的概率分布在 $\theta=0$ 时为零，在 $\theta=\frac{\pi}{2}$ 时有最大值。

(3) $|R_{n,l}(r)|^2$ 也称为径向概率密度，我们以图 24.4 所示 $n=1$ 和 $n=2$ 的电子的 $|R_{n,l}(r)|^2\sim r$ 关系说明电子出现概率按距核远近的分布。可以看出，$n=1,l=0$ 时，$|R_{n,l}(r)|^2$ 在 $r_1=0.053$ nm 处有最大值，该值正是按波尔理论得到的基态轨道半径的值；$n=2$ 有两种状态，其中 $l=1$ 时，$|R_{n,l}(r)|^2$ 的最大值出现在 $4r_1$ 处，与波尔理论中的第一激发态轨道半径一致。

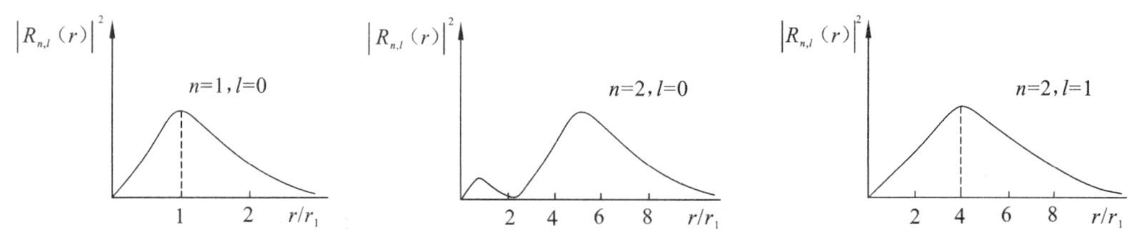

图 24.4　$n=1$ 和 $n=2$ 的电子的 $|R_{n,l}(r)|^2\sim r$ 关系

通常用点的疏密程度(称为“电子云”)来形象描述电子在核外空间的概率分布，概率密度大的地方点比较稠密，概率密度小的地方点比较稀疏。

5. 电子的自旋

1921 年斯特恩和盖拉赫通过实验观察到处于 s 态的原子射线束通过非均匀磁场，一束变成两束的现象。如图 24.5 所示。

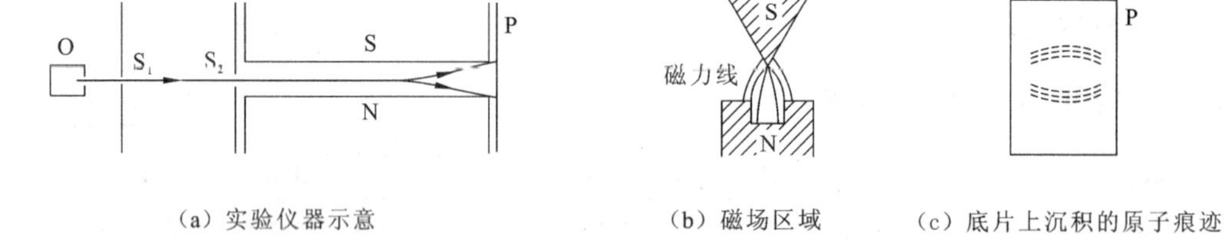

(a) 实验仪器示意　　(b) 磁场区域　　(c) 底片上沉积的原子痕迹

图 24.5　斯特恩-盖拉赫实验

根据电磁理论，绕核运动的电子相当于一个圆电流，产生电子轨道磁矩 $\boldsymbol{\mu}$，$\boldsymbol{\mu}$ 与电子轨道运动的角动量 $\boldsymbol{L}$ 的关系为

$$\boldsymbol{\mu}=-\frac{e}{2m}\boldsymbol{L} \tag{24.9}$$

e、m 分别为电子的电荷和静止质量。将原子放置在外磁场 $\boldsymbol{B}$ 中，$\boldsymbol{B}$ 设为 z 轴正方向，则 $\boldsymbol{\mu}$ 与 $\boldsymbol{L}$ 在 z 轴上投影 μ_z 与 L_z 的关系为

$$\mu_z=-\frac{e}{2m}L_z=-\frac{e}{2m}m_l\hbar=-m_l\mu_B \tag{24.10}$$

式中 $\mu_B=e\hbar/(2m)$ 称为玻尔磁子，大小为 $9.2740\times10^{-24}\ \mathrm{J\cdot T^{-1}}$。

具有磁矩 $\boldsymbol{\mu}$ 的原子在磁场 $\boldsymbol{B}$ 中的势能为

$$E_{pm}=-\boldsymbol{\mu}\cdot\boldsymbol{B}=-\mu_z B$$

如果磁场在 z 方向不均匀，有一个梯度 $\frac{\partial B}{\partial z}$，原子在磁场中受到一个 z 方向的力作用

$$f_z=-\frac{\partial E_{pm}}{\partial z}=-\mu_z\frac{\partial B}{\partial z} \tag{24.11}$$

上式表明，原子射线束在非均匀磁场中的偏转与 μ_z 的取值有关。

按照经典理论，原子的磁矩（角动量）在外磁场中可以任意取向，那么原子射线束的偏转应该是连续的，屏上应观察到连成一片的原子沉积。该结论与实验结果不符。

若是从电子轨道角动量空间取向量子化的角度来看，由于 s 态的电子 $l=0$，电子的轨道角动量 $L=0$，原子射线束不会分裂；若有分裂，也只能分裂成 $(2l+1)$ 奇数条，屏上应观察到奇数条原子沉积，而不是两条。该结论也与实验结果不符。

1925 年乌伦贝克和高德斯密特提出电子自旋的假说，认为电子除绕核运动外，还有绕本身轴线的自旋运动，即电子还具有自旋角动量（磁矩）。自旋的存在标志着电子除了轨道运动的三个自由度 (n,l,m_l) 以外，还有一个自旋自由度。如图 24.6 所示，给出电子自旋的经典矢量图示。

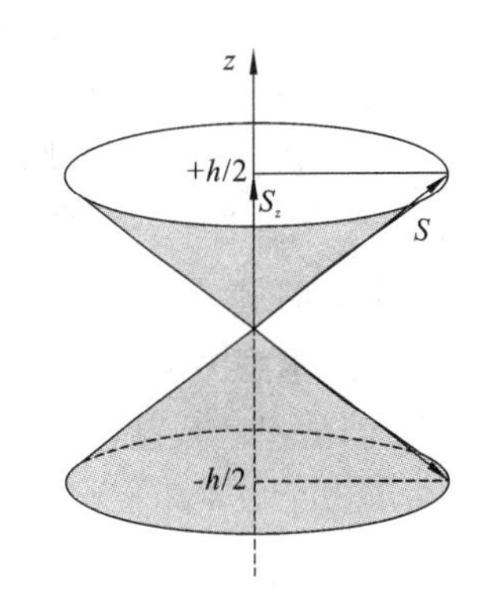

图 24.6　电子自旋的经典矢量图示

按照量子力学的计算结果，电子自旋角动量 $\boldsymbol{S}$ 的量子化从数学形式上完全类似于轨道运动的情况。如果电子自旋角动量大小为 S，自旋角量子数为 s，自旋角动量在外磁场 $\boldsymbol{B}$（z 轴正方向）的投影为 S_z，自旋磁量子数为 m_s，则有

$$S=\sqrt{s(s+1)}\hbar,\quad S_z=m_s\hbar \tag{24.12}$$

实验表明 S_z 只有两个取值，即 $m_s=2s+1=2$，得到自旋角量子数 $s=\frac{1}{2}$，自旋磁量子数 $m_s=\pm\frac{1}{2}$，将 s 和 m_s 的值代入(24.12)式中，可得电子自旋角动量及其在 z 轴（外磁场）的投影

$$S=\frac{\sqrt{3}}{2}\hbar,\quad S_z=\pm\frac{\hbar}{2} \tag{24.13}$$

电子的自旋磁矩 $\boldsymbol{\mu}_s$ 与电子自旋角动量 $\boldsymbol{S}$ 的关系为

$$\boldsymbol{\mu}_s=-\frac{e}{m}\boldsymbol{S} \tag{24.14}$$

它在 z 轴（外磁场）的投影

$$\mu_{s,z}=-\frac{e}{m}S_z=\mp\frac{e\hbar}{2m}=\mp\mu_B \tag{24.15}$$

引入电子自旋的概念后，氢原子核外电子的状态可由 (n,l,m_l,m_s) 这四个量子数来确定。

(1) 主量子数 $n=1,2,3,\cdots$，决定氢原子核外电子的能量 E_n；

(2) 角量子数 $l=0,1,2,\cdots,n-1$，决定电子绕核运动的角动量大小 $L=\sqrt{l(l+1)}\hbar$；

(3) 磁量子数 $m_l=0,\pm1,\pm2,\cdots,\pm l$,决定表示角动量 $\boldsymbol{L}$ 的空间取向的 L_z 的大小,$L_z=m_l\hbar$;

(4) 自旋磁量子数 $m_s=\pm\frac{1}{2}$,决定表示自旋角动量 $\boldsymbol{S}$ 的空间取向的 S_z 的大小,$S_z=m_s\hbar$。

例 24.2 用(n,l,m_l,m_s)这四个量子数表示 $n=2$ 时的电子状态。

解 当 $n=2,l=0$ 时,$m_l=0,m_s=\pm\frac{1}{2}$,电子态为$\left(2,0,0,\pm\frac{1}{2}\right)$;

当 $n=2,l=1$ 时,$m_l=0,m_s=\pm\frac{1}{2}$,电子态为$\left(2,1,0,\pm\frac{1}{2}\right)$;

当 $n=2,l=1$ 时,$m_l=1,m_s=\pm\frac{1}{2}$,电子态为$\left(2,1,1,\pm\frac{1}{2}\right)$;

当 $n=2,l=1$ 时,$m_l=-1,m_s=\pm\frac{1}{2}$,电子态为$\left(2,1,-1,\pm\frac{1}{2}\right)$;

所以 $n=2$ 的能级上共有 8 个电子态。

24.2 原子的壳层结构

氢原子是结构最简单的原子,核外只有一个电子,是单电子系统。其他元素的原子核外都有多个电子,是多电子系统。除核以外,电子之间的相互作用也会影响电子的运动状态。因此对多电子系统的量子力学分析要比氢原子的复杂得多。电子间这些复杂得多体相互作用使得我们无法严格求解多电子体系的薛定谔方程,而只能采取近似方法。但是和氢原子的核外电子一样,它们的运动状态也可以用(n,l,m_l,m_s)来描述,并按一定的规律分布在原子核中,不同的分布决定了原子不同的物理和化学性质。

首先,多电子原子系统的核外电子按壳层分布。主量子数 n 相同的电子处于同一主壳层,$n=1,2,3,4,5,\cdots$等主壳层分别用 K,L,M,N,O,…等符号表示;同一主壳层上角量子数 l 不同的电子处于不同的支壳层或分壳层,$l=0,1,2,3,\cdots,n-1$ 的支壳层分别用 s,p,d,f,…等符号表示。一般来说主量子数越大的主壳层对应的能级越高;同一主壳层上,不同支壳层的能级也略有差异,角量子数越大的支壳层对应的能级越高。但也有例外,如钾原子的 4s 能级低于 3d 能级。壳层模型最早是由柯塞尔于 1916 年提出。

其次,核外电子按壳层的排布遵照以下两个规律:

1. 泡利不相容原理

1925 年泡利指出,不可能有两个或两个以上的电子具有完全相同的量子状态,也就是说一个原子内的任何两个电子不可能有完全相同的一组量子数(n,l,m_l,m_s),称为泡利不相容原理。这一结论已被大量实验所证实。

根据泡利不相容原理,当 n 给定时,l 的取值为 $0,1,2,\cdots,(n-1)$,共 n 个;当 n、l 给定时,m_l 的取值为 $0,\pm1,\pm2,\cdots,\pm l$,共 $2l+1$ 个;当$(n$、l、$m_l)$给定时,m_s 的取值为$\pm\frac{1}{2}$,两个值,因此一个支壳层上,电子状态最多可以存在 $2(2l+1)$个,这也就是该支壳层上可以容纳的电子数目;一个主壳层上,最多可以存在的电子状态以及可以容纳的电子数目为

$$\sum_{l=0}^{n-1} 2(2l+1) = 2n^2 \tag{24.16}$$

2. 能量最小原理

原子处于正常状态时，各个电子趋向于占据最低能级，称为能量最小原理。因此 n 越小的壳层，能级越低，将首先被电子填满；其余的电子依次填充未被占据的最低能级。但因为能级还与角量子数 l 有关，当 n 一定时，l 越小，能级越低。所以同一壳层上，电子首先填充 l 较小的支壳层。但是在有些情况下，n 较大的 s 态可能比 n 较小的而 l 较大的态能级低，从而出现 n 较小的壳层还没填满时，n 较大的壳层就开始有电子填入了。表 24.1 给出的 1～20 号元素的原子核外电子排布示例中，钾原子和钙原子就存在因为 4s 能级低于 3d 能级，M 壳层还没填满时电子就进入 N 壳层的现象。

表 24.1　原子核外电子排布示例

原子序数	元素	各壳层的电子数									
		K	L		M			N			
		s	s	p	s	p	d	s	p	d	f
1	H	1									
2	He	2									
3	Li	2	1								
4	Be	2	2								
5	B	2	2	1							
6	C	2	2	2							
7	N	2	2	3							
8	O	2	2	4							
9	F	2	2	5							
10	Ne	2	2	6							
11	Na	2	2	6	1						
12	Mg	2	2	6	2						
13	Al	2	2	6	2	1					
14	Si	2	2	6	2	2					
15	P	2	2	6	2	3					
16	S	2	2	6	2	4					
17	Cl	2	2	6	2	5					
18	Ar	2	2	6	2	6					
19	K	2	2	6	2	6		1			
20	Ca	2	2	6	2	6		2			

原子的化学性质与它是否能与其他原子相互作用有关。通常的化学反应涉及的能量较低，原子间的相互作用主要由原子外壳层束缚较弱的电子或价电子来决定，取决于原子外壳层中电子的数目以及这个外壳层与下一个更高的空壳层之间的能量差。如果一个原子的外壳层是闭合的，而且这个外壳层与下一个更高的空壳层之间有很大的能量差，那么要花费很高的能量才能扰动这个原子，那么这个原子在化学上就是稳定的，如表 24.1 中序数 2 的 He 原子和序数 10 的 Ne 原子，它们也被称为惰性元素；而表 24.1 中序数 3 的 Li 原子和序数 11 的 Na 原子(称为碱金属元素)，它们的外壳层是一个束缚很弱的电子，所以在与其他原子相互作用时，

很容易失去这个电子,从而形成闭合壳层的稳定结构,所以它们在化学上性质很活泼。

*24.3　X　射　线

X 射线是 1895 年伦琴发现的,因为当时不知其来源,所以称为 X 射线。X 射线是波长范围在 0.01～1 nm 的电磁波。产生 X 射线的装置称为 X 射线管,如图 24.7 所示。阴极 K 发射的电子在几万伏高压加速下撞击靶 A(一般由钨、钼等重金属制作),即有 X 射线产生。典型的 X 射线谱如图 24.8 所示,一般有连续谱和线状谱,因为线状谱与靶材料有关,又称为特征谱。

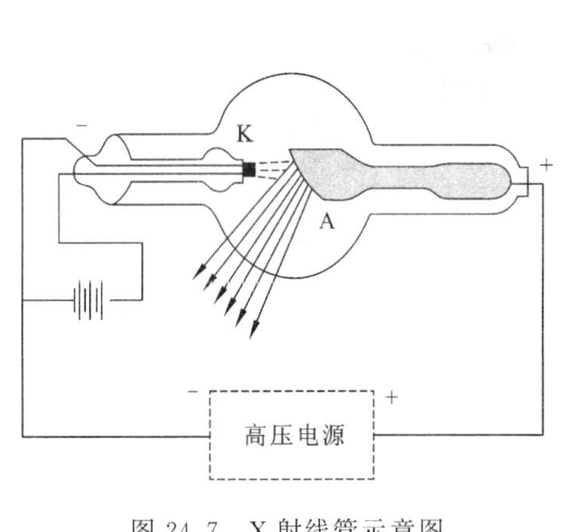

图 24.7　X 射线管示意图

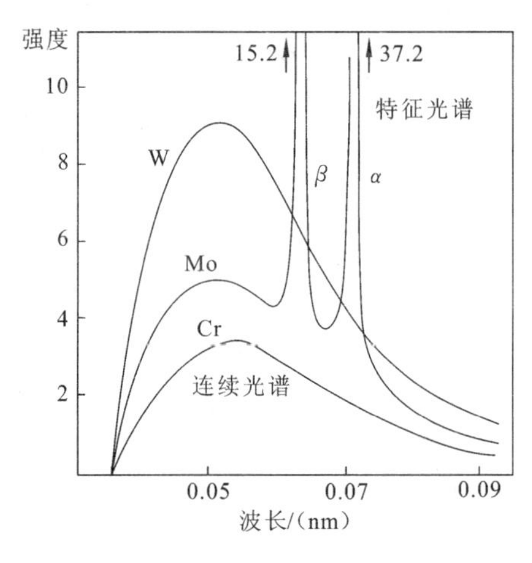

图 24.8　X 射线谱

24.3.1　连续谱轫致辐射

X 射线连续谱的物理过程可以用高速运动的电子与靶原子核的相互作用来解释。如图 24.9 所示。因为靶原子核很重,因此和电子碰撞后的能量变化可以忽略不计。而具有动能 E_0 的电子接近靶原子核时与原子核的库仑场相互作用,运动方向发生改变,并急剧减速,损失的动能以光子的形式辐射。若碰撞后电子的动能为 E,则辐射光子的能量为

$$h\nu=E_0-E$$

波长为

$$\lambda=\frac{hc}{E_0-E}$$

电子在与原子核的每一次碰撞中会损失不同的能量,且需要许多次这样的碰撞才能使电子停下来,因而许多电子的许多次碰撞导致辐射的光子的波长是连续变化的,形成连续谱。其中的最短波长 $\lambda_{\min}$(称为截止波长)对应于电子在与原子核的碰撞中损失可以的最大能量,也就是说电子在一次碰撞中就损失全部动能,即 $E=0$。因为电子的动能 $E_0=eU$,U 为加速电压,因此

$$\lambda_{\min}=\frac{hc}{E_0}=\frac{hc}{eU}$$

可见,X 射线连续谱的截止波长只与加速电压有关,而与靶材料无关。可以根据上式由截

止波长和加速电压来推出普朗克常数的值。

这种在 X 射线管中发生的高速电子轰击金属靶骤然减速而产生的辐射又被称为韧致辐射，即减速辐射的意思。韧致辐射不仅发生在 X 射线管中，在任何快速电子对物体的撞击中都伴随有韧致辐射。如在宇宙射线中，以及从加速器或放射性核中溢出的电子的减速中都存在韧致辐射。

韧致辐射过程更可以视为光电效应的逆过程。在光电效应中，一个光子被吸收，其能量转移给一个电子；而韧致辐射中，一个电子丢失能量，产生一个相应能量的光子。

24.3.2　特征谱

特征谱是在连续谱上叠加的线状谱，与靶材料中原子的性质有关。在 X 射线管中，从阴极逸出的电子经电压加速后获得约10^4 eV 的动能，与阳极重金属靶碰撞。在碰撞中，电子可能会出现在原子内壳层电子附近，并与之相互作用，使其发生电离。此时原子内壳层发生空缺，原子处于一个很高的激发态上，处于较外层的电子会填充进内壳层的空缺，使原子的能量降低，并释放一个相应能量的光子。这样，原子通过不断有较外层电子填充较内层的空缺，而不断放出光子，最终回到基态。这一过程中放出的一系列光子即构成了线状谱。可见 X 射线的线状谱标志了原子内层电子的束缚能。因为只有重元素内层电子的束缚能与 X 射线的能量相当，因此只能在重元素的 X 射线谱上观察到线状谱。

在 X 射线谱中，如果一个在 K 壳层的电子被电离，留下一个空缺，外层电子填充 K 壳层的空缺发出的线状谱称为 K 线系；外层电子填充 L 壳层的空缺发出的线状谱就称为 L 线系。图 24.8 中的两条特征谱线就是 K 线系的。

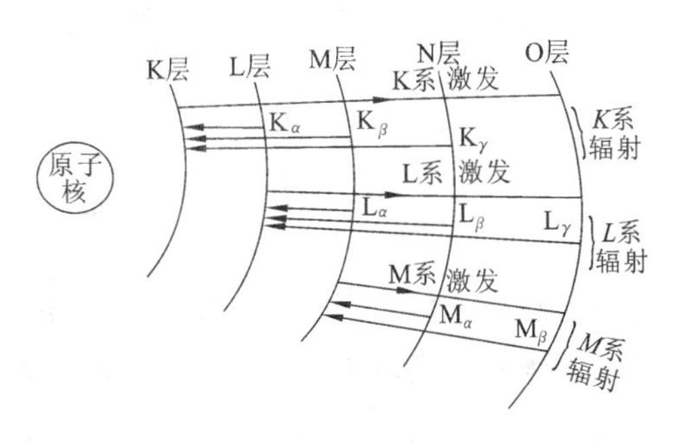

图 24.9　X 射线跃迁能级图

X 射线的波长与晶体的晶格间距相当，所以 X 射线衍射是研究晶体结构的主要方法之一。俄歇效应是与 X 射线相联系的一个过程。当原子内壳层发生空缺，处于较外层的电子会填充进内壳层的空缺时，多余的能量除了 X 射线辐射外，还可以另外一种形式释放——将另外一个外层电子电离，发射的电子称为俄歇电子。若被电离的原子是固体中的原子，发射的俄歇电子的能量不仅与原子性质有关，还与固体表面性质有关，因此可以通过分析俄歇电子的能谱，研究固体表面性质。X 光电谱学是探测原子内壳层电子结构的有效方法。它利用 X 射线特征谱线，如用铜的 K_α 线（8 keV）照射样品，内层电子从样品中逸出；逸出电子动能是 X 射线能量与内层电子束缚能之差，因为内层电子束缚能反映了原子特征，则可用于分析样品的化学成分。

提　　要

1. 描述电子运动状态的四个量子数（n,l,m_l,m_s）

(1) 主量子数 $n=1,2,3,\cdots$，决定氢原子核外电子的能量 E_n；

(2) 角量子数 $l=0,1,2,\cdots,n-1$,决定电子绕核运动的角动量大小

$$L=\sqrt{l(l+1)}\hbar$$

(3) 磁量子数 $m_l=0,\pm1,\pm2,\cdots,\pm l$,决定表示角动量 $\boldsymbol{L}$ 的空间取向的 L_z 的大小

$$L_z=m_l\hbar$$

(4) 自旋磁量子数 $m_s=\pm\frac{1}{2}$,决定表示自旋角动量 $\boldsymbol{S}$ 的空间取向的 S_z 的大小

$$S_z=m_s\hbar$$

2. 核外电子按壳层的排布遵照以下两个规律:

泡利不相容原理　一个原子内的任何两个电子不可能有完全相同的状态。一个主壳层上,最多可以容纳的电子数目为:

$$\sum_{l=0}^{n-1}2(2l+1)=2n^2$$

能量最小原理　原子处于正常状态时,各个电子趋向于占据最低能级。

思考题

24.1　主量子数 $n=4$ 的壳层上有几个支壳层?各支壳层中最多可容纳多少电子?

24.2　在斯特恩-盖拉赫实验中,如果原子射线中原子的角动量不是空间量子化的,实验结果会如何?为什么两条原子沉积不能用轨道角动量量子化来解释?

24.3　原子置于外磁场中时,电子的轨道角动量可以与外场方向平行吗?可以与外场方向垂直吗?角量子数为多少时,会出现轨道角动量与外场方向成45°角的情况?

24.4　用四个量子数描述2s电子和3p电子可能具有的电子态。

习题

24.1　试做出原子中 $l=4$ 的电子轨道角动量在外磁场中的空间量子化的示意图,求出轨道角动量的大小以及轨道角动量在外磁场方向上的投影大小,该角动量在空间有几个取向?

24.2　根据泡利不相容原理,在主量子数 $n=3$ 的壳层上,最多可以容纳多少电子,用四个量子数表示出这些电子态。

第 25 章 固体中的电子

与人类社会关系最紧密的物质形态是气态和凝聚态(包括固态、液态和非晶态)。构成气态的原子或分子接近自由运动,原子或分子之间的作用力十分微弱,因而气态物质不存在确定的体积和形状;构成凝聚态(如固态)的原子或分子之间则有很强的作用力,因而具有确定的体积甚至确定的形状。现代固体物理学的研究结果表明,固体材料的物理的性质主要是由组成固体的原子的外层电子的行为所决定的。也就是说,固体物理学的主要任务是描述这些外层电子在一给定的固体中的运动状态,并在此基础上去理解和解释固体材料所表现出的各种物理性质。我们知道,电子运动的精确描述要采用量子力学,因此在 20 世纪 20 年代量子力学创建以后,固体物理学才逐渐发展起来,并日趋完善。本章我们首先从周期性的固体(晶体)结构和电子的波动性出发,给出电子在固体中运动的基本物理图像,从而从本质上去理解和解释固体材料所表现出的各种物理性质。

25.1 金属中的自由电子气

25.1.1 金属的自由电子气模型

金属的自由电子气模型的基本假设是金属中每一个原子都贡献出它的价电子,这些价电子是自由的,像电子气一样在金属中自由运动。例如金属钠(Na)原子的电子组态是 $1s^2 2s^2 2p^6 3s$,其中 $3s$ 是自由的价电子,其余的束缚电子 $1s^2 2s^2 2p^6$ 与原子核一起称为离子实。带正电的离子实固定在晶格上,"公共"的价电子在离子实的正电背景下自由运动,整个金属是电中性的。当电子试图离开金属时,会被离子实的库仑力拉回,也就是说金属中的价电子就像是关在一个方盒子中的自由电子气。

25.1.2 金属中自由电子的能量与波函数

根据量子力学理论,我们要用薛定谔方程来描述金属中自由电子的运动。首先根据金属的自由电子气模型,建立一个合理的势场模型。

假定金属是边长为 a 的立方体,作为自由电子,金属中电子所处的势场为零;金属中电子跑出金属表面要克服一个势垒,即金属的功函数。为了计算方便,也考虑到在一般温度下,电子很难逸出金属表面,假设该势垒的高度是无穷大。这样,电子所处的势场可以视为一个三维无限深方势阱为

$$U(x,y,z)=\begin{cases}\infty & (x,y,z\leqslant 0)\\ 0 & (0<x,y,z<a)\\ \infty & (x,y,z\geqslant a)\end{cases} \tag{25.1}$$

显然在 $x,y,z\leqslant 0$, $x,y,z\geqslant a$ 的区域,波函数为零。

在 $0<x,y,z<a$ 的区域,定态薛定谔方程为

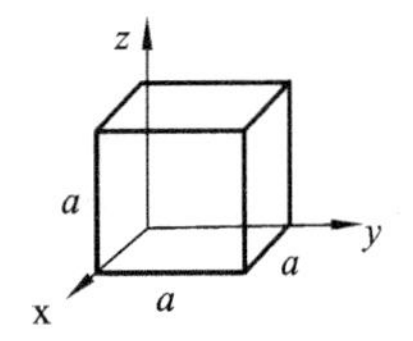

图 25.1　金属立方体

$$\nabla^2 \Psi(x,y,z)+\frac{2mE}{\hbar^2}\Psi(x,y,z)=0 \tag{25.2}$$

参照第 23 章 23.2.1 中的求解过程,我们可以得到三维无限深方势阱中电子的波函数为

$$\Psi(x,y,z)=A\sin(k_x x)\sin(k_y y)\sin(k_z z) \tag{25.3}$$

其中

$$k_x=\frac{n_x\pi}{a},\quad k_y=\frac{n_y\pi}{a},\quad k_z=\frac{n_z\pi}{a}\quad (n_x,n_y,n_z=1,2,3,\cdots) \tag{25.4}$$

A 是非零常数,根据归一化条件可求得 $A=\left(\frac{2}{a}\right)^{3/2}$。

电子的能量为

$$E=E_x+E_y+E_z=(n_x^2+n_x^2+n_x^2)\frac{\pi^2\hbar^2}{2ma^2}\quad (n_x,n_y,n_z=1,2,3,\cdots) \tag{25.5}$$

因为 n_x,n_y,n_z 必须是正整数,因而电子的能量具有以下特点:

(1) 能量 E 是只能取一系列分立的值,是不连续的。

(2) 基态能量,也就是电子可以取的最小能量不为零,其值为 $E_{111}=\frac{3\pi^2\hbar^2}{2ma^2}$。基态能量不为零也是基于量子力学的不确定原理。根据 $\Delta x\Delta p_x\geqslant\frac{\hbar}{2}$,电子运动的范围越小,说明 Δx 越小,则 Δp_x 就越大,因此电子也就具有一定的基态能量。由基态能量的表达式也可以看出,电子运动的范围越大,即 a 越大,基态能量就越小;当 $a\to\infty$时,$E\to 0$。

(3) 能量状态是简并的,也就是说相同的能量下可以包含几种不同的状态。同一能量所对应的状态数目称为简并度。如 $E_{123}=\frac{14\pi^2\hbar^2}{2ma^2}$,该能量值不仅对应 $n_x=1,n_y=2,n_z=3$ 的状态,还对应(1,3,2),(2,1,3),(2,3,1),(3,1,2),(3,2,1)这些状态。

25.1.3　态密度

从以上讨论中我们知道一组量子数(n_x,n_y,n_z)代表电子的一个状态。下面,为了求得金属中的自由电子按能量的分布,我们首先求某一个能量值下所包含的状态数。设想一个量子数空间,三个互相垂直的轴分别表示 n_x、n_y 和 n_z,如图 25.2 所示。在 n_x、n_y 和 n_z 均为正值的$\frac{1}{8}$空间中,任何一组整数坐标值的点就代表电子的一个可能的状态。因为以原点为心,半径为 R 的球面上各点具有相同$(n_x^2+n_y^2+n_z^2)$值,也就是说这些点对应的状态具有相同的能量 E,球面的半径 R 与能量 E 的关系为

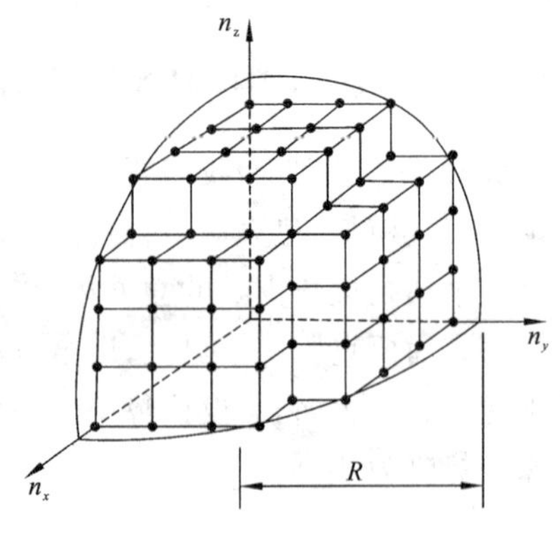

图 25.2　量子数空间

$$R=\sqrt{n_x^2+n_y^2+n_z^2}=\sqrt{\frac{2ma^2}{\pi^2\hbar^2}E} \tag{25.6}$$

能量小于 E 的状态数就是由该球面所包围的$\frac{1}{8}$球体积内的状态数。考虑到电子具有向上和向下两种自旋状态,每一个电子轨道状态可以容纳两个不同自旋态的电子。因此在金属

立方体中，能量小于 E 的电子的可能的状态总数为

$$N_E = 2 \times \frac{1}{8} \times \frac{4}{3}\pi R^3 = \frac{1}{3}\frac{(2m)^{\frac{3}{2}}a^3}{\pi^2\hbar^3}E^{\frac{3}{2}} \tag{25.7}$$

除以金属立方体的体积 a^3，可得单位体积中能量小于 E 的电子的可能的状态总数为

$$n_E = \frac{1}{3}\frac{(2m)^{\frac{3}{2}}}{\pi^2\hbar^3}E^{\frac{3}{2}} \tag{25.8}$$

态密度，就是单位能量区间的状态数。单位体积的态密度用 $g(E)$ 表示

$$g(E) = \frac{\mathrm{d}n_E}{\mathrm{d}E} = \frac{(2m)^{\frac{3}{2}}}{2\pi^2\hbar^3}E^{\frac{1}{2}} \tag{25.9}$$

25.1.4　自由电子的基态　费米能

当温度 $T=0$ K 时，金属中的自由电子处于基态，即能量最低的状态，此时按照泡利不相容原理和能量最低原理，电子将从能量最低的状态开始一个个逐一向上占据能量较高的状态。若金属中单位体积的自由电子数，也就是自由电子数密度为 n，则当 $n=n_E$ 时，自由电子所能占据的最高能级称为费米能级，如图 25.3 所示，以费米能级为界，较低的能量状态都被电子占满了(图中阴影部分)。费米能级的能量 E_F 为

$$E_F = (3\pi^2)^{\frac{2}{3}}\frac{\hbar^2}{2m}n^{\frac{2}{3}} \tag{25.10}$$

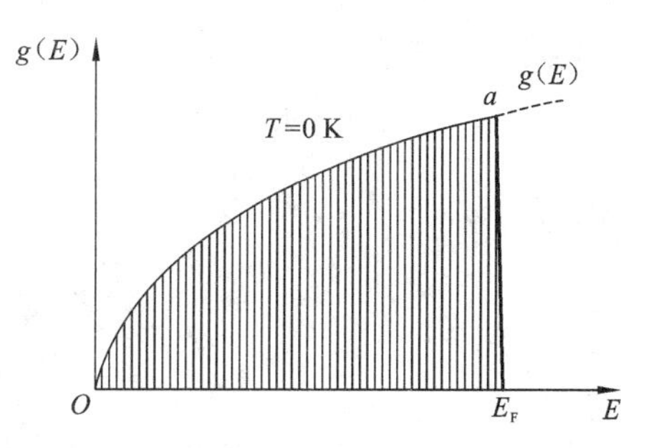

图 25.3　电子态密度分布曲线和 0 K 时电子按能量的分布

费米能 E_F 是基态自由电子可能具有的最大能量，金属的费米能一般为几个电子伏特的数量级。费米能级上的电子具有一个最大速度 v_F，称为费米速度。根据 $v_F=\sqrt{2mE_F}$，可计算得到费米速度约为10^6 m · s^{-1}，说明即使是在绝对零度，电子也处于极其活跃的状态。这与经典理论是不一样的。按照经典理论，任何粒子在绝对零度，其动能和速度都为零。

25.1.5　自由电子的热激发态

当温度 $T>0$ K 时，金属中的自由电子处于热激发态。此时电子通过与晶格离子的无规则碰撞获得热运动能量。晶格离子的热运动能量为 kT 量级，电子从碰撞中最多获得 kT 大小的能量，该能量在室温下只有费米能的几百分之一。因此绝大多数电子不可能借助这一能量跃迁到 E_F 以上的空能级，只有在费米能级附近 kT 大小的薄层内的电子才有可能吸收热运动能量发生跃迁。因此在常温下，金属中的自由电子按能量的分布与绝对零度时的情形区别不大(如图 25.4 所示)

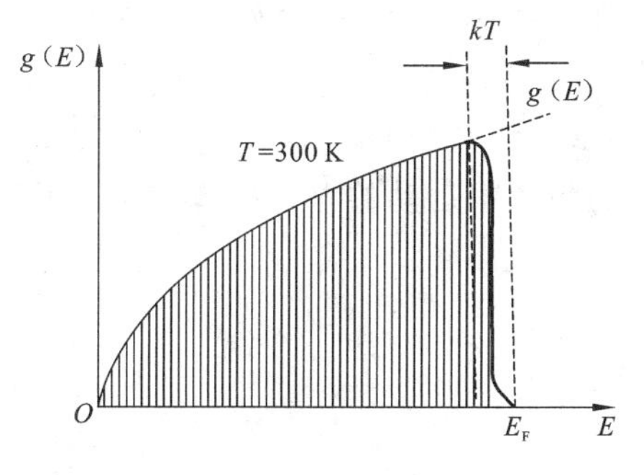

图 25.4　室温时电子按能量的分布

25.1.6　晶体的热容和电子的热容

在金属(晶体)处于平衡态时，金属中的离子在其平衡位置(格点)附近以振动方式做热运动。一般可以将离子的振动分解为三个互相垂直的方向上的振动，因为每一个离子的振动具

有三个自由度。根据经典的能量均分定理,每一振动自由度的平均动能和平均势能都等于$\frac{1}{2}kT$,因此每一个离子的平均振动能量为$3kT$。1 mol 金属中有N_A个离子,总的振动能量为$u_m=3N_AkT=3RT$,因此金属(晶体)的摩尔热容为

$$c_m=\frac{\mathrm{d}u_m}{\mathrm{d}T}=3R=24.9\ (\mathrm{J\cdot mol^{-1}\cdot K^{-1}}) \tag{25.11}$$

在室温下测得金属的摩尔热容都约为 25 J · mol^{-1} · K^{-1}。

金属中还有大量的自由电子,其数目与离子数同量级。自由电子的运动有三个自由度,根据经典的能量均分定理,自由电子对热容的贡献应为$\frac{3}{2}R$,是金属的摩尔热容的一半,但实验测量中并没有发现这一贡献的存在。这一问题可以用自由电子的量子理论进行解释。在25.1.5中我们指出,当温度$T>0$ K 时,只有在费米能级附近kT大小的薄层内的电子才有可能吸收热运动能量发生跃迁。只有这些电子才对热容有贡献。这些电子的数量占电子总数的比例大概为kT/E_F,其值约为几百分之一,电子的热容约为$(kT/E_F)\times\frac{3}{2}R$,可见与金属的热容相比及其微小。

25.2 能带理论

在自由电子近似中,认为金属中的价电子是自由的,完全忽略正离子(实)对电子的作用。金属的自由电子论虽然可以解释金属的某些物理性质,但由于过于简化,不能说明导体、半导体和绝缘体的区别。实际上,电子是在晶体中所有格点的离子和其他所有电子产生的势场中运动,它的势能不能简单地看作常数,而是位置的周期函数。这样一个复杂得多体问题,只能通过近似处理的办法来研究电子的形态。能带理论采用的是“单电子近似”,它假设固体中的正离子按一定周期性排列在晶体中,每个电子在由正离子势场和其他电子的平均势场构建的周期性势场中运动。

25.2.1 晶体中电子的波函数　布洛赫定理

晶体中的电子是在一个周期性的势场中运动。在一维情况下,这个势场的势能可以表示为:

$$U(x)=U(x+a)=U(x+2a)=\cdots=U(x+na) \tag{25.12}$$

式中,a为晶格常数,n为任意整数。因而在一维晶体的势场中运动的电子应遵守定态薛定谔方程

$$\frac{\mathrm{d}^2\Psi(x)}{\mathrm{d}t^2}+\frac{2m}{\hbar^2}[E-U(x)]\Psi(x)=0 \tag{25.13}$$

布洛赫证明该方程的解具有以下形式

$$\Psi(x)=\mathrm{e}^{ikx}f(x) \tag{25.14}$$

式中的$f(x)$是位置x的周期函数,与晶格和势场$U(x)$的周期性相同

$$f(x)=f(x+a)=f(x+2a)=\cdots=f(x+na)$$

表明波函数$\Psi(x)$也具有相同的周期性

$$\Psi(x)=\Psi(x+a)=\Psi(x+2a)=\cdots=\Psi(x+na) \tag{25.15}$$

因此，电子的波函数是受晶体周期性势场影响的调幅波。

25.2.2　晶体中电子的能量 准自由电子近似

晶体中电子的能量可以通过“准自由电子近似”来进行计算。它假设：晶体中的电子近似自由，周期性势场随空间位置的变化比较小，可以视为微扰来处理。该假设适用于原子间距较小晶体的电子或是原子间距较大的晶体的外层电子。

按照“准自由电子近似”，晶体中的周期性势场为

$$U(x) = U_0 + \sum_n V_n e^{in\pi x/a} \tag{25.16}$$

对应的波函数为

$$\Psi_k(x) = \Psi_k^{(0)}(x) + \Psi_k^{(1)}(x) + \Psi_k^{(2)}(x) + \cdots$$

对应的能量为

$$E_k = E_k^{(0)} + E_k^{(1)} + E_k^{(2)} + \cdots$$

令 $U_0 = 0$，零级近似时，电子可视为在周期性势场中的自由电子来处理，得

$$\Psi_k^{(0)}(x) = \frac{1}{\sqrt{a}} e^{ikx}, \quad E_k^{(0)} = \frac{\hbar^2 k^2}{2m} \tag{25.17}$$

其中

$$k = \pm \frac{n\pi}{a} \quad (n = 0, 1, 2, 3, \cdots)$$

注：在周期性边界条件下的自由电子的波函数是行进的平面波，概率密度与空间位置无关，即电子出现在空间任何地方的概率都是相同的。自由电子的能量与波矢（E-k）关系呈抛物线形。

计入微扰对应的能量 $E_k^{(1)}$ 和 $E_k^{(2)}$ 后，晶体中电子的 E-k 关系如图 25.5 所示，曲线基本呈抛物线形，与自由电子的情形类似，但在 $k = \pm \frac{n\pi}{a}(n = 0, 1, 2, 3, \cdots)$ 处，能量 E 不连续，发生突变，从而形成电子能够占据的能量区域“允带”（也称布里渊区），和电子不能够占据的能量区域“禁带”。允带中的能级不是连续的，而是能级间隔与禁带相比小很多，故可视为准连续的。

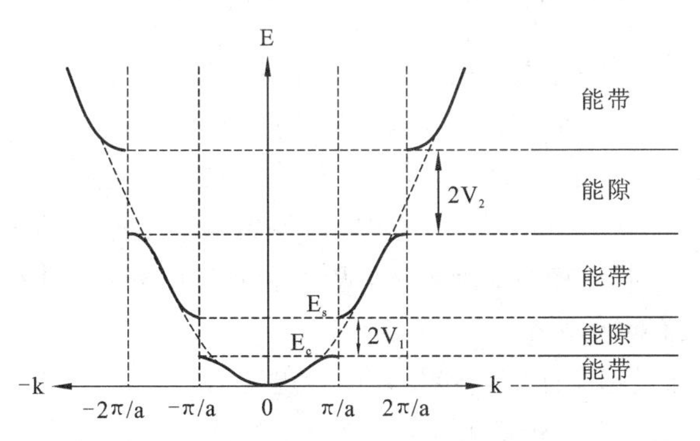

图 25.5　晶体中电子的 E-k 关系

25.2.3　导体　半导体　绝缘体

能带理论可以比较好地说明导体、半导体和绝缘体的区别，如图 25.6 所示。图 25.6(c) 中电子完全填满某一个允带，而其上面的能量较高的允带是完全空的，没有电子填充。填满电子的允带称为价带，完全没有电子的允带称为导带。价带和导带之间是宽为 E_g 的禁带。具

有这样能带结构的固体就是绝缘体。一般绝缘体(如金刚石)的禁带宽度约为 6 eV,在常温下,价带中的电子几乎没有可能越过禁带进入导带。

图 25.6(b)中半导体的能带结构与(c)相似,不同之处就是价带和导带之间的禁带宽度 E_g 较小,如半导体硅的禁带宽度约为 1 eV。因而在不太高的温度下,价带中的部分电子可以吸收足够的热运动能量,通过热激发越过禁带,跃迁到上面的导带,形成自由电子,从而产生导电能力。温度越高,电子越过禁带的机会越多,半导体的导电能力越强。当价带中的电子越过禁带,进入到导带的同时,价带中会产生一个空的能级位置,称为空穴。价带中其他较高能级上的电子可以跃迁到该空穴,这样使得价带中的电子也可以参与导电。因为在外加电场时,空穴沿着与电子相反的方向移动,相当于正电荷的移动,这样形成的电流就是空穴电流。

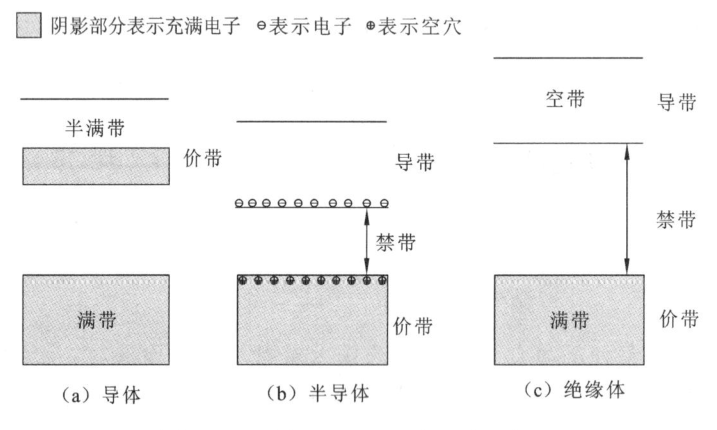

图 25.6 导体、半导体和绝缘体的能带

图 25.6(a)中,价带没有完全填满的,而是其中有部分能级被电子占据(0 K 时这些能级位于费米能级以下)。在有外加电场时,价带中的电子可以跃迁到能量较高的能级上形成电流,具有这种能带结构的固体就是导体。

25.2.4 半导体中的杂质和缺陷

纯净和晶格完美的半导体称为本征半导体。本征半导体中的电子只能处于价带中的能级上,而不能出现在禁带中(如图 25.7(a)所示。但是由于(1)实际的半导体材料不是完全纯净的,其中或多或少的含有若干杂质;(2)实际的半导体材料不是完整无缺的周期性的结构,而是存在各种形式的缺陷,如空位、间隙原子、位错以及层错等。这些杂质和缺陷的存在使得严格周期性结构的晶体中的周期性势场受到破坏,从而有可能在禁带中引入电子能级,这种禁带中的能级对半导体的性质有重要影响。

在实际应用中,常通过掺杂来控制半导体的导电能力。如果在四价的 Si 中掺入少量的五价的 As(或 P,Sb),As 原子有 5 个价电子,其中的 4 个可以与邻近的 4 个 Si 原子结合形成共价键,多出的一个电子则游离在带正电的 As 离子周围,如图 25.7(b)所示,它的能级非常靠近 Si 的导带的底部,因而电子很容易从这个能级跃迁到导带中去。这种杂质称为施主杂质,相应的能级则称为施主能级。硅原子的数密度为 $10^{22}\ \mathrm{cm}^{-3}$,如果杂质的含量为 10^{-4},杂质原子的浓度则为 $10^{18}\ \mathrm{cm}^{-3}$,在常温下杂质能级上的电子即使只有十分之一被激发到导带中,其浓度也为 $10^{17}\ \mathrm{cm}^{-3}$,而 Si 的本征激发在价带中的产生的空穴浓度约为 $10^{10}\ \mathrm{cm}^{-3}$ 的数量级,远小于杂质电子浓度。可见在这种半导体中主要是电子导电,因为电子是带负电的(negative),这种半导体就被称为 N 型半导体。N 型半导体中电子是多数载流子，空穴是少数载流子。

如果在四价的 Si 中掺入少量的三价的 B(或 In 等)，三价的 B 原子只有 3 个价电子，当其替代 Si 原子与邻近的 Si 原子结合形成共价键时，缺少一个电子，如图 25.7(c)所示，也就是杂质的价电子能级上还有一个空位。该能级在 Si 的禁带中非常靠近 Si 的价带顶部的位置，因此 Si 的价带中的电子很容易跃迁到这个能级上来，从而在价带中形成空穴。这种杂质称为受主杂质，相应的能级则称为受主能级。由于受主能级的存在，使得价带中的空穴浓度远远大于本征激发在导带中的产生的电子浓度。因此，这种半导体主要是空穴导电，空穴是多数载流子，电子是少数载流子。因为空穴是带正电的(positive)，这种半导体也就被称为 P 型半导体。

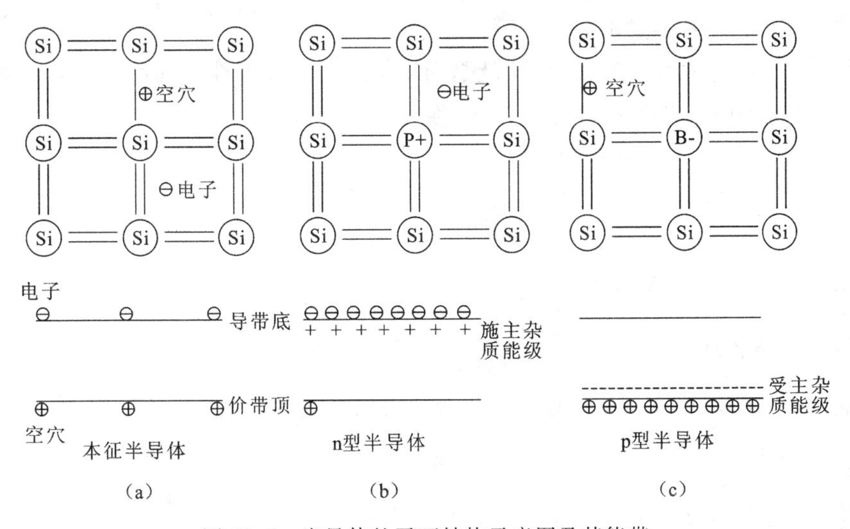

图 25.7　半导体的平面结构示意图及其能带

25.2.5　PN 结

当一块 P 型半导体和一块 N 型半导体结合而在一起，就构成一个 PN 结。P 型半导体中空穴是多数载流子，N 型半导体中电子是多数载流子，二者相互一接触，由于两边载流子浓度的差异，在界面处就会产生载流子的扩散。空穴从 P 型区向 N 型区扩散，电子从 N 型区向 P 型区扩散，在界面附近二者中和，这样将会导致 P 型区缺少空穴而带负电，N 型区缺少电子而带正电，这种空间电荷分布使得界面处产生由 N 型区一侧指向 P 型区一侧的电场 $\boldsymbol{E}$，如图 25.8所示，该电场起到阻碍界面处空穴和电子继续扩散的作用。当 $\boldsymbol{E}$ 足够强时将使载流子的扩散停止，此时 PN 结达到平衡状态时，界面处会形成一个没有空穴和电子的薄层，称为阻挡层或耗尽层，其中的由 N 侧指向 P 侧的电场 $\boldsymbol{E}$ 称为内电场。耗尽层的厚度一般约为 1 μm，内电场强度可达10^4 ～10^6 V · cm^{-1}。

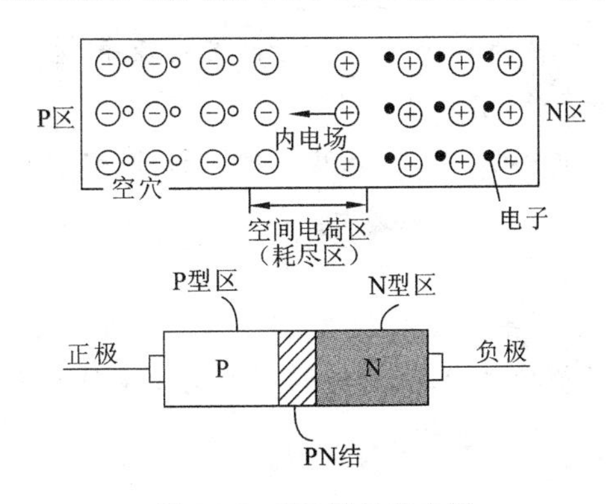

图 25.8　PN 结处的电场

PN 结的重要特性是单向导电。

当外加电压使 PN 结中 P 区的电位高于 N 区的电位，称为正向偏置，简称正偏。外加电源在 PN 结区产生的电场方向与结内电场方向相反,削弱了结内电场,阻挡层变薄,结内电场与扩散运动的平衡被打破,P型区的空穴和N型区的电子就会源源不断地通过阻挡层向对方扩散,这就形成了正向电流。随正向电压增大,正向电流也迅速加大。此时PN结呈现低阻性。

当外加电压使P区的电位低于N区的电位,称为反向偏置,简称反偏。外加电源在PN结区产生的电场方向与结内电场方向相同,增强了结内电场,阻挡层变厚,使得P型区的空穴和N型区的电子更难通过阻挡层向对方扩散。两区的多子不可能形成电流,两区的少子(P型区的电子和N型区的空穴)会沿电场方向形成微弱的反向电流,但在一定的温度条件下,由本征激发决定的少子浓度是一定的,故少子形成的电流随着反向电压的增大很快达到饱和。因而PN结反偏时呈高阻性,电流小。

PN结只有正偏时才有电流通过,这就是PN结的单向导电性。利用了PN结的单向导电性,可以制作将交流电转变为直流电的元件,称为整流二极管。

提　要

1. 金属中自由电子按能量的分布

单位体积的态密度：　$g(E)=\dfrac{dn_F}{dE}=\dfrac{(2m)^{\frac{3}{2}}}{2\pi^2\hbar^3}E^{\frac{1}{2}}$

费米能级:当温度 $T=0$ K时,自由电子所能占据的最高能级。

费米能级的能量：　$E_F=(3\pi^2)^{\frac{2}{3}}\dfrac{\hbar^2}{2m}n^{\frac{2}{3}}$

费米能 E_F 是基态自由电子可能具有的最大能量,

在常温下,金属中的自由电子按能量的分布与绝对零度时的情形分别不大

2. 导体　半导体　绝缘体

电子能够占据的能量区域是“允带”,电子不能够占据的能量区域是“禁带”。

填满电子的允带称为价带,完全没有电子的允带称为导带。它们之间是宽为 E_g 的禁带。

绝缘体的禁带宽度较大,半导体的禁带宽度较小,

价带没有完全填满的是导体。

3. P型和N型半导体

四价的Si中掺入少量的五价原子,在靠近导带底引入施主能级,形成N型半导体,其中电子是多子,空穴是少子。

四价的Si中掺入少量的三价原子,在靠近价带顶引入受主能级,形成P型半导体,其中空穴是多子,电子是少子。

4. PN结

P型半导体和N型半导体结合的界面处产生阻碍空穴和电子扩散的阻挡层,层内电场 $\boldsymbol{E}$ 由N侧指向P侧,该阻挡层称为PN结。PN结正偏时呈现低阻性,反偏时呈现高阻性。PN结具有单向导电性。

思　考　题

1. 金属中的自由电子为什么对固体比热贡献很小?

2. 什么是费米能级、导带和价带？

3. 导体、绝缘体和半导体的能带结构有何不同？

4. Si 晶体中掺入 P 原子后变成什么半导体？其中的多子是什么？能带结构发生怎样的变化？

5. Si 晶体中掺入 B 原子后，空穴是多子，电子是少子，是不是 Si 晶体就带正电了？

习　题

1. 金的密度为 19.3 g/cm^3，试计算金的费米能量、费米速度和费米温度。

2. Si 晶体的禁带宽度是 1.2 eV，掺入 P 后的施主能级与导带底的能级差为 0.045 eV，计算该本征半导体与杂质半导体能吸收的光子的最大波长。

*第 26 章　激　　光

激光是 20 世纪 60 年代初研制出一种新型光源，被誉为“最亮的光”(其亮度可达太阳光的 100 亿倍)、“最快的刀”、“最准的尺”。早在 1917 年著名物理学家爱因斯坦就提出了受激辐射理论，直到 1960 年首台激光器才被成功制造出来。激光一问世就获得了异乎寻常的快速发展，不仅使古老的光学科学与技术获得了新生，而且导致了激光作为一个专门新兴产业的出现。目前激光已在相当多的领域中得到了广泛的应用。本章将简要介绍激光原理及激光的优秀光学特性，并介绍几种类型的激光器。

26.1　爱因斯坦受激辐射理论

26.1.1　自发辐射、受激吸收和受激辐射的概念

受激辐射概念是爱因斯坦于 1917 年首先提出的。在普朗克于 1900 年用辐射量子化假设成功地解释了黑体辐射分布规律，以及玻尔在 1913 年提出原子中电子运动状态量子化假设的基础上，爱因斯坦从光量子概念出发，重新推导了黑体辐射的普朗克公式，并在推导中提出了两个极为重要的概念：受激辐射和自发辐射。

按照玻尔的轨道跃迁理论，当电子从高能级 E_2 的轨道跃迁到低能级 E_1 的轨道上时，要发射能量为 $h\nu$ 的光子，即

$$h\nu=E_2-E_1$$

同样的，如果外来光子的能量恰好等于两个能级的能量之差，原子就可以吸收这个光子从低能级 E_1 跃迁到高能级 E_2。

爱因斯坦从辐射与原子相互作用的量子论观点出发提出，相互作用应包含原子的自发辐射跃迁、受激辐射跃迁和受激吸收跃迁三个过程。

1. 自发辐射

如图 26.1(a)所示，处在高能级 E_2 的一个原子自发地向低能级 E_1 跃迁，并发射一个能量为 $h\nu$ 的光子。这种过程称为自发跃迁。由原子自发跃迁发射的光子称为自发辐射。自发跃迁过程用**自发跃迁几率** A_{21}(也称为**自发跃迁爱因斯坦系数**)描述。A_{21} 定义为单位时间内 N_2 个高能态原子中发生自发辐射的原子数与 N_2 的比值

$$A_{21}=\left(\frac{\mathrm{d}N_{21}}{\mathrm{d}t}\right)_{自}\frac{1}{N_2} \tag{26.1}$$

式中，$(\mathrm{d}N_{21})_{自}$ 为 $\mathrm{d}t$ 时间内由于自发跃迁引起的由 E_2 向 E_1 跃迁的原子数。

自发跃迁是一种只与原子本身性质有关而与辐射场无关的自发过程，可以证明，自发跃迁几率 A_{21} 就是原子在能级 E_2 的平均寿命 τ 的倒数

$$A_{21}=\frac{1}{\tau} \tag{26.2}$$

2. 受激吸收

如图26.1(b)所示，处于低能态 E_1 的一个原子，在频率为 ν 的辐射场中光子的激励下，受激地向高能态 E_2 跃迁，并吸收一个能量为 $h\nu$ 的光子。这种过程称为受激吸收跃迁，也可简称为吸收过程，用**受激吸收跃迁几率** W_{12} 描述

$$W_{12}=\left(\frac{\mathrm{d}N_{12}}{\mathrm{d}t}\right)_{\text{吸}}\frac{1}{N_1} \tag{26.3}$$

式中，$(\mathrm{d}N_{12})_{\text{吸}}$ 为 $\mathrm{d}t$ 时间内由于受激跃迁引起的由 E_1 向 E_2 跃迁的原子数。

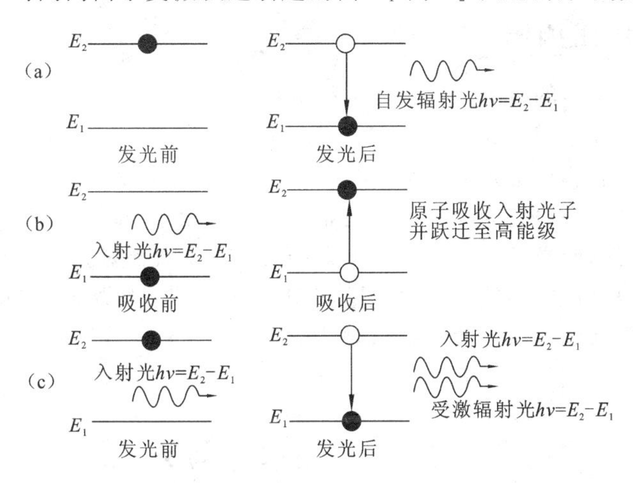

图26.1　原子的自发辐射、受激吸收和受激辐射示意图

要强调的是，受激跃迁与自发跃迁是本质不同的物理过程，反映在跃迁几率上就是：A_{21} 只与原子本身的性质有关；而 W_{12} 不仅与原子性质有关，还与辐射场的单色能量密度 ρ_ν（在单位体积内频率处于 ν 附近的单位频率间隔中的电磁辐射能量）成正比

$$W_{12}=B_{12}\rho_\nu \tag{26.4}$$

式中，比例系数 B_{12} 称为**受激吸收跃迁爱因斯坦系数**，它只与原子性质有关。

3. 受激辐射

如图26.1(c)所示，处于高能态 E_2 的一个原子，在频率为 ν 的辐射场中光子的激励下，受激地向低能态 E_1 跃迁，并**发出另一个与入射光子完全一样的光子**。这种过程称为受激辐射跃迁，用**受激辐射跃迁几率** W_{21} 描述

$$W_{21}=\left(\frac{\mathrm{d}N_{21}}{\mathrm{d}t}\right)_{\text{受}}\frac{1}{N_2} \tag{26.5}$$

$$W_{21}=B_{21}\rho_\nu \tag{26.6}$$

式中，比例系数 B_{21} 称为**受激辐射跃迁爱因斯坦系数**，它也只与原子性质有关。

26.1.2　三个爱因斯坦系数之间的关系

光和原子相互作用时，必然同时存在着吸收，自发辐射和受激辐射三种过程。达到平衡

时,上下两能级间的跃迁应达到动态平衡

$$\left(\frac{\mathrm{d}N_{12}}{\mathrm{d}t}\right)_{吸}=\left(\frac{\mathrm{d}N_{21}}{\mathrm{d}t}\right)_{自}+\left(\frac{\mathrm{d}N_{21}}{\mathrm{d}t}\right)_{受}$$

即

$$B_{12}\rho_\nu N_1=A_{21}N_2+B_{21}\rho_\nu N_2$$

通过统计理论可以求得,吸收、自发辐射和受激辐射三个系数之间的关系为

$$B_{12}=B_{21} \tag{26.7}$$

$$A_{21}=\frac{8\pi h\upsilon^3}{c^3}B_{12} \tag{26.8}$$

式(26.7)表明受激吸收和受激辐射的几率相等;式(26.8)表明从下能级难于激发上去(即 B_{12} 小)的能级,在其上能级上的原子发生自发跃迁的几率(A_{21})也小。

26.1.3　受激辐射的相干性

受激辐射与自发辐射的极为重要的区别在于相干性。

自发辐射是原子在不受外界辐射场控制情况下的自发过程。所以,大量原子的自发辐射的传播方向、偏振方向、相位都是无规则分布的,因而自发辐射是不相干的。

受激辐射是在外界辐射场的控制下的发光过程。在量子电动力学的基础上可以证明:受激辐射光子与入射(激励)光子属于同一光子态;或者说,受激辐射场与入射辐射场具有相同的频率、相位、波矢(传播方向)和偏振,于是受激辐射场与入射辐射场属于同一模式。特别是,大量原子在同一辐射场激励下产生的受激辐射处于同一光波模式或同一光子态,因而是相干的。激光就是这样一种受激辐射相干光。

26.2　粒子数反转与光放大

26.2.1　粒子数按能级的统计分布

在物质处于热平衡态时,各能级上的原子数服从玻耳兹曼正则分布律

$$\frac{N_2}{N_1}=\mathrm{e}^{-\frac{E_2-E_1}{kT}}$$

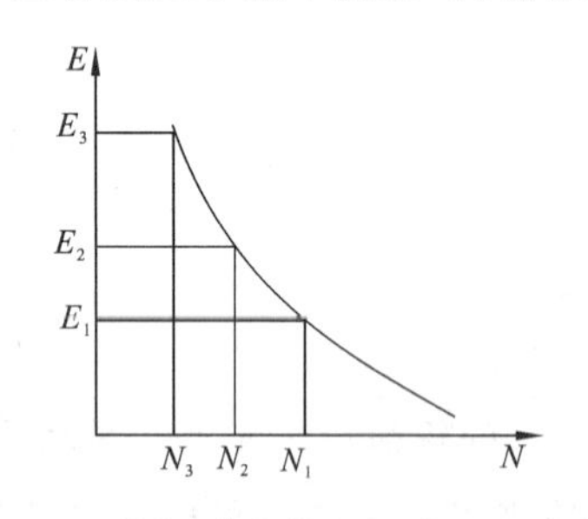

图 26.2　原子数按能级的玻耳兹曼分布

式中 T 为热平衡温度,k 为玻尔兹曼常量。由于 $E_2>E_1$,所以 $N_2<N_1$,即在热平衡态下,高能级原子数恒小于低能级原子数,如图 26.2 所示。

例如氢原子的第一激发态 $E_2=-3.40\ \mathrm{eV}$,基态 $E_1=-13.6\ \mathrm{eV}$,在常温 $T=300\ \mathrm{K}$ 下,$N_2/N_1\approx10^{-170}$,而能级 n 越高,相应能级的原子数 N_n 越少。所以,在常温的热平衡状态下,物质中几乎全部原子处在基态。

26.2.2　粒子数反转的概念

激光是通过受激辐射来实现放大的光。但是光和原子系统相互作用时,总是同时存在着吸收、自发射辐和受激辐三种过程,不可能只存在受激辐射过程。那么怎样才能使受激辐射胜过吸收和自发辐射,而在三个过程中占据主导地位呢?

首先看受激吸收和受激辐射过程:当光照射原子系统时,如果吸收的光子数多于受激辐射的光子数,总的效果不是光放大,而是光的减弱。只有当受激辐射的光子数多于被吸收的光子

数时，才能实现光放大。

单位时间单位体积内受激辐射和受激吸收光子数分别为

$$\left(\frac{\mathrm{d}N_{21}}{\mathrm{d}t}\right)_{受}=B_{21}\rho_\nu N_2,\quad \left(\frac{\mathrm{d}N_{12}}{\mathrm{d}t}\right)_{吸}=B_{12}\rho_\nu N_1$$

净辐射的光子数为

$$\left(\frac{\mathrm{d}N_{21}}{\mathrm{d}t}\right)_{受}-\left(\frac{\mathrm{d}N_{12}}{\mathrm{d}t}\right)_{吸}=B_{21}\rho_\nu N_2-B_{12}\rho_\nu N_1=B_{21}\rho_\nu(N_2-N_1)$$

只有当 $N_2>N_1$ 时，受激辐射的光子数才能多于被吸收的光子数，而使受激辐射胜过受激吸收。

按照玻耳兹曼正则分布律，热平衡时，处于高能态 E_2 上的原子数总是小于低能态 E_1 上的原子数，所以热平衡时，光的吸收占主导地位。

要使受激辐射占优势，必须使高能态原子数 N_2，大于低能态原子数 N_1，这种分布不是平衡态粒子（正则）分布，称为粒子数反转分布，简称**粒子数反转**。

一般来说，当物质处于热平衡状态（即它与外界处于能量平衡状态）时，粒子数反转是不可能的，只有当外界向物质输入能量（称为激励或泵浦过程），使物质处于非热平衡状态时，粒子数反转才有可能实现。**激励（或泵浦，或抽运）过程是实现光放大的必要条件**。

26.2.3　能实现粒子数反转的激活介质

能实现粒子数反转分布的物质，称为**激活介质**。这种物质要具有合适的能级结构。

1. 能级的寿命

粒子在某激发态能级上平均停留时间的长短，叫作在该能级上的平均寿命，或简称该**能级的寿命** τ。

各种原子的各个能级的寿命与原子的结构有关。一般激发态能级的寿命 τ 数量级为10^{-8} s。也有一些激发态的能级寿命特别长，可达10^{-3} s 甚至 1 s，这种寿命特别长的激发态叫**亚稳态**。亚稳态在激光的产生过程中起着特殊的重要作用。

2. 能实现粒子数反转的能级结构

怎样实现粒子数反转呢？容易想到的是提高泵浦的速率，但是更重要的是必须具有适宜的能级系统。

例如，如果原子只有两个能级，如图 26.3 所示，想用光泵抽运的方法在二能级系统中实现稳定的粒子数反转是不可能的。因为粒子吸收外来光固然可以从下能级激发到上能级，但是同样可能的是上能级的粒子在外来光的激励下也会跃迁到下能级（受激辐射），所以充其量也只能使上下能级的粒子数相等。

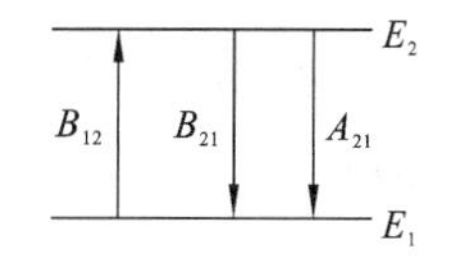

图 26.3　二能级系统不可能实现粒子数反转

能够实现粒子数反转的能级系统主要有下面两类：

(1) 三能级系统

图 26.4 为三能级系统介质的能级结构示意图。原子从基态 E_1 首先被激发到能级 E_3，粒子在能级 E_3 上是不稳定的，很快地衰变到能级 E_2，能级 E_2 是亚稳态，在 E_2 上可以积聚足够多的粒子。这样就可以在该能级与基态之间实现粒子数反转。可见，亚稳态在实现粒子数反转中起着重要的作用。

红宝石激光器（1960 年的首台激光器）就属于三能级系统。在三能级系统中，由于激光跃迁的下能级是基态，为了达到粒子数反转，必须把半数以上的基态粒子抽到上能级，因此要有很高的抽运功率。三能级系统的激光器都不能做成连续的，只能脉冲输出。

（2）四能级系统

如果在亚稳态 E_3 与 E_1 基态之间还有一个非稳态能级 E_2，图 26.5 所示为四能级系统的能级结构示意图。由于能级 E_2 基本上是空的，这样在 E_3 与 E_2 之间就比较容易实现反转。所以，四能级系统的效率一般比三能级系统高。

不论三能级图或四能级图，共同说明一个问题：**要出现反转分布，必须内有亚稳态，外有激励能源**（也称泵浦），粒子的整个输运过程必定是一个循环往复的非平衡过程。**激活介质的作用就是提供亚稳态**。

所谓三能级或四能级，并不是激活介质的实际能级图，它们只是对造成反转分布的整个物理过程所做的抽象概括。实际能级图要比它们复杂。

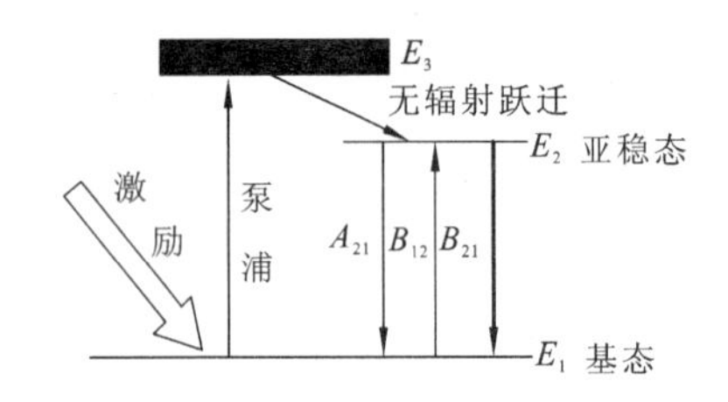

图 26.4　三能级系统可粒子数反转

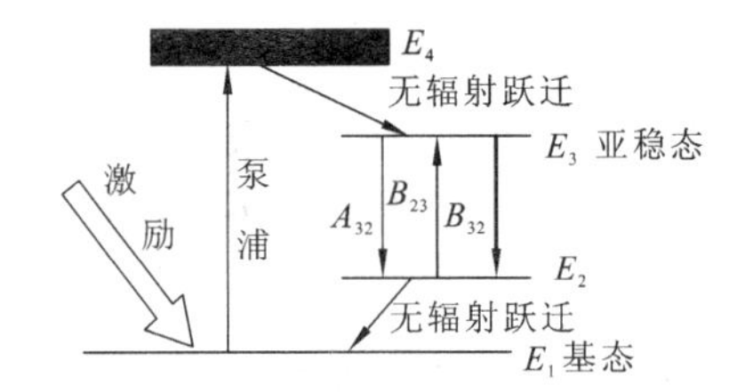

图 26.5　四能级系统易粒子数反转

26.2.4　泵浦的几种方法

在热平衡状态下，介质中的粒子在各能级上是按玻尔兹曼定律分布的。高能级上的粒子数总比低能级上少，而且在室温下绝大多数粒子都处在基态。把粒子从基态激发到高能级以便在某两个能级之间实现粒子数反转的过程称为泵浦或抽运。泵浦的方法有多种，不同的激光器泵浦方法不一定相同。

1. 光泵

用外来光照射工作物质使处在基态 E_1 的粒子吸收外来光子而跃迁到高能级 E_3，如图 26.6(a)所示，结果在 E_3 与 E_2 两能级之间实现粒子数反转。这是固体激光器中常用的方法。

2. 电子碰撞

让电子通过气体介质，在适当的气压与电流下，电子碰撞气体粒子，把它激发到高能级以实现粒子数反转。如图 26.6(b)所示。这是某些气体激光器，例如氩离子激光器、CO_2 激光器中使用的方法。

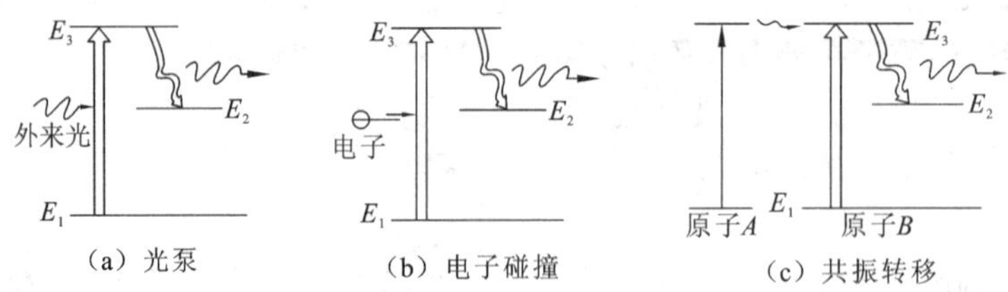

图 26.6　泵浦的几种方法

3. 共振转移

在这种方法中，是把两种激发能相同或相近的原子 A 和 B 以适当比例混合在一起。通过气

体放电先把 A 原子激发到激发态。如果这个激发态是亚稳态,它不能以辐射跃迁的方式回到基态,但是可以与处在基态的 B 原子碰撞,将激发能转移给 B,把 B 激发到激发态 E_3,在 B 原子的两能级 E_3 与 E_2 之间实现粒子数反转。如图 26.6(c)所示。上述过程可以用式子表示为

$$A \xrightarrow[\text{电子碰撞}]{} A^*,\quad A^* + B \rightarrow B^* + A$$

式中“ * ”表示激发态。

4. 化学反应

通过化学反应产生一种处于激发态的原子或分子以实现粒子数反转。例如,用光照射氯气与氢气的混合物就会发生如下的反应

$$Cl_2 \xrightarrow{\text{光照}} Cl + Cl$$

分解出来的氯原子跟氢分子反应,产生处于激发态的 HCl 分子与氢原子

$$Cl + H_2 \longrightarrow HCl^* + H$$

产生的氢原子又跟 Cl_2 反应产生处于激发态的 HCl 分子与氯原子

$$H + Cl_2 \longrightarrow HCl^* + Cl$$

Cl 原子又可以跟 H_2 反应,这样循环下去,形成了链式反应,使得处在激发的 HCl^* 分子越来越多,实现了粒子数反转。这样制成的激光器叫化学激光器。

还有其他的泵浦方法,在这里就不一一叙述了。

26.2.5　增益系数 G

激活介质对光的放大能力用增益系数(简称**增益**)G 来描述。如图 26.7 所示,一束光射入介质,设在 z 处光强为 I 在 $z+dz$ 处光强增加为 $I+dI$,研究表明光强的增量 dI 与光强 I 成正比,与通过的一段激活介质的厚度 dz 成正比,写成等式即

$$dI(z) = G(z)I(z)dz$$

于是增益系数 G 定义为

$$G(z) = \frac{dI(z)}{I(z)dz} \tag{26.9}$$

表示通过单位距离时光强增加的百分比。

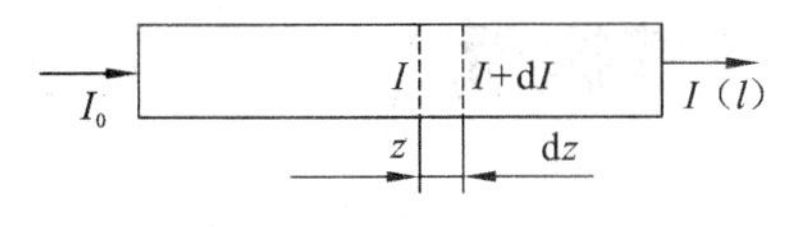

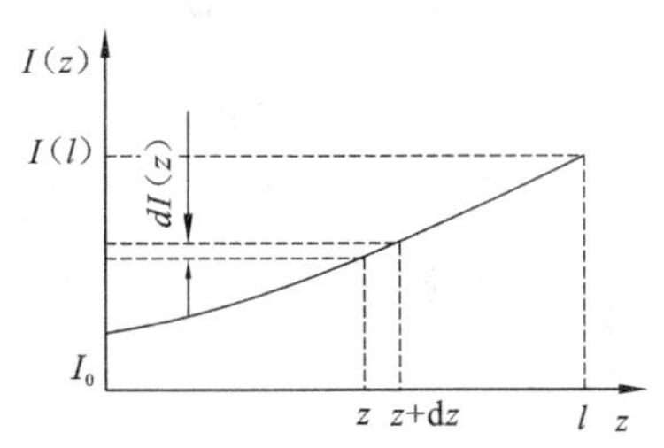

图 26.7　光在激活介质中的放大

影响增益系数 G 的几个因素:

1. 增益系数 G 正比于反转的粒子数差值

反转的粒子数 $\Delta N(z) = N_2(z) - N_1(z)$。由于光强的增量 $dI(z)$ 正比于单位体积激活物质的净受激发射光子数

$$dI(z) \propto B_{21} h\nu I(z)[N_2(z) - N_1(z)]dz$$

所以

$$G(z) \propto B_{21} h\nu [N_2(z) - N_1(z)]$$

如果 $[N_2(z) - N_1(z)]$ 不随 z 而变化,则增益系数 $G(z) = G_0$(常数),于是得线性微分方程

$$dI = G_0 I dz$$

积分得线性增益或小信号增益时 z 处的光强

$$I = I_0 e^{G_0 z} \tag{26.10}$$

式中,I_0 为 $z=0$ 处的初始光强。

2. 饱和增益

增益系数 G 与光强有关。光强 I 的增加，正是由于高能级原子向低能级受激跃迁的结果。或者说光放大正是以粒子数差值 $N_2(z)-N_1(z)$ 的减小为代价的。并且，光强 I 越大，$N_2(z)-N_1(z)$ 减小得越多，所以实际上 $N_2(z)-N_1(z)$ 随 z 的增加而减小。也就是说，光强 I 越大，增益系数 G 越小，这称为增益饱和效应。可以导出**饱和增益系数**

$$G(I)=\frac{G_0}{1+I/I_S} \tag{26.11}$$

式中，I_S 为饱和参量。如果始终有 $I \ll I_S$，则 $G(I)=G_0$，G_0 称为**小信号增益系数**。

3. 增益系数 G 与入射光的频率有关

增益系数 G 与入射光的频率 ν 有关，这是因为能级 E_2 和 E_1 由于各种原因总有一定的宽度，所以在中心频率 $\nu_0=(E_2-E_1)/h$ 附近一个小范围 $(\pm\Delta\nu/2)$ 内都有受激跃迁发生。

如图 26.8 给出了 $I\approx0$ 及 $I=I_S$ 两种情况下的增益曲线。$I\approx0$ 时的小信号增益曲线宽度为 $\Delta\nu_H$；$I=I_S$ 时的大信号增益曲线宽度为 $\sqrt{2}\Delta\nu_H$。随着 I 增大，增益曲线变宽了。这是由于入射光偏离中心频率越远，增益饱和效应越弱的缘故。

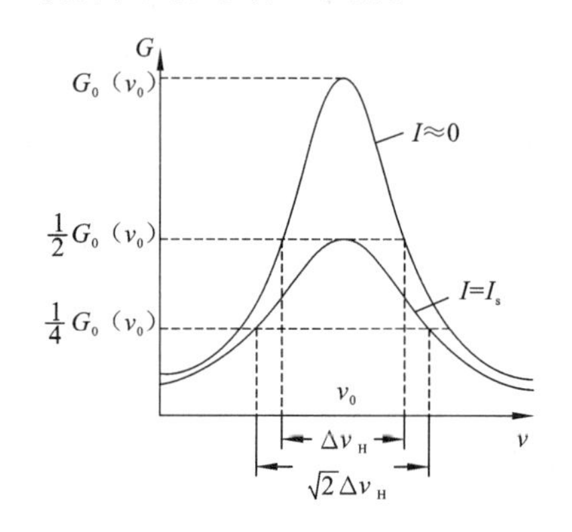

图 26.8　不同入射光强的增益曲线

26.3　谐振腔　光的自激振荡

实现了反转分布的激活介质、可以做成光放大器，但更多的场合下需要使用激光自激振荡器，简称**激光器**。

26.3.1　激光自激振荡概念

在光放大的同时，总是还存在着光的损耗，引入损耗系数 α 来描述，定义为

$$\alpha=-\frac{\mathrm{d}I(z)}{\mathrm{d}z}\cdot\frac{1}{I(z)}$$

表示光通过单位距离后光强衰减的百分数。

同时考虑增益和损耗，则有

$$\mathrm{d}I(z)=[G(I)-\alpha]I(z)\mathrm{d}z$$

假设有微光 I_0 进入一无限长放大器。起初光强将按小信号放大规律

$$I(z)=I_0\mathrm{e}^{(G_0-\alpha)z}$$

$I(z)$ 随 z 增长，如图 26.9(a)所示。但随 $I(z)$ 的增加，$G(I)$ 将由于饱和效应而减小，如图 26.9(b)所示，因而 $I(z)$ 的增长将逐渐变缓。最后，当 $G(I)=\alpha$ 时，$I(z)$ 不再增加，并达到一个稳定的极值 I_m，如图 26.9(a)所示，它满足

$$G(I)=\frac{G_0}{1+I_m/I_S}=\alpha$$

即

$$I_m=(G_0-\alpha)\frac{I_S}{\alpha} \tag{26.12}$$

式中 I_m 与初始光强 I_0 无关，只与放大器本身的参数有关。也就是说，不管初始光强 I_0 多么微弱，只要放大器足够长，就总是形成确定大小的光强 I_m。这称为自激振荡。

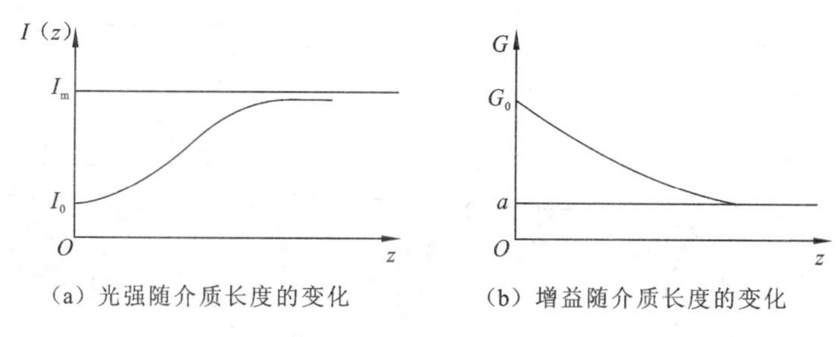

(a) 光强随介质长度的变化　　(b) 增益随介质长度的变化

图 26.9　自激振荡时的光强与增益

一个激光器要想产生自激振荡，即要

$$I_m=(G_0-\alpha)\frac{I_S}{\alpha}>0$$

则

$$G_0-\alpha>0 \tag{26.13}$$

式(26.13)称为**自激振荡条件**。其中，G_0 是小信号增益系数，α 是总损耗系数。

需要强调的是：激光器的几乎一切特性，以及对激光器采取的技术措施，都与增益和损耗特性有关。

26.3.2　谐振腔的作用

1. 光的正反馈

在实际中，并非必须，也不可能真正将激活介质的长度无限增加，而只需要在具有一定长度的光放大器的两端放置两面反射镜，称为**光谐振腔**。这样，沿轴向的光束就能在反射镜间往返传播，就等效于增加放大器长度，这就是光的正反馈作用。

由于在激活介质内，总是存在频率为 ν_0 的微弱的自发辐射光，可作为初始光强 I_0，它经过来回多次受激辐射放大，就有可能在轴向产生光的自激振荡。

无需外来光源而通过自激振荡输出激光的装置称为**激光器**。

2. 谐振腔对光束方向的选择

在激活介质内部，来源于自发辐射的初始光信号是杂乱无章的，宏观看来传播方向是各向同性的，在这样的光信号激励下发生的受激辐射也是随机的，所辐射的光的相位、偏振状态、频率、传播方向都是互不相关的、随机的，如图 26.10 所示。

如何将其他方向和频率的信号抑制住，而使某一定方向和一定频率的信号享有最优越的条件进行放大，最终获得单色性、方向性都很好的激光呢？光学谐振腔也是为此目的而设计的一种装置，它的两反射镜 M_1 和 M_2 的轴线与工作物质的轴线平行放置，往往是将反射镜直接贴在工作物质的两端面处，如图 26.11 所示。

在理想情况下，谐振腔的两个反射面之一的反射率应是 100%(见图 26.11(a)(b))，而为了让激光输出，另一个应是部分反射的(见图 26.11(c))。因激光输出对谐振腔内的光场而言也是损耗,部分反射镜的反射率值,要根据增益与损耗的具体情况来计算。其反射率也是相当高的(常为70%~90%)。

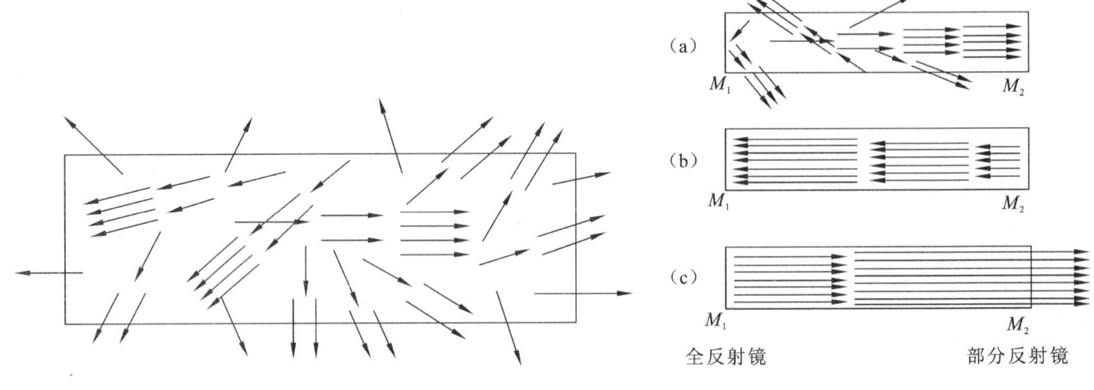

图 26.10　无谐振腔时受激辐射的方向是随机

图 26.11　谐振腔对光束方向的选择

这里仅讨论平面谐振腔。凡是偏离轴线的光或直接逸出腔外,或经几次来回反射最终从侧面逸出腔外,损耗 α 很高,不可能形成稳定的光束。只有沿腔轴方向的光束,在腔内来回反射,不致逸出腔外。因而激活介质就在这些轴向运动的光子的刺激作用下,产生轴向受激辐射,在一定条件下形成稳定的激光光束,从部分反射镜输出。所以激光具有很好的方向性。

当然,即使对于平面谐振腔,其输出的光束也不是绝对的平行光束,它总有一定的发散角,这主要是端面的衍射引起的。如:He-Ne 激光器的放电毛细管的直径 1~2 mm,其发散角为几分。

3. 光学谐振腔的类型及稳定性

光腔的反射面既可以是平面,也可以是球面,由其曲率半径 r 描述。不同 r 的反射镜以不同间距 L 放置,就组成各种类型的谐振腔。它们可以用两个参数标志

$$g_1=1-L/r_1 \qquad g_2=1-L/r_2$$

并非具有任意 g 参量的光谐振腔都能保证其轴向光线(模式)具有低的光学损耗。如果在某类光腔中可以存在这样的近轴(包括平行光轴)的光线(模式),它们可以在腔内多次来回传播而不致逸出腔外,这类光谐振腔称为**稳定腔**。反之,若近轴光线经少数几次传播就逸出腔外,即有很高的几何光学损耗,这类光谐振腔称为**非稳定腔**。谐振腔的稳定条件为

$$0\leqslant g_1 g_2\leqslant 1 \tag{26.14}$$

g 参量处在此范围之外的则是非稳定腔。由两个凸球面镜组成的腔($r_1<0$,$r_2<0$)一定是非稳定腔。共焦腔($g_1=g_2=0$),和平行平面腔($g_1=g_2=1$)是介于稳定与非稳间的临界情况。表 26.1 列出了几种常见谐振腔的相关参数。

表 26.1　几种常见谐振腔的相关参数

名称	反射镜曲率半径	镜间距 L	g_1, g_2	稳定性
共焦腔	$r_1=r_2=r$	$L=r$	$g_1=g_2=0$	临界
平行平面腔	$r_1=r_2=\infty$	任意	$g_1=g_2=1$	临界
大曲率半径腔	$r_1=r_2=r$	$L\ll r$	$0<g_1=g_2<1$	稳
平-凹面腔	$r_1, r_2=\infty$	$L\ll r_1$	$0<g_1<1, g_2<1$	稳

增益系数小的,用稳定腔,但发散角稍大;高增益的多用平行平面腔,因为方向性好,只有因衍射而存在的小发散角。

26.3.3　能输出线偏振光的激光器

大多数激光器是将谐振腔的两个反射镜直接封在激活介质的两个端面上，如图 26.12 所示，这类激光器出射的激光束都是自然光。

在外腔式激光器中，在激活介质的两个端面上采用布儒斯特窗，其法线方向与激光管管轴方向按布儒斯特角倾斜，如图 26.13 所示。

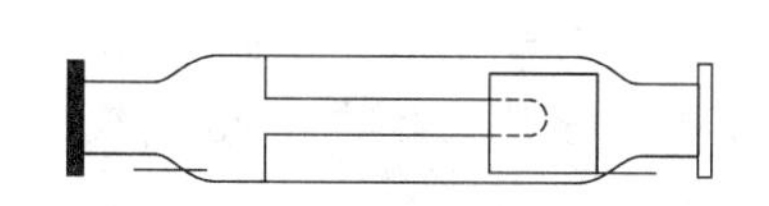

图 26.12　普通激光器输出激光束为自然光

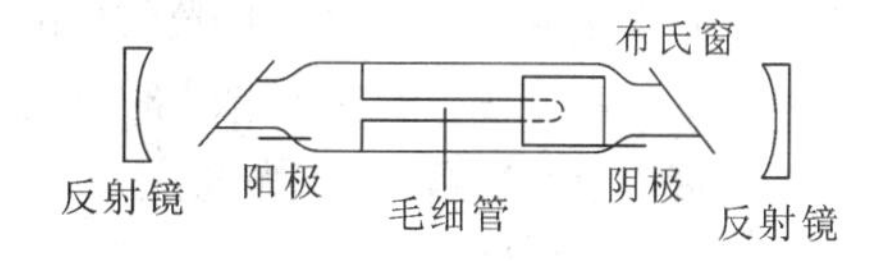

图 26.13　有布儒斯特窗的激光器输出线偏振光

光线以布儒斯特角 θ_B 入射时，振动方向垂直于入射面的 s 波有 15% 的反射损耗，损耗大于增益，不能形成激光输出。而振动方向在入射面内的 p 波 100% 透射，无反射损耗，因而增益很容易满足阈值条件。能够形成激光输出。安置了布儒斯特窗的外腔式激光管输出的是线偏振光，其振动面是窗口法线与管轴所组成的平面。

26.4　激光的单色性

激光不仅方向性好，而且单色性也很好。单色性好的特点是怎样形成的呢？概括讲是激活介质和谐振腔共同作用的结果。

26.4.1　谱线宽度

光的单色性的好坏用谱线宽度表示。原子由高能级 E_2 跃迁到低能级 E_1 辐射的谱线不是严格单色的，而有一定宽度。

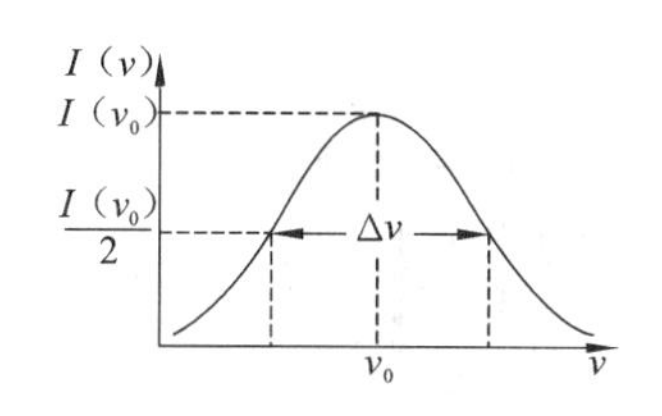

图 26.14　辐射的频率分布

图 26.14 为自发辐射的频率分布。$\nu_0=(E_2-E_1)/h$ 是谱线的中心频率，$\Delta\nu$ 称为谱线宽度。$\Delta\nu$ 愈小，谱线愈窄，光的单色性愈好。

影响谱线宽度的几个因素如下：

1. 自然线宽

谱线宽度 $\Delta\nu$ 与能级寿命 τ 的关系是 $\Delta\nu\cdot\tau=1$，能级寿命越长，谱线宽度越窄，单色性越好。由于能级寿命引起的谱线宽度称为自然线宽。

普通激发态的能级寿命 $\tau\approx10^{-8}$ s，所以普通能级自发辐射的自然线宽 $\Delta\nu\approx10^{8}$ Hz。

激光是来自亚稳态的受激辐射，亚稳态的能级寿命 $\tau\geqslant10^{-3}$ s，其受激辐射自然线宽 $\Delta\upsilon\leqslant10^{3}$ Hz，单色性远好于自发辐射。

2. 碰撞展宽

对于气体激光器而言，原子之间的相互碰撞加速了原子从激发态向下能级的跃迁。这相当于缩短了激发态能级的寿命，因而导致谱线展宽，称为碰撞展宽。例如：对 He-Ne 激光器的 6328 谱线，碰撞展宽为 100～200 MHz，这远大于自然线宽。

3. 多普勒展宽

对于气体激光器而言,由于热运动,大量粒子的速度具有一定的统计分布,这就带来了辐射的多普勒效应。

处于高能级上的粒子,一方面在不停地热运动,一方面又向低能级跃迁而发射光波。对于接收器(如光谱仪)而言,这些辐射粒子是运动的光源。

即使它们发射单一频率 ν_0 的光波,由于多普勒效应,向着接收器方向运动的粒子的辐射,接收到的频率 ν 高于 ν_0,背离接收器方向运动的粒子的辐射,接收到的频率 ν 低于 ν_0,从而接收到的频率展宽了,这称为多普勒展宽。例如:在室温下,He-Ne 激光器的 6328 谱线的多普勒展宽约为 1 300 MHz。

通常上述三种使谱线展宽的因素同时存在,但对于不同的光源其展宽的主要因素不同。He-Ne 激光器 6328 谱线的线宽主要来自多普勒展宽。

26.4.2 激光的纵模

谐振腔除了对光束的方向有选择作用外,还有选频作用,由于谐振腔的选频作用使得激光器内可能出现的振荡频率不是任意的,而是某些谱线宽度很窄的离散谱。

设有一单一频率的平面波沿腔轴方向来回反射,这些反射的平面波之间产生相干叠加,只有形成驻波的光才能形成振荡放大,产生激光。

设腔长 L,介质折射率 n,波长 λ,根据驻波条件有

$$2nL = j\lambda \tag{26.15}$$

式(26.15)也称为**谐振条件**。将 $\lambda = c/\nu$ 代入,则得谐振频率(有多个)

$$\nu_j = j\,\frac{c}{2nL} \tag{26.16}$$

由谐振腔输出的每一个谐振频率称为一个纵模。相邻两纵模间隔为

$$\Delta\nu_j = \frac{c}{2L} \tag{26.17}$$

每个纵模仍有一定的线宽,由 $F-P$ 原理可求得单模线宽为:

$$\Delta\nu_c = \frac{c(1-R)}{2\pi LR} \ll \Delta\nu_{\text{介质}} \tag{26.18}$$

在图 26.15(a)中画出了满足谐振条件的各纵模 ν_j 的频谱,纵模间隔 $\Delta\nu_j$,及单模线宽 $\Delta\nu_c$。显见,各纵模按频率是等间隔分布的,而且各纵模的频率线宽相等。

考虑到激活介质辐射的频谱(见图 26.15(b))有线宽限制,各纵模频谱要受到激活介质辐射频谱的调制(见图 26.15(c)),则只有某几个谐振频率的受激辐射,其增益大于损耗,可以得到振荡放大而形成激光。这就是谐振腔的选频作用。

一般激光器是多纵模输出的,由图 26.15(c)可知,纵模个数为

$$N = \frac{\Delta\nu}{\Delta\nu_j} = \frac{2L\Delta\nu}{c} \tag{26.19}$$

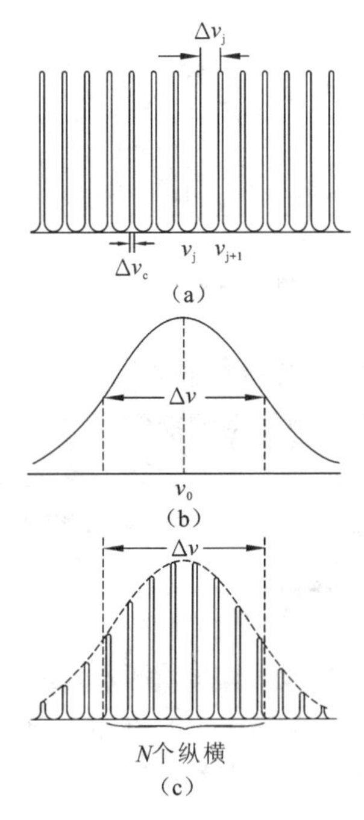

图 26.15 谐振腔的纵模

而由式(26.17)和式(26.18)可知，腔长 L 长，则纵模间隔 $\Delta\nu_j$ 和单模线宽 $\Delta\nu_c$ 都窄；腔长 L 短，则纵模间隔 $\Delta\nu_j$ 和单模线宽 $\Delta\nu_c$ 都宽。利用谐振腔的这一特点，可以在谐振腔中插入一个短谐振腔(薄 F-P)，如图 26.16 所示，可以实现单纵模输出。因为纵模线宽很窄，所以其单色性非常好。

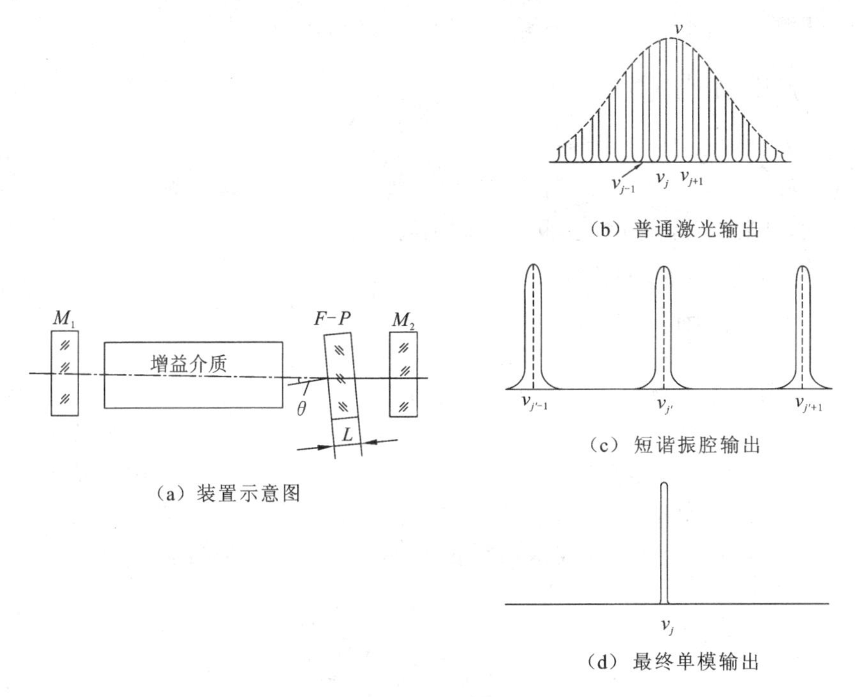

图 26.16 激光单纵模输出

26.4.3 激光的横模

在激光光束的横截面上，可以观察到光强有一定的稳定分布，如图 26.17 所示。这种光强的横向不同的稳定分布称为**横模**。

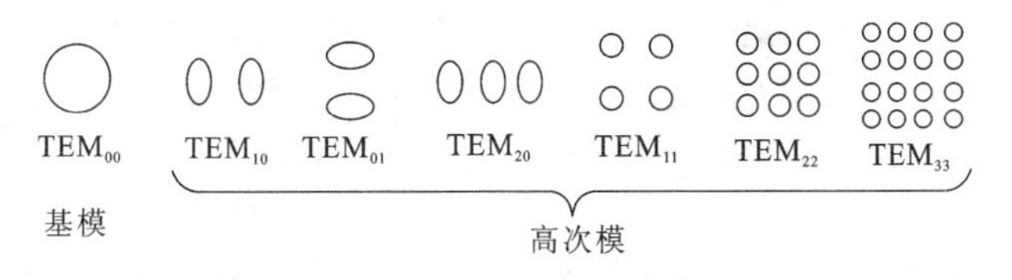

图 26.17 激光的横模

横模产生的原因是光在腔内来回反射时会发生衍射，它等效于光波通过一系列圆孔的衍射。采用适当的措施可以只输出基横模。基横模输出时，光束横截面上各点相位相同。激光具有良好的空间相干性。

26.5 激光的特性及其应用

综合以上几节的理论分析与介绍，对激光器的结构和激光的特性总结如下。

26.5.1　激光器的三个基本组成部分及其作用

① 激活介质(工作物质):具有适当的能级结构存在亚稳态,能产生受激辐射光放大。

② 光学谐振腔:维持光振荡;方向的选择;频率的选择。

③ 激励能源:供给能量打破热平衡,使粒子数反转,达到产生激光所需的阈值条件。

26.5.2　激光的优秀特性

① 单色性好。

② 方向性好。

③ 高强度,高功率:能量可于空间及时间上高度集中。

④ 相干性好。

26.5.3　激光的应用

由于激光具有上述优秀特性,自 1960 年世界上第一台激光器诞生 50 多年来,激光技术与应用发展迅猛,已与多个学科相结合形成多个应用技术领域,比如光纤通信,光电技术,激光医疗与光子生物学,激光加工技术,激光检测与计量技术,激光全息技术,激光光谱分析技术,非线性光学,超快激光学,激光化学,量子光学,激光雷达,激光制导,激光分离同位素,激光可控核聚变,激光武器等等。这些交叉技术与新的学科的出现,极大地推动了传统产业和新兴产业的发展。

26.6　激光器举例

26.6.1　固体激光器

1. 红宝石激光器(三能级系统)

1960 年美国人梅曼(Maiman)首先做成红宝石激光器,其结构如图 26.18 所示,将红宝石加工制成圆柱形棒,圆柱侧面粗磨,使其易于吸收光,两端面精磨并抛光,做成一对完全平行的平面,一端镀上较厚的银膜,成为全反射面,另一端镀上较薄的银膜,使之成为透过率为 10%的薄膜,可让激光输出。泵浦方法是光泵,光源是螺旋形脉冲氙灯,包围着红宝石(现在多采用直管,与红宝石平行放置在一聚光腔内)。

红宝石晶体是三氧化二铝(Al_2O_3)中掺杂 0.05%的铬离子(Cr^{3+}),铬离子作为激活粒子均匀地分布在基质(Al_2O_3)中。图 26.19 是红宝石晶体中三价铬离子的能级简图,由图可见,红宝石有个较宽的吸收和激发能带 E_3。处于基态的 Cr^{3+} 离子被氙灯发射的强光泵浦到 E_3 能带,在 E_3 能带上的粒子是不稳定的,寿命很短,在约10^{-8} s 时间内,便很快自发地无辐射地跃迁到寿命较长(约为10^{-3}s)的亚稳态 E_2 上,并在光照时间内暂时使 N_2 偏离热平衡的玻尔兹曼分布。这种过程称为氙灯的泵浦(或抽运)过程。显然,N_2 的大小正比于泵浦速率 W_{13},但是只要 N_2 仍小于 N_1,则红宝石仍然是对波长 694.3 nm 的光的吸收器,只是吸收系数随 N_2 的增大而减小。同时 E_2 上的 Cr^{3+} 离子不断自发跃迁回到基态 E_1 并发出 694.3 nm 的自发辐射,称为荧光。也就是说,当氙灯的泵浦速率 W_{13} 不足以引起粒子数反转时,红宝石只能发出 694.3 nm 的自发辐射荧光,这与普通光源没有什么区别。当氙灯光强增加到能够使 $N_2>N_1$,即达到粒子数反转状态时,红宝石就转化为该波长上的光放大器。然而,$N_2>N_1$ 并不意味着激光器一定能产生自激振荡。只有当氙灯光强继续增加到某一阈值，以致增益 G_0 增大到满足自激振荡条件 $G_0>\alpha$ 时，激光器才开始振荡，并发出 694.3 nm 的激光。

红宝石激光器中，参与形成受激辐射的是如图 26.19 所示的三能级系统。其激光下能级是基态能级，在热平衡时几乎全部离子数 N 都处在基态能级上（$N_1\approx N, N_2\approx 0$），所以为了实现粒子数反转，必须将大于 $N/2$ 的离子数泵浦到 E_2 能级。这就要求有非常强的激励光源。三能级系统的激光器不能输出连续激光，只能输出脉冲激光。

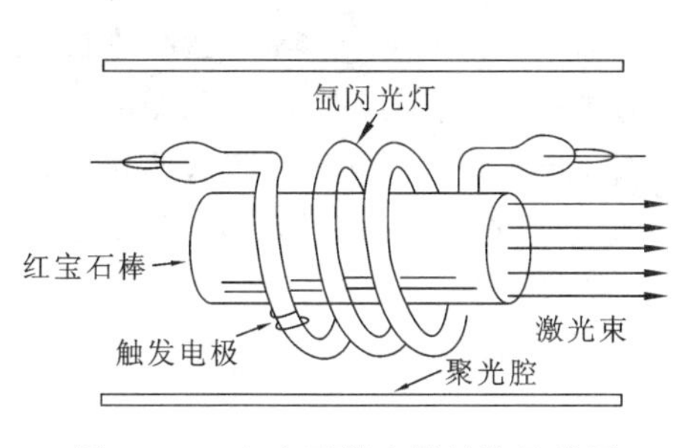

图 26.18 红宝石激光器结构示意图

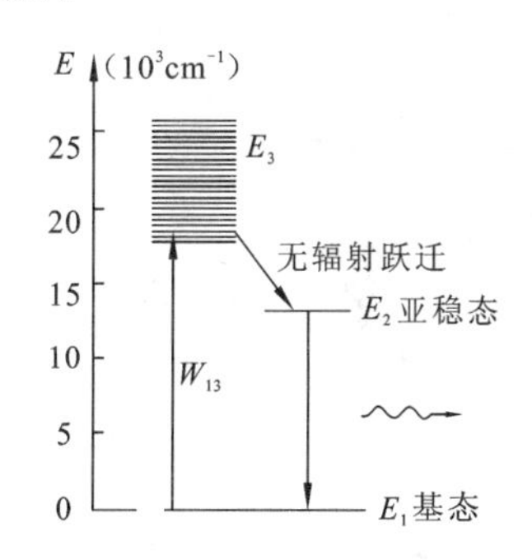

图 26.19 红宝石中 Cr^{+3} 能级结构

2. 掺钕的一类固体激光器（四能级系统）

现在常用的固体激光材料是掺三价钕离子 Nd^{+3} 的钕钒酸钇（Nd∶YVO_4）晶体，或钇铱石榴石（Nd∶YAG）晶体，或钕玻璃，能输出较高功率的连续激光。激光束为 1 064 nm 的近红外光，运用倍频技术能输出 532 nm 的绿光，和 266 nm 的紫外光。已在机械、材料加工、波谱学、晶片检验、显示器、医学检测、手术器械、激光印刷、数据存储等多个领域得到广泛的应用。

掺钕的一类固体激光器也采用氙灯为激励光源，将直管氙灯与掺 Nd^{+3} 类材料棒平行放置在一聚光腔内，如图 26.20 所示。

在这类掺 Nd^{+3} 材料中参与形成受激辐射的是 Nd^{+3} 离子的如图 26.21 所示的四能级系统。E_1 为基态，E_4 为吸收带，受激辐射产生在亚稳态 E_3 与另一个中间能级 E_2 之间，辐射波长为 1 064 nm。四能级系统与三能级系统的主要区别是：激光下能级不是基态 E_1，而是中间能级 E_2，E_2 能级在热平衡情况下基本上是空的（$N_2\approx 0$），因而在四能级系统中很容易实现 E_3 与 E_2 之间的粒子数反转 $N_3>N_2$。即四能级系统激光器的阈值激励光强比三能级系统低得多。四能级系统激光器是能够输出连续激光的。

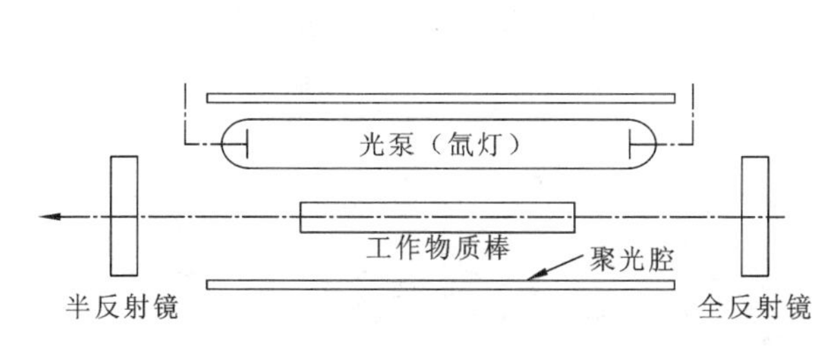

图 26.20 掺钕类固体激光器结构示意图

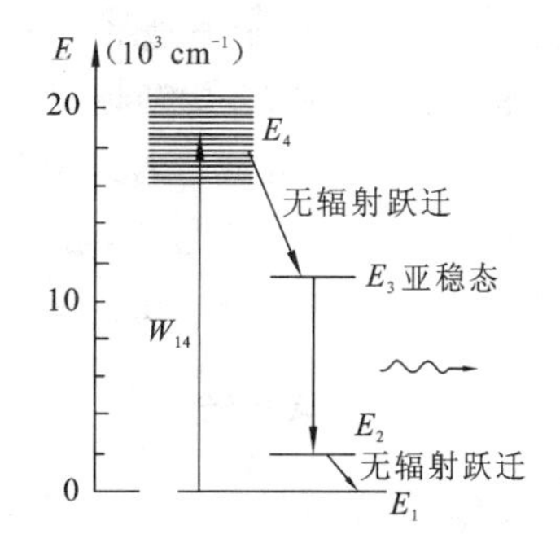

图 26.21 Nd^{+3} 能级结构

26.6.2 气体激光器

1. 氦-氖激光器

He-Ne 激光器是一种可见光的小功率气体激光器，广泛应用于精密计量、测量、准直、导向、全息照相、信息处理、医疗、光学实验等诸多方面。

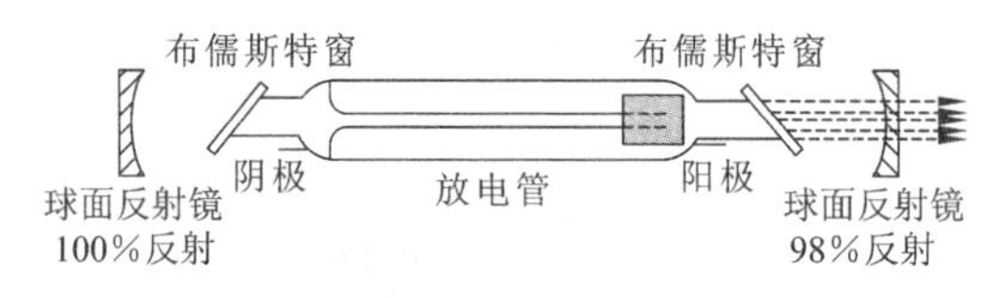

图 26.22 氦-氖激光器

图 26.22 给出的是外腔式 He-Ne 激光器的构造图，它是一个气体放电管，管内充以压强为 1 托的氦气和压强为 0.1 托的氖气的混合气体，谐振腔两端的反射镜，放置在放电管外以便于调节与更换，反射镜有用两个凹球面镜的，有用两个平面镜的，也有用一平一凹的；也有一个贴在放电管口，另一个放在管外的，视需要而定。放电管的窗口与管轴成布儒斯特角，这样输出的激光是完全偏振光。

氦、氖混合气体的能级如图 26.23 所示。氖的能态 3S、2S 和 1S 是由 4 个子能级组成，能态 3P 和 2P 各有 10 个子能级。当放电管放电时，通过高速电子和氦原子的非弹性碰撞，把部分氦原子激发到 2^3S 和 2^1S 激发态上去，由于这两个能级和氖的 2S、3S 能态相近，通过氦原子和氖原子的碰撞，使氖原子激发到 2S 和 3S 态，而氦原子又回到基态，这就实现了氖的 2S 与 3S 态的粒子数与 P 态粒子数的反转。受激辐射发生在氖原子的三对能级之间，即 3S→2P (632.8 nm)；3S→3P (3.39 μm)；2S→2P (1.15 μm)。受激辐射后落在 P 态的粒子，通过自发辐射在 10^{-8}S 内回到氖的 1S 态，再和管壁碰撞落回到基态。

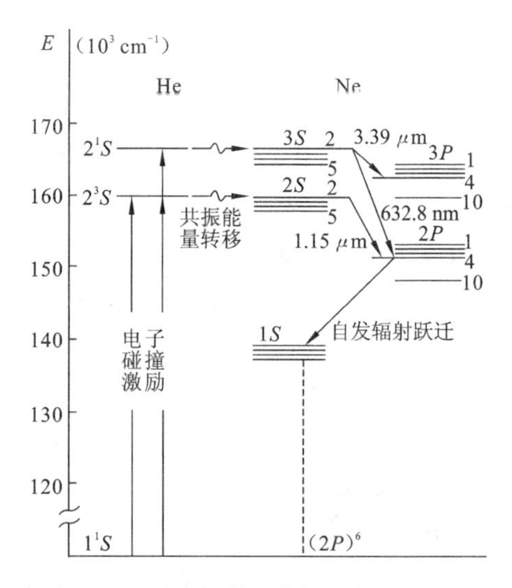

图 26.23 氦-氖激光能级和激光过程图

放电管的电极用铝制以减少溅射，两端通以 2～3 kV 直流，放电管长 10～100 cm，放电毛细管内径约 1～5 mm。如谐振腔长 1 m，对 632.8 nm 的激光，多普勒频宽约 1.2×10^{-3} nm，两相邻驻波的频率间隔 $\Delta\nu_j$ 约 150 MHz，腔内最多可形成 6 个驻波。若缩短腔长至 15 cm，使腔内只能形成一个驻波，则可抑制其他几个波长，使 632.8 nm 输出最大，可获得 1～10^2 mW 的连续单色平面偏振红光输出，由于单色性好，相干长度可达10^2～10^5 m。

2. 二氧化碳激光器

CO_2 激光器是目前功率最高的激光器，其功率范围很宽，从低于 10 W 到超过 20 000 W。由于其可靠性和耐久性，CO_2 激光器在材料加工上应用很广泛，大部分用于切割和焊接。CO_2 激光的波长为 10.3 μm，处在远红外波段。

CO_2 激光器的种类比较多，这里只介绍最普通的一种，图 26.24 给出的是封离型 CO_2 激光器的结构简图。其结构类似于内腔式 He-Ne 激光器，由于 CO_2 激光器的输出功率很高，必须要加水冷冻，而且放电管的长度和直径都比 He-Ne 激光器大。

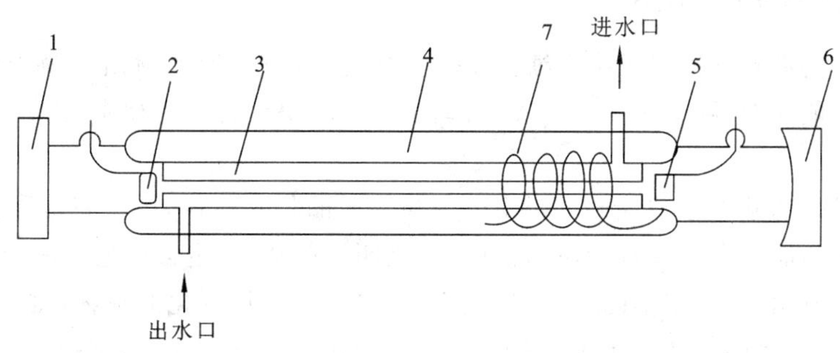

1.平面反射镜；2.阴极；3.水冷管；4.储气管；5.阳极；6.凹面镜；7.回气管

图 26.24 封离型 CO_2 激光器结构示意图

CO_2 激光器的激活介质由氦气、氮气和二氧化碳的混合气体构成，氦气和氮气是辅助气体，它们辅助二氧化碳分子产生激光。一个二氧化碳分子结构是碳原子夹在两个氧原子之间的直链形。当受到激励时，分子开始振荡。不同状态的振荡对应不同的能级。CO_2 激光器的激光过程共涉及 4 个能级，如图 26.25 所示。其中的泵浦能级和激光上能级离得非常近（以便实现能量的共振转移）。

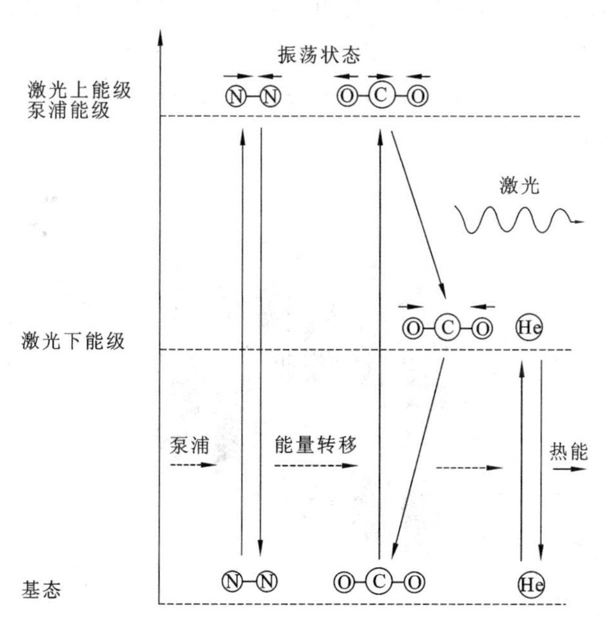

图 26.25 CO_2 激光器能级和激光过程图

激光产生的过程：气体混合物中，高压直流或者高频交流启动气体放电，氮气分子碰撞并激活它的自由电子，氮气分子开始振荡。当氮气分子与二氧化碳分子相碰撞时，它把能量传给二氧化碳分子，导致二氧化碳分子从基态跃迁到激光上能级，此为亚稳态能级，而这里的激光下能级不是基态，在热平衡情况下基本上是空的（$N_2 \approx 0$），所以 CO_2 激光器的激光上下能级之间很容易实现粒子数反转，只要泵浦能量足够，很容易满足激光自激振荡条件，实现激光输出。

二氧化碳分子从激光下能级返回到基态，这个过程中释放出热量。这就是惰性气体氦原子发挥作用的地方：它通过撞击二氧化碳分子，吸热和散热，使激光下能级的粒子数加速下降。

这可大幅提高二氧化碳分子的增益系数。

26.6.3 自由电子激光器

上述的激光器都是利用原子中束缚电子发生的受激辐射,所发射出的激光波长由原子能级决定,因而一般无法调节。1976 年,美国的梅迪(J. Madey)等研制成功自由电子激光(FEL)。

自由电子激光的基本原理是通过自由电子和辐射的相互作用,电子将能量传送给辐射而使辐射增强。下面简单介绍一种利用扭摆磁铁(又叫波荡器)产生自由电子激光的工作原理。

如图 26.26 所示,一组扭摆磁铁在 Z 轴方向上产生周期性变化的磁场,磁场 $\boldsymbol{B}$ 的方向沿 y 轴方向,由加速器提供的高速电子束(接近光速)经偏转磁铁导引进入扭摆磁场,电子受此磁场的作用,将在 xz 平面内摇摆前进。这一运动有加速度,类似沿 x 方向振荡的电偶极子,所以电子将发射电磁波,这样的辐射称为自发辐射。自发辐射的电磁波主要集中在波荡器的轴线方向上传播,其中心波长为

$$\lambda_1=\lambda_W/2\gamma^2$$

式中 λ_W 是扭摆磁场的空间周期长度,$\gamma=1/\sqrt{1-v^2/c^2}=E/E_0=mc^2/m_0c^2$ 是电子的能量因子。若有一束光沿 z 轴方向射入电子通道内,计算表明,当入射光的波长等于电子自发辐射的中心波长 λ_1 时,也就是说当入射光的频率与电子自发辐射的频率相同时,该辐射就能从摇摆的电子那里持续获得能量而加强;用量子语言来说,辐射和电子能量共振(同步)时,自由电子可以被外来辐射光子所激发而发出频率和振动方向相同的光子从而增大了原来辐射的强度,这就是自由电子“受激辐射”的过程。

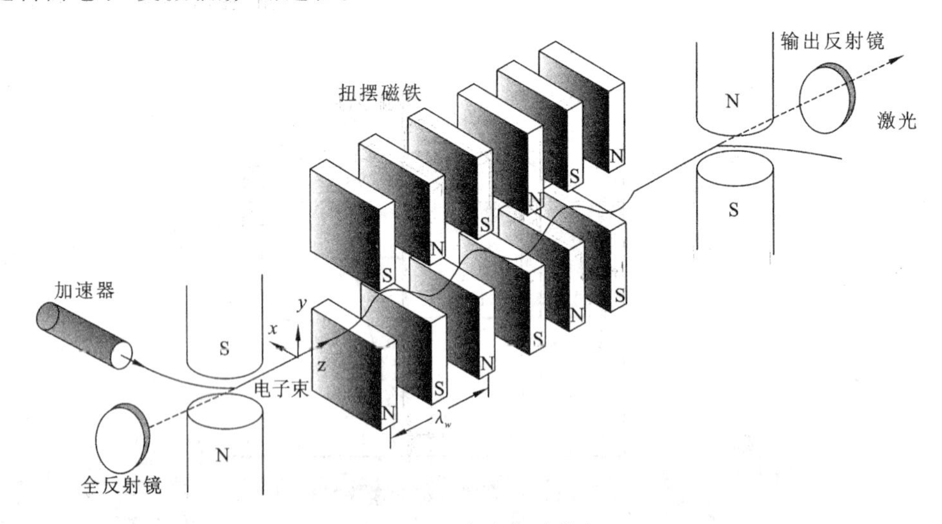

图 26.26 自由电子激光

由于自由电子激光的频率随入射电子的能量增大而增大,因而只要改变入射电子束的能量就能连续调节输出激光的频率。目前已实现了波长小于 1 nm 的 X 射线波段的自由电子激光输出,也有波长在 mm 波段的自由电子激光输出(在毫米波段,自由电子激光器是唯一有效的强相干信号源,在毫米波激光雷达、反隐形军事目标等研究中具有不可替代的重要应用价值)。

其次自由电子激光装置中的电子束大部分时间处于真空,可以在高功率下运行,目前平均功率密度可达10^7 W/m^2,峰值功率可达 GW 数量级。

由于自由电子激光器具有许多一般激光器望尘莫及的优点，例如频率连续可调，频谱范围非常广，功率大且可调，相干性好，偏振强等等。自由电子激光特别适宜于研究光与原子、分子和凝聚态物质的相互作用，这类研究涉及固体表面物理、半导体物理、超导体、凝聚态物理、化学、光谱学、非线性光学、生物学、医学、材料、能源、通信、国防和技术科学等多个方面。

26.6.4 其他激光器

激光器的种类繁多，除了上述几种以外，常见的还有：

1. 半导体激光器

半导体激光器又称激光二极管，是用半导体材料作为工作物质的激光器。由于物质结构上的差异，不同种类产生激光的具体过程比较特殊。常用工作物质有砷化镓(GaAs)、硫化镉($_3[cd_{+2}]\cdot{}_2[P_{-3}]$)、磷化铟(PIn)、硫化锌(ZnS)等。激励方式有电注入、电子束激励和光泵浦三种形式。

半导体二极管激光器是最实用最重要的一类激光器。它体积小、寿命长，并可采用简单的注入电流的方式来泵浦，其工作电压和电流与集成电路兼容，因而可与之单片集成。并且还可以用高达 GHz 的频率直接进行电流调制以获得高速调制的激光输出。由于这些优点，半导体二极管激光器在激光通信、光存储、光陀螺、激光打印、测距以及雷达等方面已经获得了广泛的应用。

2. 氩离子激光器

氩离子(Ar^+)激光器是惰性气体离子，利用气体放电使 Ar 原子电离并激发。输出可见连续激光，最大功率达到 500 W(是可见激光范围输出连续功率最高的器件)，典型谱线为 514.5 nm(绿光)和 488 nm(蓝光)，稳定性好。广泛应用于喇曼光谱、超快技术、泵浦染料激光器、全息、非线性光学等光学研究前沿。

3. 准分子激光器

准分子激光，是由惰性气体和卤素气体混合的气体，受到电子束激发结合形成的不稳定的分子(寿命为几十毫微秒)，向其基态跃迁时发射所产生的激光。准分子激光属于冷激光，无热效应，是方向性强、波长纯度高、输出功率大的脉冲激光，光子波长范围为 157～353 纳米，属于紫外光。

在临床医学中，使用 193 nm 准分子激光进行眼科手术，矫治屈光不正(近视、远视、散光)。准分子激与生物组织作用时发生的不是热效应，而是光化反应，所谓光化反应，是指组织受到远紫外光激光作用时，会断裂分子之间的结合键，将组织直接分离成挥发性的碎片而消散无踪，对周围组织则没有影响，达到对角膜的重塑目的，能精确消融人眼角膜预计去除的部分，空间精确度达细胞水平，不损伤周围组织。它的波长很短，不会穿透人的眼角膜，因此对于眼球内部的组织没有任何不良的作用。

目前准分子激光已广泛应用在临床医学以及科学研究与工业应用方面，如：钻孔、标记表面处理、激光化学气相沉积，物理气相沉积，磁头与光学镜片和硅晶圆的清洁等方面，微机电系统相关的微制造技术。

4. 染料激光器

染料激光器是一种可调谐激光器,工作物质是有机染料,用准分子激光来泵浦。一般染料激光器的结构简单、价廉,输出功率和转换效率都比较高。环形染料激光器的结构比较复杂,但性能优越,可以输出稳定的单纵模激光。染料激光的调谐范围为 0.3～1.2 μm,是应用最多的一种可调谐激光器。如用于光谱学和大气污染监测、同位素分离、特定光化学反应、彩色全息照相以及疾病诊断治疗等方面。

5. 化学激光器

化学激光器是另一类特殊的气体激光器,即是一类利用化学反应释放的能量来实现粒子数反转的激光器。化学反应产生的原子或分子往往处于激发态,在特殊情况下,可能会有足够数量的原子或分子被激发到某个特定的能级,形成粒子数反转,以致出现受激发射而引起光放大作用。可做成很高功率的激光器,常用于制造激光武器。

提　　要

1. 爱因斯坦受激辐射理论

自发辐射:处在高能级 E_2 的一个原子自发地向低能级 E_1 跃迁,并发射一个能量为 $h\nu$ 的光子。这种过程称为自发跃迁。由原子自发跃迁发射的光子称为自发辐射。

受激吸收:处于低能态 E_1 的一个原子,在频率为 ν 的辐射场中光子的激励下,受激地向高能态 E_2 跃迁,并吸收一个能量为 $h\nu$ 的光子。这种过程称为受激吸收跃迁。

受激辐射:处于高能态 E_2 的一个原子,在频率为 ν 的辐射场中光子的激励下,受激地向低能态 E_1 跃迁,并发出另一个与入射光子完全一样的光子。这种过程称为受激辐射跃迁。

自发辐射是不相干的。

受激辐射场与入射辐射场具有相同的频率、相位、波矢(传播方向)和偏振,是相干的。

2. 粒子数反转与光放大

按照玻耳兹曼正则分布律,热平衡时,处于高能态 E_2 上的原子数总是小于低能态 E_1 上的原子数,所以热平衡时,光的吸收占主导地位。

要使受激辐射占优势,必须使高能态原子数 N_2,大于低能态原子数 N_1,这种分布不是平衡态粒子(正则)分布,称为粒子数反转分布,简称粒子数反转。

能实现粒子数反转分布的物质,称为激活介质。激活介质的作用就是提供亚稳态。

要出现反转分布,必须内有亚稳态,外有激励(也称泵浦)能源。

常用的泵浦的几种方法有:光泵、电子碰撞、共振转移、化学反应等。

增益系数 G 定义为通过单位距离时光强增加的百分比。

3. 激光自激振荡条件

$$G_0-\alpha>0$$

即小信号增益系数必须大于总损耗。

激光器的几乎一切特性,以及对激光器采取的技术措施,都与增益和损耗特性有关。

4. 谐振腔的作用　维持光振荡;方向的选择;频率的选择。

5．激光器的三个基本组成部分　激活介质、光学谐振腔、激励能源。

6．激光的优秀特性　单色性好；方向性好；高强度，高功率；相干性好。

思　考　题

26.1　什么叫自发辐射和受激辐射？普通光源和激光光源的区别是什么？

26.2　产生激光的必要条件是什么？如何实现粒子数的反转？

26.3　激光器主要有哪几个组成部分？

26.4　激光有哪些优秀的特性？

26.5　激光主要应用于哪些领域？

26.6　常见的激光器件有哪些？

参考文献

茱伯融，王瑞丰，程泽东等. 1981. 激光器件. 长沙：湖南科学技术出版社.

陈长乐. 2006. 固体物理学(第二版). 北京：科学出版社.

陈泽民. 2001. 近代物理与高新技术物理. 北京：清华大学出版社.

程守洙，江之永. 1998. 普通物理 3(第五版). 北京：高等教育出版社.

程永进，姜大华. 2008. 大学物理(下). 武汉：华中科技大学出版社.

邓明成. 2000. 新编大学物理学. 北京：科学出版社.

郭凤歧，姜大华，张琳. 2012. 大学物理(上册). 北京：科学出版社.

郭龙，罗中杰，魏有峰. 2015. 大学物理学习指导与题解. 北京：清华大学出版社.

姜大华，程永进. 2008. 大学物理(上). 武汉：华中科技大学出版社.

姜大华，郭凤歧，张琳. 2012. 大学物理(下册). 北京：科学出版社.

兰信钜，黄国标，张渝楠等. 1981. 激光技术. 长沙：湖南科学技术出版社.

梁铨廷. 2009. 物理光学(第 3 版). 北京：电子工业出版社.

帕克 S P. 1983. 物理百科全书.《物理百科全书》翻译组. McCraw-Hill Book Company. 北京：科学出版社.

上海交通大学物理教研室. 2014. 大学物理教程(第二版). 上海：上海交通大学出版社.

吴百诗. 2001. 大学物理(新版)(上册). 北京：科学出版社.

吴百诗. 2001. 大学物理(新版)(下册). 北京：科学出版社.

熊兆贤. 2012. 材料物理导论(第三版). 北京：科学出版社.

扬(美)，弗里德曼(美)著，邓铁如等改编. 2009. 西尔斯当代大学物理(上册)(英文改编版). 北京：机械工业出版社.

张汉壮，倪牟翠. 2016. 物理学导论. 北京：高等教育出版社.

张汉壮，王文全. 2015. 力学(第三版). 北京：高等教育出版社.

张三慧. 2015. 大学物理学(第三版). 北京：清华大学出版社.

赵凯华，陈熙谋. 2006. 新概念物理教程. 电磁学(第二版). 北京：高等教育出版社

赵凯华，钟锡华. 1984. 光学(上册). 北京：北京大学出版社.

赵凯华，钟锡华. 1984. 光学(下册). 北京：北京大学出版社.

中国大百科全书编委会. 1987. 中国大百科全书. 物理学 1、2. 北京、上海：中国大百科全书出版社

周炳琨，高以智，陈家骅等. 1980. 激光原理. 北京：国防工业出版社.

C. Nordling，J. Oesterman. 1989. 简明物理学手册. 韦秀清等译. 北京：科学出版社.

David Halliday，Robert Resnick，Jearl Walker. 1997. Fundamentals of Physics (Extended)，5th Edition. John Wiley & Sons，Inc.

Feynman R P. 1971. Feynmanlectures On Physics. Addison Wesleylongman.

Griffith W T，Brosing J W. 2015. The Physics of Everyday Phenomena(Eigth Edition). 物理学与生活(原书第 8 版)，秦克诚译. 北京：电子工业出版社.

Serway R A，Beichner R J. 2000. Physics For Scentists and Engineers with Modern Physics. 5th Edition. Saunders Colleage Publishing.

习题答案

第13章

13.1　0.397 kg

13.2　33次

13.3　4%

13.4　$2.687\times10^{25}\ m^{-3}$，$5.65\times10^{-21}$ J，$461.3\ m\cdot s^{-1}$

13.5　15∶32，5∶6，1∶1

13.6　$2nmv^2$，$2nm(u+v)^2$

13.7　略

13.8　(1) 略　(2) $\frac{2}{v_0^2}$　(3) $\frac{2}{3}v_0$

13.9　$\sqrt{\frac{1}{2}(v_1^2+v_2^2)}$

13.10　$106\times10^{-3}\ m^3$

13.11　1.95 km

13.12　$n=3.21\times10^{17}\ m^{-3}$，$\bar{\lambda}=7.8$ m，$\bar{Z}=\frac{\bar{v}}{l}=4.68\times10^4\ s^{-1}$

13.13　5.21×10^4 Pa，3.8×10^6 次

第14章

14.1　16.7 kJ，11.9 kJ，4.8 kJ

14.2　(1) 125 J　(2) $-84\ J\cdot K^{-1}$

14.3　略

14.4　(1) 250 J，209 J，41 J　(2) −292J

14.5　(1) 略　(2) 5.28 atm，429 K　(3) 7.41 kJ，0.93 kJ，6.48 kJ

14.6　33%

14.7　略

14.8　略

14.9　(1) 可视为由绝热、等体、等温构成的循环过程　(2) $m=7.16\times10^{-2}\ J\cdot kg^{-1}$

14.10　93.3 ℃

14.11　(1) 17.2 kJ；(2) 0.7 kJ

14.12　略

第15章

15.1　(1) $25.1\ s^{-1}$，0.25 s，0.50×10^{-2} m，$\frac{\pi}{3}$，0.126 m/s，$3.16\ m/s^2$　(2) $\frac{25}{3}\pi$，$\frac{49}{3}\pi$，$\frac{241}{3}\pi$

15.2　(1) $x=0.24\cos\left(\frac{\pi}{2}t+\frac{\pi}{3}\right)$ (SI)　(2) $\Delta t=\frac{2}{3}$ s　(3) $v=0.326$ m/s, $a=0.296$ m/s^2

15.3　$x=0.400\cos\left(10t-\frac{2}{3}\pi\right)$ (SI)

15.4　$\frac{T}{6}, \frac{T}{12}$

15.5　(1) 0.031 m　(2) 2.2 Hz

15.6　$\frac{5}{6}\pi$

15.7　(1) $-\frac{\pi}{2}$, 1.5 rad　(2) $\frac{\pi}{2}$

15.8　$2\pi\sqrt{\frac{3ml}{2mg+kl}}$

15.9　$\frac{mg}{k}\sqrt{1+\frac{kv_0^2}{(M+m)g}}, 2\pi\sqrt{\frac{M+m}{k}}$

15.10　(1) $T_1=2\pi\sqrt{\frac{M}{k}}, E_1=\frac{1}{2}kA^2$

(2) $T_2=2\pi\sqrt{\frac{M+m}{k}}>T_1, A_2=A, E_2=\frac{1}{2}kA^2=E_1$

(3) $T_3=2\pi\sqrt{\frac{M+m}{k}}=T_2>T_1, A_3=\sqrt{\frac{M}{M+m}}A<A, E_3=\frac{1}{2}kA_3^2=\frac{M}{M+m}E_1<E_1$

15.11　(1) 0.17 m　(2) -4.19×10^{-3} N　(3) 0.667 s

(4) -0.326 m/s, 5.31×10^{-4} J, 1.77×10^{-4} J, 7.08×10^{-4} J

15.12　(1) ±0.14 m　(2) 0.39 s, 1.2 s, 2.0 s, 2.7 s

15.13　$\frac{1}{4}$

15.14　$\varphi=2j\pi+\frac{2}{3}\pi$　A 为极大值;$\varphi=(2j+1)\pi+\frac{2}{3}\pi$　A 为极小值

15.15　0.078 m, 84°48′

15.16　84°16′

15.17　$x=0.40\cos\left(8t+\frac{\pi}{2}\right)$ (SI)

第16章

16.1　17 m, 0.017 m, 72.5 m, 0.0725 m

16.2　(1) 0.030 m, 5.5 Hz, 0.50 m, 2.5 m/s　(2) 0.5π m/s, $0.5\pi^2$ m/s^2　(3) 0.8π, 0.92 s

16.3　$y=0.020\cos\left[50\pi\left(t-\frac{x}{6}\right)-\frac{\pi}{2}\right]$

16.4　(1) 0.10 m, 0.30 m, 100 Hz, 30 m/s　(2) $\frac{2\pi}{3}$

16.5　(1) $y=0.30\cos4\pi(t+\frac{x}{20})$　(2) $y=0.30\cos\left[4\pi\left(t+\frac{x}{20}\right)\mp\pi\right]$

16.6　(1) $y_0=0.040\cos(\pi t+\pi)$ (SI)　(2) $y=0.040\cos\left[\pi\left(t-\frac{x}{2}\right)+\pi\right]$ (SI)　(3) 4 m

16.7 (1) $y_0=0.06\cos\left(\frac{2\pi}{5}t+\frac{\pi}{2}\right)$ (SI)

(2) $y=0.06\cos\left[\frac{2\pi}{5}\left(t-\frac{x}{0.08}\right)+\frac{\pi}{2}\right]$ (SI)

(3) $y_P=0.06\cos\left(\frac{2\pi}{5}t+\frac{\pi}{2}\right)$ (SI)

16.8 (1) $S=1.58\times10^5\ \mathrm{W/m^2}$ (2) $S=3.79\times10^3$ J

16.9 10^4

16.10 0,$4I$

16.11 (1) $y_1=0.20\times10^{-2}\cos(2\pi t-10\pi r_1)$ (SI),$y_2=0.20\times10^{-2}\cos(2\pi t-10\pi r_2+\pi)$ (SI)

(2) $\Delta\varphi=0$ (3) 加强

16.12 $\lambda=2\left[\sqrt{4(H+h)^2+\mathrm{d}^2}-\sqrt{4H^2+\mathrm{d}^2}\right]$

16.13 0.634 m

16.14 (1) 2.0 Hz,2 m,4 m/s;

(2) $x=0.5(2j+1)$ m,$j=0,1,2\cdots$;

(3) $x=1.0j$ m,$j=0,1,2\cdots$

16.15 (1) 0.02 m,47 $\mathrm{m/s^2}$ (2) 0.2 m (3) −10.4 m/s

16.16 (1) $y_{入}=0.020\cos\left[100\pi\left(t-\frac{x}{100}\right)+\frac{5}{6}\pi\right]$ (SI),

$y_{反}=0.020\cos\left[100\pi\left(t+\frac{x}{100}\right)+\frac{11}{6}\pi\right]$ (SI)

(2) 波节:$x=0,1,2\cdots,10$ m,波腹:$x=0.5,1.5,2.5,\cdots,9.5$ m (3) 0

16.17 (1) 454.5 Hz (2) 461.5 Hz (3) 7 Hz

第 17 章

17.1 略

17.2 $\Delta x=10$ cm

17.3 $R=22.8$ cm

17.4 凹面镜,$f=1.6$ cm,$r=3.2$ cm

17.5 $s_1=30$ cm,$s_2=10$ cm

17.6 凹面镜,$r=19.4$ cm,$m=30$ 倍

17.7 $s'=-10.34$ cm,$m=-0.17$,缩小的正立虚像,图略

17.8 $f_{水}=40$ cm

17.9 $s_1=120.0$ cm 或 $s_2=40.0$ cm

17.10 (1) $f=24.0$ cm (2) $s_1'=40$ cm,$s_2'=60$ cm (3) $m_1=2/3$,$m_2=3/2$

17.11 $s=20.8$ cm,倒放,578 倍

17.12 195

17.13 $s_2'=10.0$ cm,$m=2$,放大倒立的实像。图略

第 18 章

18.1 1.5λ

18.2　0.9 mm

18.3　5.00×10^{-7} m

18.4　5.7×10^{-6} m

18.5　5.18×10^{-3} m

18.6　$x=(2j-1)\frac{\lambda}{2}\cdot\frac{D}{d}(j=1,2,\cdots)$(明),$x=j\lambda\cdot\frac{D}{d}(j=0,1,2,\cdots)$(暗)

18.7　3.877×10^{-5} rad 或 8″

18.8　36 条

18.9　5.903×10^{-7} m

18.10　$e_{\min}=1.01\times10^{-7}$ m;$e_{\min}=5.37\times10^{-7}$ m

18.11　仍为绿色,5.395×10^{-7} m

18.12　$\frac{\lambda}{4n}$

18.13　0.100×10^{-6} m

18.14　$2(n-1)d$

18.15　1.32

18.16　1.70

第 19 章

19.1　(1) 90°　(2) 11.5°　(3) 5.7°

19.2　0.564 cm

19.3　3.00

19.4　7.261×10^{-6} m

19.5　5.00×10^{-4} m

19.6　0.250 m

19.7　8.94×10^{-3} m

19.8　916

19.9　3

19.10　7.5×10^{-6} m

19.11　±1 级

19.12　(1) $\Delta x=f\frac{\lambda}{d}=2.4\times10^{-3}$ m　(2) $\Delta x_1=2f\frac{\lambda}{a}=2.4\times10^{-2}$ m　(3) 9 条

19.13　(1) 7.2 mm　(2) 5 的非零整数倍级缺级　(3) 0,±1,±2,±3,±4,共有 9 条

19.14　(1) 5 000 nm　(2) 1 250 nm　(3) 0,±1,±2,±3,±5,±6,±7,±9 级,共 15 条

19.15　±3 级

19.16　(1) 2.400 μm　(2) 0.800 μm　(3) 0,±1,2,4,5 级, 共 6 条

19.17　(1) 3 000 nm　(2) 750 nm　(3) 0,±1,±2,3,5,6,7 级,共 9 条

19.18　5.42×10^{-10} m

19.19　1.38×10^{-10} m

第 20 章

20.1 $2I_2, I_1-I_2$

20.2 14.5∶1

20.3 $2, \frac{1}{4}$

20.4 $\pm 54°44', \pm 35°16'$

20.5 21%

20.6 3

20.7 2∶5

20.8 0.125,0.10,0.28,0.20

20.9 36.9°

20.10 1.6

20.11 58°,1.6

20.12 1.9,35°

20.13 a 为 e 光且是 s 波,b 为 o 光且是 p 波;0.050 cm

第 21 章

21.1 $(93, 10, 0, 2.5\times10^{-7})$

21.2 2.25×10^{-7} s

21.3 3.61 m,33°42′

21.4 $a\sqrt{1-(v^2/c^2)}, \frac{m}{\sqrt{1-(v^2/c^2)}}, \frac{m}{ab(1-v^2/c^2)}$

21.5 6.7×10^{8} m

21.6 -3.33×10^{-5} s,天津事件先发生

21.7 1.25×10^{-8} s,0.75×10^{-8} s

21.8 3.93×10^{-13} J,4.37×10^{-30} kg

21.9 50.7%;

21.10 $\frac{c}{k}\sqrt{k^2-1}$

21.11 $0.866c, 0.866c$

21.12 4.1×10^{6}

21.13 $m=2.67m_0, v=0.5c, m_0'=2.31m_0$

第 22 章

22.1 $324\ \text{W}\cdot\text{m}^{-2}$

22.2 91 ℃

22.3 1.37×10^{3} K,2.11 μm

22.4 $2.51\times10^{3}\ \text{m}^{-3}$

22.5 85 s

22.6　(1) 4.2 eV　(2) 1.01×10^{15} Hz　(3) 逸出功和红限频率不变,8.2 eV

22.7　0.003 1 nm,$\varphi=42°$

22.8　0.071 7 nm,7.16×10^{-24} N·s

22.9　0.004 3 nm,$\varphi=62°18'$

22.10　0.007 6 nm,0.16 MeV

22.11　364.6 nm,656.2 nm

22.12　可以电离,5.9 eV,1.44×10^{6} m·s^{-1}

22.13　0.121 nm,12.4 nm

22.14　0.005 5 nm,1 mm

22.15　(1) 0.146 nm　(2) 3.29×10^{-21} J

(3) 不需要考虑相对论效应,因为中子动能远小于中子静能。

22.16　光子 $p=6.63\times10^{-23}$ N·s,$\varepsilon_k=\varepsilon=1.99\times10^{-14}$ J,$v=c$;实物粒子 $p=6.63\times10^{-23}$ N·s,$\varepsilon_k=2.2\times10^{-42}$ J,$\varepsilon=9\times10^{13}$ J,$v=6.63\times10^{-20}$ m·s^{-1}

22.17　电子 7.3×10^{-4} m,子弹 6.6×10^{-32} m

22.18　3.18×10^{-7} nm

22.19　3.31×10^{-8} eV

第 23 章

23.1　0.19,0.40

23.2　略

23.3　(1) $\sqrt{\frac{2}{a}}$　(2) $\frac{2}{a}\sin^2\frac{\pi}{a}x$　(3) $\frac{a}{2}$　(4) $\frac{a}{2}$

23.4　$E_n=37.7n^2$ eV,$E_1=37.7$ eV,$E_2=150.8$ eV,$E_{100}=37.7\times10^4$ eV,

$E_{101}=38.5\times10^4$ eV;$E_n=3.77\times10^{-15}n^2$ eV,能级可视为连续

第 24 章

24.1　$L=2\sqrt{5}\hbar$,$L_z=0,\pm\hbar,\pm2\hbar,\pm3\hbar,\pm4\hbar$,在空间有 9 个取向

24.2　18 个电子,电子态分别为 $\left(3,0,0,\pm\frac{1}{2}\right)$,$\left(3,1,0,\pm\frac{1}{2}\right)$,$\left(3,1,1,\pm\frac{1}{2}\right)$,$\left(3,1,-1,\pm\frac{1}{2}\right)$,$\left(3,2,0,\pm\frac{1}{2}\right)$,$\left(3,2,1,\pm\frac{1}{2}\right)$,$\left(3,2,2,\pm\frac{1}{2}\right)$,$\left(3,2,-1,\pm\frac{1}{2}\right)$,$\left(3,2,-2,\pm\frac{1}{2}\right)$

第 25 章

25.1　5.50 eV,1.39×10^{6} m/s,6.38×10^{4} K

25.2　1.035×10^{-6} m,27.6×10^{-6} m

附　　录

基本物理常数表

名称	符号	计算用值	2006 最佳值①
真空中的光速	c	3.00×10^{8} m/s	2.997 924 58(精确)
普朗克常量	h	6.63×10^{-34} J·s	6.626 068 96(33)
	$\hbar$	1.05×10^{-34} J·s	1.054 571 628(53)
玻耳兹曼常量	k	1.38×10^{-23} J/K	1.380 650 4(24)
真空磁导率	μ_0	1.26×10^{-6} N/A^{2}	1.256 637 061…
真空介电常量	ε_0	8.85×10^{-12} F/m	8.854 187 817
引力常量	G	6.67×10^{-11} N·m^{2}/kg^{2}	6.674 28(67)
阿伏伽德罗常量	N_A	6.02×10^{23} mol^{-1}	6.022 141 79(30)
元电荷	e	1.60×10^{-19} C	1.602 176 487(40)
电子静质量	m_e	9.11×10^{-31} kg	9.109 382 15(45)
		5.49×10^{-4} u	5.485 799 094 3(23)
		0.511 0 MeV/c^{2}	0.510 998 910(13)
质子静质量	m_p	1.67×10^{-27} kg	1.672 621 637(83)
		1.007 3 u	1.007 276 466 77(10)
		938.3 MeV/c^{2}	938.272 013(23)
中子静质量	m_n	1.67×10^{-27} kg	1.674 927 211(84)
		1.008 7 u	1.008 664 915 97(43)
		939.6 MeV/c^{2}	939.565 364(23)
α 粒子静质量	m_α	4.002 6 u	4.001 506 179 127(62)
玻尔磁子	μ_B	9.27×10^{-24} J/T	9.274 009 15(23)
电子磁矩	μ_e	-9.28×10^{-24} J/T	−9.284 763 77(23)
核磁子	μ_N	5.05×10^{-27} J/T	5.050 783 24(13)
质子磁矩	μ_p	1.41×10^{-26} J/T	1.410 606 662(37)
中子磁矩	μ_n	-0.966×10^{-26} J/T	−0.966 236 41(23)
里德伯常量	R	1.10×10^{7} m^{-1}	1.097 373 156 852 7(73)
玻尔半径	a_0	5.29×10^{-11} m	5.291 772 085 9(36)
经典电子半径	r_e	2.82×10^{-15} m	2.817 940 289 4(58)
电子康普顿波长	$\lambda_{C\cdot c}$	2.43×10^{-12} m	2.426 310 217 5(33)
斯特藩-玻耳兹曼常量	σ	5.67×10^{-8} W·m^{-2}·K^{-4}	5.670 400(40)

① 最佳值摘自《2006 Codata Internationally Recommended Values of the Fundamental Physical Constants》(www. Physics. nist. gov)。

几个保留单位和换算关系

名称	符号	计算用值	1998 最佳值
1[标准]大气压	atm	1 atm $=1.013\times10^{5}$ Pa	$1.013\,250\times10^{5}$
1 埃	Å	1 Å $=1\times10^{-10}$ m	(精确)
1 光年	l. y.	1 l. y. $=9.46\times10^{15}$ m	
1 电子伏	eV	1 eV $=1.602\times10^{-19}$ J	1.602 176 462(63)
1 特[斯拉]	T	1 T $=1\times10^{4}$ G	(精确)
1 原子质量单位	u	1 u $=1.66\times10^{-27}$ kg	1.660 538 73(13)
		$=931.5$ MeV/c^2	931.494 013(37)
1 居里	Ci	1 Ci $=3.70\times10^{10}$ Bq	(精确)